El Sumo Secreto del Mundo: ¡Nuestra Tierra ES Hueca!

La Evidencia desde la Ciencia, las Escrituras y la Historia que Nuestra Tierra Es Hueca!

Rodney M. Cluff

El Sumo Secreto Del Mundo: ¡Nuestra Tierra ES Hueca!

La Evidencia desde la Ciencia, las Escrituras y la Historia
que Nuestra Tierra Es Hueca!

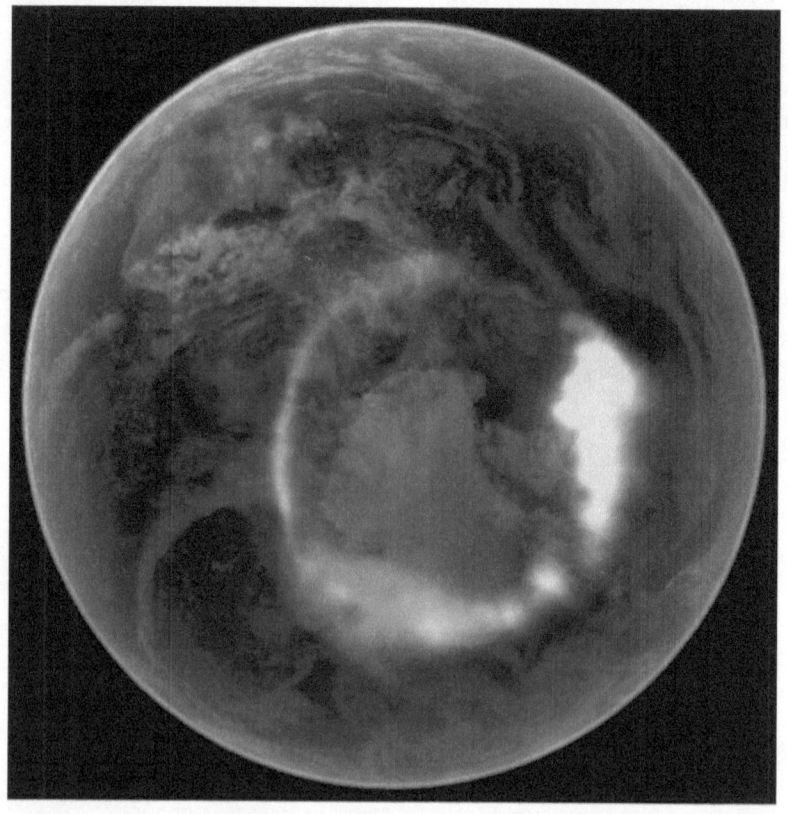

por

Rodney M. Cluff

https://ourhollowearth.com/
http://www.virtualcityoflight.org/

ISBN: 9798642262597

DEDICADO

A los que aman la verdad que es
más extraño que la ficción.

El Sumo Secreto del Mundo: ¡Nuestra Tierra ES Hueca!

Tabla de Contenido

Rodney M. Cluff

DEL AUTOR

Cuando era joven, tenía dos sujetos favoritas, ciencia y religión. En mi estudio, llegó a ser mi convicción de que, en última instancia, la ciencia y la religión se volverán una y la misma, siendo la ciencia el estudio de la creación de Dios; y la religión consistente en las revelaciones de Dios a la humanidad. Ambas son, en última instancia, manifestaciones de la verdad de todas las cosas que Dios ha dado al hombre en Su infinita bondad y amor para lograr la felicidad de Sus hijos.

Es del Libro de Mormón, un texto de escritura escrito por los profetas de Dios de la América antigua, que obtuve el deseo de obtener el objeto tanto de la verdadera religión como de la verdadera ciencia: **la búsqueda de la verdad de todas las cosas**. El antiguo profeta Americano del Libro de Mormón concluyó este libro de Escrituras con una prueba científica perfecta que cualquiera puede realizar en ese libro para saber que es de Dios. Moroni escribió 421 d.C.:

"He aquí, quisiera exhortaros a que, cuando leáis estas cosas, si Dios juzga prudente que las leáis, recordéis cuán misericordioso ha sido el Señor con los hijos de los hombres, desde la creación de Adán hasta el tiempo en que recibáis estas cosas, y que lo meditéis en vuestros corazones.

"Y cuando recibáis estas cosas, quisiera exhortaros a que preguntéis a Dios el Eterno Padre, en el nombre de Cristo, si no son verdaderas estas cosas; y si pedís con un corazón sincero, con verdadera intención, teniendo fe en Cristo, él os manifestará la verdad de ellas por el poder del Espíritu Santo;

"y por el poder del Espíritu Santo podréis conocer la verdad de todas las cosas."

Es por la aplicación de esta prueba científica a ese libro de antigua escrituras americanas que llegué a saber que es de Dios, porque Dios contestó mi oración y me hizo saber por el poder del Espíritu Santo de su veracidad. Millones de Santos de los Últimos Días han realizado esta misma prueba y han recibido la misma respuesta de la divinidad de ese libro. Por lo tanto, se podría decir que el mormonismo es una religión científica.

La adquisición de esta preciosa verdad me ha dado el impulso de descubrir lo último: la verdad de todas las cosas. Y mi búsqueda no ha sido en vano. De hecho, mi búsqueda es mucho más eficiente porque mis aciertos en la oscuridad son

iv

mucho más infrecuentes cuando tengo el poder del Espíritu Santo para aligerar el camino a la siguiente verdad.

Por lo tanto, mi búsqueda ha sido emocionante y espero que algunas de las cosas que he descubierto con respecto a esta tierra nuestra sean tan emocionantes para ustedes como lo han sido para mí.

¿Te gustaría recibir una copia gratuita de El Libro de Mormón? Haga clic aquí:

https://www.mormon.org/spa/libro-de-mormon-gratuito

¿O le gustaría recibir una copia gratuita de la Biblia?

https://www.veniracristo.org/creencias/santabiblia

SOBRE EL AUTOR

RODNEY M. CLUFF, autor de Sumo Secreto del Mundo: ¡Nuestra Tierra ES Hueca! nació y se crió en la colonia mormona norte americana de Colonia Juárez, en el estado de Chihuahua, en el norte de México. Se interesó por la teoría de la Tierra Hueca a la edad de 16 años mientras trabajaba en una granja de Nuevo México donde el hijo del administrador de la granja les contó a los trabajadores de la teoría. Pensó: ¡Qué lugar ideal para que el Señor esconda a las Diez Tribus Perdidas de Israel!

Después de graduarse de la escuela secundaria, el Sr. Cluff sirvió en una misión de tiempo completo para la Iglesia de Jesucristo de los Santos de los Últimos Días en México, donde conoció a su esposa, María Enriqueta Flores. ¡Un año después de su relevo de la misión, se casaron en el Templo de Mesa, Arizona y ahora tienen cinco hijos encantadores, quince nietos más hermosos y ahora dos bisnietas!

Se mudaron a Phoenix, Arizona, donde un día el Sr. Cluff notó un anuncio del libro de Raymundo Bernard, LA TIERRA HUECA en un periódico sensacionalista. Envió por él y, por lo tanto, comenzó muchos años de estudio y escritura, lo que ha llevado al presente obra. Después de 16 años con el Departamento de Servicios de Salud de Arizona trabajando como Especialista en Tecnología de la Información, el Sr. Cluff se jubiló y ahora vive con su esposa María Enriqueta en la pequeña comunidad de Sunset, Utah, y continúa su investigación sobre evidencias de planetas huecos como pasatiempo.

Él cree firmemente: ¡NUESTRA TIERRA ES HUECA! Respaldado por la evidencia científica, que incluye fotos de satélite de los agujeros polares, análisis de las observaciones de los exploradores polares, análisis de datos de terremotos y mucho más, junto con evidencia de las Escrituras y la historia de que las Diez Tribus Perdidas de Israel ahora se

ENCUENTRAN dentro del Hueco de Nuestra Tierra, él presenta su argumento a favor de la Teoría de la Tierra Hueca.

¡Es su esperanza que algún día, tenga el privilegio de visitar a sus primos de las Diez Tribus Perdidas en los Países del Norte de nuestra Tierra Hueca! La ascendencia del autor es de origen israelita, de las tribus de Efraín, Manasés y Judá, y se remonta al exilio de las Diez Tribus de Palestina cuando fueron llevadas cautivas a Asiria en 721 a.C. Las Diez Tribus fueron mantenidas cautivas por treinta y cuatro años por los asirios, pero luego escaparon sobre las montañas de los Cáucasos en algún tiempo antes de que Babilonia conquistara Asiria en 605 a.C. Hicieron su hogar en la región del Crimea y la Estepa de Rusia justo al norte del Mar Negro hasta el primer siglo a.C. Mientras estuvieron allí fueron gobernados por un líder ilustre llamado Odín. Los ejércitos romanos amenazaron con conquistar la región por lo que sus antepasados, debido a su feroz amor por la libertad y la independencia, decidieron emigrar. Desde su costumbre de enterrar a sus muertos en los montículos funerarios, sus migraciones se han rastreado desde el Mar Negro hasta el valle del río Dnieper en Rusia hasta el mar Báltico y desde allí hasta el norte de Alemania y a Escandinavia.

Una rama de estas personas se hizo conocida como Sakae o Sajones (una contracción de "Hijos de Issac") y se estableció en el norte de Alemania. Poco después de que los romanos abandonaran las islas británicas en el siglo IV d.C., ciertas tribus celtas de las islas británicas invitaron a los Engles, los Sajones y los Jutes (que habían asaltado previamente la costa este de Inglaterra como piratas) para traer a sus bandas y ayudar a derrotar a otros celtas. Desde el siglo VIII hasta el siglo XI fueron conocidos como los vikingos escandinavos. Se convirtieron en el poder marítimo más volátil y fuerza militar en Europa. A menudo atacaban áreas costeras con flotillas que se encontraban con cientos de barcos y ejércitos altamente organizados de varios miles de soldados. Los franceses se cansaron de ser saqueados cada temporada de su cosecha, por lo que invitaron a los vikingos a aceptar una gran parte de Francia y cultivar sus propios cultivos. Los Hombres del Norte aceptaron y el territorio se conoció como Normandía, o amado por los Hombres del Norte.

Los antepasados Clough del autor fueron los vikingos que se instalaron en Normandía en Francia. Ellos vinieron a Inglaterra con Guillermo el Conquistador en 1066 a.C. En la distribución de tierras entre sus oficiales, una gran propiedad cayó a un CLOUGH en Yorkshire. Esta propiedad se ha transmitido de padre a hijo hasta la actualidad y se conoce como la Finca Donado a los Clough, y se encuentra a unos 26 kilómetros de la antigua ciudad de York.

En el año 1635, quince años después de que los primeros peregrinos emigraran a América, a la edad de 19 a 21 años, Juan Clough y su hermano zarparon de Londres, Inglaterra, en el barco Clíper La Elizabeth. Al llegar a los Estados Unidos, Juan Clough se estableció en Massachusetts. Uno de sus descendientes, David Cluff, cambió la ortografía de su apellido cuando se unió a La Iglesia de Jesucristo de los Santos de los Últimos Días (comúnmente conocido como los mormones) en 1830. El autor es un descendiente de este David Cluff, cuya ascendencia se remonta a los sajones y vikingos hasta la Casa de Israel. De hecho, ha podido remontar su ascendencia hasta Adán y Eva, los primeros padres de la humanidad, con la ayuda del libro de Michel L. Call, ANCESTROS ROYALES DE ALGUNAS FAMILIAS SANTOS DE LOS ÚLTIMOS DÍAS, y FamilySearch.org, en el que encontró que él es la generación 119 desde Adán. También calculó los intervalos de generación entre cada generación, desde Adán hasta su hijo mayor, y descubrió que suman a 6004 años.

En 2003, el autor fue contactado por Steve Currey de la Compañía de Expediciones de Provo, Utah, quien le pidió que lo ayudara a planificar una expedición a Nuestra Tierra Hueca. Organizaron la Expedición Viaje a Nuestra Tierra Hueca con planes de llevar un avión al Ártico para señalar la ubicación de la Apertura Polar del Norte, y luego seguir esto con una expedición marítima que fletara el Rompehielos Nuclear Ruso, el Yamal.

Desafortunadamente, en 2006, tres meses antes de la fecha de la partida del vuelo al Ártico, Steve descubrió que tenía seis tumores cerebrales inoperables y murió dos meses después. Su familia entonces canceló su participación en la expedición y devolvió el dinero de todos los expedicionarios.

Muchos miembros de la expedición expresaron interés en continuar la búsqueda para llegar a la Tierra Interna, por lo que, como miembro de la expedición, el Dr. Brooks Agnew se ofreció a ser su nuevo líder de expedición. El Dr. Agnew formó una nueva compañía de expedición, creó un buen sitio del web para la Nueva Expedición a la Tierra Interior del Polo Norte, pero después de 7 años promoviendo la expedición, renunció como líder de la expedición el 9 de septiembre de 2013. El mayor accionista de su nueva compañía de autos eléctricos,

Vision Motor Cars, ahora EV-Fleet le amenazó con retirar todo su dinero de su compañía si continuaba como nuestro líder de la expedición.

Actualmente, el Sr. Rodney Cluff alienta a todos partidos interesados a hacer su propia expedición a Nuestra Tierra Hueca, proporcionando la mejor evidencia disponible e instrucciones sobre el cómo llegar en este libro y sus futuras ediciones actualizadas.

Luego en enero de 2020, el físico, el Dr. Brooks Agnew ha vuelto a publicar su sitio de web y proyecta una nueva fecha para el verano de 2022 para llevar a cabo su Expedición a la Tierra Interior del Polo Norte. Está alquilando el nuevo rompehielos nuclear ruso, el Arktika, para llevar a los miembros de la expedición al Ártico en busca de la Apertura Polar del Norte. Dado que el itinerario muestra que la expedición irá al Polo Norte Magnético que se ubicó en 86.448 N 175.34585 E en 2019, y ahora se encuentra a un cuarto del camino hacia dentro de la abertura polar, los científicos que usen un giroscopio a bordo del Arktika deberían poder detectar la curvatura en la tierra hacia la Apertura Polar del Norte, que según mi última evidencia se encuentra centrada cerca de Northland, Rusia, en 85 N, 130 E.

Ahora puede suscribirse al canal de televisión La Tierra Hueca del Dr. Agnew para mantenerse informado del progreso y ayudar a financiar la expedición.

Si desea comprar una copia del libro, EL SUMO SECRETO DEL MUNDO: ¡NUESTRA TIERRA ES HUECA! - el resultado de más de 35 años de investigación en apoyo de la teoría de la Tierra Hueca / Planetas Huecos, puede hacerlo en Amazon.com o en el sitio del web de Rodney M. Cluff en: http://www.ourhollowearth.com/

PREFACIO

En 1981, llevé a mi familia a Alaska para buscar evidencia del hueco en nuestra tierra. Mientras estaba allí, hice dos amigos a quienes encontré que tenían un profundo deseo de viajar a Nuestra Tierra Hueca a través de la Apertura Polar del Norte. Pasamos el verano de 1981 con Fred M. Sandelin, quien 12 años antes había ido a Alaska para ver si podía encontrar una manera de ir a los Países del Norte. Tenía un negocio de pesca de salmón comercial muy lucrativo que esperaba utilizar para comprar un avión flotante y con el realizar un vuelo hacia el norte. Me pidió que fuera a pescar con él. Tuvimos una temporada exitosa y gané $7,000 en dos meses de pesca más una oferta por un trabajo de verano todos los años, si lo quería.

Fred me enteró de que mientras trabajaba en la línea DEW (las estaciones de radar de alerta temprana en el extremo norte para advertir de un ataque con misiles atreves del polo desde la Unión Soviética) vio algunas fotos tomadas en los Países del Norte de la Tierra Hueca mostrando la gente gigante y la vegetación que allí existen. Trabajó en la bahía de Prudhoe para las compañías petroleras como reparador de generadores eléctricos y dice que la pendiente norte hacia más de cien millas al sur no tiene árboles. Sin embargo, en la costa los esquimales reúnen madera flotante que viene del Norte, esa tierra más allá del polo donde el esquimal dice que el sol nunca se pone.

Mi otro amigo, Juan Gagne, a quien también conocí en Fairbanks, Alaska, había venido a Alaska hace años y trató de conseguir cierto apoyo para una expedición a la Tierra Hueca sin mucho éxito. Tuvo tres incidentes interesantes para relatar. Mientras estudiaba en BYU, conoció a una chica que era buena amiga de la familia Byrd. Como Juan en ese momento era miembro de una expedición que se preparaba para buscar el Arca de Noé en el Monte Ararat y había escrito el guión del comentario de la película, *En busca del Arca de Noé*, le preguntó si le preguntaría a la familia Byrd si Lo dejaría examinar los escritos de Byrd, esperando que sus credenciales los influenciaran favorablemente. Pero cuando regresó su amiga a Virginia para las vacaciones de Navidad y les preguntó, le dijeron que no dejaran que NADIE mirara los escritos de Byrd. Los tenían bajo llave y candado.

En 1991, mi esposa y yo asistimos a una Conferencia de OVNIs en Phoenix, Arizona, donde conocimos a Harley Byrd, quien decía ser el sobrino del Almirante Byrd. En el boletín de la conferencia, un artículo acerca de Harley Byrd dijo que trabajaba para la CIA. Así que creo que él estuvo allí para decirnos mentiras y desinformación sobre la Tierra Hueca. Dió el taller en la conferencia sobre la Tierra Hueca. Harley tenía una copia del supuesto Diario del Almirante Byrd del vuelo más allá de los polos y nos contó una historia de cómo lo consiguió, pero lo atrapé en su mentira. Declaró que en el funeral de Estado del Almirante, su tía estaba de pie junto al ataúd y pasó su mano sobre el cuerpo del Almirante cuando sintió unos papeles en su chaqueta. Así que en el momento oportuno cuando Harley le estaba entregando la bandera de los EE. UU. para cubrir el cuerpo, recuperó su tía los papeles de la chaqueta del Almirante y se la pasó a Harley debajo de la bandera.

Le pregunté si podía comprar la copia del diario que tenía en la mano. Quería $10 para él, así que le escribí un cheque, pero mientras lo revisaba, le dije que parecía mucho a una copia del diario de Byrd que había recibido varios años antes de parte de Bruce Walton, de Provo, Utah. Harley pareció sorprendido y me preguntó: *"¿Conoces a Bruce Walton?"* A lo que respondí: *"Sí, hemos sido amigos durante años."* Y con eso extrañamente tomó el diario de mi mano y me devolvió el cheque sin decir una palabra más.

El diario se ha publicado y está disponible de Publicaciónes de la Luz Interna y Amazon.com. Consiste en unas pocas páginas cortas que describen el registro de vuelo del Almirante en el vuelo de febrero de 1947 a esa Tierra Más Allá de los Polos. Dennis Crenshaw, investigador de la Tierra hueca, después de examinarlo, afirmó que el diario es falso porque encontró algunos de los pasajes escritas desde el libro de Jaime Hilton, HORIZONTE PERDIDO. Cuando Bruce me envió una copia del diario a finales de los 80, dijo que la había obtenido de Tawani W. Shoush, de la Sociedad Internacional para una Tierra Completa, y en la primera página, tenía la dirección de Tawani: Ruta 1 Caja 63, Houston, Missouri 85483. Bruce me dijo que pensaba que el diario era una fabricación. Sin embargo, el diario es sorprendentemente similar a una historia que me contó Juan Gagne en Alaska.

Juan me dijo que unos años antes, mientras trabajaba como comentarista de radio en el capital del estado de Alaska, Juneau, estuvo un fin de semana con algunos amigos cuando vieron un OVNI. Era de noche y estaban mirando las estrellas cuando una luz blanca brillante se iluminó sobre una montaña cercana. En ese momento se volvió de color rojo brillante y se zarpó hacia el espacio. De vuelta en el radio, alentó a las personas a llamar si hubieran visto el OVNI esa fin de semana y compartir la experiencia. Una señora, Sylvia Darvell, incluso vino a hablar con él en privado. Ella había estado involucrada en la política de Alaska desde hace mucho tiempo y dijo que fue a través de esta participación que se puso en contacto con el almirante Byrd y que se habían convertido en amigos cercanas. Ella dijo que después del vuelo de Byrd al Ártico más allá de los polos, se acercó a ella y le confió información que, según dijo, temía decirle al mundo por temor a que fuera condenado por demente.

Ella dijo que Byrd le había dicho que en su vuelo más allá del Polo Norte, él había venido a un abierto en el océano y luego llegó a tierra cubierta de exuberante vegetación y que luego vino a las ciudades de un pueblo *"grande en estatura."* Según Sylvia, aterrizaron allá y conocieron a las personas de la Tierra Hueca quienes lo recibieron bien. Dijo que eran amistosos y altamente avanzados en las ciencias; que poseían sistemas de transportación avanzadas como el tren de monorriel entre sus ciudades y naves, que desde entonces se han conocido como PLATILLOS VOLADORES.

Juan dijo que cuando se mudó a Fairbanks por primera vez para encontrar una manera de ir a los Países del Norte que se reunió con un agente del Servicio Secreto de Relaciones Exteriores de los Estados Unidos. Juan pensó que, como el gobierno de los Estados Unidos ha mantenido en secreto el descubrimiento de Nuestra Tierra Hueca, que tal vez este agente lo supiera. Por lo tanto, procedió a tratar de convencer al agente que le diera información sobre la apertura polar con la esperanza de descubrir la mejor manera de irse allá. Pero el agente negó persistentemente que supiera algo al respecto. Sin embargo, no pasó mucho tiempo después en que Juan recibió una llamada del agente con instrucciones para reunirse con él en un lugar determinado, después de lo cual Juan lo siguió hasta un rincón oscuro de un bar. Y de una manera muy reservada, el agente se ofreció a llevar a Juan a la Tierra Hueca con un hidroavión. ¡Pero quería 3 millones de dólares para llevarlo! No hace falta decir que Juan no pudo proveerlo el dinero.

Recientemente, un amigo me contó acerca de un artículo del que hablaban sus amigos en el trabajo, en el cual los informes de los pilotos de Aerolíneas que vuelan diariamente sobre el Ártico dicen que han visto una tierra subtropical en la región del Polo Norte cubierta por una exuberante vegetación.

Incidentalmente, Fred, mi amigo en Fairbanks que trabajó en la línea de radar de alerta temprana distante y observó cómo los aviones de las aerolíneas avanzaban sobre el área polar en el radar, notó que ninguno de ellos había pasado por el área descrita en este libro como la Apertura Polar del Norte. Todos volaron a cada lado de ella. El hecho es que si intentaron sobrevolar la Apertura Polar, ellos no podrían hacerlo porque es demasiado grande. Si intentaran sobrevolarlo, el avión seguiría la curvatura de la tierra en el labio polar hacia el interior hueco de nuestro planeta.

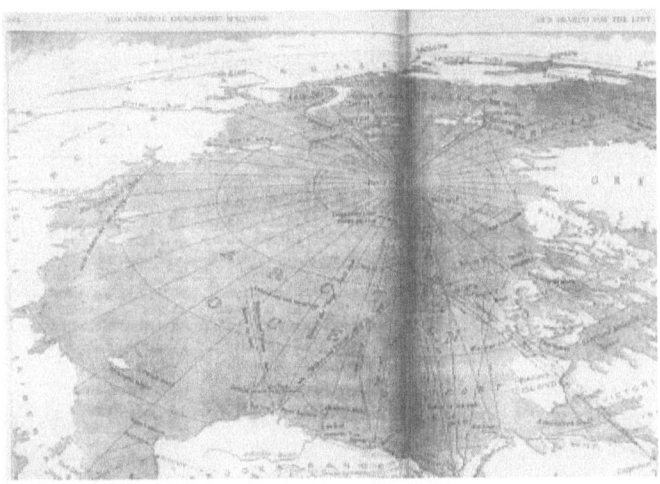

Es la opinión de este autor que esto sucedió realmente el 12 de agosto de 1937 a los llamados *"aviadores soviéticos desaparecidos"* como se describe en el libro de Vilhjalmur Stefansson, MISTERIOS NO RESUELTOS DE LA ÁRTICA, en el cual un vuelo intentó pasar directamente sobre el Ártico desde Moscú, Rusia a Fairbanks, Alaska. Se recibieron transmisiones de radio del vuelo infortunado, pero los oyeron cada vez más débiles hasta que no se recibieron más. Los subsecuentes vuelos de rescate no pudieron localizarlos. Moscú canceló la búsqueda después de 7 meses. Lo más probable es que los aviadores soviéticos volaran inadvertidamente a través de la Abertura Polar del Norte y entraron a Nuestra Tierra Hueca, donde se estrellaron o decidieron quedarse porque es un paraíso allí.

Jack West comentó sobre la teoría de una Tierra Hueca como un buen lugar para que el Señor escondiera las Diez Tribus Perdidas de Israel en sus grabaciones, LA SEGUNDA

VENIDA DE CRISTO. Ubicado hacia el final del primer lado de la segunda cinta, este líder mormón tenía esto que decir:

"Ahora, si me citan, probablemente lo negaré, porque no puedo darle el libro y la página. ¿Pero no sería emocionante si esas historias que seguimos escuchando son ciertas? ¿No sería emocionante si la tierra es hueca en lugar de un estado fundido allá abajo y que hay personas dentro de la tierra?"

"¿No sería emocionante si ese libro está basado en hecho? Y este maravilloso compañero vivió cerca de mí. Vivía en Glendale, en el sur de California, a pocos kilómetros de donde vivo. Y cuando estaba a punto de fallecer e ir a conocer a su creador, Olaf Jansen ... le contó su historia de casi toda una vida a su amigo más querido ... Su amigo fue allí y allí tenía pruebas documentadas, donde quiera que vayas, de un viaje que él y su padre hicieron al interior de la tierra. Eran pescadores noruegos. En un libro llamado, EL DIOS HUMOSO, si quieres tomar nota de ello. ¡Lo lees y ves lo que piensas!"

"Ya ven", continuaba, *"escuché esa transmisión como muchos de ustedes lo escucharon, por el Almirante Byrd. Por su testimonio dijo que, 'hemos volado cientos de millas al norte del polo norte, cada centímetro del camino, sobre un hermoso bosque y tierras verdes con colinas y hermosas aguas azules, y hemos visto animales gigantes en el bosque.' Y luego tuvieron que regresar porque estaban casi sin gas. Se fue al Polo Sur. Esta vez recibió más gas; fue aún más al sur del polo SUR, cada pulgada del camino, testificó, sobre aguas azules y hermosos bosques y cerros verdes."*

"Ahora, no sé la respuesta. Todo lo que sé es que el mayor número de avistamientos de ovnis han sido cerca de los polos norte y sur. ¿No sería eso fascinante si algunos de ellos vinieran desde abajo? Sí, son mucho más avanzados que nosotros, todos testifican. Consigue este libro llamado, LA TIERRA HUECA. Es un libro científico esta vez; da evidencia por todas partes de que el gobierno deliberadamente calmó y silenció la historia del Almirante Byrd que escuché sus dos transmisiones internacionales como muchos de ustedes lo hicieron en la conexión de la radio internacional cuando contó estas historias. Créeme, ¡NO ESTABA LOCO! ¡Creo con todo mi corazón que literalmente hicieron exactamente lo que él dijo que hicieron!"

"... ¿Qué pasa con Peary cuando consiguieron el pájaro que les salvó la vida? Se paró en su equipo y lo capturaron. Y cuando lo abrieron, tenía SACATE VERDE en su estómago. Y, sin embargo, no sabían de cualquier hierba verde a miles de kilómetros de donde estaban ... ¿Qué hay de EL ORO DE LOS DIOSES y la historia de von Daniken? Lo conozco personalmente. Erich von Daniken quién escribió, CARROS DE LOS DIOSES y ahora ORO DE LOS DIOSES. Consíguelo si no lo tienes. Es emocionante ¿Qué pasa con esos miles de kilómetros de túneles debajo de la tierra en Ecuador? Nosotros no sabemos donde realmente comienzan. Pero los encontraron en el extremo norte de Ecuador hasta Chile. No han llegado al final de ellos en ninguno de los extremos y, sin embargo, hay un viento que sopla por allí todo el tiempo y la leyenda es que algunos de estos túneles bajan en espiral hacia el interior de la tierra a una tierra hermosa dentro de la tierra."

"No sé la respuesta", dice Jack West, quien también es un arqueólogo aficionado. *"Es interesante. He investigado mucho al respecto y estoy empezando a creer que podría ser una posibilidad. Brigham Young enseñó como si las Diez Tribus estuvieran muy cerca de nosotros; que ciertamente no tenían que venir de otro planeta cuando regresan."* (Cintas de cassette, LA SEGUNDA VENIDA DE CRISTO, publicada en 1978 por Sonidos de Zion, Box 7332, Murray, Utah 84107)

La opinión de este autor es que la Teoría de la Tierra hueca contesta a una gran cantidad de preguntas que hasta ahora han sido misterios completos sin soluciones a la vista. Por fin, para una persona con una mente abierta y un corazón inquisitivo, puede verse una imagen más completa. Es, por lo tanto, con confianza en que presento las ideas en este libro como VERDADES, que el tiempo demostrará ser teorías correctas y válidas.

Agradezco de todo corazón a todos los que me han animado a escribir este libro; mi esposa, Queta, mi hermana, LaVerne, mis amigos en Alaska; mi madre, que junto con mi padre al principio rechazó la idea misma de una Tierra Hueca, pero posteriormente la aceptaron como EL lugar donde el Señor ha ocultado las TRIBUS PERDIDAS y me alentaron a obtener derechos de autor y publicar mi libro."

PRÓLOGO

Lo que estás a punto de leer es tan absolutamente FANTÁSTICO, INCREÍBLE y DESCONOCIDO para ti que pensarás que es imposible que sea la verdad, ¡PERO LO ES!

SABIAS?...

--¡Que nuestra supuesta Tierra sólida está realmente HUECA con aperturas polares hacia el interior!

--¡Que el hogar de los PERDIDOS pero ahora ENCONTRADOS Diez Tribus de Israel es la superficie interior de NUESTRA TIERRA HUECA!

--¡Que la ciudad capital de las Diez Tribus de Israel es la verdadera ubicación del JARDÍN DE EDEN dentro de nuestra tierra!

--¡Que la ubicación física del PARAISO donde van los espíritus justos de los muertos es un sol en el centro de Nuestra Tierra Hueca que da LUZ a la vida vegetal, animal y humana dentro de nuestra tierra!

--¡Que civilizaciones más grandes que cualquiera de las que hayas oído, viven actualmente en CAVERNAS gigantes iluminadas dentro de la corteza de la Tierra!

--¡Que no solo es nuestra tierra HUECA, sino que nuestra luna es hueca como lo son TODOS los planetas e incluso el sol!

--¡Que la nación más rica, quizás más poblada, más poderosa y más avanzada de esta tierra está DENTRO de la tierra!

--¡Que el verdadero origen de los PLATILLOS VOLADORES es la nación israelita dentro de nuestra tierra, y que también vienen de otras planetas de nuestra sistema solar, y de otras estrellas de nuestra galaxia!

--¡Que la mayoría de los platillos voladores avistados en todo el mundo son del militar de la Nación Israelita de la Tierra Hueca y están operando un DEFENSIVO contra la CONSPIRACIÓN INTERNACIONAL ILUMINISTA-COMUNISTA-JESUITA!

--"¡Que la Conspiración Internacional de Iluministas y Comunistas y Jesuitas, que controla el gobierno de los Estados Unidos 60-80%, está operando actualmente una OFENSIVA contra esa Nación Israelita dentro de Nuestra Tierra Hueca con intenciones de subyugarla bajo un gobierno mundial suya!

--¡Que el dominio comunista-iluminista-jesuita sobre el mundo finalmente se romperá con la ayuda de la Nación de las Diez Tribus de la Tierra Hueca y sus platillos voladores!

--"¿Por qué los gobiernos del mundo consideran que la Tierra Hueca, sus habitantes y sus platillos voladores son el SUMO SECRETO DEL MUNDO?

INTRODUCCIÓN

Quizás las ideas que se desarrollarán aquí pueden ser consideradas por algunos como especulación. Pero todos los buscadores de la verdad, es decir, los verdaderos científicos, están invitados a tomar estas teorías y buscar pruebas que demuestren que son verdaderas. La ciencia es la búsqueda de la verdad. La búsqueda comienza con la formulación de una teoría basada sobre una acumulación de evidencias que no son suficientes para establecer un hecho, siendo el hecho una manifestación de la verdad última.

Muchos científicos han obtenido la verdad de sus teorías, porque sus teorías eran válidas. Tal científico fue Cristóbal Colón, quien con la evidencia acumulada por él mismo y por otros llegó a la conclusión, o en otras palabras, formuló una teoría de que la tierra es redonda y no plana como la que muchos suponían en ese tiempo. Su teoría era válida, porque cuando se dispuso a demostrar que era verdad, encontró la evidencia suficiente para demostrar que era un hecho, que la tierra era verdaderamente redonda y que un hombre podía ir al oeste y llegar al mismo lugar que el hombre que fue al este. Aunque la tierra no fue realmente circunnavegada hasta después del día de Colón, sin embargo, fue él quien acumuló la evidencia suficiente para demostrar al mundo de su época que la tierra era redonda y que podía ser circunnavegada.

La expedición de Ferdinando Magellan fue el primero en circunnavegar la Tierra por el Oceano Pácifico demostrando que la Tierra es redonda empezando en España en 1519 y terminando en España en septiembre de 1522. Luego, a partir de 1979, la Expedición Transglobal con Sir Ranulph Fiennes y Charlos R. Burton circunnavegó el eje polar de la Tierra terminando el 29 de agosto de 1982. Desde el lanzamiento de los primeros satélites que orbitan la Tierra en 1957, a principios de 2019, La Oficina de las Naciones Unidas para Asuntos del Espacio Ultraterrestre informó en su Índice de Objetos Lanzados al Espacio Ultraterrestre, que había 4,987 satélites orbitando el planeta la tierra. Stuffin.space da una idea visual bastante buena de cuántos satélites y escombros están ahora orbitando la Tierra. Si gira la tierra hacia sus polos norte y sur, puede ver una escasez interesante en los satélites en órbita polar en Stuffin.space.

Colón tenía una teoría válida que resultó ser cierta, que la tierra era ciertamente redonda. Pero ha habido muchos científicos que han formulado teorías que, al acumular más evidencia, han resultado ser falsas. Una de esas teorías, probada como falsa por muchos científicos, y aún propagada como si fuera una religión, es la llamada teoría de la evolución orgánica, formulada y popularizada por Carlos Darwin. Esta teoría, que afirma que las formas de vida superiores evolucionaron a partir de formas de vida inferiores, contradice directamente el hecho altamente establecido de que las especies solo pueden propagarse según su propia clase. Y si dos especies se aparean, o bien no tienen descendencia, o su descendencia, como la mula, no puede tener descendencia. Y el hecho de que, aunque muchas especies se han extinguido a lo largo de la historia, hay especies que viven en la actualidad que no han cambiado en lo absoluto desde el principio de la creación de la tierra, como la hormiga y la cucaracha cuyos fósiles prehistóricos encontrados en los estratos más tempranos son idénticos a los de hoy.

Si la vida realmente evolucionó a lo largo de eones de tiempo, como sostuvo Darwin, es lógico que el registro fósil esté repleto de formas de vida de transición en el proceso de evolución de una especie a otra. Sin embargo, NO se han encontrado formas de transición en el registro fósil. El hecho de que los restos de animales, plantas y humanos estén completamente desarrollados en los estratos más tempranos de la tierra en que se encuentran, demuestra que no hubo un desarrollo gradual o evolución de las formas de vida durante eones de tiempo. Se encuentra continuamente que las formas de vida se colocan repentinamente en la Tierra completamente desarrolladas en sus formas más altas.

¿No sería una búsqueda más provechosa de la verdad donde las teorías se basan en evidencia científica MÁS la inspiración de Dios y el apoyo de la palabra revelada de Dios registrada en las Escrituras y no solo en la imaginación poco confiable del hombre? Darwin imaginó que el origen de las especies sucedió por casualidad y evolucionó a especies más altas y complejas a lo largo de millones de años. Él mismo admitió antes de morir que su teoría podría ser falsa y que Dios podría haber creado el mundo y toda la vida en él, después de todo.

La teoría de Darwin ha sido comprobada como falsa. Se pueden obtener muchos libros excelentes que refutan la evolución de los científicos del Instituto para la Investigación de la Creación, Caja Postal 59029, Dallas, Tejas 75229, 1806 Royal Ln, Dallas, Tejas 75229. Un excelente ejemplo es un libro del Dr. Edwardo F. Blick, UN ANÁLISIS CIENTÍFICO DE

GÉNESIS. Se puede obtener otra literatura recomendada del Movimiento de Protesta de la Evolución en 110 Calle Havant, Isla Hayling, Hants, Polloll, Inglaterra. Una revista *La Ciencia de la Creación* es publicada por 500 científicos de la creación, todos con títulos de posgrado en las ciencias, de la Sociedad Sobre la Investigación de la Creación, en 2717 Cranbrook Road, Ann Arbor, Michigan 48104.

Cristóbal Colón, cuya teoría de que la tierra es redonda, dijo que fue inspirado por el Espíritu Santo para ir y demostrar que es verdad. Colón habló de la fuente de su teoría. Dijó el,

> *"... nuestro Señor me abrió la mente, me envió al mar y me dio fuego por el hecho. Aquellos que oyeron hablar de mi empresa lo llamaron tonto, se burlaron de mí y se echaron a reír. ¿Pero quién puede dudar que el Espíritu Santo me inspiró?"* (Jacob Wasserman, Colón, Don Quijote de los mares, p. 20)

La teoría de Colón incluso ha sido demostrado verdadera en cumplimiento de profecía de las escrituras. Nefi, el gran profeta americano antiguo, escribió 600 años antes de Cristo, del descubrimiento de América por parte de Colón. En una visión del futuro, Nefi escribió,

> *"Y miré, y vi entre los gentiles a un hombre que estaba separado de la posteridad de mis hermanos por las muchas aguas; y vi que el Espíritu de Dios descendió y obró sobre él; y el hombre partió sobre las muchas aguas, sí, hasta donde estaban los descendientes de mis hermanos que se encontraban en la tierra prometida."* (1 Nefi 13;12, EL LIBRO DE MORMÓN)

La teoría de Colón de que la tierra es redonda también está respaldada por las Escrituras. Alma le dijo al anticristo, 74 años antes del nacimiento de Cristo,

> *"Las Escrituras están delante de ti; sí, y todas las cosas indican que hay un Dios, sí, aun la tierra y todo cuanto hay sobre ella, sí, y su MOVIMIENTO, sí, y también todos los PLANETAS que se mueven en su orden regular testifican que hay un Creador Supremo. "* (Alma 30:44)(Énfasis MÍO a lo largo de este libro.)

En otro lugar del Libro de Mormón, este movimiento de la tierra al que se refería Alma indicaba que los nefitas entendían que era la rotación de una tierra redonda. Helamán escribió,

> *"Sí, por el poder de su voz tiembla toda la tierra; sí, por el poder de su voz, se cimbran los fundamentos, aun hasta el mismo centro. Sí, y si dice a la tierra: Muévete, se mueve. Sí, y si dice a la tierra: Vuélvete atrás, para que se*

Rodney M. Cluff

alargue el día muchas horas, es hecho. Y así, según su palabra, la tierra se vuelve hacia atrás, y al hombre le parece que el sol se ha quedado estacionario; sí, y he aquí, así es, PORQUE CIERTAMENTE LA TIERRA ES LA QUE SE MUEVE Y NO EL SOL." (Helamán 12:11-15)

Y en nuestros días, el Señor reveló a José Smith el moderno profeta estadounidense que la tierra gira:

"La tierra rueda sobre sus alas, y el sol da su luz de día, y la luna da su luz de noche, y las estrellas también dan su luz, a medida que ruedan sobre sus alas en su gloria, en medio del poder de Dios. " (DOCTRINA Y CONVENIOS 88:45)

En la Biblia, Isaías, hablando de Dios, escribió: *"Es el que se sienta en el círculo de la tierra ..."* (Isaías 40:22). La palabra *"círculo"* que proviene de la palabra hebrea *"khug"* se interpreta por algunos eruditos hebreos que significa *"esfericidad"* o *"redondez."*

Así vemos que la teoría de Colón fue inspirada por Dios, está respaldada por las Escrituras, y confirmado por la exploración. Por otro lado, las escrituras no apoyan la teoría de la evolución orgánica, que de hecho contradice la palabra escrita de Dios.

1. La teoría de la evolución mantiene que la tierra llegó a existirse hace millones de años. Esto contradice las Escrituras que afirman que la tierra fue creada (organizada) en seis días del Señor, un día del Señor siendo 1,000 de nuestros años terrestres. (Abrahán, 3: 4, La Perla de Gran Precio)

Algunos científicos de la creación creen que los siete días del período de la creación de la tierra fueron los mismos de nuestros días de 24 horas. Si Dios dijo que creó la tierra en seis días, y descansó en el séptimo, ¡entonces hizo eso! ¿Pero de qué días? ¿Días de la tierra, o los días en el planeta donde reside Dios?

Ahora, si eres Dios y estás creando una tierra, ¿cómo vas a medir el tiempo? Lo medirías de acuerdo con el tiempo en el planeta donde vives. ¿Cierto? Entonces, ¿cuánto tiempo dura un día en el planeta donde reside Dios?

Pedro enseñó que un día del Señor es como 1,000 años de la Tierra,

"Pero, oh amados, no ignoréis esto, que para el Señor un día (del Señor) es como mil años (de la Tierra) y mil años (de la Tierra) como un día (del Señor)." (2 Peter 3:8)

Ahora, ¿por qué creerías en los *"literales"* seis días de la Creación y luego dices que Pedro no está hablando

xxi

literalmente? Pedro está diciendo claramente que un *"día"* del Señor es 1,000 años la Tierra. Pedro continúa diciendo en el versículo 10 que,

> *"...Pero el día del Señor vendrá como ladrón en la noche; en el cual los cielos pasarán con gran estruendo, y los elementos, ardiendo, serán deshechos, y la tierra y las obras que en ella hay serán quemadas...."*

Así que CUANDO es el Día del Señor?

El Día del Señor es 7 días después del último Día del Señor, el día en que el Señor descansó de sus labores de la creación. Un día del Señor siendo 1,000 años de la Tierra, Adán cayó 4,000 años antes de Cristo, por lo que el año 2,000 sería 6,000 años desde la Caída y comienza el Milenio, el séptimo día, el Día del Señor. ¡Entonces el Señor todavía cuenta sus días como 1,000 años de la tierra!

Por lo tanto, el período de la creación fue 7,000 años, NO siete días de 24 horas. Tampoco fueron millones de años como los evolucionistas nos harían creer. Adán y Eva fueron expulsados de la presencia de Dios del Jardín del Edén 4,000 años antes de Cristo y en el año 2000, había pasado unos 2,000 años desde el nacimiento de Cristo. Por lo tanto:

7,000 Período de la Creación

4,000 Adán a Cristo

<u>2,000</u> desde Cristo hasta el año 2000

Entonces en el año 2000, habían pasado 13,000 años desde que comenzó la creación. (DOCTRINA DE SALVACIÓN, José F. Smith, Vol. I., pp. 78-80)

Después de leer lo anterior, un ateo de Canadá escribió,

> *"Resulta que soy un ateo. No creo en la superstición y todas las religiones se basan en mitos. En la página 15 de tu libro dijiste que la creación comenzó hace 13,000 años. ¿Has oído hablar de los dinosaurios? Algunos de estos vivieron hace 130 a 170 millones de años. No son un mito. He visto sus esqueletos. Tienen varios en Elk Island Park en Calgary, Alberta. ¿Dónde estaban estos animales antes de tu creación? a la deriva en el espacio? Han encontrado huesos humanos que datan de 30,000 a 40,000 años de edad. Tu teoría de la creación es tanto mierda de toros."* - Juan Sandbekken, Lote 65, R.R. 2, Riva Ridge Est., Penticton, BC V2A 6J7

Los científicos también dicen que el dinosaurio se extinguió mucho antes de que el hombre apareciera en la escena de la historia. Sin embargo, a lo largo del río Puluxy cerca de Glenrose, Tejas, se descubrieron huellas humanas junto a las de un dinosaurio incrustado en la piedra sedimentaria. Las huellas humanas tenían 16 pulgadas de largo, 9 pulgadas de ancho y el paso era de 6 pies. Su altura era probablemente de unos 10-15 pies de altura. Cuando se descubrieron las huellas, quedó claro que el hombre había estado caminando, pero comenzó a correr cuando el dinosaurio de tres dedos que comía carne comenzó su ataque y persiguió al humano. Ahora, esto seguramente es una prueba sólida de que el hombre vivió en los tiempos de los dinosaurios, lo que contrariamente a la opinión científica popular no fue hace millones de años, sino de unos pocos miles.

Considere también que se han descubierto huesos de dinosaurio con vasos sanguíneos con glóbulos rojos y hemo en la médula de sus huesos, lo cual no sería posible si los dinosaurios hubieran muerto hace millones de años. (Descubrimiento de la paleontóloga Maria Schweitzer, en un artículo titulado "Dinosaur Shocker," de Elena Fields, publicado en la Revista Smithsonian, smithsonian.com)

Un método de datación geológica está bajo cierta sospecha. Esa es la datación por el carbono 14. Este método de datación se basa en el supuesto de que la tasa de formación de carbono-14 en la atmósfera superior es igual a la tasa de descomposición. El Dr. Libbi, quien inventó el método, razonó que la tasa de formación debe ser igual a la tasa de descomposición porque solo se necesitarían 30,000 años para que se establezca este equilibrio, y dice que todos *"saben"* que la Tierra tiene más de 30,000 años de edad. Sin embargo, los últimos estudios indican que la tasa de formación NO ES IGUAL a la tasa de descomposición, una prueba positiva de que la Tierra es más joven que 30,000 años y que este método de datación no es válido. Por ejemplo, los pingüinos que viven en la Antártida hoy han producido edades de carbono-14 con 3,000 años de antigüedad cuando se los analiza. Focas muertos recientemente dieron edades de 1,000 años. (EL GRAN ERROR DEL DINOSAURIO, por Kelly L. Seagraves, 1975, Beta Books, California). Otros métodos de datación geológica son igualmente defectuosos, como se documenta en el folleto de Sylvia Baker, ¿HUESO DE CONTENCIÓN, ES VERDADERA LA EVOLUCIÓN?

Por otro lado, un estudio descrito en el libro del Dr. Blick, UN ANÁLISIS CIENTÍFICO DE GÉNESIS, de varios miles de fósiles que utilizan el método de datación Carbono-14 del Dr. Libbi corregido para tomar en cuenta la tasa real de formación y descomposición del Carbono-14 en la atmósfera superior, data la mayoría de los fósiles desde hace unos 5,000 años, que indica con mucha fuerza que la inundación de Noé creó los fósiles en 2,345 a.C. y no por millones de años de deposiciones. Las capas de sedimentos fueron depositadas por las aguas del diluvio de Noé. Y en esas capas es donde se encuentran los huesos fósiles. Si la evolución es correcta, ¿por qué no se crean fósiles hoy?

Jorge F. Dodwell, el astrónomo del gobierno de Australia del Sur y miembro de la Sociedad Royal Astronomical de Gran Bretaña, en su libro inédito, LA OBLIQUIDAD DEL ECLÍPTICO, describe la evidencia de la causa de la inundación de Noe desde sitios astronómicos en todo el mundo. Después de representar gráficamente las observaciones históricas realizadas por los antiguos astrónomos de Grecia, India, China, Arabia, Egipto y la Europa medieval desde la antigüedad hasta la Edad Media, y examinar antiguos sitios astronómicos como los templos solares de Egipto, el antiguo monumento británico en Stonehenge, y el templo solar de Tiahuanaco, cerca del lago Titicaca en las montañas de los Andes de Bolivia, el astrónomo Jorge F. Dodwell determinó con una curva gráfica de las observaciones astronómicas de la oblicuidad de la inclinación de la tierra a su eclíptica alrededor del sol desde la antigüedad hasta el presente - que en el año 2,345 a.C. la tierra se inclinó repentinamente sobre su eje a aproximadamente 26.5 grados por el paso de un cometa del tamaño de un planeta que devastó el mundo antiguo con el diluvio de Noé, y que desde entonces ha regresado gradualmente a la actual inclinación de 23.45 grados de la tierra a la eclíptica plano alrededor del sol. Vea su gráfica aquí:

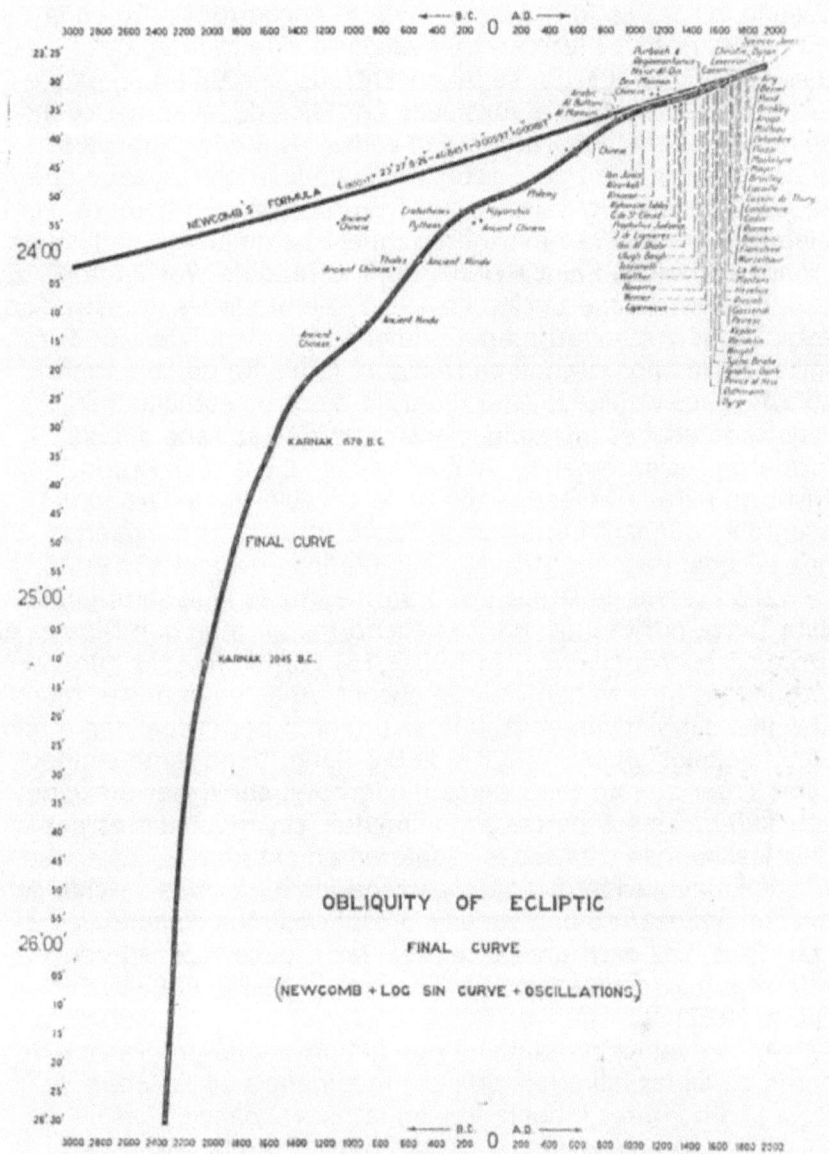

Otros métodos científicos de datación están bajo cierta sospecha. Considere el método de datación de potasio-argón para los flujos de lava. Este método de datación de rocas se basa en la suposición de que no hay argón en las rocas como resultado de la desintegración radioactiva de potasio a argón cuando la roca se formó como lava. El encontrar argón en la roca de lava en su formación invalidaría este método de datación. Sin embargo, se ha encontrado que tal argón existe en rocas recientemente formadas en flujos de lava, que cuando se analizan en el laboratorio dan como resultado millones de años de antigüedad para estas rocas de lava que se sabe que se formaron dentro del conocimiento histórico del hombre. Por ejemplo, en 1992, se extrajeron muestras de piedra de lava del monte del volcán Saint Helens, en el estado de Washington, EE. UU., que entró en erupción en 1980. Se probó las muestras de estas rocas y resultaron en a una edad promedio de 1.056 millones de años cuando en realidad, la piedra de lava tenía solo 12 años de edad. Una multitud de otros estudios han reportado edades increíbles para rocas que se sabe que se formaron recientemente. (Ver el artículo *Exceso de Argón*... del Instituto para la Investigación de la Creación). La verdad del asunto es que la creación de la Tierra es un evento reciente, que sucedió hace no más de 13,000 años desde el año 2000.

2. La teoría de la evolución afirma que la vida se originó en esta Tierra por casualidad. Las escrituras afirman que Dios es el único creador de la vida. (2 Nefi 2:13) Para mantener que las intrincadas formas de vida que encontramos en la tierra, todos viviendo simbióticamente juntos surgieron por casualidad o por alguna explosión prehistórica de Big Bang, tiene tanto sentido como creer que un rascacielos moderno puede llegar a existir con solo todas sus partes simplemente "cayendo" juntos por sí mismos. Ambas creaciones requieren un creador.

3. La evolución dice que las especies de formas de vida pueden avanzar de una especie a especies más complejas y más altas. Las escrituras dicen que las especies se reproducen solo según su propia especie. (Moisés 2: 22-24, PERLA DE GRAN PRECIO)

4. La evolución mantiene que el hombre ha progresado de hombres de las cavernas de poca inteligencia en la *"Edad de Piedra"* a hombres inteligentes en la *"Era Espacial."* Las escrituras dicen que los primeros hombres en la tierra fueron personas inteligentes y alfabetizadas que leyeron, escribieron y hablaron un lenguaje perfecto. (Moisés 6: 5, 6) Se ha encontrado evidencia arqueológica que indica que las civilizaciones antiguas estaban muy avanzadas tecnológicamente. Sus ciudades construidas con piedras enormes que pesan más de lo que nuestro equipo moderno puede mover se encuentran en todo el mundo, muchas de las cuales se encuentran sumergidas en las costas en las

plataformas continentales, lo que indica que los niveles del océano durante su época eran mucho más bajos que ahora. Ver: http://www.beforeus.com/

5. La evolución niega que Adán fue el primer hombre. Insiste en que los hombres de las cavernas existieron miles de años antes de que los hombres inteligentes evolucionaran. Las escrituras declaran claramente que Adán fue el primer hombre en esta tierra. (Moisés 1:34) (I Corintios 15:45) La esposa de Adán, Eva, era *"la madre de todos los vivientes."* (Génesis 3:20)

6. La evolución mantiene que la muerte ha existido durante millones de años desde que la vida apareció por primera vez en la tierra. Las escrituras dicen que antes de que Adán trajera la muerte al mundo, todas las cosas eran inmortales. (2 Nefi 2:22, I Coríntios 15:21, 22)

7. La evolución mantiene que la supervivencia del más feroz (o el más apto) es la ley de la progresión. Las escrituras declaran claramente que el hombre pacífico, obediente a las leyes de Dios, trae prosperidad y larga vida, mientras que el hombre perverso feroz produce su completa destrucción. Con respecto a la gente de América, el Señor le dijo al Hermano de Jared unos 2,000 años antes de Cristo,

> *"Porque he aquí, esta es una tierra escogida sobre todas las demás; por tanto, aquel que la posea servirá a Dios o será exterminado, porque es el eterno decreto de Dios. Y no es sino hasta cuando llega al colmo la iniquidad entre los hijos de la tierra, que son exterminados."* (Eter 2:10)

El Libro de Mormón es un registro histórico de dos de estas civilizaciones que, de hecho, fueron barridas literalmente de la tierra de América cuando maduraron en la iniquidad. Uno, la nación Jaredita, cuya gente llegó a América en submarinos desde la Torre de Babel, fue destruida en una guerra civil alrededor del año 500 a.C. La nación Nefita que se originó de dos familias que llegaron a América en un barco desde Jerusalén en 600 a.C. fue destruido en 421 d.C. De hecho, ambas civilizaciones fueron destruidas por conspiraciones. El Libro de Mormón los llamó "combinaciones secretas." Hoy, una vez más, la civilización en América está siendo amenazada por una conspiración de los Súper Ricos, los mismos que promueven la teoría de la Evolución Orgánica atea.

La verdad sobre la teoría de la evolución orgánica es que es una doctrina del diablo. Es un hecho que lo primero que los comunistas enseñan a una nación que han tomado es la Teoría de la Evolución Orgánica. Niega la verdad revelada por Dios y persuade a los hombres a no creer en Cristo.

Algunos cristianos profesan poder ser coherentes en su creencia en Jesucristo y seguir creyendo en la teoría de la evolución orgánica. Se están engañando a sí mismos. José F. Smith, Jr., en su libro, EL HOMBRE, SU ORIGEN Y DESTINO, muestra cómo esto no puede ser.

El hecho mismo de que la evolución promueve la creencia de que la muerte existió desde el principio en que la vida evolucionó en este planeta contradice la enseñanza bíblica de que Adán trajo la muerte a este mundo por desobedecer a Dios. El apóstol Pablo escribió,

"Porque así como en Adán TODOS mueren, así también en Cristo TODOS serán vivificados." (I Coríntios 15:22)

Al participar del fruto prohibido que cambió sus cuerpos de inmortalidad a mortalidad, Adán y Eva trajeron la muerte al mundo 4,000 años antes del nacimiento de Cristo. Cayeron de la presencia de Dios cuando fueron expulsados del Jardín del Edén a nuestro mundo del superficie.

Ya que Dios salva todas las obras de sus manos, para que el hombre caído pueda volver a Su presencia, un Salvador tuvo que ser provisto. ¿Por qué? Porque el hombre caído no puede hacerlo solo. Esto contradice la creencia evolucionista, que mantiene que estamos solos, y evolucionará el hombre constantemente con nuestros PROPIOS esfuerzos! La evolución afirma con confianza que no hay necesidad de un Dios o un Salvador, ya que, después de todo, esta tierra y toda la vida en ella llegaron a existir por si SOLOS, por casualidad, ¡Dicen!

Por lo tanto, si crees en la evolución, debes admitir que Adán no trajo la muerte a este mundo. Y como lo afirma José F. Smith en su libro, si Adán no trajo la muerte al mundo, entonces tendrás que admitir que NO hay necesidad de un Salvador, que la Biblia mantiene que nos salvará de la muerte que Adán trajo sobre nosotros, cuando Cristo nos resucita a todos de la tumba! Simplemente no hay forma de evitar esto para alguna transigencia. Si crees en la teoría de la evolución orgánica, no tienes necesidad de creer en nuestro Salvador, ¡Jesús el Cristo! ¡Es por esto que los comunistas matan a los cristianos! No existe tal cosa como un cristiano que es comunista, o un comunista que es cristiano. Los comunistas creen en la teoría de la evolución orgánica donde no hay necesidad de que un Dios nos salve de la muerte y el pecado. Si no hay Dios, entonces no hay pecado, porque el pecado es el quebrantar la ley de Dios. Los comunistas y los evolucionistas son una ley para sí mismos, ¡y por eso actúan como animales que piensan que son! ¡Pero NO SOMOS ANIMALES! Somos hijos de Dios, y por eso necesitamos actuar así como Hijos de Dios.

Los profetas nos dan buenos consejos para juzgar todas las teorías. Moroni escribió, 400 años después de la visita de Cristo a las Américas después de su resurrección,

"Pues he aquí, mis hermanos, os es concedido juzgar, a fin de que podáis discernir el bien del mal; y la manera de juzgar es tan clara, a fin de que sepáis con un perfecto conocimiento, como la luz del día lo es de la obscuridad de la noche.

Pues he aquí, a todo hombre se da el Espíritu de Cristo para que sepa discernir el bien del mal; por tanto, os muestro la manera de juzgar; porque toda cosa que invita a hacer lo bueno, y persuade a creer en Cristo, es enviada por el poder y el don de Cristo, por lo que sabréis, con un conocimiento perfecto, que es de Dios.

Pero cualquier cosa que persuade a los hombres a hacer lo malo, y a no creer en Cristo, y a negarlo, y a no servir a Dios, entonces sabréis, con un conocimiento perfecto, que es del diablo; porque de este modo obra el diablo, porque él no persuade a ningún hombre a hacer lo bueno, no, ni a uno solo; ni lo hacen sus ángeles; ni los que a él se sujetan." (Moroni 7:15-17)

Por lo tanto, vemos que aquí tenemos dos hombres que han propuesto teorías, que han tenido una influencia inmensa sobre las personas del mundo. Uno, su teoría basada en las imaginaciones de su mente, no soportable por la evidencia científica, contradictoria a la palabra revelada de Dios y propagada como una doctrina del diablo, persuando a las personas a no crear en Cristo; el otro, su teoría basada en la inspiración del Espíritu Santo, demostrada ser verdadera por la observación científica, cumpliendo las profecías de las escrituras: ¿cuál teoría demostró ser válida?

El objetivo de la ciencia debe ser descubrir la verdad. También debe buscar evidencia que compruebe lo que Dios ha dicho que es verdad. Al hacerlo, todas las teorías que buscan la verdad deben estar respaldadas por la palabra revelada de Dios, y apoyado por la observación científica válida, o llegarán a la nada.

Para descubrir la verdad, debe ser la primera ley de un científico en basar su búsqueda de la verdad en las Escrituras y en la inspiración del Espíritu Santo. Si una teoría contradice las Escrituras, la palabra revelada de Dios, él puede saber con seguridad que su teoría es falsa. Porque Dios es el más grande de todos los científicos y no puede mentir.

En la DOCTRINA MORMONA, el apóstol Bruce R. McConkie escribió sobre la importancia de basar la búsqueda de la verdad en la revelación de Dios,

> *"La Biblia, el Libro de Mormón, Doctrina y Convenios y la Perla de Gran Precio (son las obras estándar de la Iglesia de Jesucristo de los Santos de los Últimos Días). Estos cuatro volúmenes de las Escrituras son los estándares, las varillas de medición, los indicadores por los cuales se juzgan todas las cosas. Ya que son la voluntad, la mente, la palabra y la voz del Señor (DOCTRINA Y CONVENIOS 68: 4) son verdaderas; en consecuencia, toda la doctrina, toda la filosofía, toda la historia y todos los asuntos de cualquier naturaleza con los que traten se presentan de manera verdadera y precisa. LA VERDAD DE TODAS LAS COSAS ESTÁ MEDIDA POR LAS ESCRITURAS ... y una verdad nunca contradice la otra."* (DOCTRINA MORMONA, Bruce R. McConkie, pp. 690, 691)

La segunda ley de un científico debe ser la obediencia a los mandamientos de Dios, para que sea digno de recibir la verdad de Dios. Cristo dijo al profeta José Smith el 6 de mayo de 1833,

> *"El Espíritu de verdad es de Dios. Yo soy el Espíritu de verdad, y Juan dio testimonio de mí, diciendo: Él recibió la plenitud de la verdad, sí, aun de toda la verdad;*
>
> *"y ningún hombre recibe la plenitud, a menos que guarde sus mandamientos. El que guarda sus mandamientos recibe verdad y luz, hasta que es glorificado en la verdad y sabe todas las cosas."* (D&C 93:26-28).

La tercera ley de un científico debería ser de basar su teoría en observaciones científicas válidas, no en falsedades, y probar su teoría con persistencia implacable para descubrir cualquier posible contradicción.

Por ejemplo, una prueba que podría llevarse a cabo para comprobar que la tierra NO es hueca, sería cavar un agujero en la tierra hacia su centro. Si la tierra es hueca, el agujero descubrirá una disminución más rápida en la aceleración de la gravedad con la profundidad que si la tierra tuviera materia hasta su centro. Si la tierra es hueca, un gravímetro bajado en el hoyo descubriría que el centro de la gravedad está ubicado en el caparazón de la tierra en lugar de en el centro de la tierra.

Un experimento de este tipo se llevó a cabo en el Experimento de Un Hoyo en la Groenlandia y los resultados se publicaron en la revista Letras de Reseña Física del 27 de febrero de 1989, pág. 986. Lo que el experimento descubrió fue que a una profundidad de 2.037 kilómetros desde la superficie del orificio, su gravímetro medía 167.42 MENOS miligales en la aceleración de la gravedad que si el centro de la gravedad estuviera en el centro de la tierra, demostrando que el centro de la gravedad está más cerca a la superficie exterior de la tierra, lo cual sería el caso si la tierra es hueca.

En el orificio propuesto para llegar al centro de la tierra, si la tierra es hueca, el orificio no podrá alcanzar el centro de la tierra porque terminará en la superficie interna de la cáscara de la tierra. El pozo podría pagarse por sí mismo posiblemente encontrando oro, plata, diamantes u otros minerales preciosos en el proceso de la excavación del agujero. Después de cavar el hoyo e instalar un elevador, muchas personas pagarían por el privilegio de ir al centro de la tierra, incluso si resulta que la tierra no está llena de materia, sino que está hueca.

Muchos se oponen a medir la verdad de las teorías por medio de las Escrituras, diciendo que son misterios de Dios y en los que no se debe pensar. Pero Dios dice,

"No busquéis riquezas sino sabiduría; y he aquí, los misterios de Dios os serán revelados, y entonces seréis ricos. He aquí, rico es el que tiene la vida eterna, y si preguntas, conocerás misterios grandes y maravillosos; por tanto, ejercerás tu don para descubrir misterios, a fin de traer a muchos al conocimiento de la verdad, sí, de convencerlos del error de sus caminos." (D&C 6:7, 11)

Con este fin, dedico este libro: Para que muchos puedan llegar a conocer la verdad acerca de la tierra del norte, acerca de nuestra tierra y acerca de aquellos que viven en ella, para que aquellos que aceptan estas evidencias puedan conocer misterios que son grandes y maravillosos, que se han mantenido ocultos desde el principio de la creación; que podría ser evidente que la Teoría de la Tierra Hueca ES una teoría válida basada en hechos científicos y ES respaldada por la palabra revelada de Dios registrada por Sus profetas en los libros de las Sagradas Escrituras; que al obtener este conocimiento, podemos desarrollar en nosotros un mayor aprecio por las fabulosas creaciones de Dios y su amor por sus hijos, porque ÉL se preocupa por los que lo aman; para que la teoría de la Tierra Hueca pueda ser considerada con suficiente validez por suficientes personas para que una expedición pueda ser preparada pronto para establecer sin engaño ni disfrazar la verdad a todo el mundo sobre la zona del norte congelada y su

EDEN escondida en algún lugar más allá del hielo; y por último, que esta obra pueda ayudar, de alguna manera, a crear una conciencia de la necesidad de que todos los habitantes de la tierra se arrepientan y obedezcan a Dios que les dio vida, o sean destruidos a manos de una secreta conspiración atea cuyo fundamento es el diablo.

CAPÍTULO UNO
¡El Sumo Secreto del Mundo!:
¡El Mayor Descubrimiento Geográfico de la Historia!

Hay un dicho que dice que la verdad es más extraña que la ficción. Ciertamente, esto es lo que concierne al mayor descubrimiento geográfico en la historia moderna, es decir, que nuestra supuesta Tierra sólida realmente está HUECA con aperturas cerca de los polos y que la superficie interior de nuestro planeta está poblada por una civilización altamente avanzada.

Confirmando que nuestra tierra es realmente hueca, en febrero de 1927, Ricardo E. Byrd, de la Marina de los Estados Unidos, voló hacia el norte desde la Base Alerta en la costa norte de la isla de Ellesmere, Canadá, más allá del polo norte, en un vuelo de 1,700 millas hacia 87.7 N de Latitud, 142.2 E Longitud y pasó a través de un agujero gigante en el Océano Ártico al interior hueco de nuestro planeta. Después de volar sobre el Océano Ártico más allá del hielo, llegó al continente interior de Nuestra Tierra Hueca, y vió que estaba cubierto de vegetación, lagos y ríos e incluso miró a un mamut de tipo prehistórico vagando vivo en la maleza. Algunas personas en el suelo incluso lo saludaron con la mano mientras él los daba vueltas en su avión. (Del archivo de La Tierra Hueca que el Coronel Billie F. Woodard leyó mientras estaba estacionado en el Área 51. MUNDOS MÁS ALLÁ DE LOS POLOS por F. Amadeo Giannini. GÉNESIS PARA LA CARRERA ESPACIAL, por Juan B. Leith, pág 144.)

Juan B. Leith afirma en su libro que fue durante el vuelo de Byrd del 9 de mayo de 1926 al Polo Norte el año anterior en competencia con el primer cruce del mar polar de Roaldo Amundsen en dirigible que el copiloto de Byrd, Floyd Bennett, había prendido por primera vez la imaginación de Byrd sobre la Tierra siendo hueca con aberturas polares. Después de pasar el dirigible volador más lento de Amundsen, habían llegado al Polo Norte. Luego dieron vueltas por varias millas para asegurarse de que habían llegado al polo. Luego, en un lugar, descubrieron la superficie del océano desprovista de hielo y el horizonte parecía ampliarse más allá del paralelo 85. A medida que continuaban en esa dirección, su brújula se volvió errática, aumentó el viento de cola, la posición del sol se hundió más en el horizonte y sus cálculos de navegación se volvieron más inciertos. La superficie de la Tierra parecía comenzar a hundirse en una profunda depresión dentro del Océano Ártico, desapareciendo en un agujero sin fin hacia dentro la Tierra. En este punto, Byrd decidió regresar y dirigirse a su campamento base en Spitzbergen. Antes de llegar a su campamento base, habían decidido regresar al año siguiente para explorar este agujero en la tierra que habían encontrado.

Al año siguiente, en febrero de 1927, la Marina de los Estados Unidos patrocinó el vuelo de Bryd a través de la Apertura del Polo Norte desde la Base de Alerta, Isla Ellesmere, Norte de Canadá, hacia el Continente Interior de Nuestra Tierra Hueca. Juan B. Leith, como oficial de inteligencia del gobierno de EE. UU. durante y después de la Segunda Guerra Mundial, leyó este relato del primer vuelo de Byrd a Nuestra Tierra Hueca a través de la Apertura del Polo Norte en los Archivos Nacionales de los Estados Unidos. Aprendió que al regreso de Byrd del Ártico, el presidente Calvin Coolidge no quería que el descubrimiento de Byrd fuera publicado al mundo. Las fotos y el registro del vuelo de Byrd más allá del Polo hacia el interior hueco de la Tierra fueron sellados y colocados en una bóveda en la Biblioteca del Congreso. Fue un descubrimiento tan fantástico que nuestra Tierra es hueca, que el presidente Coolidge pensó que nadie lo creería. Más tarde se clasificó como el "Proyecto del Agujero Blanco," y no fue hasta el segundo año de la Segunda Guerra Mundial que el gobierno de los EE. UU. se dio cuenta plenamente de la importancia y la verdad de que nuestra tierra está hueca cuando un par de otros pilotos también descubrieron el Apertura Polar del Norte. Uno de esos pilotos que descubrieron la Apertura Polar del Norte fue el famoso aviador, Carlos A. Lindbergh. El descubrió la Apertura Polar del Norte mientras buscaba posibles pasajes del noroeste con su avión en el norte de Canadá alrededor de 1931. Ver: Carlos A. Lindbergh Descubrió la Apertura Polar del Norte)

Amadeo Giannini informó que antes del vuelo de Byrd más allá del Polo Norte en febrero de 1927, Byrd había anunciado por su radio: "Me gustaría ver esa tierra MÁS ALLÁ DEL POLO. Esa área más allá del Polo es el CENTRO DEL GRAN DESCONOCIDO."

En 1929, Byrd voló su avión por las aperturas polares norte y sur. Cuando Byrd estaba entrando en la Abertura Polar del Sur, levantó la vista y pudo ver el otro lado de la apertura, el continente en el cielo arriba de su cabeza, y exclamó, *"¡ESE*

CONTINENTE ENCANTADO EN EL CIELO, TIERRA DEL MISTERIO ETERNO!"

La expedición de la Operación Salto Alto de 1946 y 1947 dirigida por el Almirante Ricardo E. Byrd de la Marina de los Estados Unidos convergió en la Antártida compuesta por 4,700 hombres con 12 barcos de suministros, buques de guerra, rompehielos y un submarino, con un portaaviones con 25 aviones. Al partir de los Estados Unidos, el secretario de Defensa Jaime Forrestal le dio al almirante Byrd sus últimas instrucciones secretas que consistían en buscar a dónde habían escapado miles de alemanes después de la Segunda Guerra Mundial. La Casa Blanca la calificó como la *"mayor expedición polar de la historia."*

En febrero de 1946, el almirante Ricardo E. Byrd voló su avión Falcon lanzado desde el portaaviones estacionado en el océano al norte de la base McMurdo en la Antártida. Voló a mitad de camino a través de la Apertura Polar del Sur. Continuamente por tierra, pasaron de 300 millas por hora en su avión de hélice antes de entrar en la apertura que disminuyó a 50 millas por hora en el punto medio mientras se encontraba con el aire cálido que se elevaba por la apertura que los frenaba. También pasaron de menos 60 grados Fahrenheit antes de entrar a la apertura a más 60 grados Fahrenheit en el punto medio antes de que tuvieran que regresar por falta de combustible. En el punto medio a través de la apertura polar, Byrd calculó que la apertura tenía aproximadamente 125 millas de diámetro. (GÉNESIS PARA LA CARRERA ESPACIAL, por Juan B. Leith, Capítulo X)

Al año siguiente, en febrero de 1947, el Almirante Byrd voló nuevamente a través de la Apertura Polar del Sur, esta vez con varios otros aviones. Después de pasar por la apertura polar, fueron acercados por platillos voladores de la Tierra Hueca. Byrd, pensando que los platillos eran platillos voladores enemigos alemanes, disparó contra ellos, por lo que los platillos devolvieron el fuego con sus láseres. Varios de los aviones de Byrd fueron derribados del cielo y por radio le dijeron a Byrd que se fuera y volviera por el camino por lo que había atravesado de la Apertura del Polar del Sur y que nunca regresara.

Antes de que los aviones de Byrd pudieran regresar al portaaviones cerca de la Antártida, los platillos voladores salieron del océano y atacaron la flotilla de la Operación Salto Alto. Los platillos voladores de la Tierra Hueca arrojaron varios aviones fuera del aire que fueron lanzados desde el portaaviones y prendieron fuego a su destructor con rayos láser. Un barco ruso cercano filmó la batalla. (Los rusos seguían siendo nuestros aliados al final de la Segunda Guerra Mundial. Puedes ver la película de esta Guerra de OVNIs en la Antártida: Parte Uno, Parte Dos, y Parte Tres, que también se puede encontrar en la parte inferior de mi página Otros Enlaces en mi sitio del web.)

La pelea solo duró unos minutos, y hubo algunos hombres que murieron. Algunos aviones fueron derribados por los platillos voladores de la Tierra Hueca antes de que los platillos volvieran a sumergirse bajo las olas. Como resultado, la Operación Salto Alto se terminó seis meses antes de lo que esperaban permanecer en la Antártida y regresó a los Estados Unidos. (GÉNESIS PARA LA CARRERA ESPACIAL, Capítulo XI)

El 5 de marzo de 1947, el prestigioso periódico chileno EL MERCURIO de Santiago entrevistó al almirante Byrd, diciendo:

"El almirante Byrd declaró hoy que era imperativo que Estados Unidos iniciara medidas de defensa contra la posible invasión del país por aviones hostiles que operan desde las regiones polares."

"El almirante declaró: 'No quiero asustar a nadie indebidamente, pero es una realidad amarga que en el caso de una nueva guerra, los Estados Unidos continentales serán atacados por aviones que vuelan desde uno o ambos polos.'"

Al regresar Byrd de esa tierra más allá de la Apertura Polar del Sur, Byrd anunció por radio que, "La expedición actual ha abierto UNA EXPANSIOSA NUEVA TIERRA". (MUNDOS MÁS ALLÁ DE LOS POLOS, F. Amadeo Gianinni)

Tan fabuloso fue este descubrimiento del almirante Ricardo E. Byrd, que las noticias fueron rápidamente suprimidas. Poco después del anuncio inicial de los vuelos del almirante Byrd a través de la Apertura Polar del Sur, la Inteligencia de la Marina de los EE. UU. detuvo cualquier publicación posterior de este mayor descubrimiento geográfico de la historia. ¡De allí en adelante, nuestra Tierra Hueca ha sido el SUMO SECRETO DEL MUNDO!

El secreto de que nuestra Tierra es HUECO ha sido escondido deliberadamente del mundo. Una sociedad secreta de los hombres más ricos e influyentes del mundo, llamada la Orden del Illuminati, una organización internacional de conspiración, ha mantenido en secreto el descubrimiento de Nuestra Tierra Hueca. Esta sociedad secreta fue fundada el 1 de mayo de 1776 en Ingolstadt, Baviera por el Sacerdote Jesuita, Adan Weishaupt, como se detalla en el libro del Profesor Juan

4

Robison, PRUEBAS DE UNA CONSPIRACIÓN, publicado por primera vez en 1798.

La Orden del Illuminati tiene como objetivo apoderarse de todo el mundo a través del socialismo y del comunismo con el objetivo de eventualmente formar un gobierno mundial. Estos súper ricos de América y Europa están cerca de controlar el mundo de hoy. Tienen fundaciones gigantescas, depósitos de dinero prácticamente libres de impuestos, con los cuales hacen realidad sus objetivos. A través de su control de las grandes empresas y su control de los gobiernos mundiales, incluido el gobierno de los Estados Unidos, que controla entre el 60 y el 80%, el Illuminati ha influido con éxito en la comunidad científica una oposición a cualquier idea que indique que la Tierra es un esferoide hueco o que cualquier cosa en el espacio es hueca.

Pero, sin importar cuánto rechace la comunidad científica la Teoría de la Tierra Hueca, el rechazo no puede quitar la evidencia. La evidencia de que nuestra Tierra ES hueca y, de hecho, cada planeta en los cielos es hueca, está ahí para cualquiera que desee saber por sí mismo.

Una creencia en sí misma no hace una verdad. Una verdad debe ser demostrable. Si quiere saber, por ejemplo, si existe la ciudad de Nueva York, puede hacer una de dos cosas. Uno, puedes ir allí personalmente y ver la ciudad por ti mismo; o Dos, puede aceptar el testimonio confiable de alguien que ha estado allí. De esta manera, se demuestra claramente la verdad de la existencia de la ciudad de Nueva York.

La evidencia existe para probar que la teoría de la Tierra Hueca es válida. Sin embargo, tan abundante es la evidencia, una vez que una persona se propone encontrarla seriamente, que no puede ser llamada apropiadamente una *"teoría"*, sino que se acerca tanto a ese punto de adquirir la verdad que casi se convierte en un hecho. Por supuesto, la verdad siempre está ahí y nunca cambia, pero un hecho se convierte en un hecho cuando la verdad se establece en las mentes de los hombres con evidencia suficientemente sustancial de que se convierte en una realidad.

Para convertirse en una realidad, la teoría de la Tierra hueca debe ser demostrable. Primero, podemos aceptar el testimonio confiable de aquellos que han visto la evidencia del hueco en nuestra tierra. Y segundo, si dudamos de esa evidencia, podemos repetir esas observaciones e incluso hacer más observaciones propias y así ver por nosotros mismos que la tierra, contrariamente a toda opinión popular, ies, en efecto,

HUECA! Después de todo, ¿no creyó el mundo entero alguna vez en lo pasado que la tierra era plana? ¿O que el sol giraba alrededor de la tierra en lugar de que la tierra gira alrededor del sol?

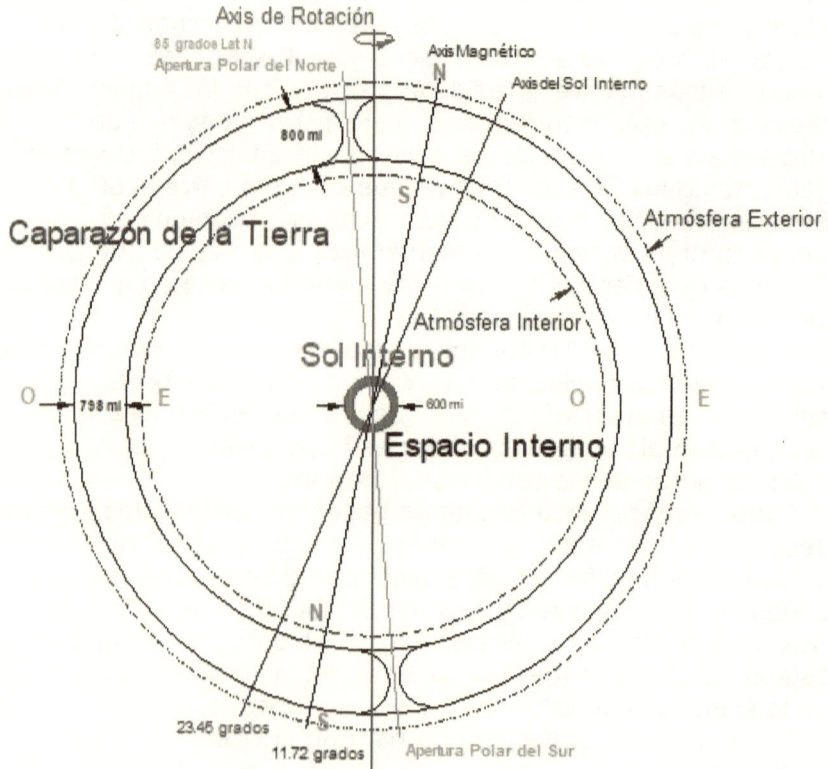

Nuestra Tierra Hueca

La Teoría de la Tierra Hueca establece que nuestra supuesta Tierra sólida es en realidad HUECO, con aperturas polares que conducen a un interior hueco iluminado por un pequeño sol interior. Mi estimación del tamaño de las aperturas polares es que tienen aproximadamente 925 millas de diámetro medido en el perímetro de la abertura polar, y desde ese perímetro la tierra se curva gradualmente hacia un borde polar de 125 millas de diámetro donde los lados están más juntos, y que la distancia alrededor de la curvatura de las aperturas polares desde las superficies externas a las internas del planeta es de 1,258 millas terrestres.

Concluí que las aperturas polares NO están ubicadas definitivamente centradas sobre el eje polar de la tierra. Sin embargo, dado que la Tierra probablemente fue creada en rotación, entonces las aperturas polares se habrían formado en el eje polar. Existe evidencia de que la Tierra se ha inclinado sobre su eje desde la creación por el paso de cometas del tamaño de un planeta, de modo que las aperturas polares no están ahora centradas sobre el eje de rotación polar de la Tierra.

Estoy firmemente convencido de que las aperturas polares sí existen. Sin embargo, definitivamente NO son del tamaño que Marcial B. Gardner, en su libro, UN VIAJE AL INTERIOR DE LA TIERRA, creía que eran.

Las estimaciones sobre el espesor de la corteza terrestre son de 300 a 1,800 millas. El explorador Olaf Jansen, en su libro EL DIOS HUMOSO, estimó que el caparazón de la tierra estaba a 300 millas de la superficie exterior a la superficie interior. Marcial B. Gardner calculó que el cascarón de la tierra tenía 800 millas de espesor con 1,400 millas de aperturas polares de diámetro. La Guía de la Tierra Interna en el libro de Juan Uri Lloyd, ETIDORPHA, que vivía en las cavernas de la corteza terrestre, informó que la concha tiene 800 millas de espesor con el centro de gravedad a 700 millas hacia abajo. (ETIDORPHA, pág. 193) Acepto la estimación de la Guía de la Tierra Interna en ETIDORPHA como la estimación más probable y correcta para el grosor de la cáscara de la tierra, que ha sido confirmado por el Ret. Coronel Billie F. Woodard, que ha atravesado el grosor de las 800 millas del caparazón del planeta en viajes desde el Área 51 a la ciudad capital de Nuestra Tierra Hueca en trenes de túneles de la Tierra Hueca.

Jan Lamprecht, en su libro de 1998, PLANETAS HUECAS, consideró que tal vez la estimación de la ciencia ortodoxa de la discontinuidad dentro de la Tierra donde las ondas P disminuyen repentinamente la velocidad a una profundidad de 1,800 millas es en realidad la superficie interna de la capa terrestre. Esto, sin embargo, requeriría aperturas polares más como túneles rectos en la tierra. Las aperturas polares con una curvatura redondeada hacia el interior a través de una cáscara de 1,800 millas de espesor requerirían aperturas polares tan grandes que no encajarían en el Océano Ártico y engullirían todo el continente antártico. Tal apertura polar sería difícil, o imposible, de ocultar.

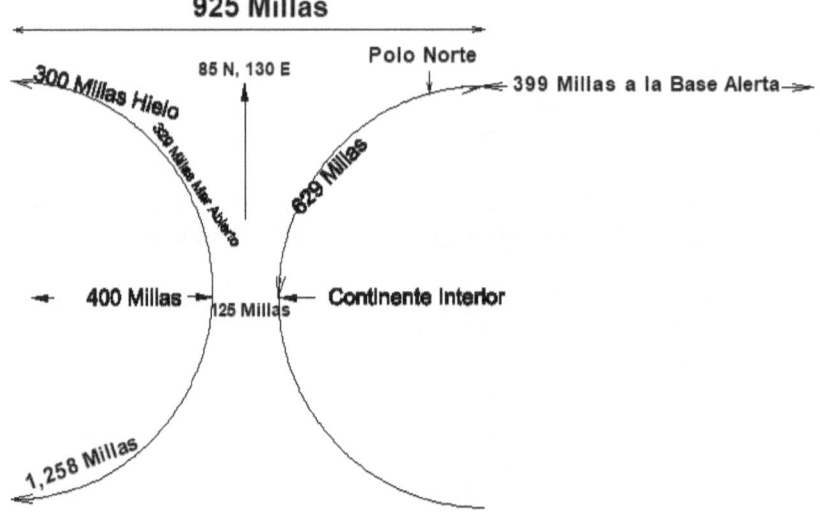

Apertura Polar del Norte

Parecería más probable que las aperturas polares tengan una curvatura redondeada hacia el interior, en lugar de una forma similar a un túnel, y tal vez tengan aproximadamente 125 millas de ancho en el *"cuello"* polar, según reportó el almirante Byrd, el lugar donde están los lados de la apertura más cerca el uno del otro. Mi estimación es que las aperturas polares comienzan 462.5 millas estatutarias desde el centro de la apertura centrada sobre como 85 latitud norte y sur y se curvan gradualmente adentro de la tierra de modo que en el cuello tengan 125 millas de diámetro.

Según lo informado por la Guía de la Tierra Interna en ETIDORPHA, el grosor de una capa de tierra de 800 millas, o aproximadamente el 10% del diámetro de la Tierra, es la estimación más realista de la distancia desde la superficie exterior a la superficie interior de nuestra Tierra Hueca. Sin embargo, el hecho de que la aceleración de la gravedad aumenta hacia los polos indica que la cáscara en el ecuador es MÁS DELGADA que en los polos.

La ciencia ortodoxa afirma que este aumento de la gravedad hacia los polos se debe a que la superficie del planeta en los polos está más cerca del centro de la Tierra. Sin embargo, es más probable que sea causado por la mayor cantidad de masa en la capa polar más gruesa que ejerce una mayor aceleración de la gravedad en los polos que la capa más delgada en el ecuador.

Podemos calcular el grosor de la concha de la Tierra en el ecuador, suponiendo que el grosor de la concha de la Tierra en los polos es de 800 millas, cual figura nos dió la Guía de la Tierra Interna en ETIDORPHA. La aceleración superficial de la gravedad en el ecuador es de 978 cm/seg^2, en comparación con 983 cm/seg^2 en los polos, una diferencia de 5 cm/seg^2, que no puede explicarse por la fuerza centrífuga en el ecuador de 3 cm/seg^2. Por lo tanto, la diferencia de 2 cm/seg^2 tiene que ser causada por una capa más delgada en el ecuador que en los polos.

Con esta información, debemos agregar la fuerza centrífuga en el ecuador a la aceleración de la gravedad en el ecuador de 978 cm/seg^2 + 3 cm/seg^2 = 981 cm/seg^2 para obtener la aceleración causada por la masa de la capa de la tierra en el ecuador. La Ciencia Ortodoxa afirma que la fuerza centrífuga es una fuerza ficticia, mientras que NO lo es, porque no creen en el éter del espacio. La fuerza centrífuga en el ecuador es una aceleración del flujo de éter hacia afuera desde la tierra producida por la rotación de la tierra, lo que reduce la aceleración de la gravedad hacia la tierra causada por la masa en la cubierta de la tierra en el ecuador. Si no existiera la fuerza centrífuga en el ecuador (por ejemplo, si la tierra dejara de girar), la aceleración de la gravedad en el ecuador sería de 981 cm/seg^2. Entonces podemos calcular el grosor de la capa de la tierra en el ecuador como x = 981 * 800/983, que es 798 millas, dos millas menos que en los polos.

Marcial B. Gardner calcula en su libro que el sol interior de la Tierra tiene aproximadamente 600 millas de diámetro. Dado que el 99.9% de la atmósfera terrestre se encuentra a 26 millas de la superficie externa de la Tierra, y dado que he calculado un 42.8% menos de gravedad de la superficie interna de la Tierra, esto nos daría 37 millas por encima de la superficie interna para la extensión de la atmósfera de la superficie interna. Entonces, si permitimos 37 millas como la extensión del 99.9% de la atmósfera sobre la superficie interna y tomando la estimación de 800 millas de la capa polar de la Tierra, y 600 millas para el diámetro del sol interno, eso nos deja con: 7,899.8 diámetro de la Tierra polar menos 1600 grosor polar de la capa de la Tierra menos 600 millas del sol interior menos 74 millas de la atmósfera interna iguala a **5,625.8 millas** dentro de nuestra tierra que consiste en 99.9% de ESPACIO PURO! ¿Increíble? Para los científicos que han sido alimentados con la línea de los Illuminati y se la han tragado entera, sin saberlo, la Teoría de la Tierra Hueca es imposible.

Pero la verdad es que la teoría se basa en más verdad que opinión. Todo lo que falta es que la teoría sea puesta a prueba, y con indudables investigadores científicos, proceda a extraer las medidas correctas de Nuestra Tierra Hueca.

Sin embargo, la comunidad científica considera la Teoría de la Tierra Hueca como tanto rumor. Representante del punto de vista de la comunidad científica es un artículo de Juan M. Prytz en la revista Platillos Voladores. En su artículo titulado, *"La Farsa de la Tierra Hueca,"* Prytz dice:

"Los creyentes en la existencia de OVNIs también deben tener algunas ideas sobre lo que son, por qué están aquí, quién los hizo y de dónde vienen."

"En lo que respecta a la última parte, de dónde vienen y al suscribirse a la teoría de la inteligencia artificial, las dos únicas respuestas posibles son las fuentes terrestres y las extraterrestres. Esto es lo mismo que decir que la fuente de los OVNIs se encuentra en algún lugar del ¡Universo! Es una gama bastante amplia de lugares para elegir. Sin embargo, podemos reducir la lista ligeramente y al mismo tiempo, al hacerlo, le diremos que al menos en un lugar no se encuentran los ovnis: esa es la Tierra."

"Si los OVNIs tienen a la Tierra como su origen, entonces los OVNIs deben ser creados y volados por los terrícolas, o de lo contrario se debe presentar alguna otra teoría terrestre. Es unánimemente aceptada por prácticamente todos, creyentes, escépticos y no creyentes por igual que los OVNIs no son armas o armas secretas de esta nación o de cualquier otra nación. Eso deja a la otra, por supuesto, es la teoría de la tierra hueca."

"Ahora, la creencia en la teoría de la tierra hueca ha disminuido en los últimos años, pero no lo suficientemente rápido para algo que obviamente es incorrecto. Es raro que alguien que escribe sobre OVNIS pueda hacer una declaración ABSOLUTA y positiva, pero aquí hay una que puede, debe y se hará, la teoría de la tierra hueca no solo es improbable, sino tan imposible como lo permite la definición de esa palabra, y una palabra tan fuerte también, pero elegida correctamente en estas circunstancias, cuando se usa con toda la evidencia objetiva a mano contra eso."

"Esto no es una especulación de por qué la tierra hueca podría no existir, sino la evidencia objetiva que explica por qué la Tierra Hueca no puede existir. No se utilizará ninguna especulación o sentido común, sino observaciones

objetivas de astronomía, geología, física, oceanografía, todo lo cual en conjunto, refutan totalmente la noción de una tierra hueca. Tampoco las líneas de evidencia serán tan técnicas como para ubicar a alguien no especializado, sino líneas de evidencia básicas cuya naturaleza se puede encontrar en los textos de la escuela secundaria, e incluso en los libros de ciencias generales de la escuela elemental. Por lo tanto, toda la información se puede entender y verificar fácilmente si no se tiene tan prejuicio para hacerlo. La teoría de la tierra hueca se analizará desde dos puntos de vista, el de la Tierra hueca, y la de las aperturas polares." ("La Farsa de la Tierra Hueca", revista Platillos Voladores, junio de 1970, pág. 34)

Hagamos una pausa aquí para comentar sobre la fuente de evidencia de Prytz con la que tratará de refutar la Teoría de la Tierra Hueca. Debemos recordar que si vamos a aceptar el testimonio de otros para obtener evidencia, su testimonio debe ser confiable. Prytz declara su fuente de evidencia y basa sus refutaciones a la Teoría de la Tierra Hueca en *"evidencia"* establecida incluso en textos de escuela secundaria y primaria. Estos libros de referencia autoritarios son, de hecho, tan poco confiables como sus perpetradores.

Prytz ignora o no sabe que el Iluminati controla sustancialmente el sistema escolar gubernamental de los Estados Unidos. Ciertamente, en el siglo XX, cuando Juan Dewey logró imponer educación gubernamental a la nación, tal vez los ciudadanos no sabían que la décima tabla del Manifiesto comunista de Karl Marx para la destrucción de una nación capitalista era proporcionar *"educación gratuita"* a todos los niños en escuelas públicas. Si los ciudadanos de los Estados Unidos hubieran sabido que el Iluminati había ganado el control sobre el gobierno, seguramente no habrían permitido que el gobierno obtuviera el control sobre las escuelas.

Como resultado, los libros de texto se han reescrito para cumplir con el punto de vista del Iluminati. Y el Dr. Felix Wittmer muestra en su libro, CONQUISTA DE LA MENTE AMERICANA, cómo

"En el transcurso de veinte años, el Colegio de Maestros de Columbia ha convertido a miles y miles de maestros en misioneros del credo colectivista." (Compañia de Publicaciones Meador, Boston, 1956, pág. 39)

La Universidad de Columbia y muchos otros llegaron a ser controlados directamente a través de subvenciones de los miembros súper ricos de los del Illuminati. En el libro de Rene

A. Wormser, FUNDACIONES: SU PODER E INFLUENCIA, muestra cómo las fundaciones de los del Illuminati se han convertido en una gran influencia en la educación en los Estados Unidos a través de subvenciones a universidades, a través de la influencia de la Asociación de Educación Progresista y la financiación y promoción de Libros de texto socialistas. En las páginas 209-210, Wormser muestra cómo se reescribieron los libros de historia para las escuelas en los Estados Unidos para evitar que los estadounidenses aprendan la verdad sobre los Illuminati.

Además de esta influencia en la educación estadounidense, los del Illuminati han ejercido un CONTROL sustancial sobre el sistema educativo de los EE. UU. Desde que los del Illuminati tomaron el control del gobierno de los Estados Unidos a principios del siglo XX. Su control ha aumentado en el gobierno hasta el día de hoy, se estima que controlan al gobierno entre el 60 y el 80%. Este control sobre el gobierno es posible gracias a la elección de los Presidentes de los Estados Unidos financiados por los del Illuminati. Estos presidentes, a su vez, nombran a altos cargos de gobierno miembros de la organización más influyente del Illuminati en América, el Consejo de Relaciones Exteriores (CRE). En el libro de Gary Allen, NADIE ATREVE LLAMARLO CONSPIRACIÓN, enumera a 110 miembros de la CRE nombrado para altos cargos gubernamentales en la administración Nixon. En la página 22 de la edición de abril de 1982 de la revista Opinión Americana, Alan Stang señala que el presidente Reagan *"ha nombrado a setenta y dos de estos miembros del CRE para los puestos federales más importantes ... es justo decir que el Consejo de Relaciones Exteriores controla el gobierno federal bajo Reagan. De hecho, es justo decir que el CRE ES el gobierno."* Las administraciones posteriores también se han llenado principalmente con miembros del CRE.

Dado que el cuerpo judicial del gobierno de los EE. UU. cuenta con un nombramiento presidencial con aprobación del Congreso, el Tribunal Supremo también cuenta con una mayoría de partidarios del Illuminati. Y en el Congreso hay unos 150 congresistas (en 1977) comprados por Gran Labor (A.F.L.-C.I.O.) que es controlado por los del Illuminati. Además, Susan Huck revela en su artículo "Comprando el Congreso", en la edición de julio-agosto de 1977 de la Revista Opinión Americana, que

"El Comité Nacional para un Congreso Efectivo financiado por Rockefeller es un frente político para la

extrema izquierda que ha ayudado a comprar los asientos de 200 miembros del actual (94º) Congreso."

Este control del Illuminati sobre el gobierno de los EE. UU. les otorga un control sustancial sobre el sistema escolar gubernamental. Y a pesar de que no existe un sistema escolar federal, el Illuminati han ejercido su influencia a través de subvenciones federales, asociaciones de educadores nacionales, leyes y reglamentos federales, el programa de almuerzo escolar *"gratuito,"* y especialmente a través de la influencia de textos escolares reescritos que se ajustan al punto de vista del Illuminati. Esto pone a estos textos bajo la sospecha de promover falsas teorías e ignorar la verdad. Juan Prytz, quien toma su evidencia de los textos escolares, por lo tanto podría muy bien basar su evidencia en contra de la Teoría de la Tierra Hueca en la "línea" de los del Illuminati. Y como veremos más adelante, la Conspiración Iluminista-Jesuita tiene razones vitales para mantener en secreto el descubrimiento de Nuestra Tierra Hueca.

A partir de este conocimiento del control del Illuminati sobre la educación, también nos parece posible que la Conspiración también ejerza un control sustancial sobre los científicos que trabajan en el Sistema Educativo, presionándolos así en una posición anti-Tierra Hueca. Aquellos pocos que se aventurarían demasiado cerca de revelar el verdadero origen de los PLATILLOS VOLADORES desde el interior de Nuestra Tierra Hueca, toman sus vidas misteriosamente en sus manos, o al menos corren el riesgo de perder sus empleos.

Considere estos incidentes del libro de Brinsley Le Poer Trench, SECRETO DE LAS EDADES, OVNIS DESDE DENTRO DE LA TIERRA. Trench escribe,

"Los ufólogos veteranos recordarán el cierre sensacional de la Oficina Internacional de Platillos Voladores de Albert K. Bender en 1953."

"En ese tiempo, Bender tenía un gran movimiento internacional. Había estado en estrecho contacto con Edgar Jarrold, otro ufólogo que dirigía la Oficina Australiana de los Platillos Voladores, y habían estado trabajando juntos en una teoría que vinculaba a los OVNIs con la Antártida."

"El Sr. Bender había escrito un artículo para su publicación en su revista que revelaba el secreto de los platillos. Ese artículo nunca se publicó. Tres 'Hombres en Negro' visitaron a Bender en su casa. Ellos asustaron tanto a Bender que durante mucho tiempo renunció a toda la

investigación sobre los OVNIs. Todo este incidente ha sido descrito completamente por Grey Barker en su libro, SABÍAN DEMASIADO SOBRE LOS PLATILLOS VOLADORES."

"Los colegas de Bender lo interrogaron luego por un tiempo y con su permiso grabaron sus respuestas. Una de las preguntas que se le hicieron fue: '¿Cómo te enteraste? ¿No puedes decirme de dónde sacaste tu teoría?'

"La respuesta de Bender fue: 'Todo lo que puedo decir es esto: fue algo en lo que estuve pensando durante mucho tiempo. Entré en lo fantástico y di con la respuesta." (SECRETO DE LAS EDADES, pp. 170, 171)

Los *"Hombres en Negro"* que hicieron que Bender desistiera de publicar su teoría sobre el origen de los OVNIs, que probablemente era la Teoría de la Tierra Hueca, son personas misteriosas que constantemente advierten a las personas que no publiquen el conocimiento que reciben sobre los OVNIs. Sin embargo, es la creencia de este autor, que los *"Hombres en Negro,"* llamados así porque usan toda la ropa negra, son miembros-agentes de una iglesia satánica de Lucifer (que también es parte de la Conspiración International Comunista-Illuminista-Jesuita) y, de hecho, trabajan en contra de los propósitos de los Ufonautas. Sus mandamientos son exactamente opuestos a los de Dios y se proporciona un medio de vida para aquellos que se comprometen a hacer cualquier cosa que se les ordene hacer. Su propósito al encubrir el conocimiento de los OVNIs y nuestra Tierra Hueca es de prevenir la expansión del Reino político de Dios al mundo de la superficie de nuestro planeta.

El Illuminati han silenciado a personas como Albert K. Bender que se acercan a revelar el origen de los Platillos Voladores. Los *"Hombres en Negro"* generalmente tratan de *"asustar"* a sus contactos para que no revelen su información acerca de los Platillos Voladores. Si eso no funciona, entonces los agentes del Illuminati pueden MATAR a los que irían demasiado lejos. Estas víctimas del Illuminati son científicos que, después de mucho estudio y observación, encuentran el verdadero origen de los OVNIs.

Le Poer Trench cita algunos de estos incidentes del trabajo sucio de Illuminati:

"Considere el caso del difunto Dr. Morris K. Jessup, un astrónomo profesional. También fue un destacado ufólogo y escribió varios libros excelentes sobre el tema. Jessup creía que la mayoría de los OVNIs emanaban de lo que él llamó el binario Sistema Tierra-Luna. Consideró que los

ovnis provenían de instalaciones dentro del interior de la luna y del interior de la tierra, y que también tenían bases en los océanos."

"El 20 de abril de 1959, el Dr. Morris K. Jessup fue encontrado muerto. Al parecer, se suicidó al inhalar monóxido de carbono, presumiblemente al conectar una manguera al escape de su camioneta e introducirlo dentro del vehículo."

"¿Sabía demasiado Jessup?"

"Un científico muy prominente y un destacado ufólogo fue el difunto Dr. Jaime E. McDonald, físico senior, Instituto de Física Atmosférica y profesor, Departamento de Meteorología, de la Universidad de Arizona."

"El Dr. McDonald se convirtió en un orador y escritor muy destacado de OVNIs, y fue muy crítico con el manejo de la Fuerza Aérea de los EE. UU. de la situación los OVNIs. Keel escribió que el Dr. McDonald ... 'discutió en privado en sus últimos años, la posibilidad de que los seres extraterrestres no solo estuvieran presentes en este planeta, pero estaban asumiendo sistemáticamente los puestos más altos en el gobierno y el ejército.'"

"El 13 de junio de 1971, su cuerpo fue encontrado en el desierto al norte de Tucson, Arizona. Al parecer, él también se había suicidado."

"¿Sabía demasiado McDonald?"

"Luego está el caso del profesor Rene Hardy. Fue un científico de renombre mundial; un prodigioso inventor con más de 250 patentes a su nombre, en los campos de electrónica, radio, televisión, ultrasonidos y óptica. Estaba interesado en la ufología, parapsicología y navegación interestelar, entre muchos otros temas."

"El 12 de junio de 1972, el Profesor fue encontrado muerto con una bala en la cabeza y un revólver en la mano, dos días antes de que anunciara un descubrimiento sumamente importante sobre los fenómenos espaciales. No había ninguna razón para su aparente suicidio." (SECRETO DE LAS EDADES, pp. 170-175)

Que el gobierno de los Estados Unidos esté involucrado en tal gangsterismo es difícil de tomar, pero ¿no es así con toda la verdad? El método utilizado para operar un encubrimiento es asesinar a quienes revelarían la verdad.

Incluso los defensores más recientes de la Teoría de la Tierra Hueca ya no existen. Ray Palmer, editor de las revistas BÚSQUEDA y PLATILLOS VOLADORES, estaba siendo acosado físicamente y por teléfono por llamantes del ejército de los Estados Unidos por sus argumentos convincentes a favor de la Teoría de la Tierra Hueca. Entonces, de repente, en un viaje, Palmer se enfermó misteriosamente, fue llevado al hospital y murió en cuestión de horas. El fallecimiento de Palmer en 1978 fue una verdadera victoria para el Illuminati. Muchos de los lectores de sus revistas escribieron expresando sus sospechas sobre su extraña muerte.

Luego está Raymundo Bernard, autor del libro, LA TIERRA HUECA. Algunos dicen que fue escuchado por última vez en Brasil. Se supone que realizó una expedición al Matto Grosso de la densa jungla del oeste de Brasil en busca de las legendarias ciudades subterráneas súper avanzadas de cavernas a finales de los 60 y NUNCA regresó. Algunos creen que realmente encontró las ciudades. Por supuesto, ¿cómo lo sabemos con seguridad? El investigador de La Tierra Hueca, Brownley, dice que todo esto es una tontería. Dice que habló con el ex secretario de Bernard, quien dijo que murió de neumonía aquí en los Estados Unidos. Pero aún así, Él ya no está con nosotros, otra victoria para el encubrimiento del Illuminati. En 1986, otro publicador de La Tierra Hueca, Gray Barker, murió poco después de publicar y reeditar una serie de libros de la Tierra Hueca fuera de impresión.

Uno de ellos fue una compilación de los artículos de Ray Palmer en la revista BÚSQUEDA sobre La Tierra Hueca, que Barker tituló, TIERRAS MÁS ALLÁ DE LOS POLOS. Aunque Barker y Palmer podrían haber muerto por alguna complicación de la vejez, su desaparición deja un vacío entre los fieles promotores de la Teoría de la Tierra Hueca. El investigador de la Tierra Hueca, Bruce Walton, después de publicar su libro concerniente de la Montaña Shasta, parece haberse alejado de la escena de investigación de la Tierra Hueca luego de sufrir un devastador accidente automovilístico. Sin embargo, su GUIA DE LA TIERRA INTERIOR, publicada por Amazon.com, continúa interesando a los investigadores en la teoría de la tierra hueca.

En 2003, fui contactado por Steve Currey de la Compañía de Expediciones de Provo, Utah, quien me pidió que lo ayudara a organizar una expedición a nuestra Tierra Hueca. Lo ayudé a armar un sitio web agradable, http://www.voyagehollowearth.com/ para nuestra expedición llamada Viaje a Nuestra Tierra Hueca con planes de alquilar un avión de pasajeros en el Ártico para señalar la ubicación de la Apertura Polar del Norte, y luego seguir esto con una expedición marítima que alquilara al rompehielos nuclear ruso, el Yamal.

Desafortunadamente, en 2006, tres meses antes de la fecha de partida del vuelo al Ártico, Steve descubrió que tenía seis tumores cerebrales inoperables y murió dos meses después. Su familia canceló su participación en la expedición y devolvió el dinero a todos los miembros de la expedición.

Con el fallecimiento de Steve Currey, un miembro de la expedición, el Dr. Brooks Agnew, con un doctorado en Física, se ofreció a ser el líder de nuestra expedición. Él creó un buen sitio web para la expedición y cambió su nombre de la expedición, la Expedición a la Tierra Interna por el Polo Norte. Una compañía cinematográfica de Nueva York ofreció financiar la expedición con el Yamal, pero luego desapareció misteriosamente. Su teléfono fue desconectado, y cuando el Dr. Agnew envió a personas a su domicilio en la ciudad de Nueva York, sus oficinas se encontraron vacías. Después de siete años de promover la Expedición a la Tierra Interna por el Polo Norte, el Dr. Agnew renunció en Septiembre 2013 como nuestro líder de la expedición citando pérdidas a su negocio, Visión Caros de Motores Eléctricos (ahora https://ev-fleet.com/) como la razón principal para renunciar. Básicamente, fue un chantaje financiero, porque el mayor accionista de su compañía decía que iba a retirar todo su dinero de Visión Caros de Motores Eléctricos porque el Dr. Agnew estaba involucrado como líder de nuestra expedición a la tierra hueca.

En 2008, fui contactado por el Coronel jubilado Billie Faye Woodard. Expresó interés en unirse a nuestra expedición para ir a la Tierra Hueca y dijo que tenía alguna información importante que necesitábamos: las coordenadas de la Apertura Polar del Norte, que dijo que había obtenido del archivo de la Tierra Hueca al que tenía acceso mientras trabajaba 11.5 años en la instalación secreta superior, Área 51, en Nevada, EE. UU. Así que lo visitamos en Pahrump, Nevada, después de lo cual hicimos un plan de expedición al Continente Interior por hidroavión. Localizamos un piloto de bush en Alaska, que era un piloto retirado de la aerolínea de Aeonaves de Alaska, Terry Smith.

Terry acordó contratar a un par de pilotos para que nos llevaran en su hidroavión de Albatros lo más cerca que pudiéramos llegar al Continente Interior a través de la Apertura Polar del Norte. Desafortunadamente, antes de que pudiéramos reunir el dinero para pagar por el vuelo al Continente Interior, Terry Smith estrelló su avión en una montaña en Alaska mientras llevaba a un ex senador de Alaska y otros 4 a la pesca. Todos perecieron en el accidente. Consulte: https://www.alaskadispatch.com/article/gci-crash-round-terry-smith-bush-pilot

Justo cuando parecía haber ocurrido un vacío en la investigación de la Tierra Hueca por la desaparición de algunos de sus principales promotores, la década de 1990 se vio con un resurgimiento en el interés en la teoría de la Tierra Hueca. Dennis Crenshaw publicó un boletín informativo de la Tierra Hueca durante varios años y tiene un buen sitio de web en http://thehollowearthinsider.com/. Danny Weiss consolidó su Sociedad Internacional para una Tierra Completa con un buen sitio de web en https://www.hollowearthresearch.org/ con la intención de recrear el vuelo del Almirante Byrd hacia la Apertura del Polo Norte. Jan Lamprecht, de Sudáfrica, publicó un tomo de 600 páginas sobre las evidencias científicas más recientes para planetas huecos. También tenía un buen sitio del web. El Internet ha contribuido a un renovado interés en la investigación de planetas huecos con correos electrónicos, sitios del web y foros.

Sin embargo, continúan apareciendo incidentes que indican que los del Illuminati se oponen al conocimiento generalizado de que nuestra Tierra es HUECA y es el origen de la mayoría de los PLATILLOS VOLADORES vistos en todo el mundo. Tal conocimiento destruiría el control del Illuminati sobre los gobiernos y las economías del mundo. El conocimiento generalizado del Illuminati haría que la gente se levantara y los expulsara del gobierno de los Estados Unidos que los del Illuminati que lo utilizan para financiar y extender su control del mundo.

Además, no quieren que la tecnología de los platillos voladores llegue a la gente común. Quieren un monopolio sobre la tecnología de los platillos voladores, que han obtenido al derribar algunas naves de los platillos voladores con un radar de gran potencia, y armas avanzadas de haz de partículas y planean usar esta tecnología para consolidar su poder sobre las naciones de la Tierra. Tampoco quieren que la tecnología de la energía gratuita que usan los platillos voladores llegue a la gente porque destruiría sus monopolios de energía en todo el mundo.

La Nación de la Tierra Hueca realiza diariamente el reconocimiento de las actividades del Illuminati a través de sus platillos voladores. Su conocimiento del Illuminati, si se comunicara a la gente, sería desastroso para su conspiración, que solo puede operar con éxito en secreto a través de mentiras y engaños en su campaña para establecer la dictadura mundial sobre nosotros. Por esta razón, los del Illuminati y sus controladores Jesuitas quieren que el descubrimiento de nuestra Tierra Hueca se mantenga en secreto.

La Nación de la Tierra Hueca, por otro lado, parece que quiere que el descubrimiento de que nuestra tierra es hueca se mantuviera en secreto para preservar su tierra natal de la inmigración total y la infiltración de su tierra por parte de personas malvadas y sin ley. En la opinión de este autor, solo cuando las personas de nuestra tierra exterior se arrepientan de sus malos caminos y comiencen a vivir los mandamientos de Dios, que la Nación de la Tierra Hueca permitirá que las personas en la superficie de la tierra visiten su tierra natal o a emigrar ayá. Entonces, es imperativo que aquellos de nosotros que amamos la libertad alertemos a nuestros amigos y vecinos del ataque violento de las fuerzas satánicas y sin Dios de los Jesuitas y su Orden del Illuminati con su instrumento de la dictadura mundial, la Conspiración Comunista Internacional, y al mismo tiempo, prepárese para el contacto final y la alianza con la nación altamente avanzada y justa dentro de nuestra Tierra Hueca.

La Teoría de la Tierra Hueca está íntimamente involucrada en la Teoría de la Conspiración de la Historia tal como lo descubrió el difunto Dr. Cleon Skousen, del Centro Nacional de Estudios Constitucionales, en su libros, EL CAPITALISTA DESNUDO y EL COMUNISTA DESNUDA; Gary Allen, miembro de la patriótica Sociedad de Juan Birch, en su libro, NADIE SE ATREVE LLAMARLO CONSPIRACIÓN, y Roberto L. Preston, en su libro, DESPIERTATE AMÉRICA, ¡ES MÁS TARDE DE LO QUE PIENSAS!, quienes todos publicaron sus libros en 1972. El libro de Skousen, EL CAPITALISTA DESNUDO, es un comentario sobre el libro del Dr. Carol Quigley, TRAGEDIA Y ESPERANZA, UNA HISTORIA DE LA CIVILIZACIÓN EN NUESTRO PROPIO TIEMPO. El Dr. Quigley fue un entendido del Illuminati que ofrecieron su propuesta de un gobierno mundial bajo su control como la ESPERANZA del mundo y una TRAGEDIA para los ciudadanos que no están dispuestos a aceptarlo. Un libro más reciente, LA MANO ESCONDIDO, de Ralph Epperson, profesor de la Universidad de Arizona, también es un excelente tratado sobre la Teoría de la Conspiración de la Historia.

Durante años, algunas personas me han dicho que la Orden Jesuita de la Iglesia Católica estaba en la cima del control del mundo. Parece que cada vez que investigaría eventos extraños en el mundo, habría un informe de la participación de los jesuitas. Me había parecido extraño que el Vaticano e Italia fueran aliados del Tercer Reich bajo Hitler. Luego, cuando los comunistas llegaron a tales niveles de poder en la Unión Soviética, parecía extraño que un Papa viniera del país comunista de Polonia. Y ahora, con el ascenso del Papa Francisco y el informe de que es jesuita, todo comienza a tener sentido. Recientemente, cuando leí el libro de Juan Cirucci, ILLUMINATI DESENMASCARADO: TODO LO QUE NECESITA SABER SOBRE EL *"NUEVO ORDEN MUNDIAL"* Y CÓMO LO VAMOS A VENCER, en el cual él expone toda la participación de la Orden Jesuita en todo el mundo, llegué a ser convencido aún más de que la Orden de los Jesuitas está a la cabeza del control mundial, incluida la Iglesia Católica, todos los gobiernos del mundo, el movimiento comunista e incluso el Illuminati. El fundador del Illuminati, Adam Weishaupt fue un sacerdote jesuita. Así que ahora tiene sentido que la Orden de los jesuitas está a la cabeza del control mundial, como lo demuestra la visita reciente del Papa Francisco a los Estados Unidos en 2015 para hablar ante el Congreso y las Naciones Unidas, así como su visita a Rusia, donde se reunió con su líder cristiano.

Todo esto confirma lo que dicen las Escrituras, que la Iglesia Grande y Abominable domina nuestro mundo exterior hoy, al menos hasta que Cristo regrese en gloria para reinar como Rey de Reyes por mil años. Tanto el Libro de Mormón como la Biblia se refieren a esta Iglesia Grande y Abominable que domina nuestro mundo exterior. El antiguo profeta americana, Nefi, vió una visión, de la que escribió, según consta en 1 Nefi 14:

17 *"y cuando llegue el día en que la ira de Dios sea derramada sobre la madre de las rameras, que es la iglesia grande y abominable de toda la tierra, cuyo fundador es el diablo, entonces, en ese día, empezará la obra del Padre, preparando la vía para el cumplimiento de sus convenios que él ha hecho con su pueblo que es de la casa de Israel."*

Y en la Biblia, Juan, el apóstol, se le mostró en visión la Iglesia Grande y Abominable sobre toda la tierra, y la llamó *"Misterio Babilonia la Grande, la Madre de las Rameras y*

Abominaciones de la Tierra," como se registra en Apocalipsis 17:

> 1 "Y vino uno de los siete ángeles que tenían las siete copas, y habló conmigo, diciendo: Ven acá, y te mostraré la condenación de la gran ramera, la cual está sentada sobre muchas aguas,
>
> 2 con la que han fornicado los reyes de la tierra, y los que moran en la tierra se han embriagado con el vino de su fornicación.
>
> 3 Y me llevó en el Espíritu al desierto; y vi a una mujer sentada sobre una bestia escarlata llena de nombres de blasfemia, que tenía siete cabezas y diez cuernos.
>
> 4 Y la mujer estaba vestida de púrpura y de escarlata, y adornada de oro, y de piedras preciosas y de perlas, y tenía en la mano un cáliz de oro lleno de abominaciones y de la inmundicia de su fornicación;
>
> 5 y en su frente había un nombre escrito: Misterio, Babilonia la grande, la madre de las rameras y de las abominaciones de la tierra."

Sin un conocimiento de los Jesuitas, su Illuminati y su conspiración para establecer un gobierno mundial único como una dictadura militar de las NACIONES UNIDAS, es imposible entender por qué el descubrimiento de que nuestra Tierra es hueca y es el origen de la mayoría de los PLATILLOS VOLADORES vistos en todo el mundo y por qué están aquí, que se ha mantenido en secreto de todo el mundo. ¡Con este conocimiento ahora revelado, ahora puedes CONOCER al enemigo que está dentro de nuestras fronteras!

La idea de que nuestra tierra es una esfera sólida no es un hecho, sino una teoría tratada como un hecho en los textos escolares. Arnold de Azevedo, en su GEOGRAFÍA FÍSICA, escribió sobre el mundo bajo nuestros pies, sobre el cual los científicos no saben nada más allá de unas pocas millas de profundidad, proponiendo teorías, hipótesis y conjeturas FALSAS para ocultar su ignorancia:

> "Tenemos bajo nuestros pies una inmensa región cuyo radio es de 6,290 kilómetros, que está COMPLETAMENTE DESCONOCIDO, desafiando el orgullo y la competencia de los científicos."

Así, con un conocimiento del control del Illuminati sobre los gobiernos del mundo y sus sistemas educativos, economías e incluso grandes industrias, incluida la comunidad científica en ese control o influencia, y además, con el conocimiento del control jesuita del Illuminati, podemos comenzar a comprender el rechazo absoluto por parte de los científicos de la Teoría de la Tierra Hueca. Pero el rechazo no quita la evidencia. La evidencia está ahí para que todos lo vean quién tomaría las molestias de estudiarla o ir a ver por sí mismos.

En el libro reciente publicado en 2017 por el Dr. Steven Greer, NO ADMITIDO es un documento de W.B. Smith, del Departamento de Transporte de Canadá, titulado SUMO SECRETO, de Ottawa, Ontario, con fecha del 21 de noviembre de 1950, en el que W.B. Smith escribió que el gobierno canadiense estaba trabajando en tecnología de los platillos voladores. En el curso de un intento de descubrir cómo funcionan los platillos voladores, hizo consultas con altos funcionarios del gobierno de los Estados Unidos que le dijeron que el tema era el sujeto más clasificado en el gobierno de los Estados Unidos, incluso más alto que la bomba H, que existen platillos voladores y su modus operandi está siendo investigado por un pequeño grupo encabezado por el Dr. Vannevar Bush. (NO ADMITIDO, páginas 723, 724)

Entonces, si en la década de 1950 el tema de Platillos Voladores y cómo funcionan era el Sumo Secreto de los gobiernos de los Estados Unidos y Canadá (y sigue siendo el Sumo Secreto, según el Dr. Greer), ciertamente de dónde provienen sería un secreto aún mayor, por lo que he llamado a esto El Sumo Secreto del Mundo: que Nuestra Tierra ES hueca y es de donde provienen la mayoría de los platillos voladores vistos en todo el mundo.

¡Mi predicción es que el descubrimiento de nuestra Tierra Hueca se establecerá como un hecho ante el mundo pronto, y que este conocimiento DESTRUIRÁ la Conspiración Internacional Comunista-Iluminista y sus jefes en la Orden de los Jesuitas con sus teorías falsas y sin Dios, incluyendo la THEORÍA DE LA EVOLUCIÓN ORGÁNICA, e incluyendo su impulso hacia la dominación mundial, porque El Reino Político de Dios, que actualmente está establecida dentro de Nuestra Tierra Hueca, se expandirá a nuestro mundo del superficie y se unirá con el Reino Espiritual de Dios: La Iglesia de Jesucristo de los Santos de los Últimos Días en preparación para la Segunda Venida de nuestro Señor y Salvador, nuestro Creador, Jesucristo, que establecerá un gobierno mundial con Él mismo como Rey!

CAPÍTULO DOS
¡Nuestra Tierra es Hueca! - La Evidencia Científica

Por lo tanto, tomemos la evidencia de la comunidad científica presentada por Juan M. Prytz en su artículo, *"El engaño de la Tierra Hueca,"* y veamos qué tan bien se encuentra su evidencia registrada en los textos de la escuela secundaria, incluso en textos elementales, contra observaciones de primera mano de observadores entrenados.

El elemento número uno de la *"evidencia objetiva de Prytz que explica por qué no puede existir la tierra hueca (y sus aperturas polares)"*, afirma:

"El área del polo norte está cubierta de agua, comúnmente conocida como el Océano Ártico. Tiene un área de 3,622,200 millas cuadradas y una profundidad promedio de 4,362 pies. Este Océano Ártico es el nombre del agua al norte de las masas continentales de la región del Círculo Polar Ártico, y a menudo se cubre con hielo concentrado. Si hubiera alguna abertura polar, el agua bajo la fuerza de la gravedad se drenaría en el orificio, como el agua que drena en el sumidero de un fregadero. Por tanto, aún la tierra hueca sería INUNDADO A LA CAPACIDAD, o de lo contrario, el agua seguiría drenándose por el agujero, no solo causando un gigantesco remolino, sino que también disminuiría el nivel de todos los océanos del mundo, tal caída no se ha notado."

Nuestra respuesta al Sr. Prytz es que la apertura del polo norte sí existe. Sin embargo, el Océano Ártico no se *"drena"* hacia dentro del *"agujero,"* porque el centro de gravedad principal de la Tierra no está en su centro, como sería el caso si la Tierra fuera una esfera sólida.

Una mirada a mi dibujo de nuestra Tierra Hueca, que es una sección central a través del eje polar de la Tierra, vemos que el caparazón de la Tierra está aproximadamente a 800 millas de la superficie externa a la interna. Como determinamos anteriormente, el 99.9% de la atmósfera terrestre se extiende desde la superficie interna hacia arriba 37 millas hacia un Sol Interior de 600 millas de diámetro, lo que nos da unos 5,626 millas dentro de nuestra tierra con 99.9% de ESPACIO PURO, un vacío cercano. Cualquier estudiante de física sabe que la gravedad es causada por la masa. El espacio vacío solo no produce la fuerza de la gravedad.

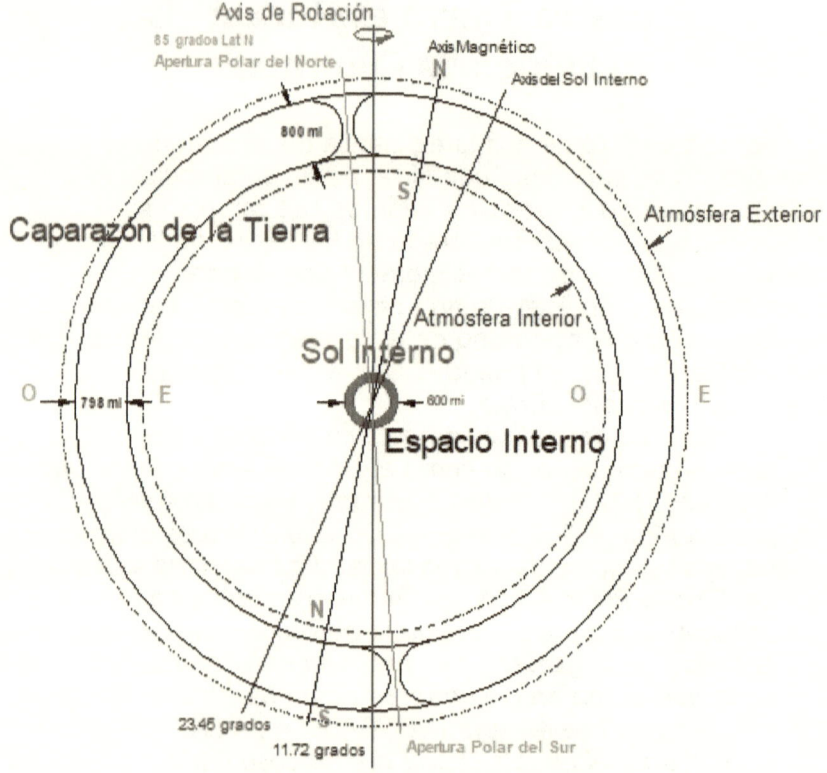

Nuestra Tierra Hueca

Por supuesto, un sol interior contendría algo de la masa de la tierra, pero muy poco, en comparación con la cáscara. Debido a que nuestra tierra es hueca y no está lleno de materia como afirma la ciencia ortodoxa, un pequeño centro de gravedad está ubicado en el sol interior, pero debido a que la preponderancia de la masa en una tierra hueca está ubicada en su cáscara, el centro de gravedad primario está ubicado en la cáscara, en algún lugar entre las superficies externas e internas, y describe una esfera: una esfera central de gravedad. Debido a una mayor densidad en el caparazón terrestre hacia el superficie interno, la esfera central de gravedad está ubicada a 700 millas de la superficie exterior en el caparazón de 800 millas de espesor de la tierra, de acuerdo con la Guía de la Tierra Interna en ETIDORPHA. (ETIDORPHA, p. 193)

El explorador Olaf Jansen, quien supuso que el caparazón de la tierra tenía 300 millas de espesor, explicó el centro de gravedad de la tierra de este modo:

"Sir Jaime Ross afirmó haber descubierto el polo magnético a unos setenta y cuatro grados de latitud. Esto es incorrecto: el polo magnético está exactamente a la mitad de la distancia a través de la corteza terrestre. Por lo tanto, si la corteza terrestre tiene un espesor de trescientas millas, que es la distancia que estimo que es, entonces el polo magnético es indudablemente ciento cincuenta millas debajo de la superficie de la tierra, no importa dónde se realice la prueba. Y en este punto en particular, a ciento cincuenta millas por debajo de la superficie, la gravedad cesa, se neutraliza; y cuando pasamos más allá de ese punto hacia la superficie 'interior' de la tierra, una atracción inversa aumenta geométricamente su poder, hasta que se recorren las otras ciento cincuenta millas de distancia, lo que nos llevaría al 'interior' de la tierra."

"Por lo tanto, si se perforara un agujero a través de la corteza terrestre en Londres, París, Nueva York, Chicago o Los Ángeles, una distancia de trescientas millas, conectaría las dos superficies. Mientras que la inercia y el impulso de un peso caído desde la superficie 'exterior' lo llevaría más allá del centro magnético, sin embargo, antes de alcanzar la superficie 'interior' de la tierra, su velocidad disminuiría gradualmente, después de pasar el punto medio, finalmente haciendo una pausa y caigaría inmediatamente hacia la superficie 'exterior,' y continuaría así oscilando como el balanceo de un péndulo con la potencia eliminada, hasta que finalmente descansaría en el centro magnético, o en ese punto en particular exactamente a la mitad de la distancia entre la superficie 'exterior' y la superficie 'interior' de la tierra." (EL DIOS HUMOSO, pp. 160-162)

Por lo tanto, si tuviéramos que recorrer la curva de 1,258 millas de la Apertura Polar del Norte, que es la semi circunferencia de una estimación de 800 millas de la capa terrestre, siempre seríamos ejercidos hacia la esfera central de gravedad de la masa de la tierra, lo cual contrario a la opinión popular no es principalmente en el centro de la tierra, sino que en realidad es una *"esfera"* de gravedad central ubicada entre las superficies internas y externas de la cubierta de la tierra.

Como tal, el Océano Ártico no se vaciaría en el *"agujero"* más que el continente australiano podría caer hacia el espacio.

Tomemos la SEGUNDA objeción de Prytz a la Teoría de la Tierra Hueca. Afirma: *"No existen masas de tierra desconocidas en el área atribuida a donde existe teóricamente la Abertura Polar del Norte."*

Prytz le haría creer al lector que debido a que no se muestran tierras desconocidas en los mapas del polo norte en los textos de la escuela secundaria, ¡esas tierras no existen!

Pero las observaciones de los exploradores polares, por otro lado, respaldan la Teoría de la Tierra Hueca de tierras dentro de las Regiones Polares que tienen incluso un clima subtropical. Examinemos, por lo tanto, las descripciones de los exploradores polares de lo que observaron en la región polar y luego preguntémonos si la evidencia respalda la teoría ortodoxa del Ártico o la Teoría de la Tierra Hueca con aperturas polares que conducen a una tierra dentro de Nuestra Tierra Hueca?

Las observaciones de los exploradores del polo norte indican que efectivamente existe una tierra en el extremo norte con un clima subtropical calentado por un sol hermano dentro de Nuestra Tierra Hueca. Por ejemplo, los informes de los exploradores sobre la abundancia de vida animal y de aves en el verano en el extremo norte indican una tierra natal en el norte desde la cual se extienden en el verano más al sur y hacia la cual se observa que migran en el otoño.

El explorador Hays observó abundante vida de insectos en el extremo norte. Cuando estaba en la latitud 78 grados, 17 minutos a principios de julio, dijo:

"Conseguí una mariposa de alas amarillas y, quién lo creería, un mosquito ... diez polillas, tres arañas, dos abejas y dos moscas." (El Mar Polar Abierto, pág. 413)

Observe el elemento de sorpresa que muchos exploradores expresaron como resultado del descubrimiento de condiciones que no esperaban.

El explorador Greely, en su libro TRES AÑOS DE SERVICIO ÁRTICO, en Grinnell Land en junio de 1881, informa sobre aves de una especie desconocida, mariposas, abejorros, tantas moscas que no podían dormir por la noche y temperaturas de 47 y 50 grados (F) en latitud 81 grados 49 minutos al norte. También encontró muchos sauces para hacer fuego, y mucha madera flotante. (Capítulo 26, Vol. I)

Una expedición sueca bajo Otto Torell, encontraron cerca de la Bahía de Trurenberg en el Mar Ártico, árboles que flotaban con brotes verdes en ellos y entre ellos se encontró la semilla del Frijol Entada tropical que medía 2.25 pulgadas de ancho. (Gardner, pág. 253)

26

El explorador Sverdrup, a 81 grados norte, encontró tantas liebres que llamaron una entrada, Fiordo de Liebres. También casi todas las expediciones encontraron suficientes animales para mantener a sus grupos de exploradores bien alimentados con carne. Estos incluían manadas de bueyes almizcleros y renos. (Gardner pág. 254)

El capitán Beechey vio tantas aves en la costa oeste de Spitsbergen que a veces un solo disparo mató a treinta de ellos. (Gardner pág. 254)

Todos los exploradores observaron que no todos los animales migran hacia el sur para escapar de los vientos fríos del Ártico en invierno, sino que muchos se dirigen al norte. ¿A dónde van? Greely, sorprendido por la enorme cantidad de vida silvestre en un supuesto norte helado, escribió:

"Seguramente esta presencia de pájaros, flores y bestias fue un saludo por parte de la naturaleza a nuestro nuevo hogar."

El explorador Kane informó haber visto varios grupos de Gansos Brent, que es un ave migratoria americana, volando al NORTE en su línea de vuelo en forma de calza en 80 grados 50 minutos norte en Cabo Jackson, cerca de la Tierra Grinnell a fines de junio de 1854.

El explorer Greely hace esta declaración de la migración hacia el norte de los osos,

"El teniente Lockwood, en mayo de 1882, notó huellas de osos (al noreste) en la costa norte de Groenlandia, cerca del Cabo Benet en 83 grados 3 minutos norte," y comentó: "... No puedo entender por qué el oso sale del rico campo de caza del 'Agua del Norte' para las desoladas costas del norte." (TRES AÑOS, pág. 366)

Greely también escribió sobre la gaviota de Ross,

"... las observaciones de Murdoch en Punto Barrow muestran que esta ave, en miles, pasa sobre ese punto hacia el NORESTE en octubre, y no vio que ninguno de ellos regresara."

El explorador Adolf Erick Nordenskiold, líder de una expedición sueca, registró en EL VIAJE ÁRCTICO DE 1858-1878, que el 23 de mayo vieron al norte de la isla de Amsterdam (por Spitsbergen),

"... un gran número de gansos de lapa ... volando hacia el NOROESTE, tal vez a alguna tierra más al norte que Spitsbergen. (No hay tal tierra en nuestros mapas actuales) La existencia de tal tierra", escribió Nordenskiold, "es considerada bastante cierta por los cazadores de *morsas, que afirman que en el punto más norte alcanzado hasta ahora, tales bandadas de pájaros son vistos dirigiendo su curso en un vuelo rápido aún más hacia el norte."* (Gardner, pág. 160)

Daines Barrington, en su libro, SOBRE LA POSIBILIDAD DE ALCANZAR EL POLO NORTE, escribió que los observadores en Spitsbergen siempre se dieron cuenta en primavera, justo antes de la temporada de eclosión, los patos, gansos y otras aves salvajes vuelan en dirección norte. También hay una fuerte migración en el otoño hacia el norte.

En el DIARIO DE HEARNE, Hearne cuenta con diez especies de gansos en la Bahía de Hudson, particularmente el ganso de nieve, el ganso azul, el ganso de Brent, el ganso ondulado con cuernos, ponen sus huevos y crían a sus crías en algún país del que Hearne era desconocido. Los exploradores, los indios y los esquimales nunca pudieron decir dónde se criaron estas aves y era bien sabido que nunca emigraron al sur.

Epes Sargent en su, MARAVILLAS DEL MUNDO ÁRTICO, cuenta que la segunda expedición de Franklin vio a un gran número de gansos que rien migrar hacia el norte desconocido, una clara indicación de tierra hacia el norte. Y esto se observó en la costa norte de Canadá, latitud 69 grados 29 minutos norte, longitud 130 grados 19 minutos oeste, el 13 de julio. (Sargent, pág. 163).

Newton en su MANUAL ÁRTICO, escribió lo siguiente acerca de las migraciones del pájaro Nudo,

"El nudo ... en la primavera busca nuestra isla (Inglaterra) en inmensas bandadas, y después de permanecer en la costa durante aproximadamente una quincena, se puede rastrear avanzando gradualmente hacia el norte, hasta que, finalmente, nos despide. Se ha notado en Islandia y Groenlandia, pero no para quedarse; el verano sería demasiado riguroso para su gusto, y va más y más al norte. ¿Adónde? ¿Dónde construye su nido y eclosiona a sus crías? Perdemos todo rastro de ello durante algunas semanas. ¿Qué pasa con eso?"

"Hacia el final del verano, nos llega en bandadas más grandes que antes, y tanto las aves viejas como las aves jóvenes permanecen en nuestras costas hasta noviembre, o incluso en temporadas templadas. Luego vuelan en vuelo hacia el sur y se deleitan en cielos azules y aires cálidos hasta la primavera siguiente, luego retoma el orden de su migración." (Gardner págs. 259-260)

Seguramente estas migraciones indican una tierra más allá del norte que Groenlandia y Spitsbergen con un clima ideal para los criaderos de estas aves y animales migratorios.

Muchos exploradores notaron un aumento de la temperatura a medida que avanzaban hacia el norte. Por ejemplo, Nansen informó que un viento del norte en el invierno es más cálido que un viento del sur. El 18 de enero de 1894 a 79 grados latitud norte, Nansen escribió,

"Es curioso que casi siempre haya un aumento del termómetro con estos vientos más fuertes ... Un viento del sur de menor velocidad generalmente disminuye la temperatura, y un viento del norte moderado LE AUMENTA" (MÁS NORTE, Volumen I, pág. 197) Dos meses después, el 4 de marzo, Nansen también escribió: *"Es curioso que ahora los vientos del norte traigan el frío y el calor del sur. A principios de invierno, era justo lo opuesto."*

Esto obviamente indica la existencia de una tierra más cálida hacia el norte desde donde sopla el viento cálido en el invierno.

En PRIMER CRUZE DEL MAR POLAR de Roald Amundsen, por dirigible, 12 de mayo de 1926, también se registró este aumento de temperatura hacia el polo. Al salir de Spitsbergen, la temperatura era de menos 8 grados centígrados. Luego, la temperatura a la altura del vuelo se hundió constantemente desde 5 grados bajo cero en la Bahía del Rey a 12 grados bajo cero en 88 grados norte en el lado europeo del polo. DESDE ESTE LUGAR COMENZÓ A SUBIRSE LENTAMENTE. La temperatura en el polo era 2 grados bajo cero. ¡Eso es un aumento de 10 grados! (PRIMER CRUCE, pág. 230)

En el vuelo soviético de Mikhail Gromov, de la Fuerza Aérea Soviética, en un artículo titulado, *"A través del Polo Norte a América,"* registró un aumento similar de la temperatura en el polo. Volando sobre Franz Josef Land a 13,000 pies, la temperatura era de menos 16 grados centígrados. Pero en el polo a 8,850 pies, la temperatura se registró a menos 8 grados C, un aumento de 8 grados en la temperatura.

Debe entenderse que cuando los exploradores dicen que habían alcanzado el polo, esto significa que habían alcanzado un punto en la curvatura de la tierra en el Ártico o en la Antártida, donde el ángulo del sol sobre el horizonte en sus lecturas de sextante indicaban que estaban al máximo norte para el polo norte o lo máximo al sur para el polo sur. Dado que era difícil para los exploradores medir distancias en el Ártico o en la Antártida directamente, las distancias se midieron determinando la latitud con el sextante. Los exploradores viajaban una cierta distancia hacia el norte, por ejemplo, tomaban una lectura con el sextante y, basándose en esa lectura y la distancia al polo como se mostraba en un mapa, luego calculaban cuántas millas habían viajado.

Surge un problema al ubicar el lugar del Polo Norte geográfico con un sextante cuando se toma en cuenta las aperturas polares en el Ártico y la Antártida. Mi mejor estimación de la ubicación de la Apertura Polar del Norte, por ejemplo, es que está ubicada en el lado ruso del Polo Norte en 85 N 130 E. Esto coloca el Polo Norte geográfico unas 102 millas dentro del perímetro de la apertura polar, que es el lugar donde la tierra comienza a sumergirse en la apertura. Lo que significa que un polo determinado con el sextante no se ubicará realmente en el eje geográfico de la tierra.

Hoy, sin embargo, con la llegada de los satélites de navegación, la determinación geográfica de la ubicación se determina con el GPS, el Sistema de Posicionamiento Global. Con los dispositivos de mano, cualquiera puede recibir las señales satelitales del GPS para determinar su latitud y longitud. Con los sobrevuelos de los polos y submarinos que cruzan el Ártico, uno se preguntaría con razón por qué las aperturas polares no se han descubierto y publicado abiertamente al mundo. Ciertamente, tal descubrimiento debe sacudir al mundo, hacer volar la mente y ser revolucionario para nuestras ciencias. Nuestros libros de física tendrían que ser reescritos. Ciertamente, los polos se han alcanzado, lo que sugiere fuertemente que cualquier apertura polar debería ubicarse a un lado u otro de los polos. Dado que este descubrimiento no se ha declarado abiertamente al mundo, esto significa que el descubrimiento de las aperturas polares de la Tierra es un Sumo Secreto del Mundo.

Aún así, por extraño que parezca, ¡hay indicaciones de que las aperturas polares si existen!

Otra evidencia de las aperturas polares se encuentra en los sorprendidos comentarios de los exploradores al encontrar las condiciones de niebla en los polos. En mayo de 1926, la expedición dirigible de Amundsen observó que desde Spitsbergen,

"Durante más de once horas volamos bajo un sol brillante. En los 87 grados de latitud nos encontramos con la niebla, que, sin embargo, pronto desapareció. Entre 88 grados y 89 grados de latitud llegamos a un nuevo cinturón de niebla. Sin embargo, la niebla estaba tan baja que

podríamos sobrevolarla elevándonos a 7,000 metros de altitud."

De nuestra teoría, obtenemos una respuesta rápida con respecto al origen de estos cinturones de niebla: son el resultado de las corrientes de aires húmedos y cálidos que salen de la apertura polar, que cuando se encuentran con el aire frío inferior junto al hielo, se condensan en niebla.

Continuando, Malmgren escribió,

"En el mismo Polo la niebla se disipó. El clima, como para la ocasión, en este lugar tan anhelado en la superficie de la tierra, se puede describir en pocas palabras. La mayor parte del cielo estaba cubierto por estratocúmulos y nubes altocúmulos. Hubo un completo cese del viento. La temperatura a unos 300 metros de altitud era de 2 grados bajo cero. Desde el polo fijamos nuestro rumbo hacia Punto Barrow. El viaje desde el Polo fue, al principio, favorecido con buena visibilidad, pero entre los 86 y 85 grados de latitud nos encontramos con niebla continua." Y se notificó que *"...la temperatura en la capa de aire más cercana al hielo era de 3-4 grados más bajo que el de arriba..."*

Al comentar sobre este fenómeno, Malmgren, el meteorólogo de Amundsen en la expedición, escribió,

"Uno de los problemas que la expedición ha traído a la vida se refiere a la niebla polar. ¿Por qué es que sobre la planicie monótona que está formada por el mar polar existen regiones cercanas entre sí, con y sin niebla, a menudo sin que se observen cambios en la temperatura atmosférica? ¿Son las capas aéreas más bajas tan conservadoras que aún pueden, en el mar polar, retener recuerdos de su existencia más al sur? ¿O es el fenómeno debido, que, sin embargo, parece increíble, a las variaciones en el desarrollo del calor entre el aire y el hielo subyacente?" (PRIMER CRUCE DEL MAR POLAR, págs. 272, 280, 281)

Observe cómo Malmgren está desconcertado por la diferencia de temperatura de las diferentes capas de aire que sugieren corrientes de un clima más al sur o más cálido.

En el libro, AVIACIÓN POLAR, por el teniente coronel C.V. Glines, EE. UU., se encuentra este comentario sobre la diferencia de temperatura entre los estratos aéreos superior e inferior a medida que un transporte de Douglas DC-3 descendió en el primer aterrizaje en el Polo Sur:

31

"Debido a un fenómeno polar llamado inversión, la temperatura bajó a medida que el avión perdió altitud." (pág. 146)

Verá, se llama inversión de temperatura en los polos porque normalmente en otras partes del mundo, el aire se vuelve más frío a medida que se asciende. ¿No podría ser que las capas más altas de aire estén más cálidas en los polos porque a medida que el aire cálido proviene de las aperturas polares, se eleva por encima del aire más frío y más pesado junto al hielo?

¿De dónde puede provenir el calor y la niebla en las *"capas de hielo"* polares congeladas? Obviamente, la respuesta es que provienen de las corrientes de aire cálidas y húmedas que emanan de las aperturas polares que están ubicadas más lejos y más allá de los *"polos"* ubicados con el sextante.

¿A quién, entonces, debemos creer? Aquí hay observadores entrenados, exploradores del Ártico y de la Antártida que informan lo que realmente vieron. En el Ártico, informaron sobre fenómenos que indican que debe haber una tierra más cálida hacia el norte desde donde emigran y regresan todo tipo de vida silvestre. ¿O debemos creer las teorías de los escritores de libros de texto que nunca han estado allí? Seguramente, si no creemos en las observaciones de los exploradores, podríamos ir al Ártico y ver por nosotros mismos que se calienta cuanto más hacia el norte nos dirigimos. Podríamos observar por nosotros mismos la vida silvestre que emigra hacia y desde el norte desconocido.

Sin embargo, no solo la vida silvestre y los vientos cálidos y la niebla salen del norte, sino que la evidencia apunta al origen de los icebergs en el extremo norte. El mar del polo norte está cubierto por hielo congelado de agua dulce y flota en un mar salado. El origen de tanto hielo de agua dulce que cubre miles de kilómetros cuadrados ha sido un enigma para los científicos desde hace mucho tiempo. El hecho es que el agua salada del mar no se congela a las temperaturas encontradas en los polos. Si lo hiciera, todo el Océano Ártico se congelaría. El hielo que cubre el océano Ártico no tiene sal.

El explorador Nansen notó que la temperatura del agua debajo del hielo aumentó algo con la profundidad, y que también la temperatura del aire sobre el hielo, medida desde el nido de cuervos de su barco, era más cálida que abajo hacia el superficie del hielo. Grabó que los icebergs en el Océano Ártico están estratificados y a menudo contienen madera de deriva, arcilla y rocas. Obviamente, esto indica que estos icebergs se originan en ríos que se han congelado lentamente y causa la estratificación de las capas de agua que se congelan a medida que fluye sobre el hielo acuñado entre sus orillas, donde las rocas y la arcilla se rasparon cuando finalmente los icebergs fueron expulsados al mar. Sin embargo, no hay suficientes ríos o incluso glaciares alrededor del mar polar para dar origen a tanto hielo. Entonces, ¿de dónde provienen los icebergs?

Un escritor llamado Guillermo Reed, escribió en su libro, FANTASMA DE LOS POLOS, en 1906, su teoría de que estos icebergs que llenan el Océano Ártico en realidad provienen del interior de Nuestra Tierra Hueca. Y esto, de hecho, es lo que informó un explorador que afirmó que llegó a la tierra dentro de las aperturas polares en 1829. El 3 de abril de ese año, dos pescadores noruegos, Olaf Jansen y su padre, Jens Jansen, salieron de su hogar en Estocolmo, Suecia, en un viaje que los llevó más allá del hielo del Ártico en dirección noreste de las islas Franz Josef a través de abiertos en los flujos de hielo, y llegaron a la tierra libre de hielo al otro lado de la Apertura Polar del Norte. Allí fueron admitidos por la gente y vivieron con esta raza avanzada durante dos años, y luego regresaron al mundo exterior a través de la Apertura Polar del Sur en 1831. Más tarde, Olaf publicó su viaje épico y se puede obtener desde publicadores de libros fuera de impresión por el título, EL DIOS HUMOSO. Un escritor llamado Willis Jorge Emerson lo publicó para él en 1908.

En su libro, Olaf reporta que,

"... cerca de tres cuartos de la superficie 'interior' de la tierra es tierra y alrededor de un cuarto de agua. Hay numerosos ríos de tremendo tamaño, algunos fluyen en dirección norte y otros hacia el sur. Algunos de estos ríos tienen treinta millas de ancho, y está fuera de estos vastos cursos de agua, en las partes extremas del norte y sur de la superficie 'interior' de la tierra, en regiones donde se experimentan bajas temperaturas, donde se forman los icebergs de agua dulce. Luego, son empujados hacia el mar como enormes lenguas de hielo, por las frescos anormales de aguas turbulentas que dos veces cada año, barren todo ante ellos." (EL DIOS HUMOSO, págs. 122, 123)

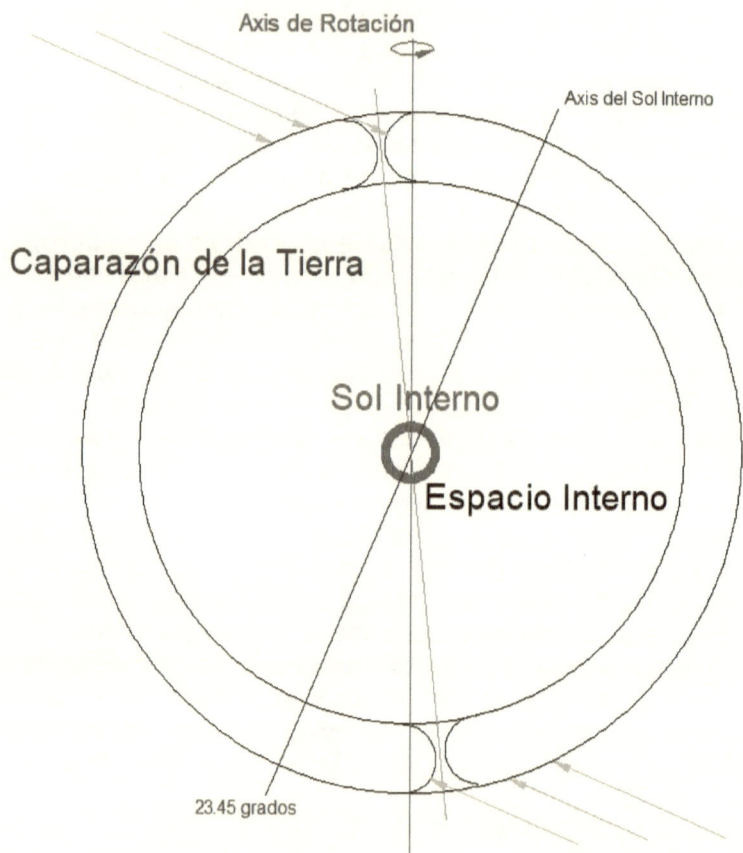

Los Rayos del Sol Golpean las Aberturas Polares en Ángulo Recto en Verano

Debido a la inclinación de 23½ grados de la tierra al plano de su órbita alrededor del sol, los rayos del sol, una vez al año, golpean el labio polar en ángulos rectos, como en el ecuador, que derrite el hielo en las bocas de los ríos de la Tierra interior dentro de las aperturas polares que luego vacían sus icebergs de agua dulce en los océanos Ártico y Antártico.

En relación con el origen de los icebergs está el origen de los restos de la fauna tropical que se encuentran en el Ártico. Roberto B. Cook, que escribió en la revista CONOCIMIENTOS de 1884, cuenta que los restos no solo de mamuts sino también de rinocerontes peludos, renos, hipopótamos, leones y hienas, que se encuentran en los depósitos glaciares del norte y no pueden explicar por qué el mamut prehistórico supuestamente extinto se encuentra lado a lado de los restos de la vida silvestre de hoy en día. La verdad del asunto es que todos estos animales quedaron atrapados en los ríos congelados en el interior y flotaron en los icebergs, muchos de los cuales se posaron en las costas de Siberia y otras costas del norte, depositando así su carga atrapada y conservada de animales congelados.

Descubrimiento del Mamut Encerrado en Hielo

De hecho, un mamut fue encontrado encerrado en un iceberg. En el libro de J.W. Buel, LAS MARAVILLAS DEL MUNDO, leemos que en 1799, un pescador de Tongoose, llamado Schumachoff, descubrió un tremendo elefante conservado en un enorme bloque de hielo transparente como un cristal a lo largo de las orillas del río Lena que desemboca en el Océano Ártico desde Siberia. La carne fue cortada para carne de perro y alimentada por lobos hasta que, como esqueleto, fue trasladada al Museo de la Historia Natural de San Petersburgo. Más tarde se descubrieron otros mamuts congelados frescos y se llevaron a cabo banquetes científicos con alimentos antiguos, incluido el supuestamente antiguo mamut congelado. Los científicos saben que estos animales congelados se congelaron instantáneamente, porque al abrirlos por primera vez después de su descubrimiento, encontraron comida no digerida en sus estómagos, lo que indica que se habían congelado tan rápido que la comida que acababan de comer no había tenido tiempo de digerirse.

El miembro de la nuestra expedición Jaime Still y su esposa posan en frente al esqueleto de un mamut de Nuestra Tierra Hueca en el museo ruso de San Petersburgo.

En 1977, un mamut bebé fue encontrado en Siberia aplastado por el hielo del río en el que cayó en Nuestra Tierra Hueca, donde se congeló y luego fue empujado al mar, donde terminó en las orillas de nuestro mundo exterior.

El verdadero lugar de origen del mamut es el interior de Nuestra Tierra Hueca. En los viajes de Olaf Jansen dentro de Nuestra Tierra Hueca, informó,

"Un día vimos una gran manada de elefantes. Debió haber quinientos de estos monstruos de trueno, con sus troncos agitándose incansablemente. Estaban arrancando

enormes ramas de los árboles y pisoteando el crecimiento más pequeño en polvo, como tantos arbustos de avellana. Tendrían un promedio de más de 100 pies de largo y de 75 a 85 de altura." (EL DIOS HUMOSO, pág. 126)

Olaf explica además que, desde estas vastas manadas, muchos se aventuran cerca de las bocas de los ríos en invierno y caen en grietas en el hielo donde se congelan instantáneamente y, más tarde, cuando en verano, nuestro sol brilla a través de la apertura polar para descongelar el hielo, los ríos empujan los icebergs hacia el mar. Los icebergs se dirigen gradualmente a las costas árticas del mundo exterior, donde se han descubierto vastos cementerios de huesos e incluso animales congelados.

Las afirmaciones del pescador explorador Olaf Jansen son verdaderamente fantásticas. Sin embargo, él no fue el único explorador que tenemos registro de quién alcanzó el país de Nuestra Tierra Hueca y regresó para contarlo. El Dr. Nefi Livesay Cottam, (1883-1966) un quiropráctico de Los Ángeles, California origenario de Lago Salado, Utah, (quien, de hecho, era mi pariente) reportó que uno de sus pacientes de ascendencia nórdica le contó la siguiente historia sobre su viaje al país de Nuestra Tierra Hueca:

"Viví cerca del círculo polar ártico en Noruega. Un verano, mi amigo y yo decidimos hacer un viaje en bote juntos e ir tan lejos como pudiéramos hacia el País del Norte. Así que pusimos provisiones de comida de un mes en un pequeño barco de pesca, y con la vela y también un buen motor en nuestro barco, nos embarcamos en el mar."

"Al final de un mes habíamos viajado hacia el norte, más allá del Polo y hacia un nuevo país extraño. Nos quedamos muy sorprendidos por el clima allí. Cálido, y a menudo por las noches era casi demasiado cálido para dormir. Luego vimos algo tan extraño que los dos nos quedamos asombrados. Ante el cálido mar abierto en que íbamos era lo que parecía una gran montaña. En esa montaña, en cierto punto, el océano parecía estar vaciándose. Mistificados, continuamos en esa dirección y nos encontramos navegando en un vasto cañón que conducía al interior de la Tierra. Seguimos navegando y luego vimos lo que nos sorprendió: ¡un sol que brilla dentro de la Tierra!"

"El océano que nos había llevado al interior hueco de la Tierra se convirtió gradualmente en un río. Este río condujo, como nos dimos cuenta más tarde, a través de la superficie interna del mundo de un extremo al otro. Puede llevarlo, si lo sigue el tiempo suficiente, desde el Polo Norte hasta el Polo Sur."

"Vimos que la superficie interna de la tierra estaba dividida, como la otra, en tierra y agua. Hay mucha luz solar y la vida animal y vegetal abunda allí. Navegamos cada vez más hacia este fantástico país, fantástico porque todo era enorme en tamaño en comparación con las cosas en el exterior. Las plantas son grandes, los árboles gigantescos y finalmente llegamos a GIGANTES."

"Vivían en casas y pueblos, tal como lo hacemos en la superficie de la Tierra. Y utilizaron un tipo de transporte eléctrico como un carro de mono riel, para transportar a personas. Corría a lo largo de la orilla del río de ciudad en ciudad."

"Varios de los habitantes de la tierra interior -- gigantes -- detectaron nuestro barco en el río, y quedaron muy sorprendidos. Sin embargo, fueron muy amigables. Nos invitaron a cenar con ellos en sus casas, por lo que mi compañero y yo nos separamos, él iba con un gigante a la casa de ese gigante y yo con otro gigante a su casa."

"Mi amigo gigantesco me llevó a casa con su familia, y me sentí completamente consternado al ver el enorme tamaño de todos los objetos en su casa. La mesa de la cena era colosal. Me pusieron un plato y lo llenaron con una porción de comida tan grande que me habría alimentado abundantemente durante toda la semana. El gigante me ofreció un racimo de uvas y cada uva era tan grande como uno de nuestros duraznos. Probé uno y lo encontré mucho más dulce que cualquier otro que haya probado lo 'afuera.' En el interior de la Tierra, todas las frutas y verduras tienen un sabor mucho mejor y más sabroso que los que tenemos en la superficie exterior de la Tierra."

"Nos quedamos con los gigantes durante un año, disfrutando de su compañía tanto como ellos disfrutaron conociéndonos. Observamos muchas cosas extrañas e inusuales durante nuestra visita con estas personas notables, y nos sorprendimos continuamente de su progreso científico e invenciones. Todo este tiempo nunca fueron hostiles con nosotros, y se nos permitieron regresar

a nuestra propia casa de la misma manera en que vinimos; de hecho, ofrecieron su protección cortésmente si la necesitábamos para el viaje de regreso". (CIUDAD DEL ARCO IRIS Y EL PUEBLO INTERIOR DE LA TIERRA, Miguel X. Barton págs. 17, 18)

Estas evidencias de la vida silvestre en el norte de donde provienen los icebergs, los vientos cálidos, la niebla y los mamuts congelados, y estas historias de exploradores reales que llegaron a esa tierra, ayudan a establecer el hecho de que existen grandes masas de tierra dentro de la apertura polar del norte.

Juan M. Prytz, en su artículo, *"El Engaño de la Tierra Hueca,"* declara su tercera objeción a la teoría de la tierra hueca: *"Considere que los submarinos atómicos de los EE. UU. que han viajado de bajo del hielo para cruzar el Océano Ártico y pasar por debajo del polo nunca podría haber sido posible (si existe la apertura polar)."*

En las exploraciones de los rusos en el Océano Ártico, parece que ya conocen esa tierra dentro de Nuestra Tierra Hueca que Prytz dice que no existe. Desde la revista *Científico Americano*, llega este párrafo revelador de los descubrimientos rusos:

"La exploración y la investigación han demostrado que una región enorme de la superficie de la tierra y, por consiguiente, grandes países de lo DESCONOCIDO se pueden llevar al alcance de la comprensión humana en muy pocos años. Los datos acumulados hasta ahora por expediciones y estaciones de hielo llenan más de 120 volúmenes; la lista de libros, monografías y artículos que surgen de la información de ESE ya supera los 600 títulos ..." (CIENTÍFICO AMERICANO, *"El Océano Ártico"*, por P. A. Gordienko, mayo de 1961)

Desde el descubrimiento de Nuestra Tierra Hueca por el almirante Ricardo E. Byrd en 1927, ha habido un encubrimiento internacional de esto, el SUMO SECRETO DEL MUNDO. Y la publicidad del paso del submarino atómico bajo el polo fue parte de ese encubrimiento. Si no ha habido un encubrimiento, entonces ¿DÓNDE están todos esos 120 volúmenes que demuestran que hay "enormes regiones de la superficie de la tierra y, en consecuencia, grandes países de lo DESCONOCIDO"? De acuerdo con los libros de texto, ¡todas las grandes regiones desconocidas de la superficie de la tierra hoy en día son inexistentes! ¡Especialmente en el Océano Ártico, que supuestamente se ha cruzado miles de veces y se ha mapeado completamente!

En febrero de 1927, el Ricardo E. Byrd de la Marina de los Estados Unidos, antes de su vuelo de siete horas de 1,700 millas más allá del Polo Norte, dijo:

"Me gustaría ver esa tierra más allá del polo. Esa área más allá del Polo es el centro del gran DESCONOCIDO."
(MUNDOS MÁS ALLÁ DE LOS POLOS, F. Amadeo Giannini)

Considere el testimonio del difunto Ray Palmer, de sus revistas EN BÚSQUEDA y PLATILLOS VOLADORES, en las que testifica del descubrimiento de Byrd de Nuestra Tierra Hueca. Palmer vivía en Amherst, Wisconsin. Escribió en su revista, que a unas tres millas de distancia se encuentra la ciudad natal del fallecido Lloyd K. Grenlie, que era amigo suyo. Grenlie,

"... fue el encargado de la radio en la expedición del Almirante Byrd al Polo Sur en 1926 y a ambos polos en 1929."

"Se negó rotundamente que hiciera vuelos a AMBOS polos en 1929." Sin embargo, Palmer continuó: *"Ese año se pudo ver un noticiero en los teatros de Los Estados Unidos que describían AMBOS vuelos, y también mostró fotografías de noticieros de la tierra más allá del polo (norte) con sus montañas, árboles, ríos y un gran animal identificado como un mamut."*

"Hoy en día, este noticiero aparentemente no existe, aunque cientos de mis lectores lo recuerdan como yo, esta película corta. Por lo tanto, la tengo en mi visión personal de esta película, y del radioterapeuta que fue con Byrd a esa tierra más allá del polo y vieron las cosas grabadas en esa película, que existe esta tierra desconocida, inexplorada y actualmente negada!" (PLATILLOS VOLADORES, septiembre de 1970)

De acuerdo con nuestra teoría, los polos geográficos originales de la Tierra estaban ubicados en el espacio, en el centro de las aperturas polares, varias millas directamente arriba de una persona que estaría en el borde polar. Siendo que la Tierra fue creada en rotación, la fuerza centrífuga habría arrojado materia desde el centro dejando una masa en el núcleo de la Tierra que luego se convertiría en el Sol central. En el primer día de la creación, cuando el núcleo de la tierra se *"encendió"* en el proceso del incendio estrellar, Dios dijo: *"Hágase la Luz."* En ese momento, el sol interior comenzó a brillar. Cualquier materia más alejada del núcleo central habría sido arrojada hacia afuera desde el centro por la fuerza centrífuga para formar la cáscara de la tierra. Esta fuerza centrífuga rotatoria habría dado como resultado una carcasa y un interior hueco con un núcleo suspendido en el centro por la fuerza de gravedad que actúa sobre él desde todas las direcciones. En los polos, la fuerza centrífuga habría formado las aperturas polares.

La Guía de la Tierra Interna en ETIDORPHA explicó que también hay un fundamento espiritual en la tierra,

"El principio de formación de la tierra consiste en una esfera invisible de energía que, girando a través del espacio, soporta el polvo espacial que se acumula en él, como polvo en una burbuja. Mediante la acumulación gradual de sustancia en esa esfera, se ha producido una bola hueca, en la superficie exterior de la que habéis habitado hasta ahora. La corteza de la tierra es comparativamente delgada, no más de ochocientas millas de grosor promedio, y se mantiene en posición mediante la esfera central de energía (centro de gravedad o esfera central de gravedad) que ahora existe a una distancia de aproximadamente setecientos millas debajo del nivel del océano." (ETIDORPHA, pág. 193)

Sin embargo, más tarde, tal vez en el momento del cataclismo mundial que produjo el diluvio de Noé, la tierra se inclinó sobre su eje, tal vez incluso más que una vez, de modo que hoy en día, las aperturas polares están ubicadas a un lado u otro del eje de la tierra. Esto explicaría por qué se puede llegar al polo desde algunas direcciones, pero no de otra, como los aviadores soviéticos que volaron hacia el norte desde el Mar de Kara y se perdieron cuando volaron hacia la apertura polar. Y, sin embargo, Amundsen pudo volar sobre el polo en su dirigible cuando voló desde Spitsbergen a Alaska.

Hay una manera de determinar si alguien ha alcanzado el polo o si solo ha alcanzado algún punto en el borde de las aperturas polares. En el polo geográfico, el sol debe estar a la misma distancia sobre el horizonte en cualquier día ártico o antártico. Tomando el Ártico como un ejemplo, si hay un gran agujero en la Tierra ubicado cerca del polo, y un explorador lo estaba cercado desde el sur, lo más norte que esa persona podría ir sería el borde de la apertura polar.

Si un explorador estuviera ubicado en el borde sur de la Apertura Polar del Norte, no podría ir más al norte, y el sol parecería subir y bajar a lo largo de cada día, ya que hace su ronda aparente del cielo ártico, indicando que aún no había llegado al eje polar de la tierra. Y, sin embargo, en el borde de la apertura polar, una lectura de un sextante mostraría que el explorador había alcanzado el Polo Norte como lo indica el ángulo del Sol sobre el horizonte. Dado que en el eje polar exacto de la tierra, el sol debe permanecer a la misma distancia sobre el horizonte durante todo el día, y sin embargo no lo hace, sino que en su lugar da vueltas hacia arriba y hacia abajo durante todo el día, SABERÁ que no ha llegado a la zona geográfica del Polo Norte, a pesar de su lectura del sextante.

Los exploradores usan un instrumento llamado sextante para determinar si han alcanzado el polo. Es un instrumento de navegación que determina la latitud al norte y al sur del ecuador al determinar la altura que debe tener el sol sobre el horizonte para cualquier latitud específica. En diferentes épocas del año, los grados en que el sol estaría sobre el horizonte en el polo geográfico teórico son diferentes. Pero en el solsticio de verano, el ángulo debe ser de 23½ grados, y si no hay aperturas polares, NUNCA debe ser mayor que 23½ grados, que es el ángulo máximo del eje de la Tierra con respecto al eclíptica, el plano orbital de la Tierra alrededor del Sol. Un ángulo de más de 23½ grados podría obtenerse solo en el borde de una apertura polar. A medida que uno avanza hacia dentro de la apertura polar, el sol parecería oscilar desde lo bajo sobre el horizonte hasta muy alto, hasta un 90%, como sucede en el ecuador.

Si un explorador se quedara en el polo durante toda una temporada en la que el sol se mira sobre el horizonte, notará que a medida que avanza el verano, el sol se elevará más y más sobre el horizonte. En un día cualquiera, girará alrededor del cielo a la misma distancia sobre el horizonte si de hecho se encuentra en el eje polar geográfico de la Tierra. Sin embargo, si el explorador descubre que el sol sube y baja a lo largo del día en ángulos superiores de 23½ grados, esto resultaría concluyentemente que no ha alcanzado el polo geográfico sino que ha alcanzado un punto en el borde polar de gran agujero en la Tierra.

Esto es lo que informó el explorador noruego Olaf Jansen mientras él y su padre navegaban su pequeño bote de pesca a través de la Apertura Polar del Norte. Se dio cuenta de que, *"El sol estaba cayendo oblicuamente, como si estuviéramos en una latitud sur, en lugar de en el extremo norte. Estaba girando, su órbita cada vez más visible y elevándose más y más alto cada día ..."* (EL DIOS HUMOSO, Loc. 288 al final de la Parte Dos).

42

Para obtener más información sobre la ubicación y el tamaño de las aperturas polares, consulte la Tabla de Contenido, Ubicación y Tamaño de las Aperturas Polares.

El hecho de que el polo magnético no coincida con el polo geográfico es una evidencia de que nuestra Tierra está hueca. Aparentemente, la tierra se ha inclinado sobre su eje desde la creación que dejó el sol interior en su orientación original. Esto causó la no alineación del polo magnético de la tierra con su eje de rotación. Esta es una evidencia de que la tierra está hueca con un sol central que da origen al campo geomagnético de la tierra. La cáscara de la Tierra que gira alrededor del sol interior casi estacionario, ambos con cargas eléctricas, positiva para el sol interior y negativa para la cáscara, es lo que produce el campo geomagnético de la Tierra y hace que la brújula apunte hacia el norte. Si la Tierra fuera llena de materia en su totalidad, los polos geomagnéticos coincidirían con el eje de rotación de la Tierra, si pudiera tener polos geomagnéticos, lo cual es dudoso, ya que la Tierra tendría que tener una cáscara externa que gire alrededor de un núcleo estacionario o casi estacionario para producir un campo geomagnético. En cambio, los polos magnéticos giran alrededor del Ártico / Antártico en órbitas magnéticas que indican que la Tierra es hueca y se ha inclinado desde su orientación original con un núcleo que gira a una velocidad más lenta que la cáscara. Lo más probable es que el núcleo hubiera conservado su orientación original cuando la tierra fué inclinada sobre su eje.

Raymundo Bernard escribió sobre el polo magnético giratorio,

"La primera observación (de la declinación magnética) se hizo en Londres en 1580 y mostró una declinación del este de 11 grados. En 1814 la declinación alcanzó los 24.3 grados máximos del oeste. Esto hace una diferencia de un cambio de 35.3 grados en 235 años ... El punto focal, o el 'punto de referencia' real del polo magnético existe solo en una parte de la circunferencia de ese círculo a la vez, y se mueve progresivamente alrededor del círculo en una 'órbita' definida." (LA TIERRA HUECA, pp. 57-58)

Esta es también la razón por la que algunos exploradores polares dicen que la aguja de su brújula se apunta hacia abajo en el extremo norte y otros dicen que se apunta hacia arriba, cada una dependiendo de qué lado de la apertura polar están ubicados. Cuando los rusos informaron que la aguja de su brújula apuntaba hacia abajo por mil millas a través del Océano Ártico, estaban en el lado de la apertura polar en la que se encuentra el polo magnético. Olaf Jansen, por otro lado, estaba en el lado opuesto de la apertura polar en 1829, al noreste de las islas Franz Josef cuando notó que la aguja de su brújula apuntaba hacia arriba a través de la abertura polar hacia el otro lado donde estaba ubicado el polo magnético.

En el capítulo de este libro titulado, CAPÍTULO QUINCE Una Propuesta Expedición a Nuestra Tierra Hueca se muestra cómo los giroscopios y las lecturas de radar también se pueden usar para probar la existencia de las aperturas polares.

La cuarta objeción de Prytz dice: *"El suelo del Océano Ártico ha sido razonablemente bien trazado y cartografiado, no se ha encontrado rastro de ninguna apertura polar."*

Sin duda, el Ártico se ha cartografiado con gran precisión, pero como la CIA y otras agencias gubernamentales proporcionan todos los mapas del Ártico, no se tienen en cuenta las aperturas polares. Ciertamente, nuestros libros de texto no contienen tales mapas.

Uno de los testigos expertos del Dr. Steven Greer, Donna Hare, una contratista de la NASA, testificó que un técnico de la NASA le dijo que se les dicen que eliminen con pintura de aire cualquier OVNI que aparezca en sus fotos desde el espacio, así que mi pregunta es que si no lo harían igual a la ubicación de donde provienen los ovnis: ¿las aperturas polares?

Cuando si parece haber un encubrimiento del descubrimiento de las aperturas polares, en los últimos años, han comenzado a aparecer indicaciones de la existencia de las aperturas polares.

En diciembre de 1997, dos científicos de la NASA, el Dr. Rick Chappell y la Dra. Barbara Giles, publicaron documentos que describen el descubrimiento de fuentes polares de iones energéticos que emiten desde ambas regiones polares con suficiente energía para iluminar las auroras y llenar los cinturones de radiación de Van Allen, mostrando que NO es necesario que la fuente de esta energía sea el viento solar de nuestro Sol exterior. Al intentar localizar de dónde sale esta energía de la tierra, encontré dos imágenes del Ártico de la NASA que mostraban un agujero en la capa de hielo, una fechada el 25 de febrero de 2011 desde el Radiómetro de Escaneo de Microondas Avanzado en el Satélite Aqua de la NASA, y la otra fechada en septiembre 16, 2012. Luego, el 25 de octubre de 2015, el Observatorio Naval de EE. UU. publicó cuatro imágenes que mostraban que en esta misma ubicación exacta en el Océano Ártico había una concentración de hielo más baja, un espesor de hielo más bajo, una salinidad más baja de la superficie del mar y una temperatura más alta de la superficie del mar, todo lo cual ocurriría si hubiera una apertura polar en la tierra en ese lugar, lo que he determinado está ubicada centrada en 85 N, 130 E.

Objeción seis: *"Considere todos los vuelos de aerolíneas comerciales que se han realizado entre América del Norte y Europa a través de la región polar. No se ha observado una vez ninguna apertura polar, aunque toda el área ha sido entrecruzada."*

Prytz afirma que los vuelos de las aerolíneas polares no han visto ninguna apertura. No es cierto. Mi amigo, el Señor Ivars de Henwick, conoció a un piloto de una aerolínea que le dijo que había visto la Apertura Polo del Norte muchas veces en vuelos transpolares. Dijo que todos sus compañeros pilotos de las líneas aéreas saben que la apertura polar existe, pero dijo que si se le citara, negará esta confesión porque valora su trabajo. Dijo que no intentan volar a través de la apertura polar porque el hacerlo sería como tratar de volar hacia el espacio exterior. Este piloto de aerolínea confirmó que la tierra tiene la forma más parecida a una dona, poseyendo la forma de un toroide, con agujeros cerca de los polos que conducen al interior de Nuestra Tierra Hueca.

En un artículo titulado *"MH370: ¿Qué pasaría si sucediera en el Ártico?,"* escrito por Mia Bennett en Cryopolitics, en marzo de 2014, muestra un mapa que ella hizo con datos de OpenFlights.org, utilizando grandes distancias en círculo de vuelos de aerolínea actuales sobre el Ártico. Nota en su mapa que ninguna aerolínea vuela sobre el área donde he determinado que la Apertura Polar del Norte está ubicada en 85 N Lat, 130 E Lon cerca de La Tierra del Norte, Rusia:

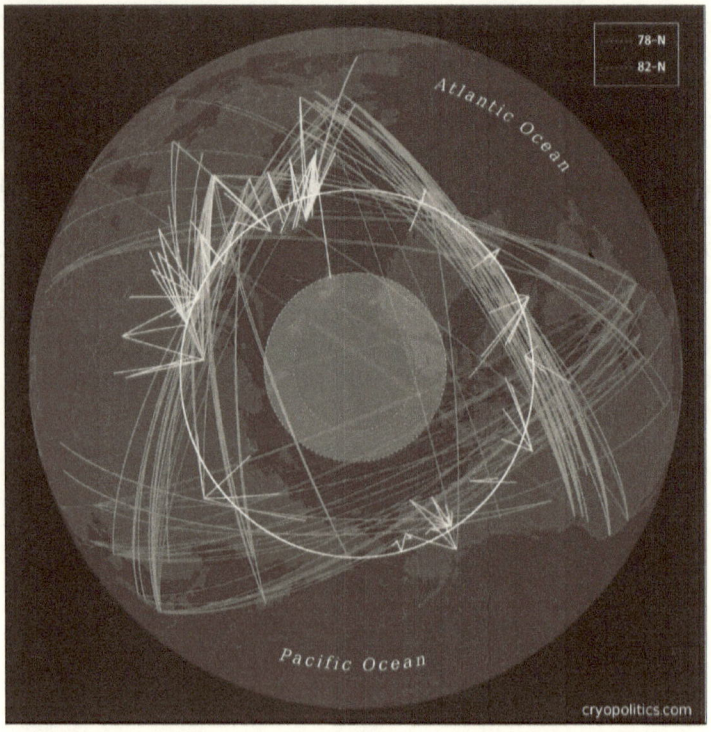

Objeción siete: *"Dado que existe una apertura Polar del Norte, y que los OVNI se van y entran allí, ¿por qué no han sido rastreados por nuestra línea D.E.W.?"*

Sin duda lo han sido. Pero como el gobierno de los EE. UU. considera que los OVNIs y Nuestra Tierra Hueca son un secreto, todo el personal militar que se atreva a divulgar dicha información es objeto de graves problemas. Todo este conocimiento se considera demasiado peligroso para que los ciudadanos comunes lo sepan por la Conspiración Iluminista Internacional que controla el ejército de los Estados Unidos.

Objeción Ocho: *"Nunca ha habido observaciones de aperturas polares por parte de los astronautas, en particular aquellos con una visión de la Tierra completa como los Apolo 8, 10 y 11."*

El Reglamento de la Fuerza Aérea 200-2 penaliza a los empleados militares con una multa de $10,000 dólares y 10 años de prisión si publican sujetos censurados como los OVNIs. Indudablemente, los astronautas también estaban sujetos a regulaciones tan estrictas con respecto a sus observaciones en el espacio.

Objeción Nueve: *"Ningún satélite del espacio profundo (incluso aquellos en órbitas polares) con cobertura fotográfica de la Tierra ha registrado una apertura polar."*

Definitivamente hay una escasez en las fotos de los aperturas polares desde el espacio. Pero eso no significa necesariamente que las aperturas polares no existan. Podría significar que la NASA los está encubriendo retocando cualquier fotografía de la Tierra desde el espacio que pueda mostrar una apertura polar. Hay trabajadores de la NASA que han admitido haber retocado fotos espaciales para eliminar OVNIs anómalos (vea el DVD del Proyecto de Divulgación de Steven Greer). Incluso un científico de la NASA admitió que las aperturas polares existen, pero que retocan fotografías de ellas para que parezcan hielo y nieve.

He incluido algunas fotos de la Tierra tomadas por varios satélites. La foto incluida de Apolo 17 de África y la Antártida muestra lo que puede ser una vista elíptica de la Apertura Polar del Sur en la parte inferior de la imagen.

Foto #72-HC-928 de la NASA tomado por el Apollo 17:

El área elíptica en la parte inferior de esta foto muestra la Apertura Polar del Sur en el continente antártico occidental.

Imagen de la NASA RadarSat del Antártico:

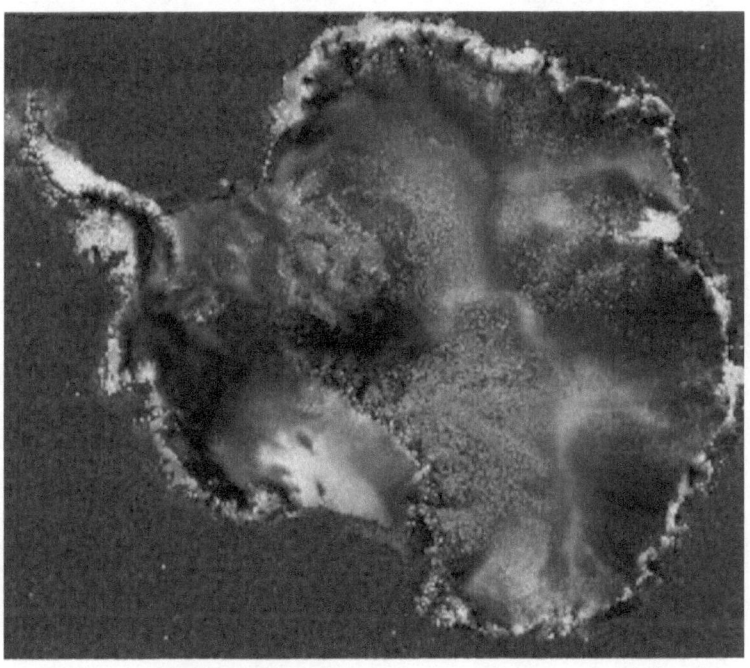

Tomado en la primavera de 1997. Las áreas claras reflejan bien el radar, las áreas oscuras no. De hecho, hay un área circular oscura entre el Polo Sur y el Mar de Weddell que podría ser la Apertura Polar del Sur.

Hemos determinado que la foto ATS 67-HC-723 (abajo), que algunos investigadores de la Tierra hueca pensaron que podría estar mostrando la Apertura Polar del Norte, NO lo es. Lo que aparece en la parte superior de la foto es el extremo sur de Groenlandia y una inusual formación de nubes que hace que parezca que podría ser una apertura.

Foto de la NASA ATS #67-HC-723:

La muesca en la parte superior de esta foto ATS ha sido determinada ser una formación de nubes en el extremo sur de Groenlandia. NO es la Apertura Polar del Norte.

Aquí está la misma imagen del sitio web de Earth Imaging que muestra la ubicación de la muesca en las nubes en la parte superior de la foto ATS que en realidad es solo el extremo sur de Groenlandia:

Esta imagen de la cubierta de hielo en el Ártico de la NASA parece mostrar la Apertura Polar del Norte, tomada de: http://svs.gsfc.nasa.gov/vis/a000000/a003300/a003333/amsr_e_sea_ice_640x480.mpg:

Pero en lugar de mostrar una apertura en la Tierra, en realidad solo muestra un agujero en las imágenes satelitales.

La mejor imagen que he podido encontrar mostrando la ubicación de la Apertura Polar del Norte es esta del Centro Nacional de Datos de Nieve y Hielo que muestra la extensión del hielo ártico para el 16 de septiembre de 2012:

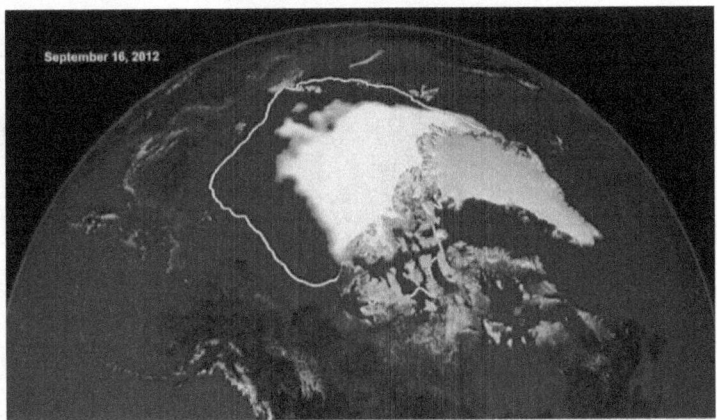

Observe el agujero en el hielo cerca de la Tierra Norte, Rusia. Este agujero en el hielo es la ubicación de la Apertura Polar del Norte, donde el aire caliente se eleva por la apertura. La radiación del Sol Interior también sale desde este agujero haciendo que las auroras se iluminen durante los meses del invierno del Ártico. Su ubicación es 85 Latitud Norte, 130 Longitud Este.

El mismo agujero en el hielo del año anterior se puede ver en esta imagen del radiómetro de barrido avanzado de microondas en el satélite Aqua de la NASA del 25 de febrero de 2011:

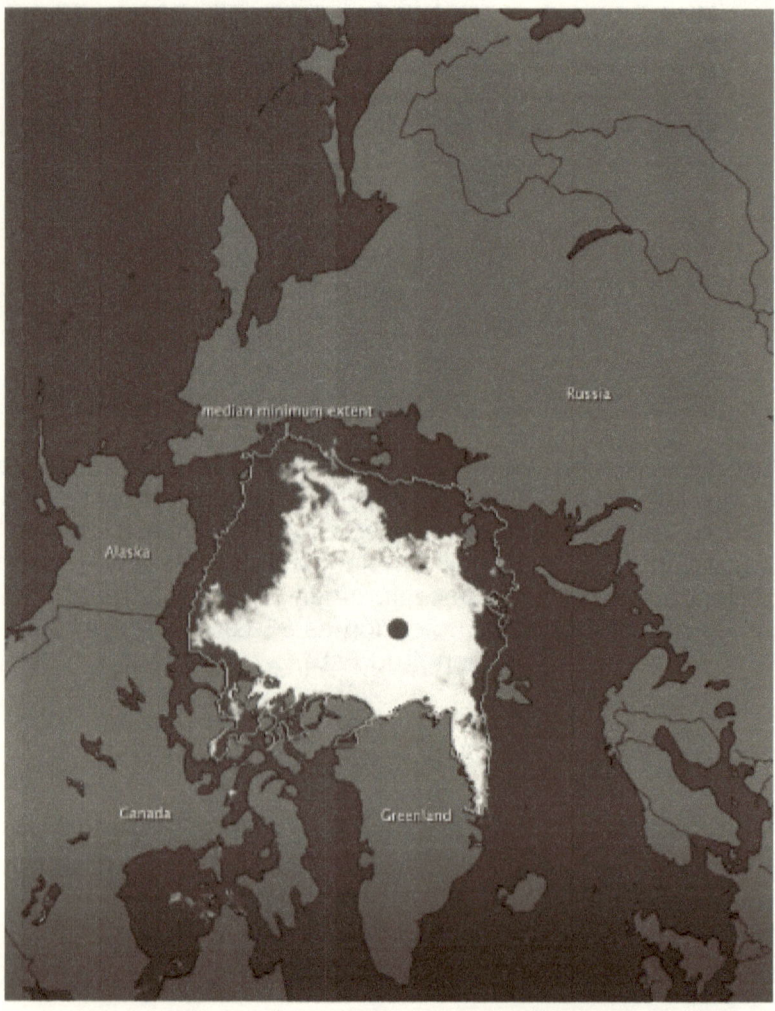

El agujero negro en el Polo Norte geográfico es un agujero en las imágenes satelitales. NO es la Apertura Polar del Norte. La Apertura Polar del Norte es el agujero azul en el hielo cerca de la Tierra del Norte, Rusia, que es una característica perdurable en la paca de hielo del Ártico como se ve a lo largo del tiempo.

Objeción Diez: *"El Polo Sur y el área circundante (5,300,000) millas cuadradas en comparación con el Ártico, no es un océano, pero tierra seca cubierta, sin embargo, con una capa de hielo de miles de pies de espesor. Esta área ha sido escudriñada por aire y por pie, en particular, en preparación para y durante el Año Geofísico Internacional. Por supuesto, nunca se descubrió una apertura en el polo sur."*

Los científicos del Año Geofísico Internacional están controlados por la Conspiración Iluminista. Por lo tanto, no escuchamos nada de sus descubrimientos de la tierra más allá del polo porque lo consideren como el Sumo Secreto del Mundo.

Las aperturas polares fueron descubiertas. Pero los Estados Unidos y la inteligencia de la Conspiración Illuminista Internacional reprimieron todas las publicaciones posteriores de ese descubrimiento.

Objeción Once: *"Ningún planeta es naturalmente hueco, independientemente de cual teoría en la que uno crea de cómo se forma un planeta, el bloque de construcción básico es que un planeta crece desde el centro hacia afuera; por lo tanto, ningún planeta puede ser naturalmente hueco."*

Por el contrario, dado que los planetas se forman en rotación, con una burbuja espiritual fundamental ubicada en la esfera central de la gravedad, esto hace que el material salga del centro de rotación hacia afuera por una fuerza centrífuga que deja una capa con polvo espacial y rocas precipitadas sobre la esfera de gravedad central creando un interior hueco con un núcleo central. Polvo adicional del espacio, rocas y gases se acumulan en la parte exterior de la esfera central de gravedad, lo que aumenta el grosor de la capa terrestre. La fuerza centrífuga y la gravedad naturalmente hacen que todos los planetas sean huecos. Muchas observaciones astronómicas indican que todos los planetas, lunas e incluso el sol son cuerpos huecos.

En 1962, el Dr. Gordon McDonald, de la NASA, publicó un informe en la edición de julio de Astronáutica, en el que afirmó que, según un análisis de los datos astronómicos, la Luna parece estar hueco:

"Si se reducen los datos astronómicos, se encuentra que los datos requieren que el interior de la Luna sea menos denso que las partes externas. De hecho, parece que la Luna es más como una esfera hueca que como una esfera homogénea." (ASTRONAUTICA, julio de 1962, pp. 14, 15)

El científico del MIT, el Dr. Sean C. Solomon admitió que la Luna podría estar hueca. El escribió,

"Los experimentos del Orbitador Lunar mejoraron enormemente nuestro conocimiento del campo gravitatorio de la Luna ... lo que indica la posibilidad aterradora de que la Luna podría estar hueca." (POR ENCIMA DE SUMO SECRETO, *por Jim Marrs, pág. 227)*

Además, los astrónomos han observado destellos de los soles internos de Marte, Venus y Mercurio brillando desde sus aperturas polares. De hecho, nuestra propia Aurora Boreal y Australis son causadas por el haz de electrones y protones de la radiación altamente cargada del Sol dentro de Nuestra Tierra Hueca que emana a través de las aperturas polares, chocando con los átomos atmosféricos y, por lo tanto, causando las bellas *"Luces Boreales."* (Consulte los capítulos CAPÍTULO NUEVE, ¡Las Auroras Comprueban que Nuestra Tierra Es Hueca! y CAPÍTULO DIEZ, ¡Los Cinturones de Radiación de Van Allen de la Tierra Comprueban que Nuestra Tierra es Hueca! para obtener más detalles sobre las auroras.

Objeción Doce: *"La densidad de la Tierra es 5.52 (en una escala de agua iguala a 1), pero la densidad promedio de la corteza terrestre es de 2.7. Por lo tanto, el interior de la Tierra debe consistir en una densidad mucho mayor que la corteza en orden para obtener la densidad promedio general de la Tierra. Una Tierra hueca no sería compatible con estos hechos."*

Aquí es donde Prytz pudo haber tenido algo como prueba de su lado del argumento. Dado que las rocas superficiales tienen una densidad de 2.7 veces de un volumen igual de agua, para que la tierra tenga una densidad total de 5.52, el interior debería estar en el rango de 10 o más. ¿Pero tales densidades evitarían que la tierra fuera hueca? En realidad, no lo hacen. Sin embargo, el descubrimiento de que todos los planetas, lunas y estrellas son cuerpos huecos está destinado a tener un efecto profundo en la teoría de la gravedad y en cómo se forman los planetas. Quizás esto incluso requiera una corrección en la fórmula y la teoría de la gravitación. Revisemos la teoría de la gravedad tal como es hoy y veamos dónde se podrían hacer los cambios y si la teoría de la gravedad actual es consistente con un planeta hueco.

La Gravedad de Nuestra Tierra Hueca

El físico retirado Al Snyder escribió varios libros en la década de 1970, discutiendo las afirmaciones de los científicos de Newton. En sus LEYES DE NEWTON ESTÁN LLENAS DE FALLAS, Snyder muestra cuán ilógica es la fórmula de gravitación atribuida a Isaac Newton. Cuando Newton propuso en 1687 en su PRINCIPIA que *"existe un poder de gravedad perteneciente a todos los cuerpos, proporcional a las diversas cantidades de materia que obtienen"* y que la *"fuerza de gravedad hacia las diversas partículas de cualquier cuerpo es inversamente a la del cuadrado de las distancias de los lugares de las partículas,"* en realidad nunca declaró la ley de la gravitación con su ecuación ahora familiar que contiene la constante gravitacional G.

De hecho, Newton nunca declaró que la gravedad es un halón. Podría ser un empujón. En su época, los científicos creían que el espacio estaba lleno de un gas etérico a través del cual se propagaba la luz. Si el espacio está lleno de un gas etérico, podría ser la fuente de ese empuje. La gravedad podría consistir en el éter del espacio que fluye hacia todas las partículas de materia. A medida que el éter del espacio fluye a través de la materia, ejercería una presión sobre esa materia en la dirección donde se encuentra la mayor parte de la masa. Dado que la mayor parte de la masa de la Tierra se encuentra en su interior, el éter que fluye hacia la Tierra desde el espacio pasa a través de nosotros y mantiene nuestros pies firmemente plantados en la superficie de la Tierra.

Newton ni siquiera dijo que la aceleración de la gravedad aumenta hasta el centro de la tierra, lo que los científicos afirman hoy. También afirman que en cualquier lugar dentro de una esfera hueca, todo sería ingrávido. Si tal fuera el caso, cualquier persona que viva dentro de la tierra hueca estaría flotando alrededor en gravedad de cero.

Y hay otras incongruencias en la ciencia ortodoxa newtoniana, como las distancias de gravisferas iguales entre los cuerpos en el espacio, ese lugar donde un cohete después de su quema inicial en una trayectoria alejándose de un cuerpo comenzará a acelerar hacia el otro. Por ejemplo, los newtonianos colocan la distancia de gravisferas iguales entre la Tierra y el Sol a 160,000 millas de la Tierra y, sin embargo, la Luna se encuentra a más de 250,000 millas de la Tierra. ¿Cómo podría, entonces, ubicarse la distancia de gravisferas iguales entre la Tierra y el Sol, ENTRE la Tierra y la Luna? Si, de hecho, lo fuera, la gravedad del sol haría que la luna cayera de la órbita terrestre hacia el sol.

Lo mismo se aplica a la distancia de gravisferas iguales entre la Tierra y la Luna. Antes de las misiones de Apolo, que descubrieron por radar la distancia de 54,828.7 millas náuticas de la luna que el cohete se detuvo desacelerándose y comenzó a acelerar hacia la luna, los newtonianos creyeron que la distancia de gravisferas iguales entre la tierra y la luna era 1/81 de la distancia de la luna a la tierra, o cerca de 3000 millas de la luna. Es por eso que las primeras sondas enviadas a la luna las perdieron por completo o se estrellaron en la luna: el control de la misión apuntaba a pasar la distancia de gravisferas iguales que pensaban que estaba a solo 3000 millas de la luna en lugar de las 63,095.7 millas estatutarias de la luna que fue localizado más tarde.

El cálculo de las mareas por los científicos newtonianos es aún más incongruente. Incluso tuvieron que ajustar su fórmula de gravedad newtoniana para que se ajustara a las fuerzas de marea observadas al cubicar la distancia entre la Tierra y la Luna en lugar de usar el *"cuadrado de las distancias"* según lo establecido por Isaac Newton en su PRINCIPIA. Esto se debe a que, si utiliza la fórmula de gravedad de Newton estándar,

F = GmM/R^2

el sol de esta fórmula ejerce el 99.5% de la fuerza de la gravedad en las mareas de la Tierra y la luna solo .05%. Sin embargo, se sabe desde hace milenios que la luna ejerce la mayor fuerza de gravedad en las mareas de la tierra, porque la marea sube cuando sale la luna, incluso cuando el sol está abajo. La luna sale 50 minutos más tarde todos los días y también lo hacen las mareas. SABEMOS que la luna ejerce la mayor fuerza de gravedad sobre las mareas, pero la fórmula de la gravedad newtoniana dice que no lo hace. Para más detalles y cálculos, vea mi documento de gravedad sobre *El Origen, La Causa y El Control de la Gravedad: ¡Encontrado!*

Existe una clara necesidad de revisar nuestras teorías de la física y la gravedad para resolver estas y otras incongruencias con la física actual. La física de los planetas huecos deberá incluirse en la revisión. Tal vez incluso podamos lograr la realización de la ilusoria Teoría del Campo Unido mientras lo hacemos.

Desde antes de los días de Alberto Einstein, ha habido personas que han notado similitudes entre las diferentes fórmulas de fuerza. Esto ha llevado a la creencia en la posibilidad de una Teoría del Campo Unido en la que quizás una fórmula podría describir todas las fuerzas de la naturaleza. La existencia subyacente de una sustancia etérea omnipresente que contribuiría a todas las fuerzas de la naturaleza sería definitivamente un comienzo en la dirección correcta hacia el desarrollo de la Teoría del Campo Unido.

El primer paso para desarrollar la Teoría del Campo Unido es darse cuenta de que el éter que llena la inmensidad del espacio es una realidad. El experimento de la luz de Michelson-Morley realizado en 1887 reclamó un valor nulo en la detección del éter, pero no lo hizo. El valor era tan pequeño que se consideró dentro del rango del error. La razón por la que la detección fue tan baja fue porque el experimento se llevó a cabo en un sótano de piedra y ladrio grueso que bloqueó la mayor parte del flujo del éter. Edwardo Morley continuó con extensas mediciones de interferómetro con Dayton Miller durante un período de 25 años entre 1902 y 1927 con más de 200,000 lecturas individuales y determinaron de manera concluyente que un viento de éter sopla de hecho por la tierra. Ver: http://www.orgonelab.org/miller.htm

El siguiente paso para desarrollar la Teoría del Campo Unido sería encontrar similitudes entre las fuerzas y las fórmulas que describen esas fuerzas para una reconciliación de las fórmulas en una fórmula de la Teoría del Campo Unido que se aplicaría a todas las fuerzas de la naturaleza. Por ejemplo, observe la similitud entre la fórmula de gravitación newtoniana mencionada y la fórmula electrostática.

$F = GmM/R^2$

$F = k\ Qq/d^2$

Ambos tienen constantes; ambos tienen dos cuerpos y ambos están separados por una distancia al cuadrado. Las diferencias son que los cuerpos electrostáticos se cuantifican con cargas de signo opuesto, mientras que los cuerpos de gravitación se cuantifican por masa, y la distancia entre los cuerpos electrostáticos se mide desde sus superficies, pero los cuerpos de gravitación desde sus centros. Si tuviéramos que unificar estas fórmulas en una sola, las diferencias tendrían que resolverse.

Empecemos por las distancias que los separan. Ambos son variados en cuanto a sus distancias al cuadrado. La única diferencia aquí es el punto de partida de la medición uno desde el centro, el otro desde la superficie de los cuerpos que interactúan.

Recuerde que Newton declaró en su PRINCIPIA que, *"la fuerza de gravedad hacia las diversas partículas de cualquier cuerpo es inversamente como el cuadrado de las distancias de los lugares de las partículas."* No se menciona nada de medir la distancia desde el centro de las partículas. Similar a las fuerzas electrostáticas entre dos cuerpos, la fuerza de gravedad de la fórmula gravitacional solo puede aplicarse a dos cuerpos separados por una distancia. No describe la fuerza de gravedad dentro de un cuerpo.

Una de las fallas ciertas de la teoría de la gravedad newtoniana es su suposición de que el centro de gravedad está ubicado en el centro de la tierra. Aunque la gravedad, que defino como una aceleración del éter del espacio hacia dentro de la materia, fluye hacia el sol central suspendido en el hueco de la tierra, también fluye hacia la superficie interior, lo que permite que los habitantes de la tierra interior tienen sus pies firmemente plantados en la superficie interna, en lugar de estar flotando como sostienen los newtonianos. La falla en su teoría de la gravedad es que asumen que toda la gravedad dentro de la Tierra gravita hacia el centro del planeta. Sin embargo, una lectura más detallada de la declaración anterior de Newton sobre la gravedad indica que la fuerza de la gravedad varía *"inversamente al cuadrado de las distancias"* entre todas las *"partículas"* de materia en la tierra.

La gravedad acelera hacia la mayor concentración de materia. En un planeta hueco, hay dos concentraciones de materia, la cáscara y el sol interior. Por lo tanto, la gravedad acelerará hacia la cáscara desde afuera y desde adentro, Y hacia el sol interior, ayudando a mantenerla suspendida en el hueco del planeta. Esto significa que el centro de gravedad en la cáscara de un planeta hueco estaría en su cáscara, no en el sol central. La guía en ETIDORPHA afirmó que el centro de gravedad en la cáscara de 800 millas de espesor de la tierra está a 700 millas desde la superficie exterior. Esto indica una mayor concentración de materia más densa hacia la superficie interna que hacia la superficie exterior del caparazón de la Tierra.

De hecho, el centro de gravedad en la caparazón sería en realidad una esfera, una esfera central de gravedad donde el éter que fluye desde el exterior y la superficie interna se encuentran. El flujo gravitacional resultante del éter a esta profundidad estaría fluyendo en todas las direcciones con un flujo direccional resultante de cero. Así, una persona ubicada en la esfera de gravedad central flotaría como si estuviera en el espacio, solo estaría rodeado por el aire y la materia de la capa terrestre como si estuviera en un nave en el espacio.

La teoría newtoniana sostiene que la aceleración de la gravedad aumenta hasta el centro del planeta, lo que da como resultado tremendas presiones que generan un gran calor que supuestamente hace que su *"núcleo externo"* se funda. Sin embargo, el explorador de la Tierra interna que se llamó a sí

mismo YO-SOY-EL-HOMBRE en ETIDORPHA, quien el
investigador de la Tierra Hueca Bruce Walton descubrió era un
hombre llamado Guillermo Morgan, informó que cuando él y su
guía descendieron a través de las cavernas comunicadas desde
una entrada en Kentucky gradualmente perdieron peso hasta
que en la esfera central de gravedad pesaban cero. A una
profundidad de alrededor de 200 millas de la superficie
exterior, podía caminar a pasos agigantados con poca gravedad
superficial que no requería casi ningún esfuerzo para moverse.
A 700 millas de la superficie exterior, flotaban en el aire de la
caverna.

Las presiones aumentan por una corta distancia desde la
superficie externa o interna a medida que disminuye la
aceleración de la gravedad hacia la masa de la tierra, pero
luego la presión disminuye hacia la esfera central de la
gravedad. El flujo gravitacional resultante se cancela
gradualmente y el peso disminuye a cero a medida que se
acerca a la esfera central de la gravedad. NO hay *"núcleo
externo"* fundido. El núcleo externo es en realidad el hueco de
la tierra a través del cual NO pasan las ondas sísmicas. Vea el
CAPÍTULO ONCE, ¡Los Terremotos Comprueban que Nuestra
Tierra es Hueca! para más información sobre cómo los
terremotos demuestran que nuestra tierra es hueca.

Al Snyder señaló otra incongruencia en la fórmula
gravitatoria newtoniana. Lo hizo comparando dos juegos de
imanes, uno de ellos 10 veces más poderoso que el primero.
Usando la fórmula newtoniana, mostró que para el primer
conjunto de imanes de potencia 1, separados por una distancia
de 1 unidad,

$F = m * M / R^2$

$1 = 1 * 1 / 1^2$

Pero para el segundo conjunto de imanes 10 veces más
potente que el primero, separados por una distancia de esa
misma unidad,

$100 = 10 * 10 / 1^2$

Los newtonianos mantendrían que el segundo conjunto de
imanes es 100 veces más poderoso que el primer conjunto, en
lugar de los 10 veces más poderosos que SABEMOS que son.
Por lo tanto, Snyder llegó a la conclusión de que en la fórmula
de gravitación newtoniana, F en realidad es cuadrada,

$F^2 = m * M / R^2$

Para el segundo conjunto de imanes 10 veces más potente,

$10^2 = 10 * 10 / 1^2$

$F = 10$

¿Podría esto significar que la fuerza que atribuimos a la gravedad es ejercida por una cantidad de materia mucho menor de lo que se pensaba que era el caso? ¿Y podría esta cantidad mucho menor de materia en una tierra hueca ejercer la fuerza de gravedad que observamos que tiene la tierra? Los newtonianos han supuesto una tierra mucho más masiva y densa de lo que parece tener un planeta hueco.

Sin embargo, incluso si asumimos que la masa y la densidad de Newton para la Tierra son correctas, esto no impide que la Tierra sea hueca. Todavía podría ser hueco incluso con una densidad de 5.5 gm/cc. Repasemos cómo se determinan la masa y la densidad de la tierra.

Los newtonianos suponen, según la Segunda Ley de Newton, que el impulso de una pequeña masa que acelera hacia la tierra cerca de su superficie es igual a la fuerza gravitatoria de la tierra que actúa sobre esa pequeña masa:

$F = m * a$ Fórmula de Impulso (La segunda ley de Newton)

$F = GmM/R^2$ Fórmula de Gravitación Newtoniana

$m * a = GmM/R^2$

Resolviendo para **a**, la masa **m** cancela dejando,

$a = GM/R^2$

Ahora podemos resolver por **M**, la masa de la Tierra,

$M = a * R^2 /G$

utilizando la constante gravitatoria newtoniana y la aceleración de la gravedad en la superficie de la Tierra,

$980.665 * 4.0678884 \times 10^{17} / 6.67259 \times 10^{-8}$

$= \mathbf{5.978541732 \times 10^{27}\ gm}$ La masa newtoniana de la tierra.

De la fórmula de densidad

$D = M/V$

obtenemos la densidad newtoniana de la tierra.

De la fórmula del volumen de una esfera,

$V = PiD^3/6$

el volumen de la tierra es $1.082 * 10^{27}$ cc.

La densidad newtoniana de la tierra entonces es:

$5.978541732 \times 10^{27}$ gm / $1.082 * 10^{27}$ cc

$= \mathbf{5.525\ gm/cc}$

Dado que las rocas de la superficie tienen una densidad de 2.7 en promedio, el interior de la tierra tendría que ser al menos tan denso como el acero (aproximadamente 8 veces más denso que el agua, agua = 1) para llegar a la densidad de tierra media de Newton de 5.5,

$(8.3 + 2.7 / 2 = 5.5)$

Ahora hagámonos algunas preguntas. Por ejemplo, ¿qué tan densa sería una tierra hueca? ¿Sería necesariamente menos masivo de lo que afirman los newtonianos? ¿Cómo debería revisarse la teoría de la gravedad para permitir un planeta hueco? Y si la fórmula de la gravitación necesita ser revisada, ¿cuál sería?

Estas son preguntas que necesitan respuesta si los planetas huecos son una realidad. Para una revisión de la gravedad y cómo puede afectar la tierra hueca, vea mi estudio *El Origen, La Causa y El Control de la Gravedad: ¡Encontrado!* y especialmente la sección titulada *"Una fórmula de fuerza de gravitación más correcta."*

Por ahora, visitemos la idea de que si una densidad de la tierra de 5.525 gm / cc podría ser hueca.

Suponiendo el espesor de la capa terrestre a 800 mi o 1,287.48 km,

Diámetro del Hueco de la Tierra:

Espesor de la Cáscara de la Tierra x 2 - Diámetro de la Tierra

800 mi x 2 - 8000 = 6400 mi

O

1,287.48 km x 2 - 12,756 = 10,181 km

O

1.018104445×10^9 cm

Volumen del Hueco:

$3.14159265 \times (1.018104445 \times 10^9)^3/6 = 5.525551394 \times 10^{26}$ cc

Volumen del La Tierra – Volumen del Hueco = Volumen de la Cáscara:

$1.086781293 \times 10^{27}$ cc - $5.525551394 \times 10^{26}$ cc = $5.342261531 \times 10^{26}$

Densidad de la Corteza = Masa de la Tierra/Volumen de la Cáscara:

$5.978541732 \times 10^{27}$ gms/$5.342261531 \times 10^{26}$ cc

= **11.19 gm/cc**

Esto supone que la mayor parte de la masa de la tierra se encuentra en su caparazón. Como puede ver, la física newtoniana requiere una densidad de caparazón promedio casi tan densa como el plomo (11.3). Y como las rocas superficiales son 2.7, entonces el interior de la concha tendría que ser mayor que la densidad de promedio.

La densidad interior que utiliza la masa newtoniana de la tierra requiere que el interior de la capa tenga una densidad de 2 * 11.19 - 2.7 = 19.68 gm / cc, que es más densa que el oro (19.3). El platino es 21.4 gm / cc, por lo que una densidad de la cáscara interna de 19.68 no está fuera del alcance de lo posible. De hecho, si la Tierra es hueca como lo mantenemos, la capa interna necesariamente tendría que ser de una mayor densidad para dar al planeta hueco la fuerza suficiente para mantener su forma hueca.

Entonces podemos decir que una densidad de la capa de 11.19 gm/cc podría estar en el ámbito de lo posible. Después de todo, la tierra suena como una campana después de un terremoto bastante grande. Una campana es hueca y está hecha de metal, tal como debe ser una tierra hueca.

Podríamos preguntarnos qué parte de la masa de la tierra estaría contenida por el sol interior. En realidad, un sol interior con un diámetro estimado de 600 millas contendría muy poco de la masa de la tierra.

La evidencia indica que todas las estrellas son en realidad bolas de cristal huecas, en lugar de solo bolas de gas quemando, como afirma la ciencia ortodoxa. Por lo tanto, asumiendo que el sol interior tiene la densidad de vidrio, su masa sería solo .01% de la masa de la masa newtoniana de la tierra, como se muestra en los siguientes cálculos:

$V = pi \ D^3 / 6$ fórmula del volumen de una esfera

$pi * (600 \ mi * 1.60934722 \ km * 100,000 \ cm)^3 / 6$

$= 4.714130881 \times 10^{23}$ cc   Volumen de sol interior

Supongamos que el sol interior también es hueco y tiene un caparazón del 10% de su diámetro, o 60 millas. Esto le daría al hueco del sol interno un volumen de $2.413635011 \times 10^{23}$ cc. Así que el volumen de su carcasa sería $2.30049587 \times 10^{23}$ cc multiplicado por 2.6, la densidad de vidrio da,

Masa = Volumen * Densidad

$= 5.981289262 \times 10^{23}$ gms, Masa del sol interior

dividido por la masa de la tierra de $5.978541732 \times 10^{27}$ gms

$= .000100046 * 100 = .01\%$

Por mucho, la mayor parte de la masa de una tierra hueca se encuentra en su caparazón, del 99.99%.

Otra posibilidad, se puede decir, es que la cubierta de la Tierra es más gruesa que 800 millas, lo que le daría una densidad de cubierta promedio más baja. Esto también, podría ser una posibilidad. Se debe idear algún método para determinar el grosor del caparazón de la Tierra. Esto podría determinarse entrando en el hueco de la tierra a través de una apertura polar y haciendo rebotar ondas de radar en el lado opuesto del interior hueco para determinar el diámetro del interior hueco.

En total, en realidad, no veo nada en la masa y densidad newtoniana de la tierra que excluiría completamente a la tierra de ser hueca. Se ha observado que las ondas de terremotos se doblan a medida que descienden en la tierra, lo que hace que vuelvan a la superficie antes de golpear la discontinuidad dentro de la tierra que los científicos afirman que es el núcleo externo. Esto indica que la tierra aumenta su densidad con la profundidad, lo que es consistente con una capa de tierra que tiene un grosor de aproximadamente 800 millas utilizando la masa newtoniana de la tierra.

De hecho, si la tierra es hueca y la masa newtoniana de la tierra que requiere un aumento de densidad con profundidad es correcta, entonces el aumento observado de densidad con profundidad excluiría su reclamación de un interior fundido. La discontinuidad dentro de la tierra podría ser la superficie interna. La razón por la cual la discontinuidad de la superficie interna es de 800 millas hacia abajo en lugar de 1,800 como dicen, es porque debe haber un mayor aumento de densidad con la profundidad de lo que los científicos ortodoxos estiman que causa que las ondas sísmicas viajen más rápido a través de las profundidades más densas. Para más discusiones por correo electrónico sobre la gravedad, vaya aquí:

http://www.ourhollowearth.com/G-emails.htm

Después de aplicar la física newtoniana a los planetas y suponiendo que todos son huecos con conchas que tienen un grosor del 10% de sus diámetros, resulta que todos los planetas, incluso el Sol, tendrían superficies sólidas (con una posible excepción que es Saturno con una densidad de concha de 1.26 gm/cc que está más cerca a la densidad del agua = 1. Sin embargo, si Saturno tiene un grosor de su caparazón de un 5% de su diámetro, su cáscara también sería sólida).

Con una gravedad superficial cercana a la de la Tierra y los soles interiores que crean sus campos magnéticos planetarios y que emiten vientos solares a través de las aperturas polares para iluminar sus auroras, es incluso plausible que la mayoría de los planetas contengan condiciones atmosféricas internas similares a la tierra propicia para plantas, animales y la vida humana en sus interiores. Para un análisis más detallado de la gravedad, vea mi artículo sobre *El Origen, La Causa y El Control de la Gravedad: ¡Encontrado!*

Objeción Trece: *"El campo magnético de la Tierra no se podría explicar si la Tierra fuera hueca, ya que es el núcleo de la Tierra actuando como una dinamo que produce el campo magnético."*

Por el contrario, una tierra hueca con un sol interior crearía un campo magnético más fácil que una tierra sólida con un núcleo sólido y un núcleo externo fundido del modelo de la ciencia de la ciencia ortodoxa. La rotación de la cáscara de la tierra hueca alrededor del sol interior que gira mucho más lento en el centro del vacíFelipeo de la tierra provoca el campo electromagnético de la tierra. (Para obtener más información sobre el campo electromagnético de la Tierra, consulte el CAPÍTULO ONCE, ¡Los Terremotos Comprueban que Nuestra Tierra es Hueca! y el CAPÍTULO DOCE Nuestra Tierra Hueca y el Sistema Tectónico de Placas).

Objeción Catorce: *"La temperatura de la Tierra aumenta a medida que aumenta la profundidad. Esto se conoce como el gradiente térmico, y el valor es de 150 grados Fahrenheit por milla. Por lo tanto, después de alcanzar profundidades relativamente cortas, la temperatura se aproxima al punto de fusión de muchas rocas. Si una raza de personas viviera en la Tierra subterránea, sería un poco caliente para ellos."*

El profesor Mohr de Bonn arrojó cierta luz sobre este tema. Marcial B. Gardner, en su libro, UN VIAJE AL INTERIOR DE LA TIERRA escribió:

"Todos los lectores están familiarizados con el hecho, tal como lo informaron los mineros y otros observadores, que cuanto más se profundiza en la tierra, más se calienta. Fue esa idea la que llevó a la gente a creer que si cavaban lo suficiente, llegarían a una profundidad donde hacía tanto calor que todo estaría en una condición fundida. Pero esa idea también debe irse, ya que ya no está de acuerdo con la evidencia. El profesor Mohr de Bonn ha escrito un documento muy importante sobre investigaciones termométricas de un taladrado de 4,000 pies en Speremberg, quien encuentra que mientras aumenta la temperatura, a medida que bajamos, la tasa de aumento cada vez es menos y menos, por lo que pronto será nula, es decir, ya no habrá más aumento, y el punto en el que el calor dejaría de aumentar sería de unos 13,550 pies." (Gardner, pág. 357)

Según este estudio, a una profundidad de 2.57 millas en el hoyo de Speremberg, la temperatura dejaría de aumentar si fuera taladrado hasta esa profundidad, pero en otros lados de la Tierra podría ser diferente, como en la caverna en que entró Guillermo Morgan en Kentucky, donde no reportó ningún aumento de calor con la profundidad.

La tierra tampoco es lo suficientemente rígida como para ser sólida por todo su diámetro. En el libro de Sir G. H. Darwin, LAS MAREAS Y EL FENÓMENO INFANTIZADO DEL SISTEMA SOLAR, escribe:

"El cuerpo de la tierra, sobre el cual descansan los océanos, no puede ser absolutamente rígido. Ningún cuerpo lo es. Debe estar más o menos deformado por las atracciones del Sol y la Luna." Así que, el muestra cómo se calculan estas interacciones gravitacionales. Lo hace midiendo la marea quincenal.

Por marea quincenal se entiende de *"... un minuto de desigualdad en la altura de la marea, que tiene un período de alrededor de quince días, dependiendo de la inclinación de la órbita de la luna al plano del ecuador. Ahora la cantidad que la marea oceánica quincenal tendría que tener si la tierra fuera absolutamente rígida se puede calcular."*

Los resultados de estos cálculos muestran que la tierra cede hasta cierto punto bajo la fuerza de la gravedad de la luna, y el rendimiento no es lo suficientemente pequeño como para justificarnos al decir que la tierra es prácticamente rígida y no es lo suficientemente grande como para sugerir que la tierra tiene un interior líquido.

Gardner escribe: *"Ahora, si la tierra no es un cuerpo sólido y rígido por un lado o un cuerpo viscoso o fluido con cáscara incrustada por otro lado, y como hemos visto, los científicos no pueden demostrar ni una cosa ni la otra. -- Hay solo una posibilidad - que la tierra es hueca ..."* (Gardner, págs. 342-50)

Con respecto a la teoría del interior líquido, Gardner escribe:

"De las personas que crean en un interior líquido, no es necesario decir mucho. Se acabó sus días. Los científicos ya no dan crédito a esa noción; solo sobrevive en los libros escolares."

Cita a Grew en su, LA ROMANCIA DE LA GEOLOGÍA MODERNA, de la imposibilidad de un interior fundido:

"Para eso dejaría un océano fundido más de 7900 millas a través de lo cual por cualquier forma en que se midiera: 7900 millas de profundidad, 7900 millas de ancho, 7900 millas de largo si tomamos 8000 millas para ser el diámetro de la tierra. Todos sabemos qué grande las mareas que el sol y la luna elevan en el océano de agua exterior de la tierra. Piense en qué mareas subirían en este océano interior de roca y metal fundida. La corteza

terrestre no podría contener tales mareas. Siempre rompería a través de las frágiles treinta millas de roca sólida exterior como si fuera una cáscara de huevo. Dos veces al día habría brotes de lava lo suficientemente vastos como para sumergir los continentes."

Desde que Gardner escribió su libro en 1920, los científicos han decidido que la tierra es parcialmente sólida y parcialmente líquida, ya que no puede ser completamente sólida ni prácticamente líquida. La teoría actual del interior de la Tierra dice que la Tierra tiene un núcleo sólido rodeado por un núcleo externo líquido fundido. Luego, el manto hasta la corteza es algo plástico con una corteza sólida en la superficie.

Pero el hecho de que ocurren terremotos hasta una profundidad de 450 millas es evidencia de que la corteza debe extenderse al menos hasta tal profundidad. Y si se extiende hacia esa profundidad, el gradiente térmico de Prytz es obviamente incorrecto, ya que los terremotos no pueden ocurrir en la lava fundida. Y la razón por la cual los terremotos no ocurren a más de 450 millas no es porque hay roca fundido allí, sino porque la capa de la Tierra se ha aumentado en densidad hasta tal punto que los terremotos no pueden ocurrir allí.

Cada vez que ocurre un gran terremoto, se ha notado que la tierra suena como una campana, con un período fundamental de 54 minutos. Si el interior del planeta estuviera lleno de lava fundida, no podría sonar como una campana. La lava líquida absorbería todas las vibraciones. (¡Vea el CAPÍTULO ONCE, ¡Los Terremotos Comprueban que Nuestra Tierra es Hueca! para más detalles)

Objeción Quince: *"La presión también aumenta con la profundidad. Ninguna cavidad en la Tierra puede existir a una profundidad mayor a 40 millas hacia abajo debido a la presión de las rocas que la recubren."*

La presión si aumenta con la profundidad, pero al igual que la temperatura, la tasa de aumento disminuye con la profundidad, de modo que a cierta profundidad la tasa de aumento cesa y, a partir de ese momento, la presión disminuye a medida que se acerca a la esfera de gravedad central. De acuerdo con la guía de la tierra interna en ETIDORPHA, a una profundidad de 700 millas, se alcanza el centro de gravedad en el caparazón de 800 millas de espesor de nuestra tierra, donde todo no tiene peso y la presión es cero. Incluso a medida que el peso y la presión disminuyen a medida que uno desciende en la tierra, las cavidades se hacen más y más grandes. Guillermo Morgan, quien fue llevado en la caverna de Kentucky por su guía, como se registró en ETIDORPHA, finalmente llegaron a una cavidad de 150 millas de profundidad con una longitud de 6000 millas en la que se encontraba un lago gigante. Las observaciones de primera mano son ciertamente más confiables que las teorías basadas en la imaginación.

En un artículo en livescience.com, los científicos que investigan el interior de la Tierra utilizando sismogramas han encontrado evidencia de un gran depósito de agua igual al volumen del Océano Ártico debajo del este de Asia a una profundidad de aproximadamente 620 millas. El hallazgo fue realizado por el sismólogo Miguel Wysession y su estudiante graduado Jesse Lawrence en la Universidad de Washington en St. Louis, Missouri. (livescience.com, 28 de febrero de 2007 por Ker Than)

Objeción Dieciséis: *"Se han registrado ondas sísmicas que viajan a través de todo el diámetro de la Tierra, muchas veces, en muchos lugares. Estas ondas sísmicas solo pueden viajar a través de sólidos y líquidos. Si la Tierra estuviera hueca, estas ondas temblorosas no podrían detectarse."*

Se sabe que las ondas de terremotos que viajan hacia dentro de la corteza terrestre rebotan hacia la superficie. Los científicos dicen que están rebotando en un núcleo duro. También podrían rebotar en una superficie interior que termina en aire: el hueco interior. Cada vez que hay un gran terremoto, hay una gran área en el lado opuesto de la tierra que comienza a 103 grados desde el epicentro donde ninguna o muy pocas ondas sísmicas alcanzan.

Los científicos afirman que esto es causado por el núcleo externo fundido a través del cual no pueden pasar las ondas sísmicas tipo S. Las ondas débiles de tipo P llegan a la zona de sombra, pero incluso las ondas P tienen una zona de sombra en el lado opuesto de la tierra desde el epicentro del terremoto. Dado que las ondas de tipo P PUEDEN pasar a través de líquido, los científicos del establecimiento afirman que la débil recepción de onda de tipo P en la zona de sombra en realidad está pasando a través de su núcleo externo fundido y su núcleo interno sólido para alcanzar el lado opuesto de la tierra con cierta flexión a medida que pasan através de diferentes capas de densidad. Pero las ondas P también podrían doblarse alrededor de nuestro núcleo hueco para ser recibidas débilmente en la zona de sombra. En realidad, la Zona de Sombra ES la evidencia del hueco en la tierra.

La tierra está temblando constantemente como una burbuja de jabón, que es hueca. La causa de estos *"micro-*

terremotos" siempre presentes nunca ha sido explicada por la teoría de la tierra sólido-líquido, pero sería la expectativa natural de un globo hueco. Un interior sólido-líquido absorbería estos micro-terremotos por lo que ni siquiera existirían en una tierra sólida-líquida. El hecho de que cada vez que hay un gran terremoto la tierra vibra como una campana es solo una prueba más de que nuestra Tierra es hueca. Una campana es hueca. Ya que nuestra tierra suena como una campana con cada gran terremoto, ¡la tierra debe estar hueca! Los sismómetros de Apolo que dejaron en la luna encontraron que la luna también resuena como una campana cuando es impactada, con un período fundamental de más de tres horas. Esto indica que la luna también es hueca. (Consulte el CAPÍTULO OCHO, El Destino Celestial de Nuestra Tierra Hueca, y el CAPÍTULO ONCE, ¡Los Terremotos Comprueban que Nuestra Tierra es Hueca! para obtener más detalles)

Objeción Diecisiete: *"Si la Tierra fuera hueca, se hundiría sobre sí misma debido a la presión, los puntos débiles de la corteza terrestre, los impactos de meteoritos, los terremotos, etc."*

Por supuesto, esta suposición de que la tierra hueca se derrumbaría se basa en la idea falsa de que la gravedad atrae todo al centro de la tierra. En cuanto a esto, Gardner responde:

"La respuesta a esto es que, en la atracción gravitatoria, no es la posición geométrica lo que cuenta. El centro, en el sentido geométrico de la palabra, no se aplica. Es la masa la que atrae. Y si la gran masa de la tierra es en su cáscara gruesa, es la masa de esa cáscara la que atraerá, y no un simple punto geométrico que no está en absoluto en la cáscara, sino a 2900 millas de distancia, ya que es la distancia aproximada entre el sol central y la superficie interna de la Tierra. De hecho, es la distribución equitativa de la fuerza de gravedad a través de la capa que mantiene al sol suspendido en el lugar que es equidistante de cada parte de esa capa. Cuando estamos en el exterior de la cáscara es la masa de la cáscara que nos atrae a su superficie. Cuando vamos a la parte interior de la cáscara esa misma fuerza todavía mantendrá nuestros pies firmemente plantados en el lado interno." (Gardner, p. 34)

Una alta concentración de metal en su estado más puro ubicado en la esfera central de gravedad, el centro de gravedad, le da a la tierra la rigidez de una bola de acero. De hecho, ENCYCLOPEDIA AMERICANA dice:

"Los terremotos más grandes hacen que la tierra vibre como una campana durante varias horas, con un período fundamental de vibración de 54 minutos."

Nuestra tierra es como una campana, que es HUECO!

Objeción Dieciocho: *"Si la Tierra fuera hueca, causaría variaciones en la órbita de un satélite en particular alrededor de las aperturas donde quiera que existan. Si un satélite pasa sobre un área donde la masa es más alta o más baja de lo normal, las alteraciones en la órbita ocurrirá. Así es como se ubicaron los mascones de la Luna, a través de desviaciones de la normalidad de los orbitadores lunares. Si cualquiera de los miles de piezas de material orbital de la Tierra pasa sobre una abertura hueca de la Tierra, desviaciones similares tendría que ocurrir. Ninguno nunca lo ha hecho."*

El hecho es que los satélites en órbita polar se colocan en órbita al lado del eje polar de la Tierra y no pasan por encima de las aperturas polares. Si existen aperturas polares, especialmente si las aperturas no están centradas sobre el eje polar de la tierra, entonces los satélites tendrían que colocarse en órbitas polares más alejadas de las aperturas para que la falta de gravedad sobre las aperturas no perturbe las órbitas de los satélites.

Si se colocara un satélite en órbita sobre las aperturas polares a una altura de, digamos, 100 millas y las aperturas tienen un diámetro de 125 millas, en el primer paso el satélite seguiría la curvatura de la tierra a través de la apertura y se estrellaría en el interior de la tierra. Esto aparentemente sucedió cuando los primeros satélites se pusieron en órbita polar en la década de 1950.

Las anomalías negativas sobre las aperturas polares son tan grandes que los Estados Unidos han perdido satélites sobre ellas. En la década de los 1950, cuando los Estados Unidos intentaron poner sus primeros satélites en órbita polar, los perdieron sobre el Ártico cerca del polo hasta que decidieron ponerlos en órbita a ambos lados de la apertura polar. Cuando intentaron enviar sus satélites a través de la apertura polar, se perdieron varios conos de satélite porque siguieron la curvatura de la tierra hacia el interior hueco de la tierra donde se estrellaron. (SECRETO DE LAS EDADES, pág. 130)

Ray Palmer escribió en 1959,

"La evidencia más reciente de que hay algo extraño en los Polos de la Tierra proviene del lanzamiento de los satélites de órbita polar. Los primeros seis de estos cohetes lanzados por los Estados Unidos desde la costa de

California estuvieron llenos de decepciones y sorpresas. Los dos primeros, aunque eran lanzamientos perfectos, parecieron salir mal en el último minuto, y aunque se suponía que estaban en órbita, no aparecieron en el primer paso completo alrededor de la Tierra. Hablando técnicamente, deberían haber estado en órbita pero no lo hicieron. Sucedió algo, y la ubicación de este algo era el área Polar."

"Los siguientes dos cohetes lanzados lograron órbitas. Esto se hizo 'elevando las miras,' por así decirlo, y tratando de obtener una órbita más alta, con un alto grado de excentricidad, es decir, un punto alto de órbita por encima de los polos y una punto bajo de órbita en áreas ecuatoriales. Se admitió que esta órbita excéntrica produciría una órbita de vida corta, pero también daría la ventaja de lecturas en alturas muy variadas sobre la Tierra. Especialmente interesante fue la lectura esperada por encima de los polos, debido al descubrimiento del anillo de radiación que rodea a la Tierra como una gran dona, con aperturas en ambos Polos." (ver CAPÍTULO DIEZ ¡Los Cinturones de Radiación de Van Allen de la Tierra Comprueban que Nuestra Tierra es Hueca!)"

"Los siguientes dos satélites tenían conos en la nariz similares a aquellos en los que un futuro astronauta sería enviado a órbita. En cada uno de ellos había un potente transmisor de radio, que era posible porque el cono era del tamaño de un automóvil y llevaba baterías pesadas. También se incluyeron luces potentes que podrían iluminarse en el momento adecuado. La técnica de liberar este cono del satélite era soltarlo mediante un dispositivo de radio en algún lugar al norte de Alaska. Una vez que cayó, el cono perdería altitud y avanzaría alrededor de la Tierra para una revolución más en su órbita. Habiendo pasado por el Polo, entonces era lo suficientemente bajo (calcularon los hombres de cohetes) para caer en la atmósfera sobre Hawai, donde un paracaídas lo bajaría lentamente a la superficie de la Tierra, y allí se esperaban enormes aviones, preparados para "pescar" el descenso cono, y llevarlo al avión antes de que cayera al océano y así recuperar su contenido importante intacto, sin daños por un aterrizaje forzoso."

"En ambas ocasiones sucedió lo siguiente: las potentes señales de radio no se escucharon en absoluto. Las luces no se vieron en absoluto. El radar, con un alcance de al

menos 500 millas no detectó absolutamente nada. Cada captación fue un completo fracaso porque no había nada que recoger ... "

"Cada lanzamiento fue perfecto. Se lograron órbitas finamente determinadas en cuanto a la distancia exacta, la velocidad, etc., y se rastrearon constantemente. Sin embargo, cuando se realizaba el hecho final y el cono se separaba con éxito de acuerdo con los dispositivos de monitoreo que señalan el desprendimiento, todo fué mal y el resultado fué la desaparición completa e inexplicable del cono ... "

"¿Puede ser que la razón por la que el cono descendente no pase sobre el Polo en ese último paso bajo sea porque la Zona Polar es misteriosa en su extensión, no en el área calculada por los hombres de cohetes y, por lo tanto, no tomado en cuenta? ¿Podría ser que el cono de la nariz cayó a la tierra dentro de esa 'tierra de misterio' descubierta por el almirante Byrd? ¿Dónde más podrían haber ido? Si la Tierra en los Polos es como se da en los mapas de hoy, ¿podrían cuatro lanzamientos sucesivos de 'bajo nivel' dar el mismo resultado inexplicable: desaparición irrazonable?" (TIERRAS MÁS ALLÁ DE LOS POLOS por Ray Palmer, publicado por Gray Barker, págs. 13-14. Véase también PROFUNDO NEGRO por Guillermo E. Burrows, págs. 105-106.)

Hoy no hay satélites en órbita polar que vayan directamente sobre las aperturas polares. Los que están en órbita polar van todos hacia un lado u otro de las aperturas polares. Es decir, todos excepto dos. Se han descubierto dos satélites, pero en lugar de estar en órbita polar, están estacionados permanentemente sobre las aperturas polares. Estos satélites no pertenecen a ninguna nación conocida en la tierra. Y son diferentes a nuestros satélites. Estos dos satélites misteriosos consisten en rocas de aproximadamente 15 toneladas de tamaño. (INFORME DE OVNIS de agosto de 1977, pag. 29)

Parecería que estos dos satélites polares de "roca" pertenecen a la nación dentro de Nuestra Tierra Hueca que saben cómo hacer que sus satélites compensen por la falta de gravedad sobre los agujeros polares.

En resumen de las evidencias científicas de Nuestra Tierra Hueca, mantenemos que:

1. Exploradores han ido a esa tierra más allá de los polos y han regresado para informar sobre sus descubrimientos. El profeta Enoc, junto con su ciudad, fueron trasladados y llevados físicamente por Dios al cielo en 3,013 a.C. Varios pasajes en el Libro de Enoc (de los Libros Perdidos de la Biblia) indican que Enoc y su ciudad fueron llevados al Sol Interior de Nuestra Tierra Hueca:

El Libro de Enoc 76: 6-7 (de los libros perdidos de la Biblia) dice, *"Siete ríos que vi en la tierra, más grandes que todos los ríos, uno de los cuales toma su curso desde el oeste; en un gran mar fluye su agua. Dos vienen desde el norte hasta el mar, sus aguas fluyen hacia el mar de Erythra, en el este, y con respecto a los cuatro restantes, toman su curso EN LA CAVIDAD DEL NORTE* (los cuatro ríos que salen del Jardín del Edén)*, dos a su mar, el mar de Erythraean, y dos se vierten en un gran mar, donde también se dice que hay un desierto."* (el Ártico y el Antártico)

El Libro de Enoc 68.27 (de los libros perdidos de la Biblia) dice, *"... y con este juramento, el ABISMO* (el hueco de la tierra) *se ha fortalecido, y no puede retirarse de su posición para siempre jamás."*

El Libro de Enoc 21: 4-5 (de los libros perdidos de la Biblia) dice, *"De allí pasé luego a otro lugar fantástico; donde vi la operación de un GRAN INCENDIO Y BRILLO* (el Sol Interior)*, en medio de los cuales hubo una DIVISIÓN* (entre sus lados diurno y nocturno)*. COLUMNAS DE FUEGO lucharon juntas hasta el final del ABISMO* (para iluminar a las Auroras)*, y en lo profundo fue su descendencia ... "*

El Libro de Enoc 22: 9-10 (de los libros perdidos de la Biblia) *"En ese momento, por lo tanto, le pregunté respetándolo y respetando el juicio general, diciendo: ¿Por qué uno está separado de otro? Él respondió: Se han realizado TRES SEPARACIONES entre los espíritus de los muertos, y así se han separado los espíritus de los justos. A saber, por un CHASMO* (el hueco en la tierra)*, por el AGUA* (los océanos y la concha de la tierra)*, y por la LUZ* (el Sol Interior) *sobre eso."*

El Libro de Enoc 22: 9-10 (de los libros perdidos de la Biblia) dice, *"En aquellos días, la tierra liberará DE SU MATRIZ* (el hueco en la tierra)*, y el Infierno lo liberará de la suya* (la cáscara de la tierra)*, que ha recibido, y la destrucción restaurará lo que debe."*

El explorador griego Pytheas, entre 330 a.C. y 320 a.C., navegó varios días al norte de la Gran Bretaña y pasó el hielo a una tierra donde el sol no se ponía, dentro de la Apertura Polar del Norte.

Olaf Jansen navegó en su barco de pesca con su padre, Jens Jansen, a Nuestra Tierra Hueca llegando al Continente Interior a través de la Apertura Polar del Norte el 15 de agosto de 1829. (EL DIOS HUMOSO, p. 89)

El hombre descubierto por el investigador de la Tierra Hueca, Bruce Walton, de Provo, Utah, con nombre de Guillermo Morgan, quien se llamó a sí mismo "YO-SOY-EL-HOMBRE" en su libro ETIDORPHA, escribió un libro en 1826 que revelaba los secretos de la masonería. Los periódicos informaron que fue asesinado por los masones por escribir su libro que revelaba los secretos de la masonería y su cuerpo arrojado a un río, pero que en realidad fue tomado por los masones y enviado a un viaje con una Guía de la Tierra Interna a Nuestra Tierra Hueca a través de las cavernas comenzando en una entrada en Kentucky. (ver: http://etidorhpacontent.blogspot.com/)

Ricardo Evelyn Byrd, Almirante de la Marina de los Estados Unidos hizo volar su avión a través de la Apertura Polar del Norte en febrero de 1927, las Aperturas Polares del Norte y Sur en 1929, y en febrero de 1946 y 1947 a través de la Apertura Polar del Sur como parte de Operación Salto Alto. (SECRETO DE LAS EDADES, pág. 114, MUNDOS MÁS ALLÁ DE LOS POLOS, por F. Amadeo Giannini, y GÉNESIS PARA LA CARRERA ESPACIAL, por Juan B. Leith, Capítulo XI)

El capitán Hubert Wilkins llegó a esa tierra más allá del Polo Sur el 12 de diciembre de 1929 (MUNDOS MÁS ALLÁ DE LOS POLOS, F. Amadeo Giannini)

Reinhold Schmidt fue llevado a Nuestra Tierra Hueca en un platillo volador de la cantera de Bakersfield, Los Ángeles, California, en 1958, a través de la Apertura del Polo Norte. (Vea el CAPÍTULO SEIS, El Origen de los Platillos Voladores -- ¡ENCONTRADO! para más detalles)

Karl Unger llegó a la Tierra Hueca en un submarino alemán al final de la Segunda Guerra Mundial en 1943, y escribió una carta a su amigo en los Estados Unidos entregada a través de una colonia alemana en el Mato Grosso de Brasil que había encontrado una vía a la Tierra Hueca a través de una caverna. (Vea la página de Contenidos, ¡El Submarino Alemán U-209 llegó a Nuestra Tierra Hueca!).

Hank Krastman, un abogado de Los Ángeles, mientras asistía a la Universidad del Norte de Arizona en sus veinte años en 1961, solicitó permiso a los ancianos indios Hopi Concilio de Los Nueve para visitar Nuestra Tierra Hueca a través de su entrada en el Gran Cañón. Le fue concedido su petición y llevado allí por Kopavi, el bisnieto de Jacob Waltz. Jacob Waltz, mismo le habían pedido unos que vivían dentro de la tierra que le habían comunicado a través de los Ancianos de los Indios Pima para que les llevara sacos de sal a su caverna ciudad debajo de las Montañas de Superstición cerca de Apache Junction, Arizona, por lo cual le pagaron en ladrillos de oro, que almacenó en la caverna. (Ver la página de Contenidos, Correos electrónicos Interesantes de la Tierra Hueca).

Un paciente noruego del quiropráctico Dr. Nefi Livesay Cottam de Los Ángeles originario de Salt Lake City, Utah, visitó a los Países del Norte de Nuestra Tierra Hueca a través de la Apertura Polar del Norte con su amigo en un barco de vela que también tenía un motor, como se relata en el libro de Miguel X Barton, LA CIUDAD DE ARCO IRIS Y LAS PERSONAS INTERNAS DE LA TIERRA, página 17.

El coronel jubilado Billie F. Woodard nació en Nuestra Tierra Hueca como hermafrodita y fue entregado como un bebé con su hermana a nuestro mundo exterior por sus padres para llevar a cabo una misión para hacer que su mundo sea conocido y aceptado por los pueblos de la superficie. Fue criado por un Coronel de la Fuerza Aérea de Los Estados Unidos. Fue llevado a Nuestra Tierra Hueca en un platillo volador a la edad de 12 años. Más tarde, después de graduarse de la preparatoria, Woodard se unió al ejército y después de tomar el entrenamiento básico fue asignado al Área 51 en Nevada, donde realizó varias misiones a través de trenes de túneles de La Tierra Hueca a la ciudad de Eden, la capital de Nuestra Tierra Hueca, a petición de ellos, para enviar un mensaje a nuestro gobierno de que la nación de La Tierra Hueca no quiere que usemos armas nucleares. (Consulte la Biografía del Jubilado Coronel Billie Faye Woodard en la página de Contenidos.)

2. Los polos magnéticos no coinciden con los polos geográficos. La cubierta de la Tierra con el sol interior giratorio más lento da lugar al campo geomagnético de la Tierra a medida que la cubierta de la Tierra gira alrededor del sol interior. Dado que la Tierra se ha inclinado sobre su eje en la historia geológica pasada, el Sol interior aún conserva su orientación original y hace que los polos geomagnéticos no coincidan con el eje geográfico de la Tierra.

3. Los icebergs se originan en ríos dentro de las aperturas polares que se congelan en invierno y en verano, cuando

nuestro sol exterior brilla en las aperturas polares, los icebergs se desprenden y se expulsan al mar.

4. Los mamuts congelados y otros animales salvajes que viven en el interior, como el rinoceronte peludo, el reno, el hipopótamo, el león, el venado gigante, el caballo y la hiena, caen en los ríos de la tierra interior que desembocan en el Océano Ártico dentro de la Apertura Polar del Norte donde se congelan en invierno y más tarde en verano, cuando la luz de nuestro sol exterior brilla adentro de la apertura se derrite el hielo en las bocas de los ríos y son expulsados con los icebergs y terminan en las orillas de Siberia y otras costas árticas, creando grandes astilleros y donde, a veces, cadáveres frescos se encuentran.

5. Numerosos peces, como la caballa y el arenque; animales, como ballenas, focas, zorros árticos, renos y almizcleros; aves como nudos, cisnes, gansos de nieve, gansos azules, gansos brent, gansos con cuernos y gaviotas de ross migran hacia y desde el país del norte desconocido cada primavera o otoño para tener sus crías o para escapar del frío del invierno. (Gardner, Capítulo 12) En el libro de Jack Denton Scott, VIAJE AL SILENCIO, página 107, citó al capitán del *Havella*, un barco de Noruega, en relación con la Gaviota Ross, *"¡Gaviota Ross! No los vemos a menudo. La mayoría de los naturalistas nunca ven uno. Pájaros misteriosos. No van hacia el sur. Se críen en el este de Siberia y luego vuelan hacia el norte sobre el Mar Polar. Nadie sabe dónde están entre octubre y junio."* Miguel Densley en su libro, EN BUSCA DE LA GAVIOTA DE ROSS, dijo que encontró una colonia de la Gaviota de Ross en la costa noreste de Siberia, e informó que vió varias especies desconocidas de pájaros extraños entre ellos.

6. Un viento del norte trae un clima más cálido. De hecho, en el borde de la apertura polar, el sol golpea en el verano en ángulos rectos al igual que en el ecuador, elevando la temperatura sustancialmente. Olaf Jansen informó que cuando se encontraban en el extremo norte en el borde polar, *"el sol golpeaba de forma sesgada, como si estuviéramos en una latitud sur, en lugar de en el extremo norte. Estaba girando alrededor, su órbita siempre visible y ascendiendo más y más alto cada día ... Los rayos del sol, mientras nos golpeaba de forma inclinada, brindaba un calor tranquilo."* (EL DIOS HUMOSO, págs. 76, 83)

7. Los esquimales dicen que sus ancestros se originaron en una tierra en el norte donde el sol nunca se pone. Marcial B. Gardner informa que "... en el esfuerzo de estos esquimales por

decir de dónde vinieron, apuntarían hacia el norte y describirían una tierra de luz solar perpetua ..." (UN VIAJE AL INTERIOR DE LA TIERRA, pág. 302)

8. En el extremo norte, más allá del polo, dentro de la apertura polar y más allá del hielo, existe un MAR ABIERTO al que pocos exploradores han alcanzado. En ocasiones, la extensión de este mar abierto se ha expandido hasta el paralelo 80. En épocas anteriores, parece que se ha extendido más al sur que hoy en día, lo que facilita que algunos exploradores alcancen esa tierra más allá del polo.

El explorador Olaf Jansen y su padre llegaron a la Tierra Franz Josef a fines de junio de 1829 y, encontrando una pista abierta en el hielo, la siguieron hasta el mar abierto dentro de la abertura polar y luego a Nuestra Tierra Hueca. (EL DIOS HUMOSO, pp. 60, 61)

Varios relatos de exploradores que alcanzaron ese mar abierto al otro lado del hielo se encuentran en un libro del Dr. D. Barrington, LA POSIBILIDAD DE APROXIMARSE AL POLO NORTE, publicado en 1818 en Nueva York. El Dr. Barrington escribe que en 1751 un Capitán MacCallam al mando de un ballenero, durante un período de calma en los asuntos habituales del viaje, pensó que se lanzaría al Polo Norte. Alcanzó una latitud de 83 grados y no encontró más hielo delante de él. De hecho, no habían visto una pizca de hielo en los últimos tres grados, informó, pero tuvieron que abandonar su aventura ya que no deseaba incurrir en el desagrado de sus dueños.

Otro viaje realizado por un Dr. Dallie de Holanda en un buque de guerra holandés bajo la supervisión de las pesquerías de Groenlandia alcanzó una latitud de 88 grados e informó que el clima era cálido y que el mar estaba perfectamente libre de hielo. Dallie presionó al capitán para que procediera, pero el capitán sintió que ya había ido demasiado lejos por haber descuidado su puesto.

Luego, un Sr. Stephens, navegando en otro barco holandés en 1754, fue conducido a una latitud de 84½ grados al norte e informó que no encontraron el frío excesivo, usaron poco más que la ropa común, se encontraron con poco hielo, y aún menos hielo cuanto más lejos hacia el norte se fueron.

9. Los exploradores encuentran semillas subtropicales, flores, plantas verdes y árboles, y mucha madera flotante que flota en el Océano Ártico que no puede venir de ningún otro lugar que no sea Nuestra Tierra Hueca a través de la Apertura Polar del Norte.

10. A menudo, los vientos del norte transportan tanto polen como para colorear los icebergs. La nieve coloreada ha sido analizada y se ha encontrado que el rojo, el verde y el amarillo contienen materia vegetal, similar al polen de una planta. En diferentes estaciones del año, se ha observado que el polen cae con diferentes colores. El explorador Kane, en su primer volumen, en la página 44, escribió:

"Pasamos por los acantilados carmesí de Sir Juan Ross en la mañana del 5 de agosto. Las manchas de nieve roja, de las cuales derivan su nombre, se podían ver claramente a una distancia de diez millas de la costa ... Todos los cañones y los barrancos en los que se habían alojado las nieves estaban profundamente teñidos con él ... porque si la superficie nevada fuera más difusa, como no hay duda al principio de la temporada, el color predominante será el carmesí."

El 2 de febrero de 2007, se fue informado por la Red de Noticias Ambientales de Caídas de Nieve Multicolor en Tres Regiones de Siberia. Esto confirma el informe de Olaf Jansen de que el polen de los grandes campos de flores del Continente Interior a veces sopla a través de la Apertura Polar del Norte y cae sobre las regiones del norte de la superficie de la tierra externa coloreando la nieve con diferentes colores de polen.

11. La aurora boreal y la aurora australis son causadas por el viento solar del sol interior que atraviesa las aperturas polares siguiendo las líneas del campo electromagnético de la tierra y hacen que los átomos en la atmósfera se enciendan alrededor de las aperturas polares iluminando y emitando las hermosas *"luces"* del norte y del sur. Los científicos comparan las auroras con un televisor, pero no tienen respuesta en cuanto a qué ocupa el lugar del cátodo: la fuente de energía de las auroras no se conoce. Admiten que debe ser un viento solar, pero el viento solar de nuestro sol exterior se desvía alrededor de la tierra por el campo electromagnético de la tierra y, por lo tanto, se le impide entrar. Es aquí donde la teoría de la Tierra hueca proporciona la respuesta perfecta en cuanto a la fuente de energía de las auroras, el cátodo del tubo de televisión auroral. Es el sol dentro del hueco de nuestra tierra el que emana sus electrones de alta energía y protones a través de las aperturas polares que cuando chocan con la atmósfera alrededor de las aperturas polares hacen que las auroras se enciendan. Se han observado variaciones en las luces aurorales en ambos polos, lo que indica que la fuente de las auroras proviene de una única ubicación: el sol interior en el centro de

la tierra. Para más información sobre las auroras, vea CAPÍTULO NUEVE,¡Las Auroras Comprueban que Nuestra Tierra Es Hueca!

12. La nave Voyager y el telescopio espacial Hubble han verificado que la mayoría de los planetas de nuestro sistema solar tienen auroras. Esto ha desconcertado a los científicos porque el viento solar del sol no es lo suficientemente fuerte como para provocar las auroras de la tierra y mucho menos las auroras de los planetas externos. La teoría de planetas huecos proporciona la solución más lógica: TODOS los cuerpos en el espacio son huecos. Los que tienen auroras y campos geomagnéticos indican fuertemente que no solo son huecos, sino que también tienen soles interiores y aperturas polares a través de los cuales los fuertes vientos solares de esos soles internos emiten para iluminar sus auroras cuando sus vientos solares interiores impactan en la atmósfera alrededor de sus aperturas polares.

Foto Nº: STScI-PRC96-32 de las Auroras de Júpiter por el Telescopio Espacial Hubble, 17 de octubre de 1996. La imagen superior muestra a Io, una luna de Júpiter, que interactúa con el campo electromagnético de Júpiter y sus auroras:

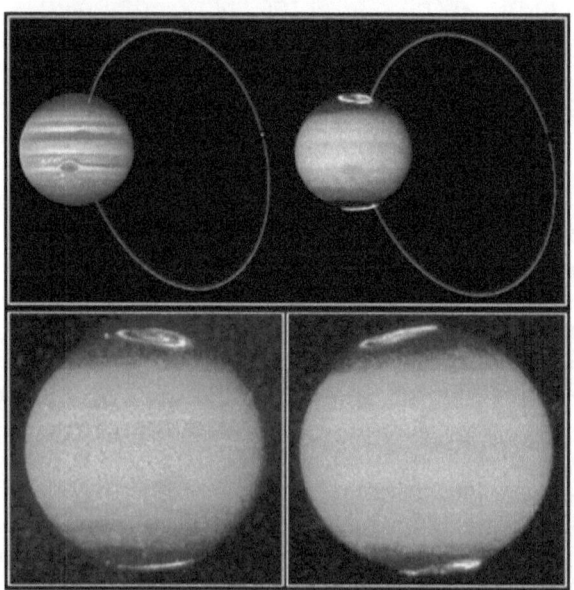

Otro Primer Plano de las Auroras de Júpiter:

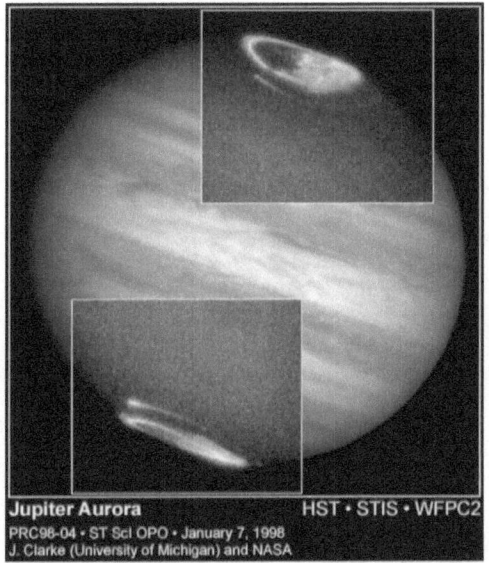

Jupiter Aurora   HST • STIS • WFPC2
PRC98-04 • ST ScI OPO • January 7, 1998
J. Clarke (University of Michigan) and NASA

La Aurora de Saturno:

Ultraviolet

Visible

Saturn Aurora   HST • WFPC2
PRC95-39 • ST ScI OPO • October 9, 1995 • J. Trauger (JPL), NASA

13. Las observaciones de los astrónomos de las luces polares en Marte, Venus y Mercurio muestran que son huecas con soles internas brillando a través de sus aperturas polares.

14. Las imágenes de satélite muestran aperturas polares no solo en la Tierra, sino también en Mercurio, Venus, Marte, Jupiter, Saturno y Neptuno.

Apertura Polar del Norte de Marte:

Esta imagen del telescopio espacial Hubble de Marte muestra su Apertura Polar del Norte con nubes visibles hacia abajo dentro de la depresión.

Apertura Polar del Sur de Venus:

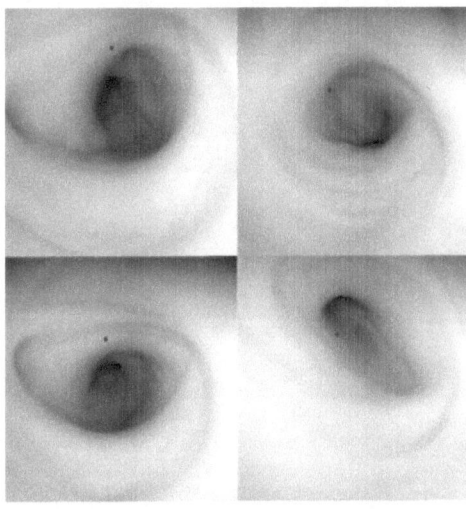

La nave espacial robótica Venus Express de la Agencia Espacial Europea (ESA) tomó fotografías de este vórtice en las nubes en el Polo Sur de Venus, lo que indica que Venus tiene aperturas polares y es un mundo hueco.

Las Aperturas Polares de Mercurio:

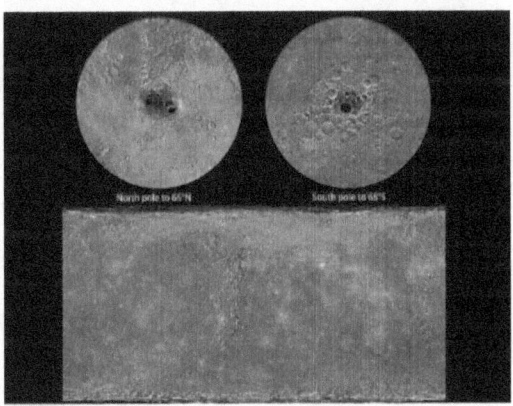

A finales de 2012, la sonda Mensajero de la NASA para Mercurio registró aperturas polares en sus polos norte y sur. Se ha encontrado que Mercurio tiene una atmósfera tenue. Y dado que Mercurio gira solo 1.5 veces en su año, su campo magnético solo se puede explicar si es hueco y tiene un sol interior que gira más rápido que la cáscara de Mercurio.

83

Apertura Polar del Sur de Saturno:

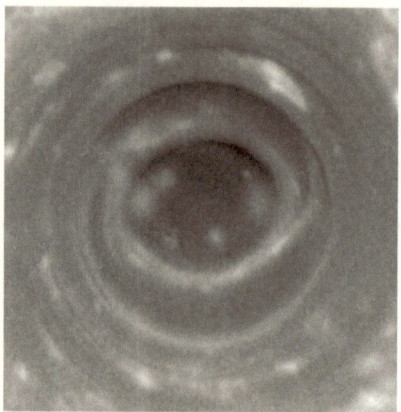

Filmada por la nave espacial Cassini de la NASA, la Apertura Polar del Sur de Saturno se considera una característica permanente que tiene un ojo de huracán con vientos de más de 325 millas por hora rodeándolo.

Apertura Polar del Sur de Júpiter:

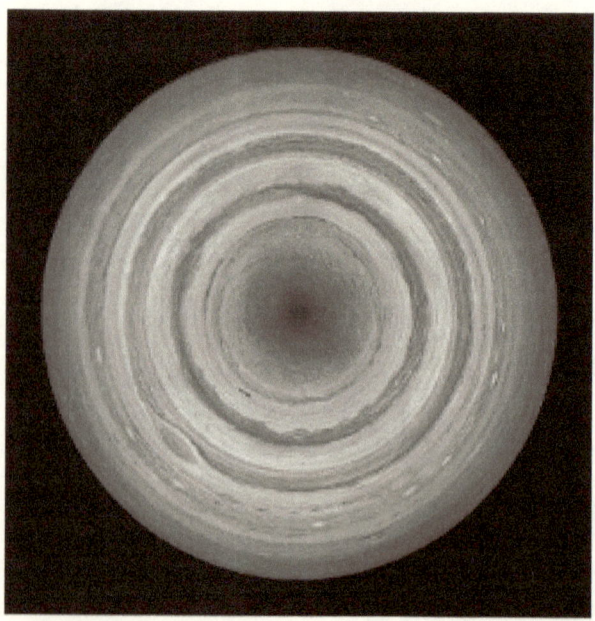

Apertura Polar del Norte de Neptuno:

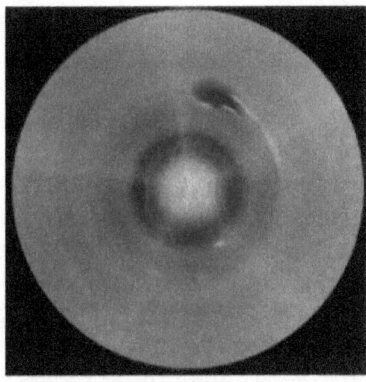

Esta imagen de la Apertura Polar del Norte de Neptuno muestra su sol interior brillando a través de la apertura polar

15. La tierra no es lo suficientemente rígida como para ser sólida por completo, ni cede lo suficiente a las fuerzas de la marea para tener un interior líquido. Como se describe en el libro de Sir GH Darwin, LAS MAREAS Y LOS FENÓMENOS SIMILARES DEL SISTEMA SOLAR, los resultados de los cálculos de las interacciones gravitacionales del Sol y la Luna en la marea quincenal de la Tierra muestran que la tierra cede en cierta medida bajo la fuerza gravedad de la luna. Sin embargo, el rendimiento no es lo suficientemente pequeño como para justificarnos al decir que la Tierra es prácticamente rígida y no es lo suficientemente grande como para sugerir que la tierra tiene un interior líquido.

Entonces, si la Tierra no es lo suficientemente rígida como para ser sólida y, sin embargo, no cede lo suficiente a las interacciones gravitacionales de la Luna y el Sol para tener un interior líquido, entonces la Tierra debe ser hueca.

Después de investigar a fondo la teoría de la gravedad, he concluido que la física newtoniana permite que todos los planetas, el sol, las lunas, los cometas y los asteroides sean cuerpos huecos. Suponiendo que todos sean cuerpos huecos con conchas del 10% del diámetro planetario, esto permitiría que los planetas e incluso el sol tengan superficies sólidas con densidades de conchas dentro del rango de materias conocidas.

Sin embargo, en mi estudio de la gravedad, he llegado a la conclusión de que la gravedad no es una atracción misteriosa, como afirma la ciencia ortodoxa, sino que es un empuje del éter del espacio a medida que se acelera hacia el núcleo de todos los átomos donde se está transformando en el electromagnetismo y la radiación electromagnética, y de hecho se puede controlar la gravedad para producir energía libre utilizable. Vea mi artículo en la table de Contenido, EL ORIGEN, CAUSA y CONTROL DE LA GRAVEDAD - ¡ENCONTRADO!

16. La fuente de algunos ecos de radio de larga demora es nuestra tierra hueca. Ocasionalmente, las ondas de radio que rebotan en la ionosfera rebotan hacia abajo en las aperturas polares y hacen eco dentro de nuestra tierra hueca y luego rebotan de las aperturas polares hacia los receptores en el exterior de la tierra. Los científicos entienden los ecos de radio que viajan alrededor de la Tierra en 1/7 de segundo y los ecos de 2.6 segundos que rebotan de la luna, pero están confundidos en cuanto a la causa de aquellos que tardan más de 30 segundos e incluso hasta 5 minutos. Estos son los ecos que entran en las aperturas polares y rebotan en el interior de la tierra antes de rebotar afuera otra vez. (Ver PLANETAS HUECAS por Jan Lamprecht, págs. 316-317)

17. Los espejismos de tierra que se ven alrededor del Ártico de la tierra hacia el norte son en realidad espejismos doblemente invertidos de tierra dentro de la Apertura Polar del Norte reflejados en el aire caliente que se eleva desde nuestra tierra hueca. Los rusos han visto lo que llaman tierra de Sannikov al norte de las Nuevas Islas Siberianas. Fue visto por primera vez en 1811 por el comerciante y explorador ruso Yakov Sannikov y más tarde también por el explorador ruso Eduard Toll. El Dr. Frederico A. Cook, en su viaje al Polo Norte en 1908, tomó una foto de lo que llamó la Tierra de Bradley a 84° 20' N a 85°11' N en el meridiano de 95° O.

En su libro, MI LOGRO DEL POLO, el Dr. Cook escribió sobre su descubrimiento de la Tierra de Bradley,

"En los cielos occidentales, siempre un misterio en blanco, se aclaró. Debajo de él, para mi sorpresa, había una nueva tierra. Creo que sentí una emoción como la que debió sentir Colón cuando apareció la primera visión verde de América ante sus ojos. Mi promesa a los buenos y confiados muchachos de la proximidad a la tierra fue involuntariamente de mi parte cumplida, y el deleite de los ojos abiertos a las rocas más al norte de la tierra disipó toda la tortura física de la larga serie de tormentas.

Tan bien como pude ver, la tierra parecía una costa interrumpida que se extendía paralela a la línea de marcha por unas cincuenta millas, hacia el oeste. Estaba cubierto de nieve, cubierto de hielo y desolado. Pero era una tierra

*real con todo el sentido de seguridad que la tierra sólida
puede ofrecer. Para nosotros eso significaba mucho,
porque habíamos estado a la deriva en un mar de hielo en
movimiento, a la merced de vientos atormentadores. Ahora
vino, por supuesto, el deseo inmediato de poner un pie
sobre él, pero para hacerlo supe que nos habrían dejado de
lado desde nuestro viaje directo hacia la meta Polar. En
cualquier caso, la demora era peligrosa y, además, nuestro
suministro de alimentos no permitía que nos tomáramos el
tiempo para inspeccionar las nuevas tierras.*

*[Pg 245] Esta nueva tierra nunca fue vista claramente.
Una niebla baja, aparentemente de aguas abiertas,
ocultaba la línea de la costa. Vimos las pendientes
superiores solo ocasionalmente desde nuestro punto de
observación. Había dos masas de tierra distintas. El cabo
más al sur de la masa del sur iba del oeste a sur, pero aún
más al sur había vagos indicios de tierra. El cabo más al
norte de la misma masa iba del oeste hacia el norte. Por
encima de ella había una ruptura distinta [Pg 246] por 15 o
20 millas, y más allá de la masa del norte se extendía por
encima del ochenta y cinco paralelo al noroeste. En este
momento, toda la costa estaba colocada en nuestras cartas
con una línea de costa a lo largo del centésimo segundo
meridiano, aproximadamente paralela a nuestra línea de
viaje.*

*En ese momento las indicaciones sugerían dos islas
distintas. Sin embargo, vimos tan poco de la tierra que no
pudimos determinar si consistía en islas o en un continente
más grande. La costa baja se parecía a la isla de Heiberg,
con montañas y valles altos. La costa superior estimé que
tenía alrededor de mil pies de altura, plana y cubierta con
una capa delgada de hielo. Sobre la tierra escribo "Tierra
de Bradley" en honor a Juan R. Bradley, cuya generosa
ayuda hizo posible la importante primera etapa de la
expedición. El descubrimiento de esta tierra dio un ímpetu
eléctrico de vigor de conducción en el momento justo para
contrarrestar el efecto de la semana anterior de tormenta y
problemas.*

*Aunque contemplé la tierra con anhelo y curiosidad,
para mí el polo era el eje de la ambición. Mis hombres no
tenían la misma locura hacia el norte, pero les dije que el
llegar a esa tierra en nuestro regreso podría ser posible.
[Pg 247] Nunca lo volvimos a ver. Esta nueva tierra hizo
un poste de milla conveniente, ya que a partir de este*

momento los días se contaron desde y hacia este. A la vista del mediodía, nuestro punto de observación se fijó en 84° 50', longitud 95° 36"."

Esta es la foto que el Dr. Cook tomó de lo que llamó Tierra de Bradley:

La tierra de la que el Dr. Cook tomó una foto y lo llamó Tierra de Bradley, es un espejismo doblemente invertido del Continente Interior dentro la Apertura Polar del Norte.

El 24 de junio de 1906, desde los picos de Tierra de Grant, en la isla de Ellesmere, el Almirante Peary vio a través de sus binoculares *"las cimas blancas y tenues de una tierra lejana,"* y nuevamente el 28 de junio, *"pudo distinguir, aparentemente un poco más claramente... , las cumbres cubiertas de nieve de la tierra distante en el noroeste, sobre el horizonte"* que luego llamó tierra de Crocker. (MÁS CERCANO AL POLO por el almirante Roberto E. Peary, pp. 202, 207)

El capitán estadounidense de ballenas Keenan también divisó este espejismo de tierra al norte desde La Bahía Harrison, Alaska, que contribuyó a la conclusión en 1904 por el Sr. R. A. Harris, de la Encuesta Geodésica de la Costa de los Estados Unidos de que existe tierra cerca del polo. (EL POLO NORTE Y LA TIERRA DE BRADLEY, por Edwin Swift Balch, p. 1) Jan Lamprecht, en su libro PLANETAS HUECAS, llegó a la conclusión de que estos espejismos de tierra que se ven alrededor del Ártico son en realidad avistamientos de tierra dentro de la Abertura Polar Norte mediante un espejismo doblemente invertido. En el Ártico, se produce un espejismo cuando el aire caliente sobre el hielo refleja la tierra en la superficie. La primera inversión muestra que el terreno aparece con el superior hacia abajo, mientras que la segunda inversión sobre la primera inversión se ve con la parte superior hacia arriba. Dado que la tierra real dentro de la abertura polar estaba debajo el horizonte, la primera inversión con el superior hacia abajo no era visible, pero la segunda con el superior hacia arriba era visible como tierra arriba del horizonte. (PLANETAS HUECAS, Jan Lamprecht, pág. 441)

18. La tierra aparece aplanada en los polos, causada en parte por la existencia de aperturas hacia el interior del planeta.

19. La tierra tiembla como una burbuja de jabón, que es hueca. Y cuando un gran terremoto suceda, la tierra vibra como una campana, que también es hueca. El período fundamental de vibración de la tierra es de 54 minutos. Esta vibración de la Tierra como una campana indica que la Tierra debe ser una esfera hueca.

20. Los cinturones de radiación de Van Allen tienen agujeros en los extremos polares de la tierra, coincidiendo con el campo electromagnético de la tierra. Los científicos están desconcertados en cuanto a la fuente de la radiación de los cinturones, admitiendo que proviene de un viento solar, pero ¿qué viento solar? El viento solar de nuestro sol exterior es desviado alrededor de la tierra por el campo electromagnético de la Tierra que impide su entrada a la atmósfera de la Tierra. Es aquí donde la teoría de la Tierra hueca proporciona la respuesta a esa fuente del viento solar que causa las auroras y los cinturones de radiación de Van Allen: es el sol dentro del hueco de la tierra que emana protones y electrones a través de las aperturas polares que hacen que la atmósfera se ilumine con las auroras y posteriormente quedando atrapado en el campo electromagnético de la tierra que produce los cinturones de radiación de Van Allen.

21. Mientras que en el extremo norte, el explorador Nansen descubrió que el horizonte norte-sur se acortaba, mientras que el este-oeste seguía siendo el mismo, lo que sería cierto si existiera una abertura polar allí. De hecho, los instrumentos de navegación normales no funcionan en el Ártico / Antártico como lo hacen en otros lugares porque las aperturas polares no se tienen en cuenta. Por ejemplo, un giroscopio horizontal se volverá vertical cuando se introduzca la apertura polar y se alcance el punto medio del labio polar. La brújula magnética apuntará hacia arriba en un lado de la abertura y hacia abajo en el otro dependiendo de qué lado se encuentra uno desde el polo magnético. En otros lugares puede simplemente girar.

22. Ninguna aerolínea vuela sobre las aperturas polares porque esto podría arriesgarse a volar hacia dentro de las aperturas.

23. Ningún satélite puede colocarse en una órbita estable directamente sobre las aperturas polares sin tener en cuenta la falta de gravedad allí como resultado de la falta de masa dentro de las aperturas polares.

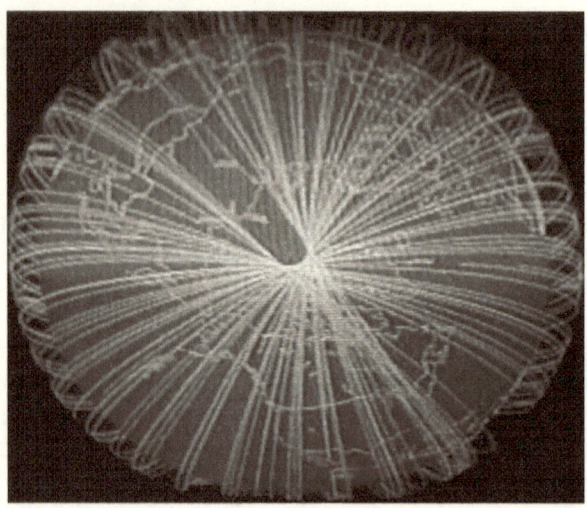

Las rutas de los satélites NORAD no muestran satélites en órbita sobre la Apertura Polar del Norte. Observe que Tierra del Norte, Rusia se ve adentro de la zona de sobrevuelo sin satélites.

El ICESAT de la NASA - Satélite de Elevación de Hielo, Nube y Tierra elude intencionalmente las regiones polares del planeta para no pasar por las aperturas polares. Esta imagen de la Antártida muestra las rutas orbitales de ICESAT que no pasan por el área de la Apertura Polar del Sur.

24. Los rayos X, los rayos ultravioletas y otras imágenes del sol tomadas por Skylab reveló agujeros en los polos del sol donde la gravedad disminuye mucho debido a las aperturas que se abren al interior hueco de ese PLANETA DE LOS DIOSES. (Ver Capítulo Ocho)

25. El polvo irradiado de Chernobyl se encontró cerca del Polo Sur, pero en ninguna otra parte del hemisferio sur. Esto se debe a que las masas de aire de cualquier hemisferio no se mezclan. Están separados por una corriente en chorro en el ecuador que mantiene las dos masas de aire separadas. Dado que el derretimiento de la planta nuclear de Chernóbil ocurrió en el hemisferio norte en Ucrania, el polvo irradiado de la fusión solo se extendió sobre el hemisferio norte. Los científicos no sabían cómo el polvo irradiado de la fusión de Chernóbil podría llegar al Polo Sur. Jan Lamprecht en su libro, PLANETAS HUECAS, explicó cómo podría llegar allí: el polvo fue arrastrado por los vientos dominantes hacia el Ártico, donde fue aspirado dentro de la tierra a través de la Apertura Polar del Norte, donde luego viajó dentro de la tierra hacia y desde la Apertura

Polar del Sur y fue depositada cerca del Polo Sur por nieves antárticas. (PLANETAS HUECAS, págs. 501, 502)

26. Las grabaciones de sismógrafos colocadas en la superficie de la Luna por las misiones de Apolo indican que la Luna también es hueca. Cuando la Luna fue golpeada por un gran meteoro, y otra vez por el módulo lunar gastado, los sismógrafos registraron que la Luna sonaba como una campana. Una campana es hueca, por lo que la Luna también debe ser hueca. (ARRIBA DE SUMO SECRETO por Jim Marrs, p. 227)

27. Los agujeros de ozono en los polos de la Tierra son creados por el aire libre de ozono que emana del interior de la Tierra a través de las aperturas polares. Estos agujeros de ozono en la atmósfera tienen un tamaño mayor en las estaciones que mayores cantidades de aire salen de las aperturas polares.

Agujero de Ozono Sobre la Antártida:

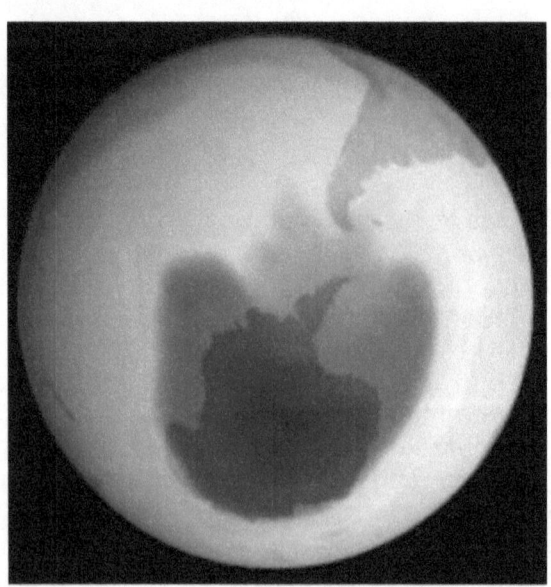

Los agujeros de ozono en los polos de la Tierra son creados por el aire libre de ozono que emana del interior de la Tierra a través de las aperturas polares.

No es evidente que existe más evidencia científica de que nuestra Tierra es hueca y que todos los planetas son huecos de lo que se puede desenterrar demostrando que tienen combinaciones de interiores sólidos-líquidos? De hecho, la evidencia es casi abrumadora de que Nuestra Tierra es HUECA, pero no es de conocimiento común porque su descubrimiento ha sido deliberadamente ocultado al público por la poderosa Conspiración Iluminista. Pero la Conspiración aún no tiene el monopolio de la verdad, aunque le gustaría. ¡Y cualquier persona con un poco de estudio e investigación por su propia cuenta ahora puede llegar a conocer la verdad sobre la estructura real de NUESTRA TIERRA HUECA!

CAPÍTULO TRES
El Jardín del Edén - ¡ENCONTRADO!

Guillermo F. Warren en su obra académico, EL PARAÍSO ENCONTRADO, LA CUNA DE LA RAZA HUMANA EN EL POLO NORTE, cita de una traducción de A.M. Sayce tomado de un libro llamado REGISTROS DEL PASADO,

"Nos hablan de una morada que 'los dioses crearon para' los primeros seres humanos - una morada en la cual 'se hicieron grandes' y 'aumentaron en número', y cuya ubicación se describe en palabras que corresponden exactamente a las de la literatura iraní, india, china, eddaica y azteca; a saber, 'en el centro de la tierra.'" (Warren, p. 240)

A medida que retrocedemos en la historia, tal vez se pueda obtener un indicio sobre el paradero del Jardín Bíblico del Edén, en el que la raza humana tuvo sus comienzos, si podemos rastrear los orígenes de Noé y su familia. Desde que el Arca de Noé se asentó en las montañas de Ararat en el este de Turquía y sus descendientes comenzaron una vez más a poblar la tierra y nombrar puntos de referencia importantes, los estudiosos de la historia bíblica supusieron que el Jardín del Edén debía haber estado a la cabeza del río Éufrates en la Valle mesopotámico, ya que ese río fue nombrado por los primeros descendientes de Noé. Pero seguramente el valle mesopotámico no fue el hogar original de Noé. En los 150 días en que el Arca estuvo a flote por las aguas del Gran Diluvio, que según la Biblia cubrió toda la superficie del planeta, el arca se habría movido una gran distancia soplada por los vientos y conducida por las corrientes oceánicas.

Los científicos están convencidos de que la inundación de Noé que cubrió toda la superficie del mundo nunca ocurrió. Sin embargo, toda la evidencia científica va a demostrar lo contrario. El hecho de que se encuentran yacimientos de carbón en el Ártico, Alaska y Spitsbergen, y en el continente antártico, demuestra que estas tierras en el pasado crecieron frondosos bosques que más tarde fueron cubiertos violentamente con arena, barro y grava por las turbulentas aguas de la gran inundación y así se convirtieron en carbón.

Immanuel Velikovsky, en sus libros, da amplia evidencia de que la Tierra ha sido pasada varias veces en la historia geológica pasada por cometas que han causado grandes catástrofes, cambios en la superficie de la tierra y cambios de los polos. Un cambio de este tipo en los polos sería suficiente para inundar el globo con la fusión posterior de las capas de hielo polares. Actualmente existe suficiente agua en estas capas de hielo para ahogar a una gran parte del mundo, incluso hoy en día, según Ian Cameron, quien en su libro, ANTÁRTICA, EL ÚLTIMO CONTINENTE, escribe:

> *"Visto desde el espacio, los astronautas nos dicen que la característica más distintiva de nuestro planeta es la capa de hielo de la Antártida, que 'irradia luz como una gran linterna blanca a través del fondo del mundo.' Esta capa de hielo cubre 5,500,000 millas cuadradas (área mayor que los Estados Unidos y Centroamérica combinados), tiene un espesor promedio de más de 7,000 pies, contiene más del 90 por ciento del hielo y la nieve del mundo, y si se derritiera repentinamente, los océanos se elevarían a tal altura que cada otra persona en la tierra se ahogarían." (Cameron, p. 12)*

La revelación moderna de Dios al profeta americana, José Smith, deduce que el hogar original de Noé estaba en el continente americano en un lugar llamado Adán-ondi-Ahman, Misuri, la tierra donde vivían Adán y sus justos descendientes, así que en los cinco meses en que el Arca estuvo sobre las aguas, la poderosa tormenta y las corrientes causadas por el diluvio debieron haber transportado el Arca las 9,000 millas que se encuentran entre Misuri, la tierra de Adán-ondi-Ahman (D&C 117) y las Montañas de Ararat donde el arca se posó en la actual Turquía oriental.

Noe, llevando consigo los escritos de los profetas desde Adán hasta su época, tuvo un relato de la creación del mundo y del Jardín del Edén, donde se registró que uno de los ríos que fluían desde ese jardín se llamaba el Éufrates. Así que en su nueva tierra, los descendientes de Noé sin duda nombraron a uno de los ríos, el Eufrates, pero de ninguna manera se debe confundir con el río real que fluyó del Jardín del Edén. Porque en ninguna parte de Mesopotamia se puede encontrar un lugar desde donde fluyen cuatro ríos y, por lo tanto, se puede decir que es la ubicación del Jardín del Edén original.

Y así, los eruditos de la Biblia han buscado en todo el mundo con la esperanza de encontrar ese jardín del que fluyen cuatro ríos en los que la raza humana tuvo su inicio. De hecho, los pueblos y los exploradores, antiguos y modernos, se han embarcado en expediciones en busca del Jardín Perdido del Edén. El erudito español del siglo XVI Bernardino de Sahagún registró en su HISTORIA DE LAS COSAS DE LA NUEVA ESPAÑA que los colonos originales de América, los antepasados de los indios americanos, llegaron en botes desde el este en busca del paraíso terrestre. Se establecieron en América Central, cerca de las montañas más altas que pudieron encontrar, porque tenían con ellos un relato de que el paraíso terrenal es una montaña muy alta. (LA ANTIGUA AMÉRICA Y EL LIBRO DE MORMÓN, págs. 31, 156.) ¿No sería, por lo tanto, de extremo interés para el mundo judeocristiano, si un explorador en la actualidad descubriera ese Jardín del Edén que se ha perdido desde hace miles de años?

Quizás un indicio sobre la ubicación del Jardín del Edén perdido se puede tomar de un antiguo mapa publicado en 1569 por el principal cartógrafo europeo de la era del Renacimiento, Gerardus Mercator. Nuestros mapas hasta el día de hoy se basan en su famosa proyección de Mercator. En el mapa del Ártico de Mercator, centrado en el Polo Norte, se puede ver dentro del mundo una montaña donde se encuentra el Jardín del Edén y desde el cual fluyen cuatro ríos a las cuatro cuartas partes del continente interior.

Gerardus Mercator dibujó un mapa de Nuestra Tierra Hueca usando los mejores informes que pudo obtener de los exploradores. Su mapa muestra la ubicación del Jardín del Edén en la meseta más alta de las montañas del Continente Interior con los cuatro ríos que fluyen desde el Jardín del Edén hacia los cuatro puntos principales de la brújula. El río Hiddekel fluye hacia la derecha y desemboca en la Apertura Polar del Norte cerca de La Tierra del Norte, Rusia.

Descubrimiento del Jardín Perdido del Edén

Dado que los exploradores cristianos, entre ellos Cristóbal Colón, han buscado seriamente el Jardín del Edén perdido, es interesante que el descubrimiento real recaiga en un no cristiano, de hecho, un adorador de los dioses noruegos, Odín y Thor que eran sus ancestros. Este explorador, Olaf Jansen, en realidad un pescador, ha relatado en su libro, EL DIOS HUMOSO, de su viaje con su padre al interior de la tierra en su pequeño barco de vela a través de la Apertura Polar del Norte en 1829. Fueron aceptados por la gente que viven allí, les enseñaron su idioma y les mostraron su país. Por lo tanto, su gran descubrimiento se llevó a cabo cuando, después de un año, fueron llevados a la ciudad capital de la tierra interior que los habitantes llaman la Ciudad del Edén.

Olaf describe esta ciudad como un verdadero jardín en que,

"... todo tipo de frutas, enredaderas, arbustos, árboles y flores crecen en una profusión desenfrenada. En este jardín, cuatro ríos tienen su origen en una poderosa fuente artesiana. Se dividen y fluyen en cuatro direcciones. Este lugar es llamado por los habitantes, el 'ombligo de la tierra' o el principio, 'la cuna de la raza humana.' Los nombres de los ríos son los Eufrates, Pison, Gihón y Hiddekel." (EL DIOS HUMOSO, p. 114)

Esta es la narración de un explorador que nunca fue cristiano. Hasta su último día, Olaf Jansen era el ardiente adorador de los dioses noruegos, Odín y Thor. Su propósito no era promover la realidad de la religión, pero al registrar su experiencia en el Jardín del Edén, estaba informando exactamente lo que vió y lo que las personas que viven allí le contaron. Le explicaron que el jardín al que fue llevado al interior de Nuestra Tierra Hueca no era otro que el *"ombligo de la tierra"* y *"la cuna de la raza humana,"* y se llama *"Edén."*

En el Libro de Génesis, leemos acerca del Jardín del Edén que Olaf Jansen descubrió que está ubicado dentro de Nuestra Tierra Hueca:

"Y el Señor Dios plantó un jardín hacia el este en Edén, y allí puso al hombre que había formado. Y de la tierra hizo que el Señor hiciera crecer todo árbol agradable a la vista y bueno para comer; el árbol también de la vida en medio del jardín y el árbol del conocimiento del bien y del mal. Y un río salió del Edén para regar el jardín, y de allí se partió y se convirtió en cuatro cabezas. El nombre del primero es Pison: eso es lo que rodea toda la tierra de Havilah donde

hay oro, y el oro de esa tierra es bueno, hay piedra de bedelio y ónice. Y el nombre del segundo río es Gihón, el mismo es el que rodea al conjunto de la tierra de Etiopía, y el nombre del tercer río es Hidekel; eso es lo que va hacia el este de Asiria, y el cuarto río es el Eufrates." (GENESIS 2: 8-14)

Se puede notar la exactitud de la descripción de Olaf Jansen del Jardín del Edén en el relato de la Biblia, agregando que el río que riega el jardín y del que surgen los otros cuatro ríos es una *"poderosa fuente artesiana."* Esto es apoyado por el sueño del Árbol de la Vida dado al profeta Lehi como se registra en el Libro de Mormón. Relató que el río que corría por el Árbol de la Vida comenzó como una fuente. ¡Qué hermosa vista debe haber sido para Olaf y su padre ver esta fuente natural en medio del jardín más hermoso del mundo!

¿El Jardín del Edén en América?

Es la enseñanza de la Iglesia de Jesucristo de los Santos de los Últimos Días que el Jardín del Edén estaba ubicado en América. Brigham Young, el segundo profeta de la iglesia, dijo:

"José, el profeta me dijo que el Jardín del Edén estaba en el condado de Jackson, Missouri. Cuando expulsaron a Adan, fué al lugar que ahora llamamos Adán-ondi-Ahman, en el condado de Daviess, Misuri." (WILFORD WOODRUFF, por Cowley, pág. 431)

El profeta José Fielding Smith, descendiente de Hyrum, el hermano de José Smith, escribió:

"De acuerdo con las revelaciones dadas al profeta José Smith, enseñamos que el Jardín del Edén estaba en el continente americano ubicado donde se construirá la Ciudad Sión, o la Nueva Jerusalén. Cuando Adán y Eva fueron expulsados del Jardín, ellos eventualmente moraron en el lugar llamado Adán-ondi-Ahman, ubicado en lo que hoy es el Condado de Daviess, Misuri." (DOCTRINAS DE SALVACIÓN, Vol. Tres, p. 74)

Obviamente, esta declaración se originó con la de Brigham Young como se citó anteriormente.

Sin embargo, José Fielding Smith se refiere a algunas revelaciones de Jesucristo a José Smith en las que parece basar su declaración. Estas son las secciones 57 y 84 de Doctrina y Convenios, versículos 1 al 3 en ambas secciones. Pero al leer estos pasajes, descubrí que se refieren al lugar donde se construirá la futura Nueva Jerusalén y no mencionan ni infieren nada sobre el Jardín del Edén. Por el conocimiento de este autor, José Smith nunca registró una revelación que indicara dónde está ubicado el Jardín del Edén.

Ciertamente, al mirar en un mapa del Condado de Jackson, Misuri, no hay evidencia de que cuatro ríos hayan emanado de la Independencia, lo que podría tomarse como la ubicación original del Jardín del Edén. La razón es que el Jardín del Edén no está ubicado en la superficie del planeta.

Globo que Muestra la Sección del Interior de la Tierra

La tierra es hueca. Los polos que tanto tiempo se busca son fantasmas. Hay aberturas en las extremidades norte y sur.

La concepción de Guillermo Reed de Nuestra Tierra Hueca

El Jardín del Edén Dentro de Nuestra Tierra Hueca

En EL DIOS HUMOSO, Olaf Jansen da una descripción de dónde se encuentra el Jardín del Edén. Dentro de la tierra, dice Olaf Jansen,

"La Ciudad de 'Eden' está ubicada en lo que parece ser un hermoso valle, pero, de hecho, se encuentra en la meseta montañosa más alta del Continente Interior, varios miles de pies más alto que cualquier parte del país circundante. Es el lugar más hermoso que he visto en todos mis viajes. En este jardín elevado, todo tipo de frutas,

enredaderas, arbustos, árboles y flores crecen en una profusión desenfrenada. En este jardín, cuatro ríos tienen su origen en una poderosa fuente artesiana y fluyen en cuatro direcciones." (EL DIOS HUMOSO, págs. 113, 114)

Las direcciones en las que fluyen los cuatro ríos son los cuatro puntos principales de la brújula. El primer río, el Pison fluye hacia su polo norte, que es nuestro polo sur. Fluye a través de la tierra de Havila *"donde hay mucho oro."*

El segundo río es el Gihón que fluye hacia el oeste y desemboca en el Océano Interior cerca de la ciudad de Delfi. Olaf Jansen informó que un bosque de árboles secoyas se remonta desde la costa desde la ciudad de Delfi, que se encuentra al oeste del Jardín del Edén. Curiosamente, nuestro bosque de árboles secoyas en California, EE. UU., también se encuentra al oeste de la supuesta ubicación del Jardín del Edén, pero que ahora sabemos que en realidad está a 800 millas por debajo de Independencia, Misuri, en la superficie interna del planeta. Mientras que nuestros árboles secoyas crecen a 300 pies de altura y miden de 30 pies en diámetro, aquellos en la tierra hueca crecen hasta 1,000 pies de altura y son 120 pies en diámetro.

Sabemos que el río Hidekel fluye hacia su sur hacia nuestro polo norte porque ese es el río Olaf y su padre zarpó poco después de llegar a Nuestra Tierra Hueca después de pasar por la Apertura Polar del Norte. El río Hidekel fluye hacia el este de la tierra de Asiria, una tierra con ese nombre en Nuestra Tierra Hueca.

El cuarto río, el Éufrates, luego fluye hacia el este. Olaf Jansen informó que los puntos de la brújula dentro de la tierra son opuestos a los nuestros.

Siendo que Olaf y su padre viajaron lejos hacia dentro del interior en un tren de monorriel para llegar al Jardín del Edén en la meseta más alta de la montaña de todo el Continente Interior, el cual la gente de la tierra hueca lo llama el *"ombligo de la tierra,"* y dado que desde el Jardín del Edén fluyen los cuatro ríos en cuatro direcciones, podemos concluir que el Jardín del Edén debe estar ubicado hacia su centro sur del Continente Interior.

Olaf informó que el interior de nuestra tierra tiene solo un continente y un océano, y el océano es pequeño en comparación con la superficie interna. Olaf Jansen dijo que el océano ocupa una cuarta parte del área total dentro de la tierra. Este océano también se extiende desde el Océano Ártico hasta la Antártica, y fue en este océano interior que Olaf y su padre navegaron en su pequeño bote de vela cuando entraron en la Apertura Polar del Norte. Fue en este océano que también navegaron para salir por la Apertura Polar del Sur al final de su estáncia de dos años y medio en Nuestra Tierra Hueca.

Por lo tanto, el único continente dentro de la Tierra comprende de tres cuartas partes del área de la superficie interna, y se extiende desde un lado del océano interior y rodea la superficie interna hasta el otro lado de ese océano. Podemos estimar la circunferencia del interior a partir de la estimación de 800 millas de la capa terrestre que nos da en cifras redondeadas, 16,000 millas. El océano interior, que es un cuarto de esa cifra, tiene 4,000 millas de ancho y las 12,000 millas restantes son el continente. De esto podemos concluir que hay más tierra dentro de Nuestra Tierra Hueca que sobre la superficie exterior de la Tierra.

Como se puede ver en la concepción de la superficie interna de Guillermo Reed, el océano dentro de la tierra está ubicado debajo de Asia, exactamente opuesto del continente de América. Así, el centro del Continente Interno estaría debajo de América. Dado que el Jardín del Edén se encuentra aproximadamente en el centro sur del Continente Interior, entonces el Jardín del Edén debe estar debajo de Norteamérica. Por lo tanto, cuando José Fielding Smith escribió: *"Enseñamos que el Jardín del Edén estaba en el continente americano ubicado donde se construirá la Ciudad Sión o la Nueva Jerusalén,"* sin embargo, se acercó a la ubicación del Jardín del Edén, que según Olaf Jansen podría ubicarse a 800 millas DEBAJO Independencia, Misuri, la ubicación futura de la Nueva Jerusalén.

Uno podría preguntar por qué el Señor sería tan esquivo como para esconder el Jardín del Edén a 800 millas debajo de Misuri. Pero cuando recordamos que el Señor dejó que la gente de Europa creer que la tierra era plana, a fin de preservar las Américas para los descendientes de Lehi, el padre de los indios americanos, entonces podemos entender por qué ha permitido el mundo de hoy creer que la tierra está parcialmente fundida y parcialmente sólida en el interior para ocultar el Jardín del Edén a 800 millas debajo de la superficie de la tierra de Misuri para preservar la tierra de Nuestra Tierra Hueca y su Jardín del Edén como la herencia para las personas que viven en el interior la tierra. Deben ser un pueblo elegido de Dios para que se les dé un paraíso en que vivir.

Pero a diferencia de los antiguos americanos que se hicieron malvados y que su herencia fue permitida ser invadida por un pueblo europeo más justo, la gente dentro de Nuestra Tierra Hueca es más justa que nosotros, y el Señor continuará ocultando su tierra hasta que los malvados hayan terminado de existir en el mundo de la superficie. Entonces el Señor dará a conocer a los justos, la tierra del Jardín del Edén. Pero hasta que llegue esa revelación, los pocos que creen pueden conocer por sí mismos la verdadera ubicación del Jardín del Edén perdido.

Ya que Olaf Jansen encontró una ciudad dentro de la tierra construida en un jardín llamado *"Edén,"* desde donde fluyen cuatro ríos con los mismos nombres que se dan en la Biblia, podemos concluir que la raza humana tuvo su comienzo dentro de la tierra. ¡Adán y Eva, nuestros primeros padres, tuvieron su primer hogar en el Jardín del Edén, que ahora se ha ENCONTRADO ubicado en la superficie interior de Nuestra Tierra Hueca!

De LOS LIBROS OLVIDADOS DE EDEN leemos acerca de la forma en que Adán y Eva llegaron a la superficie del planeta desde el Jardín del Edén. En el libro de ADAN Y EVA, encontramos que cuando Adán y Eva fueron expulsados del Jardín por haber comido del fruto prohibido, el Señor les ordenó ir a vivir en la Cueva de los Tesoros, donde se perdieron y después de vagar y orar por mucho tiempo, emergieron al mundo de la superficie, su nuevo hogar. (Capítulo III: 17, XII)

El sol que les calentó cuando salieron de la cueva no era el mismo sol que les daba luz en el Jardín del Edén. El capítulo XVI dice que cuando Adán salió de la cueva, tenía miedo del sol y de su extraordinario calor porque,

"A la medida en que estaba en el jardín y escuchaba la voz de Dios y el sonido que hacía en el jardín y le temía, Adán nunca vio la brillante luz del sol, ni el calor ardiente del mismo tocó su cuerpo."

El sol que calentaba el Jardín del Edén fue el sol dentro de Nuestra Tierra Hueca, y es más suave que nuestro sol exterior que caliente el exterior de nuestro planeta. Cuando Adán y Eva salieron de la caverna en el exterior del planeta, nuestro sol exterior los calentó con más ardor que el sol interior cuando estaban en el Jardín de Edén.

El área de Misuri-Kentucky se caracteriza por su extenso sistema de cavernas. La cueva gigantesca de Kentucky es tan extensa que no se ha encontrado el final de la misma. A través de cierta caverna en Kentucky, Guillermo Morgan, quien se hizo llamar YO-SOY-EL-HOMBRE en ETIDORPHA, alcanzó el interior hueco de la tierra con sus guías interiores de la tierra cuando los masones lo enviaron allí en 1827. Tal vez fue esta o una caverna similar en que Adán y Eva viajaron desde su hogar interna hacia su hogar externa después que fueron expulsados del Jardín del Edén.

En el Libro de Moisés, capítulo 7, versículo 48, leemos:

"Y sucedió que Enoc miró a la tierra; y oyó que venía una voz DE SUS ENTRAÑAS, y decía: ¡Ay, ay de mí, LA MADRE DE LOS HOMBRES! ¡Estoy afligida, estoy fatigada por causa de la iniquidad de mis hijos! ¿Cuándo descansaré y quedaré limpia de la impureza QUE DE MÍ HA SALIDO? ¿Cuándo me santificará mi Creador para que yo descanse, y more la justicia SOBRE MI FAZ por un tiempo?"

Al pasar a través de los sistemas de cavernas desde el *"vientre"* de la tierra dentro de la tierra para salir a la superficie, Adán y Eva *"nacieron"* a este mundo por su *"madre"* la tierra.

En 1960, un residente de Los Ángeles, California, Laurencio Foreman, fue a acampar en el desierto donde se hizo amigo de personas humanas como nosotros que venían en un platillo volador. Querían que él escribiera un libro, lo que hizo, llamado, PASAPORTE A LA ETERNIDAD. Aunque los hombres del platillo volador no dijeron específicamente de dónde venían, muchas cosas que le dijeron a Laurencio me indican que venían de Nuestra Tierra Hueca. Olaf Jansen dijo que las personas que el descubrió que viven en Nuestra Tierra Hueca hablan un idioma conocido por nosotros como el sánscrito. El sánscrito es un idioma hablado antiguamente en Irán, donde las diez tribus de Israel fueron llevadas cautivas por los asirios en 721 B.C. y donde vivieron durante 34 años antes de escapar por las montañas del Cáucaso al sur del Ucrania al norte del Mar Negro.

Los hombres del platillo volador le dijeron a Laurencio que su idioma natal es el sánscrito y que son nuestros familiares. Le dieron un mensaje a Laurencio para todos nosotros: nuestro planeta es un planeta de prisión y fuimos ubicados aquí por algo que hicieron nuestros antepasados.

Nuestros antepasados fueron Adán y Eva, quienes rompieron un mandamiento que les dió el Creador en el Jardín de Éden: No tomar del fruto prohibido. El castigo por desobedecer ese mandamiento causó que se convirtieron en seres mortales (pero también cambió sus cuerpos para que pudieran tener hijos) y fueron expulsados de Su presencia de su hogar en el Jardín del Edén a nuestra mundo de la superficie. Nosotros, como sus descendientes, estamos viviendo una sentencia de prisión en este planeta de prisión que llamamos Tierra. Estamos viviendo una vida de "probación" como dicen las Escrituras, para ver si estamos dispuestos a obedecer los mandamientos del Creador, para ver si podemos ser encontrados dignos de regresar a la presencia de nuestro Creador.

El antiguo profeta Lehi dijo, según está registrado en el Libro de Mormón,

"Y después que Adán y Eva hubieron comido del fruto prohibido, fueron echados del Jardín de Edén, para cultivar la tierra. Y tuvieron hijos, sí, la familia de toda la tierra. Y los días de los hijos de los hombres fueron prolongados, según la voluntad de Dios, para que se arrepintiesen mientras se hallaran en la carne; por lo tanto, su estado llegó a ser un estado de probación, y su tiempo fue prolongado, conforme a los mandamientos que el Señor Dios dio a los hijos de los hombres. Porque él dio el mandamiento de que todos los hombres se arrepintieran; pues mostró a todos los hombres que estaban perdidos a causa de la transgresión de sus padres. Pues, he aquí, si Adán no hubiese transgredido, no habría caído, sino que habría permanecido en el Jardín de Edén. Y todas las cosas que fueron creadas habrían permanecido en el mismo estado en que se hallaban después de ser creadas; y habrían permanecido para siempre, sin tener fin. Y no hubieran tenido hijos; por consiguiente, habrían permanecido en un estado de inocencia, sin sentir gozo, porque no conocían la miseria; sin hacer lo bueno, porque no conocían el pecado." (2 Nefi 2:19-23)

Pero la buena noticia es que el fin de nuestra sentencia de prisión se acerca. La gente de los platillos voladores vino a decirle a Laurencio que tienen un proyecto al que llaman *"El Proyecto Milana."* Le dijeron a Laurencio que nuestra sentencia de prisión en este planeta está a punto de terminar (mi estimación es aproximadamente en el año 2035, cuando calculo que la Tierra se verá afectada por una devastadora llamada solar causada por el paso del mismo cometa del tamaño de un planeta que inició el diluvio de Noe) . Y que nos vienen a llevar a todos a casa. Es decir, aquellos de nosotros que merecemos ser llevados de regreso a casa, lo que dudo incluiría a asesinos, mentirosos, ladrones, adúlteros y traficantes de guerra, en resumen, todos los que insisten en violar las leyes del Creador.

¡La gente del platillo volador le dijo a Laurencio que pueden solicitar suficientes naves espaciales para evacuar la superficie del planeta en una semana! Y llevarnos a casa.

Nuestra casa original era el Jardín del Edén. Dicen que provienen del centro del Universo donde hay dos planetas que comparten la misma atmósfera, que es una forma de decir que realmente son del Centro de la Tierra: nuestra Tierra Hueca, ya que compartimos nuestra atmósfera con ellos a través de las aperturas polares. Le dijeron a Laurencio que viven vidas que consideraríamos *"el cielo."*

Deuteronomio 30:4 llama a la tierra de Nuestra Tierra Hueca, las *"partes más alejadas del cielo"* a donde fueron expulsadas las Tribus Perdidas de Israel. El profeta Isaías escribió que en los últimos días Dios *"... establecerá una insignia para las naciones y reunirá a los desterrados de Israel, y reunirá a los dispersos de Judá de los cuatro rincones de la tierra."* (Isaías 11:12) Los cuatro rincones de la Tierra es el Jardín del Edén, donde fluyen cuatro ríos hacia los cuatro puntos cardinales de la brújula.

La gente del platillo volador le dijo a Laurencio que su ciudad capital está en su hemisferio sur. Su hemisferio sur está bajo nuestro hemisferio norte. Por lo tanto, mi conclusión es que el Jardín del Edén está ubicado a 800 millas DEBAJO el Condado de Jackson, Misuri. Su ciudad capital es la Ciudad del Edén, construida junto al Jardín del Edén original, donde Olaf Jansen la encontró en 1830 cuando navegó allí con su padre *"más allá del viento del norte"* a través de la Apertura Polar del Norte, hacia el interior de Nuestra Tierra Hueca donde viven *"los elegidos."* Le explicaron a Olaf que el jardín al que fue llevado al interior de Nuestra Tierra Hueca no era otro que el *"ombligo de la tierra"* y *"la cuna de la raza humana,"* y se llama *"Edén"* y se encuentra en la montaña meseta más alta del continente interior en su hemisferio sur. Siendo que dentro de la Tierra, las direcciones de la brújula son inversas a las de nuestro mundo exterior, nuestro polo sur es su polo norte, su hemisferio sur está debajo de nuestro hemisferio norte y su ciudad capital está ubicada debajo de América del Norte. Las coordenadas que los hombres del platillo le dieron a Laurencio para su ciudad capital fueron: Sur Suroeste 1/4 9' 3" 10 SID, según su sistema de coordenadas.

Nuestro miembro de la expedición, Jaime Still, conoció a Laurencio Foreman el 16 de febrero de 1979 en Los Ángeles, California, momento en el que Laurencio le entregó a Jaime una copia de su libro, PASAPORTE A LA ETERNIDAD. Después de unirse a nuestra expedición del Viaje a Nuestra Tierra Hueca, Jaime me dio una copia del libro de Laurencio. En ese libro, los del platillo volador le dijeron a Laurencio que *la tierra no es sólida"* (p. 93). Si la tierra no es sólida, entonces debe estar hueca y el Jardín del Edén está dentro de ella. El jubilado Coronel Billie F. Woodard me dijo que mientras estaba estacionado en el Área 51, fue llevado en los trenes de túnel debajo del Área 51 a Nuestra Tierra Hueca donde se reunió con líderes de la nación de la Tierra Hueca en su ciudad capital, Edén. (Consulte la página de Contenidos para ver la Biografía del Jubilado Coronel Billie Faye Woodard).

¿Podría ser que la Conspiración Iluminista Internacional esté ocultando el descubrimiento de nuestra Tierra Hueca porque oculta el Jardín del Edén perdido, cuyo descubrimiento y publicidad al mundo destruiría su Teoría de la Evolución Orgánica atea que utilizan para destruir la moralidad mundial y consolidar su poder?

Pronto llegará el día en que el descubrimiento del Jardín del Edén se dará a conocer al mundo. Entonces la fe aumentará en la tierra, la Conspiración Iluminista perderá su poder sobre las mentes de los hombres, y Dios será entronizado una vez más en los corazones de la humanidad porque sabrán que nuestros primeros padres, Adán y Eva, realmente vivieron en el Jardín del Edén, que probará que las Escrituras son la verdadera historia revelada por Dios, que Dios vive y nos ama a nosotros, sus hijos.

CAPÍTULO CUATRO
La Tierra de las Diez Tribus Perdidas de Israel - ¡ENCONTRADA!

Uno de los descubrimientos más grandes de todos los tiempos sería la ubicación real de los descendientes actuales de los originales Diez Tribus de Israel "perdidos." La tierra donde se encuentran en la actualidad y está establecida como la nación más rica, quizás más poblada, y sin duda la más poderosa y más avanzada de la tierra, ha estado oculta del mundo desde que comenzó la historia.

Fue en el año 721 antes del nacimiento de Cristo que la nación israelita, entonces residente en Palestina y formada por diez tribus, descendientes de diez de los 12 hijos del antiguo profeta Jacob, fue llevada cautiva a Asiria por los asirios. Jaime E. Talmage escribe en sus ARTÍCULOS DE FE,

"La gente fueron llevadas a Asiria y luego desaparecieron tan completamente que se las llamó Tribus Perdidas. Parece que se han alejado de Asiria, y aunque nos falta información definitiva sobre su destino final y ubicación actual, hay abundantes pruebas de que su viaje fue hacia el norte." (Talmage, p. 325)

El conocimiento de su paradero se ha dado a ciertas personas a lo largo de la historia, mientras que la gran mayoría de la gente de nuestra civilización ignora de este conocimiento. A través de su profeta Moisés, el Señor amonestó a la nación israelita a amar al Señor su Dios y guardar sus mandamientos, de lo contrario se dispersarían por toda la tierra. Aun así, prometió que no los olvidaría, y en los últimos días los reuniría una vez más en la tierra que dio a sus padres. Como lo ha demostrado la historia, la Casa de Israel no guardó los estatutos dados por Moisés del Señor su Dios, por lo que fueron dispersados por toda la tierra.

Dos grupos de israelitas llegaron a América, los mulekitas y la familia del profeta Lehi. Los mulekitas eran judíos, descendientes de Judá, hijo de Jacob. Cuando los babilonios capturaron a Jerusalén en 597 a.C. y los judíos fueron llevados a Babilonia (el moderno Irak de hoy), los guardias del palacio escaparon con el hijo Mulek del rey Sedequías a América. Se establecieron en América Central. Sus descendientes fueron los *"hombres-rey,"* de los que se habla en el Libro de Mormón, que continuamente intentaban hacerse cargo del gobierno de los nefitas (Alma 51:5-8). Creían que tenían un derecho al gobierno porque eran del linaje real de David.

La familia del profeta Lehi llegó a América antes de la conquista babilónica de Jerusalén. Salieron de Jerusalén en el año 600 a.C. y navegaron a América y se establecieron en la América Central, más al sur que los mulekitas, pero más tarde se unieron a los mulekitas. La familia de Lehi se dividió en dos grupos cuando llegaron a América, los nefitas y los lamanitas, y eran descendientes de la Tribu de Manasés, de la casa de José, quien fue vendido a Eypto por sus hermanos. Estos emigrantes a América escribieron el registro conocido como El Libro de Mormón, una historia de los tratos de Dios con ellos en la América antigua. Los indios americanos son un remanente de sus descendientes.

El otro grupo más grande de israelitas eran las Diez Tribus Perdidas, que los asirios habían llevado al cautiverio en 721 a.C. Más tarde escaparon y se dirigieron al norte sobre las montañas del Cáucaso a una tierra al norte del Mar Negro. En el versículo 4 y 5 de Deuteronomio 30 se alude a una indicación de dónde el Señor quería que las tribus perdidas se dispersaran.

"Si has sido arrojado hasta LOS PARTES MÁS ALEJADAS DEL CIELO, de allí te recogerá Jehová tu Dios, y de allá te tomará. Y te hará volver Jehová tu Dios a la tierra que heredaron tus padres, y la poseerás; y te hará bien y te multiplicará más que a tus padres."

Al profeta Jeremías, el Señor le dio un mensaje para llevar a las Diez Tribus Perdidas. Dijó el,

Ve y proclama estas palabras hacia el norte, y di: Vuélvete, oh rebelde Israel, dice Jehová; no haré caer mi ira sobre ti, porque misericordioso soy yo, dice Jehová; no guardaré para siempre el enojo.

Reconoce, pues, tu maldad, porque contra Jehová tu Dios te has rebelado, y has repartido tus favores a los extraños debajo de todo árbol frondoso y no has escuchado mi voz, dice Jehová.

Convertíos, hijos rebeldes, dice Jehová, porque yo soy vuestro esposo; y os tomaré uno de cada ciudad y dos de cada familia, y os llevaré a Sion;

y os daré pastores según mi corazón, que os apacienten con conocimiento y con entendimiento.

Y acontecerá que cuando os multipliquéis y crezcáis en la tierra, en aquellos días, dice Jehová, no se dirá más:

Arca del convenio de Jehová; no vendrá al pensamiento, ni se acordarán de ella, ni la visitarán ni se hará otra más.

En aquel tiempo llamarán a Jerusalén Trono de Jehová, y todas las naciones se congregarán en ella en el nombre de Jehová, en Jerusalén; y no andarán más tras la dureza de su malvado corazón.

En aquellos tiempos andará la casa de Judá con la casa de Israel, y vendrán juntamente DE LA TIERRA DEL NORTE a la tierra que hice heredar a vuestros padres." (Jeremías 3:12-18)

La Tierra del Norte de la cual, en algún día futuro, las Diez Tribus saldrán y establecerán una comunicación abierta con el resto del mundo, es la tierra a la que Esdras vio en visión a que las Diez Tribus se fueron después de escapar de los asirios.

Esdras escribió,

"Esas son las tribus que fueron llevadas cautivas de su propia tierra en el tiempo de Oseas, el rey, a quien Shalmanezer, el rey de los asirios, tomó cautivo, y las cruzó más allá del río; así fueron traídos a otra tierra. Pero se aconsejaron a sí mismos, que dejarían a la multitud de los paganos, e irían a un país más lejano donde nunca moraba el hombre, para que allí pudieran guardar sus estatutos, que nunca guardaron en su propia tierra. Y entraron por el estrecho pasaje del río Éufrates. El Altísimo, les mostró señales y detuvo los manantiales de la inundación hasta que pasaron por alto. Porque a través del país hubo un gran viaje, incluso de un año y medio, y la misma región se llama Arsareth (o Ararah). Entonces allí habitaron hasta los últimos tiempos, y cuando vuelvan a salir, el Altísimo detendrá de nuevo los manantiales del río, para que puedan pasar." (2 Esdras 13, La Apocrypha)

Aunque los Diez Tribus de Israel fueron llevados en cautiverio por los asirios debido a la iniquidad de Israel al adorar a los dioses paganos, Jehová le había dicho a Elías antes del cautiverio que todavía había siete mil justos en Israel *"cuyas rodillas no se han inclinado ante Baal."* (I Reyes 19:18) Estos justos fueron los hijos de los profetas (II Reyes 2:15) que fueron llevados por los asirios junto con el resto de la Nación Israelita de las Diez Tribus. Más tarde, debe haber sido uno de estos hijos de los profetas que guió a su nación en un escape de los asirios hacia el país del norte.

Jaime E. Talmage, en sus ARTÍCULOS DE FE continúa,

"La palabra del Señor a través de Jeremías promete que las personas serán traídas de regreso 'de la tierra del

norte,' y se ha hecho una declaración similar a través de la revelación divina en la presente dispensación." (Talmage, p. 235)

El décimo artículo de Fe de la Iglesia de Jesucristo de los Santos de los Últimos Días dice:

"Creemos en la congregación literal del pueblo de Israel y en la restauración de las Diez Tribus; que Sion (la Nueva Jerusalén) será edificada sobre el continente americano; que Cristo reinará personalmente sobre la tierra, y que la tierra será renovada y recibirá su gloria paradisíaca."

En Doctrina y Convenios, Sección 133: 26-33, José Smith registra una revelación de Jesucristo en 1831 con respecto al regreso de las Diez Tribus Perdidas:

"Y los que estén en los países del norte serán recordados ante el Señor, y sus profetas oirán su voz, y no se contendrán por más tiempo; y herirán las peñas, y el hielo fluirá ante su presencia.

Y se levantará una calzada en medio del gran mar.

Sus enemigos llegarán a serles por presa,

y en los yermos desolados brotarán pozos de aguas vivas; y la tierra reseca no volverá a tener sed.

Y traerán sus ricos tesoros a los hijos de Efraín, mis siervos.

Y los confines de los collados eternos temblarán ante su presencia.

Y allí se postrarán, y serán coronados de gloria, sí, en Sion, por la mano de los siervos del Señor, los hijos de Efraín.

Y serán llenos de cantos de gozo sempiterno."

Y Los que Están en Los Países del Norte

¿Dónde están los países del norte? Deben estar más al norte que la barrera de hielo y los icebergs en el Océano Ártico porque la escritura dice que *"el hielo fluirá hacia abajo en su presencia"* cuando las Tribus Perdidas lleguen a Sión desde el norte.

La Revista Norwood de Inglaterra, en su edición del 12 de mayo de 1884, resumió el sorprendente descubrimiento de los exploradores árticos de un país cálido cerca del polo,

"No admitimos que haya hielo hasta el Polo; una vez dentro de la gran barrera de hielo, un nuevo mundo rompe

sobre el explorador, el clima es suave como el de Inglaterra y, luego, tan suave como las islas griegas."

Por supuesto, esto es en el verano, ya que en invierno se forman los icebergs. Refiriéndose al origen de los icebergs, el Señor le preguntó al profeta Job:

"¿De qué VIENTRE salió el hielo?" (Job 38:29)

La respuesta es, desde del vientre de la tierra. Las aperturas polares existen, y el Señor testifica que los icebergs salen de ellas. Los Países del Norte de las Diez Tribus Perdidas deben ubicarse dentro del VIENTRE de la tierra de donde provienen los icebergs.

Desde el relato de Olaf Jansen sobre su viaje al interior de Nuestra Tierra Hueca, ahora se puede entender la referencia bíblica de que las Diez Tribus viven en PAÍSES completos en el norte. La escritura no tiene sentido si uno quiere creer que el norte es una capa de hielo congelada, no apta para la habitación humana. Pero cuando uno se da cuenta de que cerca del Polo Norte geográfico existe una apertura que conduce al interior hueco de la Tierra donde hay más tierra que en la superficie exterior del planeta, entonces uno puede comprender cómo han vivido millones de las Tribus Perdidas en los *"Países del Norte"* durante más de 2,500 años.

En la observación de su brújula que guió a Olaf y su padre al interior de Nuestra Tierra Hueca, encontramos una explicación de por qué el *"interior"* de la tierra se llamaría los *"países del norte"* en las escrituras. Cuando los israelitas tomaron su viaje de un año y medio a través de la apertura polar del norte y llegaron a los *"países del norte"* dentro de Nuestra Tierra Hueca, si hubieran sido guiados allí con una brújula, habrían notado el mismo comportamiento de la brújula que Olaf Jansen y su padre se dieron cuenta. Descubrieron que la brújula seguía apuntando hacia ese *"País del Norte,"* aunque después de pasar la abertura polar, efectivamente iban hacia el sur en la superficie interior del planeta.

Olaf describió esta actuación de su brújula,

"Mi padre y yo comentamos entre nosotros el hecho de que la brújula seguía apuntando hacia el norte (hacia el 'norte' marcado en la brújula) aunque ahora sabíamos que habíamos navegado por la curva o el borde de la apertura de la tierra, y estábamos muy lejos hacia el sur, en la superficie 'interior' de la corteza terrestre, que, según la estimación de mi padre y la mía, tiene un espesor de aproximadamente trescientas millas desde la superficie

'interior' hasta la superficie 'exterior.'" (EL DIOS HUMOSO, págs. 107-108)

La tierra de los Países del Norte, la tierra de las Diez Tribus de Israel, está realmente allí, y cualquiera que siga su brújula hacia el norte, si viaja directamente hacia el polo geográfico norte en un meridiano determinado en una línea recta sin desviarse (130 E Longitud), entrará en la Apertura Polar del Norte hacia el hueco de la tierra y observará, como lo hizo Olaf Jansen, que su brújula todavía apunta *"al norte"* hacia aquellos Países del Norte donde residen actualmente las Tribus Perdidas. Dado que las líneas del campo magnético de la Tierra salen de la Tierra en nuestro Polo Sur Magnético y regresan dentro de la Tierra en el Polo Norte Magnético, esto hace que la brújula apunte hacia el Norte en la superficie exterior del planeta y en el interior del planeta apunta a su Polo Norte, que es nuestro Polo Sur. Las direcciones de la brújula dentro de Nuestra Tierra Hueca son inversas a lo que están en la superficie exterior de la Tierra.

Los escandinavos tienen una leyenda de una tierra del paraíso en el extremo norte, conocida como *"Ultima Thule."* Quizás esto sea una indicación de que las Diez Tribus de Israel después de escapar de los ejércitos asirios pueden haber llegado al País del Norte dentro de Nuestra Tierra Hueca en un camino que los llevó a través de Alemania, Dinamarca y Noruega y dejaron atrás a algunos de sus habitantes en ese viaje.

La leyenda de Ultima Thule se originó con el explorador griego Piteas en sus viajes entre 330 AC y 320 AC, en los cuales navegó alrededor de Gran Bretaña e incluso más al norte e informó que después de haber navegado varios días al norte más allá del hielo, llegó a una Tierra donde el sol no se ponía. Lo más probable es que el Ultima Thule que Pytheas descubrió fue el continente interior de Nuestra Tierra Hueca al que se accedió a través de la Apertura Polar del Norte durante los meses de verano, cuando hay pistas de aguas abiertas entre los flujos de hielo a través de los cuales podía navegar.

En su viaje de un año y medio a los Países del Norte de la Tierra Hueca, las Tribus Perdidas dejaron sus marcas en Europa. Una de las tribus es la tribu de DAN. En Alemania encontramos un río llamado Danubio. Dinamarca podría haberse derivado de su nombre. Una parte de las tribus debió haber abandonado al grupo principal en ese largo viaje y quedaron atrás en los países por los que pasaron, dando lugar a las leyendas entre los noruegos, suecos, alemanes, griegos y romanos de un paraíso en el norte donde el *"la gente elegida"* vive. Las leyendas de los *"elegidos"* de las Diez Tribus Perdidas que emigraron al País del Norte de Nuestra Tierra Hueca, concerniente al paraíso en el norte, se mantuvieron con los que se quedaron en Europa dando lugar a la leyenda de *"Ultima Thule,"* la tierra del paraíso en el extremo norte.

Tal vez las personas que quedaron en Europa incluso fueron revisitados por la gente desde el País del Norte, de vez en cuando, dando origen a los dioses de los noruegos, los griegos y los romanos.

> *"Platón y sus contemporáneos en la antigua Grecia eran fervientes creyentes en un mundo interior. Escribió: 'Él es el dios que se sienta en el centro, en el ombligo de la tierra; y él es el intérprete de la religión para toda la humanidad.'"* (LOS SECRETOS OCULTOS DE LA TIERRA HUECA, p. 164)

Olaf Jansen y su padre eran noruegos con su casa en Estocolmo, Suecia. Fue debido a su leyenda de Ultima Thule que decidieron ir en su viaje a esa tierra. Olaf escribió:

> *"Mi padre era un ferviente creyente en Odin y Thor, y con frecuencia me había dicho que eran dioses que venían de más allá del 'viento del norte.' Había una tradición, explicó mi padre, que aún más hacia el norte había una tierra más hermosa que cualquiera que el hombre mortal hubiera conocido, y que estaba habitada por los 'elegidos.'"* (EL DIOS HUMOSO, págs. 62, 63)

Hay escrituras de la Biblia que se refieren a las aperturas polares que conducen a los Países del Norte de Nuestra Tierra Hueca. Job escribió del Señor que,

> *"Él extiende el norte sobre el lugar vacío; cuelga la tierra sobre la nada.* (Job 26:7, 9)

E Isaías al escribir sobre las ambiciones de Satanás se refirió a la apertura polar en el norte cuando registró,

> *"¡Cómo caíste del cielo, oh Lucifer, hijo de la mañana! Derribado fuiste a tierra, tú que debilitabas a las naciones. Tú que decías en tu corazón: Subiré al cielo. Levantaré mi trono por encima de las estrellas de Dios y me sentaré sobre el monte de la congregación, hacia los lados del norte; sobre las alturas de las nubes subiré; seré semejante al Altísimo. Pero tú serás derribado hasta el Seol, a los lados del abismo."* (Isaiah 14:12-15)

El profeta Jeremías y el rey David hablaron del Señor: "Él hace que los vapores asciendan desde los confines de la tierra

..." y ... "trae fuera el viento desde sus tesoros" (Salmo 135:7, Jeremías 10:13, Jeremías 51:16)

Los *"extremos de la tierra"* son las aperturas polares de la tierra en sus extremos norte y sur y los *"vapores que ascienden"* son vientos cálidos, nubes y nieblas que salen de las aperturas polares de un continente interior calentadas por un sol interior más allá del Hielo donde habitan las tribus perdidas.

Olaf Jansen, en sus viajes a Nuestra Tierra Hueca, informó que los habitantes le dijeron que el nombre de su Dios es JEHOVAH.

Ahora, Jehová era el Dios de los antiguos israelitas y único para esa nación. El hecho de que los habitantes de la Tierra Hueca declaran que su Dios es Jehová prueba que son israelitas. Y el hecho de que hay descendientes de las Tribus de Efraín, Dan y otras Tribus Perdidas que se quedaron en Europa con una leyenda de un paraíso en el norte donde la gente *"Elegida"* fue, da razón para creer que la tierra que Olaf y su padre, Jens Jansen, encontraron más allá del Viento del Norte deben ser los Países del Norte de las Diez Tribus Perdidas de Israel, cuya tierra es la superficie interior de Nuestra Tierra Hueca, ilas *"partes más extremas del cielo"*!

Y Sus Profetas Oirán su Voz

Después de pasar un año enseñando a Olaf y su padre su idioma, los habitantes de la tierra hueca los llevaron a su ciudad capital ubicada en el Jardín del Edén, donde fueron presentados a su profeta líder.

"La sorpresa de mi padre y de mí mismo fue indescriptible cuando, en medio de la majestuosidad de una espaciosa sala, finalmente nos llevaron ante el Gran Sumo Sacerdote, gobernante de toda la tierra. Nos dieron una audiencia de más de dos horas con este gran dignatario, que parecía amable y considerado. Se mostró muy interesado, nos hizo numerosas preguntas e, invariablemente, con respecto a las cosas que sus emisarios no habían investigado." (EL DIOS HUMOSO, págs. 112-115)

El Señor Jesucristo reveló a su profeta José Smith que en los últimos días, *"... los que se encuentran en los países del norte acudirán en memoria ante el Señor; y sus profetas oirán su voz, y no se quedarán más tranquilos ... "* De esto podemos concluir que las Diez Tribus tienen profetas que se están *"quedando a sí mismos,"* escondidos en sus *"países del norte"* esperando hasta algún momento en el futuro cuando el Señor les ordene que vengan fuera. Olaf Jansen informó que su profeta también es su rey. Lo llamaron *"el Gran Sumo Sacerdote, gobernante de toda la tierra."*

Si su rey es literalmente un *"Sumo Sacerdote,"* entonces la gente de la tierra hueca tiene el Sacerdocio de Melquisedec, ya que el Sumo Sacerdote es un oficio de ese sacerdocio. D. y C. 107: 91 dice:

"Y nuevamente, el deber del presidente del oficio del Sumo Sacerdocio es presidir a toda la iglesia y ser como Moisés-"

El Gran Sumo Sacerdote, el gobernante de toda la tierra de Nuestra Tierra Hueca, por lo tanto, es el profeta de su iglesia, así como su rey. Esto indicaría que son personas muy justas.

Con respecto a lo que Olaf informó que su Dios es Jehová, Jehová es el nombre premortal de Jesucristo, por lo tanto, su iglesia debe ser la Iglesia de Jesucristo.

Bajo el título, "Presidente de la Iglesia," el élder Bruce R. McConkie escribe en DOCTRINA MORMONA,

"Al presidente de la Iglesia, el Todopoderoso otorga el cargo más alto y los dones más grandes que el hombre mortal es capaz de recibir. Es el rey terrenal del reino de Dios, el oficial supremo de la Iglesia, el 'Presidente del Sumo Sacerdocio de la Iglesia...'" (p. 532)

Parecería que las tribus entre las que se encontraba Olaf eran personas muy justas que vivían un orden económico-espiritual similar a la Orden Unida que fue revelado por Jesucristo al profeta José Smith. En este orden, como se explica en las escrituras modernas, no hay pobres entre la gente, como es el caso entre las personas que visitó Olaf Jansen. También viven en ciudades pequeñas, que es un patrón de la Orden Unida. En esta Orden, el gobierno de la iglesia es también el gobierno del país. Así es en Nuestra Tierra Hueca. El gobernante sobre toda la tierra es también el profeta de su iglesia. Él es su rey terrenal del Reino de Dios.

Esto indica que toda la población de Nuestra Tierra Hueca debe ser miembros fieles de la Iglesia de Jesucristo. Para que la Orden Unida funcione con éxito, todos los ciudadanos deben ser miembros fieles de la Iglesia. Si hubiera disputas y divisiones entre ellos, por necesidad, la iglesia tendría que estar separada del gobierno estatal como lo está en nuestro mundo superficial. La razón de esto es porque las leyes de consagración y

administración de la Orden Unida deben cumplirse
voluntariamente, y si hubiera un porcentaje de la población que
no fuera miembro o no estuviera dispuesto a vivir esas leyes
voluntarias, entonces un gobierno separado basado en la fuerza
sería necesario, como lo son los gobiernos de nuestro mundo
superficial que están configurados para gobernar a los más
rebeldes.

Tal vez la Orden Unido se instituyó entre las Diez Tribus
Perdidas en la ocasión en que se instituyó entre la Iglesia en
Jerusalén después de la resurrección de Cristo y entre los
nefitas de América cuando los visitó que en ese momento dijo:

*"Pero ahora voy al Padre, y también a mostrarme a las
tribus perdidas de Israel, porque no están perdidas para el
Padre, porque él sabe a dónde las ha llevado"* (3 Nefi 17:4)

Aunque las Diez Tribus tienen el Sacerdocio de
Melquisedec, y su gobernante es un profeta de Dios, no tiene
todas las llaves del sacerdocio. Es evidente que Dios no le ha
dado a su profeta las llaves de las ordenanzas de sellamiento
del templo. El Presidente de la Iglesia de Jesucristo de los
Santos de los Últimos Días con sede en la Ciudad de Lago
Salado, Utah,

*"... es el único hombre en la tierra a la vez que puede
sostener y ejercer las llaves del reino en su plenitud."*
(DOCTRINA MORMONA, p. 532)

Estas llaves fueron entregadas al profeta José Smith y
Oliverio Cowdery, su asistente en la Iglesia después de la
dedicación del primer templo de este, la Dispensación de la
Plenitud de los Tiempos (vea Efesios 1:10), en el templo de
Kirtland, Ohio. Estaban en el templo el 3 de abril de 1836
cuando Jesucristo se les apareció, seguido por Moisés, Elías
(Noé) y Elías el Profeta que fue llevado al cielo. Moisés les
entregó las *"llaves de la reunión de Israel de las cuatro partes
de la tierra, y la dirección de las diez tribus de la tierra del
norte."* (D&C 110:11) Elías (este Elías era el profeta Noé quién
poseía las llaves de la dispensación de Abraham, vea QUIEN
SOY YO, por Alvin R. Dyer, Loc. 4777) *"cometió la dispensación
del evangelio de Abraham, diciendo que en nosotros y nuestra
simiente, todas las generaciones después de nosotros, serán
bendecidas."* Elías (el profeta que fue llevado al cielo) les dio
las llaves del sellamiento de esposos y esposas en matrimonio
eterno y el sellamiento de los hijos a sus padres. Esto unirá a
las familias a lo largo de todas las generaciones desde Adán y
Eva para que todos los que acepten estas ordenanzas

realizadas en los templos de Dios puedan unirse a la familia de
Dios.

Debido a que los profetas de las Diez Tribus no tienen las
llaves de estas ordenanzas de sellamiento del templo, en un
futuro no muy lejano llevarán a su gente fuera de la tierra a
través de la abertura del polo norte, construirán una "carretera"
a través del Océano Ártico desde la Ciudad del Edén, su capital,
hasta la Nueva Jerusalén en el condado de Jackson, Misuri, que
será la futura capital de América para el Reino político de Dios,
y allí recibirán sus ordenanzas en los templos de Dios.

*"Y allí se postrarán, y serán coronados de gloria, sí, en
Sion, por la mano de los siervos del Señor, los hijos de
Efraín."* (D&C 133:32)

El profeta Éter del Libro de Mormón, el último de los
profetas jareditas, escribió sobre la Nueva Jerusalén que se
construirá en América, que las Diez Tribus Perdidas ayudarán a
construir junto con los Santos de los Últimos Días y los indios
indígenas de América que son descendientes de Judá y
Manasés de la casa de Israel. Al terminar su resumen del
registro de los jareditas, el profeta Moroni comentó sobre las
enseñanzas de Éter sobre la Nueva Jerusalén:

*"Y ahora yo, Moroni, procedo a concluir mi relato
concerniente a la destrucción del pueblo del cual he estado
escribiendo.*

*Pues he aquí, rechazaron todas las palabras de Éter;
porque él verdaderamente les habló de todas las cosas,
desde el principio del hombre; y de que después que se
hubieron retirado las aguas de la superficie de esta tierra,
llegó a ser una tierra escogida sobre todas las demás, una
tierra escogida del Señor; por tanto, el Señor quiere que lo
sirvan a él todos los hombres que habiten sobre la faz de
ella; y de que era el sitio de la Nueva Jerusalén que
descendería del cielo (hablando del regreso de la Ciudad de
Enoc), y el santo santuario del Señor.*

*He aquí, Éter vio los días de Cristo, y habló de una
Nueva Jerusalén sobre esta tierra (la futura capital de
América). Y habló también concerniente a la casa de
Israel, y la Jerusalén de donde Lehi habría de venir —que
después que fuese destruida, sería reconstruida, una
ciudad santa para el Señor; por tanto, no podría ser una
nueva Jerusalén, porque ya había existido en la
antigüedad; pero sería reconstruida, y llegaría a ser una
ciudad santa del Señor; y sería edificada para la casa de
Israel— y que sobre esta tierra (de América) se edificaría*

una Nueva Jerusalén para el resto de la posteridad de José, para lo cual ha habido un símbolo.

Porque así como José llevó a su padre a la tierra de Egipto, de modo que allí murió, el Señor consiguientemente sacó a un resto de la descendencia de José de la tierra de Jerusalén, para ser misericordioso con la posteridad de José, a fin de que no pereciera, tal como fue misericordioso con el padre de José para que no pereciera. De manera que el resto de los de la casa de José se establecerán sobre esta tierra, y será la tierra de su herencia; y levantarán una ciudad santa para el Señor, semejante a la Jerusalén antigua; y no serán confundidos más, hasta que llegue el fin, cuando la tierra deje de ser.

Y habrá un cielo nuevo, y una tierra nueva; y serán semejantes a los antiguos, salvo que los antiguos habrán dejado de ser, y todas las cosas se habrán vuelto nuevas (hablando del fin de la existencia temporal de la tierra después de milenio, de su muerte y resurrección como la morada celestial de los justos). *Y entonces viene la Nueva Jerusalén* (la ciudad santa que se está construyendo ahora dentro de nuestro sol hueco exterior, que será traída a la tierra después de la muerte y resurrección de la tierra)*; y benditos son los que moren en ella, porque son aquellos cuyos vestidos son hechos blancos mediante la sangre del Cordero; y son ellos los que están contados entre el resto de los de la posteridad de José, que eran de la casa de Israel. Y entonces viene también la antigua Jerusalén; y benditos son sus habitantes, porque han sido lavados en la sangre del Cordero; y son los que fueron esparcidos y recogidos de las cuatro partes de la tierra y de LOS PAÍSES DEL NORTE, y participan del cumplimiento del convenio que Dios hizo con Abraham, su padre."* (Eter 13:1-11)

Y traerán sus ricos tesoros

La gente dentro de la tierra son fantásticamente ricas en piedras y metales preciosos. En el libro de Olaf Jansen, EL DIOS HUMOSO, describe la sala del trono del Gran Sumo Sacerdote,

"La inmensa sala en la que nos recibieron parecía estar terminada en sólidas placas de oro tachonadas con joyas de una brillantez asombrosa." (p. 113)

En la página 100, dice: *"Llevaban calzas hasta la rodilla y medias de textura fina, mientras que sus pies estaban envueltos en sandalias adornadas con hebillas de oro.*

Pronto descubrimos que el oro era uno de los metales más comunes conocidos, y que se usaba ampliamente en decoración. "

En la página 105, Olaf comentó: *"Nunca vi una muestra de oro de este tipo. Estaba en todas partes. Las carcasas de las puertas estaban incrustadas y las mesas estaban revestidas con láminas de oro. Las cúpulas de los edificios públicos eran de oro. Se usaba más generosamente en los acabados de los grandes templos de la música. "*

Una gran cantidad de sus tesoros serán traídos con ellos cuando vengan a la Nueva Jerusalén, como indica el versículo 30, Sección 133 de la D. y C.,

"Y traerán sus ricos tesoros a los hijos de Efraín, mis siervos.

Y, sin duda, se utilizará para ayudar a construir los templos en la Nueva Jerusalén, donde las Diez Tribus vendrán a recibir sus investiduras.

Otra escritura se refiere a la fuente de las riquezas de las Diez Tribus. Como dice Olaf Jansen en su libro, el Jardín del Edén está ubicado dentro de la tierra y el río Pison es uno de los cuatro ríos que fluyen fuera del jardín. En Génesis leemos que,

"El nombre del primero es Pison: ese es el que rodea toda la tierra de Havila, donde hay oro. Y el oro de aquella tierra es bueno; Hay bdellium y la piedra de ónix. " (Génesis 3:11,12)

En referencia a la construcción de la Nueva Jerusalén y los veinticuatro templos que se construirán allí, José Smith dijo que *"las Diez Tribus de Israel te ayudarán a construirla. "* (Profecía registrada por Edwin Rushton y Theodore Turley, PROFECÍA – LLAVE AL FUTURO, por Duane S. Crowther, pág. 117)

La razón, quizás, para mostrar por qué las diez tribus necesitarán construir su propio templo en el complejo del templo de la Nueva Jerusalén es la descripción de Olaf Jansen de su gigantesca estatura. Después de cruzar el Océano Ártico en su viaje a través de la apertura del polo norte en su pequeño bote, Olaf y su padre llegaron a tierra donde encontraron un río. Subieron el río y se encontraron con un barco que bajaba por el río y fueron invitados a bordo. Olaf escribió:

"Si mi padre y yo fuimos observados con curiosidad por los ocupantes de la nave, esta extraña raza de gigantes nos ofreció la misma cantidad de asombro. No había un solo hombre a bordo que no hubiera medido totalmente doce pies de altura. Todos llevaban barbas completas, no particularmente largas, pero aparentemente cortas. Tenían rostros suaves y hermosos, extremadamente justos, con tez rojiza. El pelo y la barba de algunos eran negros, otros arenosos y otros amarillos. El capitán, como designamos al dignatario al mando de la gran nave, era una cabeza más alta que cualquiera de sus compañeros. Las mujeres promediaron de diez a once pies de altura. Sus características eran especialmente regulares y refinadas, mientras que su tez era de un tinte más delicado realzado por un brillo saludable."

"Tanto los hombres como las mujeres parecían poseer esa facilidad particular que consideramos un signo de buena crianza, y, a pesar de su enorme estatura, no había nada en ellos que sugiriera torpeza. Como yo era solo un muchacho en mi decimonoveno año, estaba Sin duda, considerado como un verdadero enano. Los seis pies tres pulgadas de mi padre no levantaron la parte superior de su cabeza por encima de la línea de la cintura de estas personas." (EL DIOS HUMOSO, páginas 98-100)

Algunos se han preguntado cómo es posible que los habitantes de la Tierra interior puedan tener una estatura tan grande, y han preguntado: "¿No es muy improbable que sean gigantes, especialmente si son las Diez Tribus Perdidas de Israel y emigraron a la Tierra Hueca de nuestro mundo exterior donde la gente es mucho más pequeña?

Olaf Jansen dio la respuesta a esta pregunta cuando informó que debido al clima y el ambiente ideales en la Tierra Hueca, además de tener $2/5^{o's}$ de la gravedad de nuestra superficie, todo crece mucho más que en el exterior del planeta donde vivimos con climas mucho más duros, y ambientes con más gravedad.

Pero incluso en nuestro mundo exterior, ha habido informes de pueblos y animales gigantes que han vivido aquí en épocas pasadas. Guillermo F. Warren informó en su, PARAÍSO ENCONTRADO, LA CUNA DE LA RAZA HUMANA EN EL POLO NORTE, que se han encontrado esqueletos de personas en Italia y Palestina con alturas de hasta 35 pies de altura. También se han encontrado fósiles y esqueletos de animales muy grandes, tortugas gigantes de hasta 20 pies de largo, leones gigantes, venados, mamuts y, por supuesto, huesos de dinosaurios con alturas de hasta 75 pies de altura.

Hay evidencia de que las personas que vivían en nuestro mundo exterior antes del Diluvio de Noé, eran muy grandes en estatura. Por ejemplo, las huellas humanas en piedra arenisca descubiertas a lo largo del río Puluxy en Tejas medían 16 pulgadas de largo, 9 pulgadas de ancho y tenían un paso de 6 pies, seguramente un gigante de hombre. Presidente Spencer W. Kimball, un presidente anterior de la Iglesia de Jesucristo de los Santos de los Últimos Días, en su libro, MILAGRO DEL PERDÓN, relata un incidente en el que el Apóstol David Patten cabalgaba en el bosque de Tennessee en 1835 en su mula cuando de repente notó a alguien caminando a su lado. Miró a su lado y vio a una gran entidad "PieGrande" que no llevaba ropa, estaba cubierta de pelo y tenía una piel muy oscura. La entidad habló con David y dijo que él era Caín, el hijo de Adán. Y explicó que el Señor lo había maldecido y no lo dejaba morir porque lo había condenado a ser un "fugitivo y un vagabundo en la tierra" por haber conspirado con Satanás para matar a su hermano Abel. Caín era grande en estatura. Su cabeza estaba a la par con el hombro de David mientras estaba montaba en su mula, por lo que Caín debe haber tenido al menos 8-10 pies de altura.

En la Biblia se registra que cuando las tribus de Israel entraron en su Tierra Prometida después de haber vagado 40 años en el desierto por haberse negado a invadir Palestina, destruyeron una raza de personas que poseían la tierra que eran gigantes. Debido a que los israelitas temían atacar a los gigantes en primer lugar, se habían negado a invadir Palestina la primera vez. No fue hasta que los temerosos se extinguieron durante sus 40 años de deambular que tuvieron éxito en la invasión de Palestina al redimir la tierra que Dios les había dado como se había prometido a sus ancestros Abraham, Isaac y Jacob.

Del libro de Milton R. Hunter, ANTIGUA AMÉRICA Y EL LIBRO DE MORMÓN, aprendemos de las Obras de Ixtlilxochitl, un príncipe azteca (1568-1648) que los pobladores originales de América vinieron de la Torre de Babel en barcazas submarinas, y que eran gigantes de estatura. El Libro de Mormón contiene una historia de ellos y los llama Jareditas nombre tomado de que uno de sus líderes originales.

Mi hermano asistió a una Feria Estatal en Phoenix, Arizona hace muchos años y me contó cómo pagó para ver el esqueleto de una mujer gigante de 12 pies de largo que estaba en exhibición, aparentemente descubierta en una tumba de caverna.

Por lo tanto, *"los gigantes en la tierra"* (Génesis 6: 4, Moisés 8:18) no es algo tan inusual, aunque así nos parezca en esta era moderna donde la mayoría de nosotros no levantamos la cabeza por encima 6 pies.

Y se levantará una calzada en medio del gran mar

El versículo 27 de Doctrina y Convenios 133, dice,
"Y se levantará una calzada en medio del gran mar."
Esta carretera se usará para llevar a las personas que habitan la superficie interior de la tierra a la Nueva Jerusalén para recibir sus investiduras en los templos de Dios. La carretera, sin duda, se utilizará también para establecer un vínculo entre el gobierno del Reino de Dios en el interior de Nuestra Tierra Hueca y el gobierno del Reino de Dios en el exterior, cuando se expandirá al exterior de la tierra. Esta carretera pasará desde el continente dentro de la tierra sobre el Océano Ártico o la *"gran profundidad"* hasta el continente norteamericano hasta la Nueva Jerusalén que se construirá en Independencia, Condado de Jackson, Misuri.

Esta carretera que se lanzará por *"... en medio de la gran mar"* se llamará el *"Camino de la Santidad."*
Isaías 35:8, 9 dice,
"Y habrá allí calzada y camino, y será llamado Camino de Santidad; no pasará por allí ningún impuro; y será para los que anden por él, pues por más torpes que sean no se extraviarán."
Quizás esta carretera sea un tren de monorraíl, que es el tipo de transporte interurbano que Olaf nos informa que los habitantes del interior de la tierra usan. El escribió,
"Nos llevaron por tierra a la ciudad de 'Eden,' en un medio de transporte diferente al que tenemos en Europa o América (escrito en 1908). Este vehículo era, sin duda alguna, algún artilugio eléctrico. Era silencioso, y corría en un solo riel de hierro en perfecto equilibrio. El viaje se realizó a gran velocidad. Nos llevaron subiendo colinas y bajando valles a través de valles y nuevamente a lo largo de montañas empinadas, sin que se haya hecho ningún esfuerzo aparente para nivelar la tierra." (págs. 110-111)

Que el modo de transporte sobre la carretera que se lanzará podría ser un tren monorraíl, podría ser la razón porque en los versículos 9 y 10 de Isaías 35 dicen,

"No habrá allí león, ni fieras voraces subirán por él, ni allí se encontrarán, sino que los redimidos caminarán por él. Y los rescatados de Jehová volverán y vendrán a Sion con cánticos; y habrá gozo perpetuo sobre sus cabezas; y alcanzarán gozo y alegría, y huirán la tristeza y el gemido."

Olaf Jansen informó que la gente de Nuestra Tierra Hueca son *"aprendidos en un grado notable en sus artes y ciencias, especialmente en geometría y astronomía".* (EL DIOS AHUMADO, Cuarta parte)

Esto fue confirmado por Laurencio Foreman, quien informó en su libro, PASAPORTE A LA ETERNIDAD que los hombres del Platillo Volador que conoció en el desierto a las afueras de Los Ángeles eran especialmente hábiles en tecnología médica. Le dijeron a Laurencio que cuando vengan a *"llevarnos a todos a casa,"* cual "casa" yo creo es Nuestra Tierra Hueca donde nuestros primeros padres fueron puesto por primera vez en este planeta en el Jardín de Edén. Una vez que termine nuestra sentencia en este planeta, solucionarán todos nuestros males cuando nos lleven de regreso a casa. Si hemos perdido un brazo, una pierna o cualquier otra parte de nuestros cuerpos, tomarán una célula de nuestro cuerpo y nos *"harán crecer"* otra parte del cuerpo. Y como es una célula tomada de nuestro propio cuerpo, nuestros cuerpos no rechazarán la nueva parte del cuerpo cuando la instalen.

Vilhjalmur Stefansson, en su libro, MI VIDA CON EL ESQUIMO, informó que en una conversación con los esquimales con los que vivía en la Isla Victoria en el norte de Canadá, les contó cómo nuestros cirujanos pueden trasplantar órganos del cuerpo de un hombre al cuerpo de otro. Un esquimal que escuchaba la conversación dijo que tenía un amigo que sufría de dolores de espalda hasta que uno de sus grandes curanderos le arregló la espalda. Relató que mientras el paciente dormía, el curandero le quitó toda la columna vertebral y la reemplazó con un nuevo conjunto completo de vértebras y no hubo ni un rasguño en la piel del paciente para mostrar que se había realizado el intercambio. Stefansson tuvo que admitir que tales habilidades estaban más allá de lo que nuestros cirujanos podían hacer, por lo que los esquimales concluyeron que, en términos de habilidad, nuestros médicos no eran iguales a los suyos. (MI VIDA CON LOS ESQUIMALES p. 118) Lo más probable es que los "curanderos" de los esquimales son los médicos altamente calificados dentro de la Tierra Hueca, y los esquimales saben cómo y dónde ir para atender a sus necesidades médicas.

Una Gente Musical

Hay mucha referencia en las escrituras al hecho de que las personas de las Diez Tribus de Israel son personas muy musicales. En el versículo 9 de Isaías 35, dice que cuando las Diez Tribus vengan a Sión, "... *vendrán a Sión con canciones de alegría eterna sobre sus cabezas.*" En el D&C también dice: "*Y serán llenos de cantos de gozo sempiterno.*" (D&C 133:33)

De las personas entre quienes Olaf Jansen y su padre vivieron durante dos años dentro de Nuestra Tierra Hueca, dice Olaf,

"La gente es sumamente musical e intruído en gran medida en sus artes y ciencias, especialmente en geometría y astronomía. Sus ciudades están equipadas con vastos palacios de música, donde no es poco frecuente que hasta veinticinco mil voces lujuriosas de esta raza gigante se llenen de poderosos coros de las sinfonías más sublimes."

"Los niños no deben asistir a instituciones de aprendizaje antes de los veinte años. Luego, su vida escolar comienza y continúa durante treinta años, diez de los cuales están dedicados de manera uniforme por ambos sexos al estudio de la música." (EL DIOS HUMOSO, págs. 121, 122)

Los Misterios de Dios Desplegados

A pesar de estas evidencias de que Nuestra Tierra Hueca y sus habitantes son las Diez Tribus Perdidas de Israel, muchos dirán: "*¿Pero no nos están prohibidos los misterios de Dios? y si se han encontrado las Diez Tribus Perdidas ahora, ¿por qué el profeta no lo ha declarado abiertamente?*"

La respuesta es que para los inicuos se ocultan los misterios de Dios. La verdad está escondida de aquellos que no están dispuestos a aceptar la verdad y vivir por ella. El Señor no le ordenará a su profeta que lo revele abiertamente hasta que haya suficientes personas justas que lo acepten. Pero a los pocos justos, Dios les da todo lo que están dispuestos a buscar. Cristo dice,

"No busquéis riquezas sino sabiduría; y he aquí, los misterios de Dios os serán revelados, y entonces seréis ricos. He aquí, rico es el que tiene la vida eterna." (D&C 6:7)

Si los ojos de la gente se destaparan y pudieran ver las riquezas del mundo *"adentro,"* codiciarían esa tierra por sí mismos. Por esta razón, el Señor ocultó las Américas de Europa tantos años antes de Colón. Como dijo el padre Lehi,

"Y he aquí, es prudente que esta tierra no llegue todavía al conocimiento de otras naciones; pues he aquí, muchas naciones sobrellenarían la tierra, de modo que no habría lugar para una herencia." (2 Nefi 1:8)

Llegó el día en que los descendientes de Lehi se hicieron inicuos y Dios permitió que otras naciones invadieran su herencia. Pero las personas dentro de la tierra son todavía personas justas y rectas, que viven la Orden Unida con líderes profetas para guiarlos. Dios continuará protegiendo su tierra de otras naciones. Parte de esa protección es una incredulidad entre las masas, y la enseñanza de la ciencia aceptada de que la tierra es líquida-sólida por dentro, y que cualquier explicación de que la tierra es hueca es una leyenda y un mito.

Una creencia no hace una verdad. Aun cuando Dios ocultó las Américas, al permitir que la gente de Europa creyera que la tierra era plana, también puede esconder la tierra de las Diez Tribus permitiendo que la gente del mundo de la superficie crea que la tierra es sólida o está fundida por dentro. Sin embargo, a los que quisieran saber, les dice:

"y si preguntas, conocerás misterios grandes y maravillosos; por tanto, ejercerás tu don para descubrir misterios, a fin de traer a muchos al conocimiento de la verdad, sí, de convencerlos del error de sus caminos." (D&C 6:11)

Con frecuencia, la verdad real de un asunto que ha sido un misterio por todo el tiempo y solo lo descubre un buscador diligente de la verdad.

Cristo, en su visita a las Américas después de su resurrección, dijo a los nefitas que una persona puede saber dónde se encuentran las Diez Tribus por la inspiración del Espíritu Santo. Él les dijo:

"Y os mando que escribáis estas palabras después que me vaya, para que si se da el caso de que mi pueblo en Jerusalén, aquellos que me han visto y han estado conmigo en mi ministerio, no le piden al Padre en mi nombre para recibir conocimiento por medio del Espíritu Santo, acerca

de vosotros, COMO TAMBIÉN DE LAS OTRAS TRIBUS, DE LAS CUALES NADA SABEN..." (3 Nefi 16:4)

Entonces, aquí vemos que SI es posible preguntarle a Dios y recibir una respuesta sobre la verdadera ubicación de las Diez Tribus si se hace un esfuerzo para preguntar.

El guardar los mandamientos de Dios es un requisito indispensable para obtener la verdad.

"y ningún hombre recibe la plenitud, a menos que guarde sus mandamientos. El que aguarda sus mandamientos recibe verdad y luz, hasta que es glorificado en la verdad y sabe todas las cosas." (D&C 93:27, 28)

Si los justos preguntan, pueden saber por el poder y la inspiración del Espíritu Santo que las Diez Tribus viven dentro de Nuestra Tierra Hueca!

Las Escrituras dan indicios sobre la ubicación actual de las Diez Tribus. Quizás el pasaje más revelador se encuentra en Doctrina y Convenios, sección 84: 99-102, que es parte de una canción que el pueblo del Señor cantará en el Milenio. Se lee:

"El Señor ha reunido en una todas las cosas."

"El Señor ha bajado a Sion desde lo alto." (Esto se refiere a la Ciudad de Enoc que fue llevada al cielo 3,013 años antes del nacimiento de Cristo y que regresará a la superficie de la tierra a principios de, 668 años antes del Delivio de Noé, y que volverá a la superficie de la tierra al comienzo del Milenio. Vea el CAPÍTULO CATORCE, La Ciudad de Enoc -- ¡ENCONTRADA!

"HA HECHO SUBIR A SION DESDE ABAJO." (Esto se refiere a la ubicación actual de las Diez Tribus Perdidas. Están "debajo" de nuestros pies en el hueco de la tierra y subirán desde abajo para recibir sus investiduras en los templos de la Nueva Jerusalén y a expandir su Reino político de Dios al mundo de la superficie.)

"La tierra ha estado de parto y ha dado a luz su fuerza;" (Cuando la nación de las Diez Tribus expande su Reino al mundo de la superficie, la *"madre"* tierra sufrirá *"dolores de parto"* a causa del paso cercano de un cometa, y dará luz su fuerza: la poderosa nación de las Diez Tribus que finalmente saldrá y ayudará a vencer la Conspiración Iluminista Satánica con la ayuda de sus PLATILLOS VOLADORES y ayudar a predicar el evangelio de Jesucristo al mundo por el poder del Santo Sacerdocio de Melquisedec).

"y la verdad está establecida en sus entrañas;" (La verdad se establece en las entrañas de la tierra porque allí

viven personas que tienen la verdad y la viven. Durante el Milenio habrá tres capitales mundiales, Jerusalén en Palestina, la Nueva Jerusalén en Misuri y la Ciudad del Edén dentro de las *"entrañas"* de la tierra de donde la palabra del Señor se extenderá a todo el mundo.)

De hecho, las Escrituras se refieren directamente a un pueblo que vive dentro de la corteza de la tierra en ciudades cavernosas gigantes, y a las Diez Tribus que viven dentro de Nuestra Tierra Hueca. En la sección 88, verso 104, está escrito:

"y este será el sonido de su trompeta, diciendo a todo pueblo, tanto EN EL CIELO como EN LA TIERRA y DEBAJO DE LA TIERRA; porque todo oído lo oirá, y toda rodilla se doblará, y toda lengua confesará, al escuchar el sonido de la trompeta, que dice: Temed a Dios y dad gloria al que se sienta sobre el trono, para siempre jamás; porque la hora de su juicio ha llegado."

En nuestra búsqueda de la verdad, es imperativo que escudriñemos las Escrituras. La prueba de la veracidad de cualquier teoría científica es que debe ser respaldada por la palabra revelada de Dios que recibimos a través de Sus sirvientes inspirados, los profetas. Toda verdad es revelada por Dios y ya sea obtenida por el método científico o por revelación directa, la verdad no puede contradecirse. Por lo tanto, con la vara de prueba de las Escrituras, el Señor nos ha dado el mandamiento de buscar la verdad en religión, astronomía, geografía, geología, historia, eventos actuales, profecía, sociología y gobierno. La gloria de Dios es la inteligencia (D.yC. 93:36) y sería nuestra también si tenemos éxito en obtener el verdadero conocimiento y usarlo correctamente.

Cristo ha dicho,

"Y os mando que os enseñéis el uno al otro la doctrina del reino.

Enseñaos diligentemente, y mi gracia os acompañará, para que seáis más perfectamente instruidos en teoría, en principio, en doctrina, en la ley del evangelio, en todas las cosas que pertenecen al reino de Dios, que os conviene comprender;

de cosas tanto EN EL CIELO como EN LA TIERRA, y DEBAJO DE LA TIERRA; cosas que han sido, que son y que pronto han de acontecer; cosas que existen en el país, cosas que existen en el extranjero; las guerras y perplejidades de las naciones, y los juicios que se ciernen sobre el país; y también el conocimiento de los países y de los reinos," (D&C 88:77-79)

Si fuéramos *"debajo de la corteza de la tierra"* unas 800 millas, aprenderíamos sobre un país y un reino donde habitan las Diez Tribus de Israel.

CAPÍTULO CINCO
El Paraíso -- ¡ENCONTRADO!

La existencia de un lugar llamado *"paraíso"* o *"cielo"* a donde los espíritus de todas las personas van a la muerte se menciona en las escrituras de los profetas de Dios.

En general, es el deseo de todos los cristianos, así también la gente de otras religiones, que se esfuerzan por vivir los mandamientos de Dios, ir al Paraíso o el Cielo cuando mueren. A Juan, el Señor Jesucristo dijo:

"Al que venciere, le daré a comer del árbol de la vida, el cual está en medio del paraíso de Dios." (Apocalipsis 2:7)

El Paraíso es un lugar bienvenido para ir después de la muerte y se considera un lugar de descanso de las preocupaciones del mundo. El antiguo profeta Americano Moroni, al concluir la historia de su nación destruida, dijo:

"Y ahora me despido de todos. Pronto iré a descansar en el paraíso de Dios, hasta que mi espíritu y mi cuerpo de nuevo se reúnan, y sea llevado triunfante por el aire, para encontraros ante el agradable tribunal del gran Jehová, el Juez Eterno de vivos y muertos. Amén." (Moroni 10:34)

El mundo de espíritus, en el cual se ubica el Paraíso, el lugar de descanso después de la muerte, tuvo sus inicios antes de que el mundo fuera creado físicamente. El Señor le dijo a Moisés:

"Porque yo, Dios el Señor, creé espiritualmente todas las cosas de que he hablado, antes que existiesen físicamente sobre la faz de la tierra." (Moisés 3:5)

Así se reveló a Moisés el hecho de que hubo dos creaciones que llevaron a nuestro mundo a ser: primero, la creación del mundo espiritual, y segundo, la creación del mundo físico.

Al entender los orígenes de nuestro mundo físico y espiritual, la palabra *"creación"* no debe ser mal entendida. José Smith, el gran profeta Americano del siglo XIX, en su sermón del rey Follet dijo:

"Ahora, la palabra crear proviene de la palabra Baurau, que no significa crear de la nada; significa organizar; Lo mismo que un hombre organizaría materiales y construiría un barco." (LAS ENSEÑANZAS DEL PROFETA JOSÉ SMITH, págs. 350-352)

Cuando Dios creó la tierra, la organizó con materiales preexistentes. Dios le reveló a José Smith en 1833 la gran verdad de que *"los elementos son eternos,"* un hecho que los científicos del siglo XX confirmaron, según el cual afirmaron: la materia no puede ser destruida. Se puede cambiar de un estado a otro o incluso a energía, pero nunca se destruye.

José Smith continuó afirmando que,

"No hay tal cosa como materia inmaterial. Todo espíritu es materia, pero es más refinado o puro, y solo los ojos más puros pueden discernirlo; no lo podemos ver; pero cuando nuestros cuerpos sean purificados, veremos que todo es materia." (D&C 131:7, 8)

Los clarividentes son personas que pueden ver el mundo de los espíritus que nos rodea. En realidad hay personas que nacen con esta habilidad. Una de esas personas fue el autor de EL NIÑO QUE VIO LA VERDAD, publicado en 1953 en Londres por Neville Spearman. El libro es el diario de un niño, a partir de los 5 años, que escribió sobre experiencias en su vida que resultaron del hecho de que podía ver las auras que rodean a las personas. También podía ver espíritus incorpóreos y comunicarse con ellos, pero no se dio cuenta durante mucho tiempo de que otras personas no tenían un don similar. Por ejemplo, su tío Willard había vivido con su familia antes de morir. Pero el espíritu del tío Willard continuó viviendo con ellos después de la muerte de su cuerpo físico. Varias veces, el tío Willard estaba sentado en la silla grande de su padre y su padre, incapaz de ver los espíritus que su hijo podía ver, regresaba a casa y se sentaba sobre el tío Willard. Al ver esto, el niño protestaba y decía: "¡Padre, no te sientes sobre el tío Willard!"

Como consecuencia de esta y otras experiencias similares, este joven fue malentendido y sufrió muchas indignidades de parte de sus padres y de otras personas que no podían entenderlo por lo que podía ver y oír.

El antiguo profeta, Enoc, que vivió antes del diluvio de Noé, era un clarividente. Dios le dio este don de poder ver el mundo espiritual que nos rodea cuando fue llamado a ser Su profeta. (Moisés 6:35, 36)

Experiencias como estas ayudan a establecer la realidad de la existencia del mundo espiritual que nos rodea y de sus habitantes que son los espíritus sin cuerpo de los que han muerto, así como los espíritus malignos de Lucifer y sus demonios que nunca tuvieron cuerpos de carne y hueso pero fueron arrojados sobre esta tierra después de su rebelión en el mundo preexistente en el cielo. (Apocalipsis 12: 7-17)

Judas habló de los rebeldes que no guardaron su primer estado en el cielo y fueron arrojados al infierno aquí en este planeta,

> *"Y a los ángeles que no guardaron su primer estado, sino que dejaron su propia morada, los ha guardado bajo oscuridad, en cadenas eternas, hasta el juicio del gran día;"* (Judas 6)

Un experimento realizado por Sir Ricardo Crooks, apoya la afirmación de José Smith de que el espíritu es materia cuando él,

> *"... en realidad pesaba a un hombre moribundo, cama y todo, y descubrió que la balanza indicaba una pérdida de aproximadamente tres onzas en el momento de la muerte."*

Ray Palmer, en un artículo en su REVISTA BÚSQUEDA después de indicar el experimento mencionado, concluye:

> *"Si esto es cierto, entonces tenemos un espíritu sobre el cual todavía funcionan las leyes de la gravedad (si decimos que la gravedad es la atracción de la materia). También tenemos un espíritu material."* (Revista BÚSQUEDA," El Cielo es Sólido," pág. 18, Primavera de 1977)

José Smith afirmó que no solo hay dos tipos de materia, una más fina que la otra, sino que cada cosa viviente tiene un cuerpo espiritual a la semejanza de su cuerpo físico. Su ubicación está dentro del cuerpo físico.

> *"...siendo lo espiritual a semejanza de lo temporal, y lo temporal a semejanza de lo espiritual; el espíritu del hombre a semejanza de su persona, como también el espíritu de los animales y toda otra criatura que Dios ha creado."* (D&C 77:2)

José Fielding Smith, el sobrino nieto de José Smith, declaró que *"esta tierra es un cuerpo viviente."* (DOCTRINAS DE SALVACIÓN, Vol. I pág. 72)

En Doctrina y Convenios, también se habla de la tierra como una entidad viviente,

> *"Y además, de cierto os digo que la tierra obedece la ley de un reino celestial, porque cumple la medida de su creación y no traspasa la ley; así que, será santificada; sí, a pesar de que morirá, será vivificada de nuevo; y aguantará el poder que la vivifica, y los justos la heredarán."* (D&C 88:25, 26)

Sí, nuestra tierra es un cuerpo viviente. Y así como nuestros cuerpos humanos físicos tienen cuerpos de espíritu en la misma forma y semejanza de nuestros cuerpos físicos, así también la tierra tiene un cuerpo de espíritu en la misma forma que el mundo físico. El cuerpo espiritual de la tierra es el mundo de los espíritus, la habitación de los espíritus de todos los que mueren.

El apóstol mormón, Bruce R. McConkie, en su libro, DOCTRINA MORMONA escribió:

"El espíritu que ingresa al cuerpo al nacer lo deja al morir e inmediatamente se encuentra en el mundo de los espíritus. Ese mundo está sobre esta tierra." (DOCTRINA MORMONA, pág. 68)

En un estudio de las escrituras encontramos que,

"El mundo de los espíritus está dividido en dos partes: EL PARAÍSO, que es la morada de los justos, y el INFIERNO, que es la morada de los malvados." (DOCTRINA MORMONA, "El Mundo de los Espíritus" pág. 68)

Esta división del mundo de los espíritus en dos lugares distintos es claramente evidente en los escritos del antiguo profeta americano, Jacob, el hermano de Nefi. Al explicar la resurrección de todos los hombres de la tumba, dijo:

"Y esta muerte de que he hablado, que es la muerte espiritual, entregará sus muertos; y esta muerte espiritual es el infierno. De modo que la muerte y el infierno han de entregar sus muertos, y el infierno ha de entregar sus espíritus cautivos, y la tumba sus cuerpos cautivos, y los cuerpos y los espíritus de los hombres serán restaurados los unos a los otros; y es por el poder de la resurrección del Santo de Israel.

¡Oh cuán grande es el plan de nuestro Dios! Porque por otra parte, el paraíso de Dios ha de entregar los espíritus de los justos, y la tumba los cuerpos de los justos; y el espíritu y el cuerpo son restaurados de nuevo el uno al otro, y todos los hombres se tornan incorruptibles e inmortales; y son almas vivientes, teniendo un conocimiento perfecto semejante a nosotros en la carne, salvo que nuestro conocimiento será perfecto." (2 Nefi 9:12, 13)

El Paraíso y el Infierno pueden entregar sus espíritus cautivos solo si tienen un lugar distinto en el que mantienen cautivos a los espíritus de los muertos.

Dado que el mundo de los espíritus tiene la misma forma y aspecto que nuestro mundo físico, deben existir contrapartes físicas del Paraíso y el Infierno. Estas contrapartes deben ser lugares separados en el mundo físico también como son lugares separados en el mundo de los espíritus.

La separación entre el Paraíso y el Infierno en el mundo de los espíritus se denomina "el gran golfo" en las Escrituras. En el libro de Lucas en el Nuevo Testamento, encontramos que,

"... Abraham le dijo al hombre rico en el Infierno que entre él y Lázaro (que estaba en el Paraíso) había un gran golfo fijo para que nadie pudiera ir del Paraíso al Infierno o del Infierno al Paraíso." (DOCTRINA MORMONA pág. 682)

Abraham le dijo al hombre rico en el infierno:

"Y además de todo esto, HAY UN GRAN ABISMO entre nosotros y vosotros, de manera que los que quieran pasar de aquí a vosotros no pueden, ni de allá pasar acá." (Lucas 16:26)

Este gran abismo que separa el Paraíso y el Infierno también debe ser un abismo en el mundo físico. La palabra *"golfo"* significa una *"separación amplia."* Y las características de este abismo es que impide que los espíritus en el Paraíso y el Infierno viajen de un lado al otro, lo que no pudieron hacer hasta que Cristo vino y les dio a los justos en el Paraíso el poder de cruzar ese abismo hacia el Infierno para predicar Su evangelio.

Ahora, observemos nuestra tierra y tratemos de encontrar la ubicación física del Paraíso y el Infierno. Dado que el mundo de espíritus es similar al mundo físico, y dado que el Infierno y el Paraíso son ubicaciones en el mundo de espíritus separadas entre sí por un gran abismo y, sin embargo, son parte de esta tierra, también debemos encontrar contrapartes del Paraíso y el Infierno en el mundo físico donde dos ubicaciones físicas están separadas por un gran golfo de espacio.

Se puede suponer que la ubicación física del Infierno está en la superficie de la tierra, la atmósfera y dentro de la corteza, porque Satanás y sus ángeles en el Infierno están aquí con nosotros para tentarnos. Si estuvieran separados de nosotros, los demonios no podrían tentarnos. Por lo tanto, la cáscara de la tierra debe ser la ubicación física del infierno.

Sin embargo, es evidente que a pesar de que los demonios pueden subir a la superficie para tentarnos, su hogar o lugar de residencia está dentro de la cáscara de la tierra. Por lo tanto, se puede decir que el Infierno está *"abajo"* en la corteza de la tierra. Cristo dijo de los que van al Infierno al morir,

"Estos son los mentirosos y los hechiceros, los adúlteros y los fornicarios, y quienquiera que ama y obra mentira. Son los que padecen la ira de Dios en la tierra. Son los que padecen la venganza del fuego eterno. Son

aquellos que SON ARROJADOS HACIA ABAJO AL INFIERNO..." (D&C 76:103-106)

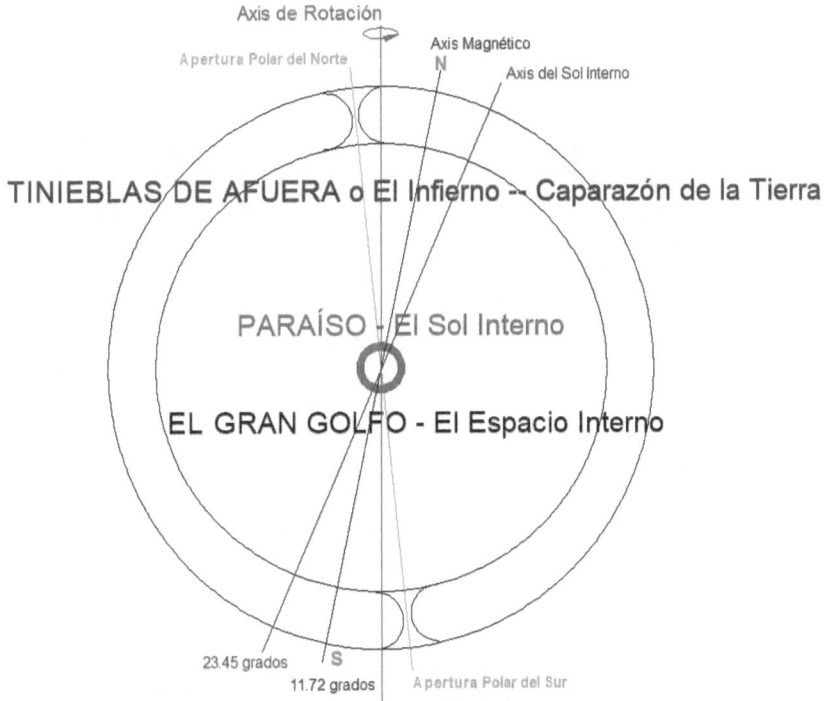

Nuestra Tierra Hueca y sus Contrapartes del Mundo de Espiritus

El Paraíso – Un Sol Adentro de Nuestra Tierra Hueca

Si el Infierno está en la corteza de la tierra, ¿dónde está la ubicación física del Paraíso? Sorprendentemente, las escrituras indican que el Paraíso también está *"abajo"* dentro de la tierra, en realidad está ubicado en un sol dentro del hueco de nuestra tierra. Y los exploradores polares afirman haber visto este sol brillando a través de las aperturas polares desde el interior hueco de nuestra tierra.

Podemos obtener una indicación en cuanto a la ubicación del Paraíso de los escritos de los profetas. Afirman que, en la muerte de Cristo, mientras su cuerpo yacía en la tumba, su espíritu pasó al mundo de los espíritus. La declaración de Cristo al ladrón en la cruz, *"Hoy estarás conmigo en el paraíso"* (Lucas 23:43) indica que el lugar en el mundo de los espíritus al que fue el espíritu de Cristo fue el Paraíso.

Una declaración de Pedro indica que la misión de Cristo en el mundo espiritual fue de predicar el evangelio a los espíritus inicuos. El escribió,

"Porque también Cristo padeció una sola vez por los pecados, el justo por los injustos, para llevarnos a Dios, siendo a la verdad muerto en la carne, pero vivificado en el espíritu; en el cual también fue y predicó a los espíritus encarcelados, los que en otro tiempo fueron desobedientes, cuando una vez esperaba la paciencia de Dios en los días de Noé, mientras se preparaba el arca, en la cual pocas personas, a saber, ocho, fueron salvadas por agua." (I Pedro 3:19-20)

Sin embargo, Cristo no fue al Infierno para enseñar personalmente al ladrón que murió en la cruz con él con el resto de los espíritus malos. En lugar de eso, fue al Paraíso y allí organizó misioneros que envió al Infierno para predicar su evangelio a los muertos inicuos. Esto se le reveló al profeta José Fielding Smith, padre en su "Visión de la Redención de los Muertos."

José Fielding Smith relata su experiencia así:

"El día tres de octubre del año mil novecientos dieciocho, me hallaba en mi habitación meditando sobre las Escrituras, y reflexionando en el gran sacrificio expiatorio que el Hijo de Dios realizó para redimir al mundo; ... Mientras me ocupaba en esto, mis pensamientos se tornaron a los escritos del apóstol Pedro ... Abrí la Biblia y leí el tercero y el cuarto capítulo de la primera epístola de Pedro, y al leer me sentí sumamente impresionado, más que en cualquier otra ocasión. ... Mientras meditaba en estas cosas que están escritas, fueron abiertos los ojos de mi entendimiento, y el Espíritu del Señor descansó sobre mí, y vi las huestes de los muertos, pequeños así como grandes.

"Y se hallaba REUNIDA EN UN SOLO LUGAR una compañía innumerable de los espíritus de los justos, que habían sido fieles en el testimonio de Jesús mientras vivieron en la carne. Se hallaban reunidos esperando el advenimiento del Hijo de Dios al mundo de los espíritus para declarar su redención de las ligaduras de la muerte. ... Mientras esta innumerable multitud esperaba y conversaba, regocijándose en la hora de su liberación de las cadenas de la muerte, apareció el Hijo de Dios y declaró libertad a los cautivos que habían sido fieles; ... Mas a los inicuos no fue. ...Percibí que el Señor no fue en persona

entre los inicuos ni los desobedientes que habían rechazado la verdad, para instruirlos; mas he aquí, organizó sus fuerzas y nombró mensajeros de entre los justos, investidos con poder y autoridad, y los comisionó para que fueran y llevaran la luz del evangelio a los que se hallaban en tinieblas, es decir, a todos los espíritus de los hombres; y así se predicó el evangelio a los muertos;..." (D&C 138: 1-30)

Aquí, José F. Smith relata que los espíritus justos en el Paraíso están *"reunidos en un solo lugar"* y se consideran a sí mismos en prisión. En la visión, José F. Smith vio que "*...apareció el Hijo de Dios, declarando la libertad a los cautivos que habían sido fieles.*" Aunque los espíritus de los justos estaban en el Paraíso o en el Cielo, no pudieron ser liberados desde las cadenas de la muerte hasta que Cristo vino a resucitarlos.

En los escritos de Pablo a los efesios, encontramos que el lugar o ubicación del Paraíso debe estar dentro de la tierra. Pablo escribió de Cristo diciendo:

"Por lo cual dice: Subiendo a lo alto, (refiriéndose a la ascensión al cielo después de su resurrección)...*Y eso de que subió, ¿qué es, sino que también HABÍA DESCENDIDO PRIMERO A LAS PARTES MÁS BAJAS DE LA TIERRA?"* (Efesios 4:8,9)

El período de tiempo cuando Cristo *"descendió primero a las partes más bajas de la tierra"* fue mientras su cuerpo estaba muerto. Esto se aclara en Mateo 12:40. Aquí Cristo dice:

"Porque como estuvo Jonás en el vientre del gran pez tres días y tres noches, así estará el Hijo del Hombre EN EL CORAZÓN DE LA TIERRA tres días y tres noches."

Dado que el *"corazón de la tierra"* puede considerarse el *"centro"* de la tierra, el Paraíso debe ubicarse en el centro de la tierra, o como lo expresó Pablo, en *"las partes más bajas de la tierra."*

Sin embargo, dado que tanto el Infierno como el Paraíso están ubicados *"abajo"* en la tierra, en algún lugar dentro de la tierra los dos deben estar separados por un *"gran golfo."* Ya que el mundo de los espíritus tiene sus contrapartes en el mundo físico, *"lo que es temporal en la semejanza de lo que es espiritual,"* entonces el Paraíso y el Infierno deben ser dos ubicaciones físicas separadas dentro de nuestra tierra. Dado que el Paraíso está en el CORAZÓN o centro de la tierra, el Infierno sería la cáscara de la tierra que rodea el centro o el Paraíso.

También debe existir una contraparte en el mundo físico del gran abismo en el mundo de los espíritus que separa el Paraíso y el Infierno. Tal golfo o separación en el mundo físico solo podría consistir en una extensión de espacio que separa el centro-paraíso físico y el infierno físico en la capa de la tierra.

Esta disposición de las contrapartes físicas del Paraíso y el Infierno describe una tierra hueca en la que la concha o el Infierno se extienden hacia abajo unos pocos cientos de kilómetros, de modo que la concha de la tierra o el Infierno terminan y se extiende a través del centro de la tierra como espacio puro: un gran Golfo . Y suspendido en el centro de este gran hueco en la tierra por la gravedad, la electrostática y el electromagnetismo sería una masa física: ¡la ubicación del Paraíso, el Cielo de esta Tierra!

Tal es una descripción de una tierra hueca. Los defensores de la teoría de la Tierra Hueca basan sus conclusiones en las observaciones de los exploradores polares que afirman que, en lugar de encontrar solo casquetes polares, descubren que las regiones polares contienen aperturas hacia el interior hueco de nuestro planeta. ¿Y qué ven suspendido en el centro de la tierra donde se ubicaría el Paraíso? ¡Ellos ven un SOL!

En su viaje hacia el lejano norte, los exploradores Olaf y Jens Jansen vieron el sol interior. Registra Olaf Jansen,

"Un día más o menos a esta hora (38 días al noreste de Franz Josef Land alrededor del 1 de agosto de 1829), *mi padre me sobresaltó al llamar mi atención sobre un espectáculo novedoso que estaba frente a nosotros, casi en el horizonte. 'Es un simulacro de sol,' exclamó mi padre. 'He leído de ellos; Se llama una reflexión o espejismo. Pronto pasará.'"*

"Pero este falso sol de color rojo apagado, como supusimos, no desapareció durante varias horas; y mientras estábamos inconscientes de su emisión de rayos de luz, aún no había tiempo después cuando no pudimos barrer el horizonte al frente y ubicar la iluminación del llamado falso sol, durante un período de al menos doce horas de cada veinticuatro."

"Las nubes y las nieblas ocultaban casi por completo, pero nunca por completo, su ubicación. Poco a poco,

Rodney M. Cluff

*parecía que se elevaba más alto en el horizonte del incierto
cielo puramente a medida que avanzamos."*

*"Difícilmente podría decirse que se parecía al sol,
excepto en su forma circular, y cuando no estaba oculto
por las nubes o las brumas del océano, tenía un aspecto
bronceado de color rojo brumoso, que cambiaba a una luz
blanca como una nube luminosa, como si reflejaba una luz
mayor más allá."*

*"Finalmente acordamos en nuestra discusión sobre
este sol ahumado color horno, que, cualquiera que sea la
causa del fenómeno, no fue un reflejo de nuestro sol, sino
un planeta de algún tipo, una realidad."* (EL DIOS
HUMOSO, págs. 85-87)

Olaf Jansen describió con más detalle este sol cuando lo
observaron durante sus dos años de estancia en Nuestra Tierra
Hueca:

*"La gran nube luminosa o bola de fuego rojo opaco,
rojo fuego en las mañanas y las tardes, y durante el día
emitiendo una hermosa luz blanca, 'El Dios Humoso,'
aparentemente está suspendida en el centro del gran vacío
'dentro' de la tierra, y mantenida en su lugar por la
inmutable ley de la gravitación ..."*

*"La base de esta nube eléctrica o luminaria central, la
sede de los dioses, es oscura y no transparente, a
excepción de innumerables pequeñas aperturas,
aparentemente en el fondo del gran soporte o altar de la
Deidad, sobre el cual 'El Dios Humoso' descansa, y, las
luces que brillan a través de estas muchas aperturas brillan
en la noche en todo su esplendor, y parecen ser estrellas,
tan naturales como las estrellas que vimos cuando
estábamos en nuestra casa en Estocolmo, excepto que
parecen más grandes. Por lo tanto, con cada revolución
diaria de la tierra, aparece subir al este y bajar al oeste, lo
mismo que hace nuestro sol en la superficie externa. En
realidad, la gente 'adentro' cree que 'El Dios Humoso' es el
trono de su JEHOVAH, y es estacionario. El efecto de la
noche y el día, por lo tanto, es producido por la rotación
diaria de la tierra."* (EL DIOS HUMOSO, págs. 108-110)

Sorprendentemente, la descripción de Olaf del sol interior
como una *"gran nube luminosa"* y el *"trono"* de Jehová es muy
similar a una conversación entre Jehová y el profeta Job cuando
dijo:

*"Escucha esto, Job; detente y considera las maravillas
de Dios. ¿Sabes tú cómo Dios las pone en concierto Y*

HACE RESPLANDECER LA LUZ DE SU NUBE?" (Job 37:14, 15)

En otro lugar, Job les cuenta a sus amigos sobre la apertura polar del norte y sobre el trono de Jehová en la nube brillante:

"Él extiende el norte sobre EL VACÍO; cuelga la tierra sobre la nada. ...Él encubre la faz de su trono, y sobre él extiende SU NUBE." (Job 26:7, 9)

El apoyo adicional de esta teoría de la Tierra Hueca como el lugar del Paraíso es el consejo de un antiguo profeta americano a su hijo que muestra la importancia de esta vida en la preparación de lo que recibiremos después de la muerte. Alma dijo:

"Ahora bien, respecto al estado del alma entre la muerte y la resurrección, he aquí, un ángel me ha hecho saber que los espíritus de todos los hombres, en cuanto se separan de este cuerpo mortal, sí, los espíritus de todos los hombres, sean buenos o malos, son llevados de regreso a ese Dios que les dio la vida."

"Y sucederá que los espíritus de los que son justos serán recibidos en un estado de felicidad que se llama paraíso: un estado de descanso, un estado de paz, donde descansarán de todas sus aflicciones, y de todo cuidado y pena."

"Y entonces acontecerá que los espíritus de los malvados, sí, los que son malos —pues he aquí, no tienen parte ni porción del Espíritu del Señor, porque escogieron las malas obras en lugar de las buenas; por lo que el espíritu del diablo entró en ellos y se posesionó de su casa— estos serán echados a LAS TINIEBLAS DE AFUERA; habrá llantos y lamentos y el crujir de dientes, y esto a causa de su propia iniquidad, pues fueron llevados cautivos por la voluntad del diablo."

"Así que este es el estado de las almas de los malvados; sí, en tinieblas y en un estado de terrible y espantosa espera de la ardiente indignación de la ira de Dios sobre ellos; y así permanecen en este estado, como los justos en el paraíso, hasta el tiempo de su resurrección." (Alma 40:11-14)

En nuestra partida hacia el mundo de los espíritus en el momento de la muerte, nuestros espíritus son *"llevados a casa a ese Dios que nos dio vida."* Ese hogar es el Paraíso, el Cielo de esta tierra. Cristo le dijo al ladrón mientras ambos estaban en la cruz: *"Hoy estarás conmigo en el paraíso."* (Lucas 23:43)

Alma lo corrobora con la afirmación de que *"los espíritus de TODOS los hombres, sean buenos o malos, son llevados a casa a ese Dios que les dio vida."*

Ese Dios que nos dio vida es Cristo. Jesucristo es el juez de toda la tierra. Según lo registrado por Juan, Jesús dijo:

"Porque el Padre a nadie juzga, sino que ha dado todo el juicio al Hijo." (Juan 5:22)

Alma infiere que la razón por la que nos somos llevamos a ese Dios que nos dio la vida debe ser para ser juzgada por Él para ver si se nos asignará al Paraíso o al Infierno mientras esperamos nuestra resurrección. Por lo tanto, cuando los espíritus de todos los hombres, tanto buenos como malos, son llevados a casa para ser juzgados por Cristo, son llevados al Paraíso. Esto explica por qué las personas que viven dentro de Nuestra Tierra Hueca le dijeron a Olaf Jansen que el sol dentro de la tierra es el trono de Jehová. Allí es donde todos somos llevados cuando morimos para ser juzgados.

Jehová es solo el nombre premortal de Jesucristo. Este hecho estaba bien establecido en una visión manifestada al profeta americano José Smith y su consejero en la Iglesia, Oliver Cowdery, en donde Cristo se les apareció en el templo en Kirtland, Ohio, el 3 de abril de 1836:

"El velo fue retirado de nuestras mentes, y los ojos de nuestro entendimiento fueron abiertos. Vimos al Señor sobre el barandal del púlpito, delante de nosotros; y debajo de sus pies había un pavimento de oro puro del color del ámbar. Sus ojos eran como llama de fuego; el cabello de su cabeza era blanco como la nieve pura; su semblante brillaba más que el resplandor del sol; y su voz era como el estruendo de muchas aguas, sí, la voz de Jehová, que decía: Soy el primero y el último; soy el que vive, soy el que fue muerto; soy vuestro abogado ante el Padre."
(DOCTRINA Y CONVENIOS 110:1-4)

Después de que somos llevados al Paraíso para ser juzgados por Jehová-Cristo, Alma continúa explicando que *"los espíritus de los que son justos son recibidos en un estado de felicidad que se llama paraíso ..."* Los espíritus de los justos son recibidos en el Paraíso para quedarse una vez que estén allí, pero no así con los espíritus malos. Una vez que son juzgados, y han visto el cielo, son expulsados. Alma dice que los espíritus de los impíos *"serán expulsados* (del paraíso) *a la oscuridad exterior,"* al infierno donde *"... permanecen en este estado, así como a los justos en el paraíso hasta el momento de su resurrección..."* Por supuesto, fe el nuestro Salvador,

Jesucristo, y el arrepentimiento puede ser el pasaporte de un espíritu malo al Paraíso, que es el cielo de esta tierra. (Alma 40: 13-14)

Ahora, si el sol dentro de la tierra es la ubicación física del Paraíso, entonces el lugar donde los espíritus malvados son *"expulsados"* del Paraíso *"a la oscuridad exterior"* solo podría referirse al caparazón de la tierra. La cáscara de la tierra sería la *"oscuridad exterior"* porque la ubicación correcta del infierno está dentro de la cáscara de la tierra, donde naturalmente está oscura porque la luz del sol y las estrellas no penetran. La cáscara de la tierra como la ubicación del infierno podría entenderse como *"externa,"* lejos del centro del sol interior o la ubicación del Paraíso.

El Paraíso es también un lugar de fuego flamígero, como podría considerarse el sol interior de nuestra tierra. Esto fue revelado por el profeta José Smith, quien escribió:

> *"Los espíritus de los justos son exaltados a una obra mayor y más gloriosa; pues son bendecidos en su partida al mundo de los espíritus. ENVUELTOS EN FUEGO FLAMANTE, NO ESTÁN LEJOS DE NOSOTROS, y conocen y comprenden nuestros pensamientos, sentimientos y movimientos, y con frecuencia se sienten molestos con ellos."* (ENSEÑANZAS, pág. 326)

En el Libro de Mormón, encontramos en la Visión del Árbol de la Vida del profeta Lehi y la interpretación de esa visión o sueño que se dio a su hijo Nefi, evidencia que apoya la ubicación del Paraíso, el Infierno y el Gran Golfo que los separa en el Mundo Espiritual de esta Tierra como lo hemos determinado en este capítulo.

En el sueño, el padre Lehi se encontraba en un desierto oscuro y lúgubre. Luego vio a un hombre vestido con una túnica blanca que le pidió que lo siguiera. Mientras lo seguía, se encontró en un oscuro y lúgubre desperdicio. Y después de viajar muchas horas, comenzó a orar al Señor para que tuviera misericordia de él. Después de orar, vio un campo grande y espacioso en el que encontró un árbol, *"cuyo fruto era deseable para hacer feliz a uno."* Comió del fruto del árbol que *"llenó su alma de gozo sumamente grande."*

Lehi luego quiso que su familia participara del fruto del Árbol de la Vida. Mirando a su alrededor para ver si podía ver a su familia, Lehi notó una fuente (que es la fuente artesiana en el Jardín del Edén dentro de Nuestra Tierra Hueca) que estaba a la cabeza de un río de agua que pasaba por el árbol. Podía ver la cabecera del río no muy lejos, y allí estaba su familia sin saber qué camino tomar. Él los llamó y les hizo señas para que vinieran. Ellos vinieron y comieron del fruto también, todos excepto dos de sus hijos que no querían venir.

Fue entonces cuando notó una Vara de Hierro que se extendía a lo largo del río y llegaba al árbol donde estaba. También notó un camino estrecho y angosto que venía por la Vara de Hierro y que también conducía al árbol. El camino también se extendía en la otra dirección más allá de la cabecera de la fuente a la cabecera del río hasta un campo grande y espacioso que parecía ser el mundo (nuestro mundo de la superficie exterior).

Luego vio innumerables concursos de personas que avanzaban para obtener el camino que conducía al árbol, pero a medida que comenzaban en el camino, surgió una neblina de oscuridad que hizo que muchos se perdieran en el camino. Otros presionaron hacia adelante y agarraron la Vara de Hierro y lograron atravesar las nieblas de la oscuridad y se aferraban de la Vara de Hierro hasta que llegaron al árbol y comieron del fruto del árbol. Pero muchos, después de participar de la fruta, miraban como si estuvieran avergonzados. Fue entonces cuando notó al otro lado del río un edificio grande y espacioso que se alzaba en el aire sobre la tierra. El edificio estaba lleno de personas con vestidos elegantes en actitud de burla y señalando con el dedo a aquellos que habían venido a participar de la fruta. Aquellos que habían probado entonces estaban avergonzados por aquellos que se burlaron y así cayeron en caminos prohibidos y se perdieron. Otros que tomaron el fruto no prestaron atención a los burladores y fueron felices en el Paraíso.

El hijo de Lehi, Nefi, queriendo saber el significado del sueño o la visión que su padre había recibido, fue y oró al Señor. Fue arrebatado hasta una montaña alta donde el Espíritu del Señor le mostró el futuro de la tierra y cómo el sueño se relacionaba con el futuro. Es en la interpretación dada a Nefi que encontramos los paralelos que describen los componentes del Mundo Espiritual de esta Tierra.

A Nefi se le reveló que el fruto del árbol representa el AMOR DE DIOS, que *"es el más deseable sobre de todas las cosas."* El Amor de Dios se personificó en una visión que vio del nacimiento y el ministerio del Salvador. Vio que la Vara de Hierro era la Palabra de Dios que conducía a la Fuente de las Aguas Vivas y al Árbol de la Vida, cuyo árbol y agua también representaban el Amor de Dios.

Nefi vio en su visión cómo el Señor llamó a sus doce apóstoles y estableció la Iglesia de Jesucristo. Vio la crucifixión del Señor y las multitudes de la tierra reunidas para luchar contra los apóstoles del Cordero. Estas multitudes estaban en un edificio grande y espacioso que era *"el orgullo del mundo."* Vio la formación de una *"gran iglesia abominable, que mata a los santos de Dios."* Vio una fuente de agua sucia y un río cuyas profundidades son las *"profundidades del infierno,"* y se le dio a entender que las nieblas de la oscuridad son las tentaciones del diablo *"que ciega los ojos y endurecen a los corazones de los hijos de los hombres y los lleva por caminos anchos, donde perezcan y se pierdan."* Vio que el edificio grande y espacioso es la *"imaginación vana y el orgullo de los hijos de los hombres. Y un gran y terrible Golfo los divide"* del Árbol de la Vida en el Paraíso.

Nefi vio en su visión el descubrimiento de América por Colón y cómo el Espíritu de Dios *"obró sobre el hombre"* a descubrir a América. Vio las guerras de independencia y cómo el poder de Dios liberaría a los pueblos de América *"por el poder de Dios de las manos de todas las demás naciones."* Vio a la gente que llevaba un *"libro,"* la Biblia, que *"contiene los convenios que el Señor ha hecho con la casa de Israel."* Pero vio que la Biblia había sido alterada por la gran y abominable iglesia que quitó del libro *"muchas partes que son claras y sumamente preciosas, y también ha quitado muchos de los convenios del Señor."* Y debido a las *"cosas que se han suprimido del evangelio del Cordero, muchísimos tropiezan, sí, de tal modo que Satanás tiene gran poder sobre ellos."*

Nefi vio que a los pueblos gentiles que vinieron a América no se les permitiría Dios de *"destruir por completo la mezcla de tu simiente, que está entre tus hermanos"* de los indios americanos. El Señor le permitió a Nefi ver cómo el registro que él y sus descendientes escribirían sería *"escondido, para venir a los gentiles,"* en los últimos días como El Libro de Mormón a través del profeta José Smith para restaurar el evangelio del Cordero de Dios y su iglesia, la iglesia de Jesucristo nuevamente sobre la tierra. Vio cómo el Libro de Mormón *"establecería la verdad de la"* Biblia, y *"darán a conocer las cosas claras y preciosas que se les han quitado, y manifestarán a todas las familias, lenguas y pueblos que el Cordero de Dios es el Hijo del Eterno Padre, y es el Salvador del mundo; y que es necesario que todos los hombres vengan a él, o no serán salvos."*

El Espíritu del Señor dio a conocer a Nefi que todos los pueblos que no pertenecen a la iglesia del Cordero de Dios, *"pertenece a esa grande iglesia que es la madre de las abominaciones, y es la ramera de toda la tierra"* que tiene *"dominio sobre toda la tierra."* Los números de la iglesia del Cordero eran *"pocos"* en comparación, pero también se encontraron en toda la faz de la tierra. Y *"yo, Nefi, vi que el poder del Cordero de Dios descendió sobre los santos de la iglesia del Cordero ... y tenían por armas su rectitud y el poder de Dios en gran gloria. Y ... vi que la ira de Dios se derramó sobre aquella grande y abominable iglesia, de tal modo que hubo guerras y rumores de guerras entre todas las naciones y familias de la tierra."* Nefi vio que Juan, el apóstol del Cordero escribiría el resto de la historia futura (el Libro de Apocalipsis en la Biblia). Nefi vio la caída de esa iglesia grande y abominable, y la *"caída de la misma fue extremadamente grande."*

Ahora, analicemos esta visión con nuestra teoría de la tierra hueca en mente.

La visión de Nefi, o su grabación, fue más completa que la de su Padre, Lehi. En él vio que hay un lugar como el Paraíso, *"y su resplandor era como el de una llama de fuego"* (I Nefi 15:30), en el que se encuentra una Fuente de Aguas Vivas y el Árbol de la Vida. Vio el mundo donde innumerables concursos de personas avanzaban hacia la Vara de Hierro y su Estrecho y Camino Angosto, o hacia el edificio grande y espacioso. En el mundo, Nefi también notó una fuente de *"aguas sucias"* y un río de agua o *"muchas aguas"* que *"era una representación de aquel infierno terrible que el ángel me dijo había sido preparado para los inicuos."* Entre el Infierno y el Paraíso había *"un abismo horroroso que separaba a los inicuos del árbol de la vida, y también de los santos de Dios."* (I Nefi 15:28)

Nefi vio que la manera de llegar al Paraíso era tomar la Vara de Hierro, que es la Palabra de Dios. La Palabra de Dios es la Biblia, el Libro de Mormón y la Palabra revelada de Dios dada a los profetas vivientes de Dios, e inspiración del Espíritu Santo a tu propia alma. Aquellos que siguen el Estrecho y Angosto Camino se apoderán de la Vara de Hierro que es la Palabra de Dios y participan del fruto del Árbol de la Vida que es el Amor de Dios y se convierten en miembros de la Iglesia de Jesucristo. Los que no lo hacen, pertenecen a la Iglesia del Diablo por defecto. Algunos que participan del fruto o se convierten en miembros de la verdadera iglesia de Dios, se sienten avergonzados por el orgullo y la burla del mundo y caen. Los que son fieles, algunos son asesinados por la Iglesia de Satanás, pero al final todos los fieles reciben de la plenitud de la alegría del Señor. Al pasar del Infierno, a través del Golfo, los justos entrarán en el Paraíso de Dios para esperar una gloriosa resurrección en paz y felicidad.

Por lo tanto, vemos que las Escrituras describen una Tierra Hueca cuando describen nuestra Tierra y su Mundo Espiritual, que según las Escrituras y los profetas modernos dicen que el Mundo de los Espíritus es una parte de la Tierra física y, por lo tanto, hace que la Tierra es un Ser viviente que obedece a Dios y sirve como una prisión para nosotros mientras estamos en probación ante el Señor.

El Libro de Mormón, al igual que la Biblia, describe nuestra Tierra y su mundo espiritual divididos en dos lugares, el Paraíso y el Infierno, que están separados por un gran *"Golfo"* de espacio. Cuando se compara con la teoría de la Tierra Hueca, el Paraíso o Cielo es el Sol Interior, un lugar de *"fuego en llamas,"* ubicado en el centro o *"corazón"* de la Tierra. El Infierno es la cáscara del planeta, que está *"abajo"* desde nuestro punto de vista y *"oscuridad exterior"* cuando se compara con el Paraíso Sol Interno central, y está separado del Paraíso Sol Interno central por el gran *"Golfo"* o hueco de la tierra.

La Biblia, el Libro de Mormón, así como los profetas vivientes de Dios, aclaran aún más que nuestra Tierra es un Planeta Prisión donde todos estamos en probación para ver si estamos dispuestos a obedecer los mandatos de Dios, que si lo hacemos, a causa de la expiación de nuestro Salvador, Jesucristo, quien pagó la pena de nuestro quebrantamiento de los mandamientos de Dios, la cual lo llevó a sudar sangre en el Jardín de Getsemaní y morir en la Cruz del Calvario, entonces se nos puede permitir, en condiciones de arrepentimiento, pasar por la oscuridad del infierno a través de la cáscara del planeta y a través del gran *"Golfo"* hueco de la Tierra hasta el Sol Interior, que es el Cielo o el Paraíso ubicado en el Centro o *"Corazón"* de la Tierra que es un Lugar de *"fuego ardiente"* para esperar una gloriosa resurrección.

CAPÍTULO SEIS
El Origen de los Platillos Voladores --
¡ENCONTRADO!

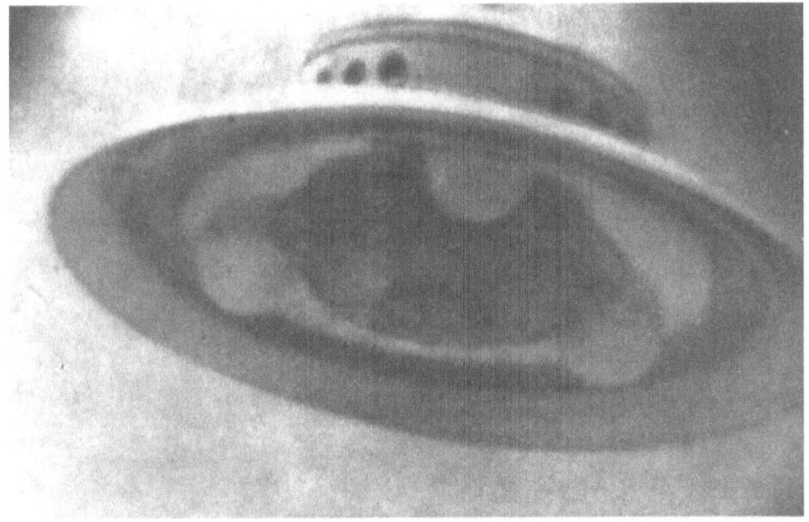

Foto de un Platillo Volador de Venus tomado por Adamski

Un platillo volador de Venus o "Nave Scout" fotografiado a las 9:10 am del 13 de diciembre de 1952 en Jardines de Palomar, California, por Jorge Adamski a través de su telescopio de seis pulgadas. Alrededor de 35 pies de diámetro, esta pequeña nave espacial estaba hecha de un metal translúcido. Observe los ojos de buey y el tren de aterrizaje esférico. No se muestra en esta imagen una lente o luz en la parte superior de la cúpula de la cabina. Por encima de los ojos de buey parecía ser una especie de bobina de potencia alrededor de la base de la cúpula.

Una parte integral del Sumo Secreto del Mundo es el origen de los objetos voladores no identificados, abreviados como OVNIs y comúnmente conocidos como platillos voladores. El hecho de que los platillos voladores se originen dentro de Nuestra Tierra Hueca fue la conclusión decisiva del mejor investigador de ovnis del mundo, el difunto Ray Palmer de Amherst, Wisconsin.

En el número de su revista PLATILLOS VOLADORES de diciembre de 1959, Palmer escribió:

"La revista Platillos Voladores ha acumulado un archivo de evidencia que sus editores consideran indiscutible, para probar que los platillos voladores son nativos del planeta Tierra: que los gobiernos de más de una nación saben que esto es un hecho; que se está haciendo un esfuerzo concertado para aprender todo sobre ellos y para explorar su TIERRA NATIVA; que los hechos ya conocidos se consideran tan importantes que son el SUMO SECRETO DEL MUNDO; que el peligro es tan grande que ofrecer una prueba pública es poner en riesgo el pánico generalizado; que el conocimiento público generaría una demanda pública de acción, que derrocaría a los gobiernos indefensos y no dispuestos a cumplir; que la naturaleza inherente de los platillos volantes y su área de origen es completamente perjudicial para el statu quo político y económico."

Aime Michel, en su libro, PLATILLOS VOLADORES Y EL MISTERIO DE LÍNEA RECTA, publicado en 1958, citó extensas observaciones que demuestran que la mayoría de los patrones de vuelo de los platillos voladores están en dirección norte-sur, lo que indicaría que su origen es polar, procediendo desde las aperturas polares.

La frecuencia de las observaciones de los OVNIs durante una semana normal puede indicar que se originan en una nación cristiana, ya que parecen funcionar en un patrón de semana de siete días con fines de semana libres. El analista informático David R. Saunders comenta,

"Hay una deficiencia particular de avistamientos (de OVNIs) *el sábado con viernes y domingo más bajo que el resto de la semana. De lunes a jueves son esencialmente iguales."* (REPORTAJE DE OVNIs, Dic. 1976, pág. 20)

Los OVNIs utilizan un campo de anti-gravedad que los envuelve para mejorar su maniobrabilidad. Por lo tanto, el efecto de la gravedad y la inercia no tienen efecto sobre ellos, lo que les permite hacer giros en ángulo recto a altas velocidades, volar hacia arriba tan rápido como pueden avanzar horizontal, y les permite viajar bajo el agua a estas mismas altas velocidades. Con la ciencia convencional, tales hazañas son consideradas imposibles.

Aunque Olaf Jansen en sus viajes a Nuestra Tierra Hueca no mencionó que en ese momento tenían naves OVNI, fácilmente podrían haber construido tal nave. Informó que tenían un sistema de anti-gravedad, que utilizaron en sus barcos y sistemas de trenes de monorriel para facilitar su

operación. Olaf escribió con respecto de su sistema antigravedad,

"*Nos llevaron por tierra a la ciudad de 'Eden,' en un
medio de transporte diferente al que tenemos en Europa o
América. Este vehículo era, sin duda alguna, algún artilugio
eléctrico. Era silencioso (reportan que los ovnis también
son silenciosos) y corrían en un solo riel de hierro en
perfecto equilibrio. El viaje se realizó a muy alta velocidad.
Nos llevaron subiendo colinas y bajando valles, a través de
valles y nuevamente a lo largo de las laderas de las
montañas empinadas, sin que se haya hecho ningún
esfuerzo aparente para nivelar la tierra como lo hacemos
para las vías del ferrocarril. Los asientos de los carros eran
enormes y cómodos, y estaban muy por encima del piso
del carro. En la parte superior de cada carro había volantes
de alta velocidad tendidos sobre sus costados, que se
ajustaban tan automáticamente que, a medida que
aumentaba la velocidad del carro, aumentaba
geométricamente la alta velocidad de estos volantes. Julio
Galdea nos explicó que estas ruedas giratorias en forma de
abanico en la parte superior de los carros destruyeron la
presión atmosférica, o lo que generalmente se entiende por
el término gravitación, y con esta fuerza así destruida o
convertida en nugatoria, el carro está a salvo de caer a un
lado o al otra de la vía única como si estuviera en un vacío:
los volantes en sus rápidas revoluciones destruyen
eficazmente el llamado poder de la gravitación, o la fuerza
de la presión atmosférica o la potente influencia que pueda
causar que caigan todas las cosas sin soporte hacia abajo a
la superficie de la tierra o al punto de resistencia más
cercano.*" (EL DIOS HUMOSO, págs. 110-112)

Sus Enemigos Llegarán a Serles por Presa

En la Sección 133 de Doctrina y Convenios aprendemos
que las Diez Tribus tienen enemigos. En esa fecha futura,
cuando las Diez Tribus construyen su carretera a la Nueva
Jerusalén desde el País del Norte, las escrituras dicen: "*Sus
enemigos llegarán a serles por presa.*" (versículo 28) Parece
que sus enemigos están en la superficie exterior del planeta
porque, como dice la escritura, ganarán a sus enemigos como
una bestia que devora a su presa cuando vienen a Sión.
La conclusión de este autor es que el enemigo de las tribus
perdidas de Israel es la Conspiración Iluminista Internacional

Comunista y sus controladores jesuitas en el Vaticano, cuyo objetivo es conquistar el mundo entero. En su conquista global, no estarán contentos hasta que tengan en sus manos el país más rico y más poderoso del mundo: ese mundo DENTRO de la Tierra. Pero un enemigo como este Conspiración es realmente el enemigo de los pueblos de todo el mundo, incluidos los que están dentro de la Tierra.

Más específicamente a la gente de los Estados Unidos, el antiguo profeta americano Moroni expresó su advertencia de este enemigo de todos los pueblos:

"Por lo tanto," escribió, *"oh gentiles, está en la sabiduría de Dios que se os muestren estas cosas, a fin de que así os arrepintáis de vuestros pecados, y no permitáis que os dominen estas combinaciones asesinas, que se instituyen para adquirir poder y riquezas,* (el objetivo de los súper ricos de los EE. UU. y Europa es obtener la posesión y el control completo de todo el mundo) *ni que os sobrevenga la obra, sí, la obra misma de destrucción* (de diez a veinticinco por ciento de la población de una nación es asesinada cuando es tomada en posesión por el comunismo)*; sí, aun la espada de la justicia del Dios Eterno caerá sobre vosotros para vuestra derrota y destrucción, si permitís que existan estas cosas."*

"Por consiguiente, el Señor os manda que cuando veáis surgir estas cosas entre vosotros, que despertéis a un conocimiento de vuestra terrible situación, por motivo de esta combinación secreta que existirá entre vosotros; o, iay de ella, a causa de la sangre de los que han sido asesinados! (más que 50 millones en la Unión Soviética, 70 millones en China Rojo, etc, etc.) *Porque desde el polvo claman ser vengados de ella* (La Conspiración Comunista), *y también de los que la establecieron* (La Orden del Illuminati cuyos miembros son los Banqueros Internacionales Súper Ricos de los Estados Unidos y Europa, y los Jesuitas que los controlan).*"*

"PORQUE SUCEDE QUE QUIEN LA ESTABLECE PROCURA DESTRUIR LA LIBERTAD DE TODAS LAS TIERRAS, NACIONES Y PAÍSES; Y LLEVA A CABO LA DESTRUCCIÓN DE TODO PUEBLO, PORQUE LA EDIFICA EL DIABLO, QUE ES EL PADRE DE TODAS LAS MENTIRAS..." (Eter 8:23-25)

En el libro de Gary Allen, NINGUNO SE ATREVE A LLAMARLO CONSPIRACIÓN, es la prueba de que la Conspiración Internacional Iluminista, Comunista y Jesuita es esa combinación secreta que dice el Libro de Mormón que *"... procura destruir la libertad de todas las tierras, naciones y países ... "* Y muestra claramente que aquellos *"que la establecieron"* son los Banqueros Súper Ricos de América y Europa que financiaron la revolución comunista en Rusia y China. Y desde que tomaron el control del gobierno de los EE. UU. a principios del siglo XX, han utilizado el poder y los recursos del gobierno de los EE. UU. y su gente para colocar a los gobiernos comunistas y socialistas en el poder en todo el mundo.

El apóstol mormón, el élder Ezra Taft Benson, hablando en la Conferencia General de la Iglesia de Jesucristo de los Santos de los Últimos Días, el 6 de abril de 1972, dijo: *"No hay una TEORÍA de conspiración en el Libro de Mormón; es un HECHO de conspiración. Y a lo largo de esta línea, les recomiendo altamente el libro 'Ninguno se Atreva a Llamarlo Conspiración,' por Gary Allen."* (Discurse titulado, "ESTÁNDARES CÍVICOS PARA LOS SANTOS FIELES") La recomendación de leer el libro de Gary Allen fue quitada de su discurso impreso porque se valora la vida de los miembros de la iglesia en los países comunistas. El élder Benson después dijo que con mucho gusto enviaría su discurso original a cualquiera que lo solicite personalmente. Tal copia tengo en mis archivos. (El élder Benson después llegó a ser Presidente de la iglesia y murió en 1994.)

En el reverso del libro, NINGUNO SE ATREVE A LLAMARLO CONSPIRACIÓN, es esta declaración del ex Secretario de Agricultura, Ezra Taft Benson,

"Quisiera que todos los ciudadanos de cada país en el mundo libre y todos los esclavos detrás de la Cortina de Hierro pudieran leer este libro."

Dado que el objetivo de la Conspiración Internacional de Iluministas y Comunistas y sus controladores jesuitas en el Vaticano es apoderarse de todo el mundo y quitarnos nuestra libertad que tanto amamos los ciudadanos y esclavos, seguramente debemos comenzar a considerarlos nuestros enemigos. Esta conspiración representa una fuerza tan poderosa en el mundo actual que es lógico que la Nación de la Tierra hueca también los considere enemigos.

Desde el gran descubrimiento geográfico del almirante Ricardo E. Byrd de esa tierra más allá de las aperturas polares, el gobierno de los EE. UU. y todos los gobiernos del mundo mantinen este descubrimiento como el SUMO SECRETO DEL MUNDO. F. Amadeo Giannini, en su libro, MUNDOS MÁS ALLÁ

DE LOS POLOS, habla de la censura que el gobierno de los Estados Unidos colocó en sus comunicados de prensa sindicados del vuelo de 1927 del Almirante Byrd de ...

"... 1,700 millas más allá del Polo Norte, en donde el Almirante informó por radio que vio debajo de él, no hielo y nieve, sino áreas terrestres que consisten en montañas, bosques, vegetación verde, lagos y ríos, y en la maleza vio una extraño animal parecido al mamut encontrado congelado en el hielo del Ártico."

Giannini commenta,

"Estos reportajes describían el vuelo de 1,700 millas de Byrd de siete horas sobre la tierra y los lagos de agua dulce MÁS ALLÁ del supuesto "extremo" del Polo Norte de la Tierra. Y los despachos se intensificaron hasta que se impuso una estricta censura desde Washington."

Platillos Voladores del Interior de la Tierra

En el libro de Alec Maclellan, LA ENIGMA DE LA TIERRA HUECA, hay un relato que encontró de un hombre de ascendencia alemana que emigró a América, donde se interesó por los fenómenos de los platillos voladores. Reinhold Schmidt fue entrevistado por el reportero Charles Longcroft, del Examinador de Los Ángeles, quien escribió:

"Esta fue la primera vez que me he encontrado cara a cara con alguien que dice haber contactado con hombres del espacio o haber estado dentro de un platillo ... Mi impresión es que el hombre definitivamente ha visto algo y no está inventando toda la historia como un truco publicitario."

Reinhold Schmidt relata que a los 38 años estaba pensando en el tema de los platillos voladores después de leer el libro de Francisco Scully, DETRAS LOS PLATILLOS VOLADORES (1950) cuando el 14 de agosto de 1958 tuvo lo que pensó que era una comunicación que le decía que manejara a una cantera en Bakersfield, California. Después de sentarse alrededor de varias horas, vio una nave circular plateada que bajaba del cielo. El acceso al mismo se realizó mediante puertas correderas y una rampa bajada al suelo.

Una figura apareció en la puerta y le lanzó un rayo aparentemente para sincronizar el campo electromagnético de su cuerpo con el de la nave. Otros aparecieron y lo escoltaron hasta la nave. También condujeron su auto por la rampa para no dejarlo en la cantera. Luego despegaron y volaron hacia el norte, hacia Alaska y sobre las regiones polares.

La tripulación estaba compuesta por cuatro hombres y dos mujeres. Reinhold los describió como altos, con rasgos nobles vestidos con trajes grises, de una pieza y ajustados a la piel. Las mujeres eran especialmente hermosas. Aparecieron en todos los aspectos como seres humanos como somos nosotros. Hablaron entre sí en lo que Reinhold reconoció como *"alto alemán"* que le habían enseñado sus padres. Sin embargo, a lo largo de todo el viaje, le hablaron a él en perfecto inglés.

La nave parecía ser transparente, lo que le permitía mirar en todas direcciones, excepto en lugares ocultos por maquinaria, paneles de control, sillones, sillas o mesas pequeñas. Estos últimos no parecían estar unidos al piso, pero nunca se movían con todas las maniobras de la nave. Pudo ver por las paredes transparentes de la nave durante todo el viaje hasta el Océano Ártico, donde dijo: *"Parecimos que pasamos por debajo del Océano Ártico y entramos en un enorme agujero."* Luego pasaron por extraños paisajes terrestres, pero nunca aterrizaron.

Reinhold dijo que sus *"anfitriones"* nunca le dijeron exactamente de dónde venían, aunque se convenció de que su tierra natal estaba en algún lugar de la región del polo. Podía ver que eran muy avanzados en tecnología, pero parecían ser personas bastante pacíficas. Dijo que si su misión tenía un propósito, de lo que él se reunía, era observar a la humanidad y evitar que destruyéramos el planeta.

El viaje de Schmidt en el platillo volador duró cinco días. Recuerda haber visto una tierra que estaba iluminada por un sol brillante bastante diferente de nuestro Sol, y en dos ocasiones tuvo la impresión de cruzar una gran curva del océano donde el horizonte se hundía y caía y luego se enderezaba. (Esta sería una descripción perfecta de haber entrado y salido de una apertura polar. Por lo tanto, este autor cree que Schmidt fue llevado a la tierra hueca a través de la Apertura Polar del Norte). El 18 de agosto de 1958, Reinhold fue devuelto por sus amigos del platillo volador a la cantera de Bakersfield con su Buick. Fue entonces cuando notó que la pintura de su automóvil se había vuelto luminosa.

El solo hecho de que los gobiernos del mundo consideren la Tierra Hueca, sus habitantes y sus platillos voladores como el SUMO SECRETO DEL MUNDO indica que los platillos voladores provienen de una raza muy avanzada de esta tierra. Ciertamente, debe ser algo siniestro que la Conspiración está tratando de ocultar de la gente. El conocimiento de las buenas personas dentro de nuestra tierra seguramente no podría hacernos daño.

Pero supongamos que las personas dentro de Nuestra Tierra Hueca sabían algo que, si pudieran comunicarlo a la gente del mundo de la superficie, ¿el conocimiento pondría en peligro el control que la Conspiración Internacional de Iluministas tiene sobre el mundo? Casi increíble para la mayoría de las personas es el hecho de que existe una Conspiración tiene el control del propio gobierno de los Estados Unidos 60-80%. ¡EL ENEMIGO ESTÁ DENTRO DE NUESTRAS FRONTERAS HOY! Y, de manera lenta pero segura, están asumiendo nuestras libertades, destruyendo nuestro carácter moral nacional, nuestra economía, nuestras religiones, nuestra salud y cambiando nuestro gobierno. Y no estarán satisfechos hasta que tengan control completo sobre nuestras mentes y cuerpos de todos nosotros.

La Conspiración sabe que si permitieran a la gente de los Estados Unidos establecer contacto y comunicación con la gente dentro de la Tierra, el conocimiento que la gente de Nuestra Tierra Hueca tiene de la Conspiración que obtienen de sus platillos y agentes siempre vigilantes entre nosotros, y que fuera entregado a la gente de los Estados Unidos, que esto derrocaría el control de la Conspiración sobre nosotros y el mundo. La conspiración sólo puede vivir en secreto. Los líderes de la Conspiración se protegen de la gente con nuestro desconocimiento de ellos, que es el único obstáculo que nos impide derrocar a la Conspiración. Mantienen nuestra ignorancia de ellos a través del control de los bancos, los medios de comunicación y las instituciones educativas, muchas de las cuales son de su propiedad. Si la gente fuera educada con la VERDAD, entonces, NOSOTROS, EL PUEBLO podría sacar a los líderes y partidarios de la Conspiración del gobierno.

Una vez que el pueblo de los Estados Unidos eliminaría la Conspiración del gobierno de los Estados Unidos, el comunismo y el socialismo fallarían en todo el mundo, ya que es el gobierno de los Estados Unidos el que ha apoyado e incluso financiado a los gobiernos y revoluciones comunistas de todo el mundo al mando de los banqueros internacionales. Sin el apoyo de los Estados Unidos en dinero, alimentos y tecnología, el comunismo y socialismo, el parásito del mundo, fallaría.

Los del Illuminati con sus banqueros internacionales están en el proceso de destruir a los Estados Unidos con una espiral de muerte de deudas. Es un esquema Ponzi del orden más alto en el que el Congreso ha hipotecado a todo el país con los banqueros internacionales con una deuda que no pueden pagar, y si no hacen nada para corregir esta espiral de deuda, arruinarán a nuestro país. Los banqueros entonces intentarán recuperar nuestro país con las naciones extranjeras que han financiado. Una vez más nos encontramos luchando para preservar nuestra libertad y nuestro país, como lo hicieron nuestros antepasados durante la Guerra de Independencia Revolucionaria y la Guerra Civil entre los Estados.

Sin embargo, cuando las Diez Tribus Perdidas salgan de dentro de la tierra desde la Ciudad del Edén a la Nueva Jerusalén, que será la futura capital de América, la Conspiración será derrocada, como dice la escritura, *"Sus enemigos se convertirán en un presa de ellos."* Los del Illuminati no podrán resistirlos.

Desde que el Almirante Byrd descubrió la tierra más allá de las aperturas polares, las naciones controladas por la Conspiración han estado operando una ofensiva secreta contra la Nación Israelita dentro de la Tierra. Muchas naciones han establecido bases en la Antártida desde las cuales están explorando la tierra más allá de la apertura polar sur en preparación para las próximas *"guerras espaciales"* entre sus platillos voladores y nuestra nave militar.

En agosto de 1945, los Estados Unidos lanzaron bombas atómicas en Hiroshima y Nagasaki, Japón. Dos años después, el 15 de febrero de 1947, el Almirante Byrd de la Armada de los Estados Unidos realizó su histórico vuelo al interior de la tierra a través de la Apertura Polar del Sur. Cuatro meses después, el 24 de junio de 1947, Kenneth Arnold realizó sus avistamientos históricos de platillos voladores sobre las montañas Cascade del estado de Washington en la primera ola intensiva moderna de ovnis. La Conspiración había violado a sabiendas el espacio aéreo de la nación más grande y poderosa de la tierra y respondieron en defensa con sus propios aviones militares sobre nuestro espacio aéreo.

Cuando Arnold vio a los Platillos Voladores, viajaban hacia el SUR. El Comando Aéreo Estratégico de los Estados Unidos ha lanzado a muchos bombarderos de combate desde entonces intentando interceptar Platillos Voladores provenientes de las áreas polares.

En el libro del Dr. Steven M. Greer, DIVULGACIÓN, se registra el testimonio de un testigo experto que obtuvo de personal exmilitar y del gobierno de los Estados Unidos que describe cómo los platillos voladores han mantenido una vigilancia continua de nuestros sitios de armas nucleares y, en ocasiones, incluso los han cerrado para mostrar a nuestros militares su capacidad para prevenir la guerra nuclear. Los misiles de punta nuclear han sido interceptados y destruidos en vuelo por los OVNIs, incluida una ojiva nuclear en ruta a la luna.

El testimonio de muchos testigos contactados por los ocupantes de los platillos voladores es que les preocupa el uso de armas atómicas por parte de las naciones de la tierra. Obviamente, están preocupados por el bienestar y la seguridad de su nación. Los Estados Unidos, Rusia y China tienen la mayoría de sus misiles atómicos dirigidos entre sí sobre el Ártico. En un giro del juego de la guerra, los Estados Unidos, Rusia y China podrían convertirse en aliados contra la Nación de la Tierra Hueca y atacarlos a través de la apertura del polo norte. La Nación de la Tierra Hueca, por lo tanto, está haciendo todo lo posible para convencer a la Conspiración de no usar armas nucleares.

NAVE ESPACIAL EN FORMA DE CIGARRO QUE LANZA PLATOS VOLADORES
La última en una rápida serie de cuatro imágenes telescópicas tomadas por Jorge Adamski el 5 de marzo de 1951. En la primera imagen, solo se ve un platillo. En cada imagen sucesiva, más platillos han abandonado la nave nodriza hasta que en esta exposición, seis son visibles.

Sin embargo, cuando las Diez Tribus provienen del interior de la tierra, las escrituras sostienen que *"sus enemigos serán una presa para ellos."* Los platillos voladores, el avión militar de las Diez Tribus, indican cuánto más poderosa es la nación de la Tierra Hueca que la Conspiración. Sus naves están construidas con una tecnología mucho más avanzada que la nuestra. Sus platillos voladores son tan versátiles que cualquiera de ellos puede superar todas las funciones de nuestros submarinos, barcos, aviones, tanques y naves espaciales. Incluso tienen portaaviones en el aire que nosotros no tenemos.

"Estos incluyen avistamientos de ovnis por la Fuerza Aérea en el aire, debajo de la superficie del mar y entrando y saliendo del agua, y la participación activa de un OVNI submarino en una maniobra de la Marina de los EE. UU. frente a la costa este de Puerto Rico en 1963, durante la cual fue revisado con velocidades submarinas de hasta 200 nudos y rastreado a una profundidad de 27,000 pies." (EL TRIÁNGULO DE LA BERMUDA, Doubleday, 1974)

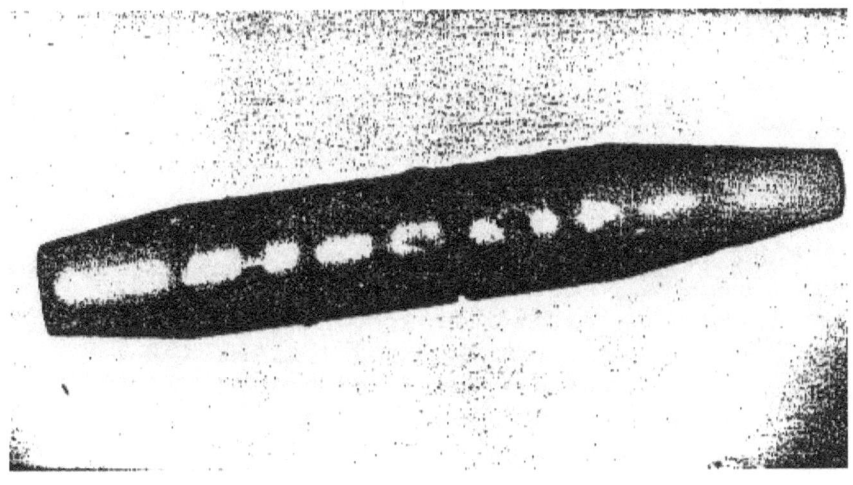

NAVE ESPACIAL EN FORMA DE CIGARRO
Una nave de transporte gigante similar apareció nuevamente a las 7:58 a.m. del 1 de mayo de 1952. Era de un aspecto plateado brillante y casi idéntico al que trajo el 'barco explorador' seis meses después, el 20 de noviembre. Esta foto telescópica fue tomada mientras se cernía sobre un pico de montaña a unos treinta kilómetros de distancia.

Los ovnis vuelan en círculos alrededor de nuestros aviónes más rápidos y vuelan a velocidades imposibles para nosotros. ¡Durante el verano de 1952 en Terre Haute, Indiana, tres operadores de torres de control de la CAA en el aeropuerto vieron un platillo racha a través del cielo y estimaron su velocidad en 42,000 millas por hora! Uno de nuestros aviones se quemaría en segundos volando a esa velocidad en la atmósfera. Se ve continuamente que los OVNIs hacen giros de ángulo recto inmediatos mientras están en vuelo, lo que es imposible de lograr para nuestros aviones.

"El 28 de junio de 1947, en Maxwell AFB Alabama, dos pilotos y dos oficiales de inteligencia de la Fuerza Aérea vieron un objeto con forma de estrella zigzagueando con ráfagas de velocidad y haciendo un giro de 90 grados. Quizás más sorprendentes que los giros bruscos, son esos OVNIs que invierten su curso sin el menor cambio en la velocidad, como un YoYo repentinamente retirado."

Se ve continuamente que los ovnis vuelan hacia arriba a velocidades de cegamiento.

"El 10 de julio de 1947, en el sur de Nuevo México, un astrónomo vio a un OVNI elíptico flotar y tambalearse, luego realizar un ascenso notablemente repentino estimado de 600 a 900 mph." (LO QUE SABEMOS REALMENTE SOBRE LOS PLATILLOS VOLADORES, Otto Binder, págs. 33, 34)

Esta fantástica maniobrabilidad del OVNI se puede lograr porque *"los dueños de los platillos han sido capaces de dominar la física de la gravitación. El sistema de propulsión utilizado debe aplicar de alguna manera lo que popularmente se llama anti gravedad ... Porque no solo se ha conquistado la gravedad, pero la inercia parece haber sido conquistada también."*

El Dr. Raymundo Bernard, en su libro, LA TIERRA HUECA continúa explicando en las páginas 183-4 que, según la Teoría de la Relatividad de Albert Einstein, las fuerzas gravitacionales e inerciales son indistinguibles e iguales, y que cualquier sistema que sea anti gravedad también es anti-inercial. Por lo tanto, los platillos voladores operan dentro de un campo anti gravitatorio donde la inercia y la gravedad no tienen efecto sobre su nave. Este campo anti gravitatorio les permite a sus naves moverse en cualquier dirección e incluso cambiar de dirección mientras se mueven con facilidad. El campo que rodea el platillo repele todo lo que se le acerca, por lo que vuela en un vacío. Como tal, puede volar a través del agua o el aire igualmente bien.

Cuando comenzamos la exploración del espacio exterior, cada vez más astronautas han admitido que han visto OVNIs en la atmósfera terrestre, en el espacio y en la luna. De hecho, el astronauta Neil Armstrong ha declarado que extraterrestres y sus naves nos advirtieron no regresar a la luna. Lo más probable es que esta sea la razón por la que no hemos vuelto a intentar establecer una base o ciudad lunar allí, ya que los planificadores espaciales anteriores habían planeado utilizar la luna como plataforma de lanzamiento para los otros planetas. En cambio, hemos convertido nuestras energías hacia la construcción de una estación espacial más cercana a la Tierra. ¿Por qué? Una razón es porque la luna ya está en control de los extraterrestres.

Uno de los primeros contactados, Howard Menger, describe en su libro, EL ALTO INCIDENTE DEL PUENTE: LA HISTORIA DETRÁS DE LA HISTORIA, cómo presenció esto de primera mano, en la década de los 50, cuando recibió la amistad de los visitantes de Venus a la Tierra durante un período de durante muchos años, y en un momento dado, lo llevaron en uno de sus platillos voladores en una visita a una base extraterrestre abovedada en el lado opuesto de la luna. Allí en la luna, dijo, que conoció a gente desde todos los planetas de nuestro sistema solar.

El Dr. Greer ha proporcionado testimonios de testigos expertos por separado en su libro, DIVULGACIÓN, que verifica que nuestros vuelos del Apolo alrededor de la luna tomaron imágenes de esta base alienígena en el lado opuesto de la luna. Menger descubrió que la luna tiene una atmósfera tenue y una gravedad superficial mayor de lo que afirma la ciencia actual. Menger incluso afirma que, por lo que aprendió de estos extraterrestres y su nave, fue capaz de construir él mismo un pequeño platillo volador. Incluso ayudó al gobierno en un proyecto secreto en Colorado Springs, Colorado, para construir un platillo volador que funcionó.

Han surgido cada vez más evidencias que indican que el gobierno de los EE. UU. y otros gobiernos están muy involucrados en descifrar el secreto del sistema de propulsión anti gravedad e inercia de los platillos voladores. Incluso se rumorea que platillos han sido capturados y estudiados intensamente para descubrir los secretos de su sistema de propulsión y método de construcción. Los científicos continúan apareciendo para informar que han sido contactados por los del militar para analizar estas naves.

Obviamente, nuestro ejército está trabajando arduamente para tratar de igualar su tecnología para poder combatirlos de manera más efectiva. El Dr. Greer también ha brindado testimonios de testigos expertos en su libro, DIVULGACIÓN, de que nuestro ejército ha respaldado con éxito la tecnología de platillos voladores alienígenas diseñados lo suficiente como para construir lo que se denomina *"vehículos de reproducción alienígena"* capaces de realizar viajes interestelares a la velocidad de la luz y más.

Sin embargo, todavía se acepta que la tecnología de los platillos voladores alienígenas es muy superior a cualquier cosa que tengamos. Es evidente que no son hostiles, pero parecen estar en misiones de reconocimiento solo para obtener información del territorio enemigo. Sin embargo, el mundo es territorio enemigo solo en la medida en que está controlado por la Conspiración Internacional. Ciertamente, las personas de nuestras naciones controladas por la Conspiración no son consideradas enemigas por la Nación de la Tierra Hueca.

Otto Binder, en su libro, enumera la evidencia de que los pilotos de los platillos voladores no son hostiles, lo que sería cierto si estuvieran realizando vuelos de reconocimiento puros para su defensa nacional. Binder observa que,

"A) Hasta la fecha, ninguna muerte puede atribuirse directamente a un OVNI como una acción DELIBERADO. B) Los platillos han hecho un gran esfuerzo para observarnos sin interferir con nuestros asuntos o causar disturbios. C) Aunque fueron disparados por aviones de la Fuerza Aérea, nunca se ha sabido de ningún informe documentado que hayan disparado de regreso (hasta el momento en que se publicó el libro de Binder). *D) La mayoría de los "hombrecitos" vistos fuera de los platillos terrestres han estado acumulando tierra, piedras, plantas y quizás insectos, como los científicos que recogen las rarezas de un mundo nuevo."*

En su libro de 1997, EL DÍA DESPUES DE ROSWELL, el Coronel retirado Philip J. Corso confirmó que las autopsias de alienígenas capturados revelan que los llamados pequeños hombres de los platillos son en realidad androides. Tienen dos cerebros, uno cerebral de tipo humano y el otro un cerebro de circuitos integrados de computadora interconectado. No tienen órganos sexuales, órganos digestivos, ni cuerdas vocales y se comunican telepáticamente. De hecho, sus cuerpos son una parte integral de sus naves y no pueden operar sus naves sin estos androides.

"E) En cualquier caso, siendo muy superiores a nosotros en tecnología de vuelo, podrían haber invadido fácilmente la Tierra hace años, mientras que durante 20 años no han realizado ningún movimiento hostil

concertado. *Las hostilidades aún no se han abierto entre los platillos y nuestros aviones. O al menos hay solo una 'hostilidad' unidireccional que ha sido mostrada por nuestros aviones. Los de los platillos voladores simplemente desprecian los disparos, aparentemente 'invulnerables' a nuestras armas."* (LO QUE SABEMOS REALMENTE SOBRE LOS PLATILLOS VOLADORES, págs. 148, 150)

Si alguien es hostil, es nuestro ejército que está controlado principalmente por la Conspiración. Las listas de Otto Binder sobre dónde ocurren los avistamientos más frecuentes de ovnis en los Estados Unidos muestran que ESTÁN en misiones de reconocimiento de territorio enemigo:

"1. Las instalaciones de energía atómica de los EE. UU., En particular Los Alamos. 2. Las bases de la Fuerza Aérea de los EE. UU. en todo el país. 3. Bases navales y marinas (incluso las de todo el mundo). 4. Gama de misiles White Sands en Nuevo México. 5. Plantas de aeronaves dondequiera que la industria esté más concentrada. 6. La mayoría de las principales ciudades de Estados Unidos. A los ovnisólogos les parece importante que la ciudad más "encuestada" fuera Washington, DC, la capital de nuestro país, con unos 67 ovnis que revolotearon sobre la ciudad en 1952. Podemos suponer que las bases, las instalaciones, las ciudades y otros lugares clave de los rusos también han sido minuciosamente 'explorados' por una especie de 'Proyecto Reconocimiento de la Tierra' de los OVNIs." (Otto Binder, págs. 146, 147)

Además de un reconocimiento básico de las naciones bajo el control de la Conspiración, es evidente que desde 1947, cuando el Almirante Bryd de la Marina de los Estados Unidos voló a través de la Apertura Polar del Sur a la tierra de las Diez Tribus de Israel, su nación puso sus Platillos Voladores militares en operación para contrarrestar los intentos de la Conspiración Jesuita-Iluminista-Comunista Internacional de penetrar a su tierra natal. Los investigadores de OVNIs no conocen el propósito del reconocimiento de los platillos voladores de las naciones del mundo, pero su análisis de las operaciones de los OVNIs muestra claramente que es un reconocimiento MILITAR y debe ser contra la Conspiración que es Internacional. Los miembros de esta Conspiración incluso se llaman a sí mismos "Internacionales."

Juan Keel, en su artículo, "¿Los extraterrestres chantajean a la Tierra?" describe cómo los platillos voladores están organizando una contraofensiva sutil pero efectiva contra la Conspiración diseñada para no causar guerra sino para evitarla. Keel enfatiza el AUMENTO en la intensidad de las operaciones de los OVNIs en todo el mundo desde la última mitad del siglo XX. Además, me gustaría señalar que este aumento en la actividad OVNIs corresponde directamente al aumento en las adquisiciones comunistas-socialistas y al control de la Conspiración Iluminista Internacional en las naciones del mundo. Todo esto apunta a una preocupación vital que los platillos voladores están tomando en el progreso que está logrando la Conspiración para subyugar al mundo bajo un tipo de gobierno comunista y socialista. Por lo tanto, su defensa y ataque han asumido una posición de chantaje.

El chantaje de la nación de la Tierra Hueca es doble. Consiste en una demostración de poder, y lo que podríamos llamar una amenaza de descubrimiento. En vista del implacable impulso de la Conspiración para conquistar el mundo, incluida la nación de israelitas de la Tierra Hueca, sin duda se producirá una guerra de estrellas de los platillos voladores contra los líderes de la Conspiración. Sin embargo, será una guerra de un solo lado, porque los militares bajo el control de la Conspiración no podrán oponerse a los platillos voladores.

Además de un espectáculo de poder, el chantaje de la Conspiración Iluminista Internacional en que las Diez Tribus amenazan destrucción con sus poderosos platillos voladores y sus rayos de luz en defensa de su país, es la amenaza de un *"descubrimiento"* de la conspiración secreta. Debido al fantástico reconocimiento mundial de la Conspiración Jesuita-Iluminista-Comunista Internacional por parte de las Diez Tribus, ellos saben todo sobre la Conspiración. Y dado que la Conspiración puede operar exitosamente solo en secreto, el descubrimiento de los líderes de la Conspiración y sus actividades traidoras provocaría una demanda insaciable por parte de la gente para su derrocamiento. La capacidad de los pilotos de ovnis para aparecer en la televisión e interrumpir los programas de radio indica su capacidad para comunicar este conocimiento de los miembros de la conspiración y sus acciones traidoras a la gente.

Tal vez esta amenaza de un chantaje de descubrimiento contra la Conspiración no se haya utilizado todavía porque el descubrir la Conspiración obligaría a la Conspiración a descubrir su conocimiento secreto de Nuestra Tierra Hueca y en un último gran esfuerzo por sobrevivir, tratar de influir en la opinión mundial de que las Diez tribus son nuestros enemigos y que debemos lanzar una guerra nuclear contra ellos.

No obstante, la Nación de la Tierra Hueca no teme a los pueblos de la tierra exterior ni a sus líderes. Están en una misión para el Creador para evitar que los del Illuminati destruyan el planeta. Y su mensaje a la gente del mundo es el de la paz, el amor y la armonía.

Encontramos una especie de equilibrio de poder y secretos entre la Conspiración y la nación de la Tierra Hueca. Pero, por supuesto, no tendríamos una *"guerra fría"* entre la Conspiración Iluminista Internacional y la Nación de la Tierra Hueca si la Conspiración no estuviera activa en su objetivo de conquista y control mundial.

No fue hasta que la Conspiración se interesó en la Tierra Hueca después de su descubrimiento por el Almirante Byrd en sus expediciones de 1927, 1929, y 1947 al interior hueco de nuestro planeta a través de las aperturas polares que la Nación de la Tierra Hueca comenzó a enviar sus platillos voladores al mundo del superficie externa en acción defensiva contra la Conspiración.

Con la ruptura de la Unión Soviética en 1992, muchos creen que el comunismo también ha fracasado en su intento de conquista mundial. Ellos son engañados. Un libro llamado, NUEVAS MENTIRAS PARA VIEJAS MENTIRAS, por Anatoliy Golitsyn, un importante agente de la KGB que desertó al oeste en diciembre de 1961, contiene el Plan en curso que los comunistas tienen para la conquista mundial. Trabajan para los banqueros internacionales. ¡USTED necesita saber ese Plan para salvaguardar su libertad!

Antes de desertar a los Estados Unidos, Anatoliy guardó en su memoria los objetivos a largo plazo del Imperio Soviético. Después de pasar un par de décadas intentando en vano convencer a nuestros líderes de gobierno de la amenaza y el verdadero Plan para la conquista mundial por parte del mundo comunista, en 1984 decidió llevar su advertencia al pueblo.

En su libro de 1984, Anatoliy describió cómo los soviéticos y los chinos jugarían juegos de guerra para hacer que el Occidente creyera que eran enemigos. Luego describió cómo el comunismo mundial era financiado por los banqueros internacionales y los gobiernos occidentales al afirmar que cada vez que se estaban convirtiendo en *"democráticos"* y cómo a través de su maquinaria de propaganda, parecía que los que los financiaban eran realmente sus enemigos. Fomentaron la mentira de que el comunismo y el capitalismo son enemigos mortales cuando, de hecho, son compañeros de cama. Es a través de décadas de financiamiento por parte de los capitalistas del Occidente que el comunismo ha sobrevivido. Su sistema económico es tan ineficiente que posiblemente no podría sobrevivir por sí solo. La razón es que el comunismo es un sistema parasitario: solo puede vivir de la sangre vital de otros. El Illuminati también es un sistema parásito. A través de su control del sistema bancario mundial, se aprovechan de la gente a través de auges y caídas económicos que les permiten recuperar bienes reales por dinero sin valor creado a partir de solo números en sus computadoras.

Anatoliy revela que el Plan para la Conquista Mundial por parte del imperio comunista era que cuando estaban en la cima de su poder, repentinamente fingirían debilidad para hacer que Occidente se desarmara antes de su ataque final y conquista del Occidente. Al fingir una ruptura del imperio comunista y la organización de elecciones democráticas, se hizo creer al Occidente que ahora no tienen enemigos. Por lo tanto, los antiguos países comunistas, que ahora se han vuelto engañosamente democráticos, están siendo admitidos en la asociación de la OTAN. Y, por supuesto, la mayor razón para fingir una ruptura de la Unión Soviética era lograr que el Occidente se desarmara. Después de todo, si ya no tienes un enemigo, ¿por qué gastar tanto en defensa?

La desintegración propuesta de la Unión Soviética (que ocurrió en 1991) debía ser altamente publicitada y cosas como la unificación de la República alemana con la Alemania comunista (sucedió en 1992) y la caída del Muro de Berlín (ocurrido el 9 de noviembre de 1989) todo esto sería parte de esa estrategia, incluido el derrocamiento de los gobiernos comunistas satélites por movimientos populares masivos de la gente. Recuerde, esta fue una estrategia de largo plazo que Anatoliy se comprometió a memorizar antes de irse a Estados Unidos en 1961. Su libro se publicó en 1984. Eso fue aproximadamente 8 años antes de que se separara la Unión Soviética y se unificara las Alemanias.

En 2001, el Dr. Steven Greer realizó una conferencia de prensa en Washington, DC, del Proyecto de Divulgación, con la ayuda de unos 15 testigos expertos que tuvieron conocimiento de primera mano de los contactos con platillos voladores. Una, Carol Rosen, fue ejecutiva de Industrias Fairchild, quien se hizo muy amiga de Wernher Von Braun, fundador de la NASA. Von Braun estaba al tanto de los planes del Illuminati y los Banqueros Internacionales y le dijo a ella que la guerra fría entre Rusia y los Estados Unidos era una gran mentira fomentada por los Banqueros Internacionales, que financian ambos lados de cada guerra. Él le dijo a ella antes de que sucediera, que después de la guerra fría seguiría una guerra contra el Terror, a la que seguiría el armamento del espacio con la excusa para lanchar contra los asteroides.

A esto le seguiría una Guerra de las Estrellas organizada en la que los del Illuminati organizarían una invasión desde el espacio para ser combatidos con platillos voladores hechas con ingeniería inversa de platillos voladores reales que nuestro ejército ha derribado del cielo con radares de alta potencia, y con ingeniería biológica en los niños secuestrados por todo el mundo están creando *"formas de vida programadas"* para pilotar sus platillos voladores de ingeniería inversa. Con estos, organizarían una invasión falsa de *"extraterrestres"* desde el espacio, todo con el propósito de unificar al mundo detrás de su único gobierno mundial, que sería una dictadura militar para hacer que toda la humanidad sea la esclava de los Súper-Ricos.

Pero los platillos voladores de la Nación de la Tierra Hueca están impidiendo a los del Illuminati armar el espacio. Y han demostrado que pueden detener nuestro uso de armas nucleares. Un satélite militar fue explotado por una pequeña bola transparente de seis lados que gira alrededor de la tierra manteniendo al tanto de lo que los militares ponen en el espacio, lo que provocó que un oficial militar comentara que los extraterrestres tienen la tierra en cuarentena.

En vista del hecho de que los traidores en nuestro país están trabajando día y noche para llevar al mundo debajo del control de la Conspiración Internacional de Jesuitas, Iluministas y Comunistas, y por último, nosotros en los Estados Unidos seremos atacados por las fuerzas mundiales en un intento de esclavizarnos para reposesionar a nuestro país por toda la deuda que nos han incurrido cuando nuestro gobierno vaya en quiebra, es importante que las personas amantes de la libertad hagan todo lo que esté a nuestro alcance para evitar este apresuramiento hacia la esclavitud.

He escrito al Congreso para intentar que implementen mi Sistema Monetario de Recibos Basado en Bienes que resolvería el problema de nuestra deuda nacional y cambiar nuestro sistema monetario del sistema actual donde el dinero se crea solo como deuda, a un sistema monetario de recibos basado en bienes donde toda la banca de reserva fraccionaria se hace ilegal. Nuestro banco nacional sería 100% propiedad de la gente de los Estados Unidos en lugar de permitir que los bancos privados controlen nuestro dinero como es el caso con el actual sistema de la Reserva Federal. Todo el dinero nuevo creado por mi sistema monetario de recibos basado en bienes se entregará a la gente como un recibo por los impuestos pagados voluntariamente. Un sistema monetario de recibos basado en bienes daría a las personas un sistema monetario estable sin deuda, sin inflación ni deflación, y duplicará el ingreso de todos los contribuyentes cada diez años. Ver:

http://www.ourhollowearth.com/saveourcountrynow.htm

Y dado que proyectos negros profundos no reconocidos militares están activamente envueltos en el descubrimiento de los secretos de la tecnología de platillos voladores en beneficio de sus jefes banqueros, que esperan usar para esclavizarnos, Nosotros, el Pueblo, debemos involucrarnos urgentemente en el descubrimiento y desarrollo de esta tecnología fantástica. La tecnología es poder, y los que la tengan primero tendrán la ventaja en la guerra entre la libertad y la esclavitud. Con esto en mente, cada vez más científicos e inventores se están haciendo públicos en un intento por llevar esta tecnología avanzada a la gente para que los que luchan para un Mundo Único controlado por el Illuminati no puedan esclavizarnos.

En un programa radiofónico en Utah en el verano de 1995, el locutor de la radio entrevistó a un científico estadounidense llamado Stan Deyo, sobre su participación en el desarrollo de la tecnología de los platillos voladores. Se había graduado de una Academia militar de los Estados Unidos y más tarde estaba trabajando en Texas cuando el inventor de la bomba de hidrógeno, Edwardo Teller, se le acercó. Stan había estado incursionando en la propulsión de anti gravedad cuando le dio un golpecito en el hombro y le preguntó si estaría interesado en ir a Australia y continuar su trabajo sobre tecnología de la anti gravedad. Aceptó y después de trabajar con ellos durante varios años, descubrió que estaban muy monitoreados y controlados por ciertos grupos internacionalistas que participan en el desarrollo de un gobierno mundial con intenciones de subyugar al mundo. Fue entonces cuando Stan decidió

separarse de ellos. Su principal desacuerdo con ellos fue que no querían poner esta tecnología a disposición de los pueblos del mundo. Querían usarlo para controlar a los pueblos del mundos.

Otro científico de fabricación propia en Inglaterra, llamado Juan R. R. Searl, también está trabajando en llevar la tecnología de platillos voladores y energía libre que el descubrió en la década de 1940 a los pueblos del mundo. En el libro, ANTIGRAVEDAD: EL SUEÑO HECHO REALIDAD, LA HISTORIA DE JUAN R. R. SEARL, por Juan A. Thomas, Jr., ingeniero eléctrico del estado de Nueva York, se ha documentado la tecnología y las invenciones del Prof. Searl. También están disponibles en diez libros sobre la Ley de los Cuadrados por el Prof. Juan R. R. Searl.

Juan R. R. Searl nació el 2 de mayo de 1932 en Downs, La Calle Newbury, Wantage, Inglaterra. A los 4 años de edad, el padre de Juan abandonó a su madre e hijos y, debido a su incapacidad para mantener a la familia, el gobierno colocó a los niños en hogares de acogida donde Juan era a menudo maltratado. Desde los 4 y medio a los 10 años, Juan tuvo dos sueños dos veces al año, de los cuales dice que desarrolló su Ley de los Cuadrados, la base de la tecnología que ha desarrollado para producir generadores eléctricos de energía libre y artefactos de tipo platillo volador.

A partir de su trabajo revolucionario sobre tecnología y dispositivos de energía libre, Juan RR Searl recibió un título honorífico como Profesor de Estructuras Matemáticas de Creación y Energía, figura en el Registro Internacional de Quién es Quién en el Mundo y lleva muchos años de estudió en escuelas y universidades, junto con la experiencia práctica en el diseño y construcción de motores eléctricos, generadores, medicina, navegación, electrónica y computadoras.

El primer generador del efecto Searl (SEG) de Juan se reunió cuando tenía 15 años. El efecto más notable producido por el generador fue que de repente perdería su gravedad y se subía en el aire. De lo que Juan ha aprendido a través de los años de su SEG, él y sus amigos han construido unos 40 platillos voladores. Juan también energizó su hogar durante 30 años con uno de sus generadores SEG.

Después de descubrir que sus generadores SEG pueden volar en el aire, Juan y sus amigos le dieron un cuerpo y se convirtió en un platillo volador. El primer generador SEG que construyó subió en el aire y se desapareció al espacio y se perdió. Después de que resolvió el problema del control de vuelo y después de muchos años de contratiempos, Searl ahora está trabajando otra vez para dar su tecnología al mundo.

El Platillo Volador de Juan R. R. Seal

En 1968, estaban a tres meses de tener una nave tripulada completa en la carrera espacial hacia la luna, cuando Juan fue envenenado y mientras él estaba en el hospital, su casa fue asaltada, sus paredes fueron pirateadas donde estaba escondiendo su generador SEG y fue robado. El campo que estaba usando para construir su platillo volador se vendió y su platillo se vendió por basura. Su esposa también desapareció.

Debido a la oposición a su tecnología de energía libre revolucionaria, Juan R. R. Searl ha decidido proveer al mundo parte de esta tecnología en una serie de libros, La ley de los Cuadrados. Espera reducir el precio de sus generadores SEG a aproximadamente 300 libras para que un propietario promedio pueda comprar uno. Producirá toda la electricidad gratuita que un propietario puede usar. Es silencioso y solo tiene unos 16 centímetros de diámetro. De hecho, puede caber dentro de una pared de tu casa. Mejora el cableado eléctrico en su hogar en lugar de deteriorarlo e inyecta iones negativos en el aire de su hogar para limpiar el aire y da energía a los habitantes para que nunca se enfermen. Además de los generadores y las naves espaciales de tipo platillo volador, existen infinitas aplicaciones para su tecnología, que incluye la construcción de viviendas que serían resistentes a incendios, resistentes a terremotos, tsunamis, de EMPs e incluso de destellos solares.

Otro inventor que conocí en la Conferencia de OVNIs en 1991 en Phoenix, Arizona fue Howard Menger. Un contactado de OVNIs, Howard Menger, describe en su libro, EL INCIDENTE DEL ALTO PUENTE, cómo se hizo amigos de extraterrestres del planeta Venus desde a muy temprana edad cuando jugaba con su hermano en un bosque en la granja de su padre. A partir de su asociación de por vida con estas venusinas y vuelos en sus naves, llegó a la conclusión de que la gravedad es un empuje desde el espacio y puede ser contrarrestada por fuerzas electrostáticas. Usando este conocimiento, construyó un platillo volador modelo de tres pies de diámetro en 1951. Lo voló por control remoto de radio desde el suelo. Sin embargo, voló fuera de su alcance y lo perdió. Más tarde, agentes del FBI lo visitaron con partes de su platillo estrellado y expresaron interés en el sistema de propulsión.

A partir de este contacto, en 1961, el Pentágono estableció una instalación de laboratorio de alta tecnología cerca de Colorado Springs, donde Howard Menger ayudó al gobierno y a la gran industria participante a construir una nave platillo volador de tamaño completo, la cual Menger probó y voló con éxito. Para esto, el gobierno le prometió un cheque libre de impuestos de $ 1,500 cada mes por el resto de su vida. Sin embargo, después de un año los cheques dejaron de venir. Verificó con algunos asociados que trabajaron en el proyecto y descubrió que el proyecto se había ido ocultado en los Proyectos Negros profundos. Posteriormente, Howard comenzó a trabajar en la construcción de un platillo volador de tamaño completo en su garaje. También publicó una versión actualizada de su libro, EL ALTO INCIDENTE DEL PUENTE: LA HISTORIA DETRÁS DE LA HISTORIA, que describe los años de contactos que hizo con extraterrestres humanos de Venus.

Estos pioneros han contribuido a nuestro conocimiento de la gravedad que nos ayudará a lograr la propulsión electrogravítica. Es solo una cuestión de juntar los detalles para que un platillo volador se construya realmente. Esta nave será en forma de platillo silenciosa propulsada por la electrogravedad capaz de viajar bajo el agua, por aire y por el espacio.

Las ventajas de esta nave platillo volador serán su alcance ilimitado, su velocidad récord, la eliminación de los combustibles agotadores costosos y su capacidad para volar bajo el agua, en el aire y al espacio. Esto haría más difícil que los misiles enemigos obstaculicen una misión. Con esta nave, las misiones podrían llevarse a cabo fácilmente a la luna y a otros planetas. Quizás las superficies de los otros planetas en nuestra sistema solar son inhabitables en sus superficies, sin embargo, con toda probabilidad, sus interiores son jardines del Edén, y están habitados por otras civilizaciones de los hijos de

Dios, quizás incluso estrechamente relacionadas con nuestra raza humana.

La tecnología de los platillos voladores se basa en los descubrimientos de varios científicos, Townsend Brown, Horace C. Dudley, José Newman, Al Snyder y los inventores Juan RR Searl de Inglaterra y Howard Menger de Florida, en combinación con el conocimiento adicional sobre el Éter del espacio como fue enseñada por los científicos del siglo XIX.

Estos inventores y científicos creen que al empoderar a las personas, la Conspiración encontrará muy difícil, si no imposible, esclavizarnos. Con este fin, he decidido poner a disposición del público mi investigación en un informe sobre el Origen, Causa y Control de la Gravedad.

En ese informe, revelo lo que he podido encontrar con respecto al control de la gravedad y la tecnología de los platillos voladores. Leerás en ese documento cómo recalcularé las gravedades de las superficies de todos los planetas, lo que demuestra que todos están dentro del 60% de la gravedad de la superficie de la Tierra, lo que significa que humanos podrían vivir dentro de los interiores huecos de esos planetas.

De hecho, hay evidencia de que no estamos solos en nuestro sistema solar, o en el universo, si no nos tapamos los ojos cuando se presenta la evidencia.

Los mundos son y fueron creados por Jesucristo con el propósito de poblarlos con *"hijos e hijas para Dios."* En una revelación dada al profeta José Smith, se ha restaurado una parte preciosa de la Biblia que había sido quitada. En él, Dios le reveló a Moisés que *"mundos sin número los he creado, y también los creé para mi propio propósito; y por el Hijo los creé, que es mi Unigénito."* (Moisés 1:33, La Perla de Gran Precio). Un poco más tarde, Dios le dijo a Moisés su propósito de crear mundos y poblarlos con sus hijos, cuando dijo: *"Porque, he aquí, esta es mi obra y mi gloria: Llevar a cabo la inmortalidad y la vida eterna del hombre."* (Moisés 1:39, La Perla de Gran Precio)

En otra visión, en 1832, José Smith y Sidney Rigdon declararon:

> *"Porque lo vimos, sí, a la diestra de Dios; y oímos la voz testificar que él es el Unigénito del Padre; que por él, por medio de él y de él los mundos son y fueron creados, y sus habitantes son engendrados hijos e hijas para Dios."* (D&C 76:23, 24)

En un pequeño libro titulado, MI AMIGO DE MAS ALLA DE LA TIERRA, el Dr. Francisco Stranges, un ministro de religión de

Los Angeles, California fue invitado por un amigo al Pentágono en 1959, donde conoció a un visitante de Venus. El visitante había aterrizado en su platillo volador cerca de una ciudad cercana y fue recogido por un policía. El visitante solicitó que lo llevara al Pentágono, donde podía hablar con los en autoridad. Había estado allí varias semanas cuando le presentaron al Dr. Francisco Stranges. Dijo que su nombre era Val Thor. Se parecía en todos los aspectos a los humanos, excepto que no tenía huellas dactilares. Hablaba perfectamente el inglés y dijo que era jefe del Consejo de los Doce en Venus y comandante de una nave estelar de 14 millas de largo, 7 millas de alto y 3.5 millas de ancho. Más tarde, Val le hizo saber al Dr. Stranges que su gente vive DENTRO del planeta Venus y que Venus es hueco, como nuestra Tierra es hueca.

Cuando el Dr. Stranges conoció a Val Thor, llevaba ropa normal de nuestra tierra. Explicó que les había prestado su uniforme de su platillo volador a la gente del Pentágono para que lo hicieran pruebas. Mostró su uniforme al Dr. Stranges. Era de una pieza que brillaba cuando la llevaba hacia la luz del sol que entraba por la ventana. Las pruebas realizadas en él determinaron que el uniforme era indestructible. Se calentó a temperaturas superiores al punto de fusión del acero sin dañarlo, el ácido se desprendió como el agua corre de la parte posterior de un pato y un taladro con punta de diamantes se sobrecalentó y se rompió cuando se puso en contacto con ello.

Declaró que su propósito al venir a la tierra era ayudar a la humanidad a regresar al Señor. Siempre hablaba con una sonrisa en su rostro, pero decía que a Dios le disgustaba el hecho de que la humanidad estuviera más lejos de Él que nunca, pero que todavía había una posibilidad de que la humanidad encontrara la salvación si la buscaban en el lugar correcto. Había estado en la tierra por tres años, ofreciendo consejos a los líderes de nuestro país, pero hasta ahora solo unos pocos lo escuchaban. Cuando se le preguntó qué pensaba de Jesús, Val Thor respondió,

"Sé que Jesús es el alfa y omega tuyo y la fe de todos. Hoy ha asumido su posición legítima como el gobernante del universo y está preparando un lugar y un momento para que todos los que son llamados por su nombre asciendan muy por encima de las nubes a donde nunca más se disputarán su poder y autoridad."

Dr. Stranges luego grabó,

"Cuando pronunció estas maravillosas palabras, mi propio corazón ardió dentro de mí y las lágrimas llenaron

mis ojos ... Cuando le pregunté si necesitaban la Biblia para guiarlos, dijo, volviéndose hacia mí: '¿Por qué necesitaríamos el libro cuando seguimos caminando en comunión ininterrumpida y en armonía con el autor?'"

"Le pregunté si hay vida en otros planetas. Su respuesta fue: 'Hay vida en muchos otros planetas de los cuales la gente en la tierra no sabe nada. Hay más sistemas solares para los cuales el hombre ni siquiera le ha dado crédito a Dios. Hay muchos seres que nunca han transgredido las leyes perfectas de Dios. El hombre no posee el derecho de condenar a toda la creación de Dios porque él mismo ha quebrantado las leyes perfectas de Dios a través de la desobediencia.'"

Posteriormente, en un par de ocasiones, el Dr. Stranges fue invitado por Val Thor a bordo de su nave voladora. Estaba continuamente sorprendido por la tecnología y los poderes personales de Val y su gente.

El Dr. Francisco Stranges también escribió un libro sobre La Tierra Hueca y otro libro sobre EL EXTRANJERO EN EL PENTÓGONO.

En conclusión, podría decir que:

1) El almirante Byrd informó que los habitantes de la Tierra interna tienen platillos voladores y que la mayoría de los platillos vistos en todo el mundo probablemente se originan dentro de Nuestra Tierra Hueca y

2) La Tierra ha sido visitada definitivamente por naves espaciales y extraterrestres de otros planetas y sistemas solares, y

3) Los proyectos negros militares de EE. UU. han derribado con éxito varios platillos voladores y los han revertido, los están utilizando para explorar el Sistema Solar y nuestra Galaxia en un programa secreto de astronautas separado de la NASA y son los que están detrás de las mutilaciones de ganado y la mayoría de los secuestros con la esperanza de convertir a la población general en contra de los alienígenas para que puedan organizar una invasión desde el espacio con Vehículos de Reproducción Alienígenas piloteados por las Formas de Vida Programadas que han creado usando niños secuestrados en bases subterráneas en un último esfuerzo para unir al mundo detrás de su Mundo Único Proyecto de gobierno de las Naciones Unidas que sería una dictadura de proporciones espantosas, y

4) si Nosotros, la Gente los apoyáramos a nuestros inspirados inventores y científicos que ya han descubierto la tecnología de los platillos voladores, podríamos estar volando

en platillos voladores con generadores de energía gratuita que electrificaran a todos nuestros hogares y vehículos.

AÚN NO ESTÁ MUY TARDE, si lo hacemos, ACTUAREMOS para salvar nuestro mundo por la LIBERTAD, nuestro Dios, nuestra religión, nuestra propiedad, nuestras familias y, en última instancia, nuestra felicidad.

CAPÍTULO SIETE
"Y los Buscarán... por las Cavernas de los Peñascos"

Una comprensión de Nuestra Tierra Hueca no estaría completa sin el conocimiento de las grandes civilizaciones que viven dentro de la cáscara de la Tierra. Una mayor población posiblemente podría vivir dentro de la corteza de este planeta que en las superficies externas o internas. Sin embargo, muchas personas que quizás podrían aceptar la verdad de que nuestra tierra está hueca y habitada por las Diez Tribus de Israel perdidas, la idea de que millones de personas viven en cavernas dentro de la corteza terrestre es totalmente absurda. Los evolucionistas han enseñado durante tanto tiempo que los hombres de las cavernas eran los monos hombres menos inteligentes, que creer que civilizaciones enteras de personas altamente avanzadas e inteligentes viven en cavernas gigantes dentro de la corteza de la Tierra es difícil de aceptar. Pero la verdad debe salir a la luz tarde o temprano.

En los últimos días antes de la segunda venida de Nuestro Señor y Salvador Jesucristo, cuando las Diez Tribus salgan del norte a la Nueva y Vieja Jerusalén, el Señor elegirá a 144,000 misioneros, 12,000 de cada una de las doce tribus de Israel para llevar el evangelio a todo el mundo por última vez antes de la Segunda Venida de Nuestro Salvador quien vendrá para salvar los hallados dignos de la quemada. En una revelación dada al profeta José Smith, marzo de 1832, se da la respuesta a la pregunta:

"¿Qué hemos de entender por los ciento cuarenta y cuatro mil sellados de entre las tribus de Israel, doce mil de cada tribu?

Respuesta: Que aquellos que son sellados son sumos sacerdotes, ordenados según el santo orden de Dios para administrar el evangelio eterno; porque son estos los que son ordenados de entre toda nación, tribu, lengua y pueblo, por los ángeles a quienes es dado poder sobre las naciones de la tierra para traer a cuantos quieran venir a la iglesia del Primogénito." (D&C 77:11)

En ese tiempo, el evangelio se enseñará a aquellas civilizaciones que viven dentro de la corteza terrestre.

Esa fue la palabra del Señor a Jeremías hace muchos siglos:

"Por tanto, he aquí, vienen días, dice Jehová, en que no se dirá más: ¡Vive Jehová, que hizo subir a los hijos de Israel de la tierra de Egipto!

Sino: ¡Vive Jehová, que hizo subir a los hijos de Israel de la tierra del norte y de todas las tierras adonde los había arrojado! Porque los haré volver a su tierra, la cual di a sus padres.

He aquí que yo envío muchos pescadores, dice Jehová, y los pescarán; y después enviaré muchos cazadores, y los cazarán por todo monte, y por todo collado y por las cavernas de los peñascos." (Jeremias 16:14-16)

Esta escritura dice que el evangelio se predicará a las personas que viven en *"las cavernas de los peñascos."* Es una referencia directa a la gente de las cavernas. Seguramente entonces, existen. La falsa enseñanza de los moldeadores de la opinión de la Conspiración de que la tierra está superpoblada ciertamente no tiene en cuenta las 800 millas de la concha de la tierra donde si viven personas.

El Señor ha dicho que hay suficiente espacio para todos e incluso para ahorrar.

"Yo, el Señor, extendí los cielos y formé la tierra, hechura de mis propias manos; y todas las cosas que en ellos hay son mías...Porque la tierra está llena, y hay suficiente y de sobra..." (D&C 104:14-17)

Es el testimonio de algunos exploradores que han tenido el privilegio de visitar aquellas civilizaciones que viven en cavidades gigantescas dentro de la corteza de la tierra que hay suficiente tierra y de sobra dentro de la cáscara de la tierra para poblar a los hijos de Dios.

En la obra de ficción, El VIAJE AL CENTRO DE LA TIERRA, por Julio Verne debe haberse tomado de los relatos de exploradores reales que habían estado dentro de la corteza terrestre. En comparación con otros relatos de exploradores reales que han estado allí, las descripciones de Julio son muy similares. Sin embargo, los exploradores de Verne no fueron al centro de la tierra como se infiere en el título del libro, sino a una caverna gigantesca a 75 millas bajo el Océano Atlántico.

Tan similar es la historia de Verne a ETIDORPHA de Juan Uri Lloyd que es muy probable que basó su aventura en una similar a la del personaje de Lloyd, YO-SOY-EL-HOMBRE, como prefería llamarse a sí mismo. Bruce Walton, autor de GUÍA AL MUNDO INTERNO, afirma que YO-SOY-EL-HOMBRE era un hombre llamado Guillermo Morgan que se había unido a una logia masónica y posteriormente publicó un libro de los rituales

177

secretos de los masones. Por hacer esto, los masones simularon su asesinato, pero en realidad lo secuestraron y lo condenaron a un viaje de por vida a la Tierra Hueca a través de una cierta cueva cerca del río Cumberland en Kentucky.

Jules Verne publicó su libro en 1864, y la aventura de YO-SOY-EL-HOMBRE comenzó el 12 de agosto de 1826, 38 años antes. ETIDORPHA fue publicado en 1895 por Juan Uri Lloyd, quien era amigo de Llewellyn Drury, a quien YO-SOY-EL-HOMBRE entregó el manuscrito de su historia. Como YO-SOY-EL-HOMBRE explicó en su historia, fue secuestrado por miembros de una sociedad secreta a la que se había unido. Entraron en la corteza terrestre a través de una caverna en la que un arroyo se estaba vaciando cerca del río Cumberland en Kentucky.

Los exploradores de Julio Verne encontraron su camino dentro de la corteza terrestre a través de un cráter volcánico en Islandia. Obtuvieron la pista para encontrar la apertura al mundo de la caverna a partir de algunos escritos que habían descubierto de un explorador anterior.

En el relato de Lloyd sobre los viajes de YO-SOY-EL-HOMBRE, su guía lo llevó 150 millas bajo el Océano Atlántico, donde cruzaron un lago de 6000 millas de largo en un pequeño bote. Los exploradores de Julio Verne descubrieron un gran lago a 75 millas bajo el Océano Atlántico que cruzaron en una balsa.

Ambos describieron la vida vegetal dentro de la corteza terrestre como hongos gigantes. Escribió YO-SOY-EL-HOMBRE, *"No podría haber duda de que estaba en un bosque de hongos colosales ..."* (ETIDORPHA O EL FIN DE LA TIERRA, pág. 106) e hizo el interesante descubrimiento de que no eran solo comestibles pero sabían a fresas, piña y otras frutas deliciosas. ¡Tan fantásticas cantidades de comida podrían alimentar a millones y tan deliciosamente!

Tanto el relato de Julio Verne como el de Lloyd dijeron que en un extremo del lago era el origen de un volcán que irrumpe periódicamente en una isla de Italia. Ambos coinciden en que los volcanes son causados por la reacción del agua con minerales explosivos como el potasio y el sodio, que se inflaman en presencia de aire y agua. El magnesio, que es el octavo elemento más abundante en la corteza terrestre por masa, reacciona violentamente con el agua, por lo que puede ser uno de los principales ingredientes de la lava volcánica.

Descripción del viaje de K (Kentucky) a P - El fin de la Tierra

Una diferencia significativa, sin embargo, entre los dos relatos es que Julio Verne nunca infiere que la Tierra es una esfera hueca. Por otra parte, YO-SOY-EL-HOMBRE fue llevado a la superficie interna de Nuestra Tierra Hueca por sus guías a través de cavernas que se extendían desde la superficie exterior de nuestro planeta hasta la interior. De hecho, uno de sus guías nos da el grosor de la corteza de la tierra de 800 millas de la superficie exterior a la interior con el centro de gravedad 700 millas de abajo, más cerca de la superficie interior que de la superficie exterior. YO-SOY-EL-HOMBRE nos da un diagrama de Nuestra Tierra Hueca con la entrada de la caverna en la que fue llevado, pero no menciona ni infiere de la existencia de las aperturas polares, ni del sol interior.

Tanto Verne como Lloyd dicen que hay luz dentro de la corteza terrestre. Verne, tal vez incapaz de creer los relatos reales del explorador de esa luz, o confunda su relato con los relatos de otros exploradores del interior del Hueco con su sol, recurrió a una poderosa luz eléctrica sobre el lago mientras que la guía de YO-SOY-EL-HOMBRE explicaba a él la luz que descubrieron dentro de la corteza terrestre así:

"Solo diré que esta apariencia luminosa acerca de nosotros es producida por una ley natural, por la cual el torrente de energía, invisible para el hombre, algo vestido ahora bajo el nombre de oscuridad, después de penetrar en la sustancia de la corteza de la tierra, se encuentra en esta profundidad (aproximadamente 10 millas), revivificada, y luego se hace evidente para el ojo mortal, para ser modificada nuevamente otra vez cuando emerge de la corteza de la tierra opuesta pero no se aniquila."
(ETIDORPHA, p. 101)
YO-SOY-EL-HOMBRE explicó esta luz aún más,

"Aparentemente no había un punto central de radiación; La luz era tal que impregnaba y existía en el espacio circundante, algo así como el vapor de fósforo esparce una neblina autoluminosa a través de la burbuja en la que se sopla. El agente visual que nos rodeaba tenía una luminosidad permanente, autoexistente, y era una esencia brillante, inalcanzable y penetrante que, sin un origen obvio, se difundía por igual en todas las direcciones."
(ETIDORPHA p. 74)
Dicha iluminación debe permitir que millones de personas vivan dentro del grosor de 800 millas de la corteza de la Tierra Hueca.

Aunque YO-SOY-EL-HOMBRE no fue llevado a ninguna ciudad de la gente de las cavernas en su viaje al hueco de la tierra, aparentemente pudo vislumbrarlos. El escribió,

"De vez en cuando oía líneas de melodía, como nunca antes había concebido, aparentemente coros de ángeles cantaban a mi alma. Desde el espacio vacío a mi alrededor, desde las grietas más allá y detrás de mí, desde las profundidades de mi espíritu dentro de mí, surgieron estas tensiones en notas claras y distintas, pero sin embargo indescriptibles. ¿Me apetecía, o era real? No pretenderé decirlo. Flores y estructuras hermosas, insectos preciosos e inexplicables se extendieron ante mí. Figuras y formas que no puedo tratar de indicar en descripciones de palabras, siempre y cuando me rodearon, me acompañaron y me pasaron ... A veces pedí que me permitiera detenerme y vivir para siempre en medio de esos encantos celestiales, pero con una mano firme como cuando me ayudaba a atravesar las cámaras de fango, lodo y reptiles que se arrastraban, mi guía me llevó hacia adelante."
(ETIDORPHA, p. 268)

En su libro LA SUB-GENTE, Eric Norman comenta sobre estos sonidos de coros cantando dentro de la corteza terrestre:

"El canto coral de hombres y mujeres se escucha con frecuencia en ciertas partes del mundo. Los ocultistas afirman que estos 'coros celestes' son una indicación de un túnel que conduce a los túneles subterráneos de la Sub-Gente."

Continúa citando un artículo en la revista BUSQUEDA en el que Will Carson y Jeannie Joy hablaron de una pareja que estaba explorando en la región de Casa Diablo al norte de Bishop, California, cuando descubrieron un agujero circular en la tierra. El agujero tenía aproximadamente nueve pies de diámetro y la pareja decidió impulsivamente explorar la inusual formación. El agujero se convirtió en un túnel inclinado y, armados con una linterna, la pareja informó que caminaba por un corredor horizontal que ...

"... solo pudo haber sido tallado por manos humanas."

"Al final del corto pasaje, descubrieron una enorme puerta de roca sólida. Intentaron abrir la puerta, pero no cedió. Después de su regreso a la superficie, la esposa se volvió hacia su esposo y comentó: 'Sabes, mientras estaba allí escuché música, la más extraña que he escuchado. Pero parecía venir de todas partes a la vez, o dentro de mi cabeza. Supongo que fué mi imaginación."

"Su marido palideció. 'Mi ---, pensé que era mi imaginación. ¡Lo escuché también, como la música de otro mundo!" (LA SUB-GENTE, págs. 148-189)

En LOS SECRETOS OCULTOS DE LA TIERRA HUECA, Warren Smith da un relato de su conocido Roberto Maxwell II, autor de LEMURIA - ¿HECHO O FICCIÓN?, quien estaba acampando en los bosques del condado de Siskiyou, California, una noche cerca del Monte Shasta donde se hizo amigo de un residente de una colonia lemuriana que después lo llevó a ver su ciudad en las profundidades del Monte Shasta en una caverna gigante.

En su entrevista con Maxwell, Warren Smith preguntó:

"'Entonces, tenemos que tomar tu historia sobre la fe,' dije."

"'No de todo', respondió Maxwell. 'Hay formas de probar que la ciudad está ahí.'"

"'¿Has estado allí?'"

"Maxwell asintió. 'Me llevaron a través del túnel y Mokla me llevó a la abertura interior que daba a la caverna. Podía mirar hacia abajo y ver la ciudad. No se me permitió

entrar. Los forasteros están prohibidos más allá de la abertura interior del túnel.'"

"'¿Por qué poner en peligro su seguridad al mostrarte la entrada?' Yo pregunté."

"'Me llevaron a la entrada exterior cuando tenía los ojos vendados,' dijo Maxwell. 'Me vendaron los ojos después de mi visita a la ciudad interna.'"

"'¿Cómo era la ciudad?'"

"Maxwell pensó por un momento. 'La arquitectura era hermosa', dijo. 'Mirando hacia abajo desde nuestro punto de vista cuando el túnel se abrió hacia la caverna, vi templos y agujas como las que se pueden ver en una imagen de alguna ciudad bíblica legendaria.'"

"'¿Qué tal de su iluminación?'"

"'Tienen una luz brillante en la parte superior de la caverna que es una luz eterna.'"

"Le pregunté: '¿Qué tal de sus fuentes de energía?'"

"'Llevan una vida simple y no requieren poder.'"

"'¿Qué tal de su luz eterna?,' Pregunté."

"'Me dijeron que la luz venía de Lemuria antes de que se rompiera' (en el Océano Pacífico) dijo Maxwell. 'No necesita una fuente de energía externa. La energía proviene de imanes; Lemuria sabía el secreto de obtener poder de una fuente magnética. La luz arderá para siempre a menos que alguien la desmonte.'"

"... Le pregunté a Maxwell sobre los supuestos platillos voladores lemurianos."

"Mokla me dijo que también operan con un principio magnético," continuó. "Mokla afirma que sus platillos son dejados por sus antepasados que los llevaron de Lemuria a Mt. Shasta. También dijo que no tienen todos los platillos voladores. Hay otros que los tienen, aunque él se negó a dar más detalles sobre esa declaración."

Más tarde, Maxwell le llevó a Smith una moneda lemuriana con jeroglíficos que, según dijo, Mokla le dio como prueba para Smith de que la ciudad sí existe. Smith ha llevado la moneda a muchos distribuidores de monedas, ninguno de los cuales ha podido identificar la moneda. Maxwell describió a las personas que viven en la caverna del monte Shasta que son como de unos cinco pies de altura, y vesten de una túnica gris holgada con una capucha sobre los hombros. (Warren Smith, pp. 33-37)

Sin embargo, hay varias razas que viven dentro de la corteza terrestre. Julio Verne, quien podría haber basado su historia en la experiencia de exploradores reales, hizo que sus aventureros vieran a un hombre gigante de 12 pies de altura, cuidando una manada de mamuts en su mundo cavernícola. De manera similar, los exploradores reales han encontrado evidencias de una raza de gigantes que viven dentro del caparazón de la tierra.

En MINAS PERDIDAS Y TESORO OCULTO, el autor Leland Lovelace habla de dos prospectores que descubrieron una serie de cuevas en las montañas del suroeste de Nevada. Dentro de las cavernas gigantes descubrieron muebles de tamaño enorme como si hubieran sido construidos para gigantes. En las cuevas también se encontraron platos de oro y otros metales preciosos.

Lovelace también habla de un prospector llamado J.C. Brown que, en 1904, afirmó haber descubierto un túnel cortado en las laderas de las Montañas Cascade de California. Siguió el enorme túnel a través de una roca sólida y entró en una gran sala con forma de caverna cubierta de cobre templado. Escudos de oro y otros artefactos estaban colgados de las paredes. Dibujos extraños, jeroglíficos indescifrables, y los esqueletos de humanos gigantes fueron descubiertos en otros cuartos. (LA SUB-GENTE, pág. 147)

También en LA SUB GENTE, Eric Norman cita la historia de una mujer, la Sra. Margaret "Maggie" Rogers que fue llevada a las ciudades cavernosas de la civilización *"Nephli"* que viven en cavernas gigantes cerca de la Ciudad de México. En los tres años que vivió con la gente Nephli, se le mostró el modo de vida de esta raza de gigantes, que son altamente avanzados en tecnología; que han dominado los viajes espaciales y afirman tener colonias en otros planetas, y su religión en la que afirman conocer y comunicarse directamente con Dios.

La señora Rogers insiste en que su historia es cierta. Ella escribe,

> *"He sido seducido, tentado, incluso amenazado, en un esfuerzo por hacerme contar lo que sé. Es inútil ... Esta es mi historia, una reivindicación de mis amigos, los Nephli, y un tributo a Tamil (su Dios)."*

A Maggie se le asignó una tarea interesante antes de que la llevaran de nuevo a la superficie: se le pidió que buscara a los que tenían sangre Nephli e informarlos sobre su gran herencia y raza en las cavernas de abajo. A Maggie le dijeron:

> *"Lo recordarás todo. Sin embargo, no dirás nada hasta que el tiempo esté maduro. Entonces dirás lo que te decimos que digas. La verdad. De esa verdad que dirás, encontrarás cinco de la sangre no diluida de los Nephli,*

muchos de los cuales tienen una variedad de Nephli mezclada con la superficie que finalmente recordarán, o que soñarán y en sueños se les mostrará su herencia."

Llegar a conocer su herencia será una gran ocasión. Como Maggie describió,

"A la mañana siguiente, o debería decir, al final de la hora de dormir, mis amigos me llevaron a la sala llamada Tamión. Allí vi a los tres nuevos residentes de la tierra de Nephli que se convertirían pronto. Había dos mujeres y un hombre. El hombre se veía como un alemán y las dos mujeres como mexicanas. A juzgar por las expresiones en sus rostros, estaban muy felices por todo el asunto. Solo nos quedamos un momento adentro, lo suficiente como para verlos acostarse frente a una piedra alta. A primera vista, la piedra parecía ser un pozo de granito, pero luego pude ver que un suave brillo rosado lo hacía casi transparente."

"Dieciséis horas más tarde volvimos y esos tres, que habían entrado viejos, arrugados, grises y desgastados, salieron jóvenes, hermosos y fuertes. Fueron llevados de inmediato a otro cuarto, la sala de ampliación. Yo diría que fueron dos horas. Me quedé allí y, aunque no soy una persona curiosa por naturaleza, estaba entusiasmada, porque deseaba estar segura de que era verdad y que en algún momento podría hacer lo mismo."

"Cuando salieron eran tan grandes como Arsi y Mira." (como de 12 pies de altura) (LA SUB-GENTE, págs. 58, 59)

Sir Bulwer Lytton descubrió otra civilización en las cavernas de Europa en el Siglo 19. Desde una abertura en un pozo de una mina encontró su camino hacia la civilización de las cavernas de la Vril-ya, donde fue recibido y vivió durante un año. Su civilización, que constaba de (en ese momento) un millón y medio de pequeñas ciudades de unos 50,000 habitantes cada una, está avanzada tanto a nivel tecnológico como espiritual. Han descubierto un poder que llaman VRIL, que según Lytton, controlan por medio de un pequeño tubo o bastón que cada ciudadano de su nación lleva constantemente con él.

Escribe Lytton,

"Puede destruir como el relámpago; aunque si se aplica de manera diferente, puede reponer o vigorizar la vida, sanar y preservar, y en ella se basan principalmente para la cura de la enfermedad, o más bien para permitir que la organización física se cure a sí misma. Por esta

agencia, se abren paso a través de las sustancias más sólidas, y abren valles para la cultura a través de las rocas de su desierto subterráneo. De ellos extraen la luz que suministra sus lámparas (ya que viven cerca de la superficie en la zona oscura) y la encuentran más estable, más suave y más saludable que los otros materiales inflamables que habían utilizado anteriormente." (VRIL, EL PODER DE LA RAZA QUE VENDRÁ, pág. 55)

Su civilización afirma ser antediluviana en la que entraron en las cavernas de la corteza terrestre para escapar de la inundación de su mundo superficial antes de la gran inundación final que cubrió toda la superficie de la tierra en el momento de Noé. Siguiéndolos a las cavidades de la tierra estaban los reptiles y criaturas antediluvianas que en la superficie se han extinguido, pero que Lloyd, en ETIDORPHA, también informó que todavía viven en las cavernas de la cáscara de la tierra.

La civilización Vril-ya está muy avanzada en ciencia y transporte. Sin embargo, no tenían conocimiento de nuestro mundo superficial más que las antiguas tradiciones de sus antepasados. Se preocupaban exclusivamente por su modo de vida. La ciudad que Lytton encontró estaba en una caverna gigante. Alrededor de la ciudad de 12,000 familias había tierras agrícolas, un lago y túneles que se comunicaban entre ciudades en cavernas a millas de distancia. En todo momento las cavernas y los túneles estaban iluminados con lámparas apoderados por Vril.

Como Lytton los describió, vivían en ...

"... comunidades de tamaño moderado. La tribu entre la que había caído yo se limitaba a 12,000 familias. Cada tribu ocupaba un territorio suficiente para todas sus necesidades, y en períodos indicados la población excedente se iba a buscar un reino propio en otro lado... Qué la Vril-ya no conocía el crimen, y no había tribunales de justicia penal. Los casos raros de disputas civiles fueron remitidos para arbitraje a amigos elegidos por cualquiera de las partidos, o decididos por el Consejo de Sabios ... Pero a pesar de que no había leyes, como las que llamamos leyes, ninguna raza sobre el suelo es tan observadora de la ley. La obediencia a la regla adoptada por la comunidad se ha convertido en un instinto tanto como si hubiera sido implantada por la naturaleza."

"La pobreza entre la Ana es tan desconocida como el crimen ... ninguna se había vuelto absolutamente pobre ... Si lo hacían, siempre estaba en su poder migrar, o en el

peor de los casos, sin vergüenza y con certeza de ayuda aplicar a los ricos, pues todos los miembros de la comunidad se consideraban hermanos de una familia cariñosa y unida." (VRIL, págs. 56-60)

La descripción de Lytton de esta civilización se compara estrechamente con el orden económico-espiritual establecido por José Smith por el mandamiento de Jesucristo en 1834. Llamado La Orden Unida, su propósito era de,

"...abastecer a mis santos, porque todas las cosas son mías. Pero es preciso que se haga a mi propia manera; y he aquí, esta es la forma en que yo, el Señor, he decretado abastecer a mis santos, para que los pobres sean exaltados, de modo que los ricos sean humildes... De manera que, si alguno toma de la abundancia que he creado, y no reparte su porción a los pobres y a los necesitados, conforme a la ley de mi evangelio, en el infierno alzará los ojos con los malvados, estando en tormento." (D&C 104:15, 18)

Y se recordará que cada ciudad de la Orden Unida, según lo previsto por José Smith, iba a ser una pequeña ciudad de 20,000 a 50,000 personas rodeada por sus granjas y fábricas, tal como funciona la civilización Vril-ya.

La civilización Vril-ya es, de hecho, un pueblo religioso y justo. Continúa Lytton,

"... los divorcios y la poligamia son extremadamente raros, y el estado matrimonial ahora parece singularmente feliz y sereno entre estas personas asombrosas ... Se observará que en las relaciones de los sexos sólo he hablado de matrimonio, porque tal es el perfección moral a la que ha llegado esta comunidad, que cualquier conexión ilícita es tan poco posible entre ellos como lo sería para un par de pardillos durante el tiempo que acordaron de vivir en parejas." (VRIL, págs. 72-73)

De su religión, Lytton dice,

"Esta gente tiene una religión ... tiene estas extrañas peculiaridades; En primer lugar, todos creen en el credo que profesan; en segundo lugar, que todos practican los preceptos que inculca el credo. Se unen para adorar al único Creador divino y Sustentador del Universo ... ofrecen sus devociones tanto en privado como en público ... Los Vril-ya se unen en la convicción de un estado futuro, más feliz y más perfecto que el presente." (VRIL, págs. 89, 90)

Que la corteza terrestre está literalmente llena de habitantes es la conclusión que nos da Lytton. El escribió,

"Y de acuerdo con todos los reportajes que recibí, vastas extensiones más profundas debajo de la superficie, y en el que uno podría haber pensado que solo podían existir las salamandras, estaban habitados por innumerables razas organizadas como nosotros."

Como uno de los ciudadanos de la Vril-ya dijo a Lytton,

"Dondequiera que el Todo-Bueno se construya", dijo ella, *"allí, asegúrese de que Él coloque habitantes. Él no ama las viviendas vacías."* (VRIL, pág. 75)

De manera similar escribió Isaías,

"Porque así dijo Jehová, que creó los cielos; él es Dios, el que formó la tierra, el que la hizo y la estableció; no la creó en vano, sino PARA QUE FUESE HABITADA LA FORMÓ..." (ISAÍAS 45:18)

Y otras escrituras parecen indicar que hay gente que viven realmente dentro de los límites de la corteza terrestre, en un mundo de cavernas.

"y este será el sonido de su trompeta, diciendo A TODO PUEBLO, tanto EN EL CIELO (el paraíso del sol interno) como EN LA TIERRA (la gente de las cavernas) y DEBAJO DE LA TIERRA (los de la Tierra Hueca); porque todo oído lo oirá, y toda rodilla se doblará, y toda lengua confesará, al escuchar el sonido de la trompeta, que dice: Temed a Dios y dad gloria al que se sienta sobre el trono, para siempre jamás; porque la hora de su juicio ha llegado." (D&C 88:104)

Y hay otras civilizaciones de la gente de las cavernas.

Entonces, cuando la Conspiración enseña que la tierra está sobrepoblada y no hay espacio para más, debemos escuchar a Dios. *"No ama las viviendas vacías."* Él formó la tierra *"... para ser habitada."* Realmente hay espacio *"... suficiente y de sobra"* dentro de los límites de la cáscara de la tierra. Y cuando las Diez Tribus bajen desde los Países del Norte, conoceremos esas grandes extensiones dentro de la cáscara de la tierra en la que literalmente habitan millones de hijos de Dios. Dios enviará a sus pescadores y los sacará de los *"agujeros en las rocas"* para que podamos conocerlos y disfrutar de su hermandad en el evangelio de Jesucristo. Entonces el Reino de Dios verdaderamente llenará toda la tierra.

CAPÍTULO OCHO
El Destino Celestial de Nuestra Tierra Hueca

Las grandes galaxias y estrellas que llegan a nuestra vista con la ayuda de los telescopios modernos realmente nos han mostrado la inmensidad y la belleza de la gran obra de Dios. Cristo, el creador del cielo y de la tierra, dijo:

"He aquí, todos estos son reinos, y el hombre que ha visto a cualquiera o al menor de ellos, ha visto a Dios obrando en su majestad y poder." (D&C 88:47)

Por lo tanto, una comprensión de la creación de nuestra propia tierra podría ser iluminada por una mirada a las estrellas y planetas en los cielos. Quizás las creaciones de Dios más obvias que ilustran la naturaleza hueca de los planetas son las nebulosas planetarias.

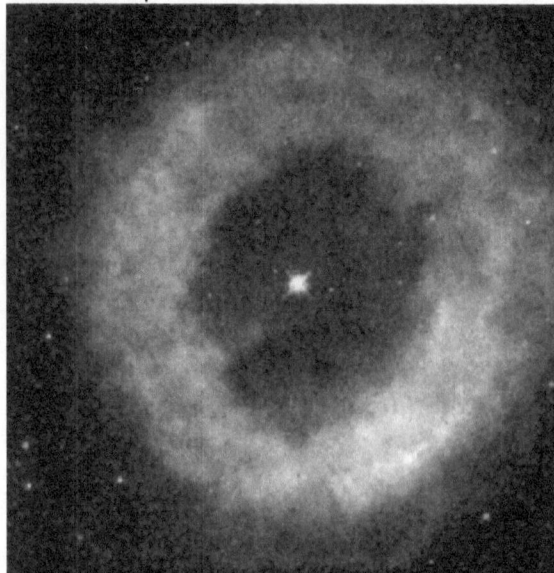

La Nébula Planetaria NGC 6369 tomado por el telescopio espacial Hubble

Marcial B. Gardner, en su VIAJE AL INTERIOR DE LA TIERRA, acumuló mucha evidencia astronómica que muestra que todos los planetas son creaciones huecas. Gardner citó a H.D. Curtis de la Sociedad Astronómica del Pacífico en un artículo publicado en SCIENTÍFICO AMERICANO el 14 de octubre de 1916:

"Cincuenta de estas nebulosas han sido estudiadas fotográficamente con el reflector Crosly, utilizando diferentes longitudes de exposición para resaltar los detalles estructurales de las partes centrales brillantes, así como de las partes más débiles, que se extienden. LA MAYORÍA DE LAS NÉBULAS PLANETARIAS MUESTRAN UNA ESTRUCTURA DE ANILLO O CASCARA MÁS O MENOS, GENERALMENTE CON UNA ESTRELLA CENTRAL."

Así como las nebulosas planetarias son huecas con estrellas centrales, todos los planetas también son huecos con soles centrales. En el proceso de creación, los planetas se forman en rotación. La materia se coloca en órbita alrededor de un sol central formando una capa exterior y un interior hueco. Y siendo que la rotación en las regiones polares arroja la materia lejos del eje de rotación, las aperturas polares hacia el interior se desarrollan desde el principio de la formación planetaria.

Entonces, cuando Dios dijo en el principio: *"Vamos, bajemos, porque hay materia no organizada, desde la cual podemos construir una tierra con la cual estos pueden habitar,"* ellos, los dioses, hicieron que la materia girara alrededor de un sol central llevando acabo la formación de Nuestra Tierra Hueca.

Al formar la tierra, la materia física estaba controlada y gobernada por la materia espiritual. Por lo tanto, se organizó un mundo espiritual hueco con un sol central paradisíaco con materia espiritual sobre la cual se superpuso la materia física. Así explicó la guía de YO-SOY-EL-HOMBRE en ETIDORPHA de Lloyd:

"La materia no tiene fuerza, la materia obedece al espíritu, y el espíritu domina todas las cosas materiales. La energía en alguna forma mantiene juntas las partículas de materia, y la energía en otras formas las afloja ... El espíritu que impregna todas las cosas materiales les da forma y existencia. Toma de tu tierra su espíritu vital, la energía que sujeta a la materia, y tus llamadas rocas adamantinas se desintegrarán y tamizarán como polvo entre los intersticios del espacio." (ETIDORPHA, pág. 253)

Esto, de hecho, ocurrirá al final de la existencia temporal de la tierra cuando morirá. Con su espíritu retirado, la tierra se desintegrará y luego se manifestará en su estado final resucitado por Jesucristo.

En una revelación al profeta José Smith, en 1832, concerniente a esta tierra, Cristo dijo: *"...así que, será santificada; sí, a pesar DE QUE MORIRÁ, SERÁ VIVIFICADA DE NUEVO; y aguantará el poder que la vivifica, y los justos la heredarán."* (D. y C. 88:26)

Es el espíritu de la tierra el que lo mantiene unido. Y sobre la cual se fundó la tierra física.

La guía en ETIDORPHA, nuevamente bien explicó,

"El principio de formación de la tierra consiste en una esfera invisible de energía que, girando a través del espacio, soporta el polvo espacial que se acumula en él,

como polvo en una burbuja. Mediante la acumulación gradual de sustancia en esa esfera, se ha producido una bola hueca, en la superficie exterior de la cual habéis habitado hasta ahora. La corteza de la tierra es comparativamente delgada, no más de ochocientas millas de grosor promedio, y se mantiene en posición mediante la esfera central de energía (centro de gravedad o esfera central de gravedad) *que ahora existe a una distancia de alrededor de setecientos millas por debajo del nivel del océano."* (ETIDORPHA, pág. 193)

En el relato de la creación de Génesis encontramos un ajuste perfecto para la teoría de la tierra hueca.

El Señor habló a Moisés diciendo:

"En el principio creó Dios el cielo y la tierra."

Note que en inglés *"el cielo"* aquí es singular. Nuestra Tierra Hueca tiene un cielo. Es un sol central dentro del hueco de la tierra. También es la ubicación física del Paraíso en el mundo de espíritus de esta tierra.

"Y la tierra estaba desordenada y vacía."

La tierra estaba hecha de polvo espacial, rocas y gases.

"y las tinieblas estaban sobre la faz del abismo."

El polvo espacial, las rocas y los gases se juntaron como una tierra hueca en rotación alrededor de una masa central, lo que excluyó la luz de la estrellas.

"y el Espíritu de Dios se movía sobre la faz de las aguas."

Agua fue puesto sobre el planeta, y los océanos se hicieron para cubrir toda la superficie del globo.

"Y dijo Dios: Haya luz, y hubo luz."

La masa central se encendió y se convirtió en el sol interior produciendo luz.

"Y vio Dios que la luz era buena, y separó Dios la luz de las tinieblas. Y llamó Dios a la luz Día, y a las tinieblas llamó Noche. Y fue la tarde y la mañana el DÍA PRIMERO."

El sol interior recibió el brillo y el calor necesarios para hacer posible las condiciones de vida en la superficie interior de la tierra. Luego dividió el sol interior. Como informó Olaf Jansen, el sol interior de un lado emana luz blanca para el día y el otro lado es de color marrón rojizo para la noche.

"Y dijo Dios: Haya un firmamento en medio de las aguas, y separe aquel las aguas de las aguas. E hizo Dios el firmamento, y separó las aguas que estaban debajo del firmamento de las aguas que estaban sobre el firmamento.

Y fue así. Y llamó Dios al firmamento Cielo. Y fue la tarde y la mañana el DÍA SEGUNDO."

En hebreo, firmamento significaba *"expansión."* El hueco, dentro de nuestra tierra es una *"expansión,"* o firmamento. Las aguas arriba y abajo del firmamento se referían a los océanos que cubrían toda la superficie interior. Por lo tanto, el firmamento, o expansión, estaba literalmente en *"medio de las aguas."* Y este firmamento llamó Dios *"cielo."*

"Y dijo Dios: Júntense las aguas que están debajo del cielo en un lugar, y descúbrase la tierra seca. Y fue así. Y llamó Dios a lo seco Tierra, y a la reunión de las aguas llamó Mares. Y vio Dios que era bueno."

Nuevamente, *"el cielo"* en inglés es singular, en referencia al interior hueco, expansión o firmamento. Se hizo aparecer tierra seca, dejando un océano y un continente. El interior, informó Olaf Jansen, tiene un océano y un continente.

"Y dijo Dios: Produzca la tierra hierba verde, hierba que dé semilla; árbol de fruto que dé fruto según su especie, que su semilla esté en él, sobre la tierra. Y fue así. Y fue la tarde y la mañana el DÍA TERCERO."

Dado que la Tierra fue creada dentro del tiempo del Señor, cuyo planeta de origen *"Kolob"* tiene un día que dura 1,000 años de la tierra (Abraham Capítulo 3, 2 Pedro 3: 8), no fue hasta el cuarto día, o el cuarto mil años que Dios puso la tierra en órbita alrededor de nuestro sol.

Esto indica claramente que toda la vida vegetal en esta tierra comenzó en el interior hueco de la tierra, en el TERCER día, donde el sol interior había estado brillando durante 2000 años, los primeros dos días del período de la creación, construyendo un suelo adecuado para un buen crecimiento de las plantas.

Olaf Jansen informó que el Jardín del Edén primigenio está ubicado en el continente dentro de Nuestra Tierra Hueca. Guillermo F. Warren, dedica muchos capítulos de su libro PARAÍSO ENCONTRADO, O LA CUNA DE LA RAZA HUMANA EN EL POLO NORTE, citando evidencia científica de que toda la vida animal y vegetal se originó desde el norte. No era consciente de las aperturas polares o de la naturaleza hueca de la tierra, pero toda la vida animal y vegetal en el exterior podría haber migrado desde el interior a través de las aperturas polares.

"Y dijo Dios: Haya lumbreras en el firmamento del cielo para separar el día de la noche; y sean por señales, y para las estaciones, y para los días y para los años; y sean por

lumbreras en el firmamento del cielo para alumbrar sobre la tierra. Y fue así."

Olaf Jansen describió cómo el Sol interior está divido entre sus lados diurno y nocturno, el lado diurno emite una luz blanca y el lado oscuro emite una luz marrón rojiza oscura y en el centro del lado nocturno del Sol interior Olaf describió una gran área circular que es opaca con agujeros blancos brillantes que dejan pasar la luz blanca a través como de estrellas.

"E hizo Dios las dos grandes lumbreras: la lumbrera mayor para que señorease en el día, y la lumbrera menor para que señorease en la noche; hizo también las estrellas. Y las puso Dios en el firmamento del cielo para alumbrar sobre la tierra, y para señorear en el día y en la noche y para separar la luz de las tinieblas. Y vio Dios que era bueno. Y fue la tarde y la mañana el DÍA CUARTO."

Ahora era el momento de crear un ambiente favorable en la superficie externa de la tierra a la cual la vida de las plantas en el interior podría extenderse. La Tierra se colocó en órbita alrededor de nuestro sol y la Luna se colocó en órbita alrededor de la Tierra, creando días, años y estaciones.

OBVIAMENTE, EL SOL QUE SE ENCUENTRA EN EL PRIMER DÍA DE LA CREACIÓN ES DIFERENTE DEL SOL QUE SE INSTALÓ EN EL CIELO EL CUARTO DÍA.

Recuerde que fue en el tercer día que se colocó la vida vegetal en la tierra, pero no hasta el cuarto día (cuarto mil años) que la tierra se colocó en órbita alrededor del sol. Y sí, la escritura parece indicar que hay DOS cielos en los que se ponen los DOS soles. El verso uno del Capítulo 2 dice: *"Así se terminaron los CIELOS y la tierra ..."* - un cielo en el interior del planeta y otro en el exterior, el cielo se define como *"espacio"* o *"expansión."*

Pocos Santos de los Últimos Días han notado que el relato bíblico de la Creación difiere de la ceremonia del templo. Elder Bruce R. McConkie comentó sobre esta diferencia en un artículo de la revista de la iglesia, La Liahona, de junio de 1982 titulado "Cristo y la creación" en el que escribió:

"Nuestros tres relatos de la Creación son el Mosaico, el Abrahamico y el que se presenta en los templos. Cada uno de estos se remonta al profeta José Smith. Los relatos Mosaico y Abrahamico colocan los eventos creativos en los mismos días sucesivos. Seguiremos estas recitaciones bíblicas en nuestro análisis. El relato del templo, por razones que son evidentes para los que están

familiarizados con sus enseñanzas, tiene una división de eventos DIFERENTE."

Como señaló el Elder Bruce R. McConkie en su artículo, en la ceremonia de investidura del templo de la Iglesia de Jesucristo de los Santos de los Últimos Días hay algunas diferencias con el relato de la creación en Génesis. De hecho, los tres relatos encontrados en Génesis de la Biblia, el Libro de Moisés y Abraham en la PERLA DE GRAN PRECIO difieren de la ceremonia del templo en casi todos los días de la creación. Sin un conocimiento de la naturaleza hueca de la tierra, la ceremonia del templo tiene el mayor sentido. Lo siguiente es una comparación de las dos versiones:

DÍA	CEREMONIA DEL TEMPLO	RELATOS DE LAS ESCRITURAS
Día Primero	Una nebulosa vórtice brillante se condensa en una Tierra giratoria fundida.	La Tierra se forma en la oscuridad de la masa sin forma (polvo y piedras del espacio). Una *"luz"* se enciende y se divide entre su lado de día y su lado de noche.
Día Segundo	El agua se coloca en la Tierra y un continente surge del océano.	El agua se coloca en la Tierra y un firmamento o "expansión" se crea en "medio de las aguas." Esta expansión se llama "El Cielo." El firmamento o expansión divide las aguas debajo el firmamento de las aguas arriba del firmamento.
Día Tercero	El Sol, La Luna, y Las Estrellas se colocan en el cielo.	El continente interior, "la tierra seca," se hace aparecer fuera del océano arriba del firmamento o expansión. Toda la vida vegetal está plantada.
Día Cuarto	Toda la vida vegetal está plantada.	El Sol, La Luna y Las Estrellas se colocan en el cielo de afuera dando estaciones, días y años a la tierra.
Día Quinto	La vida animal se pone en el mar, en el aire, y sobre la tierra.	La vida animal se pone en el mar y en el aire.
Día Sexto	Adán y Eva son creados y dados dominio sobre la Tierra.	La vida animal se pone sobre la tierra. Adán y Eva son creados, y dados dominio sobre la Tierra
Día Séptimo	El Señor descansa de sus labores.	El Señor descansa de sus labores.

A partir de esta tabla, es más fácil ver las diferencias entre los dos relatos. En la ceremonia del templo, no se menciona una *"luz"* que se ilumina el primer día de la creación. En cambio, hay una nebulosa de vórtice brillante que se condensa en una tierra fundida. Tampoco hay una mención de una expansión en las aguas llamada Cielo o Fundamento. Sin un conocimiento de la Tierra hueca, es imposible entender qué *"luz"* se encendió el primer día de la creación, ya que en el cuarto día el Señor colocó el sol, la luna y las estrellas en el cielo. Pero esa *"luz"* en el PRIMER día se ajusta perfectamente al sol interior de la Tierra Hueca.

Sin una comprensión de la Tierra Hueca, también es imposible entender cómo el Señor dividió las aguas *"por encima"* del Cielo de las aguas *"por debajo"* del Cielo. Esto también se ajusta perfectamente a la Tierra hueca, ya que el océano en el lado opuesto del interior hueco de la tierra está directamente *"por encima"* de una persona que está en el otro lado opuesto, y suspendida en la extensión hueca de la tierra es el sol interior o el *"Cielo"* de esta tierra.

Los científicos creacionistas han especulado sobre cómo podrían existir las aguas *"por encima"* del firmamento en el relato de la creación, qué *"firmamento"* han interpretado como la atmósfera. Ellos supusieron que un dosel de hielo antes del diluvio rodeaba la tierra a varias millas por encima de la superficie de la tierra arriba de la atmósfera y que en el momento del diluvio de Noé tal vez se rompió por los impactos de asteroides y que el hielo cayó a la atmósfera vaporizándose y condensándose y cayendo abajo como lluvia causando la gran inundación. Su teoría, sin embargo, por su propia admisión tiene muchos problemas que no han podido resolver, por ejemplo, que tal de todos los impactos de astroides que se han encontrado sus cráteres por todo el mundo? Cualquiera de estos asteroides o meteoritos que impactaron la Tierra habrían roto su cubierta de hielo.

La teoría de la Tierra hueca, por otra parte, se adapta mucho mejor a las *"aguas sobre"* el firmamento. El sol interior y el hueco de la tierra en el primer y segunda días de la creación ciertamente estaba en *"medio"* de las aguas y había aguas por encima y por debajo y hacia los lados en la superficie interna del planeta.

En los relatos de las Escrituras, en el tercer día de la creación de la tierra, Dios hizo que un continente saliera del océano. Es solo con el conocimiento de Nuestra Tierra Hueca que una persona puede entender cómo ahora podría haber un continente que saliera arriba las aguas como se menciona en una canción del Libro de los Salmos, 136:6

"al que extendió la tierra sobre las aguas, porque para siempre es su misericordia;"

Olaf Jansen informó que dentro de Nuestra Tierra Hueca hay un continente que se extiende tres cuartas partes de la distancia alrededor de la superficie interior con una cuarta parte como océano. Esta escritura de los Salmos entonces tendría sentido para una persona en una nave en el océano interior de la Tierra porque podría mirar hacia arriba y ver el continente interior extendiéndose 6,400 millas sobre su cabeza en la superficie interior opuesta del planeta. El continente interior aparecería literalmente como *"tierra sobre las aguas"* del océano interior.

No solo el continente interior estaría por encima de las aguas, sino que el continente interior también estaría por encima del cielo. En Génesis 1:9,

"Y dijo Dios: Júntense las aguas que están debajo de los cielos en un lugar, y descúbrase lo seco. Y fue así."

Como el cielo estaba en medio de las aguas, con aguas sobre el firmamento y aguas debajo del firmamento, cuando las aguas se reunían en un solo lugar BAJO el cielo o firmamento, entonces la tierra seca que surgía de las aguas tenía que salir de las aguas situadas por encima del firmamento o cielo. Tal acción solo pudiera suceder en una tierra hueca.

Quizás la diferencia más significativa en el relato de la creación dado en la ceremonia del templo en comparación con los relatos de las Escrituras es el hecho de que los eventos de los TERCEROS y CUARTO días se han intercambiado.

Nuevamente, para alguien que ignora la Tierra Hueca, tiene más sentido que el Señor coloque la vida vegetal en la tierra después de que el Sol, la Luna y las estrellas se coloquen en el cielo para dar luz y calor a la vida vegetal, como la ceremonia del templo relata. El relato del templo de la creación tiene más sentido para cualquier persona que no tenga conocimiento de que nuestra tierra es hueca.

Sin embargo, los relatos de las escrituras hacen que el Señor coloque la vida vegetal en la tierra en el TERCER día, con el Sol, la Luna y las estrellas colocadas en el cielo en el CUARTO día.

Sin una comprensión de la naturaleza hueca de nuestro planeta, es imposible entender cómo se podría plantar la vida vegetal en el TERCER día antes de que el Sol, la Luna y las estrellas se coloquen en el cielo el CUARTO día, como relatan los tres relatos de las escrituras. Pero cuando comprendemos que en el primer día de la creación, el Señor encendió un sol en el interior de la Tierra, *"Haya luz, y hubo luz,"* entonces Él pudo plantar vegetación el TERCER día en el continente interior de la Tierra donde el sol interior había estado brillando ya por dos mil años, dos de los días del Señor.

Al comprender que la Tierra es hueca, el sol colocado en el cielo en el CUARTO día obviamente era diferente a la Luz que se iluminó en el primer día de la creación de la Tierra.

Los relatos de las Escrituras se ajustan al punto de vista de la Tierra Hueca porque describen la creación como Dios la ve. De hecho, los relatos de las escrituras de la creación de la Tierra son otra prueba de que nuestra Tierra es hueca.

¿Dónde estaba la Tierra antes de ser puesta en órbita alrededor de nuestro Sol? La teoría de Planetas Huecos sugiere que tal vez los planetas *"nacen"* de los *"vientres"* de planetas más grandes.

Immanuel Velikovsky escribió que,

"Los autores griegos describieron el nacimiento de Atenea (que llegó a ser el planeta Venus), diciendo que ella saltó de la cabeza de Júpiter." (MUNDOS EN COLLISIÓN, pág. 175)

Si el planeta Júpiter es hueco, como sostiene nuestra teoría de que TODOS los planetas son huecos, entonces la *"cabeza"* o el área del polo norte sería el lugar lógico para que un planeta *"nazca"* o sea expulsado, fuera de su apertura polar. Tal expulsión podría efectuarse manipulando los campos electromagnéticos de los dos planetas.

Los astronautas del Apolo hicieron un descubrimiento desconcertante cuando trajeron rocas lunares a la tierra para analizarlas. Antes de los viages a la luna en las misiones de Apolo, los científicos habían asumido que la luna estaba hecha de los mismos materiales que la tierra. Sin embargo, se encontró que las rocas traídas de la luna consistían en materiales muy diferentes de los encontrados en la tierra, que contienen minerales de elementos raras muy densos. Las pruebas también determinaron que la luna es mucho más antigua que la tierra.

Un destacado geólogo Santo de Los Últimos Días (SUD), Eric N. Skousen, (hijo del famoso autor SUD, Cleon Skousen) cree que esto indica que la luna pudo haber estado aquí primero. Según su teoría, la luna originalmente poseía la órbita de la Tierra alrededor del sol ANTES de que la Tierra se colocara aquí, y que la Tierra se creó en otro lugar DENTRO de otro planeta en un proceso de nacimiento planetario real. (Ver, págs. 92-96, TIERRA, AL PRINCIPIO, por el Dr. Eric N. Skousen) El Dr. Skousen cita a uno de los líderes de la Iglesia de Jesucristo SUD anterior, Heber C. Kimball, quien preguntaba: *"¿De dónde viene la tierra?"* A lo que respondió a su propia pregunta: *"De su madre tierra."* (8 de noviembre de 1857, DIARIO DE LOS DISCURSOS, 6:36)

El Dr. Skousen propone que la Tierra podría haber sido expulsada del planeta donde fue construida por los Dioses, y luego fue guiada a nuestro sistema solar y colocada en la órbita de la luna alrededor del Sol, lo suficientemente cerca como para que la Luna entrara en órbita permanente alrededor de la tierra.

Esto también explicaría la paradoja que los científicos de la creación se han enfrentado con respecto a la luz estelar. Dado que los científicos creacionistas creen que la Tierra y las estrellas se crearon en seis días terrestres de 24 horas, se enfrentan con la dilema de cómo explicar cómo la luz de las estrellas a años luz de distancia de repente se hizo evidente en el cuarto día de la creación. La luz de las estrellas tardaría muchos años en llegar a la tierra, entonces, ¿cómo podría el Señor "colocar" las estrellas en el cielo en el cuarto día de la creación? Esto se resuelve simplemente cuando nos damos cuenta de que la luz de las estrellas ya estaba aquí y se hizo evidente en el cuarto día de la creación cuando la Tierra se colocó en órbita alrededor del Sol después de ser expulsada de su lugar de nacimiento desde adentro de otro planeta más grande.

Y si los planetas nacen de planetas más grandes, tal vez al menos el mundo espiritual de esta tierra nació de Kolob, que es el planeta estrella de Dios, ya que el cómputo del período de creación de la tierra se calculó de acuerdo con el de Kolob.

El Señor declaró a Abraham quien escribió,

"Y yo, Abraham, tenía el Urim y Tumim, que el Señor mi Dios me había dado en Ur de los caldeos; y vi las estrellas, y que eran muy grandes, y que una de ellas SE HALLABA MÁS PRÓXIMA AL TRONO DE DIOS; y había muchas de las grandes que estaban cerca; y el Señor me dijo: Estas son las que rigen; y el nombre de la mayor es Kólob, porque está cerca de mí, pues yo soy el Señor tu Dios; a esta la he puesto para regir a todas las que pertenecen al mismo orden que esa sobre la cual estás. Y el Señor me dijo por el Urim y Tumim que Kólob era conforme a la manera del Señor, según sus tiempos y

estaciones en sus revoluciones; que una revolución era un día para el Señor, según su manera de contar, que es mil años de acuerdo con el tiempo que le es señalado a esa donde estás. Esta es la computación del tiempo del Señor, según el cómputo de Kólob. " (ABRAHAM, La Perla De Gran Precio, 3:1-3)

Los científicos dicen que el centro de nuestra galaxia, la Vía Láctea, está en la constelación de Sagitario. Que hay tantas estrellas hacia el centro que no se puede ver dentro del rango de visibilidad de la luz humana. Pero no hay duda de que las estrellas más grandes estarían en el centro, como Abraham las vio. En la explicación del Facsímil No. 2 en el libro de Abraham, la Figura 2 dice:

"Se halla contigua a Kólob, llamada Olíblish por los egipcios, y constituye la siguiente gran creación regente cerca de lo celestial, o sea, el lugar donde Dios mora;...Fig 4 ... corresponde a la medida del tiempo de Olíblish, que es igual que Kólob en su revolución y su computación de tiempo. "

Por lo tanto, como se reveló a través de Abraham, en el centro de nuestra Galaxia la Vía Láctea, que es en *"el mismo orden* (en la misma galaxia) *en que se encuentra"* la Tierra, hay dos estrellas de tamaño gigantesco, en rotación alrededor de un centro de gravedad común - Un sistema estelar doble con el resto de la galaxia girando alrededor de ellos. Tanto Kolob como Oliblish son del mismo tamaño y duran 1,000 de nuestros años terrestres en completar una revolución o día. Oliblish *"... es la próxima gran creación gobernante cerca del celestial o el lugar donde reside Dios ..."* y Kolob es el *"... más cercano al trono de Dios."* Por lo tanto, llego a la conclusión de que el trono de Dios es un sol interior DENTRO de Kolob y Kolob está HUECO como lo son todas las estrellas y los planetas. De hecho, las estrellas son planetas, los planetas de los dioses.

Siendo que un planeta o estrella hueca consiste esencialmente de materia en órbita alrededor de su sol central, tal vez podríamos usar la tercera ley de movimiento planetario de Kepler para calcular el tamaño de Kolob. Usando la tercera ley de movimiento planetario de Kepler, podemos usar la siguiente fórmula para calcular los radios orbitales:

$R = V \times T$

Donde:

R = La distancia de un planeta al sol en Unidades Astronómicas. Una Unidad Astronómica (UA) equivale a 93,000,000 millas, la distancia de la tierra al sol.

T = el tiempo para que un planeta orbite el sol en años terrestres

V = La velocidad es 1 dividida por la raíz cuadrada de R.

Conociendo esta fórmula y el tiempo que lleva una revolución de Kolob,

100 UA = 1/10 de la velocidad de la tierra x 1,000 años

De esto, podemos deducir que la distancia a la superficie exterior de Kolob del centro de su sol interior, *"... el celestial o el lugar donde reside Dios ..."* sería de 100 unidades astronómicas, o 9.3 billones de millas. Eso es 2.5 veces la distancia desde el sol hasta el planeta Plutón. El diámetro de Kolob y su estrella doble compañera entonces sería de aproximadamente 18.6 billones de millas: se podría encontrar mucho espacio dentro de su interior hueco para la creación de planetas.

Imagen de Marte tomada por el Telescopio Espacial Hubble, que muestra la Apertura Polar del Norte donde el borde polar es claramente visible con algunas nubes en la depresión:

Otros mundos también son creaciones huecas.

Marcial B. Gardner reveló evidencia de que Marte, Venus y Mercurio también son mundos huecos con aperturas polares a través de las cuales los astrónomos han visto destellos de sus soles centrales.

Gardner cita al profesor Percival Lowell en su libro, MARS:

"Mientras tanto, un fenómeno interesante ocurrió en el casquillo (casquete polar) *el 7 de junio (1894). Esa mañana, aproximadamente a las seis menos cuarto, (o, más precisamente, el 8 de junio, 1 hora y 17 minutos, hora GMT), mientras observaba el planeta, vi de repente dos puntos como estrellas que brillaban en medio de la casquillo polar. Deslumbrantemente brillante sobre el fondo blanco más apagado de la nieve,* (en realidad nubes) *estas estrellas brillaron por unos momentos y luego desaparecieron lentamente. La vista en ese momento era muy bueno."* (MARS, pág. 86)

El Director O.M. Mitchell de los Observatorios de Cincinnati y Dudley, hizo una observación similar del sol central de Marte brillando a través de su apertura polar. Escribió en su libro, UN CONCISO ELEMENTAL TRATADO DEL SOL, LOS PLANETAS, SATELITES, Y COMETAS, lo siguiente:

"En la tarde del 30 de agosto (1845), observé, por primera vez, un pequeño punto brillante, casi o bastante redondo, que sobresalía del lado inferior del punto polar. En la parte temprana de la noche, el pequeño punto brillante parecía estar parcialmente enterrado en el grande ... Después de una hora o más, mi atención se dirigió nuevamente al planeta, cuando me sorprendió encontrar un cambio manifiesto en la posición del pequeño punto brillante ... (causado por un cambio en la posición de la nube en la apertura polar). *En el transcurso de unos pocos días, la pequeña mancha se desvaneció gradualmente y no se vio en ninguna observación posterior."* (La órbita del planeta cambió el ángulo de observación.)

En su libro, EL DESAFÍO MÁS GRANDE: LA INCREÍBLE AVENTURA Y EL ESTRECHO DESTINO DEL HOMBRE EN LA EXPLORACIÓN DEL ESPACIO, Martín Caidin escribió,

"Tanto los astrónomos americanos como los rusos en los últimos años han observado una serie de destellos muy brillantes, que duraron unos cinco minutos, y seguidos por

nubes en forma de hongo ..." emanando de la zona polar de Marte.

Las nubes que salen de la apertura polar de Marte en ocasiones se acumulan muy por encima de la superficie del planeta y el sol interior que brilla en ellas parece proyectarse más allá de la superficie del planeta. El astrónomo inglés, J. Norman Lockyer en 1892 informó:

"La zona de nieve era a la vez tan brillante que, como el creciente de la luna nueva, parecía proyectarse más allá de la extremidad del planeta. Este efecto de irradiación fue frecuentemente visible; en una ocasión se observó que la mancha de nieve brillaba como una estrella nebulosa ..." (Gardner pág. 85)

Obviamente, este astrónomo no sabía cómo interpretar su observación del sol interior de Marte brillando a través de la apertura polar, pero lo llamó un punto de nieve que brillaba como una estrella.

Un astrónomo francés, Trouvelet, también observó luces provenientes de la apertura polar de Venus, que interpretó como reflejos del hielo polar, que los científicos ya han demostrado que son imposibles por la temperatura atmosférica caliente de Venus. Escribió Trouvelet:

"Su superficie es irregular y parece una masa confusa de PUNTOS LUMINOSOS separados por espacios intermedios (nubes) comparativamente sombríos. Esta superficie es, sin duda, muy rota, y se asemeja a la de un distrito montañoso salpicado de numerosos picos, o nuestras regiones polares con numerosas agujas de hielo REFLEJANDO BRILLANTEMENTE EL SOL." (Gardner págs. 95)

El astrónomo Ricardo A. Proctor también informó sobre su observación del planeta que el sol interior de Mercurio brilla a través de su abertura polar:

"Se ha supuesto que un cierto punto brillante visto en el disco negro de Mercurio cuando el planeta está en tránsito, indica algún tipo de iluminación en la superficie del planeta o en su atmósfera ... el punto brillante que se supone que pertenece a Mercurio se ha visto cuando se han empleado las gafas oscurecedoras más fuertes, pero no cabe duda de que el punto brillante es solo un fenómeno óptico." (Gardner, págs. 96, 97)

A medida que Mercurio pasa en frente al sol, en su oscuro y redondo disco se ve la luz brillante de su sol interior que brilla a través de su apertura polar. Los científicos hacen pasar este punto brillante, suponiendo que solo sea una ilusión óptica, ya que no creen en la teoría de los planetas huecos.

En la página 22 de la edición de marzo-abril de 1995 de FRONTERA FINAL, encontramos estos comentarios sobre el planeta Mercurio:

> *"Temperaturas que suben hasta 800 grados Fahrenheit ... Investigadores del Instituto de Tecnología de California en Pasadena han identificado lo que creen que es un casquete de hielo de más de 180 millas de diámetro en el Polo Norte de Mercurio. Los investigadores vieron un área brillante en el polo norte ... 'Nos sorprendió.'"*

Obviamente, los investigadores no vieron una capa de hielo polar a 800 grados Fahrenheit, sino que en realidad observaron la apertura del polo norte de Mercurio desde donde brilla su sol interior.

La evidencia confirma que incluso la luna de nuestra tierra es hueca.

Comentando sobre las diferentes gravedades específicas de nuestra luna y la tierra, Marcial B. Gardner escribió en 1920,

> *"Solo en nuestra teoría de que tanto la luna como la tierra son huecas se puede explicar esta diferencia."*
> (Gardner, pág. 376)

La predicción de Gardner de que nuestra luna también es hueca ha sido confirmada por los viajes de Apolo a la luna. Pero incluso antes de que los astronautas fueran enviados a la luna, un científico de la NASA publicó un informe en la edición de julio de ASTRONAUTICA de 1962, que decía que los estudios de la luna indicaban que ese planeta está hueco. El escribió:

> *"Si se reducen los datos astronómicos, se encuentra que los datos requieren que el interior de la Luna sea menos denso que las partes externas. De hecho, parece que la Luna es más como una esfera hueca que una esfera homogénea."* (ASTRONAUTICA, Julio 1962, págs. 14-15)

Dado que es una doctrina aceptada por los científicos que ningún planeta es hueco, el Dr. Gordon McDonald continuó diciendo en su artículo que su conclusión debe ser errónea.

Sin embargo, la conclusión de McDonald de que nuestra luna es hueca se vio reforzada por otros experimentos en la luna. Los astronautas del Apolo 12 instalaron sismómetros muy sensibles en noviembre de 1969 en el Mar de las Tormentas en la Luna y luego la NASA guió varias etapas de los cohetes propulsores del Apolo hacia cursos de colisión con la luna. Las vibraciones creadas por el impacto, según lo registrado por los sismómetros, fueron muy similares a las de una campana. Al principio las vibraciones eran grandes. Luego disminuyeron y finalmente cesaron después de 3 horas, lo que indica un alto contenido metálico en la cáscara de la luna.

Además, con los sismómetros instalados en diferentes lugares en la superficie de la luna, las misiones de Apolo 14 y 15, pudieron registrar las vibraciones de los bombardeos subsecuentes de la superficie de la luna mientras viajaban las vibraciones adentro de la corteza lunar. Se registraron como que viajaban a una distancia de 15 millas abajo en la corteza donde se aumentaron de velocidad y viajaron a la velocidad en que viajaran a través del metal, otras 45 millas, en cuyo punto rebotaron a la superficie, indicando que habían alcanzado la superficie interior de la cáscara de la luna de unas 60 millas de espesor. (NUESTRA NAVE LA LUNA, págs. 99-103)

Foto Compuesta Tomada por la Sonda Clementina del Polo Sur de la Luna

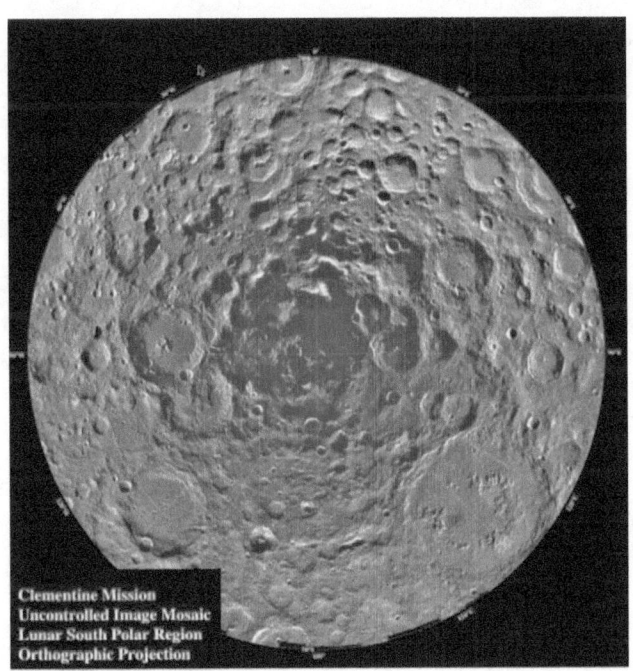

¿Podría la zona oscura en el polo sur de la luna ser una apertura polar en lugar de nada más hielo como afirma la NASA?

203

Las misiones de Apolo a la luna demostraron que la cáscara de la luna contiene un porcentaje mucho mayor de metales que la tierra. Dado que la luna es hueca, al igual que la tierra, y su contenido metálico es mayor que el de la tierra, la gravedad específica de la luna debe ser mayor que la de la tierra. La física newtoniana le da a la tierra una densidad de 5.5 y la luna 3.3. Y sin embargo, el alto contenido metálico de las rocas lunares regresadas de la luna y los resultados de las pruebas sísmicas muestran que la luna *"resuena"* como una campana con un período de más de tres horas, mientras que la tierra *"resuena"* con un período de 54 minutos, esto puede indicar que la capa de la luna es mucho más densa que la de la Tierra.

Si consideramos que Nuestra Tierra Hueca tiene una concha del 10% del diámetro de 8,000 millas de la tierra para un espesor de concha de 800 millas, la densidad de la concha de la tierra sería de 11.19 gm/cc. Desde que la NASA descubrió que la luna tiene un espesor de concha de solo 60 millas, que es solo el 2.78% del diámetro de la luna, esto le da a la concha de la luna una densidad de 21.256 gm/cc, que es mucho más densa que la concha de la Tierra. Así, la naturaleza hueca de la luna le da una densidad de concha consistente con las pruebas sísmicas llevadas a cabo por los astronautas de la NASA y las rocas lunares traídas de vuelta a la Tierra.

Si estas observaciones son correctas, el interior hueco de la luna podría tener 2,040 millas de ancho. Y si la luna contiene, en su interior, una atmósfera de una sexta parte del tamaño de la atmósfera de la tierra de 26 millas, tomando en cuenta la gravedad de la luna siendo una sexta parte de la de la tierra - su masa es .01232 de la masa de la tierra, eso dejaría 2,031 millas de espacio puro dentro del hueco interior de la luna donde se podría suspender un pequeño sol para dar luz y vida. Allí podría existir, así como en los mundos interiores de todos los planetas, civilizaciones de los hijos de Dios que viven en ambientes ecológicamente equilibrados. De hecho, la evidencia de la posibilidad de que exista tal vida en el interior de la Luna es la observación ocasional por parte de los instrumentos dejados en la Luna de nubes de vapor de agua que se escapan de ciertos puntos de la superficie de la Luna. (NUESTRA NAVE LA LUNA, págs. 105-107)

Para mirar hacia el espacio y ver los muchos mundos justo en nuestro propio sistema solar, es difícil creer que estamos solos, que todos son mundos muertos simplemente porque no podemos detectar vida en sus superficies. Sin embargo, al descubrir que todos son huecos y habitables en sus interiores es consistente con el testimonio del profeta José Smith en relación con Jesucristo y sus creaciones, cuando escribió:

" *Y ahora, después de los muchos testimonios que se han dado de él, este es el testimonio, el último de todos, que nosotros damos de él: ¡Que vive!"*

"Porque lo vimos, sí, a la diestra de Dios; y oímos la voz testificar que él es el Unigénito del Padre;"

"que por él, por medio de él y de él LOS MUNDOS SON Y FUERON CREADOS, Y SUS HABITANTES SON ENGENDRADOS HIJOS E HIJAS PARA DIOS." (D&C 76:22-24)

Sin embargo, no debemos suponer que tenemos que ir a la Luna o a los otros planetas para llegar a conocer sus civilizaciones. La nación israelita de las Diez Tribus que viven dentro de nuestra propia tierra, como también la civilización Nephli que vive en las ciudades cavernosas de América, ya han establecido contacto, comunicación e incluso servicio de transporte a los planetas y civilizaciones de nuestro sistema solar.

Las imágenes de rayos X y ultravioleta del Sol muestran los orificios coronales polares como características duraderas

Pero, hay una civilización a la que no pueden establecer un servicio de transporte. Esa civilización que vive dentro de nuestro SOL HUECO tiene ciertos requisitos para la entrada. De hecho, los profetas han declarado que Dios ha preparado esta tierra para convertirse en un cuerpo celestializado. Como un sol brillará en su resurrección como las estrellas en los cielos. Leemos en DOCTRINAS DE SALVACIÓN, por José F. Smith, del Destino Celestial de nuestra tierra:

"La tierra será limpiada de nuevo. Una vez fue bautizado en agua. Cuando Cristo venga, será bautizado con fuego y el poder del Espíritu Santo. Al fin del mundo, la tierra morirá; será disuelto, pasará, y luego será renovado, o resucitado con una resurrección. Recibirá su resurrección para convertirse en un cuerpo celestial, para que los del orden celestial puedan poseerla por siempre jamás. Entonces brillará como el sol y ocupará su lugar entre los mundos redimidos. Cuando llegue a este momento, los habitantes terrestres (aquellos viviendo las leyes terrestres) *también serán retirados y consignados a otra esfera adecuada a su condición. Entonces se cumplirán las palabras del Salvador, porque los mansos heredarán la tierra."*

Los mansos son aquellos que viven las leyes celestiales, que incluyen el bautismo en la verdadera iglesia de Jesucristo y la subsiguiente vida de justos a lo largo de esta vida. Fe, arrepentimiento, el bautismo por un siervo autorizado de Jesucristo y la recepción del Don del Espíritu Santo, y subsecuentemente viviendo *"por cada palabra que sale de la boca de Dios"* (Mateo 4: 4) son los requisitos para ingresar al Mundo Celestial.)

Luego el presidente Smith, de la Iglesia de Jesucristo de los Santos de los Últimos Días, continuó:

"En mi opinión, las grandes estrellas que vemos, incluido nuestro sol, son mundos celestiales; al menos mundos que han pasado a su exaltación u otro estado final resucitado. Por supuesto, esto está en conflicto con las enseñanzas de los científicos, quienes declaran que el sol está perdiendo energía y gradualmente se está enfriando y eventualmente será un mundo muerto. No creo que el Señor tenga tal cosa en su plan. El Señor vive en 'quemaduras eternas' estamos informados. El presidente Brigham Young ha dicho que esta tierra, cuando esté

Rodney M. Cluff

celestializada, brillará como el sol, ¿y por qué no?"
(DOCTRINAS DE SALVACIÓN págs. 88, 89)
La frase "quemaduras eternas" a la que se hace referencia
se encuentra en Isaías 33:14, que dice:

*"Los pecadores en Sion están aterrados; espanto se ha
apoderado de los impíos. ¿Quién de nosotros morará con el
fuego consumidor? ¿QUIÉN DE NOSOTROS HABITARÁ CON
LAS LLAMAS ETERNAS?: El que camina con rectitud y
habla lo recto, el que aborrece la ganancia por extorsión, el
que sacude sus manos para no recibir soborno, el que tapa
sus oídos para no oír propuestas sanguinarias, el que cierra
sus ojos para no ver cosa mala, este habitará en las
alturas;..."*

José Smith enseñó,

*"Los ángeles no moran en un planeta como esta tierra;
sino que viven en la presencia de Dios, en un globo
semejante a UN MAR DE VIDRIO Y FUEGO, donde se
manifiestan todas las cosas para su gloria, pasadas,
presentes y futuras, y están continuamente delante del
Señor.*

El lugar donde Dios reside es un gran Urim y Tumim.

*Esta tierra, en su estado santificado e inmortal, llegará
a ser semejante al CRISTAL, y será un Urim y Tumim para
los habitantes que moren en ella, mediante el cual todas
las cosas pertenecientes a un reino inferior, o sea, a todos
los reinos de un orden menor, serán manifestadas a los
que la habiten; y esta tierra será de Cristo."* (D&C 130:6-9)

Para aquellos de nosotros que aspiramos a un futuro más
glorioso más allá de la tumba, el apóstol Orson Pratt escribió:

*"¿Quién, menos el más abandonado, no desea ser
considerado digno de asociarse con las órdenes superiores
de seres que han sido redimidos, exaltados y glorificados
junto con los mundos que habitan, siglos antes de que se
establecieran los cimientos de nuestra tierra? Oh hombre,
recuerda el destino futuro y la gloria de la tierra, y asegura
tu herencia eterna sobre la misma, que cuando sea
gloriosa, tú también serás gloriosa."* (ESTRELLA
MILENARIA, Vol. 12, pág. 72)

El profeta Daniel afirmó que los seres celestiales brillan con
el mismo brillo que el cielo o la estrella en que viven cuando
escribió:

*"Y aquellos que son sabios resplandecerán como el
resplandor del firmamento, y los que lleven a muchos a la*

rectitud, como las estrellas, por toda la eternidad." (Daniel 12:3)

Por lo tanto, podemos concluir que las estrellas, incluido nuestro Sol, fueron una vez tierras pobladas por los hijos de Dios, como lo somos nosotros, y que sus tierras han sido resucitadas como mundos celestiales junto con aquellos habitantes dignos de convertirse en Dioses que son resucitados con cuerpos celestiales, y que esta tierra cuando se celestialice se convertirá en un SOL.

En el libro de Apocalipsis, el último libro de la Biblia, leemos acerca de la muerte y resurrección de esta tierra y de la Ciudad de Dios, la Nueva Jerusalén, que desciende del cielo para ocupar su posición suspendida en el hueco de la Tierra resucitada.

En Apocalipsis, capítulo 20:11, Juan el Amado habla de la muerte de la tierra: *"Y vi un gran trono blanco y al que estaba sentado en él, de delante de cuya presencia huyeron la tierra y el cielo; y no fue hallado ya ningún lugar para ellos."* Note la mención especial de *"la tierra y el cielo."* Este *"cielo"* es una referencia directa al sol interior de nuestra Tierra Hueca.

Luego en el Capítulo 21:1-3 se describe la resurrección de la Tierra y el Cielo de la Tierra,

"Y vi un cielo nuevo, y una tierra nueva, porque el primer cielo y la primera tierra habían dejado de ser, y el mar ya no existía más. Y yo, Juan, vi la ciudad santa, la nueva Jerusalén, que descendía del cielo, de Dios, dispuesta como una novia ataviada para su novio. Y oí una gran voz del cielo que decía: He aquí el tabernáculo de Dios está entre los hombres, y él morará con ellos; y ellos serán su pueblo, y Dios mismo estará con ellos y será su Dios."

Una descripción de la Ciudad Celestial, la Nueva Jerusalén, se da con dimensiones exactas en los versículos 10-27 del Capítulo 20 y Capítulo 22: 1-5. Juan fue llevado en el espíritu a una montaña grande y alta donde el Señor le mostró ...

"... la gran ciudad, la santa Jerusalén, que descendía del cielo, de Dios, y tenía la gloria de Dios; y su fulgor era semejante a una piedra preciosísima, como piedra de jaspe, diáfana como cristal. Y tenía un muro grande y alto con doce puertas; ... Al oriente tres puertas; al norte tres puertas; al sur tres puertas; al poniente tres puertas. Y el muro de la ciudad tenía doce cimientos, y en ellos estaban los doce nombres de los doce apóstoles del Cordero. Y el que hablaba conmigo, tenía una caña de oro para medir la ciudad, y sus puertas y su muro. Y la ciudad está asentada

en forma de cuadro, y su longitud es igual a su anchura; y él midió la ciudad con la caña: doce mil estadios; la longitud, y la altura y la anchura de ella son iguales. Y midió su muro: ciento cuarenta y cuatro codos, según medida de hombre, la cual era la del ángel."

El diccionario dice que un furlong es de 220 yardas. Juan, el apóstol dijo que la ciudad era un cubo de 12,000 estadios. Esto resulta ser una ciudad que tiene 1,500 millas de altura, 1,500 millas de largo y 1,500 millas de ancho, un cubo de 1,500 millas. Sin embargo, más que probable, la forma de la ciudad sería una pirámide de cuatro lados, siendo la piedra angular la morada de Dios. Quizás las antiguas pirámides egipcias, chinas y centroamericanas, incluso las pirámides de todo el mundo, están modeladas según esta futura Nueva Jerusalén en el cielo. Los muros de esta ciudad son de 144 codos de espesor. La definición del diccionario de un codo es 18-22 pulgadas. Un promedio sería de 20 pulgadas. Esto nos da un espesor para las paredes de la Nueva Jerusalén de 1/2 milla de espesor.

Una ciudad de 1,500 millas de altura en la superficie del planeta seguramente sobresaldría como un pulgar adolorido. El 99.9% de la atmósfera actual de la Tierra solo se extiende hasta como 26 millas con los últimos rastros a 600 millas. ¡Esta Ciudad Celestial, si se colocara en la superficie del planeta, se extendería 1,000 millas sobre la atmósfera al espacio! Desde la perspectiva de la Tierra hueca, el lugar ideal para que el Señor colocara su gigantesca Ciudad Santa sería suspendido en el hueco de la tierra celestializada. Si la Tierra resucitada, celestializada, tiene las mismas dimensiones que la Tierra ahora, la Ciudad Santa suspendida en el interior hueco no vendría más cerca que 2,450 millas de la superficie interior de la Tierra que ahora se convertiría en un sol.

La descripción de esta fabulosa ciudad está más detallada por Juan en el Libro de Apocalipsis. Continuó grabando eso,

"... Y el material de su muro era de jaspe; pero la ciudad era de oro puro, semejante al cristal puro. Y los cimientos del muro de la ciudad estaban adornados con toda clase de piedras preciosas. ... Y las doce puertas eran doce perlas; cada una de las puertas era una perla. Y la calle de la ciudad era de oro puro, como vidrio transparente. Y no vi en ella templo, porque el Señor Dios Todopoderoso y el Cordero son su templo. Y la ciudad no tiene necesidad de sol ni de luna que resplandezcan en

ella, porque la gloria de Dios la ilumina y el Cordero es su lumbrera." (Apocalipsis 21:18-23)

De los que deseamos entrar, Juan escribió:

"No entrará en ella ninguna cosa impura ni nadie que haga abominación y mentira, sino solamente los que están inscritos en el libro de la vida del Cordero." (Apocalipsis 21:27)

En cuanto a aquellos que tendrán el privilegio de vivir en nuestra tierra cuando se convierta en un sol y se conviertan en dioses y ángeles, Jesucristo reveló al profeta José Smith, el 12 de julio de 1843:

"Y además, de cierto te digo, si un hombre se casa con una mujer por mi palabra, la cual es mi ley, y por el nuevo y sempiterno convenio, y les es sellado por el Santo Espíritu de la promesa, por conducto del que es ungido, a quien he otorgado este poder y las llaves de este sacerdocio, y se les dice: Saldréis en la primera resurrección, y si fuere después de la primera, en la siguiente resurrección, y heredaréis tronos, reinos, principados, potestades y dominios, toda altura y toda profundidad, entonces se escribirá en el Libro de la Vida del Cordero que no cometerán homicidio para derramar sangre inocente; y si cumplen mi convenio y no cometen homicidio, vertiendo sangre inocente, les será cumplido en todo cuanto mi siervo haya declarado sobre ellos, por el tiempo y por toda la eternidad; y estará en pleno vigor cuando ya no estén en el mundo; y los ángeles y los dioses que están allí les dejarán pasar a su exaltación y gloria en todas las cosas, según lo que haya sido sellado sobre su cabeza, y esta gloria será una plenitud y continuación de las simientes (hijos) por siempre jamás."

"Entonces serán DIOSES, porque no tendrán fin; por consiguiente, existirán de eternidad en eternidad, porque continuarán; entonces estarán sobre todo, porque todas las cosas les estarán sujetas. Entonces serán DIOSES, porque tendrán todo poder, y los ángeles estarán sujetos a ellos."

"De cierto, de cierto te digo, a menos que cumpláis mi ley, no podréis alcanzar esta gloria."

"Porque estrecha es la puerta y angosto el camino que conduce a la exaltación y continuación de las vidas (posteridad), y pocos son los que la hallan, porque no me recibís en el mundo ni tampoco me conocéis."

"Mas si me recibís en el mundo, entonces me conoceréis y recibiréis vuestra exaltación; para que donde yo estoy vosotros también estéis." (D&C 132:19-23)

Donde ahora vive Dios, está en un sol, porque las estrellas son mundos celestiales. Y son mundos huecos. Las imágenes de rayos X del Sol muestran *"agujeros"* en los polos del Sol donde no se emiten rayos X o muy pocos. Nueve meses de observación del Sol por Skylab revelaron que los orificios

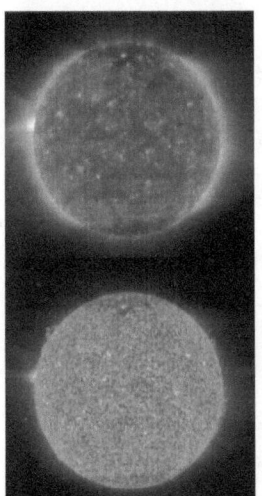

coronales eran características duraderas en ambos polos, como se registraron a partir de la emisión de rayos X y ultravioleta, lo que indica que el Sol tiene aperturas polares que conducen a su interior hueco.

El Sol también tiene un campo electromagnético causado por la rotación de su cascara de cristal alrededor del núcleo del Sol suspendido en su interior hueco. El campo electromagnético del Sol gira una vez cada 22 años terrestres, lo que indica que el núcleo del Sol gira a este ritmo. Y como la cáscara del Sol gira una vez cada 27.3 días terrestres, la rotación más rápida de la cáscara alrededor del núcleo giratorio más lento genera el campo electromagnético del Sol.

Si el Sol fuera un planeta completamente gaseoso, no podría producir un campo electromagnético. De un artículo en el Scientífico Americano viene esta confesión significativa:

"En 1934, Thomas G. Cowling, de la Universidad de Leeds en Inglaterra, demostró que los flujos de fluidos simples y simétricos no pueden generar campos magnéticos ... Los astrónomos no pueden explicar las galaxias o los campos magnéticos solares." ("El misterio del dinamo perdido," Scientífico Americano, pág. 24, enero de 1995)

Debido a que los astrónomos creen que las estrellas son gaseosas y los planetas tienen interiores líquidos, no pueden explicar los campos magnéticos observados en soles o planetas. Los científicos enseñan que el Sol y las estrellas, y los planetas grandes exteriores de nuestro sistema solar están compuestos enteramente de gases.

Sin embargo, si el Sol tiene una cáscara que es quizás del 10% de su diámetro, he calculado que su cáscara sería sólida con una densidad de 2.86 gm/cc, que es un poco más densa que el vidrio. Como tal, el sol podría ser un globo de cristal gigante.

Confirmando que el Sol tiene una superficie sólida es el trabajo científico de Miguel Mozina. La evidencia que presenta en su sitio web en:

http://www.TheSurfaceOfTheSun.com

desde la observación solar de las imágenes satelitales son incontrovertibles. Por ejemplo, en el sitio web de Miguel Mozina hay un video tomado por un satélite de observación solar de un terremoto en la superficie del Sol que muestra una onda de tsunami que sale del epicentro y pasa claramente sobre una montaña en la superficie del Sol, mostrando que el Sol tiene una superficie sólida cubierta por algún tipo de líquido que Mozina cree que es el silicio.

El significado de esto es que si el Sol tiene una superficie sólida, DEBE estar hueca, ya que no tiene suficiente masa para ser sólida por todo su diámetro.

También se muestran en el sitio web de Miguel Mozina imágenes de la diferencias en la superficie del Sol capturada por el satélite SOHO de la NASA que utiliza el filtro 195A sensible a las emisiones del ión de hierro que salen de la superficie del Sol y muestran características permanentes en la superficie como montañas y valles. Con estas imágenes se puede ver que el sol gira a la misma velocidad desde los polos hasta el ecuador. De hecho, la superficie del sol es relativamente fresca en comparación con su atmósfera superior, lo que permite que el sol tenga una superficie sólida.

El programa SERTS de la NASA usó espectroscopia para determinar que el Sol tiene varias capas. Mozina cree que esas capas probablemente se acumularán sobre la superficie del sol por gravedad específica, los elementos más ligeros en la parte superior, como el hidrógeno, luego debajo de ese el helio, luego el neón, que produce la luz que vemos con nuestros ojos cuando reacciona con arcos eléctricos que se elevan desde la superficie del Sol, luego una capa de silicio líquido, y debajo de esa un superficie sólida del Sol que contiene calcio, hierro, magnesio, manganeso, cromo, aluminio, azufre y níquel.

¡Nuestro Sol está HUECO! Y nuestra Tierra Hueca también seguirá siendo hueca cuando se celestialice. En la visión de José Smith del Reino Celestial, él registra:

Rodney M. Cluff

"Los cielos nos fueron abiertos, y vi el reino celestial de Dios y su gloria, mas si fue en el cuerpo o fuera del cuerpo, no puedo decirlo. VI LA INCOMPARABLE BELLEZA DE LA PUERTA POR LA CUAL ENTRARÁN LOS HEREDEROS DE ESE REINO, LA CUAL ERA SEMEJANTE A LLAMAS CIRCUNDANTES DE FUEGO; también vi el refulgente trono de Dios, sobre el cual se hallaban sentados el Padre y el Hijo. Vi las hermosas calles de ese reino, las cuales parecían estar pavimentadas de oro." (D&C 137:1-4)

La puerta que vio José Smith que conduce al mundo celestial *"que era como a las llamas de fuego circundantes"* es una buena descripción de la apertura polar de una estrella donde las escrituras dicen que los ángeles y dioses están puestos para recibir a los herederos del Reino Celestial en su interior donde la ciudad de Dios está con calles que tienen *"la apariencia de estar pavimentadas de oro."*

En 1933, Phoebe Marie Holmes publicó un libro, MI VISITA AL SOL, de su visita a la Ciudad celestial de Dios en nuestro Sol exterior.

Phoebe describe cómo fue llevada en el Espíritu por los ángeles al *"corazón del Sol"* donde la Nueva Jerusalén está siendo construida por Jesucristo, todos los santos profetas y Santos de Dios resucitados. Phoebe informó que el Sol está hueco y que la ciudad dentro de nuestro Sol Hueco es la Nueva Jerusalén, como lo describe el Apóstol Juan en el Capítulo 21 del Libro de Apocalipsis. Phoebe informó que la Nueva Jerusalén es una *"montaña"* gigante con terrazas y una base cuadrado -- con forma de pirámide.

Cristo, en su Sermón del Monte, dijo que los *"mansos"* heredarán la tierra, ¡y de hecho lo harán! Una mansión se está construyendo allí ahora mismo para cada uno de nosotros, en la Nueva Jerusalén, por nuestras buenas acciones aquí en la tierra. Phoebe fue llevada por los ángeles de Dios a visitar su mansión sin terminar, donde encontró a su esposo, que ya había fallecido. Luego regresó a la tierra para terminar el trabajo de su vida.

Que vivamos las leyes de Dios como lo revelan sus profetas vivientes, para poder pasar por la puerta y vivir en la ciudad de Dios, y como dioses, heredar para nosotros y nuestros hijos ese mundo celestial que NUESTRA TIERRA HUECA llegará a ser.

CAPÍTULO NUEVE
¡Las Auroras Comprueban que Nuestra Tierra Es Hueca!

Las auroras son un hermoso despliegue de luz en la atmósfera sobre las regiones del ártico y el antártico. En el hemisferio norte se llama la aurora boreal, y en el hemisferio sur, la aurora australis, o aurora sur. La luz de la aurora es causada por el brillo de los átomos en la delgada atmósfera superior cuando son pegados por electrones y protones que mueven rápidamente por allí.

La aurora aparece como una cortina oval que rodea las regiones polares de la tierra. El radio del óvalo auroral varía con la intensidad del viento solar. Cuando hay poca actividad solar, el óvalo se contrae hacia el polo, pero solo se puede observar anualmente en la noche ártica o antártica. Durante los períodos de gran actividad solar, aproximadamente dos días después de una intensa erupción solar, el radio del óvalo auroral aumenta hacia el sur opuesto a la posición del sol.

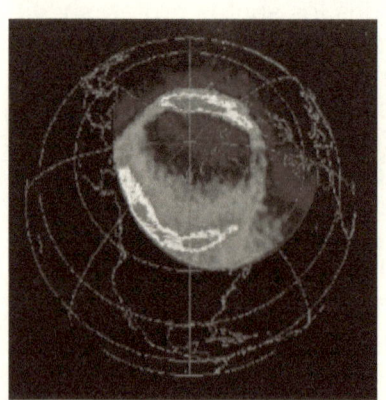

Figura 9-1. El Óvalo Auroral Norteña de la Tierra desde el satélite la Cámara Polar Ultravioleta. (El lado del día está en la parte superior de la imagen.)

Dado que la aurora se ajusta a la forma del campo electromagnético de la tierra, el viento solar de nuestro sol exterior deforma ese campo y, por lo tanto, también el óvalo auroral. Aunque el viento solar de nuestro sol exterior no puede entrar en el campo electromagnético de la Tierra, sino que se desvía a su alrededor, el viento solar, que consiste principalmente en protones y electrones y viaja a aproximadamente 880 kilómetros por segundo, hace que el óvalo auroral se alargue hacia el ecuador en el lado opuesto de la tierra desde la posición del Sol al estirar el campo electromagnético de la Tierra. El óvalo auroral, sin embargo, rara vez se extiende más al sur de 60 grados de latitud.

La apariencia de la cortina auroral es generalmente de color blanco verdoso. El borde inferior de la cortina auroral se encuentra a una altura de aproximadamente 60 millas, extendiéndose tan alto como los límites superiores de la atmósfera. Las cortinas aurorales tienen un grosor de unos pocos cientos de metros y cuando se observa el óvalo auroral desde cualquier lugar, de cerca, aparece en *"arcos"* -- cortinas curvadas de luz.

Figura 9-2. La Aurora Borealis. Arcos aurorales múltiples fotografiados en Alaska.

Cuando están menos activos, las cortinas o arcos aurorales son bastante inmóviles. Cuando está más activa, la aurora desarrolla hasta cinco cortinas o arcos (Figura 9-2) y cuando está aún más activa, los arcos se vuelven ondulados o doblados. Además, hay bandas activas con estructura de rayos donde se pueden ver los rayos de los electrones y protones viajando a una velocidad de unos 300 pies por segundo hacia arriba. Cuando se ve una banda rayada desde una distancia relativamente cercana, los rayos parecen emerger de una pequeña región, dando como resultado en forma de abanico llamada corona. Cuando los rayos no se ven claramente, esta forma dividida se parece a un grupo de nubes cúmulos llamados parches aurorales.

Otra forma importante de la aurora es el velo. El velo es un resplandor rojo oscuro intenso sobre una gran región del cielo y es el tipo de aurora que se ve más lejos.

Los diferentes colores de la aurora son causados por láminas intensas de electrones energéticos que emiten desde la región polar a la atmósfera donde chocan con el nitrógeno molecular, el oxígeno molecular y las partículas de oxígeno atómico. La luz más común de la aurora, el color amarillo verdoso es emitida por los átomos de oxígeno excitados golpeados por electrones de baja energía. El color carmesí rojo oscuro es emitido por las moléculas de oxígeno (O_2) cuando es golpeado por electrones más energéticos.

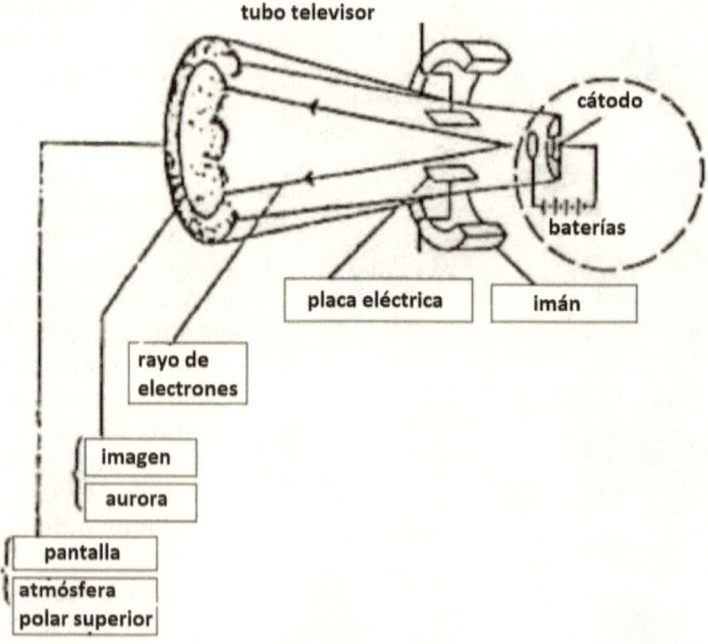

Figura 9-3. Analogía entre el mecanismo de un despliegue auroral y un tubo de televisión.

Los científicos comparan la aurora con un gigantesco tubo de televisión. (Figura 9-3) La atmósfera polar superior corresponde a la pantalla en un tubo de televisión que tiene un diámetro de aproximadamente 2,500 millas. La aurora corresponde a una imagen en la pantalla (atmósfera) del tubo de televisión. Una pantalla de televisión está cubierta por un material fluorescente que emite luz cuando es golpeado por un haz de electrones. Cuando un haz de electrones golpea la atmósfera superior polar, produce una aurora. En un tubo de televisión, el haz de electrones es activado (modulado) por un par de placas eléctricas y un electroimán que crean una imagen en movimiento en la pantalla. El movimiento de la aurora durante una tormenta auroral también es causado por la modulación del haz de electrones que hace que la aurora se ilumine.

Varias preguntas fundamentales aún desconciertan a los científicos sobre la comparación de la aurora con un tubo de televisión. No está claro qué procesos desempeñan las funciones del cátodo del tubo (la fuente de energía), o qué procesos desempeñan las funciones del electroplaca y electroimán durante una subtormenta auroral. No se sabe cómo la energía transportada por el viento solar se transforma en energía de la aurora. El problema ha sido aún más desconcertante porque aunque se ha establecido firmemente que las auroras son causadas por haces de electrones de alta potencia, la fuente de estos haces no puede ser el viento solar que se desvía alrededor de la tierra por el campo electromagnético de la tierra. Entonces, ¿de dónde provienen los haces de electrones que hacen que las auroras se enciendan?

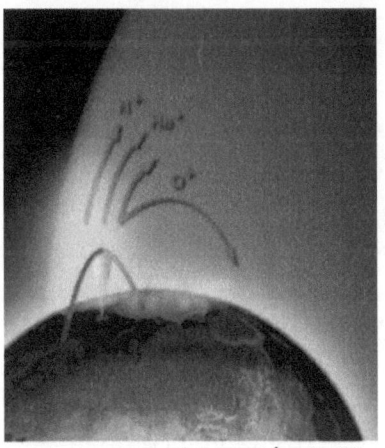

En un artículo de la NASA titulado *"Las Fuentes Polares Llenan la Magnetosfera con Iones,"* un científico de la NASA admite que la evidencia de los satélites polares indica que los iones energéticos que se aceleran *"hacia arriba"* desde los polos hacen que las auroras se enciendan y continúen hacia el espacio para llenar la magnetosfera de la Tierra.

El mecanismo de aceleración no se comprende a menos que se tome en consideración la Tierra Hueca. Cuando se hace así, resulta obvio que esta fuente polar de iones es un viento solar que proviene del sol interior dentro de Nuestra Tierra Hueca que se dispara a través de las aperturas polares.

Aquí es donde la Teoría de la Tierra Hueca explica la fuente insondable de la energía auroral. La comparación del tubo de televisión se ajusta perfectamente al origen de las luces aurorales con la teoría de la tierra hueca. (Figura 9-4) La fuente de energía del haz de electrones (el cátodo) es el sol dentro de la tierra. El electroimán es las aperturas polares, y las placas eléctricas que varían la pantalla auroral son los vientos y las tormentas eléctricas en el borde polar que hacen que el haz de electrones se module o se mueva. El viento solar variable de las manchas solares de nuestro Sol exterior también modula el haz de electrones al provocar que el campo electromagnético de la Tierra y con él el óvalo auroral se aleje de la dirección del Sol exterior presionando el campo electromagnético de la Tierra.

Figura 9-4. La comparación del origen de la aurora con respeto a la Tierra Hueca con un tubo de televisión: el cátodo es el sol dentro de la Tierra Hueca, la fuente del haz de electrones que produce las auroras.

El óvalo auroral está formado en forma de óvalo cuando el viento solar del sol interior de la tierra sale por las aperturas polares y sigue las líneas del campo electromagnético de la tierra. Adicionalmente, el óvalo auroral está deformado por el viento solar de nuestro Sol exterior cuando lo empuja el campo electromagnético hacia la dirección opuesta de la posición del Sol. Los electrones y protones de alta velocidad que emiten a través de las aperturas polares del sol dentro de la tierra asumen la forma del campo electromagnético de la tierra que tiene agujeros en los polos. Esta es la razón por la que la cortina oval de la aurora no produce luz auroral en el centro del óvalo, porque la aurora se ajusta al campo electromagnético de la tierra que tiene agujeros en los polos.

Después de pasar a través de la atmósfera alrededor de las aperturas polares, el haz de electrones que emana del sol en el interior de Nuestra Tierra Hueca continúa siguiendo las líneas del campo electromagnético de la tierra desde la Apertura Polar del Norte hacia el sur y desde la Apertura Polar del Sur hacia el norte. La radiación queda atrapada posteriormente en el campo electromagnético de la tierra sobre el ecuador y da como resultado lo que se conoce como los Cinturones de Radiación de Van Allen.

El profesor Neil Davis, geofísico de la Universidad de Alaska en Fairbanks, encontró evidencia que indica que la energía auroral proviene del interior de la tierra. En su libro, EL MANUAL DEL MIRADOR DE LA AURORA, el profesor Davis expone el pensamiento ortodoxo actual sobre las auroras.

La ciencia ortodoxa actual afirma que las luces aurorales son causadas completamente por el viento solar de nuestro Sol externo. Sin embargo, admiten que no saben cómo el viento solar del Sol ingresa al campo magnético de la Tierra para hacer que las auroras se iluminen, y siendo que el viento solar del Sol exterior no tiene suficiente energía para iluminar las auroras, también admiten que no saben cómo el viento solar del Sol puede aumentar en energía lo suficiente como para iluminar las auroras.

Hay tres defectos en la teoría de la ciencia ortodoxa de que el viento solar del Sol exterior causa las luces aurorales.

1. La energía del viento solar no es lo suficientemente potente como para iluminar las auroras.

2. El viento solar del Sol no puede ingresar al campo magnético de la Tierra, sino que se desvía alrededor del campo magnético de la Tierra.

3. El viento solar que está causando que las luces aurorales suban desde la tierra, NO baja desde el espacio como lo exige su teoría.

He estado en Alaska y observé la aurora boreal personalmente que la energía auroral que prende las luces aurorales ascienda hacia ARRIBA al espacio desde la Tierra.

El experimento realizado por el profesor Davis que prueba que la energía auroral proviene del interior de la tierra se llevó a cabo en 18 vuelos pareados a ambas regiones polares entre 1967 y 1971, como se describe en el libro de Jan Lamprecht, HOLLOW PLANETS, páginas 300-304. Utilizaron dos versiones militares de largo alcance del Boeing 707 equipadas con cámaras sensibles y relojes sincronizados. Un avión despegó de Anchorage, Alaska volando hacia el norte, y el otro de

Christchurch, Nueva Zelanda, volando hacia el sur. Lo que descubrieron fue que las pulsaciones en las auroras ocurrieron exactamente al mismo tiempo en la aurora del sur que en la aurora del norte. El profesor Davis concluyó que, *"cualquiera que sea la causa, parece que la activación de los pulsos debe ocurrir en el plano ecuatorial."*

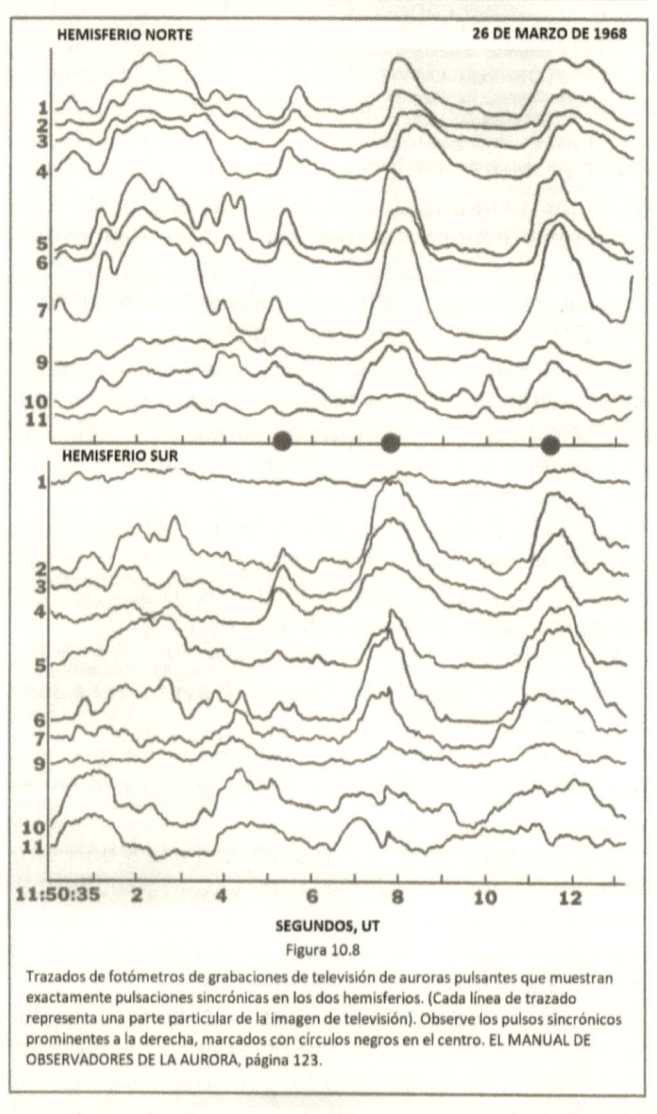

Figura 10.8

Trazados de fotómetros de grabaciones de televisión de auroras pulsantes que muestran exactamente pulsaciones sincrónicas en los dos hemisferios. (Cada línea de trazado representa una parte particular de la imagen de televisión). Observe los pulsos sincrónicos prominentes a la derecha, marcados con círculos negros en el centro. EL MANUAL DE OBSERVADORES DE LA AURORA, página 123.

El diagrama de variaciones en las luces aurorales en ambos polos mostrando que ocurren simultáneamente.

Por lo tanto, mi conclusión a partir de esta evidencia es que el Sol Interior de la Tierra está en el plano ecuatorial, y es la fuente del viento solar que ilumina las auroras en ambos polos simultáneamente a medida que el viento solar del Sol Interior sale de la Tierra Hueca atreves de las aperturas polares, que luego sigue las líneas del campo electromagnético de la Tierra y, a una altura de 40-60 millas, el aire está lo suficientemente enrarecido para que las partículas altamente energéticas en el viento solar del sol interior puedan sacar los fotones del campo magnético de los átomos de oxígeno en el aire para crear las luces aurorales.

Las tormentas y los vientos en el borde de las aperturas polares también varían el haz de electrones que proviene del sol interior de la Tierra a través de las aperturas polares. Los exploradores polares invariablemente notaron un aumento de la perturbación meteorológica de las regiones polares después de una brillante exhibición auroral. Explorer Hall en la página 300 escribió:

"A las 6:30 se notó la habitual turbidez del cielo después de la aparición de estas (auroras)." En la página 83 también escribió: *"Una brisa fuerte del norte soplaba casi toda la noche. Esto parecía aumentar la agudeza de los alegres bailarines cuando cruzaban los cielos de un lado a otro."*

Bernacchi escribió en la página 130,

"Pero el mayor interés en la observación de la aurora fue la conexión que parecía existir entre ella y las perturbaciones atmosféricas que se aproximaban. Un vendaval fuerte (en Cabo Adare, Antártida) de E.S.E y S.E. fue casi invariablemente precedido por una exhibición auroral más brillante y rápida. Esto no fue una mera coincidencia, sino un hecho observado repetidamente." (EL FANTASMA DE LOS POLOS, capítulo siete.)

El hecho de que estos vientos provenientes de las áreas polares que causan la variación de las pantallas aurorales sean cálidos es una prueba más de que el viento del norte se origina en el interior de la tierra donde el sol interior los calienta.

Respecto a este viento cálido, el explorador Peary escribe en las páginas 214 y 215 de su obra, MAS CERCA DEL POLO:

"Esperaba saber más tarde de nuestro tormenta foehn de febrero en otras partes de Groenlandia, y no me decepcionó. El teniente Ryder vivió durante nueve meses en Scoresby Sound, en la costa este de Groenlandia, mientras estábamos en McCormick Bay. Estaba a unas

cuatrocientas cincuenta millas geográficas al sur de nosotros. Las temperaturas máximas que registró se produjeron en febrero y mayo. Dice (Petermanns Mittheilungen, XI, 1892, pág. 256) *que estas altas temperaturas se debieron a tormentas foehn adversas severas, una de las cuales, en febrero, elevó el termómetro a 50 F, 8 grados más alto de lo que habían registrado mis instrumentos."*

Las tormentas Foehn son tormentas de viento cálido que salen del norte del Ártico en invierno.

El explorador Fridtjof Nansen, a unos 79 grados de latitud norte, el 18 de enero, escribió sobre este viento más cálido del norte,

> *"Es curioso que casi siempre haya un aumento del termómetro con estos vientos más fuertes; hoy se elevó a 13° F bajo cero (-25 °C). Un viento del sur de menor velocidad generalmente disminuye la temperatura y un viento moderado del NORTE LO ELEVA."* (EL NORTE MÁS LEJANO, pág. 373, Vol. I)

En el invierno de 2018, una intrusión de aire caliente en el Ártico elevó la temperatura por encima de la congelación y duró más de una semana.

La estación meteorológica en Cabo Morris Jesup, en la costa norte de Groenlandia, informó que la temperatura el 25 de febrero de 2018 estuvo por encima de cero durante aproximadamente 24 horas. Esto es muy inusual en esta época del año, ya que no hay luz solar las 24 horas del día en este lugar. Los científicos que analizaron esta intrusión de aire caliente, especularon que el aire cálido entró en el Ártico desde el Atlántico, pero el Mapa del Ártico que muestra esta anomalía muestra que el aire caliente venía del lado ruso del polo, exactamente donde he estimado se encuentra la apertura polar.

¿De dónde podrían provenir los vientos cálidos del norte observados en medio del invierno? Seguramente esto es evidencia de una apertura en la tierra que conduce a una tierra calentada por un sol interior.

Si esto no es evidencia suficiente, seguramente los científicos lo encuentran difícil de explicar a dónde migran los animales y las aves del Ártico cuando se les observa en las regiones árticas ir al norte en el invierno en lugar del sur. En su libro, VIAJE EN SILENCIO, Jack Denton Scott comentó sobre la Gaviota de Ross que,

"No los vemos a menudo. La mayoría de los naturalistas nunca ven uno. (Son) pájaros misteriosos. No van al sur. (Se) crían en Siberia oriental y luego vuelan hacia el norte sobre el Mar Polar. Nadie sabe dónde están entre octubre y junio." (VIAJE EN SILENCIO, 1976 pág. 107)

Wally Herbert informó en su libro, A TRAVÉS DE LA CIMA DEL MUNDO, que en su trineo de perros cruzando el *"polo,"* encontró a los osos polares casi en el *"polo."* Consideraba que la teoría de la Tierra hueca era *"una mierda."* E igualmente se burló de la creencia esquimal de un *"agujero"* en el Océano Ártico. Tal vez los osos polares que Herbert vio cerca del polo sabían algo que él no sabía, al igual que muchas aves que migran hacia el norte desconocido.

Ver sitios del web de ciencia del extremo norte

La madera de deriva que se lava en las costas árticas viene desde los ríos que desembocan en el Océano Ártico dentro de la Apertura Polar del Norte desde Nuestra Tierra Hueca.

En el libro de Daines Barrington, SOBRE LA POSIBILIDAD DE ALCANZAR EL POLO NORTE, leemos que la madera a la deriva se lava en la costa norte de Islandia no puede venir de ningún otro lugar que del norte, pero que entre otras piezas frescas se encontraron árboles enteros que aún tenían sus capullos en ellos, algo que sería absolutamente imposible si esta madera se hubiera desplazado largas distancias desde los climas del sur. Es obvio que unos pocos meses en agua salada matarían las yemas, pero aquí había árboles que evidentemente habían estado creciendo poco tiempo antes. Además, nos dice que los observadores en Spitsbergen siempre han notado que en la primavera, justo antes de la temporada de eclosión, los patos silvestres, los gansos y otras aves vuelan en dirección al norte. También hay una fuerte migración hacia el norte en el otoño.

La tierra desde donde viene esta leña de deriva, vientos cálidos, incluso nieblas, y hacia donde migran los animales y las aves, es el interior de Nuestra Tierra Hueca, donde un sol emite sus rayos para un clima perfecto para todos los seres vivientes.

Ese sol ha sido visto por los exploradores árticos.

Olaf Jansen y su padre pescador, que alcanzaron la tierra de Nuestra Tierra Hueca en un viaje en su pequeño bote de pesca a través de la Apertura Polo del Norte, relatan de su primer avistamiento del sol interior. Era la primera parte de agosto de 1829. Habían estado navegando unos 15 días al noreste de Franz Josef Land cuando Olaf registra:

"Un día, más o menos a esta hora, mi padre me sobresaltó al llamar mi atención sobre un espectáculo novedoso que estaba frente a nosotros, casi en el horizonte. 'Es un simulacro de sol," exclamó mi padre. 'He leído de ellos; Se llama reflexión o espejismo. Pronto pasará.'"

"Pero este falso sol de color rojo apagado, como supusimos, no desapareció durante varias horas; y mientras estábamos inconscientes de su emisión de rayos de luz, aún no había tiempo después cuando no pudimos barrer el horizonte al frente y ubicar la iluminación del llamado falso sol, durante un período de al menos doce horas de cada veinticuatro."

"Las nubes y las nieblas ocultaban casi, pero nunca por completo, su ubicación. Poco a poco, parece que se elevaba más alto en el horizonte del incierto cielo púrpura a medida que avanzamos."

"Difícilmente podría decirse que se parece al sol, excepto en su forma circular, y cuando no estaba oculto por las nubes o las brumas del océano, tenía un aspecto bronceado de color rojo brumoso, que cambiaba a una luz blanca como una nube luminosa como si reflejara una luz mayor más allá."

"Finalmente acordamos en nuestra discusión sobre este sol ahumado color horno, que, cualquiera que sea la causa del fenómeno, no fue un reflejo de nuestro sol, sino un planeta de algún tipo, una realidad." (EL DIOS HUMOSO, págs. 85-87)

Olaf y su padre Jens Jansen estaban en el borde de la apertura polar en su velero cuando vieron por primera vez el sol interior sobre el horizonte directamente hacia el norte.

Mientras continuaban sobre el borde de la apertura polar hacia el interior hueco de la tierra, el sol interior parecía elevarse más alto en el cielo. Llegaron a tierra unos días después y encontraron un río. Mientras subían el rio, se encontraron con una nave que contenía habitantes de Nuestra Tierra Hueca. Fueron admitidos por esta raza de personas inteligentes y altamente avanzadas y vivieron con ellos durante dos años y medio, después de lo cual regresaron a nuestro mundo del superficie a través de la Apertura Polar del Sur en la antártica.

En su libro, Olaf Jansen da algunas descripciones del sol interior que deberían dar a los científicos que ignoran el origen de la creación de nuestra tierra algo en que pensar. Cuando Olaf y su padre abordaron la nave y los habitantes los llevaron más adentro del interior hueco de la tierra, Olaf escribe:

"Mientras tanto, habíamos perdido de vista los rayos del sol, pero encontramos un resplandor 'dentro' que emanaba del sol rojo opaco que ya había atraído nuestra atención, ahora emitiendo una luz blanca aparentemente desde un banco de nubes muy lejos en frente de nosotros. Debía decir que proporcionaba una luz mayor que dos lunas llenas en la noche más clara."

"En doce horas, esta nube de blancura se perdió de vista como si se eclipsara, y las doce horas siguientes correspondieron a nuestra noche. Pronto supimos que estas personas extrañas adoraban esta gran nube de luz. Era El Dios Ahumado del 'Mundo Interno.' " (EL DIOS HUMOSO, págs. 102, 103)

Él escribe además,

"La gran nube luminosa o bola de fuego rojo opaco, rojo fuego en las mañanas y las tardes, y durante el día emitiendo una hermosa luz blanca, 'El Dios Humoso,' parece estar suspendida en el centro del gran vacío 'dentro' de la tierra, y mantenido en su lugar por la ley inmutable de la gravitación ... "

"La base de esta nube eléctrica o luminaria central, la sede de los dioses, es oscura y no transparente, a excepción de innumerables pequeñas aperturas, aparentemente en el fondo del gran soporte o altar de la Deidad, sobre el cual 'El Dios Humoso' descansa, y, las luces que brillan a través de estas muchas aperturas brillan en la noche en todo su esplendor, y parecen ser estrellas, tan naturales como las estrellas que vimos brillar en nuestra casa en Estocolmo, excepto que parecen más grandes. 'El Dios Humoso,' por lo tanto, con cada

revolución diaria de la tierra, parece subir en el este y bajar al oeste, al igual que nuestro sol en la superficie externa. En realidad, la gente adentro cree que El Dios humoso es el trono de su Jehová, y es estacionario. Por lo tanto, el efecto de la noche y el día es producido por la rotación diaria de la tierra." (EL DIOS HUMOSO, págs. 108-110)

El tamaño aparente de nuestro sol exterior es de 1/2 grado. La luna es solo un poco más grande en tamaño aparente y por lo tanto puede eclipsar el sol. Por otro lado, si el sol interior tiene 600 millas de diámetro y está a 3,000 millas de la superficie interna del planeta, su tamaño aparente sería de 11.5 grados, viéndolo desde la superficie interior parece 23 veces más grande que el tamaño aparente de nuestro sol exterior o luna. Si tomara un disco de 5 pulgadas, tendría que moverlo a 25 pulgadas de sus ojos para obtener el tamaño aparente del sol interior. Entonces, el sol interior parece llenar más del cielo que nuestro sol exterior. Como tal, el lado brillante del sol interior parece salir por la mañana en el lado este del disco del sol interior, moverse a través de la cara del disco y desaparecer en el lado oeste del disco del sol interior en la noche (el análisis del tamaño aparente del Sol Interior fue proporcionado por Scott Macklin).

El sol interior imparte un calor perfectamente adaptado al crecimiento de la vida vegetal, animal y humana. No hay estaciones dentro de la tierra, excepto cerca de las aperturas polares donde la luz y el calor de nuestro sol varían las condiciones climáticas durante todo el año. Estas temporadas cerca de la Apertura Polar del Norte hacen que crezcan diferentes colores de flores en diferentes temporadas y el polen de estas flores colorea los icebergs en el Océano Ártico.

Olaf Jansen escribe sobre este fenómeno:

"Los valles de este continente interior de la Atlántida, que bordean las aguas superiores del norte más lejano, están en temporada cubiertos con las flores más magníficas y exuberantes. No cientos y miles, sino millones, de acres, de los cuales el polen o las flores se llevan lejos en casi todas las direcciones por los giros en espiral de la tierra y la agitación del viento resultante de ellos, y son estas flores o polen de las vastas prados de flores 'dentro' que producen las nieves coloreadas de las regiones árticas que tanto han desconcertado a los exploradores del norte." (EL DIOS HUMOSO, pág. 163)

La Chambre, en un relato de la expedición en globo de Andree, en la página 144, dice:

"En la isla de Amsterdam, la nieve se tiñe de rojo durante una distancia considerable, y los sabios la recogen para examinarla microscópicamente. Presenta, de hecho, ciertas peculiaridades; Se cree que contiene plantas muy pequeñas. Scoresby, el famoso ballenero, ya había comentado esto."

El explorador Kane notó que en diferentes épocas del año la nieve coloreada por el polen tenía diferentes colores o tonalidades. Esto probablemente se debe a las diferentes flores que florecen en diferentes tiempos de las estaciones cerca de la apertura polar.

El sol interior contiene una pequeña diferencia de temperatura entre el lado más claro y el más oscuro, lo que ayuda a causar patrones de viento lento y las lluvias de niebla diarias que hacen que el crecimiento de plantas sea tan notable en el mundo interior. Olaf describe los vientos interiores como una brisa que sube una vez al día.

Después de llegar al continente interior de su largo viaje de 53 días a través del océano Ártico hacia la apertura polar, Olaf escribió:

"Navegamos durante tres días a lo largo de la costa, luego llegamos a la boca de un fiordo o río de inmenso tamaño. Parecía más como una gran bahía, y en esto giramos nuestra embarcación de pesca, la dirección estaba ligeramente al noreste del sur. Con la ayuda de un viento inquieto que acudió en nuestra ayuda aproximadamente doce horas de cada veinticuatro, continuamos nuestro camino hacia el interior, hacia lo que luego resultó ser un río poderoso, y que aprendimos que los habitantes lo llamaron, el Hiddekel." (EL DIOS HUMOSO, págs. 91, 92)

La diferencia de temperatura en el lado nocturno del sol interior también hace que llueva en la tierra hueca. Olaf escribe,

"Hay una neblina brumosa que sube de la tierra cada noche e invariablemente llueve una vez cada veinticuatro horas. Esta gran humedad y la vigorizante luz eléctrica y el calor es la razón quizás por la exuberante vegetación, mientras que el aire eléctrico altamente cargado y la uniformidad de las condiciones climáticas pueden tener mucho que ver con el crecimiento gigante y la longevidad de la vida animal." (EL DIOS HUMOSO, pág. 128)

La ligera variación de la temperatura del sol interior entre los lados del día y la noche hace que una brisa sople durante el día y una lluvia de tipo llovizna caiga por la noche. Estas condiciones climáticas hacen que cada ser viviente crezca a su perfección. Todas las formas de vida crecen a proporciones gigantes en comparación con la vida en la superficie exterior de la tierra.

Se sabe que la luz roja hace que las plantas crezcan más altas de lo normal. Quizás la luz del lado nocturno del sol interior, que Olaf describió como *"de apariencia bronceada y de color rojo brumoso,"* es un factor que contribuye al crecimiento gigante de la vida vegetal, animal y humana en el mundo interior, así como suelos mineralizados en abundancia con temperaturas favorables y humedad. En comparación con nuestro mundo exterior, cuyos suelos fértiles antediluvianos han sido arrastrados al mar por las aguas de la gran inundación de Noé y nuestra atmósfera bañada por la dañina luz ultravioleta de nuestro sol exterior, en contraste, el mundo interior contiene un entorno ideal para una vida abundante y longevidad.

Aquí hay algunas descripciones de la vida en el interior tal como las da Olaf Jansen:

"No había un solo hombre a bordo (la nave de placer 'Naz') que no hubiera medido totalmente doce pies de altura. Todos llevaban barbas completas, no particularmente largas, pero aparentemente cortas. Tenían rostros suaves y hermosos, extremadamente justos, con tez rojiza. El cabello y la barba de algunos eran negros, otros arenosos, y otros amarillos. El capitán, como designamos al dignatario al mando de la gran nave, era una cabeza más alta que cualquiera de sus compañeros. Las mujeres tenían un promedio de diez a once pies de altura. Sus características eran especialmente regulares y refinadas, mientras que su tez era de un tinte más delicado realzado por un brillo saludable."

"Tanto los hombres como las mujeres parecían poseer esa particular facilidad de moderación que consideramos un signo de buena reproducción, y, a pesar de su enorme estatura, no había nada en ellos que sugiriera torpeza. Como yo era solo un muchacho en mi decimonoveno año, Sin duda, considerado como un verdadero enano por ellos. Los seis pies y tres pulgadas de mi padre no levantaron la parte superior de su cabeza por encima de la línea de la cintura de estas personas." (EL DIOS HUMOSO, págs. 98-100)

"Aprendimos que los hombres no se casan antes de tener entre setenta y cinco y cien años, y que la edad a la

que las mujeres entran al matrimonio es solo un poco menor, y que tanto los hombres como las mujeres viven con frecuencia entre los seis a ocho cientos años, y en algunos casos mucho mayores." (EL DIOS HUMOSO, pág. 118)

"La vegetación crecía en exuberante exuberancia y la fruta de todo tipo poseía el sabor más delicado. Racimos de uvas de cuatro y cinco pies de largo, cada uva tan grande como una naranja, y manzanas más grandes que la cabeza de un hombre, tipifican el maravilloso crecimiento de todas las cosas en el 'interior' de la tierra. Los grandes árboles de secoya de California serían considerados meros arbustos en comparación con los árboles gigantes de bosque que se extienden por millas y millas en todas las direcciones." (EL DIOS HUMOSO, págs. 105-106)

"En nuestros viajes llegamos a un bosque de árboles gigantescos, cerca de la ciudad de Delfi. Si la Biblia hubiera dicho que había árboles con una altura de más de trescientos pies de altura y más de treinta pies de diámetro, creciendo en el Jardín del Edén, los Ingersolls, los Tom Paines y los Voltaires, sin duda habrían dicho la declaración como un mito. Sin embargo, esta es la descripción de la SEQUOIA GIGANTEA de California; pero estos gigantes de California palidecen hasta convertirse en insignificantes cuando se los compara con los Goliats de bosque encontrados en el continente 'interior,' donde abundan árboles poderosos de ochocientos a mil pies de altura y de ciento a ciento veinte pies de diámetro; innumerables en número y formando bosques que se extienden a cientos de millas del mar." (EL DIOS HUMOSO, págs. 120-121)

"Ya sea en el interior, entre las montañas o a lo largo de la costa, encontramos que la vida de las aves es prolífica. Cuando extendieron sus grandes alas, algunas de las aves parecían medir treinta pies de punta a punta. Son de gran variedad y de muchos colores. Se nos permitió subir al borde de una roca y examinar un nido de huevos. Había cinco en el nido, cada uno de los cuales tenía al menos dos pies de largo y quince pulgadas de diámetro." (EL DIOS HUMOSO, págs. 124-125)

En una isla cerca de la Apertura Polar del Sur, Olaf informó haber visto pingüinos,

"Después del desayuno, comenzamos un recorrido de descubrimiento por el interior, pero no habíamos ido muy

lejos cuando avistamos algunas aves que reconocimos al mismo tiempo como pertenecientes a la familia de los pingüinos. Son aves que no vuelan, pero son excelentes nadadores y tienen un tamaño tremendo, con pecho blanco, alas cortas, cabeza negra y pico largo. Se colocan completamente nueve pies de alto. Nos miraron con poca sorpresa, y luego se tambalearon, en lugar de caminar, hacia el agua, y se alejaron nadando en dirección norte." (EL DIOS HUMOSO, págs. 134-135)

Sin embargo, Olaf vio aves como las de nuestro mundo de la superficie. El escribió,

"Vimos innumerables ejemplares de vida de aves no mayores que los encontrados en los bosques de Europa o América. Es bien sabido que durante los últimos años, especies enteras de aves han abandonado la tierra. Un escritor en un artículo reciente sobre este tema dice: '¿No es posible que estas especies de aves que desaparecen abandonen su hábitat en el mundo exterior, y encuentran un asilo en el 'mundo interior'?" (EL DIOS HUMOSO, págs. 123-124)

No solo la vida humana, vegetal y aviar es enorme en dimensiones, sino también la vida animal. Olaf escribe,

"Después de haber estado en la ciudad de Hectea aproximadamente una semana, el profesor Galdea nos llevó a una bahía, donde vimos miles de tortugas a lo largo de la orilla arenosa. Vacilo en indicar el tamaño de estas grandes criaturas. Tenían de veinticinco a treinta pies de largo, de quince a veinte pies de ancho y siete pies de altura. Cuando uno de ellos proyectó su cabeza, tuvo la apariencia de un monstruo marino horrible."

"Las condiciones extrañas 'dentro' son favorables no solo para vastas praderas de pastos exuberantes, bosques de árboles gigantes y toda clase de vida vegetal, sino también para animales maravillosos."

"Un día vimos una gran manada de elefantes. Debe haber quinientos de estos monstruos truenosos, con sus agitados troncos agitándose. Estaban arrancando enormes ramas de los árboles y pisoteando el crecimiento más pequeño en polvo como mucho cepillo de avellana. Promediarían más de 100 pies de largo y de 75 a 85 de altura."

"Parecía, mientras contemplaba esta maravillosa manada de elefantes gigantes, que volvía a vivir en la biblioteca pública de Estocolmo, donde había pasado

mucho tiempo estudiando las maravillas de la era del Mioceno. Me llené de asombro, y mi El padre se quedó sin hablar con asombro. Sostuvo mi brazo con un agarre protector, como si un daño terrible nos alcanzara. Éramos dos átomos en este gran bosque y, afortunadamente, no observados por esta vasta manada de elefantes a medida que avanzaban y se alejaban, siguieron a un líder al igual que una manada de ovejas. Hojearon de los herbajes en crecimiento que encontraron mientras viajaban, y de vez en cuando sacudieron el firmamento con sus profundos bramidos." (THE SMOKY GOD, pp. 126-7)

La persona que Olaf obtuvo para editar su libro y publicarlo, Willis Jorge Emerson, escribió acerca de aquellos mamuts que se cree que eran prehistóricos en las costas del norte de Siberia y Alaska.

"En los límites septentrionales de Alaska, y aún más frecuentemente en la costa de Siberia, se encuentran depósitos de piedras que contienen colmillos de marfil en cantidades tan grandes que sugieren los lugares de enterramiento de la antigüedad. Del relato de Olaf Jansen, provienen de la gran vida animal prolífica que abunda en los campos y bosques y en las orillas de numerosos ríos del Mundo Interno. Los materiales se capturaron en las corrientes oceánicas, o se transportaron en los hielos, y se acumularon como madera flotante en la costa de Siberia. Esto ha estado ocurriendo durante años, y por lo tanto, estos misteriosos barrios de huesos." (EL DIOS HUMOSO, págs. 44-45)

Sobre este tema, Guillermo F. Warren, en su libro, PARAÍSO ENCONTRADO, O LA CUNA DE LA RAZA HUMANA EN EL POLO NORTE, escribió:

"Las rocas árticas hablan de una Atlántida perdida más maravillosa que la de Platón. Los lechos de marfil fósiles de Siberia superan todo lo que existe en el mundo. Desde los días de Plinio, al menos, han estado constantemente en explotación, y aún son la principal sede de suministros. Los restos de los mamuts son tan abundantes que, como dice Gratacap, 'las islas del norte de Siberia parecen estar formadas por huesos apiñados.' Otro escritor científico, hablando de las islas de Nueva Siberia, al norte de la desembocadura del río Lena, usa este lenguaje: 'Grandes cantidades de marfil se extraen de la tierra cada año. De hecho, se cree que algunas de las islas no son más que una acumulación de madera de deriva y los cuerpos de mamuts

y otros animales antediluvianos congelados juntos. De esto podemos deducir que, durante los años que han transcurrido desde la conquista rusa de Siberia, se han recolectado colmillos útiles de más de veinte mil mamuts."

En conclusión, podemos decir que si los científicos consideraran la verdadera fuente de estos restos de mamut, la madera flotante, los vientos cálidos del Ártico e incluso las auroras, descubrirían una tierra en el norte que el explorador ártico Fridtjof Nansen declaró *"debe ser un Canaán, que fluye con leche y miel."* También descubrirían que nuestra Tierra es hueca con aperturas polares y contiene un SOL interior.

CAPÍTULO DIEZ
¡Los Cinturones de Radiación de Van Allen de la Tierra Comprueban que Nuestra Tierra es Hueca!

Conformando con la verdadera forma de Nuestra Tierra Hueca están los Cinturones de Radiación de Van Allen. Incluso cuando la tierra tiene agujeros cerca de sus polos, también lo tienen los cinturones de radiación. Estos cinturones, descubiertos en mayo de 1958, por J.A. Van Allen, son dos zonas en forma de dona de partículas cargadas atrapadas en el campo magnético de la Tierra. Los cinturones son más intensos sobre el ecuador y están efectivamente ausentes por encima de los polos.

Los científicos reconozcan que existe una clara conexión entre las auroras y los Cinturones de Radiación de Van Allen, pero los detalles siguen siendo inciertos. La medición directa muestra la intensidad de las partículas atrapadas en el cinturón exterior se aumenta en el momento de las auroras prominentes. Por lo tanto, concluyen, que parece que alguna fuente común produce tanto las auroras como el cinturón exterior. Pero ellos no saben cuál es esa fuente.

La teoría de la Tierra Hueca muestra claramente que la fuente tanto de las auroras como de los Cinturones de Radiación de Van Allen es el sol suspendido en el interior hueco de la tierra. Los electrones y protones de alta velocidad emiten desde las aperturas polares de la Tierra desde el sol dentro con energías que contienen de 10,000 a 100,000 voltios de electrones y con intensidades de hasta un millón de millones (10^{12}) de partículas por centímetro cuadrado por segundo. Estos electrones y protones de alta energía golpean la atmósfera por encima de la Ártica y la Antártida en una forma ovalada a aproximadamente de 100 kilómetros de elevación, donde excitan los átomos del aire para emitir luz que causan las auroras.

Después de que los electrones energéticos pasan a través de la atmósfera alrededor de las aperturas polares que causan las auroras, continúan siguiendo las líneas del campo magnético terrestre desde la Apertura Polar del Norte, sur, y desde la Apertura Polar del Sur, al norte. Las partículas de electrones y protones cuando siguen una línea del campo magnético giran a su alrededor a medida que avanzan describiendo caminos que tienen la forma de una hélice (sacacorchos).

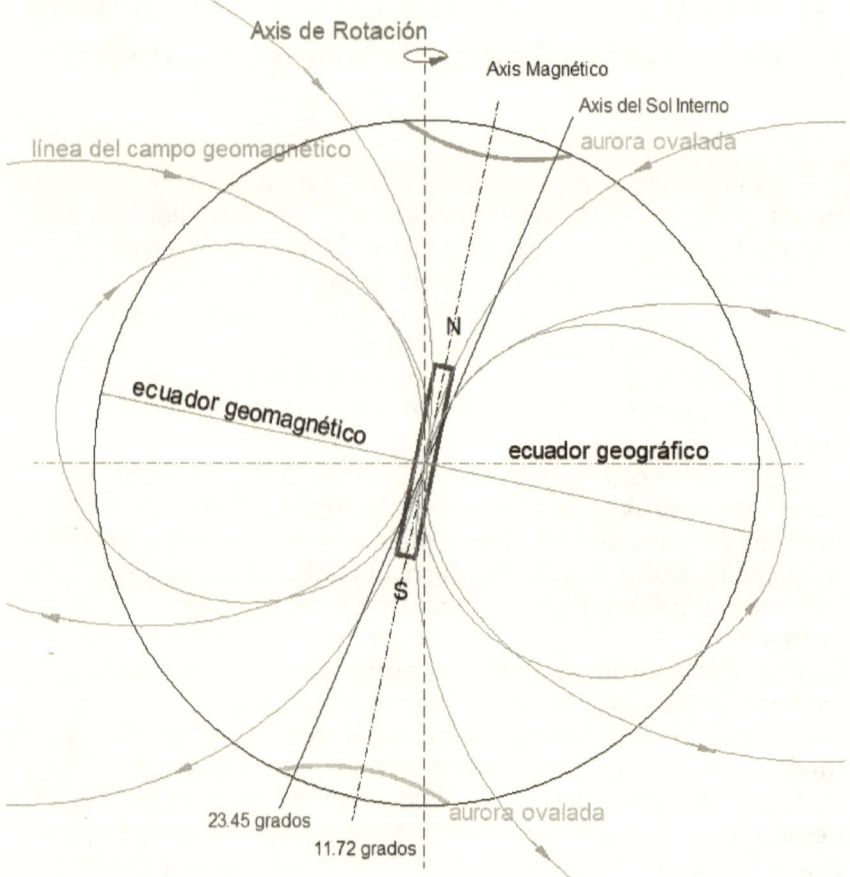

Figura 10-1. El campo geomagnético de la Tierra no se ajusta al eje de rotación de la Tierra como lo hace un dínamo común porque el Sol interior está orientado en un eje de rotación diferente al eje de rotación de la Tierra.

Los Cinturones de Radiación de Van Allen son partículas cargadas (electrones y protones) que se ajustan al campo geomagnético de la tierra. Este campo tiene agujeros en los polos pero no se ajusta exactamente a la estructura física de la tierra en esos puntos. (Figura 10-1) El campo geomagnético de la Tierra tiene la forma aproximadamente de un dipolo con el polo magnético norte desplazado a 793 millas del eje geográfico de la tierra hacia la latitud 78.5 grados norte, longitud 69.1 grados oeste (en 1965), y estaba inclinado 11.5 grados relativos al eje geográfico.

Los científicos no tienen idea de por qué el campo geomagnético de la tierra no coincide con el eje de rotación de la tierra, como es el caso de una dinamo común. Esto solo puede explicarse por la Teoría de la Tierra Hueca. Este desplazamiento del eje geomagnético del eje geográfico es causado por la naturaleza hueca de la tierra y su sol interior. Si la Tierra fuera como una dinamo común, su campo magnético coincidiría con su eje de rotación. El desplazamiento se produce porque la tierra tiene DOS campos electromagnéticos superpuestos uno sobre el otro. Un campo es producido por el SOL dentro del interior hueco de la tierra y el otro es producido por la cáscara giratoria de la tierra hueca.

El eje geomagnético gira alrededor del eje de rotación de la tierra muy lentamente. Esto es causado por una rotación lenta del sol interior y porque el eje de rotación del sol interior está desplazado del eje de rotación de la cáscara de la Tierra. También parece que el eje de rotación del Sol interior se está tambaleando dando lugar a una órbita completa de los polos geomagnéticos sobre el eje polar de la cáscara de la Tierra, tomando quizás unos 794 años.

Se sabe que los polos magnéticos se mueven. La tasa de movimiento del Polo Magnético del Norte en 1965 fue de aproximadamente 8 millas por año, pero en los últimos años se ha acelerado a medida que avanza sobre el Ártico. La NOAA informa que la encuesta más reciente determinó que el Polo Magnético del Norte se está moviendo hacia el norte a noroeste a unas 34 millas por año y en 2020 se encuentra en 164.036° W, 86.502° N.
(https://www.ngdc.noaa.gov/geomag/GeomagneticPoles.shtml)

Parece que este movimiento puede ser causado por una rotación lenta del sol interior dentro de Nuestra Tierra Hueca que coincide con un bamboleo axial, haciendo una rotación completa y un bamboleo en aproximadamente 794 años. He calculado esto asumiendo que en el período de la creación que Dios colocó el Sol Interior en rotación al mismo ritmo que el planeta Kolob de Dios en el centro de nuestra Vía Láctea, que según lo reveló a Abraham, giraba a razón de 1,000 años terrestres para Un día del Señor. (Abraham 3: 4, 2 Pedro 3: 8) Como parte de este cálculo, he tomado la duración del año original de la Tierra de 290 días como se muestra en el calendario de las antiguas ruinas de Tiahuanaco en las montañas de los Andes de Bolivia. Si el calendario de

Tiahuanaco era el original de la Tierra, entonces 1,000 años de 290 días deberían ser iguales a los años actuales de 365¼ días multiplicados por la tasa de rotación del Sol Interior. El cálculo para esto es 1000 * 290 = 365.25x, x = 793.98 años para la tasa de rotación del Sol Interior y su campo magnético.

Los científicos al principio intentaron explicar que las auroras son causadas por la radiación de los Cinturones de Radiación de Van Allen. Pero esto es poco probable porque se sabe que no hay suficiente energía en los cinturones para sostener las auroras que son siempre constantes. Los científicos deben considerar la evidencia de que la fuente de la radiación proviene de los polos y no del ecuador.

LOS CINTURONES DE RADIACIÓN VAN ALLEN

La radiación de Van Allen consiste en electrones de alta energía y protones en un anillo en forma de rosquilla alrededor de la tierra. La radiación de electrones es más intensa en regiones de sombreado más oscuro. Un cinturón de radiación de protones se superpone a la radiación de electrones. Su intensidad máxima está indicada por las líneas punteadas.

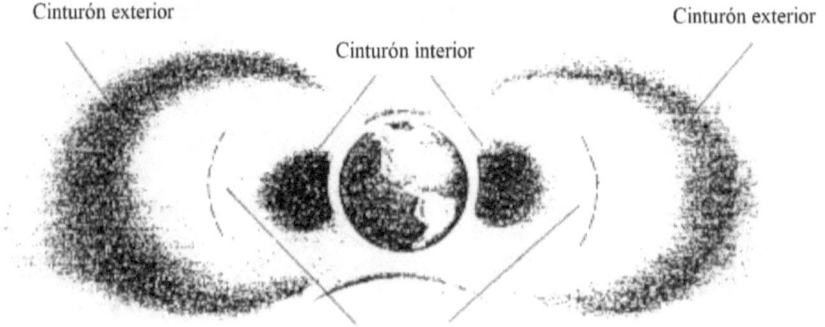

Cinturón exterior — Cinturón interior — Cinturón exterior

Cúspide de concentración de protones

Figura 10-2. Los Cinturones de Radiación de Van Allen tienen agujeros en los polos que conforman al campo electromagnético de la tierra y forman cinturones sobre el ecuador.

Después de salir de la atmósfera polar, los electrones y protones que emanan del sol interior de la Tierra a través de las aperturas polares se dividen en dos capas o cinturones de electrones y dos cinturones de protones. (Figura 10-2) Las correas están en el siguiente orden, hacia afuera del ecuador de la tierra: cinturones de electrones, protones, electrones y protones. Las energías de partículas son las más altas más cercanas a la tierra donde las líneas de fuerza magnética son más fuertes. Los científicos intentan explicar esto diciendo que las partículas provienen del viento solar de nuestro sol exterior y al acercarse a la Tierra se aceleran hacia la Tierra por el campo geomagnético. Pero en sus conjeturas, los científicos se contradicen.

En primer lugar, se observa que las partículas energéticas emiten desde las regiones polares con energías suficientes para hacer que la atmósfera ilumine las auroras. Luego, las partículas con energías siempre decrecientes fluyen hacia afuera desde la superficie de la tierra y se alejan de los polos siguiendo las líneas del campo electromagnético de la tierra.

En segundo lugar, el viento solar de nuestro sol exterior no podría causar las auroras ni los cinturones de radiación porque son mucho más bajos energéticamente. El viento solar está compuesto de protones con energías de aproximadamente 1,000 electron-voltios y electrones con aproximadamente 10 electron-voltios en comparación con la fuente de las auroras con electron-voltios de 10,000 a 100,000.

En realidad, la fuente de las auroras y los cinturones de radiación está más cerca que nuestro sol exterior. Esa fuente es el sol dentro del interior hueco de nuestra tierra.

Una prueba adicional que el viento solar de nuestro sol exterior no es la causa de las auroras y los cinturones de radiación es el hecho de que cuando el viento solar llega a la proximidad de la Tierra, el campo magnético de la Tierra DESVÍA al viento solar alrededor de la Tierra. (Figura 10-3) Se forma un límite cuando la deformación del campo geomagnético simplemente equilibra la presión del viento solar. Ahora, si el viento solar se desvía alrededor de la Tierra, ¿cómo se supone que ingrese a la región polar de la Tierra y al campo geomagnético y aumente las energías de sus partículas de 10 a 1000 veces?

Los protones con energías de hasta 10,000 electron-voltios se encuentran en la magnetosfera pero no en el viento solar libre. En esta región también se encuentran electrones con energías que exceden los 40,000 electron-voltios, mientras que los electrones del viento solar exhiben niveles de solo unos 10 electron-voltios. Los científicos dicen que parece muy probable que estas partículas de baja energía del viento solar *"de alguna manera"* entren en la magnetosfera donde *"de alguna manera"* captan energía, pero no entienden los *"posibles"* modos de entrada. (ENCICLOPEDIA BRITÁNICA)

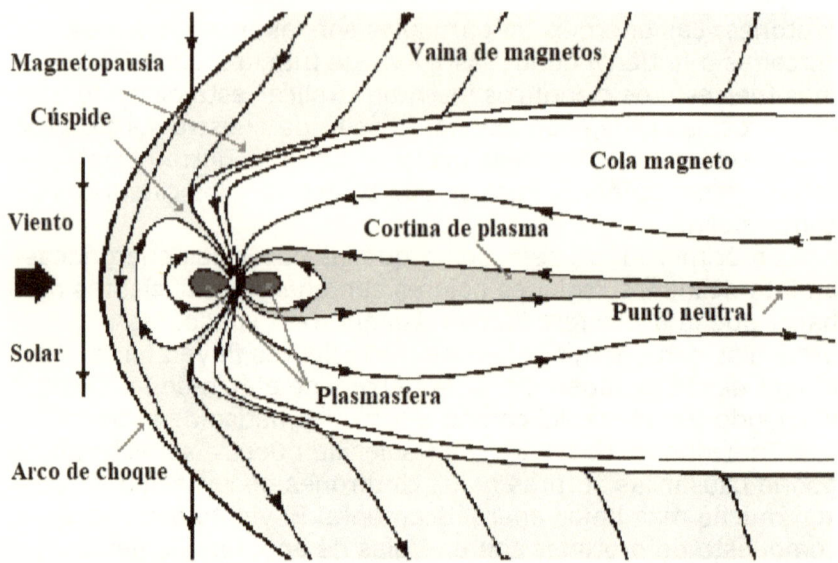

Figura 10-3. La magnetosfera de la Tierra desvía el viento solar del Sol alrededor de la Tierra, y por lo tanto no puede ser la fuente de energía en los Cinturones de Radiación de Van Allen o de las Auroras.

Es tiempo de que los científicos reconozcan que donde se localizan las concentraciones de energía más altas es la fuente de las auroras y los cinturones de radiación de Van Allen. Esa fuente está dentro de las áreas polares. El sol dentro de Nuestra Tierra Hueca que emana sus electrones de alta energía y protones a través de las aperturas polares de la tierra es la fuente del viento solar que ilumina las auroras y llena los Cinturones de Radiación Van Allen, NO el viento solar de nuestro sol exterior.

CAPÍTULO ONCE
¡Los Terremotos Comprueban que Nuestra Tierra es Hueca!

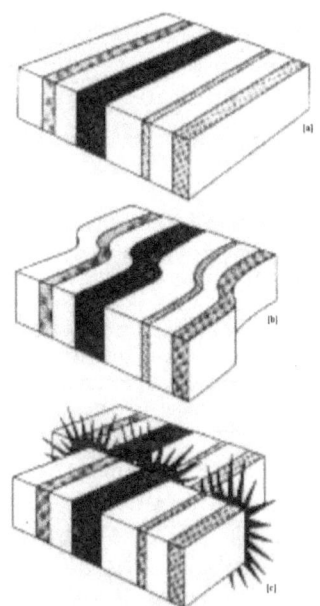

Diagrama que muestra la relación entre el foco y el epicentro de un terremoto. El foco es el punto de movimiento inicial en la falla. Las ondas sísmicas irradian desde este punto. El epicentro es un punto en la superficie de la tierra directamente sobre el foco.

Figura 11-1. El origen de los terremotos. La tensión se aumenta en las placas tectónicas de la tierra por fuerzas de la marea, que son las interacciones gravitacionales de la luna, el sol y los planetas que actúan sobre la tierra hasta que las placas se rompen. Además, la expansión de la tierra a medida que "crece" en tamaño hace que las placas se rompan. Luego se libera energía y las ondas sísmicas salen del punto de la ruptura.

Los terremotos son ondas generadas en el interior de la tierra y son causadas por rupturas de rocas que se tensan más allá de sus límites elásticos. (Figura 11-1) Similar a un palo seco que se dobla hasta que se rompa, las capas de roca en un sitio de un terremoto tienen energía almacenada a medida que se doblan por la expansión gradual de la tierra a medida que "crece" y por las fuerzas gravitacionales del sol, la luna y los planetas que actúan sobre la tierra como la interacción gravitatoria de la luna con la tierra producen las mareas en el océano. Cuando el límite elástico de las rocas se alcanza con la flexión, la energía almacenada se libera mediante la ruptura, lo que hace que los extremos fracturados vibren y envíen ondas sísmicas.

Hay tres tipos principales de ondas sísmicas (terremotos). Las ondas P primarias son ondas de compresión similares a las ondas de sonido. Las ondas P hacen que la materia a través de la cual pasan vibre hacia adelante y hacia atrás en la dirección en que viajan las ondas. Estas son las ondas sísmicas más rápidas. Las ondas S secundarias viajan aproximadamente 1/2 tan rápido como las ondas P y hacen que la materia vibre de un lado a otro en ángulo recto con respecto a la dirección en que viajan las ondas. Las ondas superficiales más lentas tienen la forma de ondas de agua. (Figura 11-2)

Línea de la cerca antes de la alteración sísmica.

Figura 11-2. Movimiento producido por los diversos tipos de ondas sísmicas. Cada tipo de onda sísmica produce un movimiento característico que puede ser ilustrado por las distorsiones que producen en una línea de cerca recta.

Movimiento producido por una onda P. Las partículas se comprimen y luego se expanden en la línea de progresión de la onda.

Movimiento producido por una onda S. Las partículas se mueven de un lado a otro en ángulo recto al progreso de la onda.

Movimiento producido por una onda del superficie. Las partículas se mueven en una trayectoria circular en la superficie y disminuyen con la profundidad.

Una diferencia significativa entre las ondas P y S es el hecho de que las ondas de compresión P pueden viajar a través de cualquier sustancia, mientras que las ondas S de corte no pueden viajar a través de gases o líquidos.

Las ondas sísmicas son importantes en el estudio del interior de la Tierra porque en seguida de los volcanes, son prácticamente el único medio que tienen los científicos para determinar la estructura interna de la Tierra. Como son olas, las ondas sísmicas obedecen las leyes que gobiernan las olas. Es decir, como las ondas de luz y sonido, las ondas sísmicas se mueven en línea recta a través de un cuerpo homogéneo, pero cuando se encuentran con un límite entre diferentes sustancias, ambas se reflejan y difractan (se doblan).

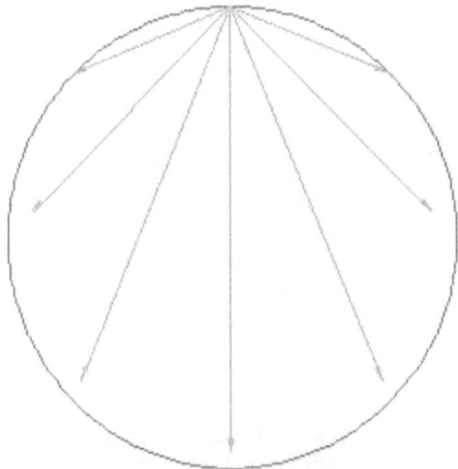

Figura 11-3. Si hubiera una densidad uniforme en toda la Tierra, las ondas sísmicas seguirían caminos rectos a través de la Tierra.

Si la Tierra fuera una esfera homogénea, las ondas sísmicas viajarán en línea recta a una velocidad continua por todo el cuerpo, como se ilustra en la Figura 11-3. Sin embargo, las mediciones reales de las velocidades de las ondas sísmicas muestran que las ondas sísmicas llegan a puntos progresivamente más alejados del epicentro sísmico más rápido que si viajaran a una velocidad uniforme. (El epicentro es el punto en la superficie de la tierra directamente sobre el punto focal. El hipocentro, o punto focal, es donde se calcula que realmente ocurrió el terremoto). Dado que las ondas sísmicas viajan más rápido a través de materia más denso, se concluye que mientras las olas viajan hacia el interior de la tierra se encuentran materiales cada vez más densos. Si el material hacia el interior de la Tierra se vuelve gradualmente más denso, se esperaría que las ondas sísmicas se difractaran gradualmente y se curvaran con la trayectoria resultante de la Figura 11-4.

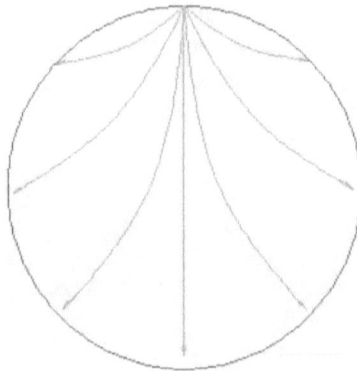

Figura 11-4. Caminos seguidos por ondas sísmicas en un planeta donde las velocidades de las ondas aumentan con la profundidad debido al aumento de la densidad. El cambio en la densidad causaría que las ondas se refractaran, por lo que las ondas seguirían trayectorias curvadas.

Figura 11-5. La zona de sombra producida por un terremoto en Japón. La zona de sombra en la que no se reciben ondas P directas es una banda en la superficie de la tierra.

Se hizo un descubrimiento importante en 1906 cuando se observó que cada vez que ocurría un gran terremoto había una región en el lado opuesto del planeta, entre 103 y 143 grados desde el foco del terremoto, que no detectó ondas sísmicas, excepto en formas comparativamente muy débiles. Esta zona, llamada la zona de sombra (Figura 11-5) es la base sobre la cual los científicos construyen su teoría de la estructura central de la tierra.

Figure 11-6. Las ondas S se reciben desde el foco de un terremoto hasta 103 grados, pero hay una gran área en el lado opuesto del planeta desde el epicentro donde no se reciben las ondas S. Se llama la Zona de Sombra. Los científicos postulan que, dado que las ondas S no pueden viajar a través del líquido, el núcleo externo debe ser magma líquido fundido.

Pero tampoco las ondas S viajan a través de un núcleo hueco, por lo que mantenemos que el núcleo es hueco y que no hay núcleo externo de magma líquido.

En primer lugar, las ondas de corte sísmicas S ni siquiera viajan a través del núcleo y no se reciben en absoluto después del punto de 103 grados (Figura 11-6). Dado que las ondas S no viajan a través de líquidos, los científicos concluyen que el límite del núcleo externo es un líquido. La distancia a este límite fue calculada en 1914 por Gutenberg, un sismólogo alemán, en 2,900 kilómetros (aproximadamente 1,800 millas). Dado que las ondas de compresión P pueden viajar a través de líquidos, las ondas P recibidas más allá del punto de 143 grados se justifican que las ondas P viajan a través del núcleo externo líquido. Sin embargo, como las ondas P no se reciben en la zona de sombra, se considera que se refractan cuando golpean el núcleo, como muestra la Figura 11-7.

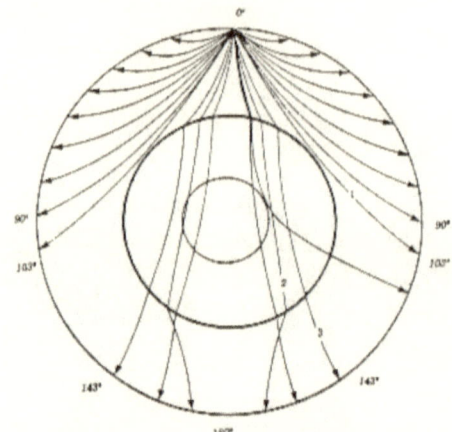

Figura 11-7. La ciencia ortodoxa interpreta la zona de sombra de la onda P postulando que la Tierra tiene un núcleo central a través del cual las ondas P viajan de manera relativamente lenta. El rayo 1 simplemente pasaría a lado del núcleo y se recibiría en una estación ubicada a 103 grados del foco del terremoto. Los rayos más pronunciados, como el rayo 2, encontrarían el límite del núcleo y se refractarían. El rayo 2 viajaría a través del núcleo y luego se refractaría nuevamente en el límite del núcleo para ser recibido en una estación a 180 grados del foco. Los rayos más inclinados harían lo mismo hasta el rayo 3, que emerge en la superficie a 145 grados del foco. Los rayos más inclinados que el rayo 3 serían doblados tan severamente por el núcleo que no serían recibidos en la zona de sombra.

La interpretación de la tierra hueca reduciría la distancia al núcleo, y declara que el núcleo es hueco a través del cual no pasan las ondas sísmicas ni la P ni la S. La zona de sombra es la evidencia del hueco en la tierra.

La figura 11-7 es una sección transversal a través de la tierra. La verdadera naturaleza de la zona de sombra se muestra en la Figura 11-5. Estudios recientes en la zona de sombra muestran que hay una recepción de ondas P débiles allí que les dan a los científicos la creencia de que hay un núcleo interno sólido del cual se desvían las ondas P que penetran en el núcleo externo. (Figura 11-8)

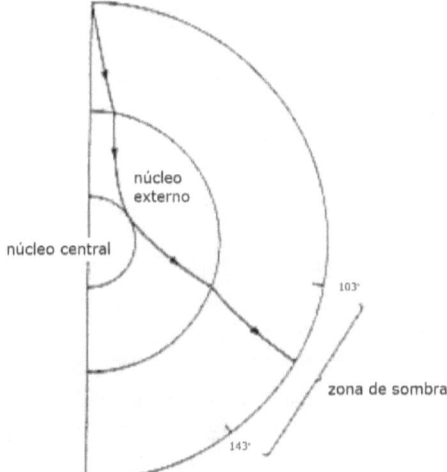

Figura 11-8. La ciencia ortodoxa explica que la débil recepción de las ondas P en la zona de sombra les sugiere la existencia de un núcleo interno sólido.

Sin embargo, en una tierra hueca, la recepción de ondas P débiles en la zona de sombra podría ser el resultado de múltiples reflexiones entre la superficie interna y la superficie externa, lo que hace que éstas sean débiles en el momento en que alcanzan la zona de sombra.

También se ha observado que las ondas P que llegan al lado opuesto de la tierra más allá de la zona de sombra desde el foco del terremoto llegan más rápido porque supuestamente viajan a través de un núcleo interno sólido que las ondas que viajan más lentamente a través del núcleo externo supuestamente líquido.

Sin embargo, esto también podría suceder si estas ondas P viajan a través de una capa más densa de la cáscara de la tierra hueca por debajo de las 450 millas de profundidad donde no se producen terremotos.

Un núcleo interno sólido rodeado por un núcleo externo líquido también brinda a los científicos una explicación de la fuente del fuerte campo electromagnético de la tierra. El razonamiento es que el núcleo interno sólido mantiene una posición más estacionaria a medida que las partes externas de la tierra giran a su alrededor con el núcleo externo líquido como una zona de amortiguamiento. Estos contra-movimientos tipo dinamo del núcleo y la corteza del manto exterior de la tierra crearían el campo electromagnético de la tierra. El problema con esta explicación de la ciencia orthox del campo magnético de la Tierra es que causaría que los polos magnéticos coincidieran con el eje de rotación geográfica de la Tierra, lo cual no hacen.

La Teoría de la Tierra Hueca no tiene problemas para crear el fuerte campo electromagnético de la Tierra. Es causada por la rotación de la caparazón de la Tierra alrededor del Sol Interior que gira muy lentamente y que tiene una inclinación diferente en su eje de rotación que el eje de rotación de la caparazón de la Tierra.

Existen otros límites en las capas externas de la Tierra, medidos por las velocidades de las ondas sísmicas, como se indica en la Figura 11-9. Los geólogos, considerando que tal vez los meteoritos son fragmentos de un planeta explotado, han notado que hay dos tipos generales de meteoritos. Un tipo está compuesto principalmente de minerales de silicato y el otro de níquel y hierro. Por analogía, concluyen que el manto terrestre está formado por minerales de silicato y el núcleo de hierro y níquel. Esto dicen que está respaldado por evidencia de estudios de densidad, sísmicas y magnéticas también.

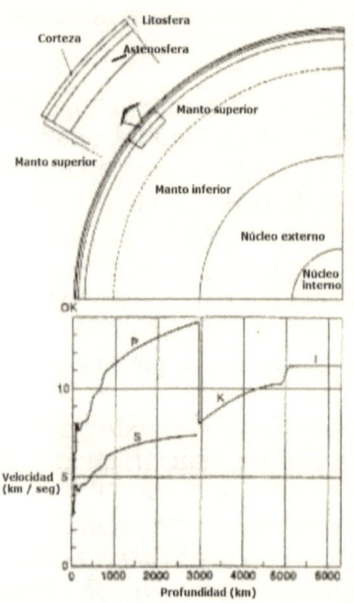

Figura 11-9. Con este diagrama, la ciencia ortodoxa interpreta la estructura interna de la tierra como se deduce de las variaciones en la velocidad de las ondas sísmicas con la profundidad. Suponen que las velocidades de las ondas P y S aumentan hasta una profundidad de unos 3,000 km (1,800 millas), donde ambas cambian bruscamente. La onda S desaparece y no viaja a través del núcleo externo e interno, y la velocidad de las ondas P disminuye drásticamente. Esta es la discontinuidad más sorprendente en la tierra y se considera que es el límite entre el núcleo y el manto. Otra discontinuidad ocurre a una profundidad de 5,000 km, lo que indica un núcleo interno. Una capa de baja velocidad a profundidades de 100 a 400 km se llama astenosfera.

La interpretación de la Tierra Hueca reduciría la distancia al núcleo externo a 800 millas causada por un aumento más alto en densidad que las estimaciones de la ciencia ortodoxa. La discontinuidad del núcleo externo sería la superficie interna. La discontinuidad de la astenosfera es la profundidad a la que existe una base de tierra más densa que consiste en un contenido metálico con rocas menos densas que se encuentran sobre ella. Ni las ondas P ni S pasan por el hueco de la tierra. Las ondas P se doblan alrededor del hueco, así como a través de múltiples reflexiones entre la superficie exterior y la superficie interna, lo que permite una recepción débil de las ondas P más allá de la zona de sombra. Las ondas S no pueden pasar a través del núcleo porque el núcleo de la Tierra es hueco.

El movimiento de las placas continentales en la corteza y la litosfera se basan en la idea de que la astenosfera es plástica. Se supone que esta plasticidad es causada por un aumento de la temperatura con la profundidad que hace que el material en esta región se acerque al punto de fusión. Y aunque los terremotos ocurren a una profundidad de 750 km (450 mi), la aparente contradicción entre la plasticidad y la capacidad de cizallamiento se explica de la siguiente manera: debajo de la astenosfera, la roca es algo plástica pero se fracturará bajo un estrés repentino.

Ahora, obviamente, los científicos hacen un trabajo maravilloso al tratar de explicar datos observables en el interior de nuestra tierra. Sin embargo, sus conclusiones, en realidad son solo una teoría del interior de la tierra. Es sólo una teoría. Ningún científico ha estado allí para ver si la temperatura aumenta con la profundidad y crea un núcleo externo líquido, mientras que a mayor profundidad, el mismo aumento de temperatura crea un núcleo sólido. Lo más profundo que han podido penetrar en el interior de la tierra los científicos es el pozo de perforación Kola Super Profundo de Rusia, que alcanzó una profundidad de 40,230 pies o 7.619 millas en 1989 (Wikipedia.org, 2016). Sin embargo, los exploradores de la Tierra Hueca han viajado desde la superficie exterior a la superficie interior de la Tierra y no han encontrado un interior fundido y han descubierto que el interior hueco de la Tierra es aproximadamente el 50% del volumen total de la Tierra.

Ilustrando la incongruencia de la teoría de la ciencia ortodoxa del interior de la tierra es la propia admisión de un científico de que escribió,

"No sabemos mucho sobre el comportamiento de los materiales a temperaturas y presiones que ocurrirían en esta región de la Tierra, por lo que el núcleo probablemente no sea como ningún líquido que encontremos en la superficie. Sin embargo, el hecho de que las ondas de corte no se propaguen a través del núcleo indica que tampoco es muy parecido a ningún sólido que conozcamos en la superficie." (CIENCIA FÍSICA 100, por Merrill, Hamblin y Thorne, Burgess Publishing Co., Minneapolis, 1978, pp. 11-13)

Ahora bien, si se admite que el núcleo no es como ningún líquido o sólido del que sabemos, ¿no podría explicarse mejor como un gas o incluso un espacio vacío? Después de todo, las ondas S tampoco viajarán a través de un gas o vacío. Y no hay nada que los científicos puedan invocar para indicar por qué las ondas P no pueden viajar por alrededor del núcleo en lugar de a través de él. Las ondas P tienen esa característica de poder doblarse alrededor de esquinas u obstáculos como las ondas de sonido.

Consideremos que el núcleo es un obstáculo que consiste en un espacio vacío como se muestra en la Figura 11-10. En este caso, las ondas de corte S no pasarían a través del núcleo hueco. Las ondas de compresión P se refractarían (doblarían) a su alrededor, permitiéndoles alcanzar el lado opuesto de la tierra. Además, las ondas P que viajan a través de la parte más densa más baja del manto llevarán las ondas al lado opuesto de la tierra más rápido que las que viajan a través de la corteza superior, menos densa.

El hecho de que ni las ondas P ni las ondas S se reciban en la zona de sombra es una indicación de que NINGÚN tipo de onda viaja a través del núcleo. La zona de sombra es la evidencia de la existencia de un núcleo. Si se pudiera realizar algún experimento que probara que las ondas P no viajan a través del núcleo, entonces el núcleo no podría ser un sólido, líquido o gas, sino espacio puro. Sería un hueco dentro de nuestra tierra.

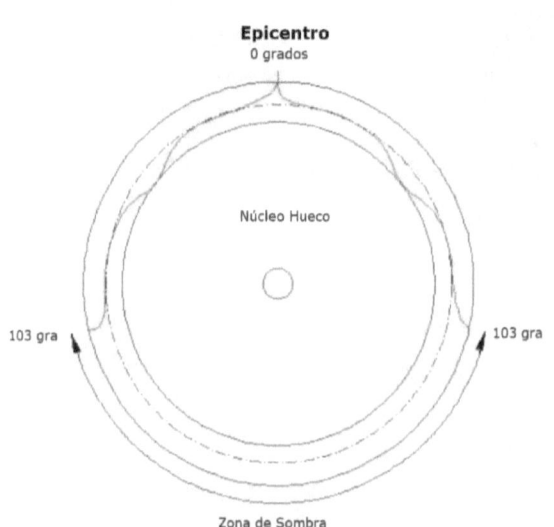

Figura 11-10. Las trayectorias de ondas S en una tierra hueca regresan a la superficie a 103 grados desde el epicentro. Desde el epicentro, una onda S se curva más con la profundidad debido al aumento de la densidad. En la discontinuidad de aproximadamente 450 millas, todos los terremotos cesan y las ondas S en ese punto comienzan a curvarse hacia la superficie interna a medida que disminuye la densidad. En la superficie interna, las ondas S rozan la superficie interna y luego siguen el mismo patrón hacia la superficie exterior. Las ondas S no pasan a través del núcleo hueco, por lo que no se reciben en la zona de sombra más allá de los 103 grados desde el epicentro. La zona de sombra es la evidencia para el núcleo hueco.

Tal experimento fue llevado a cabo por la Fuerza Aérea de los Estados Unidos. En 1977, este autor tenía un amigo que asistía a la Universidad Estatal de Arizona en Tempe que participó en un experimento patrocinado por la Fuerza Aérea. Con un rayo ultrasónico (que son ondas de compresión similares a las ondas P) y con dispositivos de grabación, los experimentadores dirigieron su rayo ultrasónico directamente a la tierra con el propósito de intentar enviar un haz de sonido directamente a través de la tierra. Pero no pudieron. Ningún rayo atravesaba la Tierra, sino que rebotaba del núcleo o se desviaba a su alrededor. Hicieron un mapa de los rayos que se desviaban alrededor del núcleo y las rutas combinadas describían una esfera correspondiente a los límites del núcleo.

Mi amigo no entendió el significado de este experimento a pesar de que participó en él. Pensó que el rayo ultrasónico estaba rebotando en algo realmente duro allá abajo. Pero las ondas de sonido viajan más rápido a través de material lo más denso que es. Por ejemplo, las ondas de sonido viajan a través del acero aproximadamente 15 veces más rápido de lo que viajan a través del aire. Cuanto más denso sea el material, más rápido viajará el sonido a través de él. Por lo tanto, el rayo ultrasónico, que es un rayo de sonido de alta frecuencia, habría cambiado de dirección en el límite del núcleo, pero habría continuado a través del núcleo si fuera sólido o líquido. Además, si fuera un material más denso, el rayo habría continuado a través de él a una velocidad aún mayor. Pero no fue así. Ningún rayo pudo atravesar la tierra directamente hacia el otro lado, pero todos estaban doblados alrededor del núcleo o se reflejaban de él. Mi amigo no podía recordar a qué profundidad estaba ocurriendo el reflejo, pero dijo que estaba a cientos de millas. Cuando le pedí que le preguntara a su profesor si podía yo ver el estudio, él regresó y me informó que era material confidencial que pertenecía a la Fuerza Aérea de los Estados Unidos.

¿Qué significa todo esto? Muchos de los que han estado en una clase de física en la escuela secundaria recordarán el experimento con sonido en un vacío. Una campana comienza a sonar en una botella sellada con una bomba de vacío conectada. Al principio, el sonido del timbre de la campana es fuerte y claro, pero cuando la bomba comienza a bombear el aire, se transmite menos sonido y el timbre se vuelve más y más apagado hasta que, aunque se puede ver la bola golpeando el timbre, el sonido no se puede escuchar a través del vacío. El sonido no viaja a través de un vacío. Si el interior de nuestra Tierra tiene un núcleo de espacio puro, como lo establece nuestra Teoría de la Tierra Hueca, entonces tenemos la razón por la que los experimentos con los rayos ultrasónicos no pudieron enviar sus rayos a través de la Tierra.

Uno no puede dejar de preguntarse por qué un descubrimiento tan fantástico por parte de la Fuerza Aérea no se ha compartido con el mundo científico. En realidad, las fuerzas conspiratorias que controlan el gobierno de los EE. UU. han sabido de la existencia de Nuestra Tierra Hueca desde 1920, cuando Marcial B. Gardner publicó su libro, UN VIAJE AL INTERIOR DE LA TIERRA, y posteriormente el almirante Ricardo E. Byrd bajo el mando de la marina de los EE. UU. comenzó la primera exploración en el hueco de la tierra en 1927. Uno puede estar seguro de que las fuerzas del gobierno encargadas con la exploración de Nuestra Tierra Hueca saben mucho más sobre el tema que este autor.

Pero, ¿qué hay sino la obstinación para evitar que alguna universidad o científico repita este experimento de la Fuerza Aérea? Seguramente los resultados solo pueden ser revolucionarios para las teorías del interior de la tierra.

En lo que respecta al campo electromagnético de la Tierra, la Teoría de la Tierra Hueca no necesita un núcleo externo líquido y un núcleo interno sólido para explicarlo. Considera un átomo. El hecho de que una pieza de hierro pueda magnetizarse enfriándolo desde un estado fundido en presencia de un campo magnético fuerte indica que los átomos poseen campos electromagnéticos. En el proceso de hacer un imán, los átomos se alinean con sus campos electromagnéticos en la misma dirección, produciendo los polos norte y sur en los átomos combinados que componen la pieza de metal. La razón por la que una pieza de hierro no se magnetiza naturalmente antes del proceso de magnetización, se debe a la orientación aleatoria de los átomos.

Los átomos son, de hecho, huecos. Consisten en una capa de electrones que orbita alrededor de un núcleo de protones y neutrones con un campo magnético que consiste en partículas giroscópicas que giran a la velocidad de la luz expulsada de la apertura polar sur del átomo y que viajan entre las capas de electrones en órbita y retornan al interior del átomo a través de su apertura polar del norte en un ciclo sin fin. Un porcentaje bastante grande del diámetro de un átomo consiste en un espacio vacío entre la capa de electrones y el núcleo interno.

Incluso como los átomos son en su mayoría espacio vacío, también lo son los planetas. Si los científicos consideraran lo qué es el átomo del sistema solar y la galaxia, se darían cuenta de la naturaleza hueca universal del cosmos. Los átomos del sistema solar y la galaxia son los planetas. Aunque los científicos tienen razón al comparar el sistema solar con la estructura atómica, es decir, el Sol es el núcleo y los planetas, los electrones y que el Sol tienen un campo magnético. Pero necesitan descubrir la verdad de que los planetas también se basan en el mismo patrón. Incluso como los átomos son en su mayoría espacio, también lo son los planetas.

TODOS los planetas son creaciones huecas. La cáscara en órbita alrededor del sol interior se compara con la cáscara de electrones y el sol interior es el núcleo de protones y neutrones. De hecho, la cáscara de la tierra tiene una carga negativa y el sol interior tiene una carga positiva. Y dado que el sol interior gira mucho más lento que la cáscara, la cáscara giratoria de la tierra alrededor del sol interior actúa como una dinamo creando un campo de fuerza electromagnética alrededor de la tierra.

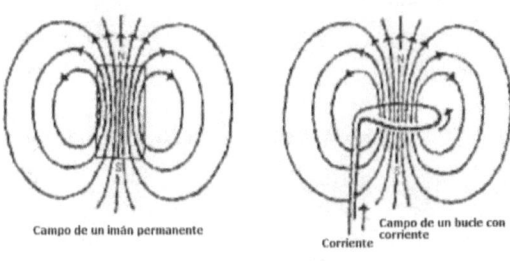

Campo de un imán permanente

Corriente · Campo de un bucle con corriente

Figura 11-11. El campo electromagnético de una corriente en un bucle de alambre o imán permanente corresponde a las líneas del campo electromagnético en una tierra hueca. Las direcciones norte y sur del flujo del imán y del bucle de alambre son las mismas que se dan en los puntos de la brújula dentro de la Tierra, cuyas direcciones son opuestas a las de la superficie exterior.

La Figura 11-11 muestra que el campo electromagnético de una corriente en un bucle de cable tiene la misma configuración que las líneas del campo electromagnético del interior hueco de nuestra tierra.

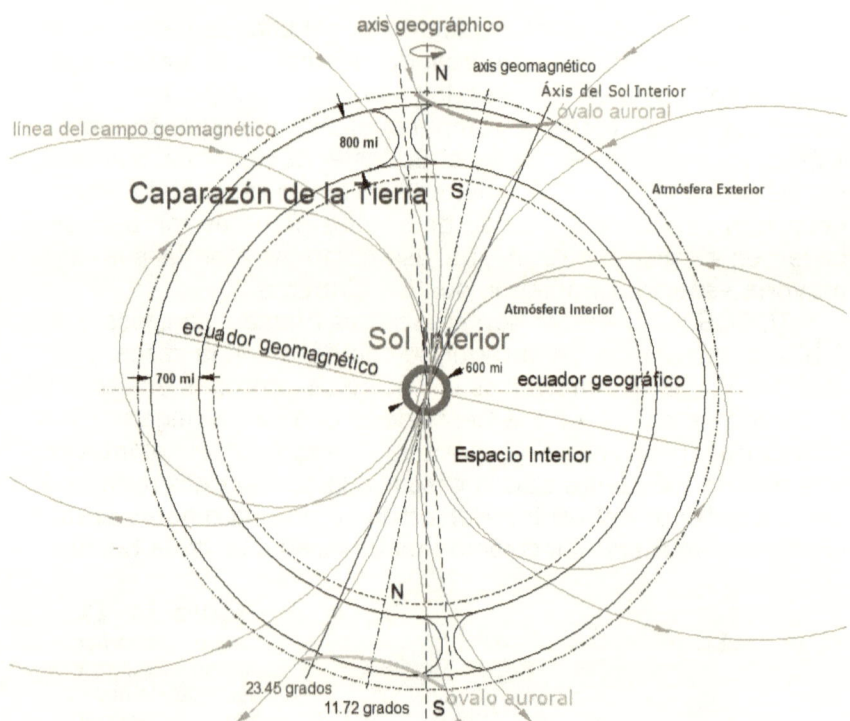

El Campo Geomagnético de Nuestra Tierra Hueca

Figura 11-12. En el campo electromagnético del interior de la Tierra, su norte es nuestro sur y nuestro norte es su sur. Nuestro este es su oeste y nuestro oeste es su este. La cáscara de la Tierra siendo negativa contiene la corriente eléctrica en la analogía de la dinamo. Dado que el sol suspendido en el hueco interior de la Tierra gira mucho más lento que la capa terrestre, su carga positiva hace que las cargas negativas en la capa terrestre permanezcan estacionarias con respecto a las cargas en el sol interior y la capa terrestre se mueva alrededor de las cargas negativas. El efecto resultante de la rotación de la Tierra, por lo tanto, crea una corriente eléctrica en la carcasa que se mueva del este a oeste, igual que en el lazo de alambre. Esto hace que las líneas del campo electromagnético dentro de la Tierra pasen de su polo magnético sur (nuestro norte) a su polo magnético norte (nuestro sur). Después de que las líneas de campo emergen de su polo norte magnético (nuestro sur), giran alrededor de la Tierra y regresan en la Tierra en su polo sur (nuestro norte).

Si se inventara algún método para aprovechar de esta corriente eléctrica, que en el ecuador mueve a 1,000 millas por hora (la velocidad de rotación de la Tierra en su superficie), podría ser una fuente inagotable de energía libre para liberar al mundo de las opresivamente altas cobros de los carteles de energía del Illuminati.

La Figura 11-12 muestra la Tierra con un corte transversal que muestra el campo de fuerza electromagnética interior de la

Tierra en comparación con nuestro campo electromagnética del exterior de la Tierra. Las líneas del campo salen del área polar sur, viajan hacia el norte y la brújula apunta hacia el norte en la superficie exterior de la Tierra y luego regresan dentro de la Tierra en el área polar norte alrededor del polo magnético. Así, la brújula en el interior de la Tierra apunta hacia nuestro sur como si fuera el norte. De hecho, nuestro sur ES su polo magnético norte.

Las diversas inversiones en la polaridad del campo electromagnético de la Tierra en la historia geológica pasada, tal como se registra en las lavas emitidas en el momento de estas inversiones, indican que en el paso de los antiguos cometas tamaño planetas, la Tierra se ha detenido en su rotación y se ha hecho girar en dirección del sentido contrario. Dicha acción rompería y destruiría completamente una Tierra sólida y líquida, mientras que nuestro modelo con la capacidad de recuperación de una bola hueca de metal resistiría tal par de flexión del mundo.

Immanuel Velikovsky cita historias antiguas, por ejemplo, Heródoto y Mela dicen que, según los anales egipcios, la inversión del oeste y el este se repitió cuatro veces en toda la historia de la Tierra. (MUNDOS EN COLISIÓN, p. 122)

Las sondas espaciales recientes han descubierto que el planeta de rotación rápida Marte NO tiene campo electromagnético y el planeta de rotación muy lenta Mercurio tiene un campo electromagnético muy fuerte. Esto es inexplicable por las teorías magmatistas, pero se explica fácilmente por la Teoría de la Tierra Hueca.

Dado que el sol dentro de un planeta en conjunto con su cáscara giratoria es lo que causa los campos electromagnéticos en los planetas, según nuestra teoría, Marte no tiene campo electromagnético porque su sol interior está girando en la misma dirección que su cáscara y a la misma velocidad. Si esta sincronización exacta parece improbable, considere el hecho de que nuestra propia luna hace exactamente una rotación por cada revolución que hace alrededor de la tierra. Es por eso que nunca vemos el otro lado de la luna desde la tierra, y hay muchas Lunas en nuestro sistema solar que hacen lo mismo. El fuerte campo electromagnético del planeta Mercurio es causado por una contra-rotación más rápida de su sol interior que su cáscara.

De acuerdo con la Teoría de la Dinamo del origen del campo electromagnético de la Tierra, en las teorías interiores sólidos-líquidos, el campo se establece mediante la rotación de la caparazón de la Tierra alrededor de un núcleo sólido estacionario con un contramovimiento de corrientes de magma que transportan corriente eléctrica en el núcleo exterior líquido-fundido. Si ese fuera el caso, entonces es lógico suponer que el campo resultante causado por tal rotación de la tierra produciría un campo electromagnético que posee polos magnéticos que coinciden con los polos geográficos de la tierra. El hecho de que en realidad los polos magnéticos de la Tierra NO coincidan con los polos geográficos indicaría que la Teoría de la Dinamo ortodoxa con su interior líquido no soporta los fenómenos observables.

Por otro lado, la Teoría de la Tierra Hueca explica estos fenómenos de los polos geomagnéticos desplazados con una consistencia mucho mayor. La respuesta a este enigma es que la Tierra tiene DOS campos electromagnéticos superpuestos entre sí. Un campo es producido por el SOL dentro del interior hueco de la Tierra y el otro es producido por la cáscara giratoria de la Tierra Hueca.

El profesor de matemáticas retirado, Al Snyder, en su libro LA SAUNA DE SATANÁS Y EL TRIÁNGULO DEL DIABLO relata cómo descubrió que la Tierra no tiene uno sino DOS campos electromagnéticos que interactúan. Dentro de un globo de metal hueco colocó dos imanes de barra. Después de un cierto ajuste de sus posiciones, pudo reproducir las declinaciones magnéticas (ejecutando una brújula sobre la superficie del globo) observadas en todo el mundo hoy. El experimento de Snyder indica que es la INTERACCIÓN de los dos campos electromagnéticos que desplaza los polos geomagnéticos de la tierra con respecto a los polos geográficos. El hecho de que los polos magnéticos de la Tierra se desplacen hacia el hemisferio occidental indica que el campo del agente de desplazamiento está ubicado DENTRO del campo generado en la cáscara de la Tierra: un campo DENTRO del otro.

El desplazamiento de los polos magnéticos, también indica que en el paso cercano de los cometas antiguos del tamaño de planeta, el eje de la Tierra se ha inclinado, de modo que los polos magnéticos se encuentran a varios cientos de kilómetros del eje geográfico y se están moviendo lentamente. En 1965, el Polo Norte Magnético estaba ubicado a 11.5 grados del Polo Norte Geográfico y se movía aproximadamente 8 millas por año hacia el noroeste. En 2001, el Polo Norte Magnético se ubicaba a 81.3 N, 110.8 W, 605.68 millas o 8.79 grados del Polo Norte Geográfico. En 2017, se ubicaba en 86.5 N, 172.6 W y se estaba moviendo de 34 a 37 millas por año.

El Polo Sur Magnético fue localizado por primera vez por Jaime Clark Ross en 1841 en el continente antártico, pero a lo largo de los años ahora se ha mudado al Océano Pacífico y en 2015 se encontraba en 64.28 S, 136.59 E y se estaba moviendo hacia el noroeste alrededor de 6 a 9 millas al año. (Wikipedia.org, 2018)

El movimiento de los polos magnéticos parece estar vinculado con una rotación lenta del Sol Interior. En 1965, el Sol Interior estubo inclinado a aproximadamente la mitad de la inclinación axial de la Tierra con respecto al plano orbital de la Tierra alrededor del Sol.

Después de observar los cambios en las declinaciones del compás magnético, Edmund Halley, el astrónomo inglés del siglo de 1600, llegó a la conclusión de que la tierra debía estar hueca. Observando lo que los científicos han observado hoy, que los polos magnéticos mueven, el autor Augus Armitage escribió,

"Halley, de hecho, concibió la Tierra como si consistiera en una CÁSCARA EXTERIOR con dos polos magnéticos y un NÚCLEO INTERIOR, concéntrico con la cáscara y poseyendo dos polos propios. El eje magnético o la cáscara y el núcleo estaban INCLINADOS CON RESPETO DEL UNO AL OTRO (no coinciden) y al eje de la rotación diurna de la Tierra, alrededor de los cuales los dos componentes GIRABAN A POCAS DIFERENTES VELOCIDADES; ESTA DIFERENCIA DABA LUGAR A UN LENTO MOVIMIENTO RELATIVO DE LOS POLOS MAGNÉTICOS con un consiguiente cambio en la variación magnética. En el período requerido para que la cáscara ganara (o perdiera) una rotación completa respecto al núcleo, la variación pasaría por un ciclo completo y regresara a su valor inicial. Este período bien podría ser largo, QUISAS DE 700 AÑOS ... pensaba que el núcleo giraba más lentamente que la cáscara."

Antes de descubrir lo que Halley había escrito sobre el tema, llegué a la misma conclusión que él. Teoricé que el movimiento de los polos magnéticos es causado por una rotación lenta del sol interior dentro de Nuestra Tierra Hueca, haciendo una rotación completa en unos 794 años.

Cuando Dios creó la tierra, primero creó el sol interior que luego se convirtió en su base de operaciones durante el período de la creación. Como Dios le reveló al profeta Abraham, un día en el planeta estrella de Dios, Kolob, en el centro de nuestra Galaxia, la Vía Láctea, fue igual a 1,000 años terrestres. Parece, por lo tanto, que al sol interior de la tierra, como la base de operaciones de Dios durante el período de la creación, se le dio el mismo período de rotación que el planeta Kolob de Dios, cuando Dios dijo, *"y la tarde y la mañana fueron el primer día."* (Génesis 1:5) Por lo tanto, una rotación del sol interior de la tierra hoy, suponiendo que no se ha ralentizado, debería ser igual a un día en Kolob.

Sabiendo que el campo electromagnético de la tierra es causado por la cáscara de la tierra que gira alrededor del sol interior y que este campo gira, como lo indica la rotación de los polos magnéticos alrededor de los polos geográficos, es lógico suponer que el sol interior de la tierra está girando a la misma velocidad que el campo electromagnético.

Ya que durante la creación, una rotación del sol interior fue igual a 1,000 años terrestres, y ahora está girando a un ritmo de 700 años según la estimación del Astrónomo Halley, o 794 años según mi cálculo, esto indica que en el tiempo de la creación de la Tierra, la Tierra estaba en una órbita más cercana al Sol de lo que ahora está. Esto está respaldado por el calendario en la puerta del sol en las ruinas de Tiahuanaco en la Cordillera de los Andes de Bolivia, que muestra un año de 290 días en lugar de los 365¼ actuales. Si el calendario de Tiahuanaco era el calendario original de la Tierra, entonces 1,000 años de 290 días deberían ser iguales a los 365¼ días de nuestros años actuales, asumiendo que el Sol Interior no se ha ralentizado.

El cálculo para esto es $1,000 * 290 = 365.25x$, $x = 793.98$, muy cerca de la estimación del astrónomo Halley. Esto significa que, como estimación, el Sol Interior, así como el campo magnético de la Tierra, giran a una velocidad actual de 794 años, que es igual a 1,000 de los 290 días en un año original de la Tierra cuando la órbita de la Tierra estaba más cerca de nuestro Sol exterior.

Como se puede ver, la teoría de la Tierra hueca explica completamente el fuerte campo electromagnético de la Tierra, los terremotos y la zona de sombra sin la necesidad de un núcleo líquido-sólido dentro de la Tierra.

En cuanto a la densidad de la tierra, la corteza exterior tiene una densidad promedio de 2.7, mientras que la densidad de la tierra en general según la física newtoniana es 5.5 veces el peso igual del agua (el acero es 7.8). Esto indica que el interior de la tierra tiene una densidad más alta que la corteza exterior. De hecho, eso daría una densidad interna de la Tierra de 8.3, (8.3 + 2.7) / 2 = 5.5. Si nuestra tierra es hueca con un grosor de concha del 10% del diámetro de la tierra, eso daría una densidad promedio de 11.19 gm/cc. La densidad interior de la concha sería mayor que la densidad promedio de la concha, ya que las rocas de la superficie son 2.7. Ese cálculo es, (2 * 11.19) - 2.7 = 19.68 gm/cc, que es más denso que el oro (19.3).

El platino, por ejemplo, tiene una densidad de 21.4, por lo que podemos decir que una densidad de la concha interna de 19.68 gm/cc está dentro del rango de los materiales terrestres conocidos. Después de todo, la tierra resuena como una campana después de un terremoto bastante grande. Una campana es hueca y está hecha de metal como lo sería una tierra hueca.

La Figura 11-9 muestra la teoría científica ortodoxa del interior de la Tierra, que incluye un gráfico del aumento de densidad hacia el centro (las mismas cifras que las velocidades) y la velocidad de propagación de terremotos en la Tierra. Las ondas P sísmicas, que son similares a las ondas de sonido (ambas son ondas de compresión) viajan a través de uno de las rocas más duras, dunita, un poco más rápido que el sonido a través del acero. El sonido viaja a través del acero a aproximadamente 3 millas por segundo. Ahora, los científicos tienen las ondas P, que viajan más rápido que las ondas S, viajando a una profundidad de 1,800 millas a una velocidad casi tres veces más rápida que el sonido viaja a través de acero.

Dado que la propagación de las ondas aumentan con la temperatura, la presión y la densidad, los científicos en su teoría deben tener un aumento en uno o más de estos factores para tener en cuenta la velocidad a que las ondas P rebotan del núcleo de regreso a la superficie. Siendo que la teoría ortodoxa sostiene que la tierra está llena de material y no es hueca, tienen muchos miles de kilómetros a través de los cuales las ondas en su teoría deben pasar en los límites del tiempo observados. Por lo tanto, dicen que no solo la densidad aumenta hacia el centro, sino también la temperatura y la presión. Usted ve, están agarrando todo para obtener la velocidad necesaria para obtener la velocidad que sus ondas P necesitan para atravesar la distancia que requiere su teoría del interior de la Tierra.

Si la densidad hacia el centro aumentara lo suficiente como para tener en cuenta la velocidad necesaria en su teoría, tendríamos que tener, en el límite del núcleo externo, una velocidad de ondas P de aproximadamente tres veces la velocidad a la que el sonido viaja a través del acero. Ahora, dado que las ondas P viajan a través de la roca más dura aproximadamente a la misma velocidad que el sonido viaja a través del acero, debemos concluir que si la densidad es lo que aumenta la velocidad requerida en su teoría, entonces la densidad de la Tierra a la profundidad de 1,800 millas debe ser aproximadamente tres veces más densa que el acero. Esto no puede ser, dicen, porque a esa profundidad la tierra se funde y las ondas S, que no pueden propagarse a través de los líquidos, se detienen y no pasan a través del núcleo externo fundido de la tierra. Por lo tanto, también se recurren a la temperatura y la presión para aumentar su velocidad de ondas, pero, como veremos, la temperatura y la presión no pueden aumentar a lo largo de la distancia hasta el núcleo de la Tierra.

En nuestro modelo del interior, que explica por completo todos los fenómenos observados, el manto es una esfera de metal con una densidad de 19.68 gm/cc y probablemente se encuentre a una profundidad de aproximadamente 450 millas y se superponga en su superficie exterior e interior, roca menos densa, grava, arena, tierra y depósitos de metales y minerales en los que se producen terremotos, el volcanismo y movimiento de las placas tectónicos.

La guía en ETIDORPHA de Lloyd nos informa que el centro de gravedad de la tierra está a unas 700 millas por debajo de la superficie de la tierra con la superficie interior a 800 millas. La ubicación del centro de gravedad tan cerca de la superficie interior de Nuestra Tierra Hueca requeriría una alta densidad en la estructura de la roca allí. Quizás sea metal puro, que la alta densidad parece indicar. Una mayor concentración de metales a esa profundidad explicaría la falta de terremotos. Los terremotos más profundos no se producen más allá de unas 450 millas. La fuerza de la concentración del metal a esa profundidad evitaría la fractura mientras que sea elástico suficiente como para permitir las variaciones en las mareas causadas por la luna y las interacciones gravitacionales del sol. (La interacción de la marea de la luna con la Tierra hace que la capa de la Tierra suba y baje diariamente unos 25 centímetros).

La fuerza elástica de la capa terrestre a esa profundidad también explicaría la vibración incesante de la tierra y el movimiento de respiración de la tierra que hace que los rascacielos altos se balanceen de un lado a otro. Esta acción de respiración de Nuestra Tierra Hueca, causada por las variaciones de las fuerzas gravitacionales del Sol y la Luna sobre la Tierra mientras gira, ayuda a explicar las grietas y fallas en la corteza exterior de la Tierra que provocan los terremotos, el volcanismo y el movimiento de las placas continentales.

Como se puede ver en la Figura 11-9, hay dos límites dentro de la tierra que reflejan ondas sísmicas. En nuestro modelo, estos límites consisten en la interfaz en la bola de metal y la superficie interior donde se producen los reflejos. Con este modelo, las velocidades de las ondas sísmicas serían relativamente lentas hasta 450 millas de profundidad. Luego sigue la alta densidad de la esfera de metal que provocaría que parte de la onda se reflejara, mientras que la parte que continuaba aumentaría su velocidad hasta llegar a la interfaz interna de la bola de metal. En ese punto, la velocidad disminuiría a la superficie interna de Nuestra Tierra Hueca donde nuevamente se produciría la reflexión.

La alta densidad en la zona del centro de gravedad de la esfera de metal explicaría las ondas P sísmicas que alcanzan el lado opuesto de la tierra más rápido que las ondas que viajan cerca de la superficie. La superficie interior de la tierra explicaría la extraordinaria reflexión de las ondas sísmicas que hacen eco y rebotan en el núcleo, siendo el núcleo el interior hueco.

Los científicos admiten que no tienen forma de saber si las ondas P sísmicas atraviesan el núcleo. A partir de un arco de 25 grados desde un epicentro, se reciben reflexiones nítidas desde el núcleo. Y más allá de los 1,000 kilómetros, se presenta una gran complejidad en la interpretación por el aumento de las reflexiones internas y las refracciones. En resumen, no hay nada en las observaciones de las ondas sísmicas que la Teoría de la Tierra Hueca no pueda explicar. De hecho, esta cita de la Enciclopedia Americana se ajusta a la Teoría de la Tierra Hueca mucho mejor que una teoría de la Tierra sólido-líquido por dentro:

> *"Los terremotos más grandes hacen que la tierra vibre como una CAMPANA durante varias horas, con un período fundamental de vibración de 54 minutos."* (pág. 536, *"Tierra"*)(Figura 11-13)

Ahora, si la tierra vibra como una campana, ¡entonces la Tierra debe tener una forma similar a una campana que es hueca!

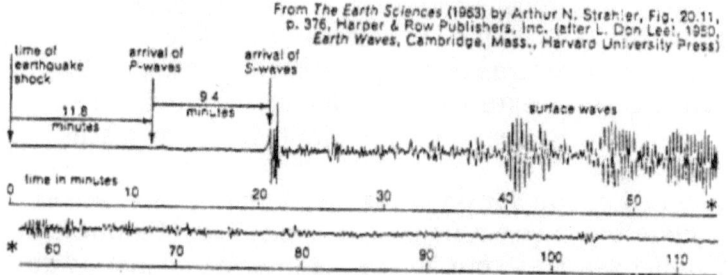

From *The Earth Sciences* (1963) by Arthur N. Strahler, Fig. 20.11, p. 376, Harper & Row Publishers, Inc. (after L. Don Lee, 1950, *Earth Waves*, Cambridge, Mass., Harvard University Press)

Figura 11-13. Los terremotos más grandes hacen que la Tierra vibre como una campana durante varias horas, con un período fundamental de vibración de 54 minutos.

En cuanto a la afirmación de un gran calor interior, los científicos no saben cuánto calor hace dentro de la tierra, ni siquiera si hace calor. Creen que necesitan que esté caliente para explicar el movimiento tectónico de las placas, el por qué las ondas S no viajan a través del núcleo, para aumentar la velocidad de las ondas sísmicas para explicar el porqué de la rapidez con que se reflejan desde el núcleo y para explicar la teoría del dinamo de la producción del campo electromagnético de la tierra. Sin embargo, toda la evidencia indica que el interior de la tierra no está caliente.

Por supuesto, hay minas de diamantes, pozos geotérmicos y géiseres calentados por reacciones volcánicas lentas. Pero este calor es local y ciertamente no se origina en un interior fundido. Las cavernas más profundas del mundo son bastante agradables, quizás incluso un poco frías, en los 50 grados Fahrenheit. Las afirmaciones de los científicos de que las temperaturas suben de 29 a 58 grados F por milla en la tierra no son compatibles con los hechos. Si tales gradientes continuaran hacia abajo, las temperaturas que derretirían la roca (3,000 grados F) se alcanzarían en solo cien millas. Sin embargo, el hecho de que se produzcan terremotos a estas profundidades y las ondas S viajan allí muestra que las temperaturas deben ser más frías que calientes. YO-SOY-EL-HOMBRE, en ETIDORPHA sin duda estaría de acuerdo. Las civilizaciones que ahora viven en ciudades cavernosas de Europa y América también estarían de acuerdo en que la temperatura dentro de la cáscara de la tierra es incluso cómoda.

Los científicos, al tratar de explicar cómo la temperatura aumenta con la profundidad para adaptarse a sus teorías, al principio se lanzaron con la idea de que el calor se derivaba de la descomposición de los elementos radiactivos naturales, especialmente el uranio y el torio. Sin embargo, la observación real muestra que los elementos radiactivos tienden a concentrarse hacia arriba cerca de la superficie en las rocas silíceas ligeras, como el granito, lo que puede causar las temperaturas más altas observadas en algunos lugares cerca de la superficie, mientras que la disminución del contenido radiactivo hacia el manto sería la causa de la temperatura más baja a ese nivel como lo indiquen las observaciones sísmicas.

La Enciclopedia Americana confiesa:

"Las estimaciones de temperaturas en el interior profundo son, de hecho, suposiciones educadas que dependen de las estimaciones del aumento del punto de fusión al aumentar la presión." (pág. 539, *"Tierra"*)

Por lo tanto, la presión es la única explicación que los científicos pueden desenterrar para darles el necesario aumento de calor hacia el centro de la tierra que derretiría el núcleo externo. Pero lo que los científicos parecen pasar por alto en su afán por cumplir con los requisitos de su teoría es que la presión de las rocas que se encuentran en la capa terrestre aumenta solo hasta que la fuerza de presión comienza a ser cancelada por la disminución de la aceleración gravitacional resultante al acercarse al centro de gravedad de la tierra. A partir de ese punto, hacia abajo, hacia la esfera central de gravedad, la presión en realidad disminuye aunque la densidad de la composición de la roca aumenta debido al aumento en el contenido de metal.

En la fórmula para la presión, P = fuerza / área, la fuerza que causa la presión es el peso o la fuerza gravitacional de la tierra sobre las rocas que lo rodean. Si ese peso o fuerza gravitacional disminuye, la presión también disminuirá en proporción exacta a la disminución en la aceleración gravitacional. Dado que la aceleración de la gravedad disminuye hacia el centro de gravedad porque está ecualizada en todas las direcciones por el efecto gravitatorio de concentraciones iguales de masa en todas las direcciones, también lo hace la presión a medida que aumenta la profundidad en todas las direcciones hasta que uno alcanza el centro de la gravedad donde la presión y la gravedad son iguales en todas las direcciones. La fuerza resultante sería entonces 0 presión y 0 fuerza de gravedad resultante. Si pudiera descender lentamente por un pozo hasta el centro de gravedad, su peso disminuiría gradualmente hasta que en el centro de gravedad, 700 millas hacia abajo, pesaría cero y flotaría como si estuviera en el espacio.

La Guía de la Tierra Interna, en ETIDORPHA, llevó a Guillermo Morgan en 1827 a través de la comunicación de cavernas desde una entrada en Kentucky hasta la esfera de gravedad central de la Tierra, a 700 millas de la superficie exterior de la Tierra. Saltaron de un precipicio a un abismo gigante donde cayeron más allá del centro de gravedad y luego oscilaron de un lado a otro hasta que se detuvieron en el centro de gravedad. En el centro de gravedad, flotaban en el aire y utilizaban el poder de sus mentes para moverse hacia el lado del abismo donde otra Guía de la Tierra Interna esperaba para llevar a Guillermo Morgan a subir a la superficie interior de Nuestra Tierra Hueca.

Ahora, ¿cómo puede la presión cero en la esfera central de gravedad causar los miles de grados de temperatura necesarios para fundir el núcleo externo líquido de los científicos ortodoxos? Realmente, los científicos en sus especulaciones del interior de la tierra han ideado una teoría que es una bolla de contradicciones. Pero realmente no puedes culparlos. La Conspiración Internacional de Iluministas sabe que nuestra tierra es hueca, pero el mundo científico cree en las historias y fábulas tanto como lo hacen los ciudadanos comunes y los esclavos, mientras que la verdad real se mantiene debajo de la mesa.

Incluso la explicación de los científicos de las diferencias de gravedad en la superficie de la tierra es contradictoria. Por ejemplo, se ha medido que la forma de la Tierra es 16.451 millas (29.5 km) más de diámetro en el ecuador que en los polos. La fuerza de la gravedad o el peso es directamente proporcional a la masa de dos objetos e inversamente proporcional a la distancia al cuadrado entre sus centros. Un principio básico de la física es que la mayor masa que un objeto tiene la mayor fuerza gravitatoria que ejerce sobre cualquier otra masa. Por ejemplo, uno pesa más en la Tierra que en la Luna porque la Tierra tiene más masa que la Luna y, por lo tanto, ejerce más fuerza gravitatoria. Ahora, si hay más masa entre usted y el centro de la tierra en el ecuador que en los polos, es lógico que uno pesaría más en el ecuador que en los polos. Pero en realidad, lo contrario es cierto. Uno pesa menos en el ecuador y gradualmente pesa más a medida que avanza hacia los polos.

Los científicos explican esto diciendo que la fuerza gravitatoria disminuye con el cuadrado de la distancia entre los centros de los dos objetos: la tierra y tú. Pero esto es cierto solo si separas los dos objetos por espacio. Cuanto más te separes de la SUPERFICIE de la tierra, menos pesarás, por supuesto. Pero si hay MÁS masa entre tú y el centro de la tierra, pesarás MÁS, no menos. El decir que pesarás menos al poner más masa entre tú y el centro de la tierra es como decir que una persona pesaría menos en la superficie del sol porque está más alejada de su centro que la del centro de la tierra mientras está de pie sobre la superficie de la tierra. Más masa debería hacerte pesar más en el ecuador. Pero no es así. Una persona pesa menos en el ecuador que en los polos.

La Teoría de la Tierra Hueca explica esto mucho mejor que la teoría de la tierra sólido-líquido. Dado que la Tierra se formó en rotación, la fuerza centrífuga habría arrojado materia lejos del eje de rotación en ángulos rectos que causan el hueco en la Tierra. Los materiales más pesados no se lanzarían tan lejos como los materiales más ligeros, creando así una cubierta interna más densa que la parte exterior más ligera de la cubierta. En el ecuador, la velocidad del material en órbita sería más rápida que hacia los polos, lo que provocaría que el grosor total de la carcasa desde el interior hacia el exterior fuera más delgado que hacia los polos, donde una menor fuerza centrífuga haría que la carcasa se espese gradualmente. En el eje polar, la fuerza centrífuga arrojaría material lejos del eje en ángulos rectos, lo que provocaría que se formaran las aperturas polares y, por lo tanto, un mayor engrosamiento de la cáscara en los polos. Con este modelo, uno pesaría menos en el ecuador y gradualmente más hacia los polos porque el grosor de la capa terrestre aumenta hacia los polos, lo que crea una mayor concentración de masa en los polos y, por lo tanto, una mayor presión gravitacional (peso) en una persona que está de pie en la superficie de la tierra en los polos.

Otra incongruencia en la explicación científica ortodoxa de por qué uno pesa más en el polo que en el ecuador es su propia observación de una disminución de la gravedad en los polos. Los EE. UU. durante un tiempo consideraron incluso construir una plataforma de lanzamiento de satélites en uno de los polos para aprovechar la falta de gravedad en ayudar a los satélites a alcanzar la órbita. La teoría de la Tierra Hueca es la única forma en que una persona racional puede comprender cómo se puede pesar más a medida que se acerca a los polos y, sin embargo, cerca de los polos hay una disminución sustancial de la gravedad. Por supuesto, esta disminución en la gravedad es causada por la falta de masa allí dentro de las aperturas polares.

La falta de gravedad sobre los agujeros en los polos hace que las órbitas de los satélites sobre estos agujeros sean muy inestables. Existe, de hecho, un área sobre las regiones polares donde no hay órbitas de satélites polares. Si pasaran por las aperturas polares, dejarían la órbita terrestre y se perderían en el espacio debido a la ausencia de gravedad allí o si estuvieran orbitando más cerca de la superficie terrestre, seguirían la curvatura de la tierra a través de una abertura polar y se estrellarían en el interior de la Tierra. Por lo tanto, todos los satélites en órbita polar van hacia un lado u otro de las aperturas polares.

En una lista de 38 satélites puestos en órbita entre 1957 y 1969, los satélites más cercanos a los polos (90 grados) eran órbitas de 97 grados y 88.4 grados de inclinación respecto al ecuador. Sobre esta base, un área dentro de 8.6 grados cerca de los polos no tiene satélites en órbita polar. Esto corresponde a un diámetro de 592.88 millas. (Un grado polar equivale a 68.939 millas; la circunferencia polar de la Tierra es de 24,818.142 millas – ENCICLOPEDIA BRITÁNICA) Esto indica que las aperturas polares no están centradas sobre los polos geográficos.

Un resultado directo de la disminución de la fuerza gravitacional a medida que uno penetra hacia el centro de la Tierra es el aumento en el tamaño de las cavernas. Por lo tanto, la baja densidad de la atenosfera se puede explicar en parte como la ubicación del mayor volumen de extensión de las cavernas. Debido a que la fuerza gravitacional se iguala a medida que uno se acerca al centro de gravedad, la presión disminuye permitiendo que el tamaño de las cavernas aumente sin peligro de colapso.

Con su guía, YO-SOY-EL-HOMBRE en ETIDORPHA, cruzó un lago 150 millas por debajo del océano Atlántico que tenía más de 6,000 millas de largo. Su guía de la Tierra Interna le dijo:

"La cáscara de la tierra sobre nosotros está cubierta por cavernas en algunos lugares, en otros es compacta y,

sin embargo, en la mayoría de los lugares, es impermeable al agua." (pág. 158)

Además,

"La corteza, o caparazón, que acabo de describir como de ochocientas millas de espesor, es firme y sólida en su superficie convexa y cóncava, pero pierde peso gradualmente, ya sea que penetremos desde la superficie exterior hacia el centro, o desde cualquier punto de la superficie interna hacia el exterior hasta que en la esfera central (de la gravedad) la materia no tiene ningún peso." (pág. 193)

Su guía explicó la causa de los volcanes y terremotos en relación con las cavernas:

"Si los hombres estuvieran lo suficientemente lejos en su viaje de pensamiento ..., evitarían teorías como las que atribuyen un interior fundido a la tierra. Los volcanes son superficiales. Son por regla general, cuando están en actividad, pero pequeñas ampollas o excoriaciones sobre la superficie de la tierra, aunque sus conexiones subterráneas pueden ser extensas. Algunos de ellos están continuamente preocupados por las frecuentes erupciones, otros, como el que se está considerando, (el Monte Epomeo, Italia) se despiertan solo después de grandes períodos de tiempo. Toda la superficie de este globo ha sido o estará sujeta a acción volcánica. El fenómeno es uno de los pasos en el proceso de nivelación de la materia a nivel mundial. Cuando el depósito de sustancias que he indicado, y del cual se compone gran parte del interior de la Tierra, las bases de sal, potasa, cal y arcilla se agoten, no habrá más acción volcánica por esta causa y en algunos lugares, estos depósitos ya han desaparecido, o está cubierto profundamente por capas de tierra que sirven como protección."

"¿Es el agua, entonces, la causa universal de los volcanes?"

"El agua y el aire juntos causan la mayoría de ellos. La acción del agua y su vapor se produce a partir del polvo metálico, la piedra caliza y el suelo arcilloso, la potasa y las sales de soda. Esta acción perfectamente racional y natural debe continuar mientras haya agua arriba, y las bases elementales libres en contacto con las burbujas de la tierra. Los volcanes, terremotos, géiseres, manantiales de lodo y aguas termales son el resultado natural de esa reacción. Las montañas se forman por levantamientos desde abajo y,

por consiguiente, los valles de la superficie correspondiente se están llenando, ya sea por el lento depósito de la materia de las aguas salinas de las aguas termales, o por la repentina erupción de un volcán nuevo o supuestamente extinto."

"¿Qué pasaría si una grieta en el fondo del océano debería conducir las aguas del océano en un depósito de bases metálicas?"

"Eso ocurre a menudo", fue la respuesta; "se produce una ola volcánica y, por lo tanto, un volcán puede surgir de las profundidades del océano."

"¿Hay algún peligro para la tierra en sí? ¿No puede ser dividida en fragmentos de semejante convulsión?" Dudé vacilante.

"No; mientras la configuración de los continentes se modifica continuamente, cada perturbación debe ser prácticamente superficial y de área limitada."

"Pero", persistí, "la tierra rígida y sólida puede volarse en fragmentos; en tales convulsiones un resultado como ese no parece imposible."

"Usted argumenta desde una hipótesis errónea. La tierra no es rígida ni sólida." (ETIDORPHA pág. 192-194)

La ciencia ortodoxa afirma que en todas partes dentro de un planeta hueco habría cero gravedad. Se llama El Teorema de la Caparazón. Sin embargo, las personas que han ido a Nuestra Tierra Hueca informan que sus pies están tan firmemente plantados en la superficie interior como los nuestros en nuestra superficie exterior. Esto, por lo tanto, requiere una revisión en la teoría de la gravedad. Este autor ha desarrollado una teoría de la gravedad que explica cómo podría haber una gravedad superficial en la superficie interior de Nuestra Tierra Hueca que permitiría que las plantas y animales vivan allí con una gravedad de superficie interna positiva y no con gravedad cero como afirma la ciencia ortodoxa.

Mi teoría de la gravedad propone que el origen de la gravedad está en el espacio exterior y que la causa de la gravedad es un vacío en el éter del espacio que se crea constantemente en el núcleo de cada átomo. La gravedad se convierte en un empuje desde el espacio ejercido por un gas espiritual etérico que llena el universo que fluye para llenar el vacío en el núcleo de cada átomo, ejerciendo así una presión sobre todo lo que pasa para alcanzar ese vacío creando la presión que llamamos la gravedad.

A medida que el éter del espacio entra en la tierra, se extiende para formar una esfera a 700 millas por debajo de la superficie del planeta. Es una esfera de gravedad central en la concha del planeta. Aunque si hay un pequeño centro de gravedad en el centro del planeta en el Sol Interior, el centro de gravedad principal es una esfera ubicada entre las superficies internas y externas de la cáscara del planeta.

El Experimento del Hoyo en el Hielo en Groenlandia, según se publicó en el número del 27 de febrero de 1989 del diario Letras de Revisión Física, demostró que el centro de gravedad principal de la Tierra no está ubicado en el centro de la Tierra, sino que está más cerca de la superficie del planeta, en la concha de la Tierra. Lo que el experimento descubrió fue que la aceleración de la gravedad disminuyó más rápido a medida que se bajaba el gravímetro hacia el fondo del agujero del hielo que si el centro de gravedad estuviera en el centro de la Tierra, que es lo que sucedería si el centro de gravedad que nos afecta principalmente es una esfera en la concha del planeta en lugar de en el centro del planeta. El significado del Experimento del Hoyo en el Hielo en Groenlandia es que descubrió que el centro de gravedad está más cerca de la superficie del planeta. Si el centro de gravedad está más cerca de la superficie de la Tierra que en el centro de la Tierra, esto significa que hay una gran área en el centro de la Tierra sin materia, un hueco en la Tierra.

El éter que acelera en el planeta comienza muy lentamente en el espacio y, a medida que se acerca a la Tierra, fluye cada vez más rápido, pero después de entrar en la superficie exterior, comienza a disminuir a medida que alcanza la esfera central de gravedad 700 millas por debajo de la superficie exterior, según la Guía de la Tierra Interna en ETIDORPHA. El éter también acelera hacia la superficie interna pero a un ritmo más lento que la superficie externa, pero después de entrar en la superficie interna, también disminuye gradualmente hasta que en la esfera central de la gravedad alcanza la aceleración cero. El éter también acelera hacia el Sol Interior, pero luego, después de entrar en la superficie del Sol Interior, disminuye la velocidad hasta que, en la esfera central de gravedad del Sol Interior, alcanza la aceleración cero. Así que nuestro planeta en realidad tiene dos centros de gravedad. El centro de gravedad en la cáscara que en realidad toma la forma de una esfera, una esfera central de gravedad y es el principal centro de gravedad que más nos afecta.

Mi teoría de la gravedad se desarrolló a partir de un estudio de la teoría de las partículas giroscópicas de la materia de José Newman (LA MÁQUINA DE LA ENERGÍA, Capítulo Uno). Además, explico la teoría de la materia giroscópica de José Newman al afirmar que estas partículas giroscópicas consisten en bolas giratorias de lo que los científicos del siglo XIX denominaron Éter, que defino como una materia espiritual tenue que llena todo el espacio.

El efecto de la gravedad se produce en el núcleo de los átomos cuando el éter gaseoso se concentra en partículas giroscópicas en el núcleo de todos los átomos que luego se expulsan del núcleo para formar el campo magnético de los átomos. La configuración y el giro de las partículas en el núcleo de los átomos, es decir, los protones y los neutrones, toman el éter que llena todo el espacio y lo concentran en partículas giroscópicas que crean un vacío en el éter en el núcleo de los átomos que causa que el éter alrededor del átomo fluye hacia el núcleo para llenar el vacío. El efecto de la gravedad, entonces, es la presión del éter que fluye hacia el núcleo de los átomos para llenar el vacío causado por la creación de partículas giroscópicas que ocupan menos espacio que el éter del que están formadas.

Las partículas giroscópicas se están perdiendo continuamente de los campos magnéticos de los átomos por las colisiones de los electrones y otras partículas en el campo magnético que golpea las partículas giroscópicas fuera del campo en forma de radiación electromagnética. Esta radiación electromagnética consiste en grupos de partículas giroscópicas eliminadas del campo magnético de los átomos que luego viajan a través del espacio en forma de luz, radio y ondas de calor. Cada grupo de partículas giroscópicas se llama un fotón. La distancia entre cada fotón determina la frecuencia y la cantidad de partículas giroscópicas en cada fotón determina la intensidad de la radiación electromagnética.

Este autor está convencido de que se están creando partículas giroscópicas en el núcleo de los átomos para reemplazar las que son perdidas por la radiación electromagnética porque si las que son perdidas no fueron reemplazadas por las de nueva creación, todos los átomos perderían sus campos magnéticos y se volverían extremadamente fríos.

De hecho, dado que el Sol Interior está emitiendo continuamente partículas atómicas en su viento solar en forma de electrones, protones y neutrones, también debe de estar creando estas partículas atómicas desde el éter del espacio, al igual que los átomos crean partículas giroscópicas para poblar los campos magnéticos de los átomos. El éter del espacio fluye hacia el Sol Interior y la radiación electromagnética y viento solar partículas atomicas fluyen hacia afuera. Estas partículas atómicas del Sol Interior se emiten a través de las aperturas polares para iluminar las auroras y llenar los Cinturones de Radiación de Van Allen, y también podrían estar aumentando la masa de la tierra y contribuir a la expansión planetaria continua como un ser vivo en crecimiento.

Es el éter que fluye hacia el núcleo de los átomos lo que mantiene unidas las partículas atómicas. La presión del éter que fluye hacia el núcleo de los átomos es lo que evita que los electrones salgan volando en línea recta en lugar de mantener su órbita alrededor del núcleo. El éter que fluye hacia el núcleo también mantiene las partículas giroscópicas que orbitan dentro y fuera de los núcleos que producen el campo magnético de los átomos.

A medida que se crean partículas giroscópicas en el núcleo, se expulsan por la abertura polar sur del átomo y se encuentran con el éter de entrada que dobla su trayectoria de vuelo y las partículas giroscópicas orbitan en una órbita polar entre los electrones que están en una órbita más o menos ecuatorial manteniendo las *"capas"* de electrones separadas. Las partículas giroscópicas en el campo magnético también orbitan fuera de las capas de electrones, viajando más o menos en ángulos rectos a las órbitas de electrones. Las partículas giroscópicas continúan hacia la apertura del polo norte del átomo donde, debido a que no hay electrones en órbita en esa área, las partículas giroscópicas son empujadas hacia adentro del átomo por el éter entrante, donde son expulsadas nuevamente por la apertura del polo sur por el núcleo. En esencia, los núcleos de los átomos son en realidad pequeños generadores de radiación o *"soles"* en el interior hueco de los átomos. De hecho, los átomos tienen la misma configuración que nuestra Tierra hueca con un sol interior, un hueco rodeado por una capa que consta de electrones, aperturas polares y un campo magnético.

Si asumiéramos entonces, como lo indica la evidencia, que la gravedad es un flujo de éter desde el espacio en lugar de una misteriosa atracción desde el centro de la tierra, entonces el efecto que conocemos como gravedad puede explicarse así: La gravedad es un flujo de éter desde el espacio que fluye hacia la Tierra. Cuando el éter entra en la tierra, empuja todo lo que atraviesa. Por lo tanto, estamos sujetos a la superficie del planeta por un constante empuje constante o presión del éter que ingresa a la Tierra desde el espacio. El éter se extiende después de entrar en la superficie del planeta. Esta propagación del éter a medida que desciende hacia la esfera de gravedad central ubicada a unas 700 millas por debajo de la superficie exterior es lo que crea la esfera central de gravedad: el flujo del éter se está extendiendo para formar una esfera, no un punto dentro de la Tierra.

Los científicos del establecimiento rechazan la existencia del éter basado en el experimento de Michelson-Morley de 1887 que, según afirman, demostró que el éter del espacio no existe. La verdad del asunto es que el experimento de Michelson-Morley no tuvo un valor nulo. Fue tan bajo que decidieron que estaba dentro del rango del error. La razón por la que el valor era tan bajo era que el experimento se realizó bajo tierra con gruesos muros que lo rodeaban.

Dayton Miller continuó los experimentos de interferómetro en cima de un cerro y otros lugares abiertos durante 25 años después del experimento de Michelson-Morley y demostró de manera concluyente que el éter del espacio existe. Dayton Miller publicó sus hallazgos en 1933 en Comentarios de la Física Moderna. Sin embargo, los resultados de los años de experimentación y medición de Dayton Miller del flujo del éter fueron ignorados por el establecimiento científico, que está principalmente influenciado por los banqueros internacionales que no quieren que la gente sepa que el éter existe y que con él se puede generar la energía libre.

Esta teoría del flujo de éter de la gravedad es también la base de la tecnología de los Platillos Voladores. En esencia, varios científicos han descubierto que la gravedad puede ser contrarrestada y controlada por fuerzas electrostáticas en condensadores y utilizada para propulsar una nave. Estos científicos realmente han construido modelos de platillos voladores que trabajan utilizando esta tecnología. Hay evidencia de que el gobierno de los Estados Unidos está utilizando esta tecnología para construir platillos voladores bajo tierra. El Illuminati que controlan las secciones de nuestro gobierno que desarrollan esta tecnología esperan usarla para ayudarles a conquistar el mundo y establecer su Nuevo Orden Mundial.

Con tanta evidencia que demuestra que la teoría de la tierra sólida y líquida es imposible, ¿no está claro que los científicos han hecho todo lo posible para ajustar los hechos a su teoría en lugar de usar los hechos para formular una teoría? Su terquedad solo puede entenderse como que tiene un propósito. Aunque desconocidos para la mayoría de los científicos, que trabajan por dinero y no para revelar la verdad, el propósito de sus controladores es mantener como secreto el descubrimiento de que Nuestra Tierra ES Hueca.

CAPÍTULO DOCE
Nuestra Tierra Hueca y el Sistema Tectónico de Placas

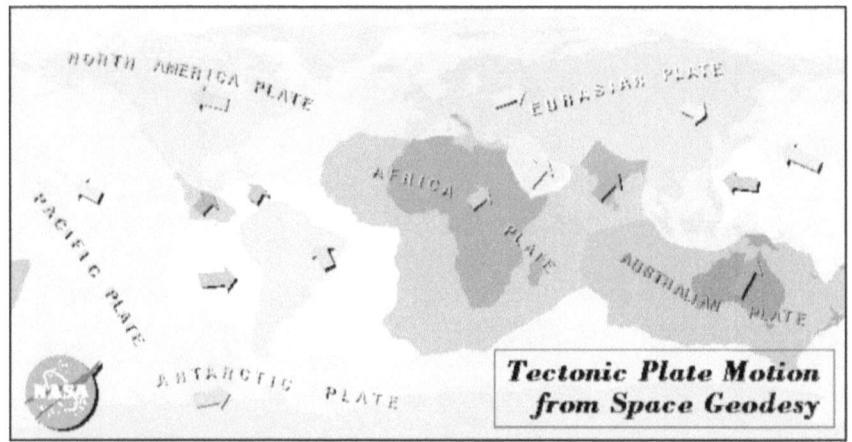

Tectonic Plate Motion from Space Geodesy

Incluso la Biblia se refiere a la deriva continental, diciendo:
"... todos los cimientos de la tierra están fuera de curso." (SALMOS 82:5)

Aunque la teoría de la deriva continental ha sido debatida desde la década de 1920, solo desde finales de la década de 1960 se ha vuelto más aceptada la teoría.

En la Teoría de la deriva continental, los geofísicos afirman que la litosfera, que incluye la corteza terrestre, es rígida, pero la astenosfera subyacente cede al flujo plástico. El principio detrás de las placas tectónicas es que la litosfera rígida se mueve en respuesta al flujo con *"células de convección"* en la astenosfera.

El material caliente en la astenosfera, supuestamente calentado por la radiactividad, sube a la superficie causando crestas oceánicas y desde allí fluye lateralmente llevando las placas litosféricas rotas. Estas células de convección luego se enfrían y descienden de nuevo a la astenosfera en los límites donde chocan las placas, lo que provoca trincheras oceánicas, volcanes, terremotos y cordilleras.

Siete placas litosféricas principales son reconocidas con varias más pequeñas. A partir de patrones de reversiones magnéticas registradas en lechos de lava a lo largo de las crestas oceánicas, se ha establecido que las placas se mueven separándose de 1 a 16 cm por año. Sin embargo, en los últimos años, el movimiento de las placas tectónicas observados desde la Geodesia Espacial de la NASA utilizando un láser satelital ha informado de los movimientos de placas estimados incluso más lentos que van desde 2 mm / año hasta 52 mm / año.

Pero hay otra teoría más plausible de cómo funciona realmente las placas tectónicas.

Neal Adams, un ilustrador de dibujos animados, descubrió mientras estudiaba la historia de los movimientos de las placas tectónicas que nuestra Tierra, la Luna, Marte y, de hecho, todos los planetas y lunas se están expandiendo. Al suponer que nuestra Tierra era originalmente de menor diámetro, descubrió que las placas continentales encajaban perfectamente como un rompecabezas sin los océanos. Él ha creado películas animadas que muestran cómo las placas continentales se separaron a lo largo del tiempo geológico en los límites de las plataformas continentales.

La teoría tectónica de Neal Adam tiene sentido porque si la tierra es una entidad viviente como lo indican las Escrituras, entonces, como cualquier otro ser vivo, la tierra podría estar creciendo. Las estrías descubiertas en los fondos oceánicos que muestran dónde se han separado las placas continentales apoyan esta idea de que la tierra se está expandiendo.

Pueden ver las animaciones de Neal Adams en:
https://www.youtube.com/watch?v=oJfBSc6e7QQ

La hipótesis de la expansión de la tierra de Neal Adams supone que llevaría millones de años para que la tierra se expanda desde su tamaño original, donde todos los continentes estaban juntos sin que los océanos los separaran hasta donde se encuentran los continentes hoy. La historia bíblica, sin embargo, indica que la tierra tiene solo 13,000 años desde que comenzó su creación.

Tal vez la expansión ocurra lentamente de manera regular, pero puede expandirse a un ritmo mucho mayor en oleadas, como en el momento de la inundación de Noé, y en el momento de Peleg, que calculo que vivía entre 2,253 y 2014 a.C. en cuya vida la Biblia registra que los continentes fueron divididos.

Por supuesto, la ciencia ortodoxa niega que la tierra se esté expandiendo, aunque sí admiten que las placas se mueven. Afirman que en los límites de las placas hay zonas de subducción donde una placa va por debajo de otra placa que está expandiendo.

Sin embargo, los científicos reconocen que hay problemas con su motor tectónico, las células de convección astenoesféricas.

Dado que las principales concentraciones de terremotos y actividad volcánica ocurren a lo largo de los límites de las placas donde las placas se dividen o chocan, los científicos se enfrentan al dilema de tener en cuenta la capacidad de cizallamiento (para crear terremotos) y la plasticidad de la brotación de lava caliente de las células de convección en las crestas del océano medio y su consumo posterior en las zonas trincheras. El dilema se presenta cuando uno se da cuenta de que se observa que los terremotos ocurren con mayor frecuencia exactamente donde se supone que la corteza es más líquida. El enigma se presenta porque obviamente los terremotos no pueden ocurrir en la lava fundida.

El hecho mismo de que se produzcan altas concentraciones de terremotos en los límites de las placas debería dar a los científicos la indicación de que la observación de igualmente alta concentración de actividad volcánica en los límites de las placas NO puede ser causada por un aumento de lava de las células de convección de la astenoesfera.

La Teoría de la Tierra Hueca da la respuesta a esta aparente contradicción de terremotos que ocurren donde el volcanismo es más activo. La Teoría de la Tierra Hueca sostiene que la astenosfera no es líquida, plástica ni tiene células de convección. La potencia del motor detrás del movimiento tectónico de las placas puede resultar porque la tierra se está expandiendo según lo propuesto por Neal Adams.

Como cualquier ser vivo, la tierra está creciendo. En una tierra en crecimiento y en expansión, se formarían montañas porque las cuencas oceánicas se están expandiendo más rápido que los continentes y, a medida que las cuencas se topan con las plataformas continentales, aparecen protuberancias en los continentes que crean montañas y valles. La expansión del Océano Índico empujó el continente indio hacia el norte para formar las montañas del Himalaya. La expansión de la cuenca del Pacífico en expansión contra el continente americano creó las Montañas Rocosas, la Sierra Madre y los Andes. La expansión de la cuenca del Atlántico contra los Estados Unidos creó las montañas de Allegheny en la costa este.

Un pasaje de las Escrituras en Doctrina y Convenios de la Iglesia de Jesucristo de los Santos de los Últimos Días indica que al comienzo de la existencia de la Tierra, los océanos de la tierra estaban todos ubicados en el Océano Ártico y en el País del Norte de Nuestra Tierra Hueca y el mundo exterior consistían en un gigantesco continente y un pequeño océano cerca del Polo Norte y hacia el Atlántico a una corta distancia.

Este pasaje de las Escrituras dice que cuando Cristo venga en poder para reinar como Rey de reyes en la Tierra en Su pronto reinado del Milenio,

"Mandará al mar profundo (los océanos), *y será arrojado hacia los países del norte* (la Tierra Hueca), *y las islas serán una sola tierra;*

y la tierra de Jerusalén y la de Sion (América) *volverán a su propio lugar, y la tierra será como en los días antes de ser dividida* (en los días de Peleg poco después del diluvio de Noé)." (Génesis 10:25)" (D&C 133:23, 24)

Por lo tanto, de las escrituras parece que la ruptura del continente original de Pangea ocurrió en los días de Peleg. Peleg nació 100 años después de que el Arca de Noé se asentara en las montañas de Ararat. De hecho, el nombre Peleg significa *"División."* De la cronología bíblica, suponiendo que Adán y Eva fueron expulsados del Jardín del Edén en 4,000 a.C., Peleg nació en 2,253 a.C. y, por lo tanto, la ruptura del continente ocurrió aproximadamente 100 años después del diluvio de Noé. La ciudad de Babel apenas estaba comenzando cuando se produjo la gran división. Parece, entonces, que el terremoto que derribó la torre de Babel comenzó la expansión que creó las cuencas oceánicas.

Después de citar el pasaje citado anteriormente en Doctrina y Convenios, el Dr. Cleon Skousen escribió en su libro, LOS PRIMEROS 2000 AÑOS,

"Esto nos da una clara indicación de que la división de la tierra en los días de Peleg fue el resultado del hundimiento de la tierra en ciertas áreas para que el mar pudiera precipitarse desde las regiones polares. Aparentemente hubo un hundimiento del suelo del Pacífico, y puede haber habido un hundimiento del suelo del Atlántico, aunque las escrituras señalan que hubo un 'mar este' en esa área incluso antes de la división. (Moisés 6:42; 7:14) No estamos seguros de si el 'mar este' era tan grande como el Océano Atlántico de los tiempos modernos. Pero en cualquier caso, sí sabemos que cuando se produjo la división alrededor de 2,240 AC, América, Australia y las islas del mar quedaron aisladas de la 'una tierra.'" (LOS PRIMEROS 2000 AÑOS, págs. 232-3)

Los contornos de la costa este de Sudamérica y la costa oeste de África indican que estos dos continentes estuvieron juntos en un tiempo. Los contornos, conservados por la división, parecen indicar que no existía un océano o mar entre Sudamérica y África antes de la ruptura. El 'mar este' en la escritura mencionada anteriormente se interpretaría como al este de la tierra de Adán (ubicada en Misuri), el Atlántico Norte, pero necesariamente mucho más pequeño de lo que es hoy.

Al buscar la fuerza fenomenal que rompió el continente pangaeano, en la investigación de Immanuel Velikovsky he encontrado la evidencia de pasajes cercanos de cometas del tamaño de un planeta en la historia pasada de la Tierra, la fuente más convincente de ese poder. Su teoría catastrófica de los trastornos geológicos del pasado también es más compatible con el relato bíblico de la historia. La demolición de Velikovsky de la teoría de la uniformidad de la geología ortodoxa, que afirma que todas las formas terrestres en la tierra se han formado a lo largo de millones de años por erosión, elevación de células de convección y otros agentes que todavía actúan sobre la tierra hoy en día, está completa. También extiende una mano dura sobre la teoría de la evolución orgánica que Darwin basa en la teoría de la uniformidad de Lyell.

En su MUNDOS EN CONVULSIÓN, Immanuel Velikovsky presenta las siguientes indicaciones de que la Tierra ha sido sacada de su órbita original, su eje cambiado y su rotación efectuada por pasajes cercanos de cometas del tamaño de planetas en la historia geológica reciente: 1) La órbita elíptica de La tierra alrededor del sol cambia en una cantidad muy pequeña. Esto podría ser un residuo de un desplazamiento de la tierra desde su órbita original. 2) La oblicuidad de la eclíptica, o el ángulo que forma el plano del ecuador con el plano de la órbita terrestre, que ahora es de 23 1/2 grados, cambia en una cantidad muy pequeña cada año.

Esta variación podría haber sido causada por una perturbación del eje de la Tierra en el pasado. 3) El hecho de que el plano de la órbita de la luna alrededor de la Tierra esté en el mismo plano de la órbita de la Tierra alrededor del Sol y no coincida con el plano ecuatorial indica que tal vez el plano ecuatorial coincidió en el pasado con el plano de la de la órbita de la Luna, que ahora no lo es. 4) Lechos de carbón en la Antártida, Alaska y Spitsbergen, y la reciente glaciación en latitudes templadas indica que el eje de la Tierra ha sufrido un cambio. (pág. 119)

Los libros de Velikovsky están llenos de evidencia de catástrofes mundiales pasadas causadas por pases cercanos de cometas. Repasa vastas evidencias de la geología, la astronomía y antiguas leyendas e historias de que pasajes cercanas de cometas produjeron las fuerzas que han ayudado a crear las montañas en los continentes y la expansión de los fondos oceánicos. Y aunque rechaza la teoría de la deriva continental, está de acuerdo con nuestra teoría de que la propagación de ondas S sísmicas en el interior de la Tierra indica claramente que la teoría de la isostasia, de que los continentes y las montañas se deslizan sobre un interior líquido, es falsa. La incongruencia se debe al hecho de que se sabe que las ondas S sísmicas viajan precisamente en el área de las células de convección supuestamente líquidas, y el hecho de que las ondas S no pueden viajar a través de líquidos. De hecho, la evidencia de que los terremotos se producen a lo profundo de 450 millas demuestra que no existen células de convección, isostasia y un interior fundido.

Sin embargo, las escrituras, que los creacionistas aceptan como historia literal, sí indican que los continentes *"han salido de su lugar"* unos 2,240 años antes de Cristo.

La teoría de la Tierra hueca permite la deriva continental, y además, que la tierra está creciendo o, en otras palabras, se está expandiendo. Esta teoría propone que la Tierra es un cuerpo hueco que consiste en una mayor densidad con mayores concentraciones de metales en la profundidad de la esfera de gravedad central ubicada según la guía en ETIDORPHA, 700 millas hacia abajo. Y superpuesta a esta esfera de mayor densidad está la corteza menos densa de la Tierra. En el área entre la corteza y la esfera central más densa, comparable a la astenosfera en la teoría ortodoxa del interior de la Tierra, hay un área de sistemas de cavernas bastante extensos que, como los ríos, son causados por la erosión del agua que comienza pequeña cerca de la superficie de la Tierra e incrementan cada vez más grande hacia la esfera central de la gravedad. A una profundidad de alrededor de 200 millas hacia abajo, donde la ecualización de la gravedad o la ingravidez se ha vuelto tan grande que la tensión superficial del agua no le permite continuar más profundo hacia la esfera central de la gravedad, toda actividad volcánica cesa porque, de acuerdo con nuestra teoría, la actividad volcánica es causada por la reacción del agua con elementos puros y altamente reactivos como el fósforo, sodio, potasio, magnesio y azufre.

La deriva continental puede haberse originado con un paso cercano de un cometa o asteroide del tamaño de un planeta. Varios cráteres gigantes en la superficie de la Tierra son evidencia de que la Tierra ha sufrido impactos de grandes meteoros. Tal vez un impacto directo de un gran meteoro junto con un paso cercano de un cometa del tamaño de un planeta puede haber sido la fuerza cataclísmica detrás de la ruptura inicial de Pangea que *"sacó a los continentes de sus lugares."*

Según coinciden los científicos creacionistas, después de la inundación de Noé, ocurrió una edad de hielo. Quizás la presión de la expansión del hielo ayudó a la ruptura de Pangea cien años después de la inundación de Noé.

Lo más probable es que un cometa del tamaño de un planeta que pasó sobre uno de los polos de la tierra causó la catástrofe mundial que fue la inundación de Noé. Por ejemplo, se han descubierto restos de mamuts en Siberia, al sur del Océano Ártico. Tal vez, cuando el cometa del tamaño de un planeta pasó sobre el Ártico e inclinó la Tierra sobre su eje, este derribó el Océano Interior dentro de Nuestra Tierra Hueca a través de la Apertura Polar del Norte y llevó consigo a muchos de los mamuts que viven en el Continente Interior. Salieron a través de la abertura polar y fueron depositados sus cuerpos en la tundra siberiana.

Este cometa del tamaño de un planeta a medida que pasaba por la Tierra, también causó que la órbita de la Tierra alrededor del Sol se moviera desde su ubicación original más cerca de la órbita actual de Venus, más alejada del Sol. Esto hizo que las aguas del diluvio de Noé se congelasen más tarde en los polos e incluso en las latitudes medias. Luego, cuando la tierra fue golpeada por un gran meteorito que causó el terremoto que derribó la Torre de Babel, la presión del hielo en los polos dividió los continentes y comenzó a los océanos a comenzar a expandirse y separar los continentes.

En el libro del Dr. Jaime Maxlow, MODELANDO LA TIERRA, afirma que una tierra en expansión necesitaría agregar materia adicional a un ritmo bastante regular. Él sugiere que la materia agregada necesaria para una tierra en expansión podría provenir del Sol, de las partículas del viento solar. Pero como hemos mostrado en este libro, el viento solar de nuestro Sol exterior se desvía alrededor de la Tierra por el campo magnético de la Tierra, por lo que no puede entrar para agregar masa a la Tierra. Por otro lado, nuestro Sol interno podría estar agregando masa a la tierra al cambiar el éter del espacio que fluye hacia el Sol interior como gravedad en partículas atómicas como electrones y protones de manera constante y regular. Por lo tanto, concluimos que el viento solar del Sol Interior, no solo ilumina las auroras de la Tierra, y llena la magnetosfera y los Cinturones de Radiación Van Allen con un flujo constante de iones, sino que, como tal, puede ser la principal fuente de nueva materia agregada a una Tierra en expansión a medida que estos iones caen sobre la superficie interna y las superficies externas del planeta desde el viento solar interno.

El campo electromagnético de Nuestra Tierra Hueca es causado por la cáscara de la Tierra que gira alrededor del sol central que gira mucho más lento suspendido en el hueco de la Tierra. La rotación de la tierra alrededor de este sol central, que tiene una carga positiva, hace que las líneas del campo electromagnético emerjan desde el área polar sur, viajen hacia el norte en el exterior de la tierra y luego regresen a la tierra en el área polar norte. Por lo tanto, las varias reversiones en la polaridad del campo electromagnético de la tierra en la historia geológica pasada, registradas en las lavas emitidas en el momento de estas reversiones, indicarían que en los pasajes cercanos de los cometas del tamaño de un planeta antiguo, la Tierra se ha detenido su rotación y causada a girar en la dirección opuesta. Dicha acción requeriría la resistencia de una Tierra con un núcleo de bola de metal hueco para resistir dicho par de torsión mundial.

Immanuel Velikovsky cita historias antiguas, por ejemplo, Heródoto y Mela dicen que, según los anales egipcios, la inversión del oeste y el este se repitió cuatro veces a lo largo de la historia de la Tierra. (MUNDOS EN CONVULSIÓN, pág. 122) Cita Éxodo 12:2, que indica que el eje de la Tierra fue inclinado por el paso de un cometa del tamaño de un planeta, que dijo que era Venus, en el momento del éxodo israelita de Egipto. El éxodo ocurrió en el otoño, en septiembre, que después del paso del cometa se convirtió en primavera. Posteriormente, abril se convirtió en el primer mes del año hebreo.

La Tierra ha sido arrastrada a una órbita más grande lejos del Sol por estos pasajes cercanos de cometas del tamaño de un planeta. Las ruinas de Tiahuanaco ubicadas en la costa sur del Lago Titicaca a 13,000 pies en las cimas de las montañas de los Andes, parecen haber sido construidas antes del Diluvio de Noé con tecnología antigravitatoria que usaban para mover piedras masivas que pesaban hasta 200 toneladas y laboradas con tecnología de precisión para construir su ciudad. El calendario en la Puerta del Sol de Tiahuanaco muestra un año de 290 días, que en ese momento era una órbita más cercana al Sol de la que tiene ahora la órbita de la Tierra. La información astronómica registrada en el calendario en el momento de su construcción muestra que la Tierra también tenía una inclinación hacia el plano de la eclíptica de la Tierra alrededor del Sol de 16.5 grados, mucho menos que los 23.45 grados que es ahora. Siendo que un año en la Tierra hoy tiene 365.25 días, la Tierra en ese momento debe haber estado más cerca del Sol, cerca de la órbita actual de Venus, que tiene un año de 244.7 días. (SECRETO DE LAS EDADES, pág. 32, MUNDOS EN CONVULSIÓN, pág. 128)

Por lo tanto, en los pasajes de estos cometas, varios de los cuales, según Velikovsky, han provocado que la Tierra se inclinara sobre su eje, lanzándola en una órbita diferente más alejada del Sol y provocando que invirtiera su rotación no una sino cuatro veces, la corteza más suelta y menos densa de la tierra se ha deslizado sobre el núcleo hueco metálico más profundo de la tierra en la esfera central de la gravedad. La expansión de los océanos Pacífico, Atlántico e Índico hizo que los continentes se alzaran y que los fondos oceánicos cayeran, como las estrías en el fondo oceánico dan testimonio. Esto dejó que el Océano Ártico pudiera entrar para llenar el vacío.

El continente pangaeano original no tenía montañas. Las colinas onduladas eran la forma dominante de la tierra. El fondo del océano Pacífico ha conservado esta característica única incluso después de hundirse y estar cubierto por el océano. Las colinas abisales del fondo del Océano Pacífico son colinas relativamente pequeñas que se elevan hasta 900 metros sobre el fondo del océano circundante. Cubriendo el 80-85% del fondo marino, son la forma de relieve más extensa en la tierra.

Las montañas se crearon a medida que los fondos oceánicos se expandían empujando las placas continentales entre sí o hacia el uno y el otro. Por ejemplo, la placa india se topó con la placa asiática que produjo los Himalayas. El fondo del Océano Pacífico se expandió contra la placas continentales de las Américas, elevando las Montañas Rocosas, La Sierra Madre y los Andes. El fondo del Océano Atlántico se expandió en ambas direcciones desde la Cresta del Atlántico Medio hacia el Continente Americano y hacia el Continente Europeo. La expansión del fondo marino del Atlántico contra el continente americano elevó las montañas de los Apalaches en la costa este. El fondo del mar mediterráneo que se expandía contra el continente europeo elevando los Alpes.

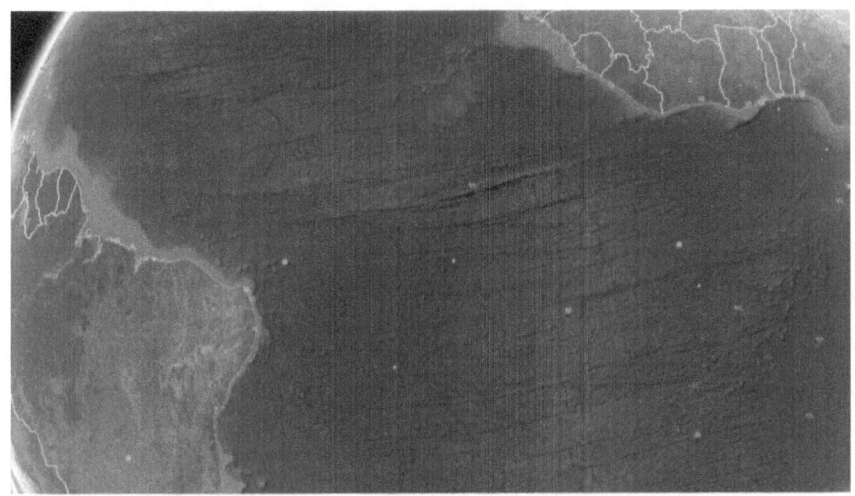

Las estrías visibles en los fondos oceánicos se pueden ver en Google Earth. Las estrías son visibles a ambos lados de la de la Cresta del Atlántico Medio, lo que muestra que el fondo del Océano Atlántico se ha expandido y ha empujado a América del Norte y del Sur lejos de Europa y África. Las estrías se pueden ver entre África e India, entre la Antártida y África, y en el fondo marino del Pacífico oriental desde América del Sur. Las estrías también se pueden ver en el fondo marino entre Australia y la Antártida. A medida que la placa del Pacífico se estiraba, se separaba del continente asiático, causando las trincheras de aguas profundas al norte de Papúa Nueva Guinea a lo largo de la costa desde las islas Filipinas hasta Japón y hasta Alaska. A medida que la placa del Pacífico se extendía lejos de América, causó que las trincheras a lo largo de la costa este de América del Sur, arriba a lo largo por América Central y por la costa de México. El estiramiento causó que el Valle de la Muerte en California cayera por debajo del nivel del mar. Con el tiempo, California se convertirá en una isla del Pacífico.

El Océano Ártico fue probablemente parte del océano original en el País del Norte de Nuestra Tierra Hueca, lo que lo convierte en el océano más antiguo del mundo, y se precipitó a llenar el vacío causado por la expansión de las cuencas oceánicas.

La expansión de las cuencas oceánicas es lo que causa que se produzcan terremotos en los límites de las placas. Aunque la fuerza que originalmente dividió el continente pangaeano en diferentes placas, según nuestra teoría, fue el paso cercano de los cometas en la historia geológica pasada, los impactos de asteroides y la expansión de la era de hielo desde los polos, el hecho de que continúen apareciendo grietas en todo el mundo indica que la expansión de la Tierra continúa ocurriendo junto con las interacciones gravitacionales entre la Tierra, la Luna, el Sol y los planetas que continúan desplazando las placas con movimiento en los límites de las placas, lo que provoca que ocurran terremotos, como en la zona de falla de San Andrés en California. Otro ejemplo de la expansión de la tierra es lo que sucedió en 2005. Una grieta gigantesca de 35 millas de largo rompió el terreno del desierto en Etiopía creando un gran valle. También se han producido fisuras en todo el mundo sin ningún terremoto, como en Michigan, Bolivia, Filipinas, Perú y la erupción más reciente en Gulistan, Pakistán y Burdwan, India.

Los márgenes de placa divergentes marcan el sitio de las extrusiones más voluminosas de material volcánico en la tierra. Se ha estimado que aproximadamente 20 kilómetros cúbicos de lava se extruyen cada año a lo largo de esta zona. Los científicos afirman que esta extrusión de lava en las crestas oceánicas medianas y a lo largo de los márgenes de las placas convergentes se produce cuando una placa descendente se desplaza hacia una astenosfera "caliente" donde se funde. La roca fundida siendo menos densa luego brota hacia la superficie como lava para crear montañas. Sin embargo, debemos considerar el hecho de que la mayoría de las montañas están compuestas de roca sedimentaria estratificada, no de lava.

Los científicos necesitan una astenosfera fundida para darles un motor de movimiento de placas llamado "célula de convección" astenoesférica. Y apuntan a toda la acción volcánica en los márgenes de las placas como prueba de su poder de la celda de convección caliente. Lo que no pueden explicar es cómo las ondas sísmicas de S viajan a través de una astenosfera líquida y cómo ocurren los terremotos precisamente donde la acción volcánica es más alta, en los límites de las placas. De hecho, la mayor parte de la actividad sísmica ocurre en la astenosfera, entonces, ¿cómo puede ser líquido? En realidad, lo llaman "plástico." Pero los materiales plásticos como la masilla o la arcilla para modelar no son elásticos. La elasticidad es un requisito primordial para la producción de un terremoto.

Los materiales plásticos son aquellos que cambian de forma permanentemente bajo la influencia de una fuerza. ¿Alguna vez has tratado de romper un rollo de arcilla como si pudieras un palo seco de madera? Los materiales que se deforman cuando se aplica una fuerza pero que vuelven a su tamaño y forma originales cuando se elimina la fuerza son elásticos. Un palo es elástico. La roca sólida es elástica. Si se doblan lo suficiente, se estiran más allá de sus límites elásticos y se rompen. Los científicos deben dejar de contradecirse y admitir que los terremotos en la astenosfera son causados por rocas que se rompen cuando se tensan más allá de sus límites ELÁSTICOS, no *"plásticos."*

Por lo tanto, la astenosfera no es ni de plástico ni de líquido sino de roca sólida. Y el volcanismo no resulta de un surgimiento de un interior líquido en las zonas de falla.

De acuerdo con nuestra teoría de la Tierra Hueca, la formación de Nuestra Tierra Hueca consistía en polvo espacial y rocas que se acumularon en una esfera de energía, el mundo espiritual de la Tierra. Este polvo y rocas del espacio consistía principalmente de elementos puros. Los elementos más pesados, más densos y menos reactivos se reunieron cerca del centro de gravedad a 700 millas hacia abajo y los elementos más ligeros y más reactivos se acumularon más cerca de la superficie. Esta separación se efectuó por fuerza centrífuga cuando los materiales se colocaron en órbita alrededor del Sol dentro de la Tierra. Por lo tanto, la astenosfera dio lugar a una acumulación de los elementos más ligeros: calcio, magnesio, sodio, azufre y potasio junto con los metaloides ligeros, el silicio y el germanio. Todo esto ocurrió en ausencia de agua o de una atmósfera.

Las reacciones químicas posteriores que ocurrieron cuando se agregó agua a la superficie de la tierra crearon la litosfera a través de la acción volcánica. La astenosfera porosa, cavernosa y menos densa fue creada por la posterior disolución de las sales creadas en las reacciones volcánicas del agua con la materia del polvo del espacio original. La acción volcánica actual de la Tierra continúa ocurriendo a medida que las superficies frescas de ese polvo espacial reactivo primitivo se ponen en contacto con el aire y el agua en las zonas de falla.

Por ejemplo, el agua en la presencia de aire reacciona violentamente con el sodio, el potasio, y el magnesio. Cuando se analiza la lava volcánica, indica que resulta de reacciones químicas violentas del agua con los elementos alcalinos. Varias reacciones ocurren simultáneamente debido a la presencia de varios metales y no metales en la vecindad de la reacción original. Las diferentes proporciones de disponibilidad determinan el tipo de lava volcánica producida.

El proceso que resulta en la actividad volcánica comienza con el movimiento de las placas tectónicas por las interacciones gravitacionales con los cometas, la Luna, el sol y los planetas. Quizás incluso un impacto asteroide directo podría haber iniciado la ruptura de la placa tectónica con un movimiento residual posterior causado por interacciones gravitacionales interplanetarias. Una tierra en expansión también provocaría que las placas se separaran y estiraran la capa de la tierra. El movimiento tectónico de placas causa fallas en los límites de las placas y otros lugares. La falla expone nuevas superficies de elementos alcalinos puros de los que originalmente se creó la tierra, permitiendo que el agua se filtre hacia los depósitos de los materiales de construcción originales de la Tierra. La subsiguiente reacción del agua, el aire y los elementos alcalinos da como resultado una acción volcánica.

Como puede verse por este análisis, la Teoría de la Tierra Hueca explica el movimiento de las Placas Tectónicas y los fenómenos relacionados con una consistencia mucho mejor con los hechos conocidos que la Teoría Sólido-Líquido del interior de la Tierra como lo defiende actualmente la ciencia ortodoxa. Es tiempo de que Nuestra Tierra Hueca sea reconocida por lo que es: ¡Nuestra Tierra ES Hueca!

CAPÍTULO TRECE
El Trono del Rey David -- ¡ENCONTRADO!

Cuando la nación de las diez tribus de Israel escapó de los asirios en algún tiempo después de su cautiverio en 721 a.C., fueron guiados por milagros y maravillas hacia los hermosos Países del Norte por un profeta de Dios. Mientras él guiaba a los israelitas en su escape milagroso, hicieron que su camino pareciera como si estuvieran para regresar a su tierra natal en Palestina. Pero al llegar al río Éufrates, el Señor había impedido que el río fluyera. Luego, los israelitas subieron por el cauce seco del rio y pasaron a través de secciones donde los muros del cañón estaban empinados a ambos lados y finalmente salieron del cañón en las aguas cabeceras del río. Luego giraron hacia el norte.

Mientras tanto, el ejército permanente asirio, al descubrir la fuga de los israelitas, siguió sus huellas hasta el río Eufrates, que para entonces ya estaba fluyendo nuevamente. Podían ver las huellas de los israelitas entrando al río por un lado, pero no podían encontrar por dónde supuestamente habían salido por el otro lado. De esta manera, el Señor proporcionó el camino de escape de las diez tribus de los asirios, tal como lo había hecho cuando las 12 tribus escaparon del ejército egipcio casi 1000 años antes.

Del análisis de la evidencia en el libro de Immanuel Velikovsky, MUNDOS EN CONVULSIÓN, creo que el momento de la huida israelita de Asiria tuvo lugar el 23 de marzo de 687 a.C. El papel más importante en el culto de Marte entre los romanos y los griegos fue el festival de Tubilustrium que se llevó a cabo el 23 de marzo. (p. 237) Este festival conmemoró un pasaje cercano del planeta Marte a la tierra que causó una gran destrucción. Parece que Venus, que los antiguos astrónomos sostienen fue originalmente un cometa, en uno de sus pasajes sacó al planeta Marte de su órbita, lo que lo llevó a un curso muy cerca de la Tierra. Esa fue la noche de su paso: 23 de marzo de 687 a.C. Fue la primera noche de la Pascua. En medio de la noche, los meteoritos cayeron y una ráfaga de Marte destruyó al ejército acampado del rey asirio Senaquerib.

Desde el Talmud se describe una ráfaga que cayó en el campamento del ejército de Sennacherib de 185,000 soldados. Se preparaban para atacar a Jerusalén a la mañana siguiente. No fue una llama, sino una ráfaga consumidora: *"Sus almas fueron quemadas, aunque sus vestimentas permanecieron intactas."* El fenómeno fue acompañado por un ruido terrible. Probablemente fue un relámpago interplanetario.

Además, a medida que Marte pasaba por la tierra, el día se prolongó la noche antes de que el ejército de Senaquerib fuera devorado por la ráfaga. A medida que el sol se ponía, retrocedió 10 grados antes de volver a bajar. (Isaías 38: 6-8, MUNDOS EN CONVULSIÓN, págs. 231-2)

Con la mayoría del ejército asirio destruido y los grandes estragos causados por este paso cercano de Marte, el momento era ideal para que los israelitas escaparan de los asirios. Y el paso cercano de Marte probablemente causó el terremoto que detuvo las aguas del Éufrates para que las tribus pudieran escapar subiendo por el cañón del río en una cauce seco. Un derrumbe de las orillas del río arriba del *"estrecho"* debe haberse detenido las aguas del río y, después de que los israelitas abandonaran el fondo del río, la presa natural del derrumbe o resbalón de tierra probablemente se desbordó y fue arrastrada la presa. De modo que cuando el pequeño ejército de asirios que les perseguía a los Israelitas llegó al río, fluía una vez más y no superon por donde habían escapado.

La ruta probable que tomaron las Diez Tribus en su año y medio viaje a Nuestra Tierra Hueca después de abandonar Asiria puede haberlos tomado por el extremo oriental del Mar Negro, a lo largo del río Danubio, hasta Dinamarca, donde un grupo de ellos se quedó atrás. El grupo principal se dirigió a Suecia y Noruega, y probablemente cruzó el Océano Ártico al noreste de Spitsbergen y Franz Josef Land, similar a la ruta que Olaf y su padre tomaron en 1829 en su pequeña embarcación pesquera.

Una ruta alternativa podría haber sido que, después de cruzar las montañas del Cáucaso, procedieran a una zona al norte del Mar Negro. Antes de la Revolución bolchevique, los arqueólogos rusos se aventuraron hacia el norte de Crimea, al norte del mar Negro, donde excavaron en los túmulos y encontraron algunas genealogías que demuestran que esos pueblos pertenecían a las tribus de Israel. Su líder era Odín y cuando los romanos amenazaron con conquistar la región, estos israelitas decidieron emigrar hacia el norte. Muchos de ellos emigraron a Rusia e incluso a Mongolia, donde se han descubierto restos funerarios de una raza blanca. Tal vez el cuerpo principal de las Tribus Perdidas viajó desde Mongolia, a través de Siberia y de allí hacia la Apertura Polar del Norte al norte de las Nuevas Islas Siberianas, al igual que Fridtjof Nansen en su barco, La Fram, cuando llegó a pocas millas de no descubrir la apertura polar del norte al norte de las Nuevas Islas Siberianas en 1893 en busca de la Tierra de Sannikov.

En este largo viaje, los israelitas probablemente fueron guiados por un profeta de Dios, así como Moisés sacó a sus antepasados de Egipto. Bruce R. McConkie escribió en su DOCTRINA MORMÓNA,

"En sus viajes hacia el norte, fueron dirigidos por profetas y líderes inspirados. Tenían a su Moisés y su Lehi, fueron guiados por el espíritu de revelación, guardaron la ley de Moisés y llevaron consigo los estatutos y los juicios que el Señor les había dado en épocas pasadas. Todavía eran un pueblo distinto muchos cientos de años después, porque el Señor resucitado visitó y ministró entre ellos después su ministerio en este continente (de América) *entre los nefitas."* (p. 457)

Durante esta visita de Cristo a los antiguos americanos, como se registra en el LIBRO DE MORMÓN, les contó acerca de las tribus perdidas:

"Y en verdad, en verdad os digo que tengo otras ovejas que no son de esta tierra, ni de la tierra de Jerusalén, ni de ninguna de las partes de esa tierra circundante donde he estado para ejercer mi ministerio...Mas he recibido el mandamiento del Padre de que vaya a ellos, para que oigan mi voz y sean contados entre mis ovejas, a fin de que haya un rebaño y un pastor; por tanto, voy para manifestarme a ellos." (3 NEFI 16:1-3)

A aquellos que rechazan las escrituras adicionales de Dios, Cristo responde:

"¡Oh necio, que dirás: Una Biblia; tenemos una Biblia y no necesitamos más Biblia! ¿Tendríais una Biblia, de no haber sido por los judíos?

¿No sabéis que hay más de una nación? ¿No sabéis que yo, el Señor vuestro Dios, he creado a todos los hombres, y que me acuerdo de los que viven en las islas del mar; y que gobierno arriba en los cielos y ABAJO EN LA TIERRA; y manifiesto mi palabra a los hijos de los hombres, sí, sobre todas las naciones de la tierra?

¿Por qué murmuráis por tener que recibir más de mi palabra? ¿No sabéis que el testimonio de dos naciones os es un testigo de que yo soy Dios, que me acuerdo tanto de una nación como de otra?...

Porque he aquí, hablaré a los judíos (esta profecía fue escrita por un antiguo profeta americano llamado Nefi, alrededor del año 550 a.C.), *y lo escribirán* (que llegó a ser la Biblia)*; y hablaré también a los nefitas* (una antigua nación americana de israelitas inmigrantes blancos)*, y estos lo escribirán* (que llegó a ser el Libro de Mormón)*; y también hablaré a las otras tribus de la casa de Israel* (Las Diez Tribus Perdidas) *que HE CONDUCIDO LEJOS, y lo escribirán...*

Y acontecerá que los judíos (en los últimos días) *tendrán las palabras de los nefitas, y los nefitas tendrán las palabras de los judíos; y los nefitas y los judíos tendrán las palabras de LAS TRIBUS PERDIDAS DE ISRAEL; y estas poseerán las palabras de los nefitas y los judíos."* (2 NEFI 29:7-14)

Este libro de escritura escrito por las Diez Tribus Perdidas se publicará cuando las Diez Tribus salgan de Nuestra Tierra Hueca en un futuro cercano. Y fueron escritos por una sucesión de profetas-reyes, un descendiente de los cuales Olaf Jansen y su padre tuvieron el privilegio de entrevistar durante su estancia de dos años y medio en los Países del Norte de Nuestra Tierra Hueca. De acuerdo con el llamamiento profético de su rey, Olaf informó que llamaban a su rey, *"El Gran Sumo Sacerdote sobre toda la tierra."*

El Rey sobre las Diez Tribus Perdidas es Judío, un Descendiente de David

La evidencia de las Escrituras indica que el trono literal y viviente de David hoy existe dentro de Nuestra Tierra Hueca. El profeta que guió a las 10 tribus a los Países del Norte debe haber sido descendiente de David, cuyos descendientes se han sentado en el trono de David durante unos 2,500 años. El Reino político de Dios, tan esperado por los santos y los pecadores, hoy existe en los Países del Norte y su Rey es un judío, un descendiente de David.

La casa de Israel fue sacada de Egipto por Moisés el profeta de Dios, y deambularon por 40 años en el desierto por haberse negado a conquistar a Palestina. Entonces Moisés ordenó a Josué que tomara su lugar como profeta de Dios y guiara a los israelitas a conquistar Palestina. Cuando se separaron, y antes de que Joshua guiara a la Casa de Israel a través del río Jordán hacia Palestina, Moisés fue trasladado y llevado al cielo. Las escrituras no son claras en este punto, pero he concluido que esto es cierto porque Moisés tuvo que haber sido un ser trasladado para que él y Elías (quien también fue traducido y llevado al Cielo vivo) confieran sus llaves proféticas con la imposición de manos sobre Pedro, Santiago y Juan en el Monte de la Transfiguración durante el ministerio de Cristo en la Tierra.

El profeta Josué luego dio jueces a Israel para gobernarlos durante 400 años. Según mis cálculos de la cronología bíblica, Isaac, el hijo de Abraham nació en 1962 a.C., y pasaron 430 años desde el nacimiento de Isaac hasta el tiempo del éxodo israelita de Egipto en 1532 a.C. (Ver PATRONES DE EVIDENCIA: EL ÉXODO por Timothy P. Mahoney, p. 884) La Casa de Israel hizo un pacto con Dios para obedecerle y guardar Sus mandamientos que les fueron dados a través de Su profeta Moisés. Cuando fueron conducidos por Moisés a través del Mar Rojo, fueron bautizados en el Reino de Dios. Había un grupo rebelde entre la Casa de Israel, y de vez en cuando fueron eliminados con terremotos, relámpagos, serpientes venenosas, guerras y ejecuciones por violar los mandamientos de Dios. Dios le ordenó a Israel que invadiera y conquistara Palestina que Dios le había dado a su antepasado Abraham. Se envió un conjunto de espías a Palestina para ver cómo podían llevar a cabo la conquista. Todos menos dos de los espías, Caleb y Joshua no creían que podían llevar a cabo con éxito la conquista. Entonces los israelitas rebeldes se negaron a participar en la conquista, por lo cual Dios los condenó a vagar 40 años en el desierto hasta que todos los rebeldes hubieran muerto. Finalmente, en 1492 a.C., los israelitas bajo su nuevo profeta Josué cruzaron el río Jordán para comenzar la conquista de Palestina.

Después de 400 años de ser gobernado por jueces, la gente Israelita le pidió al profeta Samuel que le pidiera a Dios que les diera un Rey. Dios les dijo que Él era su Rey, pero ellos querían un representante terrenal. Entonces Dios le dijo a Samuel, su profeta, que ungiera a Saúl como el primer rey de Israel en 1092 a.C.

Dios le ordenó al rey Saúl a través de su profeta Samuel que tomara un ejército y bajara a Egipto y matara a todos los amalecitas (que eran caníbales), y todos sus animales. Los Amalecitas habían atacado a los israelitas en el desierto y luego habían invadido Egipto. Sin embargo, el rey Saúl se despojó de su ganado, y luego, sin la autoridad del sacerdocio, ofreció un sacrificio animal a Dios para mostrar su gratitud por el ganado que había capturado. Por esta desobediencia, Samuel le dijo al rey Saúl que ya no era rey sobre Israel.

Entonces Dios le dijo a Samuel que eligiera otro Rey, el niño David, hijo de Jesé, a quien ungió como Rey de Israel. El rey Saúl no quería cederle el trono a David, e intentó muchas veces matarlo, pero Dios lo protegió para que no pudiera ser asesinado. Posteriormente, a lo largo de la historia del pueblo de Israel, los profetas de Dios darían consejos y mandamientos a los reyes de Israel. Algunos reyes obedecieron a los profetas de Dios, otros no.

Lo que pocos parecen darse cuenta es que el derecho al trono sobre el Reino Político de Dios en la Tierra solo puede ser legado por un profeta de Dios.

A Judá, el padre de todos los judíos, el padre Israel (cuyo nombre anterior era Jacob) le dio esta bendición:

"No será quitado el cetro de Judá, ni el legislador de entre sus pies, hasta que venga (la segunda venida) *Siloh* (Cristo)*; y a él se congregarán los pueblos.* (Genesis 49:10)

David, un judío y descendiente de Judá, fue hecho rey sobre las 12 tribus en cumplimiento de esta bendición del Señor a través de su profeta Jacob. Y se dio la promesa de que el Cetro o el trono nunca se apartará de Judá. Sus descendientes serían rey sobre Israel para siempre. David, siendo un descendiente de Judá, participó de la bendición dada a Judá y sus descendientes al ser hecho rey sobre Israel por el profeta Samuel.

El Señor le dio a David un pacto eterno en el que se le prometió que él y sus hijos gobernarían sobre Israel para siempre:

"Ahora estas son las últimas palabras de David. David, el hijo de Isaí, dijo: el hombre que fue levantado en las alturas, el ungido del Dios de Jacob y el dulce salmista de Israel dijo: 'Aunque mi casa no sea así con Dios; PUES ÉL HA HECHO CONMIGO UN PACTO ETERNO, ordenado en todas las cosas, y seguro ...'" (2 Samuel 23:1,5)

Este fue el pacto que el Señor hizo con David:

"Y tu casa y tu reino se establecerán para siempre delante de ti; TU TRONO SERÁ ESTABLECIDO PARA SIEMPRE. De acuerdo con todas estas palabras, y de acuerdo con toda esta visión, también Natán (el profeta) *habló a David."* (2 Samuel 7:16-7)

Y de Salomón, hijo de David, el Señor dijo:

"Él construirá una casa a mi nombre, y ESTABLECERÉ EL TRONO DE SU REINO PARA SIEMPRE." (2 Samuel 7:13)

En el antiguo Israel, era de conocimiento común que el Señor quería que el trono de David fuera heredado. Pero después de la muerte del rey Salomón, las diez tribus del norte rechazaron el trono de David debido a los impuestos opresivos y formaron una nación separada que llamaron ISRAEL. Este fue el comienzo de lo que eventualmente se convirtió en las Diez Tribus Perdidas de Israel. Por lo tanto, Palestina se dividió en dos naciones. La nación de las diez tribus del norte se llamó ISRAEL y las dos tribus del sur de Benjamín y Judá se llamaron JUDAH y sus ciudadanos se conocieron como JUDÍOS.

El hijo del rey Salomón, Roboam gobernó a Judá y luego su hijo Abías comenzó a reinar tras la muerte de su padre. Las diez tribus de Israel habían elegido a Jeroboam, hijo de un siervo del rey Salomón, para ser su Rey.

"Y Abías se puso de pie en el monte Zemoraim, que está en el monte de Efraín, y dijo: 'Oídme, Jeroboam, y todo Israel (la nación de los diez tribus del norte); *¿No sabéis vosotros que Jehová Dios de Israel dio el reino a David sobre Israel para siempre, a él y A SUS HIJOS MEDIANTE UN CONVENIO DE SAL?'"* (2 Crónicas 13:4,5)

Se piensa que debido a que los descendientes de David se volvieron inicuos, se modificó el convenio que el Señor le hizo. Se supone que el trono de David dejó de existir, pero sin embargo, será restaurado en los últimos días cuando Cristo venga a la tierra durante su reinado milenial, en la próxima era de la paz. Sin embargo, David dijo:

"Aunque mi casa no sea así con Dios; PUES ÉL HA HECHO CONMIGO UN PACTO ETERNO."

Por lo tanto, el pacto no dependía de la justicia de sus hijos. Sin embargo, parece que un linaje recto sería preferiblemente el portador de esa herencia.

El Señor le había explicado a David, como lo registró en los Salmos 89:

Versos 3 y 4: *"Hice un pacto con mi elegido, juré a David mi siervo, Tu SEMILLA estableceré PARA SIEMPRE, y edificaré TU TRONO A TODAS LAS GENERACIONES. Selah."*

Versos 28-37: *Mi misericordia lo guardaré para él para siempre, y mi pacto se mantendrá firme con él. Su semilla también haré para DURAR para siempre, y su TRONO COMO LOS DÍAS DEL CIELO. Si sus hijos ALEJAN de mi ley, y no caminen en mis juicios; Si rompen mis estatutos, y no guardan mis mandamientos; Entonces visitaré su transgresión CON LA VARILLA y su iniquidad con rayas. Sin embargo, mi misericordia no la quitaré de él, ni dejaré que mi fidelidad fracase. MI PACTO NO DESPEDIRÉ, ni alteraré lo que se ha ido de mis labios. Una vez que he jurado por mi santidad que no le mentiré a David. SU SEMILLA*

*PERDURARÁ PARA SIEMPRE, Y SU TRONO COMO EL SOL
ANTES DE MÍ. Se establecerá para siempre como la luna y
como un testigo fiel en el cielo. Selah."* (SALMOS 89: 3, 4,
28-37)

Aunque el Señor le prometió a David que su trono nunca
sería quitado de sus descendientes, de todas las apariencias, la
historia parece decirnos lo contrario. Primero, las diez tribus se
separaron del trono de David y formaron su propia nación que
llamaron Israel. Israel fue llevado al cautiverio y luego perdido
del conocimiento del mundo. El último rey de Judá y
descendiente de David, Sedequías, fue asesinado por los
babilonios alrededor del año 586 a.C. El rey Sedequías había
gobernado sobre las tribus de Judá y Benjamín en Palestina
hasta que fue depuesto por el rey Nabucodonosor II de
Babilonia.

El pequeño hijo del rey Zedekias, Mulek, fue llevado en
secreto por los guardias del palacio a América. El último
descendiente de Mulek para ser un rey fue Zarahemla, quien
entregó el trono sobre su pueblo al rey Mosíah de la nación
nefita que encontró a los mulekitas. Muchas de las guerras
subsiguientes descritas en el Libro de Mormón fueron el
resultado de los descendientes de Zarahemla, quienes se
llamaban los "Hombres de Rey" al tratar de hacerse cargo del
gobierno para colocar a un descendiente de David como Rey
sobre el pueblo. Aparentemente, tampoco parecían darse
cuenta de que solo un profeta de Dios puede entregar el
derecho al trono sobre el Reino Político de Dios en la Tierra.
(OMNI, EL LIBRO DE MORMÓN, pp. 130-1)

Entonces, si el trono de David existe hoy, ¿dónde está?
Herbert W. Armstrong, de la revista La Pura Verdad, estableció
un caso para el trono de David que existiera hoy como el trono
de Inglaterra en su libro, LOS ESTADOS UNIDOS Y LA
COMUNIDAD BRITÁNICA EN LA PROFECÍA. Tiene razón al
determinar que los Estados Unidos y Gran Bretaña son
descendientes de Efraín. Sin embargo, hay dos errores en su
caso. Afirma que 1) Los Estados Unidos y la Gran Bretaña son
los países del norte de las diez tribus perdidas, y 2) El Trono de
Inglaterra es el trono de David.

Estas conclusiones no pueden ser la respuesta correcta al
paradero del trono de David hoy porque Los Estados Unidos y
Gran Bretaña no son los países del norte de las diez tribus
perdidas de Israel, aunque algunos efraimitas y otros de las
tribus se quedaron en Europa en el viaje hacia el norte de las
diez tribus hacia Nuestra Tierra Hueca.

Hay un manuscrito antiguo en el Colegio de Herald de Londres que registra el linaje de los reyes sajones hasta Odín, quienes trazan su descendencia desde el Rey David (Enciclopedia Británica). Pero el trono de Gran Bretaña no puede ser el trono de David a pesar de que pueden ser descendientes de David porque el reinado de sus reyes no fue instituido por un profeta de Dios.

También se produjo una ruptura importante en la línea de hijos en el trono de Inglaterra. La promesa del Señor a David era que él y sus HIJOS VARONES heredarían el trono para siempre. El Señor evitó que el rey Enrique VIII de Inglaterra tuviera hijos para heredar el trono por el cual se divorció de su primera esposa, decapitó a su segunda esposa y murió mientras perseguía a otras mujeres con la esperanza de obtener un hijo varon para heredar su trono. Sus esfuerzos fueron en vano porque su trono no era aceptable para el Señor como el trono de David. Posteriormente, las hijas del rey Enrique VIII, la reina María y la reina Isabel se convirtieron en herederas del trono de Inglaterra.

Para encontrar el trono de David del reino político de Dios hoy, debemos entender la palabra del Señor a Jeremías, quien dijo:

"He aquí, vienen días, dice Jehová, en que yo confirmaré la buena palabra que he hablado A LA CASA DE ISRAEL Y A LA CASA DE JUDÁ."

Aquí, la distinción entre las dos naciones de JUDAH (los judíos) e ISRAEL (las Diez Tribus Perdidas) queda clara. Continuando,

"Porque así ha dicho Jehová: NO LE FALTARÁ A DAVID UN HOMBRE que se siente sobre EL TRONO DE LA CASA DE ISRAEL," (Jeremiah 33:14, 17)

De esta escritura descubrimos que nunca habrá un momento en que UN HOMBRE, un descendiente de David, no se siente en el trono de David. Sin embargo, la palabra del Señor dada aquí al profeta Jeremías deja en claro que el trono de David ahora no está sobre Judá, sino sobre LA CASA DE ISRAEL, la nación de los diez tribus que fueron a los países del norte de los cuales hemos descubierto que es la tierra de Nuestra Tierra Hueca. Por lo que concluimos que el trono de David hoy existe en los Países del Norte de Nuestra Tierra Hueca. Es el trono vivo, legal, justo y aceptable de David puesto por Dios para reinar sobre el Reino Político de Dios.

Desde el momento en que el rey Nabucodonosor II de Babilonia depuso al rey Sedequías, el trono de David fue

293

trasladado a las diez tribus perdidas de Israel. Jeremías, el profeta del Señor durante el reinado del rey Sedequías, recibió la orden de Dios de llevar un mensaje a las Diez Tribus Perdidas. En ese momento llevó el derecho legal al trono sobre la Casa de Israel y se lo dio a otro descendiente de David entre las Tribus Perdidas, que luego lo llevó a la Tierra Hueca cuando las Tribus Perdidas migraron allí alrededor del 475 a.C. Ese descendiente de David vino a ser Rey sobre las Diez Tribus Perdidas de Israel, y un descendiente de él con nombre de David, hoy reina en el trono de David sobre la Casa de Israel.

Olaf Jansen describió su entrevista con el rey de Israel, para quien escribió que su dios es Jehová, el dios de los antiguos israelitas. Después de obtener los Países del Norte en su barco de pesca a través de la Apertura del Polo Norte, Olaf y su padre fueron llevados ante el Gran Sumo Sacerdote, Gobernante sobre toda la tierra:

"La sorpresa de mi padre y de mí fue indescriptible cuando, en medio de la majestuosidad de una espaciosa sala, finalmente nos llevaron ante el Gran Sumo Sacerdote, gobernante de toda la tierra. Tenía una túnica muy rica y era mucho más alto que los que lo rodeaban, y no podía tener menos de catorce o quince pies de altura. La inmensa sala en la que nos recibieron parecía terminada en sólidas placas de oro tachonadas con joyas de brillantez increíble ... "

"Lo inesperado nos esperaba en este palacio de belleza, en el hallazgo de nuestra pequeña barco de pesca. Se había presentado ante el Sumo Sacerdote en perfecto estado, tal como se lo habían sacado de las aguas ese día cuando se cargó a bordo del barco de la gente que nos descubrió en el río hace más de un año."

"Nos dieron una audiencia de más de dos horas con este gran dignatario, que parecía tener una disposición amable y considerada. Se mostró muy interesado, nos hizo muchas preguntas e invariablemente sobre cosas que sus emisarios no habían consultado."

"Al final de la entrevista, nos preguntó si nos gustaba quedarnos en su país o si preferíamos regresar al mundo 'exterior,' siempre si fuera posible realizar un viaje de regreso exitoso, a través de las barreras cinturones congelados que rodean las aperturas del norte y del sur de la tierra."

"Mi padre respondió: 'Me complacería a mí y a mi hijo visitar su país y ver a su gente, a sus colegios y palacios de *música y arte, a sus grandes campos, a sus maravillosos bosques de madera; y después de que hayamos tenido este privilegio placentero, quisiéramos intentar regresar a nuestro hogar en la superficie exterior de la tierra. Este hijo es mi único hijo, y mi buena esposa estará cansada de esperar nuestro regreso."*

"'Temo que nunca puedas volver,' contestó el Sumo Sacerdote Principal, 'porque el camino es el más peligroso. Sin embargo, puedan visitar los diferentes países con Julio Galdea como su escolta, y se les concederá toda cortesía y amabilidad. Cuando estén listos para intentar un viaje de regreso, les aseguro que su bote que está aquí en exhibición se pondrá en las aguas del río Hiddekel en su boca, y les encomendamos en su viaje a Jehová."

"Así terminó nuestra única entrevista con el Sumo Sacerdote o Gobernante del continente." (EL DIOS HUMOSO, págs. 114-117)

La profecía del sumo sacerdote al padre de Olaf se hizo realidad. Su padre se ahogó cuando su barco de pesca volcó en el Océano Antártico en su viaje de regreso. Olaf fue arrojado por el bote cuando fue volcado por un iceberg y aterrizó en la parte superior del iceberg donde más tarde fue recogido por un barco ballenero.

Cuando las diez tribus llegaron a los Países del Norte hace unos 2,500 años, su profeta-líder, descendiente de David, se había sido consagrado Rey de Israel por el profeta Jeremías. Cuando las diez tribus salgan de Nuestra Tierra Hueca en un futuro cercano con sus escrituras, veremos que se ha cumplido la escritura en la que "NO LE FALTARÁ A DAVID UN HOMBRE que se siente sobre EL TRONO DE LA CASA DE ISRAEL." Quizás, el Rey de Israel hoy sea ese "príncipe" cuyo nombre iba a ser David, gobernando sobre la casa de Israel en los últimos días cuando regresen.

El profeta José Smith habló de este último de los reyes de Israel antes de que Cristo regrese para hacerse cargo del trono al comienzo de su reinado milenial,

"Aunque David fue rey, nunca obtuvo el espíritu y el poder de Elías y la plenitud del sacerdocio; y el Sacerdocio que recibió, y le serán quitados el trono y el reino de David y dado a otro con el NOMBRE DE DAVID en los últimos días, LEVANTADO DESDE DE SU LINEAJE." (ENSEÑANSAS, p. 339)

Creo que este Rey David, un descendiente de David vive hoy y es el Rey de las Diez Tribus de Israel en Nuestra Tierra Hueca. Él es un profeta de Dios.

"He aquí que vienen días, dice Jehová, en que levantaré a David UNA RAMA JUSTA, y REINARÁ UN REY, el cual será prudente y hará juicio y justicia EN LA TIERRA.

En sus días será salvo Judá, e Israel habitará seguro; y este será el nombre con el cual le llamarán: EL SEÑOR NUESTRA JUSTICIA.

Por tanto, he aquí que vienen días, dice Jehová, en que no dirán más: Vive Jehová, que hizo subir a los hijos de Israel de la tierra de Egipto,

sino: Vive Jehová, que hizo subir y trajo la descendencia de la casa de Israel de La Tierra del Norte y de todas las tierras adonde yo los había echado; y habitarán en su propia tierra." (JEREMÍAS 23:5-8)

Cuando regresen las Diez Tribus, una parte regresará a Palestina para unirse a los descendientes de Judá,

"yo salvaré a mis ovejas, y nunca más servirán de presa; y juzgaré entre oveja y oveja.

Y levantaré sobre ellas a un pastor, y él las apacentará: MI SIERVO DAVID; él las apacentará y él será su pastor.

Yo, Jehová, seré su Dios, y mi siervo David será príncipe en medio de ellos. Yo, Jehová, he hablado." (EZEKIEL 34:22-24)

"En aquellos tiempos andará la casa de Judá con la casa de Israel, y vendrán juntamente DE LA TIERRA DEL NORTE a la tierra que hice heredar a vuestros padres." (JEREMÍAS 3:18)

Cuando Regresarán Las Tribus Perdidas?

El Reino político de Dios actualmente tiene su sede en la Ciudad de Edén, en ese Jardín primigenio donde comenzó nuestra raza humana dentro de Nuestra Tierra Hueca, cuyo rey es un descendiente de David. Su nombre muy probablemente es David y se sienta en el trono heredado de David de la antigüedad. Él gobierna sobre las Diez Tribus de Israel perdidas hasta ahora.

En cumplimiento de la profecía, el Reino político de Dios bajo la guía del trono viviente de David se expandirá a la superficie de la tierra. Se construirá una carretera en medio del Océano Ártico y *"y sus profetas oirán su voz, y no se contendrán por más tiempo,"* sino que procederán a conectar un enlace permanente entre su ciudad capital del Edén y la Nueva Jerusalén, la futura ciudad capital de America construido en Independencia, el condado de Jackson, Misuri.

Esto sucederá después de que el gobierno de los Estados Unidos sea destruido cuando todas las naciones del mundo bajo las Naciones Unidas ataquen a los Estados Unidos e intenten recuperar nuestro país cuando nuestro gobierno nacional entre en default causado por una depresión provocada por los Banqueros Internacionales y su Banco de la Reserva Federal, que pueden causar simplemente elevando las tasas de interés tan altas que nadie tomará prestado de su dinero.

Mi estimación de cuándo empezará a suceder esto es en el año 2021 cuando las Naciones Unidas se convertirá en un gobierno de facto dictadura mundial durante 3.5 años, como lo describió Juan el Amado en Apocalipsis 13, e intentarán imponer impuestos a los Estados Unidos, lo que Estados Unidos negará a pagar. Las Naciones Unidas tomará venganza sobre los Estados Unidos haciendo que sus Banqueros Internacionales y la Reserva Federal provoquen una depresión económica desastrosa, lo que hará que el gobierno de los Estados Unidos no cumpla con la deuda que tiene con los banqueros. Por esto, las Naciones Unidas invadirán los Estados Unidos e intentarán a embargar a los Estados Unidos por incumplimiento de su deuda y por negarse a pagar el impuesto de las Naciones Unidas.

Esta potencia mundial tendrá la astucia de un leopardo, los pies y las garras de un oso, los dientes y la boca de un león, el poder de un dragón y Lucifer será su dios dirigido directamente desde el Vaticano. Atacarán a los Estados Unidos, la tierra de los santos de Dios (Sion),

> *1 "Y yo me paré sobre la arena del mar, y vi subir del mar una bestia que tenía siete cabezas y diez cuernos; y en sus cuernos tenía diez diademas, y sobre las cabezas de ella, nombres de blasfemia.*
>
> *2 Y la bestia que vi era semejante a un leopardo (la Unión Europea), y sus pies eran como de oso (Rusia), y su boca, como boca de león (Gran Bretaña). Y el dragón (China) le dio su poder (de Lúcifer), y su trono y gran autoridad.*
>
> *7 Y le fue dado hacer la guerra contra los santos, y vencerlos. También le fue dada autoridad sobre toda tribu, y pueblo, y lengua y nación.*

8 Y la adoraron todos los que moran en la tierra, cuyos nombres no estaban escritos en el libro de la vida del Cordero que fue inmolado desde el principio del mundo.
9 Si alguno tiene oído, oiga.

10 Si alguno lleva a la cautividad, irá a la cautividad; si alguno mata a espada, a espada morirá. Aquí está la paciencia y la fe de los santos." (Apocalipsis 13:1-2, 7-10)

Esta guerra de intentos de recuperación de los Estados Unidos, la tierra de los Santos de Sión por los Banqueros Internacionales de las Naciones Unidas, el Illuminati y los Jesuitas se menciona en las escrituras. El capítulo 3 de Isaías habla de la tierra de Sión, que es América, y que nuestros hombres caerán por la espada en la guerra,

25 "Tus hombres caerán a espada y tus fuertes en la batalla.

26 Y sus puertas se lamentarán y enlutarán; y ella (América), desolada, se sentará en tierra." (Isaías 3:25-26)

En el capítulo 2 de Joel se habla de los ejércitos invasores en el ataque a los Estados Unidos (que se menciona como la tierra de Sión en la escritura) por los países del mundo de las Naciones Unidas.

1 "Tocad trompeta en Sion y dad alarma en mi santo monte; tiemblen todos los moradores de la tierra, porque viene el día de Jehová, porque está cercano,

2 día de tinieblas y de oscuridad, día de nube y de sombra. Como sobre los montes se derrama el alba, así viene un pueblo grande y fuerte; nunca desde la antigüedad hubo otro semejante a él, ni después de él lo habrá por años, de generación en generación.

3 Delante de él consumirá el fuego, y detrás de él abrasará la llama; como el huerto de Edén será la tierra delante de él, y detrás de él, deja un desierto desolado; no habrá quien escape de él.

4 Su aspecto es como aspecto de caballos, y como gente de a caballo correrán.

5 Como estruendo de carros saltarán sobre las cumbres de los montes, como sonido de llama de fuego que consume el rastrojo, como pueblo fuerte dispuesto para la batalla.

6 Delante de él temerán los pueblos; se pondrán mustios todos los semblantes.

7 Como valientes correrán; como hombres de guerra escalarán el muro. Y cada cual marchará por su camino y no se desvían de sus sendas.

8 Ninguno empujará a su compañero; cada uno irá por su camino. Y aun cayendo sobre la espada, no se herirán (esto suena como un ejército de robots).

9 Irán por la ciudad, correrán por el muro, subirán por las casas, entrarán por las ventanas a manera de ladrones.

10 Delante de ellos temblará la atierra, y se estremecerán los cielos; el sol y la luna se oscurecerán, y las estrellas retraerán su resplandor."
Entonces el Señor le dice a su pueblo:

12 "Por eso pues, ahora, dice Jehová, volveos a mí con todo vuestro corazón, y con ayuno, y con lamento y con llanto.

13 Y rasgad vuestro corazón y no vuestros vestidos; y volveos a Jehová vuestro Dios, porque es misericordioso y clemente, tardo para la ira y grande en misericordia, y se arrepiente del castigo.

14 ¿Quién sabe si volverá, y se apiadará y dejará bendición tras sí, ofrenda de grano y libación para Jehová vuestro Dios?

15 Tocad trompeta en Sion; consagrad un ayuno; convocad una asamblea solemne.

16 Reunid al pueblo; santificad la reunión. Juntad a los ancianos; congregad a los niños y a los niños de pecho; salga de su cámara el novio y de su tálamo la novia.

17 Entre la entrada y el altar lloren los sacerdotes, ministros de Jehová, y digan: Perdona, oh Jehová, a tu pueblo y no entregues al oprobio tu heredad para que las naciones no se enseñoreen de ella. ¿Por qué han de decir entre los pueblos: ¿Dónde está su Dios?"
Entonces Dios tendrá piedad de su pueblo y escuchará sus oraciones e irá ante nuestros ejércitos para defender a nuestro país de las naciones invasoras paganas,

18 "Y Jehová tendrá celo por su tierra y perdonará a su pueblo.

11 Y Jehová dará su voz delante de su ejército, porque muy grande es su campamento, y fuerte es el que ejecuta su palabra; porque grande es el día de Jehová y muy terrible. ¿Y quién podrá soportarlo?

19 Y responderá Jehová y dirá a su pueblo: He aquí, yo os envío grano, y mosto y aceite, y seréis saciados de ellos; y nunca más os entregaré al oprobio entre las naciones.

20 Y haré alejar de vosotros al del norte, y lo echaré en tierra seca y desierta (el Ártico): su vanguardia hacia el mar oriental (el Atlántico*), y su retaguardia hacia el mar occidental* (el Pacífico*); y exhalará su hedor, y subirá su pudrición, porque hizo grandes cosas."*

Isaías 4: 1 dice que después de la guerra siete mujeres pedirán a un hombre que sea su esposo porque seis de cada siete hombres morirán en la guerra,

1 "Y siete mujeres echarán mano de un hombre en aquel día, diciendo: Nosotras comeremos nuestro propio pan y nos vestiremos con nuestra propia ropa; solamente permítenos llevar tu nombre; quita nuestro oprobio."

Los indios e hispanos de América, que en las escrituras se llaman *"el remanente de Jacob,"* serán una quinta columna en medio de nuestra nación luchando con los invasores de las Naciones Unidas para hacernos lo que nuestros líderes equivocados les han hecho,

12 "Y los de mi pueblo, que son un resto de Jacob, estarán en medio de los gentiles, sí, en medio de ellos como león entre los animales del bosque, y como cachorro de león entre las manadas de ovejas, el cual, si pasa por en medio, huella y despedaza, y nadie las puede librar.

13 Su mano se levantará sobre sus adversarios, y todos sus enemigos serán talados.

14 Sí, ¡ay de los gentiles, a menos que se arrepientan! Porque sucederá en aquel día, dice el Padre, que haré matar tus caballos de en medio de ti, y haré destruir tus carros;

15 y talaré las ciudades de tu tierra, y derribaré todas tus plazas fuertes;

16 y exterminaré de tu tierra las hechicerías, y no tendrás más adivinos;

17 tus imágenes grabadas también destruiré, así como tus esculturas de en medio de ti, y nunca más adorarás las obras de tus manos;

18 y arrancaré tus bosques de entre ti, y asolaré tus ciudades.

19 Y acontecerá que todas las mentiras, y falsedades, y envidias, y contiendas, y supercherías sacerdotales, y fornicaciones, serán extirpadas.

20 Porque sucederá, dice el Padre, que en aquel día talaré de entre mi pueblo a cualquiera que no se arrepienta y venga a mi Hijo Amado, oh casa de Israel.

21 Y ejecutaré venganza y furor sobre ellos, así como sobre los paganos (de los ejércitos invasores)*, tal como*

nunca ha llegado a sus oídos." (3 Nefi 21:12-21, Miqueas 5:7-15)

Después de la guerra, si la gente de América se han arrepentido de sus malos caminos, Dios los aceptarán en su iglesia y ayudarán a los indios e hispanos que son el *"remanente de Jacob"* a construir una nueva ciudad capital para todo el continente americano, norte y sur, la Nueva Jerusalén, en Independencia, Misuri.

> 22 *"Pero si se arrepienten y escuchan mis palabras, y no endurecen sus corazones, estableceré mi iglesia entre ellos; y entrarán en el convenio, y serán contados entre este resto de Jacob, al cual he dado esta tierra por herencia.*
>
> 23 *Y ayudarán a mi pueblo, el resto de Jacob, y también a cuantos de la casa de Israel vengan, a fin de que construyan una ciudad que será llamada la Nueva Jerusalén.*
>
> 24 *Y entonces ayudarán a mi pueblo que esté disperso sobre toda la faz de la tierra, para que sean congregados en la Nueva Jerusalén.*
>
> 25 *Y entonces el poder del cielo descenderá entre ellos, y también yo estaré en medio."* (3 Nefi 21:22-25)

Esta dictadura del gobierno de las Naciones Unidas que ataca a los Estados Unidos es la cuarta bestia del Libro de Daniel,

> 7 *"Después de esto miraba yo en las visiones de la noche, y he aquí, la cuarta bestia, espantosa y terrible, y en gran manera fuerte, la cual tenía unos dientes grandes de hierro; devoraba y desmenuzaba, y hollaba las sobras con sus pies; y era muy diferente de todas las bestias que había visto antes de ella y tenía diez cuernos.* (Daniel 7:7)
>
> 20 *asimismo, acerca de los diez cuernos que tenía en su cabeza, y del otro que le había salido, delante del cual habían caído tres; y este mismo cuerno tenía ojos y una boca que hablaba de grandezas, y parecía ser más grande que sus compañeros.*
>
> 21 *Y veía yo que este cuerno hacía la guerra contra los santos y los vencía."* (Daniel 7:20-21)

Al antiguo profeta americano, Nefi, se le mostró los últimos días cuando la Iglesia Grande y Abominable atacaría a los Santos de Dios en América, y de hecho en todo el mundo,

> 9 *"Y sucedió que me dijo: Mira, y ve esa grande y abominable iglesia que es la madre de las abominaciones, cuyo fundador es el diablo.*

10 Y me dijo: He aquí, no hay más que dos iglesias solamente; una es la iglesia del Cordero de Dios, y la otra es la iglesia del diablo; de modo que el que no pertenece a la iglesia del Cordero de Dios, pertenece a esa grande iglesia que es la madre de las abominaciones, y es la ramera de toda la tierra.

11 Y aconteció que miré y vi a la ramera de toda la tierra, y se asentaba sobre muchas aguas; y tenía dominio sobre toda la tierra, entre todas las naciones, tribus, lenguas y pueblos.

12 Y sucedió que vi la iglesia del Cordero de Dios, y sus números eran pocos a causa de la iniquidad y las abominaciones de la ramera que se asentaba sobre las muchas aguas. No obstante, vi que la iglesia del Cordero, que eran los santos de Dios, se extendía también sobre toda la superficie de la tierra; y sus dominios sobre la faz de la tierra eran pequeños, a causa de la maldad de la gran ramera a quien yo vi.

13 Y ocurrió que vi que la gran madre de las abominaciones reunió multitudes sobre toda la superficie de la tierra, entre todas las naciones de los gentiles, para combatir contra el Cordero de Dios (y sus Santos).

14 Y aconteció que yo, Nefi, vi que el poder del Cordero de Dios descendió sobre los santos de la iglesia del Cordero y sobre el pueblo del convenio del Señor, que se hallaban dispersados sobre toda la superficie de la tierra; y tenían por armas su rectitud y el poder de Dios en gran gloria.

15 Y sucedió que vi que la ira de Dios se derramó sobre aquella grande y abominable iglesia, de tal modo que hubo guerras y rumores de guerras entre todas las naciones y familias de la tierra.

16 Y cuando empezó a haber aguerras y rumores de guerras entre todas las naciones que pertenecían a la madre de las abominaciones, me habló el ángel, diciendo: He aquí, la ira de Dios está sobre la madre de las rameras; y he aquí, tú ves todas estas cosas;

17 y cuando llegue el adía en que la ira de Dios sea derramada sobre la madre de las rameras, que es la iglesia grande y abominable de toda la tierra, cuyo fundador es el diablo, entonces, en ese día, empezará la obra del Padre, preparando la vía para el cumplimiento de sus convenios que él ha hecho con su pueblo que es de la casa de Israel."
(1 Nefi 14:9-17)

El profeta Daniel dice que nuestro ancestro resucitado Adán, el Anciano de los Días vendrá y nos ayudará a ganar esta guerra,

> 22 *"...hasta que vino el Anciano de Días, y se dio el juicio a los santos del Altísimo; y llegó el tiempo, y los santos poseyeron el reino."* (Daniel 7:22)

Y los ejércitos invasores y el gobierno de las Naciones Unidas son quemados por fuego,

> 11 *"Yo entonces miraba a causa de la voz de las grandes palabras que hablaba el cuerno; miraba hasta que mataron a la bestia, y su cuerpo fue destrozado y entregado para ser quemado en el fuego."* (Daniel 7:11)

El profeta Nefi explica que Dios nos ayudará a los santos de Dios, quienes son de la Casa de Israel,

> 12 *"Por tanto, los sacará otra vez de su cautividad, y serán reunidos en las tierras de su herencia; y serán sacados de la obscuridad y de las tinieblas; y sabrán que el Señor es su Salvador y su Redentor, el Fuerte de Israel.*
>
> 13 *Y la sangre de esa grande y abominable iglesia, que es la ramera de toda la tierra, se volverá sobre su propia cabeza; porque guerrearán entre sí, y la espada de sus propias manos descenderá sobre su propia cabeza; y se emborracharán con su propia sangre.*
>
> 14 *Y toda nación que luche contra ti, oh casa de Israel, se volverá la una contra la otra, y caerán en la fosa que cavaron para entrampar al pueblo del Señor. Y todos los que combatan contra Sion (America) serán destruidos, y esa gran ramera que ha pervertido las vías correctas del Señor, sí, esa grande y abominable iglesia caerá a tierra, y grande será su caída."* (1 Nefi 22:12-14)

Nuestro país sobrevivirá, pero el gobierno de las Naciones Unidas y el gobierno de los Estados Unidos serán ambos destruidos en la guerra. El reino político de Dios de la nación de las Tribus Perdidas de Nuestra Tierra Hueca entonces se expandirá a la tierra exterior para llenar el vacío, junto con una gran última obra misionera con 144,000 misioneros, 12,000 de cada una de las Tribus de la Casa de Israel, para traer a todos los descendientes de la Casa de Israel en todo el mundo al redil de Dios, a la tierra de Sion en América, y a la tierra de Israel en Palestina.

> 26 *"Y entonces empezará la obra del Padre en aquel día, sí, cuando sea predicado este evangelio entre el resto de este pueblo. De cierto os digo que en ese día empezará la obra del Padre entre todos los dispersos de mi pueblo, sí,*

aun entre las tribus que han estado perdidas, las cuales el
Padre ha sacado de Jerusalén.

*27 Sí, empezará la obra entre todos los dispersos de
mi pueblo, y el Padre preparará la vía por la cual puedan
venir a mí, a fin de que invoquen al Padre en mi nombre.*

*28 Sí, y entonces empezará la obra, y el Padre
preparará la vía, entre todas las naciones, por la cual su
pueblo pueda volver a la tierra de su herencia.*

*29 Y saldrán de todas las naciones; y no saldrán de
aprisa, ni irán huyendo, porque yo iré delante de ellos, dice
el Padre, y seré su retaguardia."* (3 Nefi 21:26-29)

Después de la guerra, los santos del Altísimo en América
heredarán y reconstruirán las ciudades que quedaron desoladas
por la guerra,

*3 "Porque te extenderás a la mano derecha y a la mano
izquierda, y tu descendencia heredará naciones y habitará las
ciudades desoladas."* (Isaías 54:3, 3 Nefi 22:3)

La Iglesia de Jesucristo de los Santos de los Últimos Días
se unirá con el reino político de Dios de las Tribus Perdidas, y
todos los miembros de La Iglesia de Jesucristo de los Santos de
los Últimos Días serán traídos a América desde todo el mundo.
Obtendremos un nuevo gobierno y una nueva capital. La nueva
capital de todo el continente americano será la Nueva Jerusalén
que se construirá en Independencia, Condado de Jackson,
Missouri (D&C 84:2-3). Nuestro nuevo gobierno será la
monarquía teocrática de la nación de la Tierra Hueca de las diez
tribus del reino político de Dios de Israel, cuyo rey es el rey
David, un descendiente del antiguo rey David de los israelitas.

El capítulo 12 de Apocalipsis habla de donde el Señor llevó
a las Tribus Perdidas de Israel con su gobierno político del
Reino de Dios a las entrañas de la tierra a través de la "boca"
de la Tierra, la Apertura Polar del Norte durante 2,500 años,

*1 "Y apareció una gran señal en el cielo: una mujer
vestida del sol, con la luna debajo de sus pies, y sobre su
cabeza una corona de doce estrellas.*

*2 Y estando encinta, clamaba con dolores de parto y
sufría por dar a luz.*

*5 Y ella dio a luz un hijo varón (Jesucristo) que había
de regir a todas las naciones con una vara de hierro (lo
cual es la palabra de Dios, vea 1 Nefi 11:25); y su hijo fue
arrebatado hasta Dios y hasta su trono.*

*6 Y la mujer huyó a la tierra silvestre, donde tenía un
lugar preparado por Dios, para que allí la sustentasen
durante mil doscientos sesenta días.*

304

14 Y le fueron dadas a la mujer las dos alas de la gran águila, para que volase de la presencia de la serpiente a la tierra silvestre, a su lugar, donde es sustentada por un tiempo, y tiempos y la mitad de un tiempo.

15 Y la serpiente arrojó de su boca, tras la mujer, agua como un río, a fin de hacer que fuese arrastrada por el río.

16 Pero la tierra ayudó a la mujer, y la tierra abrió su boca y tragó el río que el dragón había arrojado de su boca."

En Nuestra Tierra Hueca, la mujer, que es el Reino político de Dios sobre la Casa de Israel, fue alimentada durante un tiempo (mil años) y tiempos (otro mil años) y medio tiempo (500 años) = 2,500 años. Los Israelitas escaparon de los asirios en el año 687 a.C. y si estimamos que para 475 a.C. habían llegado a la tierra de Nuestra Tierra Hueca (hablado en Esdras como Arsareth), entonces el año 2025 sería 2,500 años desde que las Tribus Perdidas fueron conducidas a los Países del Norte de Nuestra Tierra Hueca. Por lo tanto, podemos concluir que en el año 2025, el reino político de Dios de las tribus perdidas de Israel comenzará a reinar nuevamente en la superficie de la Tierra.

El élder Bruce R. McConkie, apóstol de la Iglesia de Jesucristo de los Santos de los Últimos Días nos dio una indicación más sobre cuándo volverán las Tribus Perdidas a partir del año 2000.

En su libro, LA MESÍAS MILENIAL, en la página 382, el élder McConkie indica que la media hora de silencio en el cielo en la apertura del séptimo sello en Apocalipsis 8:1 está de acuerdo con el tiempo de Dios, que un día en el planeta Kolob de Dios en el centro de nuestro galaxia La Vía Láctea es igual a 1,000 años terrestres, por lo que media hora de silencio en el cielo sería 20.83 años en la Tierra. El apóstol Alvin R. Dyer, quien sirvió como consejero del presidente David O. McKay, también calculó que esta media hora de silencio en el cielo son unos 20 años de la Tierra en su libro, ¿QUIÉN SOY YO? (Loc. 5535)

En una revelación al profeta José Smith, registrada en Doctrina y Convenios Sección 77, versículo 6, José Smith le pregunta a Dios:

"P. ¿Qué hemos de entender por el libro que Juan vio, sellado por fuera con siete sellos?

R. Que contiene la voluntad, los misterios y las obras revelados de Dios; las cosas ocultas de su economía concernientes a esta tierra durante los siete mil años de su permanencia, o sea, su duración temporal."

La existencia temporal de la tierra comenzó en la caída de Adán, 4,000 a.C. y Jesucristo regresará para gobernar en la tierra al comienzo del período del séptimo mil años, como se explica más adelante en D. y C. 77, versículo 12:

"P.– ¿Qué hemos de entender por el son de trompetas que se menciona en el capítulo 8 del Apocalipsis?

R.– Que así como Dios hizo el mundo en seis días, y en el séptimo día acabó su obra y la santificó, y también formó al hombre del polvo de la tierra, de igual manera, al principiar el séptimo milenio, el Señor Dios santificará la tierra, consumará la salvación del hombre y juzgará y redimirá todas las cosas, salvo lo que no haya puesto en su poder, cuando él haya sellado todo hasta el fin de todas las cosas; y el son de las trompetas de los siete ángeles es la preparación y terminación de su obra al comenzar el séptimo milenio, la preparación de la vía antes de la hora de su venida."

Según la cronología bíblica, de Adán a Cristo fueron 4,000 años, y de Cristo al año 2000 d.C. completó seis mil años. Entonces, el séptimo período de mil años de la existencia temporal de la Tierra comenzó en el año 2000 d.C. Con la media hora de silencio en el cielo siendo 20.83 años terrestres, las siete trompetas del Capítulo 8 de Apocalipsis comenzarán a sonar en enero de 2021, contando desde abril de 2000, pues abril es el primer mes del año hebreo.

Si los eventos de cada trompeta que suenan duran al menos un año cada uno, entonces en el año 2028 los siete ángeles habrán sonado sus trompetas, y Cristo vendrá dentro de los próximos siete años (Ezequiel 39:9) para salvar a los justos de la expulsión masiva ardiente del sol en aproximadamente el año 2035 que purificará la tierra de toda injusticia en preparación para su reino milenario.

El quinto ángel en tocar su trompeta, según esta cronología, será en 2025, y las langostas que salen del pozo sin fondo de la tierra hueca son los platillos voladores de las diez tribus perdidas a las que se les ordena atormentar *"a los hombres que no tuviesen el sello de Dios en sus frentes"* de la Iglesia Grande y Abominable para renunciar a su dominio sobre América (Apocalipsis 9:1-12).

La sección 131 de D&C, versículo 31 dice: *"Y los confines de los collados eternos temblarán ante su presencia"* cuando las Diez Tribus desciendan del norte.

En el libro de Immanuel Velikovsky, MUNDOS EN COLISIÓN se presenta a partir de registros históricos antiguos que el 23 de marzo de 687 a.C., el planeta Venus, que en ese tiempo era un cometa, había sacado al planeta Marte de su órbita, pasó por la tierra causando terremotos y gran destrucción. En la noche del pasaje, el ejército asirio del rey Senaquerib fue destruido por un rayo interplanetario del planeta Marte cuando el ejército acampó fuera de Jerusalén preparándose para atacar el próximo día. La destrucción del ejército de 180,500 hombres de Senaquerib y los terremotos causados por el paso cercano de Marte fueron los eventos que ayudaron a la fuga de las diez tribus desde los asirios.

Esdras, en los Apócrifos, indica al igual que esta escritura de Doctrina y Convenios que un terremoto también anunciará el regreso de las Diez Tribus del Norte. Si el paso cercano de un cometa como indica la investigación de Velikovsky fue la causa del terremoto en el momento en que las tribus escaparon de Asiria, tal vez un cometa sea la causa del terremoto en el momento de su regreso.

Obviamente, una gran destrucción y agitación mundial acompañarán el regreso de las tribus del norte.

El sexto ángel en 2026 suena en preparación de la gran batalla de Armagedón, donde el país de Israel es atacado por un ejército de 200 millones de soldados. Dado que Estados Unidos siempre ha ayudado a Israel y no estará en existencia para ayudar a defender a Israel en esta batalla, el ataque a los Estados Unidos por parte de los países de las Naciones Unidas tendrá que haber tenido lugar previamente en algún momento entre los años 2021 a 2025 antes de las Tribus Perdidas emergieran desde el *"pozo sin fondo"* de Nuestra Tierra Hueca para darle a la América un nuevo gobierno. Si el presidente Donald J. Trump gana la próxima elección, comenzará su segundo término en enero de 2021, y según una profecía de un obispo de Utah SUD, un presidente republicano será asesinado seguido por un ataque a los Estados Unidos por parte de Rusia y sus aliados. (LA PROFECÍA DE LA MINA DE SUEÑO, págs. 28 & 35)

Después de la guerra, las Diez Tribus Perdidas de Nuestra Tierra Hueca emergerán de Nuestra Tierra Hueca y bendecirán a América con un nuevo gobierno, el reino político de Dios, una nueva capital, la Nueva Jerusalén en Independencia, Misuri, y una economía de abundancia en contraste con la economía de escasez que tenemos ahora,

"En ese día, la rama del Señor (las Tribus Perdidas) *será hermosa y gloriosa, y el fruto de la tierra será excelente y hermoso para los que escapan de Israel* (de la gran guerra)." (Isaías 4:2)

Después de la guerra, el Reino político de Dios de las Tribus Perdidas se expandirá primero a América, luego a Jerusalén para ayudarlos a reconstruir su templo antes de la batalla de Armagedón. Después de la destrucción del gobierno de las Naciones Unidas, surgirá otro gobierno del Viejo Mundo por otros 3.5 años que permitirá que el templo judío sea reconstruido por el rey David de las tribus perdidas.

En América, al norte de la Nueva Jerusalén, en Adam-Ondi-Ahman, se convocará un gran consejo presidida por nuestro ancestro Adán resucitado. En este gran concilio, el Rey David de la Casa de Israel reunido entregará el trono de David su antepasado a Jesucristo, quien en adelante reinará como Rey de Reyes para siempre. Cristo es *"la raíz y la descendencia de David."* (Apocalipsis 22:16) Y así se cumplirán las escrituras de que nunca habrá un momento en que un hijo de David no se siente en su trono, el cual durará para siempre.

Debido a que el templo construido por las Tribus Perdidas en Jerusalén será tan hermoso, con tal abundancia de oro, plata y joyas preciosas que habrán sacado de Nuestra Tierra Hueca, esta última dictadura del Viejo Mundo de la que habló Juan el Amado en Apocalipsis 13, que tiene *"dos cuernos como un cordero"* y gobernado por el *"dragón"* Lucifer, (Apocalipsis 13: 11-18) codiciará la riqueza del templo israelita en Jerusalén, y así decidirá atacar a Israel *"para tomar un botín"* en la gran batalla de Armageddon. (Ezequiel 38: 10-12) Cristo vendrá entonces en poder y gran gloria como el Mesías judío. Él matará a los ejércitos invasores con piedras de granizo gigantes, y los sobrevivientes judíos lo aceptarán como su Dios y Rey.

Ezequiel 39:9 explica que después de la Batalla de Armagedón, que ocurrirá después que suena la trompeta del séptimo ángel en 2027, los judíos les llevará siete años limpiar el desastre de la batalla y quemar las armas de guerra.

Juan, el Amado, en su Libro de Apocalipsis, indica que durante estos últimos siete años, los ángeles de Dios derramarán sus últimos siete frascos de plagas sobre los pecadores no arrepentidos del mundo en un último intento de tratar de llevarlos a arrepentirse de sus pecados y ser salvos. (Apocalipsis 16)

Al igual que las plagas que Dios derramó sobre los egipcios para tratar de convencerlos de que dejaran ir a Israel cautivo en el momento en que Moisés los sacó de Egipto, en estos últimos días, se derramarán plagas sobre la Tierra para liberar a Israel una vez más. Como mostró Emmanuel Velikovsky en sus libros, las plagas del éxodo israelita de Egipto fueron causadas en parte por un cometa del tamaño de un planeta (Venus) que pasaba por la Tierra, por lo que en estos últimos días, las plagas de los últimos días también serán el resultado del cometa tamaño planeta que originalmente causó el Diluvio de Noé. Este cometa vendrá por la Tierra desde el sur y volcará la Tierra sobre su eje a donde estaba antes de la inundación a 16 grados de inclinación. Hará que la Tierra vuelva más cerca del Sol, donde estaba antes del diluvio, en un lugar entre donde está la Tierra ahora y donde está la órbita de Venus, de modo que tendremos nuevamente un año de 290 días.

El coronel Ed Dames ha visto remotamente el futuro, y cuando este cometa tamaño planeta pase por la Tierra, hará que el centro de la gravedad en la superficie se incline por un corto tiempo a un ángulo de 45 grados, lo que provocará un terremoto gigante y casi todos los edificios en la Tierra caerán. El paso del cometa también provocará vientos de 300 millas por hora que destruirán casi todo lo demás.

En el momento que este cometa tamaño planeta regresa, se oirá la voz de Dios.

22 "Y será una voz como el estruendo de muchas aguas, y como la voz de grandes truenos que derribarán los montes; y no se hallarán los valles.

23 Mandará al mar profundo, y será arrojado hacia los países del norte (de la Tierra Hueca), y las islas serán una sola tierra;

24 y la tierra de Jerusalén y la de Sion volverán a su propio lugar, y la tierra será como en los días antes de ser dividida.

25 Y el Señor, sí, el Salvador, estará en medio de su pueblo y reinará sobre toda carne." (D&C 133:22-25)

Jesús les dijo a sus apóstoles en Jerusalén que,

29 "E inmediatamente después de la tribulación de aquellos días, el sol se oscurecerá, y la luna no dará su luz, y las estrellas caerán del cielo y los poderes de los cielos serán sacudidos.

30 Y aparecerá la señal del Hijo del Hombre en el cielo; y entonces se lamentarán todas las tribus de la tierra, y

verán al Hijo del Hombre que vendrá sobre las nubes del cielo, con poder y gran gloria.

31 Y enviará a sus ángeles con gran voz de trompeta, y reunirán a sus escogidos de los cuatro vientos, desde un extremo del cielo hasta el otro (de todas partes de la Tierra desde un extremo del Sol Interior hasta el otro extremo)." (Mateo 24:29-31)

El coronel Ed Dames ha visto remotamente el futuro y dice que la Tierra será golpeada por una masiva eyección de masa coronal de nuestro Sol exterior, una llamarada solar que quemará la superficie de nuestro planeta. Él lo llama el *"Disparo Mortal."* Tiene un video en su sitio de web que muestra un cometa que es pegado por una llamarada solar que salta del Sol y golpea al cometa cuando el cometa gira alrededor del Sol.

Lo mismo sucederá con el regreso del cometa del tamaño de un planeta del tiempo de Noé, cuando una llamarada solar saldrá del Sol y golpeará al cometa y la Tierra cuando el cometa pase por la Tierra. La llamarada solar quemará a todos los malvados que no son salvados por la venida de Cristo. La escritura dice:

1 "Porque he aquí, viene el día ardiente como un horno, y todos los soberbios y todos los que hacen maldad serán estopa; y aquel día que vendrá los abrasará, ha dicho Jehová de los ejércitos, y no les dejará ni raíz ni rama." (Malaquías 4:1)

En la Conferencia de abril en Nauvoo en 1843, el profeta José Smith dijo:

"No es el diseño del Todopoderoso venir a la tierra y aplastarla y convertirla en polvo ... Habrá guerras y rumores de guerras, signos en los cielos arriba y en la tierra debajo, el sol se convertirá en oscuridad y la luna a la sangre, terremotos en diversos lugares, los mares agitándose más allá de sus límites; entonces aparecerá una gran señal del Hijo del Hombre en el cielo. ¿Pero qué hará el mundo? Dirán que es un PLANETA, UN COMETA, etc." (DHC 5: 337)

Pero antes de que el Señor queme la Tierra y los malvados quien se niegan a arrepentirse y aceptar Jesús como su Salvador, Él levantará a Sus santos que están vivos de la superficie de la Tierra para que no se quemen. Aquellos de Sus santos que están en sus tumbas también serán resucitados y arrebatados a las nubes para encontrarse con Él.

95 "Y habrá silencio en el cielo (el sol interior) *por espacio de media hora* (este es un segundo silencio por espacio de media hora, pero esta vez es según el tiempo de la Tierra, que también es el tiempo del Sol Interior)*; e inmediatamente después se desplegará el velo del cielo, como un rollo que se desenvuelve después de haber sido arrollado, y la faz del Señor será descubierta.*

96 Y los santos que se hallen sobre la tierra, que estén vivos, serán vivificados y arrebatados para recibirlo.

97 Y los que hayan dormido en sus sepulcros saldrán, porque serán abiertos sus sepulcros; y también ellos serán arrebatados para recibirlo en medio del pilar del cielo.

98 Ellos son de Cristo, las primicias, los que descenderán con él primero, y los que se encuentran en la tierra y en sus sepulcros, que son los primeros en ser arrebatados para recibirlo; y todo esto por la voz del son de la trompeta del ángel de Dios." (D&C 88:95-98)

Después de la quemada de la Tierra con los malvados (son los Telestiales y los Hijos de Perdición que serán quemados), los justos que fueron arrebatados vivos, junto con la resurrección de los muertos justos (los que viven la Ley Celestial o la Ley Terrestre) volverán a la superficie del planeta a vivir con Jesucristo como su Rey por mil años terrestres en paz y felicidad.

Mi sobrina vio que sucedió esto en un sueño. Un día, vio gente flotando hacia el espacio donde una nave espacial gigante se acercaba a la Tierra. Ella flotó con la gente al nave espacial (la Ciudad de Enoc regresando). Luego, desde la nave espacial, vio que la Tierra fue golpeada por una llamarada solar que quemó la superficie del planeta con toda la gente que no fue arrebatada. La nave espacial tiene un campo de fuerza que repelía la llamarada solar y protegía a los Santos en ella.

Que podamos estar entre los justos que serán arrebatados en el último día y salvados de la quema, y luego regresar a la Tierra con Jesucristo, nuestro Salvador para vivir con Él en la tierra durante su Reino Milenial donde reinará en el trono de David, cuyo trono heredó de su antepasado, David, y cual unción como Rey lo habrá recibido del Rey David de las Diez Tribus Perdidas de Israel en Adam-ondi-Ahman, Misouri.

CAPÍTULO CATORCE
La Ciudad de Enoc -- ¡ENCONTRADA!

La evidencia del libro del Dr. Raymundo A. Moody, REFLEXIONES SOBRE LA VIDA DESPUÉS DE LA VIDA, apoya mis conclusiones sobre las ubicaciones del Paraíso y el Infierno en el Mundo de los Espíritus de esta tierra. Como he concluido anteriormente con evidencia de las Escrituras, que la ubicación del Paraíso es el SOL suspendido en el hueco de nuestra tierra por la gravedad y las fuerzas electrostáticas, también lo hacen las historias de personas que han muerto clínicamente y luego revividas médicamente, indican que mientras estén en el espíritu, viajan a un lugar que podría denominarse PARAÍSO, o Cielo. En sus relatos, estas personas afirman que sus espíritus dejan sus cuerpos por la cabeza. Luego, después de pasar por un túnel oscuro (espiritual) que, según mi teoría, atraviesa las "tinieblas de afuera" o la capa de la tierra, los espíritus de estas personas llegan a un lugar de hermosa luz: el Sol Interior.

Según lo registrado en el libro del Dr. Moody,

"Un hombre de edad mediana que tenía un paro cardíaco relató: tuve una insuficiencia cardíaca y fallecí clínicamente ... Lo recuerdo perfectamente ... De repente me sentí entumecido. El sonido comenzó a sonar un poco distante ... Todo este tiempo estuve perfectamente consciente de todo lo que estaba sucediendo. Oí que el monitor de corazón se apagaba. Vi a la enfermera entrar a la habitación y marcar el teléfono, y entraron los médicos, las enfermeras y los asistentes."

"Cuando las cosas empezaron a desvanecerse, hubo un sonido que no puedo describir; era como el sonido de un tambor de caja, muy rápido, un sonido acelerado, como un riachuelo que atraviesa un barranco. Y me levanté y fui unos pocos pies arriba mirando hacia abajo en mi cuerpo. Ahí estaba, con la gente trabajando en mí. No tenía miedo. Sin dolor. Solo paz. Después de probablemente un segundo o dos, parecía darme la vuelta y subir. Estaba oscuro. - Podrías llamarlo un agujero o un túnel, y había una luz brillante. Se volvió más y más brillante. Y parecía que lo atravesaba."

"De repente, solo estaba en otra parte. Había una luz dorada, en todas partes. Hermosa. No podía encontrar una fuente en ninguna parte. Estaba por todas partes, viniendo

de todas partes. Había música. Y parecía estar en un campo con arroyos, pasto y árboles, montañas. Pero cuando miré a mi alrededor, si quieres ponerlo de esa manera, no había árboles y cosas como sabemos que son. Lo más extraño para mí, era que había gente allí. No en ninguna forma o cuerpo como lo conocemos; simplemente estaban allí."

"Había una sensación de perfecta paz y alegría; amor. Era como si fuera parte de eso. Esa experiencia podría haber durado toda la noche o solo un segundo ... no sé."

Otra mujer describió su experiencia fuera del cuerpo:

"Hubo una vibración de algún tipo. La vibración me rodeaba, alrededor de mi cuerpo. Era como si el cuerpo vibrase, y de dónde provenía la vibración, no lo sé. Pero cuando vibró, me separé. Luego pude ver mi cuerpo ... Me quedé un rato y observé al médico y las enfermeras trabajando en mi cuerpo, preguntándome qué pasaría ... Estaba en la cabecera de la cama, mirándolos a ellos y a mi cuerpo, y una vez, una enfermera se acercó a la pared sobre la cama para conseguir la máscara de oxígeno que estaba allí y, al hacerlo, lo alcanzó a través de mi cuello... "

"Y después de flotar, crucé este túnel oscuro ... Entré en el túnel negro y salí a la luz brillante ... Un poco después, estuve allí con mis abuelos, mi padre y mi hermano, que habían muerto ... Había la luz más hermosa y brillante de todas partes. Y este era un lugar hermoso. Había colores, colores brillantes, no como aquí en la tierra, sino simplemente indescriptible. Había gente allí, gente feliz. ..Las personas estaban alrededor, algunas de ellas reunidas en grupos. Algunas de ellas estaban aprendiendo ... "

"En la distancia ... Pude ver una ciudad. Había edificios, edificios separados. Eran brillosos y brillantes. La gente era feliz allí. Había agua con gas, fuentes ... una ciudad de la luz que creo sea la manera de decirlo ... Fue maravilloso. Había una música hermosa. Todo brillaba, maravilloso ... Pero si hubiera entrado en esto, creo que nunca habría regresado ... Me dijeron que si fuera allí, no pudiera volver ... que la decisión era mía." (REFLECCIONS, págs. 15-17)

El Dr. Moody continúa describiendo un infierno, o lugar de espíritus desconcertados, que, según mi teoría, se encuentra en la capa de la tierra, en su superficie y atmósfera. Al preguntar a una mujer dónde vio a estos espíritus desconcertados, ella respondió:

"... fue antes de que yo entrara en este túnel, como me refería a él, y antes de entrar al mundo espiritual donde hay tanta luz solar brillante." (REFLECCIONS, p. 20)

En mi teoría, mencioné la escritura, Alma 40:11, 12, que dice que todos los hombres, ya sean buenos o malos, son llevados de regreso a ese Dios que les dio vida para ser JUZGADOS para ver si se quedarán en el Paraíso o serán expulsados al Infierno, o a las Tinieblas de Afuera. En su capítulo sobre el Juicio, el Dr. Moody relata,

"... Parece apropiado examinar algo en las experiencias cercanas a la muerte que pueden o no, según la teología de uno, compararse con el concepto de un juicio. Una y otra vez, mis sujetos cercanos a la muerte me han descrito una visión panorámica, envolvente, a todo color y tridimensional de los acontecimientos de sus vidas. Algunas personas dicen que durante esta visión solo vieron los eventos más importantes de sus vidas. Otros van tan lejos como para decir que en el curso de este panorama, cada cosa que habían hecho o pensado estaba allí para que la vieran. Todas las cosas buenas y todas las malas fueron retratadas allí a la vez, instantáneamente."

"También se recordará que se dijo con frecuencia que este panorama tuvo lugar en presencia de un 'ser de luz,' a quien algunos cristianos identificaron como Cristo, y que les hacía una pregunta, en efecto, '¿Qué has hecho con tu vida?'"

"Al ser presionado para explicar de la manera más precisa posible cuál era el punto de esta pregunta, la mayoría de las personas encuentran algo parecido a la formulación de un hombre que me lo hizo de manera más sucinta cuando dijo que le preguntó que si había hecho el cosas que hizo porque amaba a los demás, es decir, a partir de la motivación del amor. En este punto, se podría decir, se produjo una especie de juicio, ya que en este estado de mayor conciencia, cuando las personas vieron algún acto egoísta que habían hecho se sentían extremadamente arrepentidos. Del mismo modo, al contemplar aquellos eventos en los que habían demostrado amor y amabilidad, se sentían satisfechos." (REFLECCIONS págs. 31, 32)

La sección de las Escrituras, (Alma 40:12) que establece que los espíritus de los que son justos son recibidos en un estado de felicidad, que se llama el Paraíso, suena mucho como la mujer citada anteriormente. Ella dijo,

"Había agua con gas, fuentes ... una ciudad de luz que creo que sería la manera de decirlo ... Fue maravilloso. Había música hermosa. Todo estaba brillando, maravilloso ..."

De que esta maravillosa ciudad de luz en el Paraíso, en el sol dentro de Nuestra Tierra Hueca, es la sede del trono de Jehová (Jesucristo) en esta tierra y se conoce como un "escondite" (dentro de nuestra tierra) es una interpretación que se puede dar a varios pasajes de las escrituras. Doctrina y Convenios Sección 101, verso 89 dice:

"y si el presidente (de los Estados Unidos) *no les hace caso* (con respecto de algunos malhechos que los ciudadanos de Missouri hicieron a los primeros miembros de la Iglesia de Jesucristo de Los Santos de los Últimos Días), *entonces el Señor se levantará y saldrá de su morada oculta, y en su furor afligirá a la nación;* (No hace falta decir que el presidente no les prestó atención y, por tanto, la guerra civil afligió la nación).

La palabra *"saldrá"* indicaría que la *"morada oculta"* del Señor está abajo dentro de la tierra para que él se levantara o subiera. *"De mí ha salido"* desde Nuestra Tierra Hueca, son las mismas palabras que se usan en Moisés 7:48 en las que la tierra habla de Adán y Eva cuando fueron expulsados *"de mí"* de su Jardín del Edén dentro de la Tierra.

Otros pasajes que se refieren a la "morada oculta" del Señor son:

D&C 121:1, *"Oh Dios, ¿en dónde estás? ¿Y dónde está el pabellón que cubre TU MORADA OCULTA?"*,

D&C 123:6, *"Para no solamente publicarlas al mundo entero, sino para presentarlas a los jefes del gobierno en todo su aspecto tenebroso e infernal* (de los malhechos que los ciudadanos de Misuri hicieron a los primeros miembros de la Iglesia de Jesucristo de Los Santos de los Últimos Días) *como el último esfuerzo que nuestro Padre Celestial nos ha mandado hacer, antes que podamos reclamar plena y cabalmente el cumplimiento de esa promesa que lo llamará de su MORADA OCULTA;..."*, and

Isaías 45:15, *"Verdaderamente tú eres Dios que TE OCULTAS, Dios de Israel, el Salvador. "*

En la *"morada oculta"* del Señor, en el interior de la tierra, en el sol interior es donde se encuentra el árbol de la vida hoy. Desde su lugar original en el Jardín del Edén, fue transplantada al Paraíso hasta el Sol Interior y su fruto se entrega a aquellos que alcanzan la perfección en esta vida, traspasan la muerte y son arrebatados al Paraíso para convertirse en seres trasladados.

"Al que venciere, le daré a comer del árbol de la vida, el cual está en medio del paraíso de Dios." (APOCALÍPSIS 2:7)

Cuando Adán y Eva vivían en el Jardín del Edén, Dios les dijo que del fruto de todo árbol podían comer libremente, excepto el árbol del conocimiento del bien y del mal. Y mientras comían del árbol de la vida, eran inmortales y habrían vivido para siempre (2 Nefi 2:22), pero cuando comieron del fruto prohibido del árbol del conocimiento del bien y del mal, sus cuerpos cambiaron de inmortalidad a mortalidad. A partir de entonces, se les impidió participar del fruto del árbol de la vida hasta que llegaran a arrepentirse de su transgresión del mandamiento de Dios. El relato del Génesis de *"querubines, y una espada encendida que se revolvía por todos lados, para guardar el camino del árbol de la vida"* (Génesis 3:24), se refiere al trasplante del árbol de la vida desde el Jardín del Edén al Sol Interior, que es una *"espada encendida"* que gira *"por todos lados, para guardar el camino del árbol de la vida."*

A partir de entonces, desde los días de Adán hasta el día de hoy, aquellas personas que alcanzaron la perfección en esta vida fueron arrebatadas al Paraíso para participar del árbol de la vida cuyo fruto del mismo transforma la carne mortal en carne divina. Juan el Amado fue uno que fue trasladado. (Vea Juan 21: 21-22)

Cuando Cristo vino a América poco después de su resurrección, también bendijo a tres discípulos nefitas con la traslación. De los doce discípulos que Jesús eligió para dirigir su iglesia en la antigua América, nueve tocó con su dedo porque querían ir al cielo cuando murieran a los 72 años de edad. Pero a esos tres discípulos, Él los arrebató al Cielo en el proceso de traslación, para que pudieran participar del fruto del Árbol de la Vida en el Paraíso, que cambió sus cuerpos a un estado inmortal para que no pudieran morir hasta el día de la resurrección. (Ver 3 Nefi 28). Luego regresaron a la tierra y todavía están trabajando entre los hombres hoy para llevar a las personas a Cristo. Muchas personas los han visto. Mi antepasado David Cluff fue visitado por uno de ellos en su taller de carpintería en Nauvoo, y lo ayudó a poner sus herramientas en forma para poder trabajar en el templo poco después de regresar de una misión de proselitismo.

Hay quienes mueren y son revividos clínicamente que creo que han visto la antigua ciudad de Sión, la ciudad trasladada de Enoc que fue llevada al cielo.

"En la distancia ... podía ver una ciudad. Había edificios - edificios separados. Estaban relucientes, brillantes. La gente era feliz allí. Había agua con gas, fuentes ... una ciudad de luz que creo que sería la manera de decirlo ... Fue maravilloso." (REFLECCIONS, p. 17)

Las escrituras indican que varios cientos de años antes del diluvio de Noé, la ciudad de Sión de Enoc fue trasladada y llevada al cielo, al trono de Jehová, el lugar donde las personas que renuncian a la muerte al lograr la perfección en esta vida están revestidas de Luz, que es la traslación. Este trono de Jehová, la gente dentro de Nuestra Tierra Hueca dice que se encuentra en el Sol Interior.

En Moisés 7:31 está el registro de la Ciudad de Enoc que fue llevada físicamente al cielo. *"Y has tomado a Sion a tu propio seno... y verdad es la habitación de tu trono..."* y verso 21, *"y he aquí, con el transcurso del tiempo, Sion fue llevada al cielo."*

El *"cielo"* de nuestra tierra es el sol dentro de nuestra tierra, que es la ubicación física del PARAÍSO o el cielo del mundo espiritual de nuestra tierra. La gente de la ciudad de Enoc fue llevada al Paraíso para participar del fruto del árbol de la vida que cambió sus cuerpos para superar la muerte en el proceso de traslación. Más tarde, después de que la Ciudad de Enoc fue llevada al Paraíso, muchos fueron arrebatados para ser trasladados,

"Y Enoc vio que descendían ángeles del cielo, dando testimonio del Padre y del Hijo; y el Espíritu Santo cayó sobre muchos, y fueron arrebatados hasta Sion por los poderes del cielo." (Moisés 7:27)

Incluso después del diluvio de Noé, una ciudad fue trasladada y llevada al cielo. Melquisedec, el rey justo de Salem (donde ahora se encuentra Jerusalén) obtuvo la paz en Salem y fue llamado el Príncipe de la Paz.

"Y los hombres que tenían esta fe, habiendo llegado hasta este orden de Dios, fueron trasladados y llevados al cielo. Ahora, pues, Melquisedec era sacerdote de este orden; por tanto, alcanzó la paz en Salem y fue llamado el Príncipe de paz. Y su pueblo hizo justicia, y alcanzó el cielo y buscó la ciudad de Enoc" (Traducción de la Biblia por José Smith, Gen 14:32-34)

Al comienzo del reinado milenial de Cristo sobre la tierra, la ciudad de Enoc regresará devuelta a la superficie de la tierra desde el interior paraíso-sol como parte de la restauración de todas las cosas como lo profetizó el apóstol Pedro, quien dijo

"y él envíe a Jesucristo, que os fue antes anunciado; a quien de cierto es menester que el cielo reciba hasta los tiempos de la restauración de todas las cosas, de que habló Dios por boca de sus santos profetas que han sido desde tiempos antiguos." (Hechos 3:20, 21)

Hoy son los últimos días antes de la Segunda Venida del Señor en los que el Señor le dijo a Enoc,

"y justicia enviaré desde los cielos; y LA VERDAD HARÉ BROTAR DE LA TIERRA para testificar de mi Unigénito, de su resurrección de entre los muertos, sí, y también de la resurrección de todos los hombres; y HARÉ QUE LA JUSTICIA Y LA VERDAD INUNDEN LA TIERRA COMO CON UN DILUVIO, a fin de recoger a mis escogidos de las cuatro partes de la tierra a un lugar que yo prepararé, una Ciudad Santa, a fin de que mi pueblo ciña sus lomos y espere el tiempo de mi venida; porque allí estará mi tabernáculo, y se llamará Sion, una Nueva Jerusalén.

Y el Señor dijo a Enoc: Entonces tú y toda tu ciudad los recibiréis allí, y los recibiremos en nuestro seno, y ellos nos verán; y nos echaremos sobre su cuello, y ellos sobre el nuestro, y nos besaremos unos a otros;" (MOSES 7:62, 63)

Los justos muertos en el Paraíso serán resucitados en la Venida de Cristo y la Ciudad de Enoc con sus seres que fueron trasladados al Paraíso volverán con Él.

"Estos son los que él traerá consigo cuando venga en las nubes del cielo para reinar en la tierra sobre su pueblo." (D&C 76:63)

"Y los que hayan dormido en sus sepulcros saldrán, porque serán abiertos sus sepulcros; y también ellos serán arrebatados para recibirlo en medio del pilar del cielo," (D&C 88:97) *"en la resurrección de los justos."* (D&C 76:65)

Por lo tanto, el Paraíso será vaciado en la Venida del Señor. Durante el Milenio, los justos muertos no volverán al Sol Interior sino que pasarán de la mortalidad a la inmortalidad en un abrir y cerrar de ojos.

"Por tanto, los niños crecerán hasta envejecer; los ancianos morirán; mas no dormirán en el polvo, antes serán cambiados en un abrir y cerrar de ojos." (D&C 63:51)

A principios del Milenio, se cambiará la ubicación del Paraíso y el Infierno. La cáscara de la Tierra será la ubicación del Paraíso, y el Sol Interior será la ubicación del Infierno durante el Milenio. El Señor utilizará el Sol Interior como una prisión para Satanás, por lo que no podrá tentar a los que están en la tierra. En la Segunda Venida del Señor, el Sol Interior se vaciará de los espíritus justos en su resurrección de la tumba y la Ciudad de Enoch será devuelta a la tierra desde su ubicación en el Sol Interior; y los diablos serán arrojados al Sol Interior, donde serán encadenados por las cadenas de la gravedad para que no puedan tentar a los que están en la tierra durante mil años.

"Y vi a un ángel descender del cielo, que tenía la llave del abismo sin fondo (Nuestra Tierra hueca es un abismo sin fondo, que no tiene tapón ni base: las aperturas polares norte y sur) y una gran cadena en la mano."

"Y prendió al dragón, la serpiente antigua, que es el Diablo y Satanás, y lo ató por mil años;"

"y lo arrojó al abismo, y lo encerró y puso un sello sobre él, para que no engañase más a las naciones, hasta que fuesen cumplidos mil años. Y después de esto, debe ser desatado por un poco de tiempo...." (APOCALIPSIS 20:1-3, 7, 8)

Los deseos de Satanás se cumplirán,

"Tú que decías en tu corazón: Subiré al cielo. Levantaré mi trono por encima de las estrellas de Dios... (Olaf Jansen describió la base del sol interior como opaca con brillantes agujeros de luz que brillan como estrellas y sirve como la base del trono de Jehová. EL DIOS PEQUEÑO, p. 109) *sobre las alturas de las nubes subiré; seré semejante al Altísimo."*

Aunque Satanás estará en el Sol Interior a lo largo del Milenio, encontrará que será un Infierno para él solo porque él está allí.

"Sin embargo, serás derribado hasta el infierno, a los lados del abismo." (la cáscara de la tierra) (ISAIAS 14:13, 14) al final del Milenio, donde se permitirá a Satanás tentar a la humanidad por última vez. La gloria de Satanás durará poco y su último sabor del cielo se convertirá en un tormento eterno cuando él y sus ángeles serán arrojados a un reino sin gloria. (D. y C. 88:24)

Un reino sin gloria es un planeta sin luz. Entonces, después de la resurrección de la Tierra a una Estrella Celestial, Satanás y sus ángeles probablemente estarán confinados a un Agujero

Negro en el espacio, un planeta que tiene tanta masa y gravedad que cualquier luz que ingrese no puede escapar para reflejar cualquier cosa que resulte en la oscuridad total y millones de veces la gravedad de la Tierra que los unirá a la superficie para que no puedan mover ni un dedo para hacer daño a nadie en su prisión eterna para siempre.

Muchas prisiones están ubicadas en el centro de las ciudades, así que lo más probable es que el Reino sin gloria, o Agujero Negro, el infierno final donde Satanás y sus ángeles quedarán confinados por la eternidad después de la resurrección de la Tierra y sus habitantes, estará en el centro de nuestra Galaxia de la Vía Láctea, donde los científicos han observado un Agujero Negro. También han observado que sale de sus aperturas polares norte y sur una tremenda cantidad de radiación que dispara hacia arriba y debajo del disco galáctico.

En el centro de nuestra Vía Láctea hay un agujero negro, llamado Sagitario A, que ha arrojado una nube de polvo por encima y por debajo del plano galáctico.

Después de que la tierra resucite y se convierta en una estrella hueca, entonces la Nueva Jerusalén celestial descenderá del cielo de nuestro Sol exterior, donde ahora está siendo construida por Cristo, los santos y profetas que ya han resucitado. Será conducido a través de una entrada de apertura polar que aparecerá como *"llamas circundantes de fuego"* para ser suspendido en el hueco de la tierra resucitada, celestializada. La forma de una pirámide de cristal de cuatro lados, la Nueva Jerusalén brillará como el sol y será el TRONO DE JEHOVÁ, que es JESUCRISTO, y será el hogar de los Santos de Dios celestializados para siempre.

CAPÍTULO QUINCE
Una Propuesta Expedición a Nuestra Tierra Hueca

La Teoría de la Tierra Hueca sostiene que nuestra supuesta Tierra sólida es realmente HUECA por dentro y cerca de los polos geográficos en los extremos norte y sur de la tierra existen AGUJEROS que conducen a un mundo interior con un clima perfecto durante todo el año donde abundan las plantas más ricas y vida animal profusa que sostiene a una de las civilizaciones más avanzadas: una raza GIGANTE de personas de 10 a 15 pies de altura que viven hasta los 800 y más años de edad.

Aunque esa tierra ha sido descubierta por exploradores como Guillermo Morgan en 1827, como se describe en el libro ETIDORPHA que llegó a Nuestra Tierra Hueca a través de una caverna en Kentucky; Olaf Jansen en 1829, como se describe en su libro, EL DIOS HUMOSO, que llegó a Nuestra Tierra Hueca a través de la Apertura Polar del Norte con su padre en su barco de pesca; por Karl Unger, quien llegó a Nuestra Tierra Hueca como refugiado de la Alemania nazi después de la Segunda Guerra Mundial en un submarino alemán; El almirante Ricardo E. Byrd, que voló allí en 1927, 1929, y 1947 en sus vuelos más allá de los polos; Reinhold Schmidt, quien fue llevado a Nuestra Tierra Hueca en un platillo volador desde Los Ángeles en 1958; Hank Krastman, quien fue llevado allí por el bisnieto de Jacob Shultz a través de una caverna Hopi cerca del Gran Cañón, Arizona, aproximadamente en 1961; y Billie F. Woodard, que fue allí en un platillo volador a través de la Apertura Polar del Norte en 1963, y luego varias veces en los trenes del túnel de la Tierra Hueca a los que se accede por debajo del Área 51, Nevada, sin embargo, Nuestra Tierra Hueca ha permanecido como un SUMO SECRETO DEL MUNDIAL, mantenido en secreto por una poderosa organización conspirativa de los Súper Ricos de América y Europa llamada La Orden del Illuminati y sus controladores jesuitas que tienen una participación controladora en todos los gobiernos del mundo, incluido los Estados Unidos de América.

En vista del hecho de que Nuestra Tierra Hueca no se ha descubierto abiertamente al mundo hasta el momento, sigue existiendo la cuestión de QUIEN finalmente lo sacará a la luz. El difunto W. Cleon Skousen, miembro de la Iglesia de Jesucristo de los Santos de los Últimos Días, los mormones, creía que sí, los mormones lo harán. El escribe,

> "Podemos estar seguros de que las primeras personas en la tierra a quienes finalmente se revelará este gran secreto serán los profetas y los Santos de Dios elegidos. Sabrán la ubicación exacta y el paradero de las tribus perdidas mucho antes de que cualquier científico o sociedad lo descubra." (PROPHECÍA Y LOS TIEMPOS MODERNOS, págs. 55, 56)

Por lo tanto, si el descubrimiento será hecha por los mormones, sugiero que la Universidad "Del Señor," La Universidad de Brigham Young, con el mundo como su campus, debería organizar una expedición al País del Norte para visitar a las Diez Tribus, tal vez transmitir un mensaje de buena voluntad del Presidente y profeta de la Iglesia de Jesucristo de los Santos de los Últimos Días, los mormones, y tomar algunas medidas y estudios de la Apertura Polar del Norte y de la tierra dentro de Nuestra Tierra Hueca.

La expedición podría consistir en un barco y un hidroavión o un dirigible o incluso un submarino. De hecho, este autor está convencido de que ya existe suficiente tecnología de platillos voladores para poder construir una de estas fantásticas naves tipo platillo volador. Esta nave sería especialmente adecuada para el viaje con la velocidad y el rango necesarios para estudiar con escrupuloso detalle la naturaleza de las aperturas polares, el interior hueco y el Sol Interior. Con un alcance ilimitado y una similitud con las propias naves de la Nación de la Tierra Hueca, sería más probable que la gente del interior de la Tierra la tome como una nave amistosa.

Se debe tomar un navegador experto y científicos para medir el tamaño real de las aperturas polares, el grosor de la capa terrestre y estudiar las condiciones dentro de la tierra.

En 1959, F. Amadeo Giannini publicó su libro, MUNDOS MÁS ALLÁ DE LOS POLOS, en el que registró el vuelo del almirante Ricardo E. Byrd más allá del Polo Norte. Giannini escribió,

> "Esta fuerza de exploración polar de la Armada de los Estados Unidos se estaba preparando para embarcarse en una de las aventuras más memorables de la historia mundial. Bajo el mando del contraalmirante Ricardo Evelyn Byrd, USN, debía penetrar en la tierra que se extendía más allá del supuesto extremo de la Tierra del Polo Norte ... A medida que se acercaba la hora del viaje aéreo hacia la tierra más allá, el Almirante Byrd transmitió desde la base

del Ártico un anuncio de radio de su propósito, pero el anuncio fue tan asombroso que su importancia se perdió para millones de personas que lo leyeron ávidamente en los titulares de prensa de todo el mundo ... Las palabras del mensaje fueron trascendentales: "Me gustaría ver LA TIERRA MÁS ALLÁ del Polo. "..." Esa área, MÁS ALLÁ del Polo está en EL CENTRO DE LO GRAN DESCONOCIDO!

"Para confirmar la importancia del anuncio del Almirante Byrd, uno solo tiene que examinar el mundo ... Trate de encontrar cualquier área de tierra, agua o hielo que invade el Polo Norte y que no se conozca ... Está Spitsbergen o Siberia desconocida "¿Se desconoce Alaska o el archipiélago canadiense? ¿Y alguna de esas áreas terrestres se extienden NORTE MÁS ALLÁ DEL POLO NORTE? ... Por lo tanto, la tierra mencionada por el almirante Byrd debe estar MÁS ALLÁ del Polo Norte ..."

Posteriormente, "... el almirante y la tripulación de su avión realizaron un vuelo físico de siete horas de duración en dirección norte más allá del Polo Norte. Cada milla y cada minuto de ese viaje más allá fue sobre hielo, agua o tierra que ningún explorador había visto ... A medida que se avanzaban más allá del Polo, se observaron directamente debajo del curso del avión tierras y lagos sin hielo, y las montañas donde el follaje era abundante. Además, un breve informe en el periódico del vuelo sostenía que un miembro de la tripulación del almirante había observado a un monstruoso animal de color verdoso moviéndose a través de la maleza de esa tierra más allá del Polo."

"La magnitud de ese memorable vuelo ... nunca se presentó para el consumo popular. A los representantes de la prensa se les negó su conocimiento, excepto durante el breve período de vuelo activo, cuando los despachos de radio los mantuvieron informados. Y en la medida en que el conocimiento personal se extiende, el almirante, contrario al precedente, no rendió un relato de libro de su vuelo y descubrimiento más importante ... Inmediatamente después de que se escuchó el relato de su vuelo en Washington, la oficina de la Inteligencia Naval de los Estados Unidos realizó una amplia investigación del autor (Giannini) de una obra (su libro) que describió sobre esa tierra desconocida y la razón por su existencia veinte años antes de ser descubierta." (MUNDOS MÁS ALLÁ DE LOS POLOS, págs. 148-150)

Giannini informó que este vuelo de Byrd más allá del Polo Norte ocurrió en febrero de 1947. Aparentemente, Giannini se equivocó en el año en que ocurrió el vuelo. Juan B. Leith, en su libro, GENESIS PARA LA EDAD ESPACIAL, dice que este vuelo patrocinado por la Marina de los EE. UU. ocurrió en 1927. Leith dice que vio las fotos y el registro del vuelo en los Archivos Nacionales de este vuelo de 1,700 millas en 1927 por Ricardo E. Byrd con su navegador de vuelo Floyd Bennett a través de la Apertura Polar del Norte. Las fotos muestran animales prehistóricos, colinas verdes, lagos y ríos, y el registro de vuelo incluso menciona a personas que les saludaron desde el suelo. El presidente Calvin Coolidge ocultó el secreto de este descubrimiento trascendental porque dijo: "Nadie lo creería." (GENESIS PARA LA EDAD ESPACIAL, pág. 104)

El vuelo de Byrd en 1947 a Nuestra Tierra Hueca ocurrió a través de la Apertura Polar del Sur desde la Base McMurdo en la Antártida durante la expedición de Operación Salto Alto.

Los Tiempos de Nueva York (lo cual pertenece a los Rockefeller) del 18 de febrero de 1947 p. 1 muestra un artículo titulado,

"Byrd salta sobre el polo sur otra vez. 16 de febrero. Pequeña América. El contraalmirante Ricardo Evelyn Byrd, el único hombre que ha sobrevolado ambos polos, voló nuevamente sobre el Polo Sur hoy y más allá de él ... (él) se elevó a lo largo del meridiano 180 a través del Polo y ochenta y seis millas en la vasta región hasta entonces no visto."

"Después de dejar el polo, el almirante Byrd giró el avión a la derecha para explorar la región que describió como 'el área más inaccesible sobre la faz de la tierra'."

Sin embargo, mi investigación indica que la Apertura Polar del Sur está ubicada hacia la izquierda en lugar de la derecha del Polo Sur cuando esté volando desde la Base McMurdo donde despegó el avión del Almirante Byrd. Tal vez los Rockefeller que ayudaron a financiar algunos de sus vuelos intentaban engañar a la gente en la ubicación de la Apertura Polar del Sur al decir que voló a la derecha del Polo Sur, en lugar de a la izquierda.

Los Rockefeller se consideran parte de la Orden súper secreta y súper poderosa de los Illuminati, que creo que está ocultando el descubrimiento por el Almirante Byrd de que nuestra tierra es hueca.

Juan B. Leith, en su libro, GENESIS PARA LA CARRERA ESPACIAL, informó que, como parte de la Operación Salto Alto, el 5 de febrero de 1946, Byrd voló al oeste de la Base McMurdo hacia una montaña antártica llamada "Saco de carbón" en el que observaron un depósito de carbón. Después de pasar la montaña, llegaron a un valle que conduce a la Apertura Polar del Sur. Volaron a mitad de camino a través de la apertura y determinaron que tenía 125 millas de ancho en el cuello de la apertura, antes de regresar por falta de combustible.

El vuelo del próximo año del 16 de febrero de 1947 como parte de la Operación Salto Alto, Leith informó que Byrd voló hasta Nuestra Tierra Hueca con ocho aviones Falcon, donde encontró asentamientos de refugiados alemanes de la Segunda Guerra Mundial, y fue acercado por platillos voladores alemanes que desafiaron su presencia en su tierra en la Tierra Hueca. Byrd había recibido órdenes del presidente Truman de no disparar contra los alemanes si los encontraban en la Tierra Hueca, pero Byrd lo hizo de todos modos. Los platillos voladores alemanes devolvieron el fuego con sus rayos láser y derribaron todos los aviones de Byrd, excepto el suyo. Su radio le advirtió que abandonara su tierra y regresara por la Apertura del Polo Sur y que nunca regresara. Unas 300 millas al norte de McMurdo Sound, la flotilla de Operación Salto Alto también fue atacada por platillos voladores alemanes que salieron del océano según lo informado y filmado por un barco ruso que estaba monitoreando la flotilla. Aviones fueron lanzados contra ellos desde el portaaviones de la flotilla, pero en cuestión de minutos todos nuestros aviones fueron expulsados del aire por los rayos láser del los platillos voladores alemanes, y el buque destructor de la flota se incendió antes de que los platillos regresaran bajo las olas.

De vuelta en Washington, Leith informó que Byrd fue llevado ante un Tribunal de Investigación, fue etiquetado como *"mentalmente incompetente"* y se le impidió seguir explorando Nuestra Tierra Hueca por haber desobedecido las órdenes cuando disparó contra los platillos voladores alemanes de la Tierra Hueca. (GENESIS PARA LA CARRERA ESPACIAL, p. 164)

Por lo tanto, existe una gran pregunta sobre cuándo y dónde Byrd realizó esos vuelos al interior de la tierra. Y, sin embargo, existe una vasta evidencia de que existe una Conspiración mundial, de que tienen el control de nuestro gobierno, que los OVNIs y su área de origen son considerados por ellos EL SUMO SECRETO DEL MUNDO, y que las memorias de Byrd se mantienen cerradas. ¡Todo lo que apunta a la necesidad de una organización privada independiente de la Conspiración Bancaria Internacional para equipar una expedición al polo y más allá y establecer al mundo SIN DUDAS que esa tierra EXISTE realmente!

La ofuscación de la Conspiración ha convencido a muchos de creer que el Ártico ha sido entrecruzado miles de veces por el Comando Aéreo Estratégico, y atravesado por submarinos atómicos.

¡Pero SI HAY indicaciones de la existencia de las aperturas polares de imágenes satelitales!

Juan Gagne, a quien conocí en Alaska en 1981, tenía un obispo que en alguna vez fue capellán de la Fuerza Aérea. Una vez, un joven piloto de la fuerza aérea se le acercó bastante perturbado. Ocurrió que este piloto estaba volando su avión en la región del polo cuando se dio cuenta de que había tierra por delante. Él voló hacia abajo para ver más de cerca y estaba cubierto de vegetación verde. Sorprendido por su hallazgo, llamó a la base con lo que se le ordenaron salir del área.

Según una carta al editor de la Hoja Informativa Hassle Hueco de octubre de 1983 de Rose Marie Gilbert, de Lakeside California, el Almirante Bryd escribió un libro sobre su descubrimiento de tierras más allá de los polos.

"Almirante Byrd: pasé días y semanas intentando localizar a su sobrina. La conocí al otro lado de la calle en una fiesta de Tupperware hace 8 años. Ella nos contó sobre su tío y cómo había sufrido porque no podía divulgar, pero él escribió un libro y lo imprimió en las librerías, y el gobierno confiscó todo, pensaron. Aún quedan cinco, ella tiene una. Si hubiera contactado con ella antes, podría haberlo leído o copiado seguramente. Pero en ese tiempo no significaba mucho para mí ... " (EL HASSLE HUECO, P.O. Box 747, Aurora, Colorado 80040)

Harley Bryd, quien afirmó ser el sobrino del almirante Byrd, salió con lo que afirmó ser el diario perdido del almirante Ricardo E. Byrd. Está disponible por $ 10 de Publicacions de La Luz Interior, Depto. OL Box 753, New Brunswick, NJ 08903, y disponible en Amazon.com. La historia es idéntica a la que me envió Bruce Walton hace muchos años y que creía que era falsa. El investigador de la Tierra Hueca, Dennis Crenshaw, analizó este diario y expresó su opinión de que está fabricado debido a la similitud de algunas de las palabras del diario con lo que el Alto Lama le dijo a Roberto Conway en la película, Shangri La, que se basó en la novela de Jaime Hilton de 1933, HORIZONTE PERDIDO.

Este llamado diario falso también es muy similar a la historia contada a mi por Juan Gagne a quien conocí en

Fairbanks, Alaska en 1981. Me dijo que la amiga de Alaska del almirante Byrd, Sylvia Darvell, le dijo a Juan Gagne que el almirante le había confiado a ella después de su vuelo a Nuestra Tierra Hueca a través de la Apertura del Polo Norte, que después de cruzar el hielo del Ártico llegó a un continente cubierto de exuberante vegetación. Su avión fue asilado por platillos voladores que tomaron control de su avión y lo aterrizaron suavemente cerca de una ciudad de la Tierra Hueca. Describió a las personas de la Tierra interna como "grandes en estatura," que poseían trenes de monorraíl entre sus ciudades y las naves que ahora se conocen como platillos voladores. Fue llevado a su ciudad para una entrevista con un funcionario del gobierno de los pueblos de la Tierra Interna y recibió una advertencia para llevar al gobierno de los Estados Unidos exigiendo que dejemos de usar armas atómicas. Este descubrimiento del almirante Ricardo Evelyn Byrd, el descubrimiento geográfico más grande en la historia de nuestro planeta, ¡hasta el día de hoy es mantenido por todos los gobiernos como El Sumo Secreto del Mundo!

Aún así, mi pregunta es, ¿QUÉ ESTÁN TRATANDO DE OCULTAR?

¿Y DEBEMOS CREER UNA MENTIRA? El argumento convincente de la Conspiración de que no hay tierra cerca del Polo Norte ha llevado incluso al difunto élder Bruce R. McConkie, un apóstol de La Iglesia de Jesucristo de los Santos de los Últimos Días a escribir en su libro, MESÍAS MILENIAL, que las tribus perdidas de Israel no están escondidos en el norte en algún país por descubrir, sino que están dispersos entre las naciones al norte de su patria judía en Palestina.

Sin embargo, los líderes anteriores de la Iglesia sostenían la creencia de que las Diez Tribus Perdidas están escondidas en algún país por descubrir en algún lugar del norte, más allá del hielo ártico. Por ejemplo, José Fielding Smith escribió en 1940,

"Las Diez Tribus fueron sacadas por la fuerza de la tierra que el Señor les dio. Muchos de ellos se mezclaron con los pueblos entre los cuales estaban dispersos. Una gran parte, sin embargo, partió en un cuerpo hacia el norte y desaparecieron del resto del mundo." (EL CAMINO A LA PERFECCIÓN, p. 130)

El apóstol Orson Pratt expresó su opinión acerca de la ubicación de las Diez Tribus Perdidas, así:

"Sus almas serán como un jardín regado y no se lamentarán más en absoluto como lo han estado haciendo

durante los 2500 largos años que han vivido en LAS REGIONES ÁRTICAS."

Luego, Bruce R. McConkie, considerado uno de los principales eruditos de las escrituras de la Iglesia, poco antes de morir el 19 de abril de 1985, salió apoyando la Teoría de la Dispersión en su libro, EL MESÍAS MILENARIO, que es de la posición que Las Tribus Perdidas están dispersas por todo el mundo conocido. Con respecto a las Diez Tribus Perdidas, él pregunta:

"Pero dice uno, ¿no están en un cuerpo en algún lugar de la tierra del norte? Respuesta: No lo son; están dispersos en todas las naciones. Los países del norte donde habitan son todos los países al norte de su hogar palestino ... "

"Pregunta: ¿Qué pasó con las Diez Tribus después de la visita del Salvador a ellos ...? Respuesta: ... hubo apostasía y maldad ..."

"Pero dice otro, ¿qué pasa con sus escrituras, no las traerán cuando regresen? Respuesta: Sí, traerán el Libro de Mormón y la Biblia ... Y además, como esperamos con devoción, también tendrán otros registros ... que saldrán ... bajo la dirección del presidente de la Iglesia de Jesucristo de los Santos de los Últimos Días ... "

"Y finalmente, dice otro, ¿no vendrán con sus profetas y videntes? Respuesta: No hay otra manera en que ellos o cualquier persona pueda ser reunida ... En este día, cuando el líder de la Iglesia pueda comunicarse con todos los hombres en Tierra, ya no hay necesidad de un reino en Jerusalén y otro en Abundancia ..." (EL MESÍAS MILENARIO, págs. 216, 217)

"¡Sus profetas! ¿Quienes son? ¿Deben ser hombres santos llamados de algún lugar desconocido y personas? ... ¡Perder el pensamiento! ... No hay dos iglesias verdaderas en la tierra ... ¿Está dividido Cristo? (I Cor. 1:13) Que Dios no lo permita. Sus profetas son ... presidentes de estaca y obispos ..." (EL MESÍAS MILENARIO, págs. 325, 326)

La opinión expresada por el élder Bruce R. McConkie aquí es que las Tribus Perdidas están dispersas por el mundo conocido y se encuentran en apostasía a la espera de que los misioneros de la iglesia las reúnan en el Evangelio. Su libro fué publicado en febrero de 1982.

Su posición sobre la ubicación y el estado de las Tribus Perdidas quizás estuvo influenciada por la publicación de un libro sobre LAS TRIBUS PERDIDAS por un miembro, R. Clayton

Brough, en 1979, que surgió en apoyo de la idea de que las Tribus Perdidas están escondidas en algunos países aún por descubrir en el norte y que tienen profetas y el evangelio verdadero. Después de revisar el consenso de opinión de los líderes pasados Santos de Los Últimos Días, mientras enfatizó que NO se ha revelado el conocimiento de la ubicación y las condiciones de las Tribus Perdidas, concluyó Brough:

"Así es que las Diez Tribus Perdidas de Israel, dondequiera que estén, actualmente, están siendo guiados, enseñados y preparados en el Evangelio por siervos elegidos del Señor en el Evangelio, al igual que nosotros en la Iglesia de hoy estamos siendo instruidos por modernos profetas vivientes, videntes y reveladores." (p. 32 LAS TRIBUS PERDIDAS)

Por lo tanto, como señala Brough,

"Hoy, como en el pasado, la ubicación geográfica actual de las Diez Tribus Perdidas sigue siendo un tema de debate y especulación continuo entre los eruditos bíblicos y seculares de todo el mundo." (p. 39)

En vista de esta incertidumbre entre los eruditos bíblicos con respecto a la ubicación actual de las Tribus Perdidas de Israel, los indicios de una Conspiración Internacional de los Súper Ricos que controlan los gobiernos del mundo manteniendo el descubrimiento de que nuestra tierra es hueco como un secreto, y las evidencias de un paraíso terrestre en el norte, tal como lo propone la Teoría de la Tierra Hueca, parece ser en la parte de sabiduría que se debe habilitar una expedición para buscar esa región de la tierra y sin engaños ni disfraces establecer a todo el mundo la verdad sobre el norte helado y su EDEN escondida en algún lugar más allá del hielo.

De la foto de la NASA # 72-HC-928 tomada por el Apolo 17 (arriba), tal vez la forma ovalada visible cerca de la parte inferior del imagen es la abertura polar del sur. Se encuentra en la parte occidental de la Antártida, opuesto a la ubicación de la Apertura Polar del Norte en la parte oriental del Ártico. Basado en las lecturas anómalas de los Mapas Árticos del Laboratorio Naval de EE. UU. del 25 de octubre de 2015, y la ubicación del agujero en el hielo de la imagen de la NASA del 16 de septiembre de 2012, así como el mismo agujero en el hielo de la imagen del Ártico del Radiómetro de barrido de microondas avanzado en el Satellite Aqua de la NASA del 25 de febrero de 2011, he llegado a la conclusión de que la apertura polar del norte está ubicada en el lado ruso del polo.

Después de conocer al Retirado Coronel Billie F. Woodard en 2008, acepté su testimonio de que la Apertura Polar el Norte se ubica en la dirección de 87.7 Latitud Norte, 142.2 Longitud Este desde la Base de Alerta, Isla Ellesmere en el norte de

Canadá, que él dice que obtuvo de la historia actual del vuelo del almirante Byrd a más allá del polo que se encuentra en la biblioteca del Área 51, Nevada, donde Woodard trabajó durante 11 y medio años. Cuando conecto estas coordenadas en Google Earth, encuentro que esta ubicación se encuentra en la cima de la cresta de Lomonosov:

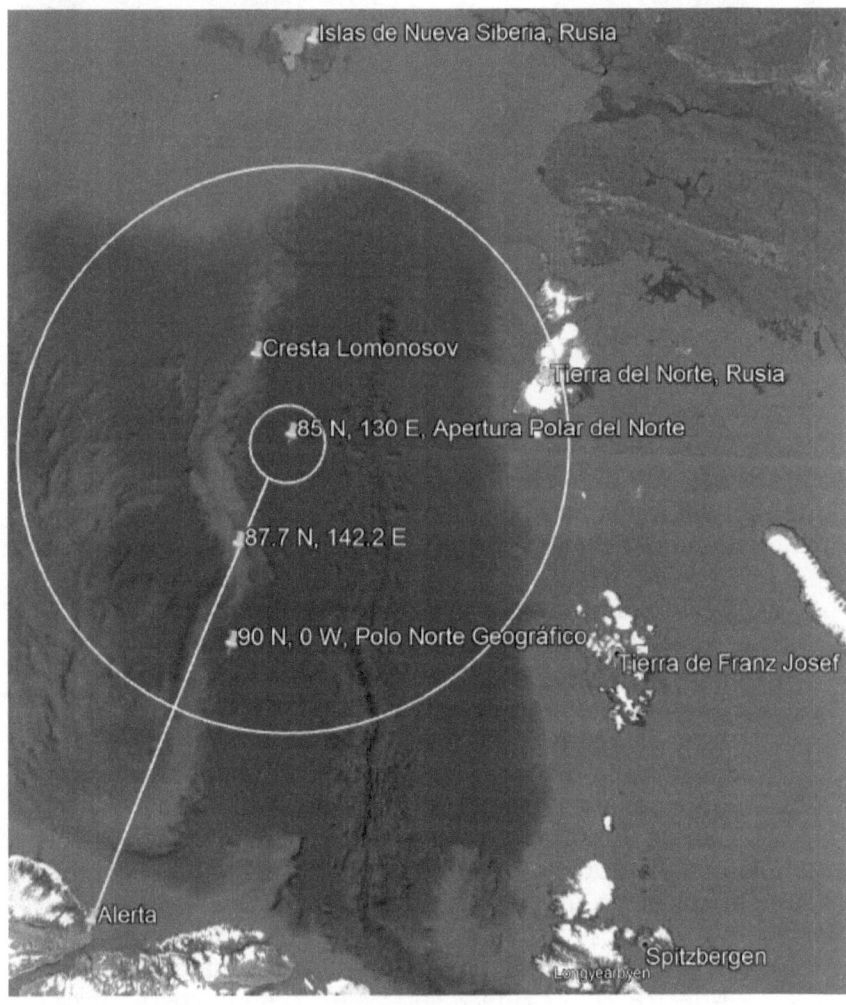

Sin embargo, tenga en cuenta que las coordenadas de Billie están ubicadas en línea recta desde la Base Alerta en la isla de Ellesmere, en el norte de Canadá hasta las coordenadas de mi estimación más reciente para la ubicación de la Apertura Polar del Norte en 84.84 N Lat, 130 E Lon, lo que podría indicar la dirección que tomó el almirante Ricardo E. Byrd cuando voló su avión a través de la Apertura Polar del Norte desde la Base de Alerta, Isla Ellesmere.

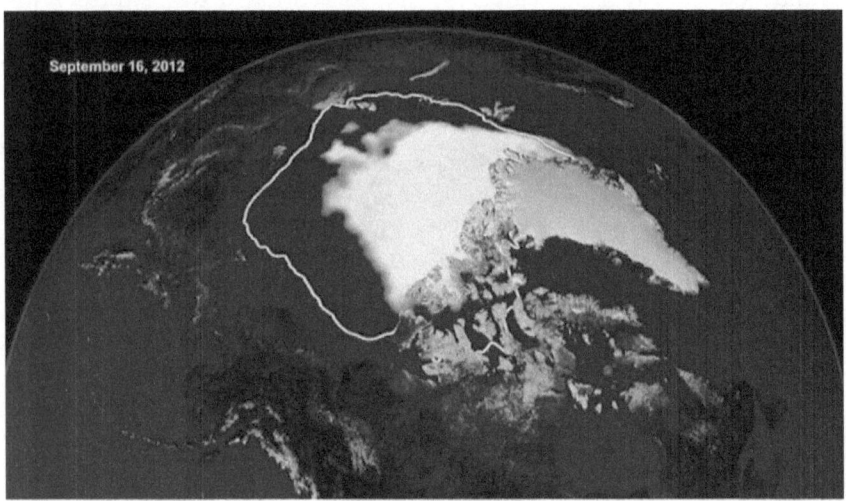

El Centro Nacional de Datos de Nieve y Hielo del 16 de septiembre de 2012 informó la extensión más baja de hielo del Ártico desde 1979 e incluso muestra un agujero en el hielo donde probablemente se encuentra la Apertura Polar del Norte. Esta imagen de la NASA (arriba) muestra cómo la extensión del hielo marino del Ártico sin precedentes se compara con la extensión mínima promedio (en amarillo) durante los últimos 30 años. El agujero en el hielo en esta imagen se ubica en el mismo lugar que las lecturas anómalas del laboratorio de investigación naval de los EE. UU. imágenes árticas del 26 de octubre de 2015. Estas mediciones anómalas se muestran en esta misma ubicación baja concentración de hielo, bajo espesor de hielo, baja salinidad de la superficie del mar y mayor temperatura de la superficie del mar. Estas mediciones anómalas en esta ubicación del agujero en el hielo indican que esta es la ubicación más probable de la Apertura Polar del Norte.

Quizás el mejor punto de lanzamiento de una expedición para ir a Nuestra Tierra Hueca sería Alerta, en la costa norte de la isla de Ellesmere, en el norte de Canadá. La Alerta es de aproximadamente 399 millas terrestres desde donde la apertura del polo norte comienza a curvarse hacia el interior. Alerta tiene una pista de aterrizaje que podría usarse para volar al Continente Interior dentro del alcance de un hidroavión que luego podría aterrizar en el océano abierto en el tiempo de verano, frente a la costa del Continente Interior.

Por supuesto, si somos capaces de construir una nave de tipo platillo volador, el punto de lanzamiento para la expedición podría lograrse desde Utah o desde cualquier lugar.

La expedición podría partir desde un Campamento Base ubicado en Point Barrow, Alaska, Nord en el norte de Groenlandia, la Base de Alerta en la isla de Ellesmere en el norte de Canadá, o desde Longyearbyen, Spitsbergen, o si toma un rompehielos nuclear ruso como se propuso nuestra expedición a Nuestra Tierra Hueca, saldrían de Murmansk, Rusia. La hora de salida probablemente debería ser a mediados del invierno, cuando hay pocas nubes y tormentas, o al final del verano, cuando la paca de hielo ártico se ha roto un poco.

La brújula no serviría para mucho como guía, pero debería observarse durante todo el viaje. Apuntará al polo norte magnético que se encuentra al norte de Canadá hasta que se alcance el interior con lo cual apuntará a su polo norte, que es nuestro polo sur. Esto se debe a que las líneas de flujo magnético de la tierra salen de la tierra en el polo sur magnético cerca de la Antártida, van hacia el norte por fuera de la tierra y luego entran nuevamente en la tierra en el polo norte magnético y continúan dentro de la tierra hacia el polo magnético sur en un bucle continuo.

Si la expedición viaja en el lado de la apertura polar en la que se encuentra actualmente el polo magnético (al norte de Canadá), la brújula magnética apuntará hacia ABAJO a medida que la expedición pase por la apertura. Luego, más tarde en el interior, la brújula apuntará hacia el polo magnético sur como si ese polo fuera el Polo Norte. Por esta razón, el interior hueco de la tierra se llama "Los Países del Norte" en las escrituras. Si la expedición ingresa en la apertura polar en el lado opuesto desde donde se ubica el polo norte magnético, por ejemplo, si sale desde Rusia, a medida que la expedición pasa por la apertura, la brújula apuntará hacia ARRIBA hacia donde está el polo magnético ubicado al otro lado del hoyo, como notó Olaf Jansen cuando él y su padre navegaban a través de La Apertura Polar del Norte en 1829 desde la dirección de las islas Franz Josef.

Se sabe que los polos magnéticos viajan a una velocidad anual constante de aproximadamente 8 millas, aunque recientemente se ha observado que el Polo Magnético del Norte se está acelerando a medida que pasa sobre el Océano Ártico. Este movimiento de los polos magnéticos es probablemente causado por una lenta rotación del sol interior dentro de Nuestra Tierra Hueca. Esto podría ser verificado por la expedición con un estudio del sol interior. La expedición también podría estudiar la naturaleza de la división del sol interior entre sus lados diurno y nocturno, así como la gran área opaca que tiene agujeros que permiten que la luz blanca brillante aparezca como estrellas en la noche.

Se debe tomar un giroscopio vertical en el viaje a través de la apertura polar para asegurar un camino sin desviaciones a través de la apertura, y un giroscopio horizontal para observar la curvatura de la tierra hacia el interior hueco. El giroscopio horizontal debe ajustarse al nivel del mar en el perímetro exterior de la apertura polar al comienzo de la semicircunferencia de la apertura polar. Poco después, debe notarse una curvatura de la tierra mayor que las 68.9 millas por un grado de circunferencia de la tierra polar a medida que el giroscopio horizontal se inclina hacia una orientación vertical que indica que la expedición está entrando en un agujero gigante en la tierra. A unas 629 millas del borde polar, se debe alcanzar el punto medio de la apertura polar y luego la posición horizontal anterior del giroscopio ahora debe ser vertical. Se debe llegar al continente interno antes de llegar al punto medio.

Una expedición por mar podría tomarse mejor, tal vez, con un rompehielos nuclear ruso que el líder de la expedición, Steve Currey, sugirió para nuestra Expedición al Viaje a Nuestra Tierra Hueca, que fue cancelada por su familia cuando murió de cáncer cerebral en julio de 2006. Desde su puerto de origen en Murmansk, Rusia, se realiza una navegación sin hielo a fines del verano hasta el perímetro de la apertura polar y probablemente no más de 300 millas de hielo a partir de entonces, la mayor parte del hielo delgado probablemente no tenga más que 1 o 2 metros de espesor a lo máximo, con bastantes pistas abiertas.

La tierra más cercana a la Apertura Polar Norte es la Tierra del Norte de Rusia que se encuentra justo dentro del perímetro de la abertura.

Al mediodía de cada día, si el viaje se realiza en el verano, se debe medir el ángulo de la posición del sol con respecto al horizonte de la Tierra, que mostrará un círculo más alto en el cielo a medida que la expedición avanza hacia dentro la apertura polar. En un cierto punto en el borde polar, justo antes de que se alcance el punto más al norte, el Sol, en su círculo, se colocará directamente arriba, 90 grados sobre el horizonte, como en el Ecuador, a mediodía en el Solsticio de verano.

Con una medición de los horizontes, el horizonte norte-sur en comparación con el este-oeste, debe realizarse desde el perímetro de la abertura polar. A medida que avanza el viaje, al principio el horizonte este-oeste debe ser mayor que el horizonte norte-sur, causado por el efecto de aplanamiento de la abertura polar en la curvatura de la tierra similar a una calabaza con su parte superior cortada. Más al norte, a medida que la expedición comienza a sumergirse en la abertura, el horizonte norte-sur será menor que la distancia al horizonte en la superficie exterior de la tierra y el horizonte este-oeste se subirá gradualmente hasta que el océano pueda verse hacia arriba de la ubicación de uno dentro de la apertura polar. Si la expedición se realiza en los meses de verano, en este punto, se verá un reflejo del sol exterior que se refleja desde la superficie del océano como una estrella brillante sobre la cabeza de uno desde el lado opuesto de la abertura, como lo observó Olaf Jansen mientras pasaba por la Apertura Polar del Norte en 1829.

Debería haber una vigilancia de los espejismos en el itinerario y la verificación de que estos están causados por las corrientes de aire cálido y húmedo que emanan de Nuestra Tierra Hueca a través de las aperturas polares. A medida que estas corrientes de aire cálido se elevan por encima del aire más frío junto al hielo, esta capa de aire cálido refleja los objetos distantes sobre la superficie y los hace visibles en el cielo. Además, las temperaturas del agua de los océanos se pueden verificar y mostrarán que el agua más profunda es más cálida que el agua más cerca de la superficie. Estas inversiones de temperatura pueden verificarse que son causadas por el aire caliente y el agua caliente que sale de las aperturas polares de la tierra.

Se debe observar la presencia de vida silvestre como cualquier bandada de gansos, la Gaviota Ross o el Nudo que vuela hacia el norte o desde el interior de la Tierra Hueca y cualquier vida subtropical de plantas o animales que flote en el océano o encerrada en el hielo que ha flotado desde el interior de la Tierra debe recuperarse para estudiar.

Una vez que la expedición comienza a detectar su entrada en la apertura polar por el ángulo del sol y la inmersión de los giroscopios, se deben realizar verificaciones periódicas del agua del océano para encontrar esa ubicación en el borde de la abertura polar donde la rotación de la tierra provoca la separación centrífuga del agua salada del océano y el agua fresca de la fusión de los icebergs, como observaron Olaf Jansen y Fridtjof Nansen. Debe tomarse una escala de pesaje para observar el aumento de peso en ese punto medio causado por la acción centrífuga de la rotación de la tierra en el borde de la apertura polar.

Se debe llevar un radar y, a medida que la expedición entre en la apertura polar, deben rebotar ecos de radar del otro lado de la apertura, que en el punto intermedio se ubicaría directamente arriba, determinando así el diámetro de la apertura polar. Además, una vez que se alcanza el interior, los ecos podrían rebotar en el sol interior para determinar su distancia desde la superficie interior y su tamaño. De manera similar, los ecos rebotados en el lado opuesto del interior hueco darían el tamaño del hueco en nuestra tierra y el grosor de la cáscara de la tierra. Si no se dispone de un radar, se puede calcular el tamaño de la abertura polar, el grosor de la capa terrestre y el tamaño del sol interior con las fórmulas proporcionadas por el matemático Karl D. Lee, utilizando un telémetro de teodolito y láser, que le encomendé que escribiera para nuestra expedición titulada FORMULAS DE LA TIERRA HUECA, disponible en mi sitio web en:
http://www.ourhollowearth.com/

En el punto medio de la apertura polar o poco después, el horizonte directamente hacia el norte debe observarse constantemente para la primera aparición del sol interior sobre el horizonte, que debe ascender gradualmente en el cielo a medida que la expedición avanza hacia la superficie interior. Habrá unos cientos de kilómetros más adelante en los que tanto nuestro sol como el sol interior estarán a la vista si el viaje se realiza entre la primavera y el otoño, que es el día ártico, pero gradualmente nuestro sol quedará bloqueado a la vista cuando se alcance el interior.

Deben llevar un termómetro para medir a intervalos regulares desde el Campo Base en adelante el cambio de temperatura. La temperatura a altitudes superiores a 1,000 pies aumentará a medida que la expedición se acerque a la abertura polar. La mayor temperatura a mediados del verano se encontrará en el labio polar donde los rayos del sol al mediodía callen en ángulo recto con la superficie de la tierra como lo hace en el Ecuador. La temperatura del interior se destacará por sus condiciones ideales para el crecimiento de la gigantesca vida de planta y animal que abundan allí. También deben llevar un instrumento para medir la humedad para registrar un aumento de la humedad cuando se alcanza el interior.

Originalmente, los polos geográficos probablemente estaban en el centro de las aperturas polares durante el período de creación, pero desde ese momento, a partir de los pasajes de los cometas antiguos del tamaño de planeta, la Tierra se ha inclinado sobre su eje desplazando los polos. Teniendo en cuenta que los ríos de Nuestra Tierra Hueca que desembocan en el Océano Ártico deben terminar dentro de la semi-circunferencia de la Apertura Polar del Norte para que sus bocas se congelen en el invierno y se derritan en el verano, creando así los icebergs de agua dulce que cubren El Océano Ártico, así como los espejismos de tierra en el extremo norte como se ve alrededor del Ártico, indican que el continente interior debe alcanzarse en o antes de llegar a la mitad del camino a través de la apertura polar.

Después de llegar al continente interior, contacto podría hacerse fácilmente con los habitantes. Lo más probable es que estén protegiendo las aperturas en el hueco de nuestra tierra con sus naves de platillos voladores y nos pondremos en contacto con ellos mientras viajamos a través de la apertura. Olaf Jansen, así como la gente del platillo volador en que Laurencio Foreman se reunió en el desierto cerca de Los Ángeles, California, en 1960, dijo que su idioma es sánscrito, que es similar al alto alemán como informó Reinholdt Schmidt, por lo que alguien que sepa ese idioma sería útil para la expedición. Sin embargo, desde que la Orden del Illuminati se interesó en la Tierra Hueca, las personas de dentro la tierra han mantenido una vigilancia constante de nuestro mundo del superficie para evitar una guerra atómica sobre sus aperturas polares, y han aprendido muchos de los idiomas del mundo. Si los OVNIs provienen de Nuestra Tierra Hueca, entonces también pueden comunicarse telepáticamente, ya que muchos contactados sostienen que muchos los de los OVNIs pueden comunicarse de esa manera. La expedición, por lo tanto, podrá hablarles con facilidad. Deben pedir que los lleven a su ciudad capital, Eden, que, según mis cálculos, está ubicada a 800 millas debajo de Independencia, Misuri, en la meseta más alta del continene interior de Nuestra Tierra Hueca.

Allí, en el palacio de la ciudad de su capital de Edén, la expedición entregaría su mensaje de buena voluntad al Gran Sumo Sacerdote sobre toda la tierra y pediría permiso para que se le enseñara acerca de su país. Tal vez, una copia de las escrituras de las Diez Tribus que contienen su emocionante historia, incluida la visita del Cristo resucitado a ellos hace más de 2000 años, podría ser devuelta para su traducción y publicación. Este libro de Escritura contendría la prueba de que SI SON las tribus perdidas de Israel. La expedición también podría aprender sobre los diferentes grupos de personas que habitan Nuestra Tierra Hueca además de las Diez Tribus Perdidas, como los esquimales, los vikingos de Groenlandia que emigraron allí en el siglo XVI d.C., los indios Hopi que tienen una entrada a la Tierra Hueca cerca del Gran Cañón, Arizona, y los refugiados alemanes de la Segunda Guerra Mundial. La expedición tal vez también podría aprender sobre las otras civilizaciones en todo nuestro sistema solar y galaxia con las que la gente de la Tierra Hueca tiene contacto.

Después de aprender acerca de su país y civilización por un período de tiempo, tal vez la expedición podría pedirles a las Tribus que los trajeran de regreso a Utah en sus Platillos Voladores o que regresen por sus propios medios.

El objetivo de la expedición sería hacer un registro muy detallado, con grabaciones de video, fotografías, lecturas de instrumentos y diagramas que ilustran la verdadera naturaleza del orificio polar, el sol interior y el mundo interior, además de establecer un enlace de comunicación entre su Rey David, que creo que es un descendiente del rey David del antiguo Israel, y el profeta del Señor a la cabeza de la Iglesia de Jesucristo de los Santos de los Últimos Días aquí en la superficie de la tierra. Este registro podría luego publicarse y un video de película con comentarios y entrevistas con las personas de La Tierra Hueca mostradas en todo el mundo junto con las escrituras sagradas de las Diez Tribus Perdidas de Israel una vez que se haya logrado la expedición su regreso a Utah.

BIBLIOGRAFÍA

Allen, Gary. NADIE SE ATREVE LLAMARLO CONSPIRACIÓN, 1972, Concord Press, P.O. Box 2686, Seal Beach, California 90740.

Amundsen, Roald. LA PRIMERA CRUZADA DEL MAR POLAR, 1927, Jorge H. Doran Co., Nueva York, N.Y.

Armstrong, Herbert W. LOS ESTADOS UNIDOS Y LA COMUNIDAD BRITÁNICA EN PROFECÍA, Pasadena, California.

Armitage, Angus. EDMUND HALLEY, Nelson Publishers.

Azevedo, Arnoldo de. GEOGRAFÍA FÍSICA

Balsiger, Dave. & Charles E. Sellier Jr. EN BUSCA DEL ARCA DE NOÉ, 1976. Sun Classic Books, 11071 Avenida Massachusetts, Los Angeles, California 90025

Baker, Sylvia. HUESO DE CONTENCION, ¿ES VERDAD LA EVOLUCION?. Fundación de la Ciencia de la Creación, Ltd., Centro de Recursos para la Educación Australiana de la Ciencia de la Creación y Temas Cristianos, P.O. Box 302, Sunnybank, Queensland 4109 Australia.

Barker, Gray. EL EXTRAÑO CASO DEL DR. M.I. JESSUP, 1975, La Prensa Saucerian, P.O. Box 2228, Clarksburg, WV 26301.

Barker, Gray. SABÍAN DEMASIADO SOBRE LOS PLATILLOS VOLADORES, 1975, La Prensa Saucerian, P.O. Box 2228, Clarksburg, WV 26301.

Barrington, Daines. SOBRE LA POSIBILIDAD DE ALCANSAR EL POLO NORTE, 1818. Barton, Miguel.

Barton, Miguel X. LA CIUDAD DEL ARCO IRIS Y EL PUEBLO DEL MUNDO INTERIOR, Prensa Saucerian, (después Libros de La Era Nueva, Caja D, Jane Lew, WV 26378)

Berlitz, Charles. EL TRIANGULO DE LAS BERMUDAS, 1974, Doubleday y Co. Inc., 245 Avenida Park, Nueva York, NY 10017; or Libros Avon, 959 Ocho Ave., Nueva York, NR 10019, Illus., pequeño libro de bolsillo.

Bernard, Raymundo. LA TIERRA HUECA, EL MAYOR DESCUBRIMIENTO GEOGRÁFICO DE LA HISTORIA, 1969, Illus., Dell Publishing Co., hardback; La Prensa Citadel, Libros Universitarios, Inc., 120 Avenida Enterprise, Secaucus, NJ 07094; o pequeño libro de bolsillo, La Companía Editorial Dell., Inc., I Dag Hammarskjold Plaza, 245 E. 47th St., Nueva York, NY 10017,
https://www.ourhollowearth.com/Bernard/Index.htm

Binder, Otto. LO QUE SABEMOS REALMENTE SOBRE LOS PLATILLOS VOLADORES, 1967, Publicaciones Fawcett, Inc., Greenwich, Connecticut, pequeño libro de bolsillo, Illus.

Blick, Edwardo F. UN ANÁLISIS CIENTÍFICO DE GÉNESIS.

Brian II, Guillermo L. MOONGATE: RESULTADOS SUPRIMIDOS DEL PROGRAMA ESPACIAL DE EE. UU., 1982, Compañía Futura Editorial de Investigación Científica, P.O. Box 06392, Portland, Oregon 97206-0020

EL LIBRO DE MORMÓN, DOCTRINA Y CONVENIOS Y PERLA DE GRAN PRECIO, publicado por la Iglesia de Jesucristo de los Santos de los Últimos Días, Empresa de Libros Deseret, La Ciudad de Lago Salado, Utah.
https://www.lds.org/scriptures/bible?lang=spa

Brough, R. Clayton. LAS TRIBUS PERDIDAS, 1979. Editores del Horizonte, P.O. Box 490, 50 S. 500 W. Bountiful, Utah 84010.

Buel, J.W. LAS MARAVILLAS DEL MUNDO VISTO POR LOS GRANDES EXPLORADORES TROPICALES Y POLARES, Sociedad Histórica de Pennsylvania, 1300 Locust St., Philadelphia, PA 19107, 1884.

Burrows, Guillermo E. PROFUNDO NEGRO, LA VERDAD ATRÁS DE LOS SATÉLITES DE SUMO SECRETO DE AMÉRICA, Random House, Inc., 201 E 50th St, Nueva York, NY 10022, 1986.

Caidin, Martín. EL DESAFÍO MÁS GRANDE: LA INCREÍBLE AVENTURA Y EL DESTINO ESPLENDIDO DEL HOMBRE EN EXPLORACIÓN DEL ESPACIO.

Call, Michel L. ANCESTROS ROYALES DE ALGUNAS FAMILIAS S.U.D, P.O. Box 11488, Lago Salado, Utah 84147, 2005.

Cameron, Ian. ANTÁRTICA, EL ÚLTIMO CONTINENTE, 1974. Little Brown & Co., 34 Calle Beacon, Boston, Mass. 02106.

Childress, David Hatcher. EL LIBRO DE ANTIGRAVIDAD, 1993, publicado por Prensa de Aventuras Ilimitadas, 303 Main Street, PO Box 74, Kempton, Illinois 60946-0074, (815) 253-6390, Fax (815) 253-6300.

Cirucci, Juan. ILLUMINATI DESENMASCARADO TODO LO QUE NECESITA SABER SOBRE EL "NUEVO ORDEN MUNDIAL" Y CÓMO LO VENCEREMOS, 2015, Amazon.com.

Crowther, Dwane S. PROFECÍA, CLAVE AL FUTURO, 1962, Bookcraft Publishers, 1848 W. 2300 S., Lago Salado, Utah.

Cook, Frederico A. MI LOGRO DEL POLO, 1913, La Companía de Publicaciones del Polo, 601 Steinway Hall, Chicago.

Corso, Col. Felipe J. Corso (Ret). EL DÍA DESPUÉS DE ROSWELL, 1997, Libros de la Bolsa, 1230 Avenida de las Américas, Nueva York, NY 10020.

Cowley, Matthias Foss. WILFORD WOODRUFF, 1964, Publicaciones de Bookcraft, 1848 W. 2300 S., Lago Salado, Utah, Illus.

Darwin, Sir G.H. LAS MAREAS Y FENÓMENES SIMILARES DEL SISTEMA SOLAR.

DeMeo, Dr. Jaime. EL ÉTER DINÁMICO DEL ESPACIO CÓSMICO, 2019, Obras de Energía Naturales, Caja Postal 1148, Ashland, Oregon 97520 Estados Unidos de América, http://www.naturalenergyworks.net, info@naturalenergyworks.net.

Densley, Miguel. EN BÚSQUEDA DE LA GAVIOTA ROSS, 1999, Libros Peregrine, Leeds, West Yorkshire, Inglaterra.

Dyer, Alvin R. QUIEN SOY YO?, 1966, Companía de Libros Deseret, Caja Postal 30178, Salt Lake City, Utah 84130.

Emerson, Jorge. El DIOS HUMOSO, Investigaciónes de Salud, 70 Lafayette St., Mokelumne Hill, CA 95245, Illus., https://www.ourhollowearth.com/SmokyGod.htm

Epperson, Ralph A., LA MANO INVISIBLE, Libros APOA, c/o 2303 N 44th St., Ste 14-346, Phoenix, Arizona 85008, (602) 517-0418.

Foreman, Laurencio W. PASAPORTE A LA ETERNIDAD, 1970, publicado en 334 ½ W 33rd St, Los Angeles, California 90007, nacido el 27 de marzo de 1908, Oklahoma, EE. UU., fallecido el 4 de febrero de 1998 en Poway, condado de San Diego, California, EE., https://www.ourhollowearth.com/passporttoeternity.htm

Gardner, Marcial B. VIAJE AL INTERIOR DE LA TIERRA, 1920. Health Research, 70 Lafayette St., Mokelumne Hill, CA 95245, Illus., También Prensa Amherst, https://sacred-texts.com/earth/jei/index.htm

Giannini, F. Amadeo. MUNDOS MÁS ALLÁ DE LOS POLOS, 1959. Prensa Vantage, Inc., 516 W. 34th St., Nueva York, NY 10001, (fuera de imprenta pero se puede obtenerse de los Libros de la Nueva Era Box D, Jane Lew, WV 26378, también de Investigaciónes de Salud)

Glines, Lt. Col. C.V. AVIACIÓN POLAR

Golitsyn, Anatoliy. NUEVAS MENTIRAS PARA ANTIGUAS, 1984. Dodd, Mead & Companía, Inc., 79 Madison Ave, Nueva York, NY 10016.

Greely, Adolphus W. TRES AÑOS DE SERVICIO ÁRTICO, 1886, Charles Scribner e Hijos, Nueva York.

Greer, Steven M. NO ADMITIDO, 2017, A&M Publishing, L.L.C., West Palm Beach, FL 33411.

Greer, Steven M. REVELACIÓN, 2001, Companía de Publicaciones Carden Jennings, 1224 W Main St, Ste 200, Charlottsville, VA 22903, http://www.disclosureproject.org/.

Grew, Edwin S. LA ROMANCIA DE LA GEOLOGÍA MODERNA, 1911, Seely y Co., Londrés.

Hamilton, Guillermo F. CENTRO DE LA VÓTICE, 1979, publicado por Nuevas Nexus & Nexus, imprimido por Wilcopy, Los Angeles, California.

Hayes, Dr. I.I. EL MAR POLAR ABIERTO: UNA NARRATIVA DE UN VIAJE DE DESCUBRIMIENTO HACIA EL POLO NORTE EN LA GOLETA LOS ESTADOS UNIDOS, 1967, Hurd y Houghton, Nueva York, NY.

Hunter, Milton R. AMERICA ANTIGUA Y EL LIBRO DE MORMON, 1950. Companía de Libros Kolob, PO Box 1575, Oakland, CA.

Jaime, King. LA SANTA BIBLIA.

Juanson, Jorge; and Tanner, Don. LA BIBLIA Y EL TRIÁNGULO DE BERMUDA, 1977, Logos International, 201 Calle Iglesia, Plainfield NJ 07061, libro de bolsillo, Illus.

Kane, Elisha Kent. EXPLORACIONES ÁRTICAS EN LOS AÑOS 1853-54-55, 1856. J.B. Lippincott y Co., Philadelphia.

Lamprecht, Jan. PLANETAS HUECAS, Un estudio de Viabilidad de Posibles Mundos Huecos, 1998. Grupo de Publicaciónes Mundiales, PO Box 49625, Austin, TX 78765, (830) 798-1250

Leith, Juan B. GÉNESIS PARA LA CARRERA ESPACIAL, La Tierra Interna y los Extraterrestres, 1980, con derechos de autor 6 July 1979, Número de Registración: TXu-24-413, ahora disponible en Amazon.com

LePoer Trench, Brinsley. SECRETO DE LAS EDADES, OVNIS DESDE DENTRO DE LA TIERRA, 1974, Libros Pinnacle, 275 Madison Ave., Nueva York, NY 10016, libro de bolsillo, Illus.

Lloyd, Juan Uri. ETIDORPHA O EL FIN DEL MUNDO, 1976, Libros Pocket, 1230 Ave. de las Americas, Nueva York, NY 10020, libro de bolsillo, Illus., https://etidorhpacontent.blogspot.com/

Lovelace, Leland. MINAS PERDIDAS Y TESORO ESCONDIDO, 1956, Compañía Naylor, San Antonio Tejas.

Lytton, Sir Bulwer. VRIL — EL PODER DE LA RAZA QUE VENDRÁ, 1972, Publicaciones Rudolf Steiner, 100 S. Carretera Oeste, Blauvelt, NY 10913, https://www.sacred-texts.com/atl/vril/

MacLellan, Alec. EL ENIGMA DE LA TIERRA HUECA, 1999, Souvenir Press, Ltd, 43 Calle Great Russel, Londrés WC1B 3PA.

Mahoney, Timothy P. PATRONES DE EVIDENCIA: EL ÉXODO, 2015, Hombre Pensando Media, 6900 W Lake St, St. Louis Park, MN 55426.

Marrs, Jim. ARRIBA DE SECRETOS SUPREMOS, 2008, La Companía de Disinformación, Ltd., 163 Tercera Ave, Ste 108, Nueva York, NY 10003.

Maxwell III, Roberto. LEMURIA—HECHO O FICCIÓN, Prensa Roseway, Los Angeles, 1965

Maxlow, Dr. Jaime. MODELANDO LA TIERRA, Un argumento científico para una comprensión tectónica alternativa de nuestro mundo físico, 2016, Perth, Western Australia.

McConkie, Bruce R. DOCTRINA MORMONA, 1966, Publicadores Bookcraft, 1848 W. 2300 S., Ciudad de Lago Salado, Utah.

McConkie, Bruce R. EL MESIAS MILENARIA, 1982, Companía de Libros Deseret, Ciudad de Lago Salado, Utah.

Menger, Howard & Connie. EL INCIDENTE DEL PUENTE ALTO: El Relato Detrás del Relato...Publicado Después de 35 Años de Silencio, 1991, por Howard Menger, PO Box 1405, Vero Beach, Florida 32961 (407) 562-1153.

Merrill, Hamblin and Thorne. CIENCIA FÍSICA 100, Companía de Publicaciones Burgess, Minneapolis, 1978.

Michel, Aime. LOS PLATILLOS VOLADORES Y EL MISTERIO DE LA LÍNEA RECTA, 1958, Libros Criterion, Inc., 666 Quinto Ave., Nueva York, NY 10019.

Miller, Martín. EL DESCUBRIMIENTO DEL POLO NORTE.

Nansen, Dr. Fridtjof. MÁS LEJANO AL NORTE, 2 Vols., 1897, Harper & Hermanos, Nueva York y Londrés.

Nansen, Dr. Fridtjof. EN LAS NIEBLAS DEL NORTE, 2 Vols., 1911, Prensa Greenwood, Inc., 51 Avenida Riverside, Westport, CT 06880.

Nansen, Dr. Fridtjof. EL PRIMER CRUCE DE GREENLAND, 2 Vol, 1890, En un juego de 6 Vols. Prensa Greenwood, Inc., 51 Avenida Riverside, Westport, CT 06880.

Newton, MANUAL ÁRCTICO.

Newman, José. LA MÁQUINA DE ENERGÍA, 1984, publicado por José Westley Newman, Ruta 1, Box 52, Lucedale, Mississippi 39452 (601) 947-7147.

Nordenskiold, Adolf Erick. EL VIAJE ÁRTICO DE 1858-1878.

Norman, Eric. EL PUEBLO ABAJO, 1969, Libros Award, 235 E Calle 45, Nueva York, NY 10017, libro de bolsillo.

Palmer, Ray. MUNDOS MÁS ALLÁ DE LOS POLOS, 1984, Libros de la Nueva Era, Caja D, Jane Lew, WV 26378.

Peary, Roberto E. MAS CERCA DEL POLO, 1907, Doubleday, Page & Companía, Nueva York.

Pierce, Norman C. LA PROFECÍA DE LA MINA DE SUEÑO, manuscrito en la sección de Registros Especiales de la biblioteca BYU, julio de 1958, una copia también en mi posesión.

Preston, Roberto L. ¡DESPIERTA AMÉRICA, ES MÁS TARDO DE LO QUE PIENSAS!, 1972, Publicaciones Hawkes Inc., 3775 S. 500 W. La Ciudad de Lago Salado, Utah 84115.

Reed, Guillermo. FANTASMA DE LOS POLOS, 1906, Investigación en Salud, 70 Calle Lafayette, Monte Mokelumne, CA 95245, Illus.,
https://www.sacred-texts.com/earth/potp/index.htm

Rensberger, Boyce, del Poste Washington. "Los experimentos de la Tierra en lo profundo cuestionan la teoría de la gravedad de Newton," EL OBSERVADOR DE CHARLOTTE, periódico, Agosto 3, 1988.

Sayce, A.M. REGISTROS DEL PASADO.

Sargent, Epes. MARAVILLAS DEL MUNDO ÁRCTICO.

Scott, Jack Denton. VIAJE HACIA EL SILENCIO, 1976, Prensa del Resumen del Lector, distribuido por Crowell.

Scully, Francisco. DETRÁS DE LOS PLATILLOS VOLADORES, 1950, Nueva York: Henry Holt y Companía.

Scura, Juan and Dane Phillips. HIMNO DE LA BATALLA, Revelaciones del Plan Siniestro para un Nuevo Orden Mundial, 2012, Publicado por Escrituras Black Rose en Smashwords, https://www.blackrosewriting.com/.

Sigma, Rho. TECNOLOGÍA DEL ETHER: Un Enfoque Racional para el Control de la Gravedad, 1977, Imprenta y encuadernación CSA, Lakemont, Georgia 30552.

Skousen, Cleon. PROPHECÍA Y TIEMPOS MODERNOS.

Skousen, Cleon. EL CAPITALISTA DESNUDO, 1972, Reseñante, 2197 Calle Berkeley, La Ciudad de Lago Salado, Utah, 84109, Illus., libro de bolsillo.

Skousen, Eric N. LA TIERRA, EN EL PRINCIPIO, 1996, Publicaciones Verity, PO Box 911, Orem, Utah 84059-0911, tapa dura.

Snyder, Al. LAS LEYES DE NEWTON ESTÁN LLENAS DE INPERFECCIONES, 1973, Instituto de Investigaciones Snyder, 508 N. Carretera de la Costa Pacífico, Redondo Beach, California 90277.

Snyder, Al. LA SAUNA DE SATANÁS Y EL TRIÁNGULO DEL DIABLO, 1975, Instituto de Investigaciones Snyder, 508 N. Carretera de la Costa Pacífico, Redondo Beach, California 90277.

Smith, José Fielding. DOCTRINAS DE SALVACIÓN, 3 Vols., 1954, Companía de Libros Deseret, 40 E. Sur Templo, Ciudad de Lago Salado, Utah 84104.

Smith, José Fielding. ENSEÑANZAS DEL PROFETA JOSÉ SMITH, 1976, Companía de Libros Deseret, 40 E. Sur Templo, Ciudad de Lago Salado, Utah 84104.

Smith, José Fielding. DOCTRINA DEL EVANGELIO, 1975, Companía de Libros Deseret, 40 E. Sur Templo, Ciudad de Lago Salado, Utah 84104.

Smith, Warren. SECRETOS DE LA TIERRA HUECA, 1976, Libros Zebra, 521 Quinto Ave. Nueva York, NY 10017.

Spearman, Neville. EL NIÑO QUE VIÓ LA VERDAD, Londres 1953.

Stranges, Dr. Francisco. MI AMIGO DE MÁS ALLÁ DE LA TIERRA, y EXTRANJERO EN EL PENTÁGONO, IEC, PO Caja 5, Van Nuys, CA 91408.

Stefansson, Vilhjalmur. MI VIDA CON LOS ESQUIMALES, 1913, La Compañía Macmillan, 866 Tercer Avenida, Nueva York, NY 10022.

Stefansson, Vilhjalmur. MISTERIOS NO RESUELTOS DEL ÁRTICO, 1962, La Compañía Macmillan, 866 Tercer Avenida, Nueva York, NY 10022.

Velikovsky, Immanuel. LA TIERRA EN CONVULSIÓN, 1955, Companía de Publicaciones Dell, Inc., 1 Plaza Dag Hammarskjold, Nueva York, NY 10017.

Velikovsky, Immanuel. MUNDOS EN COLISIÓN, 1950 Londrés, Victor Gollancz Ltd, Libros Sphere, Inc.

Talmage, Jaime E. LOS ARTÍCULOS DE FE, 1890, Companía de Libros Deseret, 40 E. Sur Templo, Ciudad de Lago Salado, Utah 84104.

Thomas, Juan A. Jr. ANTIGRAVIDAD: EL SUEÑO REALIZADO, LA HISTORIA DE JUAN R. R. SEARL, Consorcio Internacional de Ciencia Directa (DISC), 13 Blackburn, Low

Strand, Grahame Park Estate, Londrés, NW95NG, Inglaterra y publicado por Juan A. Thomas, Jr. en 373 La Calle Rock Beach, Rochester, Nueva York, 14617-1316 (716) 467-2694, fax (716) 338-2663 por $23.00, libro electronico en Amazon.com.

Valens, E. G. EL UNIVERSO ATRACTIVO: La gravedad y la Forma del Espacio, 1969, La Compañía de Publicaciones del Mundo, 2231 W Calle 110, Cleveland, OH 44102.

Verne, Julio. VIAJE AL CENTRO DE LA TIERRA, 1864, Libros Penguin, Inc., 7110 Calle Ambasador, Baltimore, Maryland 21207, libro de bolsillo en Amazon.com.

Walton, Bruce. A GUIDE TO THE INNER EARTH, 1983, New Age Books, Box D, Jane Lew, WV 26378

Warren, Guillermo F. EL PARAÍSO ENCONTRADO, O LA CUNA DE LA RAZA HUMANA EN EL POLO NORTE, 1885, Reproducido por Investigaciones de Salud, 70 Calle Lafayette, Monte Mokelumne, CA 95245, https://publicdomainreview.org/collection/paradise-found-the-cradle-of-the-human-race-at-the-north-pole-1885/

Wasserman, Jacob. COLÓN, EL DON QUIXOTE DE LOS MARES, 1930, traducción al Inglés por Eric Sutton, Little Brown y Companía, Boston, MA.

Weldon, Juan. OVNIS, QUE EN LA TIERRA ESTA PASANDO, 1976, Libros Bantam, Inc., 666 Quinto Avenida, Nueva York, NY 10019.

West, Jack. LA SEGUNDA VENIDA DE CRISTO. (Cintas de casete (2)), 1978, Sonidos de Sión, Caja 7332, Murray, Utah 84107.

Wilson, Don. LA LUNA NUESTRA ASTRONAVE ESPACIAL MISTERIOSA, 1975, Compañía de Publicaciones Dell, Inc., 1 Plaza Dag Hammarskjold, Nueva York, NY 10017, http://www.scribd.com/doc/40405065/Secrets-of-Our-Spacecship-Moon

Wittmer, Dr. Felix. CONQUISTA DE LA MENTE AMERICANA, 1956, Compañía de Publicaciones Meador, Boston, MA.

Wormser, Rene A. FUNDACIONES: SU PODER E INFLUENCIA, 1958, Prensa Angriff, P.O. Caja 2726, Hollywood, CA 90028.

Revistas, Periódicos y Referencias

Astronauticas
Opinión Americana
Diario Hearnes
Reportaje de OVNIs

La Estrella Milenaria
La Liahona
Tiempos de Nueva York
Revista de Platillos Voladores
Encyclopedia Americana
Encyclopedia Britannica
Reseña Norwood, Londrés
Revista En Busca De
Conocimiento
El Examinador Chicago
La Frontera Final
El Americano Scientífico
La Historia Documental de la Iglesia (SUD)

Sociedades de la Tierra Hueca, Blogs y Sitios del Internet

Blogs:
http://subterraneus.blogspot.com/
http://hollowplanet.blogspot.com/

Sitios del Web:
http://www.thehollowearthinsider.com/

https://www.hollowearthresearch.org/

http://www.nicufo.org/index.html

https://hollowplanet.blogspot.com/

http://www.holloworbs.com/

https://www.diannerobbins.com/

https://www.tierrahueca.com/

https://agartha.blog/

https://zorraofhollowearth.com/

https://bbsradio.com/hollowearthnetwork

https://npiee.com/index.html

https://scispi.tv/hollowearthchannel/

Bibliotecas y librerias:
https://www.amazon.com
http://www.gutenberg.org/
http://books.google.com/books

Rodney M. Cluff

La Evidencia de la Voyager Indica que ¡Urano es Hueco!

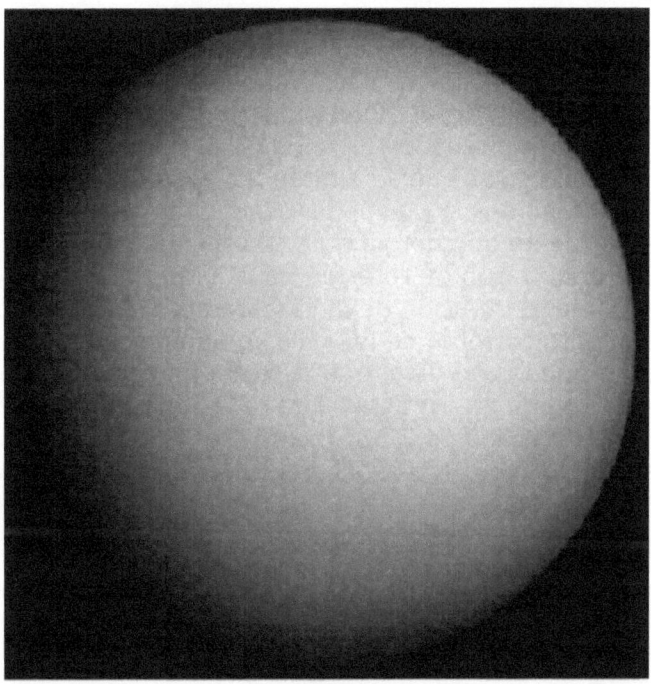

El sobrevuelo de Urano de la nave espacial Voyager 2 en enero de 1986 recopiló información que indica la naturaleza hueca de ese planeta. La teoría de los planetas huecos proporciona respuestas a las intrigantes observaciones hechas por la Voyager que son misterios completos para la ciencia ortodoxa.

Por ejemplo, ¿de dónde proviene el ruido de las ondas de radio que emana de Urano?

¿Por qué las nubes calientes se elevan en forma de anillo desde los polos del planeta?

¿Por qué Urano irradia 15 veces más energía en ultravioleta que la que recibe del sol?

¿Cuál podría ser la fuente del poderoso viento solar que hace que las luces aurorales de Urano se enciendan cuando es obvio que el viento solar del sol es demasiado débil para causarlos? La misteriosa fuente de energía que ilumina las auroras de Urano se ve agravada por el hecho de que el fuerte campo magnético de Urano repele el viento solar del sol

349

alrededor del planeta y, por lo tanto, NO PUEDE hacer que se enciendan sus auroras.

Y, finalmente, ¿qué podría explicar el enorme desplazamiento de los polos magnéticos de Urano cuando se sabe que los polos magnéticos de una dinamo común siempre coinciden con su eje de rotación?

La ciencia ortodoxa no tiene respuestas para estas observaciones misteriosas. Sin embargo, la teoría de los planetas huecos da respuestas rápidas: el ruido de la radio, el calor y el viento solar que se emiten a través de las aperturas polares de Urano desde un sol dentro del interior hueco de Urano es la fuente de energía de estos fenómenos anómalos. La disyuntiva orientación de rotación del sol interior de Urano con respecto al eje de rotación de la cáscara del planeta da lugar al desplazamiento extremo de los polos magnéticos de Urano. Y suponiendo que Urano tiene una cubierta planetaria con un grosor del 10% de su diámetro, Urano tendría una superficie sólida y una densidad de 2.58. Incluso se detectó oxígeno en la atmósfera de Urano. Bajo estas condiciones, el interior de Urano posiblemente podría tener un ambiente compatible para la vida humana. De hecho, podría ser ideal, incluso un Jardín del Edén para cualquier persona que pueda vivir allí.

El Sol Interior de Urano

El período de rotación del planeta Urano fue calculado por la nave espacial Voyager al analizar una variación regular en el ruido de radio que emite del planeta. Dado que el ruido de radio es una característica de las estrellas, esto indica que Urano tiene un sol interior desde el cual se emite este ruido de radio. También indica que Urano tiene aperturas polares en su interior hueco a través del cual se emite el ruido de la radio desde el sol interior. La Voyager descubrió que el período de rotación de Urano de 16 horas y 48 minutos es casi el doble de rápido que la velocidad de rotación de la Tierra. Esto indica que Urano posiblemente podría tener un campo magnético más fuerte que el de la Tierra, que es. El campo magnético de Urano fue medido por Voyager a aproximadamente 0.1 gauss, que es tres veces más fuerte que el campo magnético de la Tierra (Astronomía, abril de 1986, p. 15). El tamaño más grande de Urano, 14.44 veces más masivo que la Tierra, y su rotación más rápida alrededor de su sol interior explicaría su campo magnético más fuerte. Los campos magnéticos de todos los planetas se producen por la rotación de la capa planetaria alrededor de un sol interior estacionario o casi estacionario suspendido por la gravedad y las fuerzas electrostáticas dentro del interior hueco del planeta. Además del ruido de radio y el campo magnético que causa el sol interior de Urano, también provoca el desplazamiento de los polos magnéticos de Urano, emite un viento solar que produce auroras y "electro resplandores" según lo informado por los científicos de Voyager, y su sol interior produce el calor que la Voyager descubrió irradia desde los polos de Urano.

Desplazamiento de los Polos Magnéticos de Urano

Un descubrimiento importante hecho por Voyager cuando pasó a Urano en su salida del Sistema Solar es la enorme diferencia detectado entre la ubicación del eje de rotación del planeta y el eje de su campo magnético. Se encontró que estaban separados por 55 grados. Esto es casi cinco veces la diferencia entre el Polo Norte Geográfico y el Polo Magnético del Norte en la Tierra. Esa diferencia en la Tierra era de 11.5 grados en 1965, 8.79 grados en 2001, 3.54 grados en 2020 y se está moviendo hacia Siberia. El planeta Mercurio tiene la siguiente discrepancia más grande entre su eje de rotación y la ubicación de su polo magnético con un desplazamiento de 14 grados.

Los científicos teorizan que la corteza de Urano debe estar girando en una dirección diferente del material en su núcleo para explicar el desplazamiento de los polos magnéticos de Urano. Debido a que Urano se encuentra casi de lado mientras gira alrededor del sol, los científicos teorizan que un planeta del tamaño de la Tierra debe haber chocado con Urano, lo que hace que se incline hacia un lado. Sin embargo, es más probable que Urano haya sido pasado por alto por un cometa del tamaño de un planeta tan cerca de uno de sus polos geográficos que la interacción gravitacional hubiera causado que el eje de rotación del planeta se inclinara. El sol interior suspendido en su interior por la gravedad y las fuerzas electrostáticas y protegido por la cáscara del planeta probablemente habría conservado su orientación original cuando Urano se inclinó sobre su eje. Esto explicaría por qué los polos magnéticos en Urano no coinciden con su eje de rotación.

Dado que un sol interior crea el campo magnético de un planeta mientras la cáscara planetaria gira alrededor de él, la orientación del sol interior también contribuiría a la ubicación de los polos magnéticos. Por lo tanto, el desplazamiento de los polos magnéticos de un planeta está directamente relacionado con el grado de inclinación de la capa planetaria con respecto a la orientación y rotación de su sol interior. Al igual que en Urano, en la Tierra, el paso de un antiguo cometa del tamaño de un planeta podría haber inclinado el eje de rotación de la Tierra provocando el desplazamiento de los polos magnéticos con respecto a los polos geográficos. El eje de rotación de la Tierra está inclinado 23.5 grados con respecto a su plano orbital alrededor del sol. Urano tiene una inclinación de 98 grados. Como Urano tiene una mayor inclinación rotacional con respecto a su plano orbital alrededor del Sol, se podría esperar que su eje magnético también se desplazaría más lejos de su eje rotacional de como lo es en la Tierra.

El hecho de que los polos magnéticos de Urano y la Tierra no coincidan con su eje de rotación indica que los polos magnéticos pueden ser una combinación de dos campos magnéticos, como lo teorizó primero el astrónomo Edmundo Halley. Un campo está ubicado dentro del otro; La cáscara planetaria da lugar a un campo y al otro por el sol interior. Se ha descubierto que la Tierra tiene un polo norte magnético centrado en el norte de Canadá y un polo norte geomagnético ubicado en la noroeste de Groenlandia. Esto indica que la Tierra es hueca y tiene dos campos magnéticos, uno producido por la capa terrestre y el otro por el sol interior. Se ha observado que los polos magnéticos se mueven en una órbita más o menos alrededor del Ártico y la Antártida a una velocidad de varias millas al año. El astrónomo Edmundo Halley fue el primero en proponer que este movimiento de los polos magnéticos se debe a la lenta rotación de un cuerpo suspendido en un hueco dentro del planeta. En la Tierra, la rotación de su Sol interior parece completar una rotación aproximadamente cada 794 años. La lenta rotación del sol interior es lo que hace que los polos magnéticos sigan una trayectoria orbital alrededor del Ártico y la Antártida.

En la Tierra, el eje magnético fué casi la mitad de la inclinación del eje de rotación con respecto al plano eclíptico alrededor del sol en 1965 y ha sido menos cada año desde que el Polo Norte Magnético cruza el Ártico. En Urano, el eje magnético es un poco más de la mitad de la inclinación del eje de rotación. Siempre ha sido un enigma para los científicos que los polos magnéticos de la Tierra no coinciden con el eje de rotación de la Tierra, como es el caso de una dinamo común. Ahora se ha encontrado que Urano tiene el mismo arreglo desconcertante que tiene la Tierra. La respuesta debe estar en el hecho de que si el eje de la cubierta de un planeta coincide con el eje de rotación de su sol interior, los polos magnéticos coincidirán con el eje de rotación. En la tierra, no coinciden. Ahora, la Voyager ha descubierto que tampoco coinciden en Urano.

La solución al enigma de los polos magnéticos desplazados debe residir en la orientación del eje de rotación del sol interior en relación con la orientación del eje de la capa planetaria. En la Tierra, el eje de rotación está inclinado 23.45 grados con respecto a su plano orbital alrededor del sol. Supongamos que la orientación original del eje de rotación de la cáscara de la Tierra y su sol interior coincidieron y fueron perpendiculares al plano de la órbita de la Tierra alrededor del sol. Ahora supongamos que en algún momento de la historia geológica pasada, un cometa de tamaño planetario sobrepasó a la Tierra sobre uno de sus polos geográficos y provocó que su eje de rotación se inclinara 23.45 grados con respecto a su plano orbital. El sol interior, que tiene un porcentaje muy pequeño de la masa total de la Tierra y está amortiguado por el hueco del planeta, no se habría visto afectado sustancialmente y, por lo tanto, habría conservado aproximadamente su orientación original. El eje del sol interior, por lo tanto, es muy probable que se incline 23.45 grados hacia el eje de rotación de la capa de la Tierra que mantiene su orientación y la orientación original de la Tierra. Entonces, la pregunta es, ¿por qué el polo magnético se ubicaría a solo 11.75 grados del eje de rotación de la carcasa, y no a 23.5 grados? La respuesta puede ser que debido a que un campo está ubicado dentro del otro, que los campos magnéticos combinados de la capa terrestre y el campo magnético del sol interior producen un eje magnético ubicado a medio camino entre las dos orientaciones, que en la tierra sería de 11.72 grados, La mitad de los 23.45 grados de inclinación de la concha.

En Urano, puede haber ocurrido un escenario similar para darle una orientación de campo magnético desplazado. El campo magnético es producido por la cáscara planetaria giratoria alrededor de un sol interior que gira a una rotación diferente, probablemente contraria y más lenta. El hecho de que los polos magnéticos no coincidan con el eje de rotación indica que el eje del sol interior de Urano está orientado de manera diferente al eje de rotación de la cáscara del planeta. Al igual que con la Tierra, se podría suponer que el eje de rotación original de la cáscara de Urano, así como el eje de su Sol interior, estaban en ángulos rectos con su plano orbital alrededor del Sol. Entonces, cuando ese planeta fue golpeado o pasado por alto por otro cuerpo celeste y el eje de rotación de la cáscara se inclinó 98 grados hacia su plano orbital, su sol interior probablemente conservó su orientación original. Por lo tanto, el campo magnético de la cáscara y el campo magnético del sol interior combinado harían que los polos magnéticos de la cáscara se ubicaran a medio camino entre la orientación original y la actual, ubicada a unos 55 grados.

La Masa y Densidad de un Urano Hueco

Suponiendo que la constante gravitatoria newtoniana sea aproximadamente correcta y que proporcione una masa razonable de la Tierra y los planetas, Urano tendría una masa que es 14.44 veces mayor que la Tierra. Dado que la densidad total de Urano es de 1.26 gm / cc, los científicos han asumido que Urano es un planeta líquido. Sin embargo, si Urano es hueco y tiene un grosor de cáscara, tal vez el 10% de su diámetro, entonces la densidad de la cáscara sería de 2.58 g / cc, lo que le daría una superficie sólida. La aceleración de la gravedad en el superficie de Urano es de 893 cm / sec^2, que es solo un poco menor que en la Tierra. Con un sol interior y una gravedad superficial similar a la de la Tierra, y con el oxígeno detectado en la atmósfera de Urano, el mundo interior de Urano podría contener un entorno compatible con formas de vida de plantas y animales.

La Atmósfera De Urano

La Voyager observó iones de oxígeno en la magnetosfera de Urano (Astronomía, abril de 1986, pág. 14), pero como la mayor parte de este gas se concentra cerca de la superficie de un planeta debido a su peso relativamente más pesado que el de otros gases, el Voyager no tenía forma de decir qué porcentaje de la atmósfera superficial de Urano contenía oxígeno. Pero dado que los iones de oxígeno se detectaron en la atmósfera, con toda probabilidad, el oxígeno podría ser abundante en altitudes más bajas. La Voyager también detectó nubes en la atmósfera uraniana. De hecho, cubren el planeta para que la superficie no pueda verse desde el espacio. ¿Podrían ser nubes de agua? Si es así, entonces Urano puede tener agua para sostener la vida.

Las Auroras en Urano

La Voyager encontró que todos los planetas exteriores tenían luces aurorales. Esto fue una sorpresa para los científicos del espacio, ya que han asumido que las auroras en la Tierra son causadas por el impacto del viento solar en la atmósfera sobre los polos. Sin embargo, con los descubrimientos de Voyager de las poderosas auroras en los planetas exteriores que se encuentran tan lejos del Sol que cualquier viento solar que llegue a esa distancia es demasiado débil para causar sus auroras, los científicos han comenzado a buscar otra fuente de energía que pueda causar las auroras.

Un reportaje declaró,

"Otro misterio es el enorme resplandor en la atmósfera de Urano, que se extiende hacia arriba a dos radios de Urano o 50,000 km. Los científicos que verifican las emisiones de UV han llamado al fenómeno "electroresplandor," pero no saben explicar el mecanismo detrás de él. Se pensaba que el halo brillante, originalmente detectado por el Explorador Internacional Ultravioleta, era similar a la aurora boreal o aurora en la Tierra. Ahora se piensa que es similar a los brillos detectados por la Voyager cuando pasó por Júpiter y Saturno."

El informe concluyó que el haz de electrones que produce el "resplandor" no puede originarse desde el espacio. Por lo tanto, debe originarse desde el planeta mismo.

"El brillo, generado cuando los electrones chocan con las moléculas de hidrógeno, tiene varias peculiaridades. Los electrones de baja energía no provienen del espacio profundo como ocurriría con una aurora. Además, a diferencia de una aurora, el brillo se encuentra solo en el lado iluminado por el sol del planeta. El Sol no es la causa de poder para el brillo, aunque sí proporciona la energía necesaria para liberar electrones de los átomos de hidrógeno. Pero la energía del Sol es demasiado débil para acelerar los electrones, ese es el mecanismo que no se comprende. La Voyager detectó una aurora en el lado nocturno del planeta cerca del polo magnético." (El Nuevo Científico, enero de 1986, p. 21)

El misterio para los científicos proviene de su suposición de que una aurora debe ser alimentada por un viento solar que proviene del sol. Al acercarse a un planeta, han asumido que *"de alguna manera"* el viento solar atraviesa el campo magnético del planeta. Esta suposición es defectuosa porque, en primer lugar, el viento solar del sol se desvía alrededor de un planeta por su campo magnético y no puede entrar en él. Y segundo, los planetas exteriores están demasiado lejos del Sol y el viento solar es demasiado débil para causar sus auroras. De hecho, el viento solar del Sol es demasiado débil para incluso hacer que la aurora de la Tierra se ilumine.

En primer lugar, se observa que las partículas energéticas emiten desde las regiones polares con energías suficientes para hacer que la atmósfera ilumine las auroras. Luego, las partículas con energías siempre decrecientes fluyen hacia afuera desde la superficie de la tierra y se alejan de los polos siguiendo las líneas del campo electromagnético de la tierra.

En segundo lugar, el viento solar de nuestro sol no podría causar las auroras ni los cinturones de radiación de Van Allen porque son mucho más bajos energéticamente. El viento solar está compuesto de protones con energías de aproximadamente 1,000 voltios de electrones y electrones con aproximadamente 10 voltios de electrones en comparación con la fuente de las auroras con voltios de electrones de 10,000 a 100,000. Entonces, los científicos se enfrentan a un dilema: ¿Qué viento solar podría causar las auroras si no proviene de nuestro Sol? El informe del Nuevo Científico decía:

"... la energía del Sol es demasiado débil para acelerar los electrones, ese es el mecanismo que no se comprende."

El simple hecho de que los planetas exteriores tienen fuertes auroras es una prueba de que el viento solar que los causa no puede provenir de nuestro Sol exterior, sino que debe originarse en los propios planetas.

El informe en la revista Astronomía sobre el paso del Voyager a través del arco de choque del campo magnético de Urano confirma que el viento solar de nuestro Sol es desviado por el campo magnético de Urano y, por lo tanto, no puede ser la fuente de energía de sus auroras.

"Diez horas, treinta minutos antes del acercamiento más cercano, la Voyager cruzó el arco de choque; Tres horas después entró en la esfera magnética de Urano. El arco de choque es donde el viento solar se encuentra por primera vez con el campo magnético de un planeta, la magnetopausa es la transición de material principalmente solar a material principalmente planetario." (Astronomía, abril de 1986, p. 15)

Así que ahora, si las auroras, los "electroresplandores" y los cinturones de radiación son causados por el viento solar,

¿cómo puede la radiación en la magnetosfera ser *principalmente material planetario*"? Así que aquí hay una admisión científica de que las auroras son causadas principalmente por planetas y no por el Sol.

El reportaje continuó,

> "También se detectó una corona de hidrógeno brillante sobre el polo. La fuente de energía para estos brillos no puede ser la luz solar: Urano irradia 15 veces más energía en ultravioleta que la que recibe en la luz solar."

Aquí nuevamente, los científicos ahora están admitiendo que la fuente de energía de las auroras tiene que venir del planeta mismo. La Voyager descubrió que Júpiter, Saturno y ahora Urano, todos emanan más energía de la que reciben del sol.

Por ejemplo, el informe de Astronomía dijo,

> "Para saber cuánto calor irradia Urano desde su interior profundo, la Voyager debe medir la luz solar total de entrada y salida, y la radiación infrarroja total de entrada y salida. La energía interna del planeta es el residuo que no puede contabilizarse en el balance de energía."

Los científicos no pueden explicar el porqué de la extraordinaria cantidad de energía que sale de los planetas exteriores porque no toman en cuenta su naturaleza hueca que contiene los soles interiores que emiten esta energía para iluminar sus auroras y poblar sus magnetosferas con partículas de alta energía.

El reportaje continuaba,

> "La Voyager encontró dos 'poblaciones' distintas de iones: una es una población densa y 'cálida' a una temperatura de cien mil grados Kelvin y una densidad de 1 ion por centímetro cúbico. Estos iones quedan atrapados por el campo magnético y giran con el planeta. El otro es un plasma 10 veces menos denso a una temperatura de 10 millones de grados Kelvin."

Entonces la revista Astronomía pregunta,

> "¿De dónde podrían venir estos iones calientes? El viento solar, una posible fuente, se desvía alrededor de Urano."

Entonces, aquí, la revista Astronomía admite que el viento solar del Sol no podría ser la fuente de estos iones calientes porque se desvía por el campo magnético del planeta al acercarse al planeta. Debemos concluir que la única fuente posible de estos iones calientes, auroras y electroresplandores (que son auroras en el lado iluminado por el sol del planeta) es un sol suspendido en el interior hueco de Urano que emana estas partículas energéticas a través de las aperturas polares.

Radiación en los Polos of Urano

El Voyager ofreció evidencia que indica que Urano tiene aperturas polares desde las cuales la radiación de calor se emite desde su sol interior. De la revista Astronomía leemos,

"Sobre el polo sur de Urano iluminado por el sol, la ionosfera alcanza una temperatura de 750 grados Kelvin. Sobre el polo oscuro, alcanza los 1000 grados Kelvin. Lo que calienta el gas a tan alta temperatura no es evidente. La fuente de energía no es la luz solar porque el polo oscuro está más caliente, por lo que probablemente deriva su energía de la magnetosfera." (Astronomía, abril de 1986, pág. 10)

Así que vemos que los científicos están admitiendo que estas auroras no pueden ser causadas por el viento solar del Sol, que se desvía alrededor del campo magnético de un planeta, por lo que en su intento de explicar la mayor temperatura de las partículas que emiten desde el polo oscuro, se aferran a la magnetosfera como una posible fuente de energía que alimenta las auroras del planeta. Los científicos se contradicen a sí mismos en esto, porque las partículas que poblan la magnetosfera provienen del planeta, no al revés.

Una imagen de Urano sobre el polo observó que la región polar, en relación con el resto del planeta, es ligeramente rojiza y que un amplio anillo amarillento rodea al polo. *"Un anillo ancho y brillante alrededor del polo, fotografiado a través del filtro de metano, indicaba una región de partículas de aerosol o neblina SUBIENDO DESDE ABAJO. Sin embargo, la región polar era muy oscura donde el aire se estaba hundiendo."* Un patrón de circulación como este sería exactamente lo que se esperaría si el aire caliente emanara de una abertura polar debajo de las nubes uranianas.

Conclusiones

El Nuevo Científico de enero de 1986 resumió estos hallazgos inesperados de Urano en el sobrevuelo de la Voyager y concluye que,

"... la dinámica interna dentro del planeta en lugar de los fenómenos atmosféricos podría explicar los hallazgos inesperados." (p. 22)

Entonces, en el análisis final, incluso los científicos espaciales están comenzando a admitir de evidencia que solo puede explicarse si los planetas están huecos con soles interiores y aperturas polares que emiten radiación hacia el exterior que ilumina sus auroras. Con una densidad y una gravedad superficial similar a la Tierra, con oxígeno y nubes en su atmósfera, Urano es un excelente candidato para las condiciones en su interior compatibles con posibles formas de vida gracias al calor y la luz que proporciona un sol interior que, según el Voyager, irradia ondas de radio así como radiación infrarroja y ultravioleta que sale a través de las aperturas polares, así como un poderoso viento solar interno que produce auroras en ambos polos magnéticos. La teoría de planetas huecos proporciona respuestas a estos descubrimientos inesperados que la Voyager descubrió acerca de Urano, algo que la ciencia ortodoxa solo puede cuestionar.

Imagen de color falso de Urano del Telescopio Espacial Hubble, 14 de octubre de 1998:

¿Es El Asteroide Eugenia Hueco?

El 6 de octubre de 1999, la NASA informó del descubrimiento de una luna de 13 km de diámetro está orbitando un asteroide llamado Eugenia ubicado entre Marte y Júpiter. Esta luna orbita a Eugenia a 1,190 km de Eugenia una vez cada 4.7 días terrestres.

Según la física newtoniana, estos datos obtenidos por la NASA requieren que el asteroide Eugenia tenga una densidad de agua de 1.17 g / cc. Pero Eugenia no puede ser una gran gota de agua, porque se puede ver a través de telescopios que el asteroide es una roca. Tiene una superficie sólida.

La teoría de los planetas huecos tiene una respuesta a este enigma. Si Eugenia es hueca y tiene una cubierta del 10% del diámetro del asteroide, esto le daría una densidad de 2.39 g / cc, con una superficie sólida, consistente con lo que se informa que tiene. Por lo tanto, la física newtoniana requiere que el asteroide Eugenia sea hueco.

La matemática para esto es la siguiente.

La aceleración superficial de la gravedad de Eugenia se obtiene a partir de la fórmula de la órbita geosincrónica,

$R^{3/2} = Sqrt(a) * r * T / 2 pi$

Donde

R = el radio orbital de la luna de Eugenia

r = el radio planetaria de Eugenia

T = el período orbital en días siderales terrestres, 1 día sideral terrestre = 86164.09 segundos

Resolviendo para **a**, la aceleración superficial de la gravedad,

$a = (R^{3/2} * 2 pi / (r * T))^2$

Resolviendo,

$(1.298136742 \times 10^{12} * 2 pi / (10,750,000 * 404971.22))^2$

$= 3.510228369$ cm/segundos^2

La fórmula para la masa planetaria de Eugenia es,

$M = r^2 * a / G$

Donde

$G = 6.67259 \times 10^{-8}$ la constante de gravitación estándar

r = 10,750,000 cm el radio planetaria de Eugenia

a = 3.10163774 cm/sec^2 de arriba

$= 6.08 \times 10^{21}$ gm

Para resolver para la densidad planetaria de Eugenia,

$D = M/V$

donde el volumen de una esfera es,

V = Pi D^3 / 6
Resolviendo,
3.141592654 * 21,500,000^3 / 6
= 5.203720981 x 10^{21} cc
Resolviendo para la densidad planetaria,
5.371722395 x 10^{21} / 5.203720981 x 10^{21}
= 1.17 gm/cc

Lo que significa que si Eugenia no es hueca, entonces debe estar completamente hecha de agua con algunas impurezas, que no lo es. Eugenia es un asteroide, visiblemente verificado que consiste en roca, con una superficie sólida. Como Eugenia no está hecha de agua y, sin embargo, tiene una densidad planetaria de 1.17 gm / cc, por lo tanto, debemos concluir que Eugenia es hueca.

Si asumiéramos que una Eugenia hueca tiene un grosor de concha del 10% de su diámetro planetario, entonces la densidad de su concha sería de 2.39 g / cc, lo que le daría una superficie sólida.

La fórmula para la densidad de un planeta hueco es,

Masa del planeta / (Volumen del planeta - Volumen del Hueco)

Donde,

Volumen del hueco =

(pi * (diámetro - (diámetro * 0.1 * 2))^3) / 6

Resolviendo,

6.08 x 10^{21} / 5.203720981 x 10^{21} - (pi * (21,500,000 - 4,300,000)^3) / 6

= 2.39 gm/cc, densidad de la cáscara, que es aproximadamente la densidad del silicio (arena).

¡La física newtoniana requiere que el asteroide Eugenia esté hueco!

¡Fobos, la Luna de Marte es Hueca!

Fobos es una de las dos lunas de Marte. Es la luna más cercana al planeta y orbita a unas 4,000 millas de la superficie de Marte haciendo dos órbitas cada día marciano. Parece un asteroide en lugar de una luna.

Imagen de la NASA de Fobos, Luna de Marte.

Fobos fue descubierto en 1877 por Asaph Hall, y su nombre significa *"miedo."* Tiene un radio medio de 11.1 km, y al igual que nuestra luna, siempre tiene un lado que mira hacia Marte mientras orbita a Marte. Tiene una densidad de 1.872 g / cm^3.

En 2008 y 2010, la nave espacial Expreso Marsiano de la Agencia Espacial Europea realizó pases cercanos de Fobos con un radar de penetración en el suelo y determinó que Fobos tiene un 30% de hueco, tiene una atmósfera interior, parte de la cual se filtra hacia afuera y tiene un campo electromagnético. Un monolito en la superficie de Fobos es el objeto de las misiones actuales a Marte para investigar esta anormalidad. Quizás este monolito sea una entrada al interior hueco, como se mostró en el episodio de Viaje a las Estrellas, *"El mundo es hueco y he tocado el cielo,"* en su tercera temporada.

El resumen de Cartas de Investigación Geofísica sobre el sobrevuelo del Expreso Marsiano decía:

> *"Los nuevos valores para el parámetro gravitacional (GM = .7127 ± 0.0021 x 10^{-3} km^3 / s^2) y la densidad de Fobos (1876 ± 20 kg / m^3) proporcionan nuevas restricciones significativas en el rango correspondiente de la porosidad del cuerpo (30% ± 5 %), proporcionan una base para una mejor interpretación de la estructura interna. Llegamos a la conclusión de que el interior de Fobos probablemente contiene grandes vacíos."*

Los científicos ortodoxos afirman que ningún cuerpo en el espacio es naturalmente hueco, por lo que concluyen que Fobos es artificialmente hueco. Pero a medida que se descubra que más y más cuerpos en el espacio son huecos, se verán obligados a concluir que todos los cuerpos en el espacio son naturalmente huecos. Y siendo que Fobos tiene un campo electromagnético, esto indica que Fobos tiene un sol interior que podría proporcionar vida y luz a su mundo interior.

Ubicación y Tamaño de las Aperturas Polares

Se supone que las aperturas polares se formaron durante la creación de la Tierra porque a medida que la Tierra se formó en rotación, la fuerza centrífuga expulsaría la materia del eje de rotación dejando un hueco en la tierra y aperturas polares en el eje polar. Además, la premisa fundamental de la tierra es un globo hueco espiritual sobre el cual se acumulan el polvo y las rocas del espacio.

Si estas suposiciones son correctas, entonces las ubicaciones originales de las aperturas polares de la Tierra estarían en su eje polar, centrado en los polos norte y sur.

Sin embargo, existe evidencia de que la Tierra ha sido passado por cometas del tamaño de un planeta en la historia geológica pasada de la Tierra, una o más de las cuales inclinaron el eje de la Tierra hacia un lado de su orientación original. La información astronómica registrada en el calendario de la Puerta del Sol en las ruinas de Tiahuanaco, Bolivia en las cimas de las montañas de los Andes, en el momento de su construcción, muestra que la tierra tenía una inclinación hacia el plano de la eclíptica de la tierra alrededor del Sol de 16.5 grados - mucho menos que los 23.45 grados que está ahora. Además, Jorge F. Dodwell, el astrónomo del gobierno del Sur de Australia y miembro de la Sociedad Royal Astronómica de Gran Bretaña, después de representar gráficamente las observaciones históricas realizadas por los astrónomos antiguos en todo el mundo, determinó que la Tierra fué inclinada sobre su eje a aproximadamente 26.5 grados en el momento de la inundación de Noé en 2,345 a.C. por el paso de algún cometa del tamaño de un planeta desde el cual ha regresado gradualmente a su ángulo actual de 23.45 grados.

Los entusiastas de la Tierra Hueca originalmente pensaron que las aperturas polares estaban centradas sobre los polos.

Sin embargo, ha sido evidente desde la llegada de la exploración polar intensa que las aperturas NO están ubicadas centradas sobre los polos. Los Estados Unidos tienen una estación permanente ubicada en el Polo Sur en el continente antártico. Y el Polo Norte ha sido atravesado varias veces por exploradores polares comenzando con la expedición del dirigible de Amundsen en 1926, que voló desde Spitsbergen a Alaska sobre el Polo. Wally Herbert llevó sus trineos tirados por perros por el polo desde Alaska hasta Spitsbergen en dirección opuesta. También los rompehielos nucleares rusos llevan a turistas al polo cada año al norte de la Tierra de Franz Josef. Este servicio está contratado por ASOCIADOS DE AVENTURA Pty Ltd, 197 Oxford Street Mall, Bondi Junction, Sydney NSW 2022, Australia, dirección postal: Caja Postal 612 Bondi Junction NSW 1355 Australia, teléfono: (+61 2) 9389 7466 Fax: (+61 2) 9369 1853, para un viaje de 19 días por $15,950-$18,950 de viaje al Polo Norte con un costo adicional para un vuelo desde su ciudad natal a Murmansk, Rusia.

El Servicio Aéreo Bradley de la Bahía Resolute en el norte de Canadá (819-252-3981) transporta regularmente a turistas, científicos y aventureros al Polo Norte desde el lado canadiense de la parte superior del mundo por $24,000 por cada viaje de dos días en el que un esquí aterrizaje en el polo se hace si el tiempo lo permite. Hay otros dos viajes más caros de siete noches. Uno, ofrecido por Alto Ártico Internacional (819-252-3616) por $8,650 por persona en Bahía Resolute, y el otro, Odiseas del Ártico (206-455-1960) por $11,000 trabaja desde Medina, Washington. Estos viajes salen cada abril e incluyen visitas al polo norte geográfico y al polo norte magnético, trineos tirados por perros a lo largo de la costa noroeste de Groenlandia y paradas nocturnas en la isla de Ellesmere en la estación meteorológica de Eureka y el fiordo de Grise. (Diciembre de 1993, Revista de Afuera, p. 50)

Algunos sitios del web para los exploradores polares son: polarexplorers.com, adventure-life.com, borekair.com, wikihow.com/Get-to-the-North-Pole.

Hay ocurrencias anómalas que indican que las aperturas polares existen. El cálido viento del norte en invierno, las cálidas tormentas de invierno que vienen del norte, la madera a la deriva con hojas verdes, la migración de aves y animales, el viento solar que emana de la región polar para iluminar las auroras y luego atrapado en el los cinturones de radiación de Van Allen son algunas de las evidencias de la existencia de aperturas polares.

La Apertura Polar del Norte

Una estimación de la ubicación de la Apertura Polar del Norte puede basarse en los avistamientos de tierra en el extremo norte ártico de los exploradores de toda la cuenca ártica. Los pescadores noruegos, Olaf y Jens Jansen navegaron en su pequeño bote de pesca al noreste de la Tierra de Franz Josef cuando descubrieron la Apertura Polar del Norte en 1829. El almirante Peary avistó lo que llamó Tierra de Crocker hacia el noroeste desde la cima de Cabo Colgate, en la costa norte de Canadá, en junio de 1906. MacMillan y el teniente Green viajaron más de 100 millas sobre el hielo en busca de la Tierra de Crocker donde lo vieron de nuevo. Parecía estar aún más lejos al noroeste de lo que el Almirante Peary estimaba que estaba localizado. El ruso, Yakov Sannikov, habían visto previamente en 1810 una tierra al norte de las Nuevas Islas Siberianas y le dió el nombre de Tierra de Sannikov. El Dr. Frederico A. Cook divisó la tierra al noroeste de su posición a 84° 50′ de latitud norte, 95° 36′ de longitud oeste, y la llamó Tierra de Bradley. El capitán Keenan avistó tierra desde la Bahía de Harrison en la costa norte de Alaska. Todas estas direcciones apuntan a la misma ubicación en el Ártico: la ubicación de la Apertura Polar del Norte. La tierra que estaban viendo era un espejismo doblemente invertido del Continente Interior ubicado a medio camino a través de la Apertura Polar.

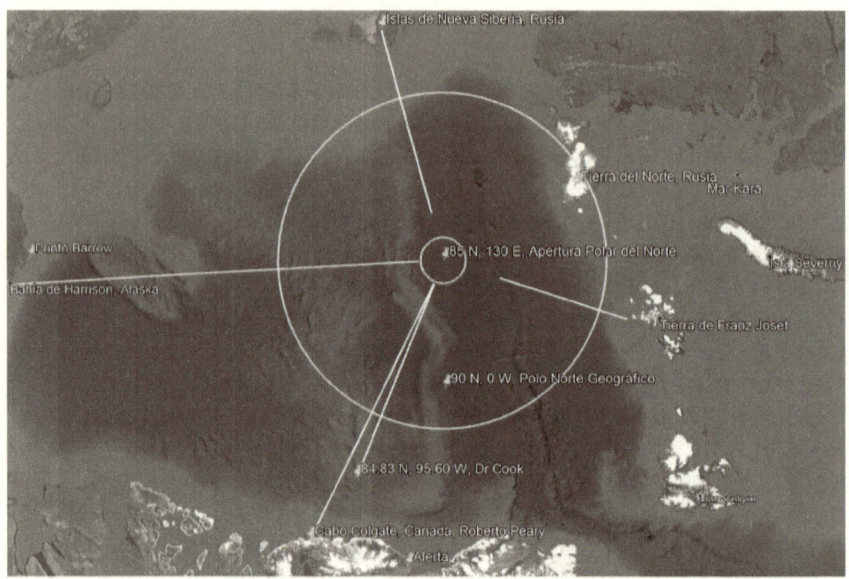

Direcciones en las que se ha avistado tierra desde alrededor del Ártico.

Esta es la ubicación de los voladores soviéticos perdidos que volaron hacia el norte desde Rusia y se perdieron en algún lugar entre el Mar de Kara en el lado ruso del polo y Alaska, según informó Vilhjalmur Stefansson en su libro, MISTERIOS NO RESUELTOS DE LA ÁRTICA.

El vuelo transpolar dirigible de Amundsen de 1926 de Spitsbergen al Polo y del Polo a unas 100 millas al oeste de Point Barrow, Alaska, indicaría que la Apertura Polar del Norte tendría que estar ubicada en el lado ruso de su línea de vuelo.

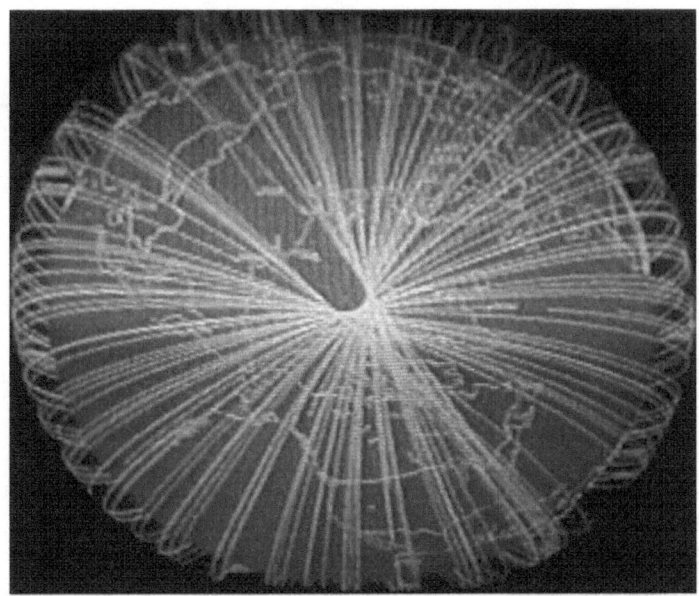

Mi amigo el Señor Ivars me envió la imagen de arriba que un guardia de seguridad tomó con la cámara de su teléfono celular de la pantalla de una computadora NORAD que muestra las rutas de vuelo de todos los satélites en órbita polar. La parte interesante de esta imagen es que en el lado ruso del polo, no hay satélites en órbita entre aproximadamente 80 grados Este Longitud y 132 grados Este Longitud. Se puede ver la Tierra del Norte, Rusia que se adentra en el Océano Ártico frente al polo geográfico. Esto indica que la Apertura Polar del Norte se encuentra en el lado ruso del polo.

Algunos de los primeros satélites colocados en órbita sobre el polo se perdieron. Esto probablemente sucedió porque estaban intentando ponerlos en órbita sobre la apertura polar sin darse cuenta de su ubicación allí. Los subsiguientes satélites de órbita polar, por lo tanto, se han colocado en órbita para que no pasen por encima de las aperturas polares. Sin materia en las aperturas polares para ejercer una aceleración de gravedad hacia el centro del planeta, los satélites colocados en órbita sobre las aperturas polares se perderían en el espacio si pasaran por encima a cierta distancia, o si estuvieran demasiado cerca de la superficie, seguirían la curvatura de las aperturas adentro de la tierra donde estreyerían.

En esta próxima imagen de la NASA, pensé que había encontrado la Apertura Polar del Norte:

Pero en lugar de mostrar la apertura polar, descubrí que esto es solo un agujero en las imágenes satelitales que no muestran detalles alrededor del Polo Norte. Dado que no hay satélites en órbita polar que puedan atravesar las aperturas polares, sus rutas de vuelo hacen que no puedan obtener imágenes sobre un área determinada cerca del polo geográfico.

Otras imágenes de satélite del Ártico han mostrado un "agujero" en el polo geográfico exacto como resultado de la falta de imágenes en esa área. Un ejemplo es esta imagen del árctico para el 22 de marzo 2009:

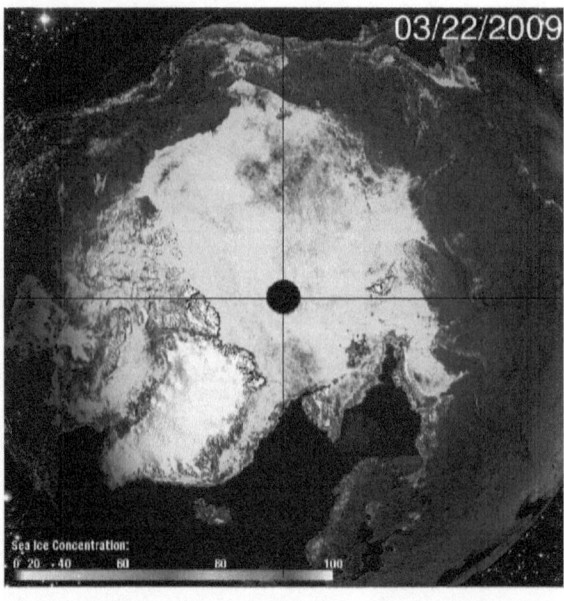

Cuando se les pregunta por qué las imágenes satelitales muestran un "agujero" en el polo geográfico, la respuesta es que las imágenes satelitales no llegan hasta el polo y dejan un "agujero" en las imágenes. Así que estos "agujeros" en las imágenes satelitales no representan un agujero real en la tierra, pero son causados porque los satélites no vuelan sobre las aberturas polares como fácilmente se puede ver en la imagen de NORAD. Ver:
https://nsidc.org/sites/nsidc.org/files/G02135-V3.0_0.pdf#page=10

La razón por la que los satélites en órbita polar no pueden tomar imágenes hasta el polo se revela en la imagen de las rutas satelitales polares de NORAD que me envió mi amigo Lord Ivars. La razón es: NINGÚN satélite en órbita polar puede pasar sobre el polo porque la apertura polar está demasiado cerca del polo geográfico. Los satélites en órbita polar no pueden pasar por encima de la apertura polar porque no tiene masa en el agujero para ejercer una aceleración gravitacional en el satélite para mantenerlo en órbita si se pasa por encima de la apertura. Esta es una clave para localizar la apertura polar.

La imagen de arriba fue tomada de este video de la NASA:
http://svs.gsfc.nasa.gov/vis/a000000/a003300/a003333/amsr_e_sea_ice_640x480.mpg

Este video, obviamente, es un video compuesto a lo largo del tiempo del cambio en el hielo ártico. Puede ver cómo varía la extensión del hielo a medida que avanza el video. Por lo tanto, el óvalo que se ve en el polo geográfico en el video es solo un *"agujero"* en las imágenes, no la apertura polar real que conduce a la tierra hueca. Sin embargo, este agujero en la imagen se produce porque los satélites en órbita polar no pueden pasar por encima de las aperturas polares, por lo que la apertura polar debe estar cerca de este agujero en la imagen.

El hecho es que la Apertura Polar del Norte no puede ubicarse en el polo geográfico exacto porque el polo geográfico ha sido cruzado varias veces. Si una apertura en la tierra estuviera localizada allí, no podría haber sido cruzada. Por ejemplo, la expedición del dirigible Amundsen Nobile voló a través del Polo Norte geográfico de Spitsbergen a Alaska en 1926. El submarino nuclear estadounidense, el Nautilus, cruzó el polo desde Alaska en 1958. Wally Herbert de Gran Bretaña cruzó al polo desde Alaska a Spitsbergen con su trineos tirados por perros en 1969. La Apertura Polar del Norte parece estar ubicada cerca del polo, pero en el lado ruso.

A fines de 2008, fui contactado por el Coronel Billie Faye Woodard retirado de la Fuerza Aérea de Los Estados Unidos. Visitamos a Billie en Pahrump, Nevada, en noviembre, y escribí una breve biografía de él que incluí en este libro. Ver la página de Contenidos: Biografía del Jubilado Coronel Billie Faye Woodard.

Billie ha tenido una vida muy interesante, mucho de lo cual tiene que ver con Nuestra Tierra Hueca. Después de unirse al ejército, Billie fue asignada al Área 51 en Nevada, EE. UU. Mientras estaba en el Área 51, a Billie se le asignó una oficina en la Administración y Archivos, Nivel 6 subterránea. Billie recuerda claramente haber leído un documento de 35 páginas sobre el descubrimiento de Nuestra Tierra Hueca por el Almirante Ricardo E. Byrd, y antes de salir del ejército registró las coordenadas exactas que el Almirante Byrd tomó cuando voló por la Abertura Polar del Norte en un pedazo de papel que logró tomar al ser dado de baja del ejército. Las coordenadas que Billie me dio son 87.7 N Lat, 142.2 E Lon.

Si trazamos una línea al noreste de Franz Josef Land en la dirección que Olaf Jansen dice que navegó su bote en el que descubrió y navegó a través de la Apertura Polar del Norte, y otro al noroeste de la isla de Ellesmere en la dirección en que el almirante Peary avistó el espejismo de la Tierra de Crocker como se describe en el libro de Jan Lamprecht, PLANETAS HUECAS, las dos líneas se encuentran en el lado ruso del polo. Así que concluyo que la Apertura Polar del Norte está ubicada en el lado ruso del polo. Las coordenadas de Billie, también, están en el lado ruso del Polo Norte geográfico.

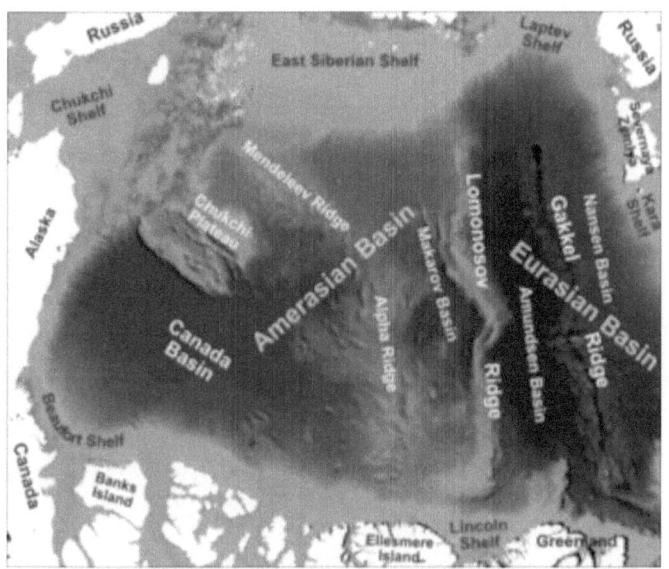

Cuando trazo las coordenadas de Billie en un mapa del Ártico, encuentro que están ubicadas directamente sobre la cordillera submarina llamada la Cresta Lomonosov. Así que la apertura polar debe estar ubicada cerca.

El 26 de octubre de 2015, uno de los miembros de mi lista me llamó la atención a algunas imágenes del sitio web del Laboratorio de Investigación Naval de los EE. UU.
http://www7320.nrlssc.navy.mil/hycomARC/skill_public.html

La primera imagen muestra el porcentaje de concentración de hielo el 25 de octubre de 2015:

ARCc0.08-04.1 Ice Concentration (%): 20151025

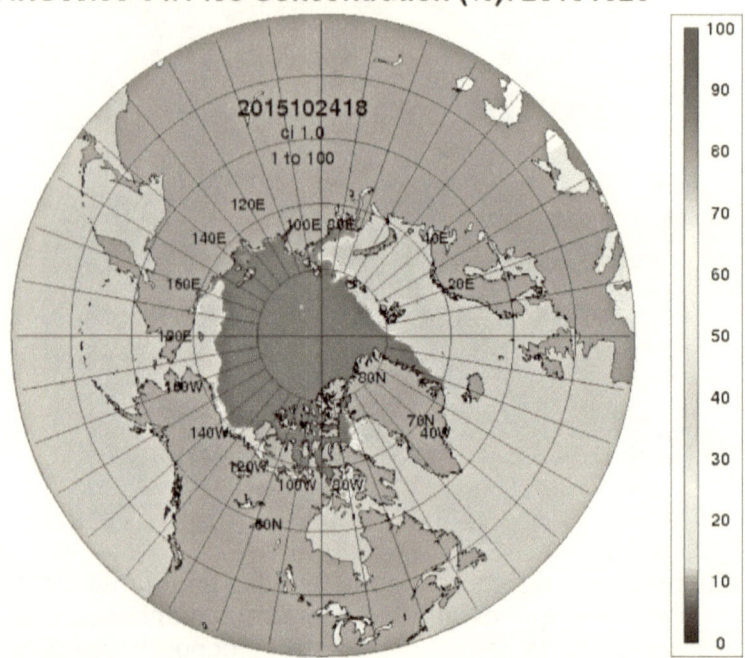

Observe una menor concentración de hielo en el lado ruso del polo. Hay dos reflexiones de concentración de hielo registradas por el satélite del Laboratorio de Investigación Naval de los Estados Unidos en esta imagen. Lo más probable es que la reflexión más brillante esté en el lado más alejado de la apertura polar, y en este lado de la apertura polar está la reflexión más tenue.

A partir de estas dos reflexiones, podemos estimar que el centro de la apertura polar se ubicará en como 85 Latitud Norte, 130 Longitud Este, con el borde de la apertura polar visto como un círculo dibujado alrededor de las dos reflexiones aquí:

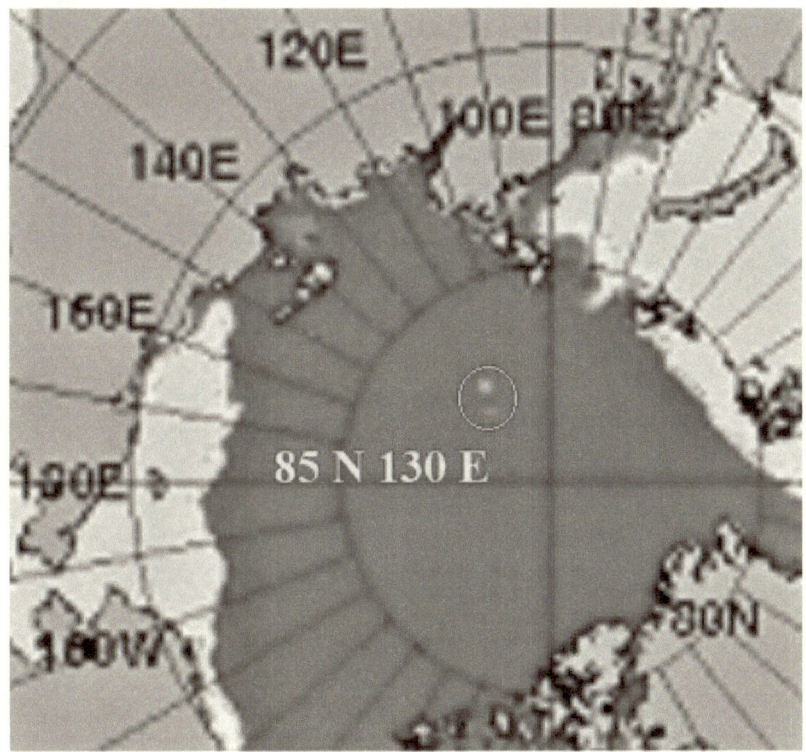

En este lugar para la Apertura Polar del Norte, observe también que la imagen del espesor del hielo del Laboratorio de Investigación Naval de los EE. UU. muestra estos mismos dos puntos que dan un hielo más delgado en cada lado de la apertura:

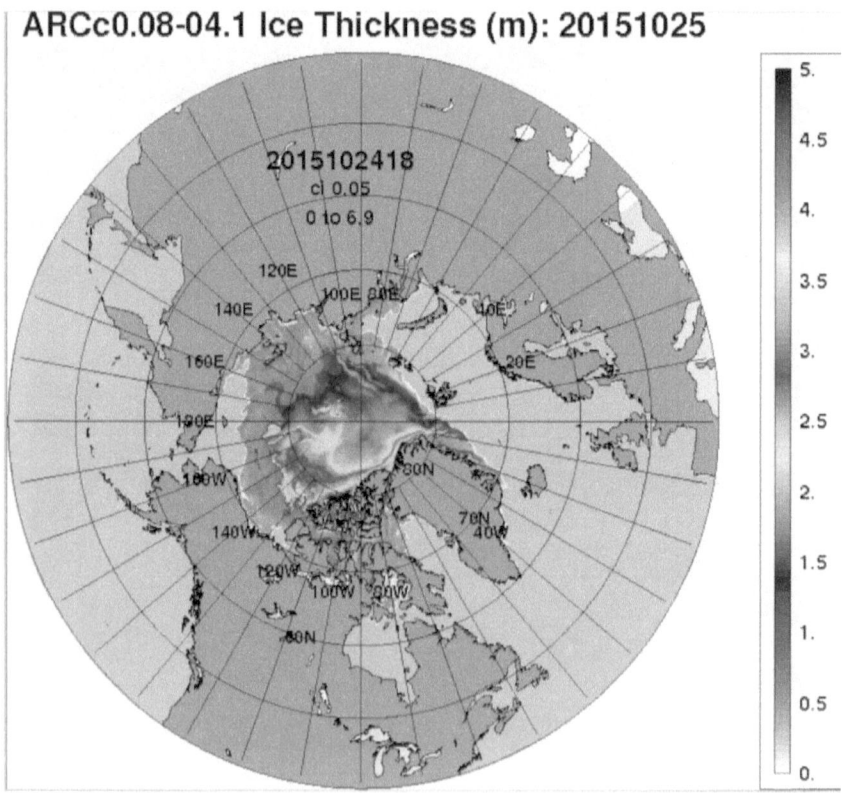

ARCc0.08-04.1 Ice Thickness (m): 20151025

La imagen del Laboratorio de Investigación Naval de los EE. UU. para la salinidad de la superficie del mar también es inferior en estos mismos dos puntos:

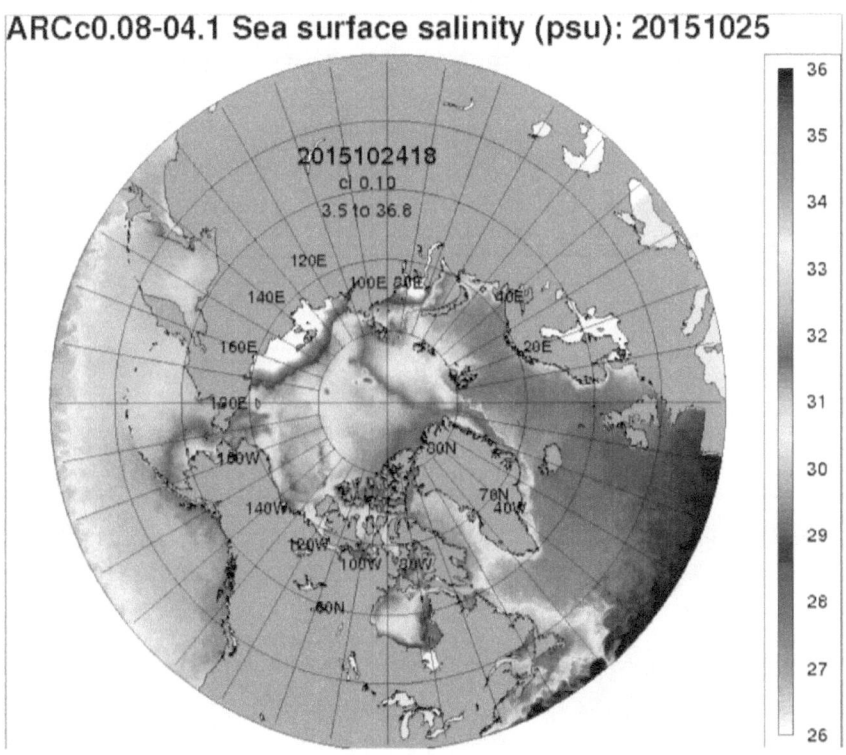

ARCc0.08-04.1 Sea surface salinity (psu): 20151025

La temperatura de la superficie del mar también es más alta en estos dos mismos lugares, lo que brinda evidencia adicional de que la apertura polar probablemente se encuentre en esta área:

ARCc0.08-04.1 Sea surface temperature (C): 20151025

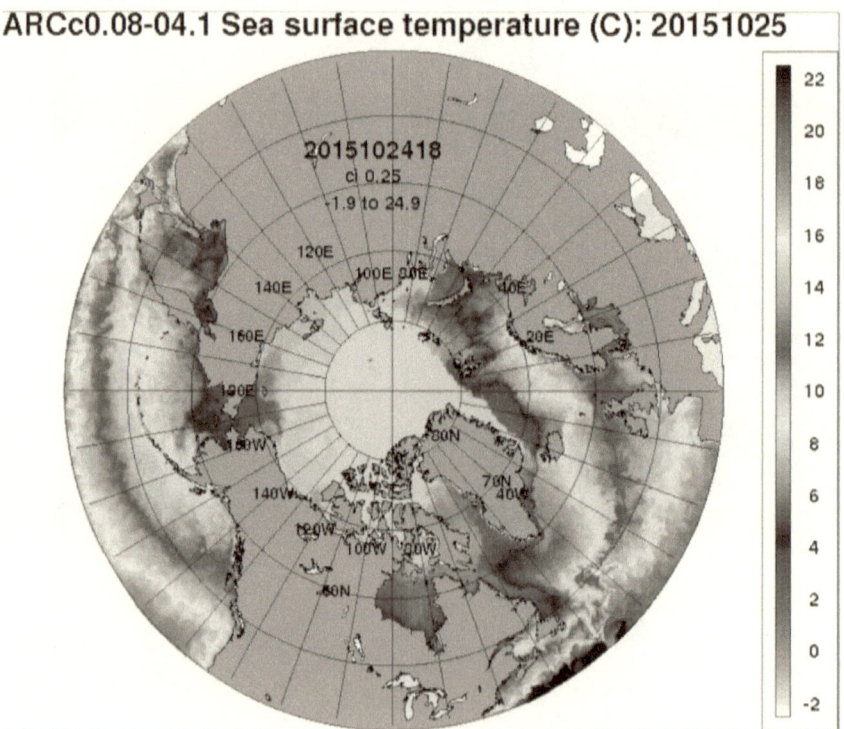

Esta ubicación para la Apertura del Polo Norte la sitúa en la cuenca euroasiática, que es una de las profundidades marinas más profundas del Ártico. Tenga en cuenta, también, que hay una curvatura en la cresta de Lomonosov en esta ubicación, lo cual es otra indicación de que la apertura polar se encuentra allí.

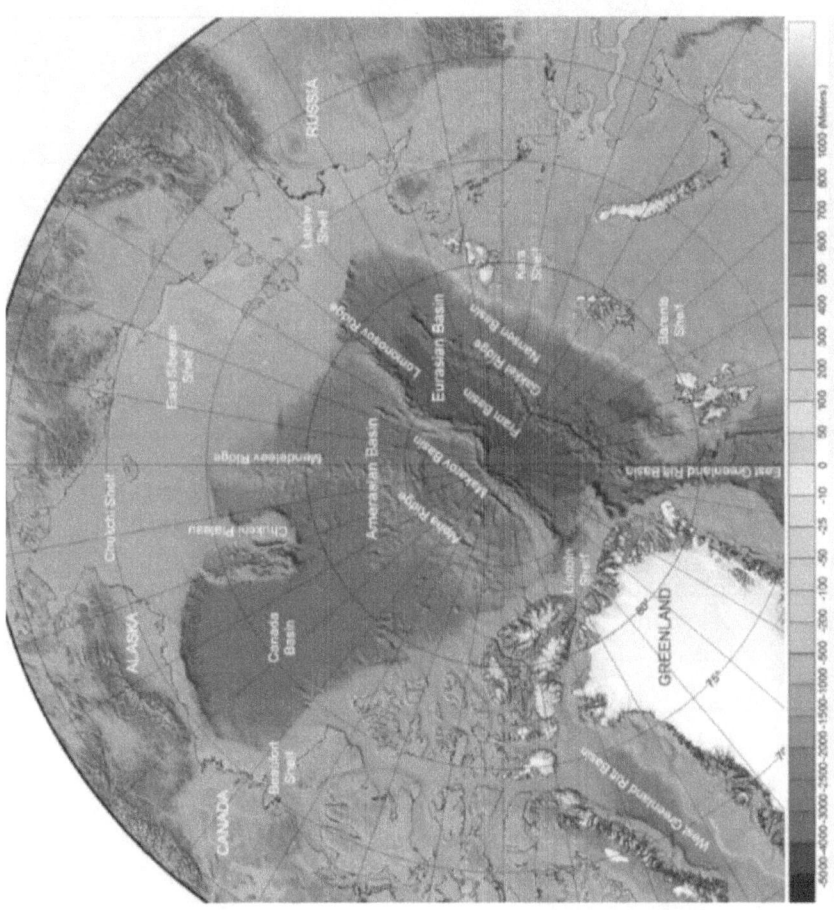

Esta imagen del Centro Nacional de Datos de Nieve y Hielo del 16 de septiembre de 2012 muestra un agujero en el hielo del Ártico en estas mismas coordenadas donde estimo que está ubicada la Apertura Polar del Norte:

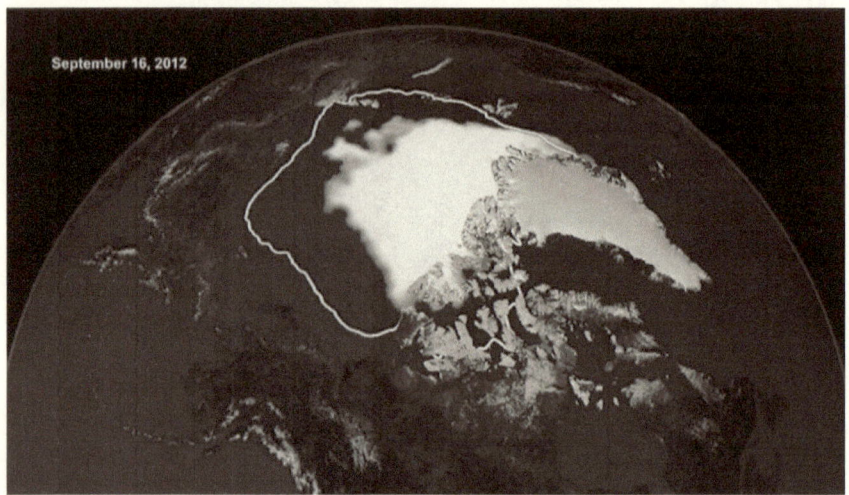

Como puede verse en la próxima imagen tomada un año y medio antes en el 25 de febrero de 2011, este agujero en la paca del hielo Ártico es una característica permanente que una apertura polar, por su propia naturaleza de ser un agujero en la cáscara del planeta, necesariamente tendría que ser.

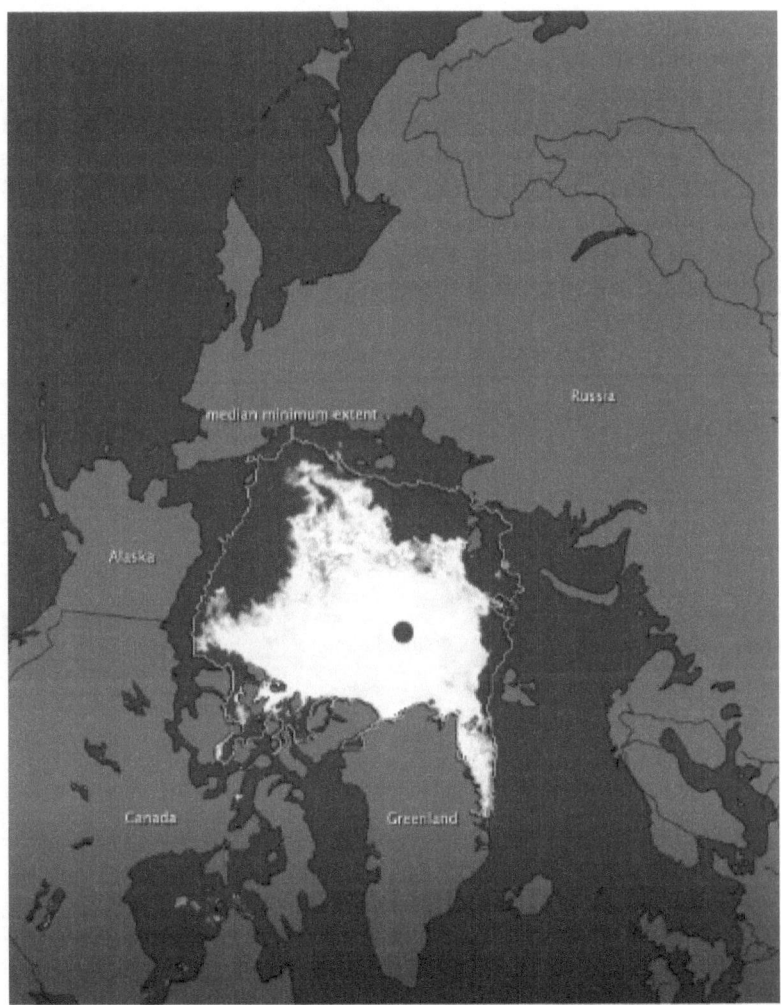

El agujero en el hielo también se puede ver en esta imagen desde el Radiómetro de exploración de microondas avanzado en el Satélite Aqua de la NASA de 25 de febrero 2011. Observe el agujero negro en las imágenes en el Polo Norte geográfico, causado por la falta de imágenes satelitales cerca del polo. El agujero azul en el hielo donde creo que se encuentra la Apertura Polar del Norte se ubica aproximadamente en la posición de la 1:00 del reloj cerca de la Tierra del Norte, Rusia.

Así que supongamos que las aperturas polares tienen una superficie que curva gradualmente hacia dentro del planeta en lugar de un agujero recto a través del planeta. Tomaremos el espesor de 800 millas de la cubierta de la Tierra como lo indica la Guía de la Tierra Interna en ETIDORPHA, que nos dará un radio de 400 millas para la curvatura de la apertura polar. Con una distancia de 125 millas en el cuello de la apertura polar, tal como nos lo dió el almirante Byrd, eso colocaría el tramo desde el centro de la apertura polar hasta la periferia donde la tierra comienza a curvarse hacia la apertura de 462.5 millas. El Polo Norte Geográfica estaría en el borde del perímetro a unas 114 millas de distancia desde donde la superficie de la tierra comienza a sumergirse en el agujero polar, y desde el Polo Norte hasta el centro de la Apertura Polar hay aproximadamente 348 millas.

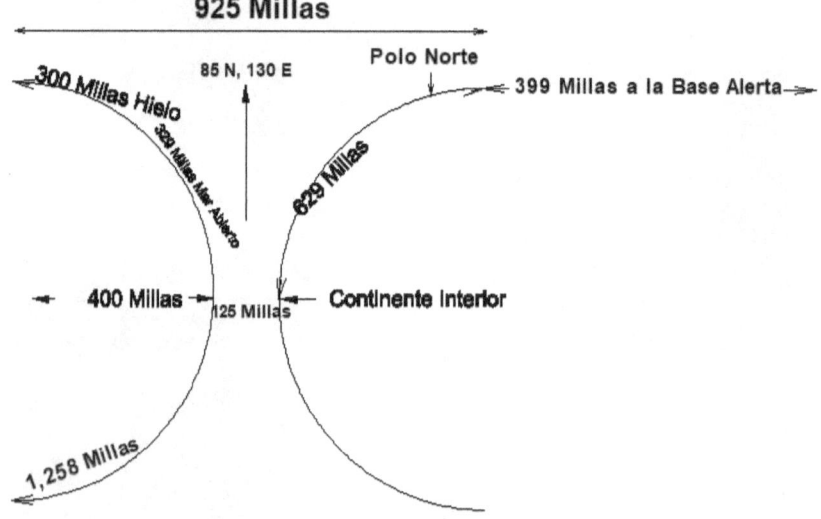

Apertura Polar del Norte

En este dibujo de la Abertura Polar del Norte, se supone que el grosor de la capa terrestre es de 800 millas. Si el caparazón de la Tierra fuera más grande, digamos que de mil o 2,000 millas de grosor, la apertura polar sería demasiado grande para estar oculta en el Océano Ártico. Por lo tanto, la estimación de 800 millas del grosor de la capa terrestre es una estimación razonable. Es la estimación del grosor de la capa terrestre que proporciona la Guía de la Tierra Interna en ETIDORPHA y la confirma el Coronel Woodard. El comienzo de la curvatura en la apertura comienza a 925 millas de diámetro, con el Polo Norte a aproximadamente 114 millas dentro del perímetro de la apertura. En el centro de la apertura polar, estimo que el diámetro del cuello de la apertura es de 125 millas.

En un mapa, el perímetro comenzaría a aproximadamente 399 millas terrestres de la Base Alerta, Isla Ellesmere, norte de Canadá, y cerca de 777 millas terrestres desde Punto Barrow, Alaska, a unas 549 millas terrestres de Longyearbyen, Spitzbergen, a unas 143 millas terrestres de las Islas de Nueva Siberia, y cerca de 1,078 millas terrestres desde Murmansk, Rusia con el centro de la apertura polar ubicado en 85 N Latitud, 130 E Longitud (5 grados desde el polo).

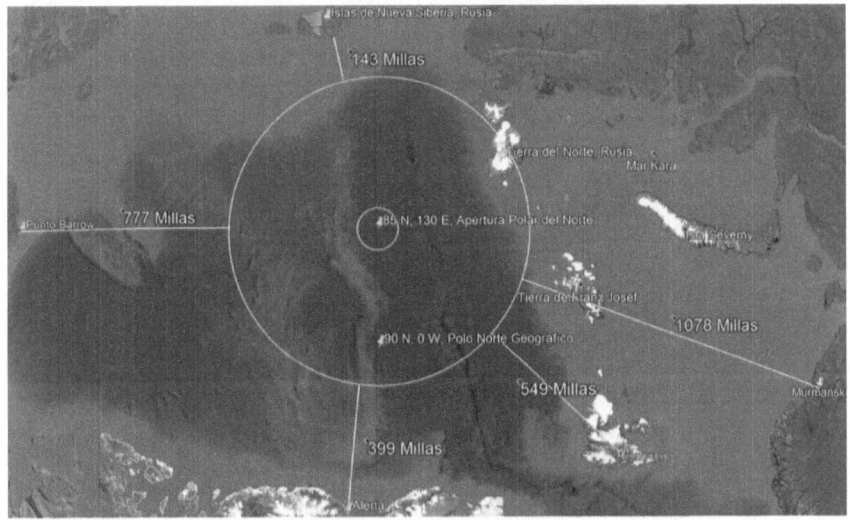

Desde la Base de Alerta, el perímetro donde la tierra comienza a sumergirse en la apertura comenzaría a aproximadamente 399 millas terrestres y el continente interior, que estimo que se ubica aproximadamente a la mitad de la abertura polar, a 629 millas después de alcanzar el perímetro para una distancia de 1,028 millas de Alerta al Continente Interior

En la página 66 de EL DIOS HUMOSO, Olaf Jansen mencionó que cuando él y su padre salieron de la Tierra de Franz Josef en su expedición a la Tierra Hueca, *"parecíamos estar en una fuerte corriente que corría hacia el norte a noreste."* La isla que encontraron en su tercer día de navegación al noreste de la Tierra Franz Josef no está en nuestros mapas hoy. Encontraron una gran acumulación de trozos de madera en la costa norte de esa isla, troncos de coníferas de dos pies de diámetro y cuarenta pies de largo. Esto les animó a continuar hacia el norte. Nuevamente, varios días después, en la página 84, Olaf informó que *"... descubrimos ...*

que navegábamos un poco al norte por noreste." Esto indicaría que la apertura polar que encontraron en el lado ruso del polo al noreste de la Tierra Franz Josef, estaba en la misma zona en que se perdieron los aviadores soviéticos, tal como se describe en el libro de Vilhjalmur Stefansson, MISTERIOS NO RESUELTOS DE LA ÁRTICA, y en la misma dirección en que el almirante Peary vió el espejismo de la Tierra de Crocker desde la costa norte de la isla de Ellesmere y el Dr. Cook vió el espejismo de la Tierra de Bradley hacia el noroeste en su viaje al polo en 1908.

Curiosamente, las coordenadas proporcionadas por el Coronel Billie Woodard de 87.7 N, 142.2 E están en una línea directa desde la Base de Alerta hasta el centro de la Apertura Polar, que sería la ruta en la que el Almirante Byrd voló su avión hacia la Apertura Polar del Norte como se puede ver en este mapa de Google Earth aquí:

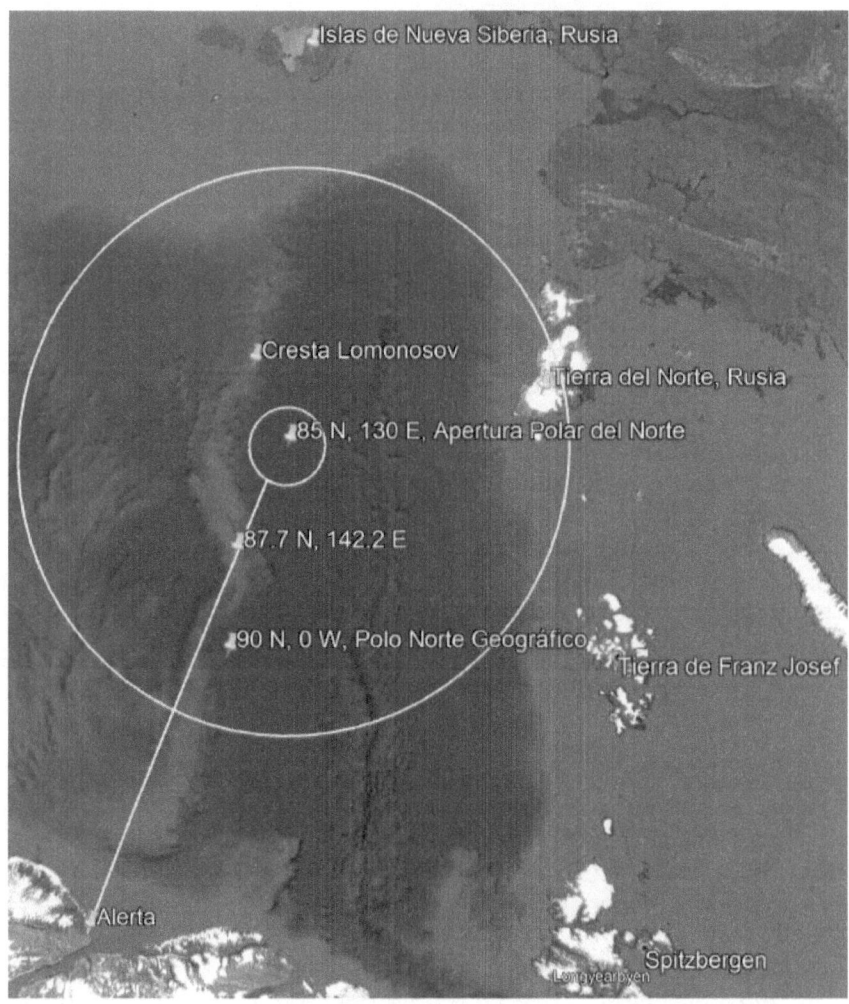

El explorador noruego del Ártico, el Dr. Fridtjof Nansen, en su libro, MÁS LEJANO AL NORTE, relata varias observaciones anómalas sobre su expedición al Ártico en su nave, el Fram. De todos los exploradores del Ártico de los que tenemos constancia, Nansen fue el que se acercó más a la Apertura Polar del Norte sin entrar y descubrirlo. Algunas de las observaciones de Nansen que apoyan una ubicación de la apertura polar al norte de las Nuevas Islas Siberianas son las siguientes.

Primero, Nansen descubrió un importante tramo de océano abierto al norte de las Nuevas Islas Siberianas. En contraste, en su paso al norte de Noruega y Rusia a las Nuevas Islas Siberianas, tuvo que permanecer cerca de la costa para pasar el hielo. Y, sin embargo, al norte de las islas de Nueva Siberia, en septiembre de 1893, en su camino hacia el norte, no encontraron hielo hasta los 79 grados de latitud norte. Solo después de 7 días de navegación hacia el norte sobre un océano abierto, llegaron al hielo al norte de las islas de Nueva Siberia.

Para la sorpresa de Nansen, en la paca del hielo, encontraron un número extraordinario de aves de diversos tipos, entre ellas, snipe y gaviotas, también zorros, morsas y osos polares que indicaban que estaban en la proximidad de tierra hacia el norte. Pasaron el invierno con su barco congelado en la paca del hielo y mientras esperaban el invierno, tomaron medidas y observaciones científicas. Encontraron rocas y grandes cantidades de barro y madera a la deriva en algunos de los icebergs que indicaban a Nansen que gran parte del hielo del Ártico se origina en algún río, quizás más al norte de lo que estaban ubicados, en una tierra hacia el norte inexplorada que no figura en ningún mapa. Quizás era la Tierra de Sannikov que había visto Yakov Sannikov al norte de las Islas Siberianas en 1810.

A mediados del invierno, el 18 de enero de 1894, a 79° 18' N Latitud, 137° 31' E Longitud, las observaciones de Nansen encontraron que un viento del norte aumentó la temperatura mientras que un viento del sur la hizo bajar, lo que indicaba que venía aire cálido fuera del norte en invierno, quizás de una tierra más al norte calentada por un sol interior de la tierra (MÁS LEJANO AL NORTE Vol. I, páginas 373-374). Curiosamente, Nansen descubrió que la temperatura del agua del océano también era más cálida cuanto más abajo la media debajo del hielo, y también se descubrió que la temperatura del aire sobre el hielo cuando se medía desde el nido del cuervo de la nave era más cálida que junto al superficie del hielo.

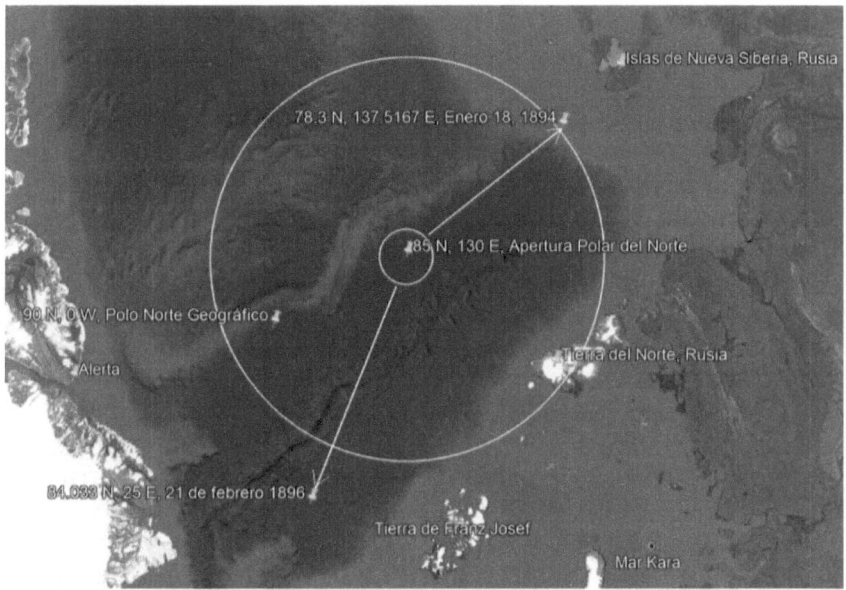

Después de que Fritjof Nansen y Johansen abandonaran el Fram, Nansen dejó a Otto Sverdrup a cargo como comandante de la nave. El barco se desplazó hacia el noroeste alrededor de la apertura polar y en el 21 de febrero de 1896, en 84.033 N, 25 E Sverdrup informó que de repente, una mañana, un viento del sureste elevó la temperatura en 18.8 grados. Este viento cálido podría haber provenido de la apertura polar como indican las flechas en el mapa de Google Earth de arriba. El invierno anterior se encontraban al sur de la apertura polar cuando Nansen había informado de un viento cálido del norte que también soplaba desde la dirección de la apertura polar.

A 80 grados 1' N de latitud, del 16 al 19 de febrero, Nansen vio un espejismo del sol. Lo más probable es que se ubicaba cerca del borde de la apertura polar. Pensaron que debía ser un espejismo de nuestro sol exterior. Pero existe la posibilidad de que pudiera haber sido un espejismo del sol interior ya que estaban tan cerca de la apertura polar. En la página 394-395, Nansen grabó,

"Viernes, 16 de febrero ... Hoy sucedió otra cosa notable, que fue como a mediodía vimos el sol o, para ser más correctos, una imagen del sol, porque era solo un espejismo ... Al principio el espejismo era como una línea de fuego rojo brillante y aplanada en el horizonte, luego hubo dos rayas, una encima de la otra, con un espacio oscuro en medio, y desde el nido del cuervo de la nave

385

podía ver cuatro, o incluso cinco, líneas horizontales directamente uno sobre el otro, y todos de igual longitud, como si uno solo pudiera imaginar un sol cuadrado de color rojo opaco con rayas oscuras horizontales a través de él."

Señaló que tenía un color nebuloso y rojo humoso, similar a la descripción del sol interior dada por Olaf Jansen, cuyo padre también al principio pensó que era un espejismo, cuando lo vieron por primera vez en su viaje de 1829 al mundo interior a través de la Apertura Polar del Norte al noreste de la Tierra Franz Josef. A Nansen le pareció extraño que viera un espejismo del sol varios días antes de que saliera el sol del invierno Ártico.

En el verano, Nansen salió a la paca del hielo e investigó una sustancia parecida al polen que parecía cubrir el hielo por todas partes con un color marrón. El explorador de la Tierra Interna, Olaf Jansen, explicó que en las costas del norte del mundo interior están cubiertas de grandes campos de flores, cuyo polen a veces se sopla sobre los campos de hielo del Ártico a través de la Apertura Polar del Norte.

Antes de su expedición al Ártico, Nansen visitó a Rusia y consultó con sus expertos sobre el avistamiento de un espejismo de tierra al norte de las islas de Nueva Siberia que denominaron Tierra Sannikov. Las islas de Nueva Siberia, incluso hoy en día, están cubiertas de huesos y restos de mamuts y otros animales de la Tierra interior que, según informó Olaf Jansen, caen en grietas del hielo de los ríos de la Tierra interna que desembocan en la Apertura Polar del Ártico, donde se congelan y luego son llevados al mar y, finalmente, terminan depositados en las costas del norte alrededor del Oceano Ártico. Restos de rinocerontes lanudos, leones esteparios, venados gigantes, mamuts, zorros y una raza de caballos resistentes que los científicos afirman son prehistóricos se conservan en el hielo ártico. Recientemente, algunos científicos han estado tratando de encontrar algunos de estos restos de animales exóticos que están congelados y conservados en el hielo del Ártico. Quieren tomar muestras de la carne congelada y usarla para clonar estos animales exóticos para iniciar una especie de Parque Jurásico. Poco saben que ya existe un Parque Jurásico ubicado dentro de Nuestra Tierra Hueca, y se puede acceder a él a través de la Apertura Polar del Norte, al norte de las islas de Nueva Siberia, de donde provienen todos los cadáveres exóticos congelados.

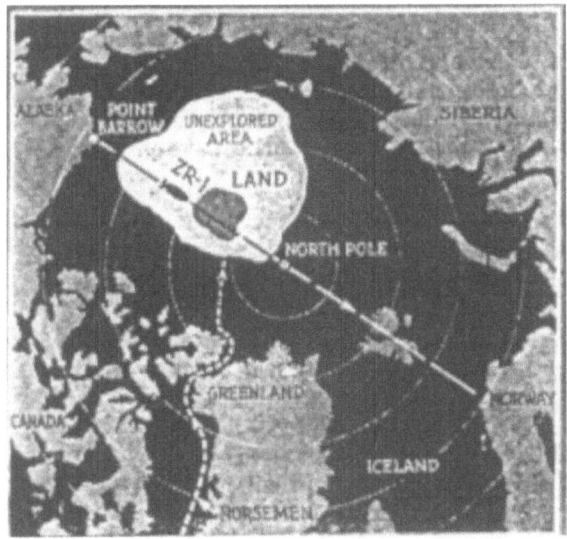

En el lado opuesto del Ártico desde las Islas de Nueva Siberia, el teniente Green de la Marina de los Estados Unidos acompañó a MacMillan en su expedición al noroeste de la Isla de Ellesmere siguiendo el espejismo de la Tierra de Crocker que Peary había visto desde el Cabo Thomas Hubbard en su camino hacia el norte para descubrir El polo. MacMillan volvió de regreso después de recorrer 120 millas sobre la paca del hielo porque el espejismo de la Tierra de Crocker seguía apareciendo cada vez más hacia el norte, sin importar qué tan lejos viajaran hacia ella. Más tarde, el teniente Green publicó un artículo en Ciencia Popular Mensual, en el número de diciembre de 1923, que aún estaba convencido de que la Tierra de Crocker todavía existía e incluso había convencido a la Marina Naval de construir un dirigible llamado ZR-1 que iba a intentar un sobrevuelo de esa tierra. Como puedes ver en su mapa, pensó que la tierra de Crocker estaba principalmente en el lado ruso del polo.

Cuando los exploradores del Ártico hablan de ver espejismos de tierra, en realidad están viendo tierra. En los climas más cálidos del mundo, un espejismo en su mayoría se parece al agua en el horizonte porque refleja el cielo azul. Pero en el Ártico, un espejismo es causado por el aire cálido y húmedo que sale de la Apertura Polar desde el Mundo Interno. Esta capa de aire más cálido sobre el aire más frío junto al hielo causa espejismos o reflejos del suelo o hielo en el océano, y no en el cielo, como lo hacen en los climas más cálidos del mundo. En los climas más cálidos del mundo, la temperatura del aire se vuelve más fría con la altura sobre el suelo. Lo contrario es el caso en el Ártico y en la Antártida. El aire cálido y húmedo que emana del interior hueco de la tierra a través de las aperturas polares se eleva sobre el hielo y sirve como un límite de aire que refleja los objetos en el suelo. Jan Lamprecht, en su libro,

PLANETAS HUECAS, da evidencia convincente de que el espejismo de la Tierra Crocker de Peary y la Tierra Bradley de Cook podría haber sido una doble imagen invertida de la tierra dentro de la Apertura Polar del Norte. La primera imagen invertida aparece al revés, mientras que la segunda imagen de arriba está en posición vertical. Aparentemente, el espejismo de tierra que se ve alrededor del Ártico es la segunda imagen vertical que se ve justo sobre el horizonte y la otra primera imagen invertida debajo del horizonte dentro de la apertura polar no es visible desde el punto de vista del explorador.

Otra historia curiosa que se relaciona con la ubicación estimada por el teniente Green de la Tierra Crocker es la desaparición de la colonia vikinga de Groenlandia. En 985 d. C., Eric el Rojo descubrió Groenlandia y posteriormente lo estableció con residentes vikingos de Islandia. La colonia de Groenlandia, formada por dos asentamientos en la costa oeste de Groenlandia, una más al norte que la otra, prosperó durante varios siglos, pero luego, cuando Europa se vio envuelta en la guerra y la enfermedad de la plaga, los noruegos perdieron contacto con sus colonias árticas en Islandia y Groenlandia. El último barco que regresó de sus colonias árticas a Noruega fue en 1410. Cuando la Edad Oscura había pasado y Groenlandia fue redescubierta una vez más, con Hans Egede estableciendo el primer asentamiento moderno allí en 1721, todo lo que se podía encontrar de los vikingos colonos originales fueron sus ruinas y algunos de sus animales. Incluso el autor ártico Vilhjalmur Stefansson en su libro, MISTERIOS NO RESUELTOS DE LA ÁRTICA, concluyó que la desaparición de la colonia vikinga perdida en Groenlandia era un misterio.

En un intento por determinar a dónde se había ido la colonia vikinga perdida de Groenlandia, el teniente Green dice que revisó las tradiciones esquimales. Los esquimales le dijeron que los vikingos habían enviado grupos de caza más y más al norte. Entonces, un día, sus hombres encontraron un paraíso en el norte, un lugar que los esquimales siempre habían conocido pero se habían alejado de allí porque creían que estaba habitado por espíritus malignos (en realidad dinosaurios carnívoros que viven en las selvas de la Tierra Interna cerca de la Apertural Polar). Los grupos de exploradores vikingos habían regresado y le habían contado al resto de sus colonias de Groenlandia su maravilloso descubrimiento. Todos entonces, rápidamente empacaron sus bolsas, y cantando canciones, partieron repentinamente hacia el norte y nunca regresaron. La tradición esquimal es que sobre el hielo hacia el noroeste, en

Rodney M. Cluff

dirección que el almirante Peary avistó la Tierra Crocker y Cook
al avistar la Tierra Bradley, es una *"tierra cálida; está cubierta
de verdor veraniego todo el año; está poblada de grasa Caribú
y buey almizclero. Se encuentra,"* dicen hasta el día de hoy, *"en
dirección a la ruta costera hacia el norte."* El teniente Green
muestra ese sendero en su mapa. Se encuentra en el lado
oeste de Groenlandia, y sube alrededor de la isla de Ellesmere,
y sobre el hielo en una dirección noroeste.

La Deriva Transpolar

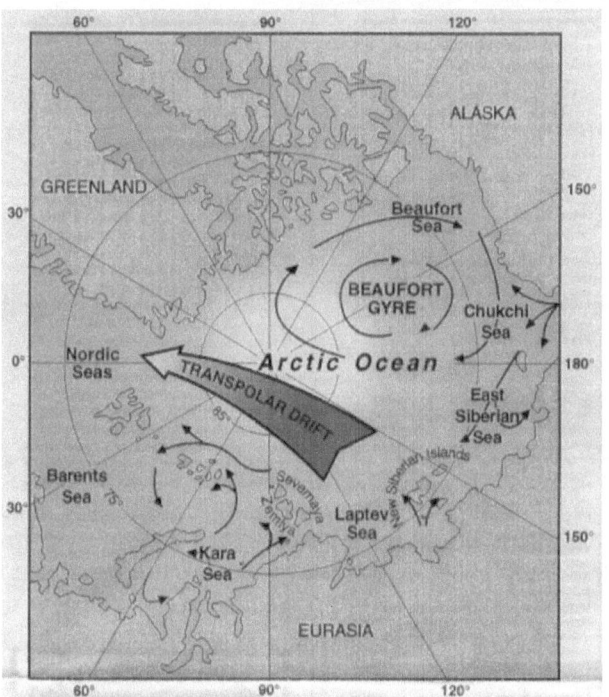

La Deriva Transpolar se conoce desde los días de Fridtjof
Nansen, quien en 1893 navegó en su barco, el Fram, al norte
de las islas de Nueva Siberia en busca de la Tierra Sannikov,
que los rusos habían visto en esa dirección. Nansen incrustó su
nave en el hielo y se desplazó a través del Ártico en los flujos
de hielo hacia el lado este de Groenlandia.

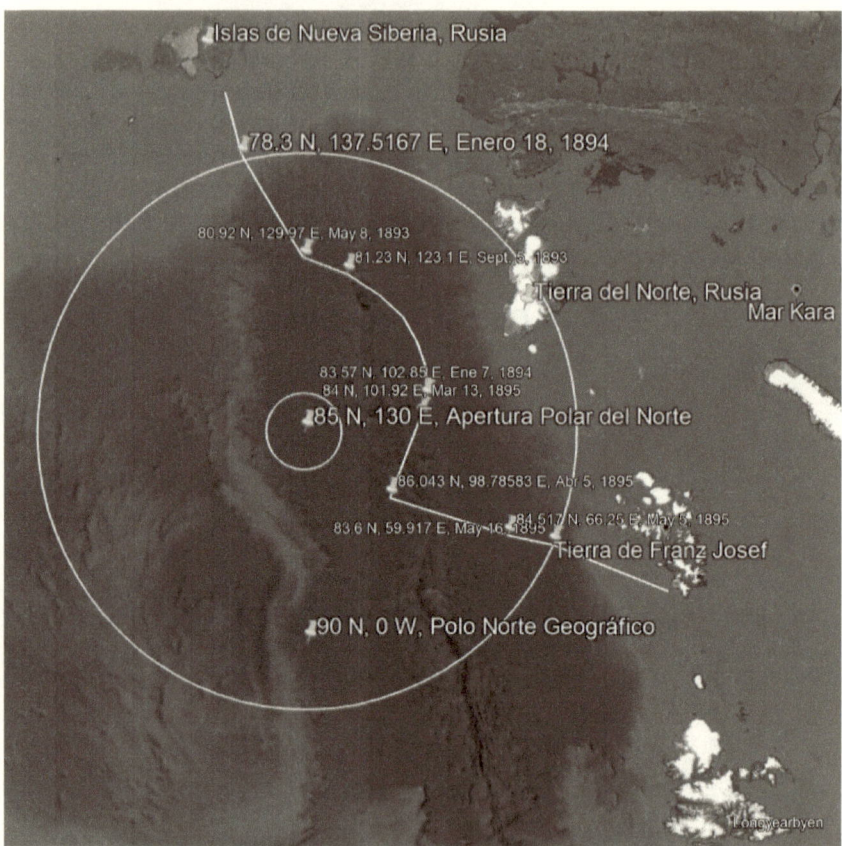

Como se puede ver en el mapa de Google Earth arriba, Nansen comenzó su deriva a través del Ártico incrustando su barco, el Fram, en el hielo el 8 de mayo de 1893 al norte de las islas de Nueva Siberia. Luego se desvió alrededor de la Apertura Polar del Norte. En su extremo norte, luego abandonó el barco y tomó a sus equipos de perros e intentó ir al Polo Norte, pero se rindió debido a las altas crestas. Luego se dirigió al suroeste a las islas de la Tierra Franz Josef.

La corriente ártica en la que Nansen intentó desplazarse a través del hielo ártico se llama la Deriva Transpolar y actúa como una corriente de agua en una zanja. De hecho, los cañones submarinos en esta área siguen la misma dirección que la Deriva Transpolar. En un mapa del fondo del océano Ártico, se puede ver la cresta de Lomonosov cruzando el océano Ártico en la misma dirección que la Deriva Transpolar.

Al mirar el mapa mencionado anteriormente de la Deriva Transpolar, notará que una poderosa corriente oceánica sale de

390

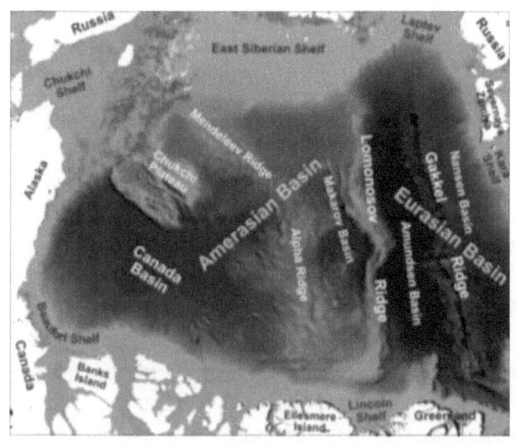

la zona donde calculo que la Apertura Polar del Norte se encuentra al norte de las Islas de Nueva Siberia. Esta corriente lleva hielo de la apertura polar desde el valle del río Hiddekel que desemboca en la apertura polar desde la Tierra Interna. Desde allí, la corriente fluye a través del Océano Ártico hacia el lado del polo de Groenlandia, lo que provoca corrientes de remolino a ambos lados de la Deriva Transpolar.

La corriente de remolino en el lado canadiense de la Deriva Transpolar produce el Giro Beaufort al norte de Canadá y gira en el sentido de las agujas del reloj. Esta corriente de remolino hace que el hielo se acumule en las orillas del norte de Canadá hasta las profundidades más grandes de cualquier parte del Océano Ártico. El hielo más delgado se encuentra de donde proviene el hielo, en un área al norte de las Islas de Nueva Siberia, otra indicación de dónde se encuentra la apertura polar. Luego, en el lado ruso / europeo de la Deriva Transpolar en el Mar de Barents, la corriente de remolino gira en sentido contrario a las agujas del reloj. Debido a que la corriente de remolino es más fuerte en el lado canadiense, el efecto de remolino provoca la marea más baja en el Océano Ártico en el centro del Giro Beaufort.

Uno de los miembros de la expedición hizo un caso al planear Nuestra Expedición el Viaje a la Tierra Hueca de que la marea baja en el Giro Beaufort era una indicación para él de que esta zona de marea baja en el centro del Giro Beaufort era donde la apertura polar podía estar localizado. No acepté este argumento porque toda la zona en el lado canadiense del polo estaba entrecruzada por los vuelos en busca de los Aviadores Soviéticos desaparecidos, como se muestra en el mapa de la revista Geografica Nacional publicado en el libro de Vilhjalmur Stefansson, MISTERIOS NO RESUELTOS DE LA ÁRTICA. Los vuelos de búsqueda no encontraron la Apertura Polar porque los Americanos no extendieron su búsqueda al lado ruso del polo, los vuelos de búsqueda de los rusos solo subieron hasta el polo, y nadie realizó vuelos de búsqueda en el área que he determinado que la Apertura Polar del Norte se encuentra cerca de la Tierra Norte, Rusia.

Al revisar este fenómeno de la Deriva Transpolar, me di cuenta de una evidencia muy significativa para la ubicación de la apertura polar. Es un chorro de aire que sigue el mismo camino de la Deriva Transpolar a través del Polo Norte. Al estudiar esto, me di cuenta de que este chorro de aire húmedo que sale de la apertura polar al norte de las Islas de Nueva Siberia, fluye a través del Ártico y deja caer su aire húmedo sobre la capa de hielo de Groenlandia. A lo largo de los años, ¡esto ha resultado en una acumulación de hielo en el continente de Groenlandia hasta la impresionante profundidad de casi dos millas!

Considera esto por un momento. ¿Qué pasaría si esta corriente de aire húmedo a lo largo de los años hubiera fluido sobre Alaska, Siberia o la península de Noruega, Suecia y Finlandia, que se encuentran a la misma latitud que Groenlandia? Si así fuera, esos lugares hoy estarían cubiertos por una capa de hielo de 2 millas de espesor, ¡tal como lo está hoy Groenlandia! Si seguimos esa corriente de aire húmedo de Groenlandia que cruza el Ártico, encontramos que apunta a la ubicación de la apertura polar, ¡en el lado ruso del polo! Lo mismo está sucediendo en la Antártida. Estimo que la Apertura Polar del Sur se ubicará exactamente en el lado opuesto al globo terráqueo de la Apertura Polar del Norte, lo que pondría la Apertura Polar Sur a 85 S Latitud, 50 W Longitud. ¡El aire cálido y húmedo que sale de la Apertura Polar del Sur sopla hacia el este de la Antártida y ha creado una capa de hielo allí hasta una profundidad de más de 2 millas!

No se puede negar que hay una fuerte corriente que fluye de esa área al norte de las Nuevas Islas Siberianas. Es el lugar donde proviene la mayor parte del hielo de agua dulce en el Ártico. Las corrientes de remolino a cada lado de la Deriva Transpolar que fluye fuera de esa área hace que el Giro Beaufort gire en el sentido de las agujas del reloj y que el Giro en el Mar de Barents gire en el sentido contrario a las agujas del reloj a cada lado de esta corriente rápida de agua que sale de la apertura polar. Quizás la corriente del chorro Transpolar y los flujos de hielo se originan en el valle del río Hiddekel que desemboca en el Océano Ártico dentro de la apertura polar del Continente Interior donde Olaf Jansen encontró ese río después de navegar a través de la Apertura Polar del Norte en 1829.

En su libro, Olaf explicó de dónde proviene el hielo que llena la corriente de la deriva transpolar, cuando escribió:

"... cerca de tres cuartos de la superficie 'interior' de la Tierra es tierra y alrededor de un cuarto de agua. Hay numerosos ríos de gran tamaño, algunos fluyen en dirección norte y otros hacia el sur. Algunos de estos ríos son treinta millas de ancho, y está fuera de estos vastos cursos de agua, en las partes extremas del norte y sur de la superficie 'interior' de la Tierra, en regiones donde se experimentan bajas temperaturas, se forman los icebergs de agua dulce. Luego son empujados al mar como enormes lenguas de hielo por las emisiones anormales de aguas turbulentas que dos veces al año, barren todo lo que pueden ante ellos." (THE SMOKY GOD, pp. 122, 123)

La Apertura Polar del Sur

La mejor imagen que he podido encontrar de la ubicación más probable de la Apertura Polar del Sur es una imagen auroral de la NASA. Muestra la radiación auroral proveniente de una ubicación oval en la parte occidental de la Antártida donde estimo que se ubica la Apertura Polar del Sur. Esta ubicación de la Apertura Polar del Sur se encuentra en la misma área que parece un área elíptica en la imagen del Apollo 17:

La ubicación oval desde donde emana la radiación auroral se puede ver mejor al ver la fotograma auroral de una película de la NASA de que esta fotograma fue tomado:

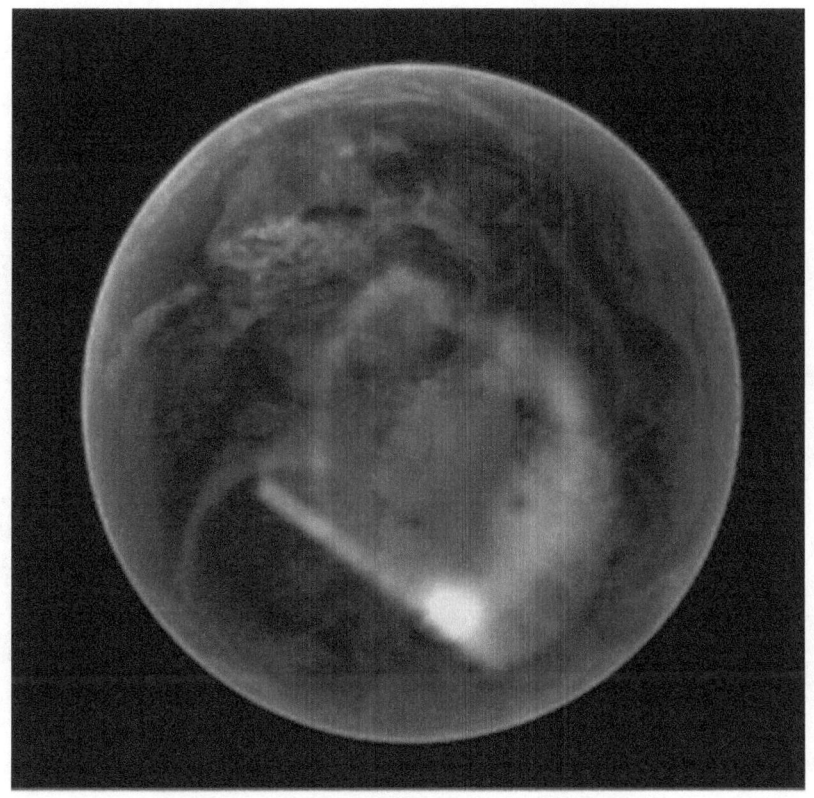

Se puede ver la película aquí:

www.nasa.gov/mov/133778main_FUV_640x480.mov

Otra imagen auroral de la NASA también muestra la fuente de la radiación auroral proveniente de la parte occidental de la Antártida:

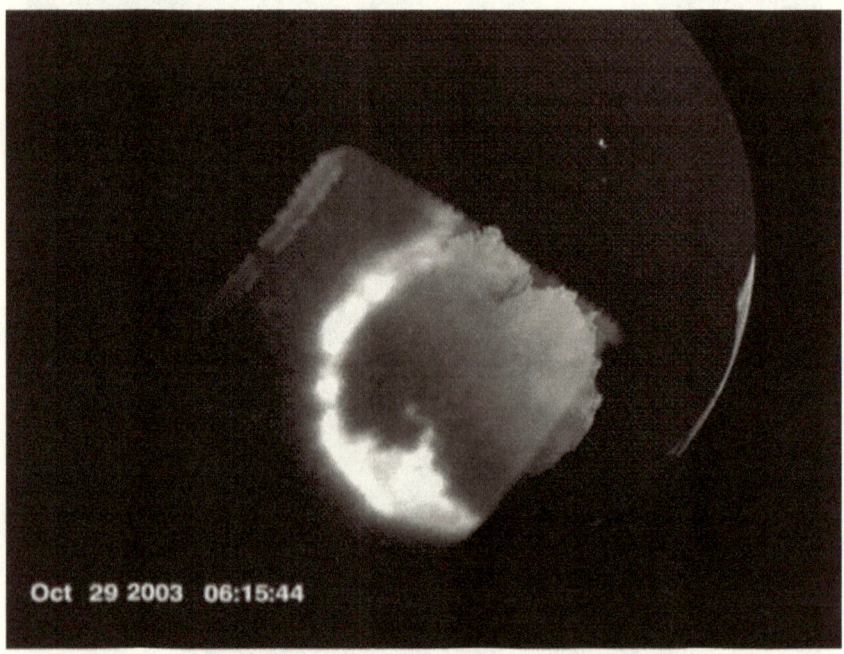

Oct 29 2003 06:15:44

La ubicación de la Apertura Polar Sur probablemente se encuentre en la tierra opuesto de la Apertura Polar del Norte. La Apertura Polar del Norte centrada en las coordenadas de 85 grados de latitud norte, 130 de longitud este pondría la ubicación de la Apertura Polar del Sur de 180 grados en el lado opuesto de la Tierra desde la ubicación de la Apertura Polar del Norte a 50 grados de longitud oeste y 85 grados de latitud sur en la Antártida como se muestra en el siguiente mapa de Google. Y como se puede ver en el mapa que sigue de la Antártida sin hielo, la Apertura Polar del Sur parece estar ubicada en una entrada del mar que desemboca en el océano en el extremo este del Mar de Weddell.

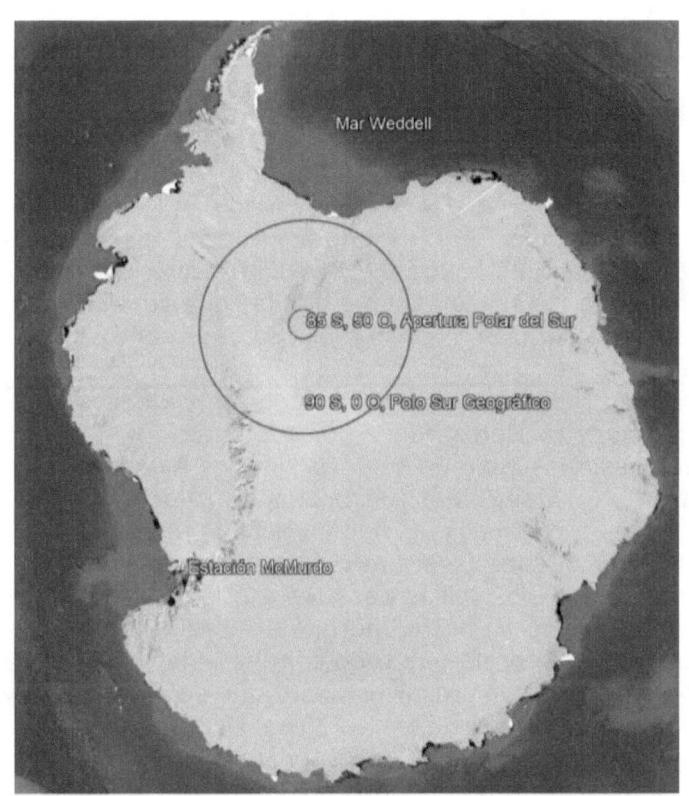

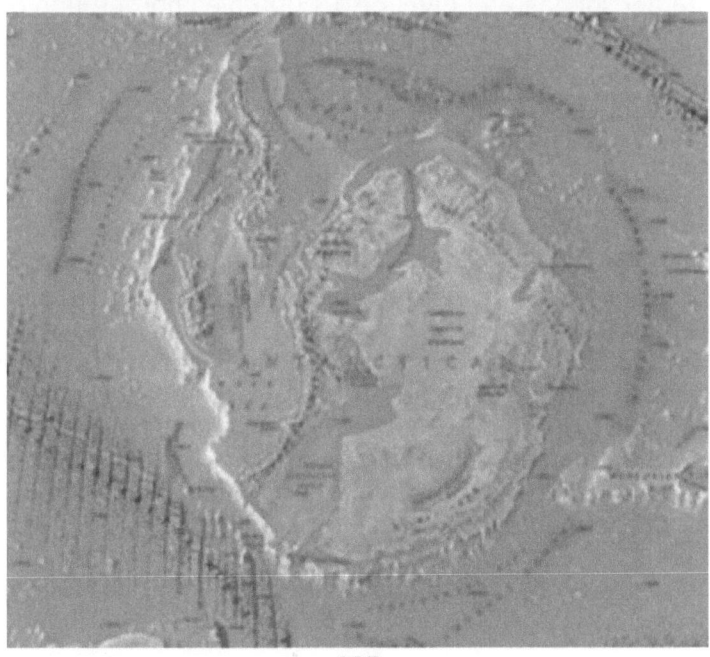

¿Volaron los Aviadores Soviéticos Perdidos a Nuestra Tierra Hueca?

Vilhjalmur Stefansson, en su libro, MISTERIOS NO RESUELTOS DE LA ÁRTICA, explica cómo el 12 de agosto de 1937, un avión con cuatro motores del tipo de pasajero salió de Moscú, con destino a Fairbanks, Alaska a través del Ártico con una tripulación de seis aviadores hábiles que se perdieron y nunca los encontraron, incluso después de un año de búsqueda diligente.

Lo más probable es que los Aviadores Soviéticos Perdidos volaron a nuestra Tierra Hueca por accidente.

Stefansson escribió en su libro, que los Aviadores soviéticos encontraron un viento más fuerte cuando se acercaron al polo de lo que los pronósticos les habían hecho creer. Informaron que a los 20,000 pies de altura el viento era de aproximadamente 62 millas por hora y estaba cortando casi tantas millas de su velocidad porque era casi recto contra ellos.

Stefansson informó que todo continuó bien durante casi dos horas después de cruzar el polo y que se estaban moviendo hacia Alaska en el meridiano de Fairbanks. Luego vino el único mensaje de socorro, que se habían visto obligados a descender desde 20,000 pies a donde habían estado volando a la luz brillante del sol hasta el nivel de 13,000 pies porque uno de los cuatro motores se había apagado por un daño en la línea de aceite. Las últimas palabras escuchadas fueron: *"¿Me escuchas?"* y *"Estamos aterrizando en ..."* Se recibieron mensajes ininteligibles en los próximos días, pero se fueron debilitando gradualmente hasta que finalmente desaparecieron.

Las misiones de rescate subsiguientes se llevaron a cabo tanto desde el lado soviético como desde el lado canadiense y de Alaska del Ártico durante el año siguiente en busca de los aviadores soviéticos derribados, pero nunca fueron encontrados.

Después de revisar todos los voladores del Ártico caídos que se sabía que habían bajado en el Ártico, Stefansson concluyó que los Aviadores soviéticos eran los únicos que se habían perdido en el Ártico. Los Americanos volaron cerca de 40,000 millas en busca de los Aviadores Soviéticos Perdidos durante un período de aproximadamente un año cubriendo el Ártico en el lado canadiense del polo hasta Alaska. Vea un mapa de La Revista Geográfica Nacional de los vuelos de la búsqueda aquí:

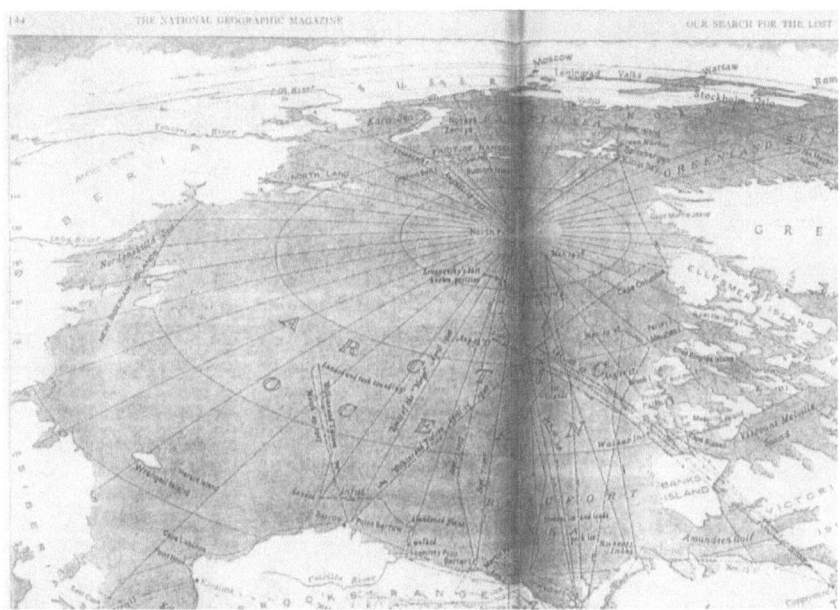

Los vuelos de búsqueda rusos volaron hasta el polo, pero no cruzaron. Lo más probable es que, si hubieran seguido el camino exacto tomado por los Aviadores Soviéticos Perdidos, ellos también se habrían perdido y se habrían ido dentro de la tierra a través de la Apertura Polar del Norte.

Tal vez los Aviadores Soviéticos ni siquiera intentaron cruzar el Ártico sobre el Polo Norte Geográfico, como lo indica el mapa arriba de la Revista Geográfica Nacional. Su última posición conocida cerca de tierra fue cuando pasaron por la punta de la isla de Severny cuando salieron del mar de Kara. Quizás, en ese momento, establecieron un curso directamente a través del Ártico hacia Fairbanks sin siquiera intentar recorrer al Polo Norte geográfico. En ese caso, como se puede ver en el mapa de Google a continuación, su ruta los habría llevado exactamente a través de la Apertura Polar del Norte.

Ya que habrían llegado a un punto en el borde de la Apertura Polar y determinado con su Sextante que de alguna manera habían llegado al Polo Norte, informaron que era un viento de cabeza que los había acorralado porque llegaron antes a ese punto de lo que habían esperado.

Dado que todos los vuelos de rescate se basaron en el supuesto de que los Aviadores soviéticos habían volado a través del Polo Norte geográfico, cuando en realidad no lo hicieron, los vuelos de rescate no encontraron la apertura polar porque sus vuelos de búsqueda se encontraban en otra dirección -- cerca del polo geográfico en lugar de en la ubicación de la apertura polar en la 85 N de latitud y 130 E de longitud.

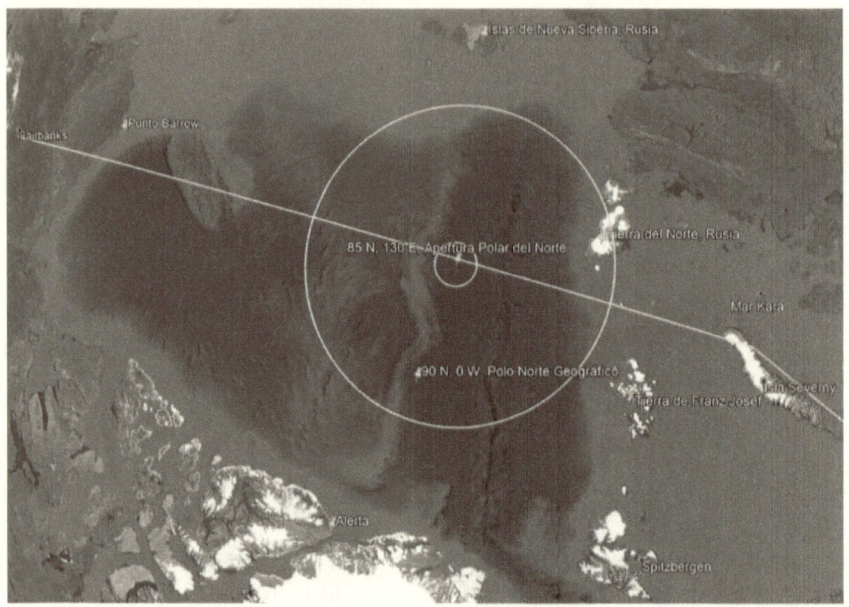

La ruta de vuelo más probable de los Aviadores soviéticos a través del Ártico que los llevó directamente hacia dentro de la Apertura Polar.

Después de unas dos horas habrían llegado al continente interior y, por lo tanto, habían decidido descender para ver qué habían encontrado. A partir de ese momento, sus señales de radio fueron recibidas en forma gradualmente más débil a medida que descendían más hacia el interior de la tierra.

¡El Submarino Alemán U-209 llegó a Nuestra Tierra Hueca!

Aprendí por primera vez sobre los barcos U alemanes que intentaban llegar a nuestra Tierra Hueca de un alemán que vivía en Canadá. El libro que ordené era de Samisdat Publishers, Ltd, propiedad y operado por Ernst Zundel. Escribió un libro acerca de una expedición que Hitler envió a la Antártida. Ordené su libro. Fue titulado Expediciones Polares Secretas de los Nazis, publicado en 1978. Relataba cómo los alemanes habían tomado un barco con un pequeño avión que lanzaron desde su barco después de llegar al hielo cerca de la Antártida. Voló sobre el hielo a la Antártida y luego regresó a la nave. Pero el libro no decía nada acerca de la tierra hueca. Aprendí después que SÍ estaban intentando ir a la tierra hueca.

Luego, en 2006, recibí un correo electrónico de Dianne Robbins, autora de varios libros sobre la tierra hueca. Dianne dijo en su correo electrónico que acababa de recibir un correo electrónico de Joe Watson de Talkeetna, Alaska, que acababa de ponerse en contacto con ella y le dijo que tenía una copia de una carta escrita en idioma alemán de un tripulante de un submarino alemán llamado Karl Unger que llegó a Nuestra Tierra Hueca poco después de la Segunda Guerra Mundial. El nombre del submarino era U-209 con el capitán Heinrich Brodda.

El correo electrónico de Joe a Dianne decía,
----- Mensaje Original -----
Desde: Joe
A: telos@rochester.rr.com
Enviado: Sábado, Agosto 12, 2006 1:47 AM
Sujeto: tierra hueca
"Hola, tengo en mi posesión una copia de una carta escrita el 2 de marzo de 1985 por un caballero llamado Karl Unger al Sr. Woodard concerniente al submarino U-209 comandado por Heinrich Brodda. Dadas ciertas coordenadas, su misión era viajar al centro de la tierra, lo que hicieron. La carta está escrita en alemán y traducida al inglés. ¿Interesado? JW"
Le respondí preguntándole a Joe si podía enviarme la carta. Lo hizo. En la siguiente página está la carta que me envió Joe. Es una carta escrita por un alemán llamado Karl Unger, que escribió en su idioma alemán después de llegar a Nuestra Tierra

Hueca en un submarino alemán al final de la Segunda Guerra Mundial tratando de escapar de los Aliados. Joe también incluyó la traducción de la carta al inglés.

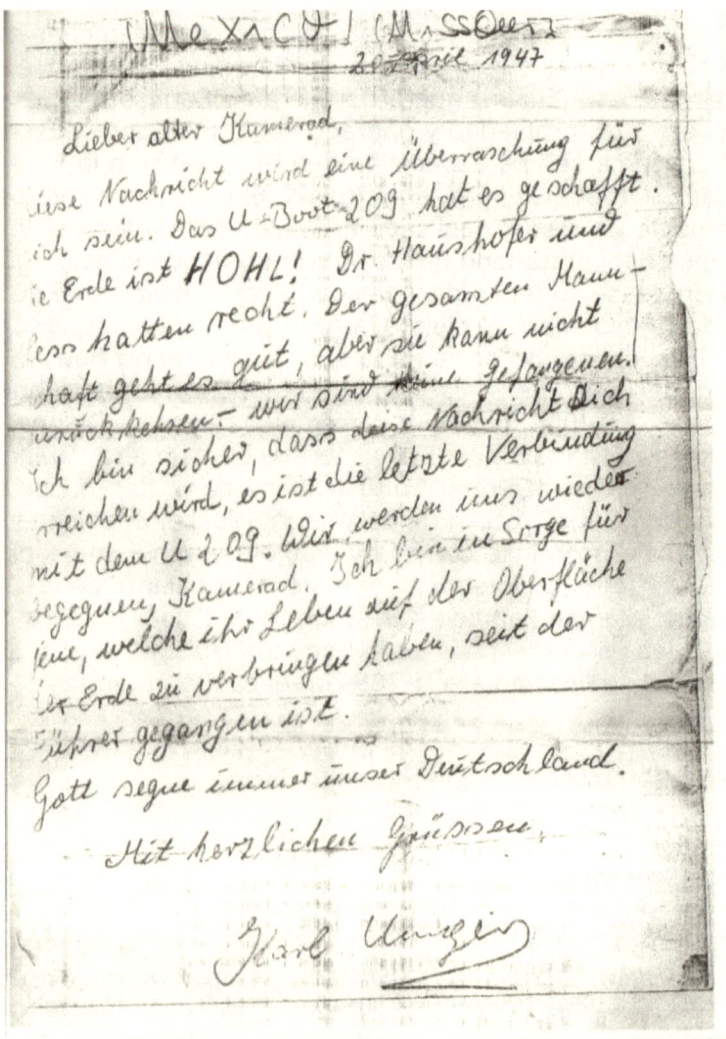

Carta de Karl Unger escrita el 20 de abril de 1947 desde Nuestra Tierra Hueca a su amigo aquí en nuestro mundo de la superficie.

2 Marz 1985

Mr. Woodard,

Your interesting telephone conversation concerning your proposed effort
to penetrate the inner Realms is hopefully successful.

The enclosed photocopie if from an old Commrade, I received it after the war
(The Original letter) To clarify, The U 209 was assigned one of the strangest
missions of the entire War. She was directed to proceed in an attempt to
clarify the actual exsistance of Inner Earth! Furnished with charts and
directions by Dr. Karl Haushofer, The U 209 was to proceed to a certain Latitude
and Longitude, there to enter a giant undersee cavern with a current of about
6 Knots, there to let the U Boote be carried downward and onward.

The U 209 was commanded By Kptlnt. Heinrich Brodda, a most veteran Officer
of fidelity. You see, there were many in the Third Reich that believed this
theory of an exsisting inner Realm.

Amoung those aborad the U 209 was an old friend, one Karl Unger, I received his
communication some time after the War had ended, I know it is genuine, as I knew
his handwriting very well.

The approximate English Translation of Karl,s Letter is as follows:

Dear Old Comrade!

This news will be a surprise for you. The U 209 Unterseeboot made it!! The
Earth is Hollow!! Dr. Haushofer and Hess were right. The whole crew is well,
but they can not come back, we are no prisioners.
I am sure, this news will reach you, it is the last connection with the U Boote
209. We will meet again Commrade. I am worried for everyone who has to spend
his life on the Surface of the Earth since the Führer is gone.
God Bless our Germany always,

With Hearty Greetings

So, you have now a xopie of the document as promised.

If you write further, I shall be away from 15 Marz until 25 Marz.

Cordially,

The CONFIDENTIAL NUMBER Furnished you MUST Be USED ONLY
FOR extremly IMPORTANCE, NON else. ALSO NOTE, FURTHER
CORRESPONDENCE MUST Be via S.A.S.A.

Aquí está la carta (arriba) de Karl Unger, miembro de la
tripulación del submarino alemán U-209, traducido al inglés.
Aquí la traduzco al español:

"2 de marzo 1985
Señor Woodard,
Espero que su interesante conversación telefónica sobre su
esfuerzo propuesto para penetrar en los Reinos internos sea
exitosa.

403

La fotocopia adjunta es de un viejo camarada. Lo recibí después de la guerra (la carta original). Para aclarar, al U-209 se le asignó una de las misiones más extrañas de toda la guerra. ¡Ella fue dirigida a proceder en un intento de aclarar la existencia real de la Tierra Interna! Equipado con cartas y direcciones por el Dr. Karl Haushofer, el U-209 debía proceder a cierta Latitud y Longitud, allí para ingresar a una caverna submarina gigante con una corriente de aproximadamente 6 nudos, allí para permitir que el U-Boat sea llevado hacia abajo y adelante.

El U-209 fue comandado por el Capitán Heinrich Brodda, un oficial de fidelidad muy veterano. Verá, había muchos en el Tercer Reich que creían esta teoría de un Reino interno existente.

Entre los que estaban a bordo del U-209 había un viejo amigo, un Karl Unger. Recibí su comunicación algún tiempo después de que la guerra había terminado. Sé que es genuina, ya que conocía muy bien su letra.

La traducción aproximada al inglés de la carta de Karl es la siguiente:

'Estimado viejo camarada!

Esta noticia será una sorpresa para ti. ¡El submarino U-209 lo logró! ¡La tierra está hueca! El Dr. Haushofer y Hess tenían razón. Toda la tripulación está bien, pero no pueden volver. No somos prisioneros.

Estoy seguro de que esta noticia te llegará. Es la última conexión con el U-Boat-209. Nos encontraremos de nuevo camarada. Estoy preocupado por todos los que tienen que pasar su vida en la superficie de la Tierra desde que se fue el Fuhrer. Dios bendiga a nuestra Alemania siempre,

Con saludos cordiales'

Entonces, ahora tiene una copia del documento según lo prometido. Si escribes más, estaré lejos del 15 de marzo al 25 de marzo.

Cordialmente,

El número confidencial que se le proporcionó debe usarse solo con extrema importancia, nada más. También tenga en cuenta que la correspondencia adicional debe ser a través de S.A.S.A."

Karl dice en su carta que había llegado a la tierra hueca en el submarino alemán U-209. La carta fue enviada a su amigo aquí en el mundo de la superficie a través de una colonia alemana en el Matto Grosso en Brasil, que había descubierto una caverna que llega hasta la Tierra Hueca, quien le dio una copia al Sr. Woodard, quien le dio una copia a Joe Watson.

El 29 de julio de 2009, recibí un correo electrónico de una persona llamada Patrick de Alemania que habla alemán. Dijo que investigó el sitio web del archivo alemán en
http://www.u-boote-online.de/dieboote/u0209.html
buscando información sobre el submarino alemán U-209 perdido. Él dice que el submarino fue efectivamente reportado desaparecido. El 5 de julio de 1943, su última posición reportada fue entre Groenlandia e Islandia en las coordenadas 52° 00' N, -38° 00' W. El informe dijo que el Comandante del submarino era Heinrich Brodda.

El Sr. Woodard al que Joe Watson se refirió en su correo electrónico más tarde descubrí fue Ret. Col. Billie F. Woodard a quien conocí en 2008. Esto es lo que Joe escribió sobre él en otro correo electrónico:

---- Joe <watson4@mtaonline.net> escribió:

"Lamento no haberte contactado, he tenido lluvias torrenciales, inundaciones, apago de los teléfonos, etc. Dianne Robbins me envió un correo electrónico diciendo que la carta era ilegible cuando la recibió. Tal vez puedas intentarlo por tu cuenta ya que ahora tienes una copia. En cuanto a cómo tengo una copia de esta carta, aquí está la historia. En 1986 o 87 este caballero Woodward entró en esta ciudad de Talkeetna Alaska, pero no sé por qué. Conoció a un chico que conozco llamado Terry Barber que me dijo lo que planeaba hacer. Después de conocerlo me dijo lo siguiente. Su padre había leído todos los libros de la Tierra Hueca y tenían mapas y direcciones de las corrientes oceánicas para diferentes épocas del año. Murió y su hijo retomó donde lo había dejado. Se había dado cuenta de que si volaba a Noruega y flotaba en estas corrientes con grandes balsas de goma, lo llevarían al centro de la tierra. Regaló su auto aquí, en Talkeetna, voló a L. A. Calif, donde se reuniría con el resto de su equipo, desde allí hasta Noruega, donde todo el equipo estaba esperando. Le pregunté cómo pensaba que podría salirse con la suya sin que los federales lo detectaran con sus satélites; Su respuesta fue que estaban entrando bajo el pretexto de un equipo científico haciendo investigaciones. Se ofreció a dejarme ir con ellos y si no hubiera tenido dos hijos para criar, lo habría hecho. Al parecer, la carta era para su papá, pero no recuerdo cómo sucedió todo eso. Después de

leer muchos de los libros de la Tierra Hueca, siempre creí que era posible. También afirmó tener el diario original del Almirante Byrd describiendo su viaje de 1700 millas adentro de la tierra. De todos modos, me dejó obtener una copia de la carta que ahora tiene Usted. En cuanto el por qué ahora, después de todos estos años, demonios, no sé, estaba navegando por la red, encontré un enlace sobre la Tierra Hueca y me trajo a mente viejos recuerdos de esa carta. Dáselo a quien quieras. No quiero nada a cambio, tal vez un poco de información si la compartes. Si me envía su dirección, haré copias de las versiones en alemán e inglés y se las enviaré. Lo mismo para Dianne. Cualquiera otra pregunta estaré encantado de responder si puedo. Joe Watson POB 643 Talkeetna, Alaska 99676"

Aprendí acerca del Ret. Coronel Billie Woodard en 2005, pero en ese momento no le hice seguimiento. Recibí un correo electrónico de nuestro organizador de nuestra expedición, Steve Currey. Decía,

9 de junio de 2005:

"Rodney:

He tenido un coronel retirado Woodard que me ha llamado un par de veces hoy sobre nuestra expedición. Estoy teniendo dificultades para responder a sus preguntas. Dijo en su último correo de voz que tiene información extremadamente importante para darnos sobre nuestra expedición. ¿Podrías devolver su llamada? Sus números son 530-926-1062 y 530-926-3529. Vive en Mount Shasta California y tiene alguna conexión con Telos.

Gracias,

Steve"

Aunque no hice un seguimiento de esta referencia de Steve, el Sr. Woodard me llamó en el otoño de 2008. Lo visitamos por teléfono y luego lo visitamos en su casa en Pahrump, Nevada, donde se mudó desde que contactó a Steve. Resulta que el Ret. Coronel Billie Woodard si era el *"Sr. Woodard"* que había ido a Alaska en 1986 como dijo Joe Watson en su correo electrónico, y le había entregado copias de la carta alemana enviada desde nuestra Tierra Hueca al contacto de Woodard. Posteriormente a la visita de Woodard a Talkeetna, hizo su vuelo a la Apertura de North Polar en un hidroavión de Albatros Grumman que se puede leer en la biografía de Billie que escribí en este libro. Ver la página de contenidos para su biografía.

Le pregunté a Billie de dónde obtuvo la carta alemana. Me dijo que lo recibió de Tawani W. Shoush, de la Sociedad Internacional para una Tierra Completa, Rt 1 Box 63, Houston, Missouri 85483. En como el año 1984, el Investigador de la Tierra Hollow Bruce Walton me había enviado una copia del Diario Secreto del almirante Ricardo Evelyn Byrd que había obtenido de Tawani Shoush con la información de contacto arriba mencionada. Billie me dijo que Tawani le había dicho que había recibido la carta de su amigo Karl Unger que le había enviado Karl después de haber llegado a la tierra hueca. Karl había enviado la carta desde la tierra hueca a través de una colonia alemana en Brasil que había encontrado muchos años antes una caverna que llega a la tierra hueca. Billie dice que poco después de haber obtenido una copia de la carta de Karl Unger Tawani se fue a Brasil, y puede haberse ido a la tierra hueca a través de esa caverna comunicante. Esta colonia alemana en Brasil está documentada en el libro GÉNESIS PARA UNA NUEVA ERA ESPACIAL, por Juan B. Leith (ahora disponible en Amazon.com como, GÉNESIS PARA LA CARRERA ESPACIAL). Describe cómo esa colonia alemana descubrió la caverna en los años de los 1500s que conduce a la Tierra Hueca.

Me parece interesante que antes de que me contactara y conociera al Ret. Coronel Billie Woodard, recibí el correo electrónico de Joe Watson que confirmó que el Sr. Woodard había visitado su ciudad en Alaska en 1986, y que Joe había recibido una carta que el Sr. Woodard había recibido de Tawani Shoush, de quien había oído yo hablar desde Bruce Walton cuando estaba escribiendo mi libro, EL SUMO SECRETO DEL MUNDO: ¡NUESTRA TIERRA ES HUECA! a principios de los años ochenta. Billie me confirmó que se había contactado con Tawani Shoush antes de irse a Alaska, y esto antes de que Billie supiera que Joe Watson de Talkeetna, Alaska me había contactado en agosto de 2006, y esto antes de enterarme del libro de Juan B. Leith, GÉNESIS PARA UNA NUEVA ERA ESPACIAL, el manuscrito no publicado que el amigo de Dianne llamado Francisco me envió en el verano de 2008, que documenta la colonia alemán en Brasil, al que Billie me contó que Tawani Shoush se mudó después de que Billie recibió la carta alemana de Tawani.

Estos incidentes me confirman la verdad de la carta de Karl Unger: que llegó a Nuestra Tierra Hueca en un submarino alemán, el U-209, en 1943, después de la Segunda Guerra Mundial que había destruido a Alemania, y que le escribió a su amigo aquí en el mundo de la superficie confirmando que la Tierra Hueca existe, y es REAL.

Aquí hay algunas páginas del Diario de Karl Unger que me enviaron desde Alemania y que muestran lo que planeaba hacer para llegar a Nuestra Tierra Hueca:

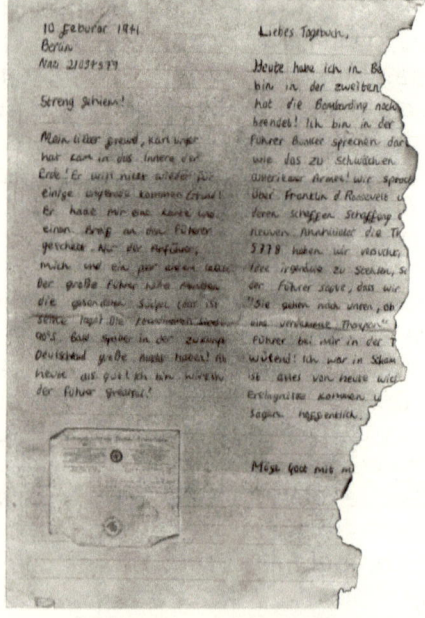

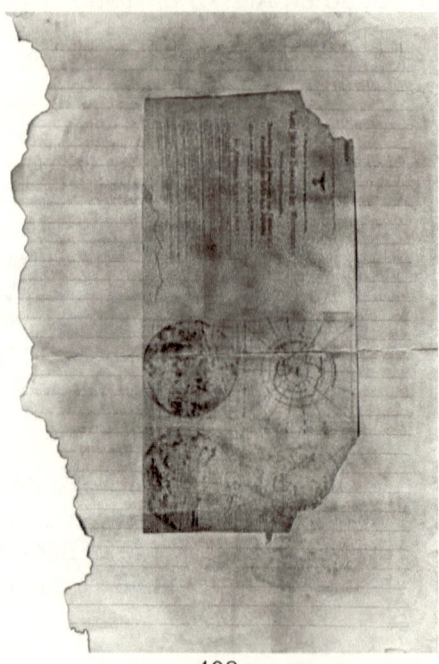

408

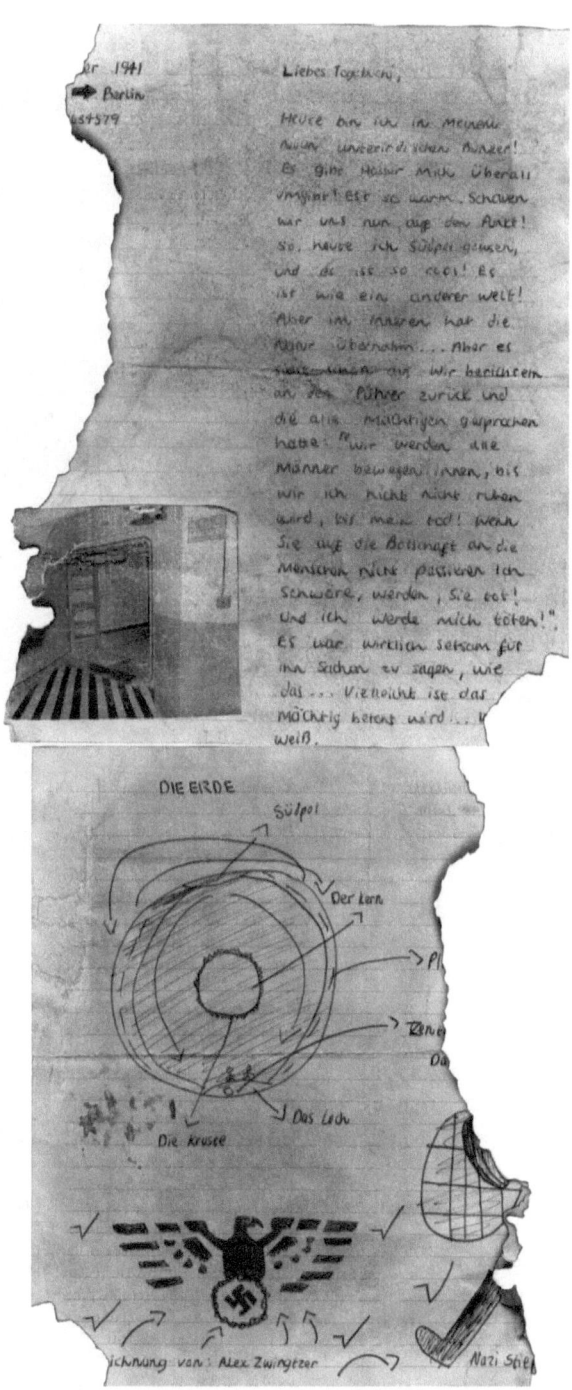

Biografía del
Jubilado Coronel Billie Faye Woodard

Foto tomada de Billie por mi esposa Queta cuando lo visitamos
en 2008
Entrevistado y Escrito
por
Rodney M. Cluff
2008

El retirado coronel Billie Faye Woodard y su hermana gemela, Zuria nacieron en nuestra Tierra hueca y fueron entregadas a la Tierra Exterior el 18 de septiembre de 1951.

Nacieron con habilidades excepcionales. Billie puede recordar a sus padres hablando con ellos cuando eran bebés. Poco después de su nacimiento, sus padres de la tierra hueca les dijeron que ya no estarían viviendo con ellos. Fueron llevados a Wichita Falls, Texas, y se los depositaron en un contenedor de barril de basura en un parque donde un empleado de un parque que pasaba y un oficial de policía los escucharon llorar. Fueron recuperados y colocados en un orfanato y, aproximadamente 5 años después, fueron

410

adoptados por un coronel Woodard de la Fuerza Aérea de los EE. UU., su esposa y dos hijos. Los padres adoptivos de Billie eran de ascendencia india americana, la madre Apache y el padre adoptivo Cherokee. La madre adoptiva de Billie murió en 2008 y fue cremada en un sagrado ritual de entierro Apache al que Billie pudo asistir. El padre adoptivo aún vivía en el momento de escribir este artículo, pero no le estaba yendo muy bien en la salud.

A la edad de cinco años, Billie recuerda haber hablado con su hermana cuando estaban en un restaurante con sus padres adoptivos y un hombre cercano exclamó con gran sorpresa a sus padres,

"¿Sabes lo que tus hijos están diciendo allá, en su comunicación? ¿Sabes que tus hijos están hablando entre ellos en un idioma extinto? ¡Soy profesor de lenguas antiguas en la Universidad de Texas (en Austin) y sus hijos se hablan entre sí en la extinta lengua lemuriana!"

Entre las características inusuales que Billie y su hermana tenían era que nacieron con órganos masculinos y femeninos. Eran, de hecho, hermafroditas. Pero Billie más tarde fue hecho hombre por su padre adoptivo, a quien le extrajeron y cosieron sus órganos femeninos, dejando sus órganos masculinos intactos. Como resultado, hoy Billie habla con una voz masculina profunda y es bastante fuerte. Lamentablemente, Billie admite que su padre adoptivo era un pedófilo que molestaba a Billie a una edad muy temprana de manera regular, e invitó a uno de los hermanos a que la molestara también, hasta que Billie les contó a algunos de sus compañeros de clase en la escuela a la edad de 10 años. El padre adoptivo ponía pastillas para dormir en la bebida de su esposa a la hora de la comida para que ella se durmiera mientras él subía a la habitación del ático de Billie para molestar a Billie, donde Billie estaba encerrada la mayor parte del tiempo. Cuando el padre adoptivo se enteró de que se había corrido el chisme de lo que estaba haciendo a la escuela, inmediatamente dejó de molestar a Billie y lo llevó al hospital de la Fuerza Aérea de los EE. UU. Hizo que le cerraran la vagina y le extrajeran los ovarios y el útero. Con la extirpación de los órganos femeninos, a partir de entonces, Billie se convirtió solo en hombre. El padre adoptivo hizo que Billie se vistiera con ropa masculina. Para este abuso, el padre adoptivo pasó un tiempo en la cárcel y luego la Fuerza Aérea sacó a Billie de esa familia y se la colocó con otra familia india cerca de Apache Junction, Arizona.

La hermana de Billie se separó de él a la edad de seis años. Ocurrió cuando ambos fueron llevados a una base donde se les realizaron todo tipo de pruebas sobre sus habilidades excepcionales. En un momento dado, Billie decidió que no se podían soportar más pruebas, y así, con solo un control mental, Billie creó el caos en las lecturas de las pruebas. Poco después, el padre adoptivo de Billie vendió a la hermana de Billie a otro Sargento de la Fuerza Aérea por $ 1 millón de dólares.

El ejército les dijo que la hermana había muerto más tarde en las pruebas que le habían hecho, pero Billie más tarde se enteró de que no había muerto, pero que la llevaron a una base subterránea para realizar más pruebas, y poco después los de la Tierra Hueca la llevaron a nuestra Tierra Hueca por un platillo volador que la rescató de sus captores militares.

Poco después de que el padre adoptivo saliera de la cárcel, Billie regresaba a casa de una actividad de escultismo con un amigo, y cuando se acercaban a su casa en el campo, Billie quería tomar un atajo a través de un campo de maíz, pero el amigo continuó en el camino por miedo a caminar por los tallos de maíz. Después de pasar por el campo de maíz, Billie se acercaba a su casa cuando un hombre de uniforme le gritó en su teléfono celular: *"¡Hemos encontrado a Billie! ¡Cancele la búsqueda!"*

Billie se preguntó qué estaba pasando. Los padres querían saber dónde había estado Billie durante los últimos seis meses, y Billie respondió: *"¿Qué quieres decir? Acabo de volver de escultismo con mi amigo."* El amigo que vivía en la casa de al lado se había apresurado ante la conmoción y comentó: *"¡Pero eso fue hace seis meses!"*

Así que el padre adoptivo llevó a Billie a la base militar, y se realizó una sesión hipnótica para ayudar a Billie a recordar lo que había sucedido en el tiempo que faltaba.

Con la ayuda de la regresión hipnótica, Billie recordó lo que había sucedido esa tarde de verano cuando regresaba a casa con su amigo de la actividad de escultismo. Cuando Billie había caminado por el campo de maíz, había notado una estrella brillante que parecía volverse más y más brillante hasta que una forma metálica redonda era visible. Cuando se acercó, Billie pudo ver que tenía unos 150 pies de diámetro y parecía una nave espacial platillo volador. Una extraña, pero calmante, suave música angelical provenía de ella y una agradable voz preguntó: *"Billie, ¿te gustaría hacer un viaje con nosotros en nuestro nave?"* Billie respondió que eso sería divertido, e inmediatamente comenzó a flotar en el aire hacia la nave y fue llevado a bordo.

Los ocupantes del platillo volador eran muy amables, pero de estatura muy grande. Había varios miembros de la tripulación, pero un hombre y una mujer atendían a Billie. La mujer medía unos 10 pies de altura y el hombre unos 13 pies de altura. Billie les comentó que eran personas muy altas y grandes. Dijeron que Billie era una persona muy perceptiva y le preguntaron cómo le iba en la geografía en la escuela. Billie les hizo saber que recibía solos "A's" en la escuela, e incluso reconocía los lugares por los que volaban. Mientras volaban sobre la capital de cada estado en el camino hacia el norte, Billie reconoció y nombró las diferentes banderas estatales. Cuando llegaron a Canadá, donde Billie había estado en Calgary en un viaje durante la Estampida de Rodeo de Calgary con un hermanastro, Billie reconoció la ciudad.

Mientras el platillo volador volaba sobre el Ártico, a Billie le preguntaron qué veía y dónde estaban. Billie dijo que había hielo y nieve, pero no sabía dónde estaban. Le dijeron a Billie que estaban volando sobre el norte de Canadá y pronto estaban sobre el Océano Ártico cubierto de témpanos de hielo. La nave luego voló a través de un gran agujero en el Océano Ártico hacia el interior de la tierra, donde pudieron ver un sol interior brillando y muchas ciudades en la superficie interior del planeta. Allí Billie vivió con ellos durante seis meses. Mientras estaba allí, Billie conoció a muchas personas que habían desaparecido de la superficie de la tierra, como los pilotos perdidos en el triángulo de las Bermudas. Ahora eran grandes en estatura. Después de vivir en la tierra por un tiempo como resultado de la menor gravedad allí, Billie dice que esto permite que las personas que viven allí crezcan en estatura. Allí, Billie también volvió a encontrarse con su hermana, quien le dijo que en seis meses lo enviarían a Billie de regreso al mundo de la superficie. Después de los seis meses de estadía en la Tierra Hueca, Billie fue devuelto a Tejas y fue dejado en el campo de maíz sin ningún recuerdo del viaje.

La Fuerza Aérea más tarde removió a Billie de la familia Woodard a los 13 años y fue adoptado por la familia Henderson, pero sin cambio de nombre, y ahora vivían cerca de Apache Junction, Arizona. Henderson trabajó para los militares, pero no era un militar. En ese tiempo, Billie asistía a la escuela de la Reserva Apache en un autobús escolar y se graduó de la Escuela Secundaria en la Reserva Apache en su programa de superdotados avanzados a una edad temprana.

Después de que Billie se graduó de la escuela secundaria, y después de esperar un par de años, el nuevo padrastro firmó una aprobación para que Billie se uniera a la Fuerza Aérea. Entonces, después de un entrenamiento básico de 8 semanas, y luego un entrenamiento avanzado durante 6 semanas, Billie firmó un acuerdo para estacionarse en Hawai, pero en cambio fue trasladado al Pentágono y le dijeron que la siguiente asignación era una instalación secreta en el desierto de Nevada conocida como Área 51, y que el rango actual de teniente no era suficiente para esa asignación y por lo tanto fue adelantado a la comisión de campo del coronel.

De camino al Área 51, abordaron un avión con cuatro motores en la Base de la Fuerza Aérea Nellis cerca de Las Vegas, Nevada. Era por la mañana cuando abordaron el avión y Billie notó que todas las ventanas estaban ennegrecidas para que no pudieran ver fuera del avión. Poco tiempo después aterrizaron y salieron del avión en el Área 51. Para Billie, parecía que era de noche. Billie comentó por qué estaba tan oscuro y por qué no podían ver estrellas. A Billie le dijeron que estaban dentro de una montaña. Subieron a un vagón del personal y pronto comenzaron a descender en una inclinación de 45 grados, lo cual fue algo alarmante. Pronto, el automóvil llegó a otro nivel y a Billie le ordenaron salir y entrar en un edificio, y quitarse toda la ropa. Pronto una niebla rosa llenó la habitación. Era algún tipo de rutina de descontaminación.

Con un nuevo conjunto de ropa puesto, subieron el vehículo por otra pendiente empinada a otro nivel muy por debajo del nivel anterior y se les dijo que entraran en otro edificio donde una neblina azul esta vez llenaba la habitación para otro tipo de descontaminación. Billie recibió un uniforme nuevo que tenía un logotipo de triángulo con los números 51 en él. Fuera del parche había otro círculo con las palabras *"Proyecto Negro"* y en la parte inferior del círculo las palabras *"Sumo Secreto."*

Luego subieron a un elevador y bajaron a otro nivel. El elevador descendió tan rápido que casi no pesaban. Pronto se desaceleró y se detuvo, y cuando se abrieron las puertas del elevador, estaban mirando a una pequeña ciudad subterránea con gente caminando aquí y allá. Se encuentra en el nivel décimo. Parecía tan brillante como la luz del día, como una pequeña ciudad en el mundo de la superficie, excepto que no podían ver muy lejos. Había un orbe parecido a un sol en el cielo y por encima de eso estaba completamente negro. Las viviendas de Billie estaban en este décimo nivel.

414

Billie fue luego llevada a una oficina asignada en el sexto nivel en Archivos y relevó al oficial de servicio anterior, quien comentó que estaba feliz de irse. Billie le preguntó: *"¿Por qué?,"* Pero él solo se encogió de hombros y dijo que ya había tenido suficiente. Dijo: *"Pronto descubrirás por qué solo por que quiero salirme de aquí y por qué me alegro de irme."* Billie se sentó en el escritorio y miró a través de los archivos y carpetas en el escritorio. Los archivos y carpetas fueron clasificados como documentación que los militares han reunido a lo largo de los años de Nuestra Tierra Hueca. Entre los documentos, Billie pudo estudiar un documento de 35 páginas sobre los viajes del almirante Ricardo E. Byrd a Nuestra Tierra Hueca a través de las aperturas de los polos norte y sur. Billie recuerda claramente leer las coordenadas exactas de la apertura del polo norte que conduce a Nuestra Tierra Hueca. Un día después, un oficial de mayor rango vino y dijo: *"Su presencia se solicita en un nivel inferior. Se le pidió por su nombre."*

Luego llevaron a Billie a otro nivel inferior que se abría a un túnel donde esperaba un tren de enlace. Los nuevos asistentes que saludaron a Billie eran muy altos, uno era masculino y el otro era femenino. Parecían ser gigantes comparados con la altura de Billie de 5'11". Eran similares a los que habían llevado a Billie en el platillo volador a la edad de 12 años. Saludaron a Billie en inglés de manera agradable e invitaron a Billie a subir al tren del transbordador. Cuando Billie preguntó dónde irían, dijeron: *"Telos,"* una ciudad sagrada de Lemuria debajo de Mt. Shasta, California, donde Billie se encontró con su gran líder el Sumo Sacerdote Adama y su esposa, Raia y le dieron un recorrido por su ciudad subterránea.

A lo largo de los próximos 11 años y medio, Billie viajó tres veces a nuestra Tierra Hueca en un transbordador a través de túneles subterráneos y, posteriormente, también a muchas otras ciudades subterráneas ubicadas en la corteza terrestre. Dos viajes a nuestra Tierra Hueca en el transbordador eran asuntos oficiales entre nuestro militar y los pueblos de la Tierra interna. El tercer viaje no fue un asunto oficial, pero fue un viaje especial que hizo Billie para advertir a los pueblos de la Tierra Hueca que era inútil tratar de influir en nuestros militares para que se convirtieran en pacíficos. En ese momento, Billie solicitó permiso para permanecer en la Tierra Hueca, pero no otorgaron permiso. Le dijeron a Billie que tenían una misión para que Billie llevara a cabo en el mundo de la superficie. Esa misión es permitir que los pueblos de la Tierra exterior sepan de la existencia de Nuestra Tierra Hueca; también que los pueblos de la Tierra Hueca quieren ser conocidos, y que son un pueblo pacífico. Cuanto más conozcan los pueblos externos sobre la Tierra hueca y los pueblos pacíficos que viven allí, más éxito tendrán en que serán aceptados por los terrícolas exteriores cuando los pueblos de la Tierra hueca decidan emerger abiertamente con los pueblos de la Tierra del superficie.

Billie dice que Agharta es una ciudad de las cavernas y que hay dos ciudades de Shambhala: una en una ciudad de las cavernas y otra en el interior hueco. La misión de Billie era interactuar con los pueblos de la Tierra Hueca e informar todo lo aprendido a los superiores en la Fuerza Aérea. Billie tomó muchas fotos y documentó meticulosamente todo lo que vio y escuchó, y fue interrogado completamente después de cada viaje por nuestro militar.

De lo que Billie aprendió, la gente de la Tierra Hueca había estado interesada en tratar de convencer a nuestros militares para que detuvieran su comportamiento agresivo, así como sus pruebas atómicas, que envenenaban la atmósfera en la Tierra y que podían dañar a las personas en el interior y en el exterior superficie del planeta. Finalmente, Billie convenció a la gente de la Tierra Hueca de que era inútil intentar que los militares y nuestro gobierno cambiaran su comportamiento agresivo. Fue una pérdida de tiempo les dijo. Billie sugirió a las personas de la Tierra Hueca que comiencen a interactuar y contactar a la población civil de la Tierra exterior, si querían ver un verdadero cambio en la Tierra. Los contactos de Billie estuvieron de acuerdo y dijeron que comenzarían a hacer más contactos civiles en el futuro.

Billie dice que en otros viajes dentro de los sistemas de túneles visitó muchas ciudades cavernosas y muchas ciudades del interior de la tierra. Billie dice que hay túneles hechos por las máquinas de taladro del Corporación Rand, que no están tan bien hechos como los túneles de las personas de la Tierra Hueca. Hay túneles hechos por la gente de la Tierra Hueca, y túneles hechos por ciudades cavernosas de otras razas que viven bajo de la tierra, y aún hay otros túneles antiguos hechos por las civilizaciones antiguas de la Atlántida que estaban ubicadas en el Océano Atlántico, y Lemuria, que fue un continente del Pacífico llamado Mu que ahora está sumergido.

De esos túneles hechos por los gobiernos de la superficie, los túneles se unen a todas las ciudades capitales del mundo donde los líderes de los gobiernos pueden encontrar asilo en caso de guerra o desastre natural. Hay muchos complejos de este tipo que existen en todas las ciudades principales de los Estados Unidos, con el mismo propósito, pero que los gobiernos han preparado solo para la sobrevivencia del gobierno, no de la población civil, en preparación para el paso cercano de un cometa tamaño planeta que causará vientos muy fuertes, terremotos y tsunamis.

Después de visitar Telos, la ciudad lemuriana debajo del monte Shasta, Billie fue llevada de vuelta al Área 51. Más tarde, Billie fue llevado en un transbordador de túnel a la tierra hueca.

Billie dice que la cáscara de la tierra tiene un grosor de 800 a 850 millas, y que el centro de gravedad está aproximadamente a medio camino entre las superficies exterior e interior de la cáscara de la tierra, y que la gravedad de la superficie interna es un poco menos de un tercio la gravedad de la superficie exterior que permite la mayor estatura de las personas de la Tierra Hueca, o cualquier persona de la superficie que vaya a la Tierra Hueca y permanezca allí durante un período de tiempo.

Billie dijo que la Tierra Hueca tiene un sol interior que da luz para la fotosíntesis de vida a los pueblos, animales y plantas gigantes de la Tierra Hueca, y que el país de la Tierra Hueca es el lugar más hermoso, armonioso y pacífico, que incluso los animales son amigables y capaz de comunicarse telepáticamente con los humanos y no son agresivos. NO hay animales que comen carne en la tierra hueca, pero todos comen vegetación en su lugar. La atmósfera interior, dice Billie, es tan saludable que no puede existir ninguna enfermedad allí, y si una persona enferma que viene de la superficie e iría allí, se curaría solo respirando el aire. Antes de llevar a Billie a la Tierra Hueca a los 12 años, Billie tenía enfermedades menores de la infancia, como resfriados y amigdalitis, pero cuando lo llevaban a la tierra hueca, el sistema inmunitario de Billie estaba fortalecido a un estado más saludable. Desde entonces, la salud de Billie se ha deteriorado un poco debido a que vive nuevamente en la superficie debido a la contaminación aquí, pero sabe que una vez que regrese a su hogar en la Tierra Hueca, su sistema inmunitario volverá a un estado completamente saludable.

Cuando Billie llegó a la superficie interior de la Tierra Hueca, emergieron de la estación del transbordador en la ciudad de Eden, la capital de la Tierra Hueca, la ciudad principal de la Tierra Hueca. Está construido alrededor del Jardín del

Edén original en la meseta de montaña más alta del continente interior. Billie estima que está ubicado bajo del estado de Arkansas o cerca. Billie dice que el mundo dentro de nuestra tierra tiene un continente y un océano, pero que hay más tierra dentro de la tierra que en la superficie exterior.

Billie está completamente de acuerdo con la historia de Olaf Jansen, que eran pescadores noruegos que navegaron a través de la Apertura Polar del Norte, al noreste de Franz Josef Land, en 1829, y que la tierra hueca es exactamente como lo describió Olaf en su libro, EL DIOS HUMOSO, porque Billie ha estado allí y visto cómo es.

En Edén, Billie fue llevada ante el Rey del Mundo, que también es el Gran Sumo Sacerdote de toda la tierra, a un hermoso palacio de tipo pirámide donde el Rey estaba sentado en su gran trono de mármol. Billie estuvo acompañado por el Coronel McCloud de la Fuerza Aérea (y en otra visita posterior con un Coronel Stevenson) y fue entrevistado por el Rey del Mundo Interno quien hizo muchas preguntas sobre nuestro mundo exterior, nuestro gobierno y el ejército de los Estados Unidos y lo que estaban haciendo. Al regresar al Área 51, Billie fue interrogada por completo y documentó minuciosamente todo lo que aprendió en Nuestra Tierra Hueca.

Billie relató un momento durante los años que estuvo en el militar cuando se le ordenó que volara un platillo volador en el Área 51, conocido como la Nave de Deportes, la misma nave que Bob Lazar vio en el Área 51. Un copiloto alienígena le dio instrucciones a Billie sobre cómo volar la nave y acompañó a Billie en vuelos de prueba sacados por la noche. Cuando le asignaron al Área 51, a Billie le habían dicho que no vería la luz del día mientras prestaba servicio allí. Volaron sobre Las Vegas durante la noche. También volaron sobre otras ciudades y jugaron con aviones militares que fueron rastreados para perseguir a su platillo volador. Pudieron volar en círculos alrededor de los aviones militares. Billie dijo que la nave volaba colocando las manos en hendiduras en el panel de control que tenían forma de manos. Inmediatamente después de colocar las manos, Billie tenía el control completo de la nave con solo comandos de pensamiento. Si Billie quería ir en cualquier dirección, solo tenía que pensar en ir en esa dirección y la nave respondió de inmediato. La nave podría hacer giros en ángulo recto a velocidades muy altas y volar cualquier patrón, todo sin efectos de fuerza g. Nuestro ejército ha estado construyendo este tipo de nave durante algún tiempo. Billie dijo que tenían alrededor de 67 platillos voladores construidos por nuestros proyectos militares negros y alojados en ese momento en el Área 51.

Billie también contó cómo los muchos niños desaparecidos que han sido desplazados (como se ve en los cartones de leche) cada año en los Estados Unidos son llevados al Área 51, donde los proyectos militares negros los están transformando en entidades biológicas programadas para que parezcan alienígenas híbridos. Su plan es utilizar los platillos voladores que están construyendo y las entidades híbridas que están diseñando genéticamente de nuestros hijos para organizar una invasión extraterrestre desde el espacio para que todo el mundo se someta a un gobierno mundial en defensa de los extraterrestres que han creado. Cuando se le mostró esto, Billie se sintió tan disgustada con los proyectos militares negros que decidió no tener nada más que ver ellos y decidió abandonar el ejército.

Al dejar el ejército, Billie fue dado de baja de la Fuerza Aérea en la base de la Fuerza Aérea de Sewart, que ahora es el Aeropuerto de Smyrna, Tennessee, interrogado en su instalación subterránea de desprogramación, y por orden de sus superiores, los archivos militares de Billie fueron sellados SIN NINGÚN acceso. Billie ha intentado muchas veces obtener un registro de su servicio militar, pero se le dice que esos registros están sellados, que nadie puede verlos. Los superiores del ejército le dijeron a Billie que no hablara ni hablara con nadie de ninguna misión militar. Sin embargo, Billie les dijo: *"Ya no trabajo para ti, así que haré lo que quiera."* Por eso, la pensión militar de Billie se retiró y hoy vive en Sparks, Nevada, con discapacidad del Seguro Social.

A lo largo de los años, Billie se casó y tuvo tres hijos que ahora han crecido. Los primeros dos hijos fueron hijos de la primera esposa, una policía militar del Ejército, estacionada en el Área 51. Estuvieron 5 años juntos. Más tarde, esa esposa fue a trabajar para el FBI y así pudo verificar los registros militares de Billie. Billie se ha casado tres veces, pero ahora está divorciado. Se casó con la segunda esposa después de ser dada de baja del ejército. Era una india Cherokee, hija del jefe y se casaron en la reserva Cherokee. Billie tuvo una hija con esta esposa. El último matrimonio fue en Seattle con un investigador de OVNIs MUFON que duró desde 1990-1996.

En agosto de 1986, Billie se fue a vivir a Alaska buscando la manera de ir a la Tierra Hueca para volver a casa. Allí, Billie atrajo a varias personas para volar como un equipo de expedición en un intento de llegar a la Tierra Hueca mediante la contratación de un piloto de caza para llevarlos través de la Apertura Polar del Norte. Billie organizó un servicio de vuelo desde Fairbanks, Alaska, para llevar a los miembros de su expedición en un hidroavión de Marina Albatros fuera de servicio, que es un hidroavión de dos motores con fondo de barco. Era el mismo tipo de hidroavión que la Guardia Costera usa con frecuencia hoy en día, como se ve en el programa de televisión Isla de Fantasía. Billie le pidió al piloto que los llevara a ciertas coordenadas en el Ártico a 87.7 N Lat., 142.2 E Lon que Billie había aprendido del archivo del Almirante Byrd en el Área 51.

El piloto estaba preocupado por la forma en que aterrizarían en el hielo, pero Billie le aseguró que habría mar abierto en el Océano Ártico cuando llegaran a esas coordenadas. El piloto acordó llevarlos a esas coordenadas, aterrizarlos en el agua y dejarlos, y que él regresaría por ellos en un momento determinado en las próximas tres semanas. Tomaron algunos botes inflables de motor que usarían para continuar su viaje desde ese punto en adelante a través de la apertura polar.

Desafortunadamente, antes de despegar de Point Barrow, Alaska, uno de los miembros de la expedición que era corresponsal del periódico Los Tiempos de Nueva York, hizo una llamada telefónica a su oficina en Nueva York y Billie cree que ellos alertaron al militar de su vuelo hacia el norte.

Cuando llegaron lo suficientemente cerca de la apertura polar y pudieron ver los rayos de luz del sol interior brillando desde el océano, el piloto estaba sorprendido y muy asustado y se preguntó qué estaba pasando ya que podían ver el sol exterior brillando detrás de ellos también. Billie le aseguró que no había nada que temer, que estaban mirando el núcleo de la tierra brillando a través de una apertura polar en la tierra. Pero antes de que pudieran aterrizarse en el agua y partir en sus botes inflables, fueron interceptados por dos aviones de combate desde la Base de la Fuerza Aérea de Alerta, en la costa norte de la isla de Ellesmere, Canadá.

La radio del avión crepitó y se oyó una voz que decía:

"Este es el teniente coronel Travis del equipo de intercepción de la Base de Alerta de la Fuerza Aérea de los EE. UU. que le ordena que dé vuelta a su avión INMEDIATAMENTE y lo acompañe a la Base de la Fuerza Aérea de Eielson, Alaska, O ¡ESTARÁ TERMINADO! Tiene 5 minutos para cumplir."

A regañadientes, comenzaron a dar la vuelta. Al mismo tiempo, mirando a través de la vista frontal de la aeronave, de repente vieron aparecer tres discos brillantes - platillos voladores - delante de ellos.

La radio volvió a sonar, y otra voz salió por la radio diciendo:

"Billie, estamos aquí para darte la bienvenida a nuestro dominio, ya que intentaste ingresar. Lo sentimos. No lo lograrás esta vez. Sin embargo, itu próximo viaje TENDRÁ éxito! ¡Auf Wiedersehen!"

Y entonces, los tres platillos voladores de repente simplemente se apagaron.

En lugar de desobedecer las órdenes y ser terminados, decidieron dar la vuelta al avión y hacer lo que sugería el piloto de la Fuerza Aérea de los EE. UU. Volvieron sobre su camino de regreso a Alaska, donde se les ordenó aterrizar en la Base de la Fuerza Aérea Eielson, al sureste de Fairbanks, Alaska. Allí fueron puestos bajo luces brillantes e interrogados y ejercitados por varios agentes del FBI y la Agencia de Seguridad Nacional. Querían asegurarse de que no fueran terroristas o afiliados a ningún gobierno extranjero. Pero después de que se dieron cuenta de que eran inofensivos, fueron liberados y recibieron una severa advertencia de que no le contaran a nadie lo que vieron en este viaje, y si intentaran ese viaje nuevamente, no habría ninguna advertencia la próxima vez y se les daría por terminados.

Billie dice que muchas, si no la mayoría de las personas en Alaska, han ido allí con la esperanza de ir a Nuestra Tierra Hueca. Entre las personas interesantes que Billie conoció en Alaska se encontraba un retirado de la Fuerza Aérea Coronel Jackson de Talkeetna, Alaska, que le dijo a Billie que en muchos de sus vuelos al Ártico desde la base de la Fuerza Aérea Eielson, cerca de Fairbanks, Alaska, vio la Apertura Polar del Norte y observaba que muchos platillos voladores entraban y salían de allí como abejas de una colmena. Billie también cuenta de otro contacto que hizo en Talkeetna que era un radioaficionado e intentaron muchas veces mandar un rayo de radio hacia la tierra hueca desde un satélite de la Tierra Hueca que parece como una roca gigante que está suspendida sobre la Apertura Polar del Norte para ver si podían hacer contacto con los pueblos de la Tierra Hueca de esa manera. Billie dice que una noche, después de que su amigo se había acostado, finalmente pudo establecer contacto por radio con las personas de la Tierra Hueca con su equipo de radio.

Billie dice que cuando su hermana gemela, Zuria, fue llevada por la fuerza a una base subterránea a la edad de 10 años, para probar sus habilidades, descubrió que querían diseccionar su cuerpo para ver si podían averiguar por qué tenía tales increíbles capacidades y características. Luego hizo un llamado de telepatía mental a la Tierra Hueca para que la ayudara y vinieron en uno de sus platillos voladores. En una rara ocasión en que se le permitió salir a la superficie, el platillo volador parpadeó a la visibilidad y antes de que sus captores pudieran agarrarla, y fue llevada a casa a la Tierra Hueca. Ella está esperando que Billie regrese allá.

Billie también está ansioso por regresar a casa a Nuestra Tierra Hueca pronto.

Rodney M. Cluff

EXPOSICIONES

Mares de Roca Fundida, Continentes Semisólidos Reportado sobre el Núcleo de la Tierra

Comentario sobre un Artículo en LA REPÚBLICA DE ARIZONA, Phoenix, Arizona del jueves 10 de diciembre de 1987

El informe de La Prensa Asociada de San Francisco, publicado en el periódico La República de Arizona del jueves 10 de diciembre de 1987, describió una nueva investigación sobre el límite entre el núcleo de la Tierra y el manto de roca superpuesto que indica que el límite *"puede ser una versión al revés de la superficie del planeta."*

Basados en el análisis computarizado de las ondas sísmicas generadas por los terremotos, los mapas borrosos de este límite muestran montañas tan altas como el Monte Everest asomando al manto y valles seis veces más profundos que el Gran Cañón. Los mapas y estudios indican que hay dos capas entre el núcleo de la tierra y el manto. Debido a que estas capas son como imágenes al revés de los continentes y océanos en la superficie del planeta, Brad Hager, del Instituto de Tecnología de California y otros, los llama *"anti-continentes"* y *"anti-océanos."* Curiosamente, se informó que la capa anti-océano yacía sobre las montañas del núcleo, no en los valles entre las montañas. Se informó que la siguiente capa desde el núcleo consistía en los anti-continentes.

Los científicos describen los anti-océanos como compuestos de hierro fundido y roca, los anti-continentes como *"semisólidos"* y las montañas hechas de hierro fundido. Sin embargo, no explican cómo se puede tener océanos, continentes, montañas y valles hechos de hierro fundido en el límite del núcleo de la Tierra.

En realidad, los datos describen la superficie interna de Nuestra Tierra Hueca mucho mejor que la teoría del interior fundido. La profundidad de 1,800 millas que los científicos indican es que la distancia al límite del núcleo exterior de la tierra es una mala interpretación. En realidad, es la distancia que toman las ondas sísmicas para rebotar desde el límite del núcleo externo.

424

Las ondas sísmicas P de compresión son esencialmente ondas sonoras. Mi estimación de la densidad de la capa interna de la tierra es de 19.68 g / cc, que es cercana a la densidad del oro (19.3), mientras que las rocas superficiales tienen una densidad mediana de 2.7 g / cc, que es la densidad del aluminio. Las ondas de sonido viajan a través del oro a 2.01 millas por segundo y el aluminio a 3.93 millas por segundo para una velocidad promedio de 2.97 millas / segundo. Una onda sísmica de la superficie externa que rebota desde la superficie interna de Nuestra Tierra Hueca, que se encuentra a unas 800 millas, sería aproximadamente 9 minutos, que es aproximadamente el tiempo que se estima que tomarán las ondas sísmicas para alcanzar el lindero del núcleo exterior de la Tierra en el modelo de la ciencia ortodoxa, pero que en el modelo de la Tierra Hueca sería la distancia a la que la onda sísmica viaja desde la superficie exterior de la Tierra hasta el límite del núcleo externo y de regreso a la superficie.

Los científicos informaron que los anti-océanos se encuentran encima de las montañas del núcleo y no en los valles entre las montañas. Esta incongruencia para una superficie interior se resuelve si este diagrama se invierte, donde los valles se llaman montañas y los valles montañas. Luego, los anti-océanos encima de las montañas se convierten en océanos en la base de las montañas. Los anti-continentes serían entonces correctamente la superficie interior del planeta, con los anti-océanos descansando en esa superficie, con montañas y continentes sobresaliendo de ese océano hacia el centro de la tierra para completar la superficie interior de nuestro planeta hueco.

Con esta imagen sísmica, ahora se han detectado los continentes y océanos, valles y montañas en la superficie interna de Nuestra Tierra Hueca, pero solo era necesario etiquetarlos correctamente para describir la superficie interna de Nuestra Tierra Hueca.

El Sumo Secreto del Mundo: ¡Nuestra Tierra ES Hueca!

E20   THE ARIZONA REPUBLIC   THURSDAY, DECEMBER 10, 1987

Molten-rock seas, semisolid conti

The Associated Press

SAN FRANCISCO — The boundary between the Earth's molten-iron core and the overlying rock mantle may be an upside-down version of the planet's surface, a place where continents of semisolid rock drift atop oceans of molten iron and rock, studies suggest.

"There are the equivalent of oceans of molten rock (and iron) at the core-mantle boundary," with a continent-like layer of mostly solid but flowing rock floating above them, according to California Institute of Technology geophysicist Brad Hager.

The new research, which Hager and other scientists outlined this week at the American Geophysical Union's annual meeting, further complicates the traditional, simplistic picture that Earth's thin crust surrounds a thick, solid-rock mantle, which in turn surrounds a molten-iron core.

At last year's Geophysical Union meeting, scientists from Harvard University and Caltech announced that they used computer analysis of seismic waves generated by earthquakes to make blurry maps of the Earth's interior, much like X-rays in CAT scans make pictures of the inside of the human body.

The crude maps showed that the core isn't a smooth sphere, but has molten-iron mountains as tall as Mount Everest poking into the mantle, and valleys six times deeper than the Grand Canyon.

The latest maps and related studies suggest there are two other layers trapped above the liquid-iron core and below the solid-rock mantle, at a depth of roughly 1,800 miles beneath the Earth's surface, said Don Anderson, director of Caltech's seismology laboratory.

Because these layers are like an upside-down image of continents and oceans on the planet's surface, Hager and other scientists call them continents and oceans or

nents reported above Earth's core

sometimes "anti-continents" and "anti-oceans."

"The boundary between the hot, molten-iron core and the rocky mantle is like what happens in a blast furnace," where various materials settle or rise, depending on their density, Anderson said.

Molten iron is most dense, forming the Earth's core. A lighter mix of molten rock and iron rises to form the oceans, or anti-oceans, atop the core's mountains, not in the valleys between the mountains. The next layer up consists of the semisolid underground continents, or anti-continents, which are less dense than the molten oceans.

Above it is the solid mantle, which is cooler and consists of even-less-dense rock. Continents and the sea floor in Earth's crust are even less dense.

Anderson said the anti-oceans actually sit on top of the core's mountains because they contain less-dense molten rock as well as molten iron, and the mixture rises out of the liquid-iron core.

When scientists discovered mountains and valleys on the Earth's core, they said friction from sloshing of molten iron across those features might explain why the planet rotates with a slight jerkiness that makes a day five-thou-

sandths of a second longer or shorter than 24 hours every decade.

But studies by Hager and University of Colorado scientist John Wahr showed Everest-sized mountains and valleys at the core-mantle boundary would cause 10 times more variation in day length than actually occurs.

So Hager concluded that molten rock-and-iron oceans above the core's molten-iron mountains would smooth out the roughness of the core-mantle boundary, reducing friction so the variation in the length of a day matches the five-thousandths of a second that actually is observed.

426

Pulsares - Faros del Espacio Profundo

Pulsars, which are neutron stars, are believed to emit beams of light from their magnetic poles. As the stars rotate, the beams move like beacons from a lighthouse

Los púlsares podrían explicarse mejor por la teoría de planetas huecos. Un Pulsar sería un planeta en rotación rápida con sus aperturas polares ubicadas perpendiculares al eje de rotación del planeta (cerca de su ecuador). Los rayos de radiación electromagnética del sol interior del planeta que pasa a través de las aperturas polares luego barrerían el espacio como faros de un faro.

Los Satélites en Órbita Polar de NOAA Tienen una Zona de Exclusión Aérea sobre la Antártida

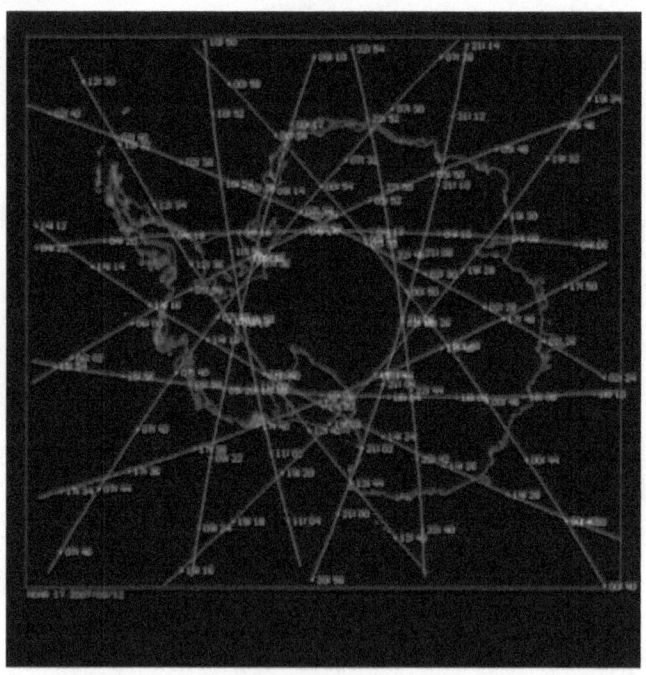

Las trayectorias de satélites en órbita polar sobre la Antártida desde la Administración Nacional Oceánica y Atmosférica (NOAA) (arriba) muestran que hay una gran área sobre el Polo Sur que los satélites de órbita polar no cruzan. Los satélites en órbita polar no cruzan esta zona de exclusión aérea en los polos porque las aperturas polares en la tierra están ubicadas allí. No hay masa en las aperturas polares y un satélite colocado sobre las aperturas perdería su órbita, por lo que no se colocan satélites en órbita sobre las aperturas polares. Esto reduce la ubicación de las aperturas polares dentro de las zonas de exclusión sobre los polos. También se localizó un video que muestra un agujero en las imágenes satelitales debido a la apertura polar aquí:

http://www.youtube.com/watch?v=f6SU_RpHF2o&feature=player_embedded

Piloto de Aerolínea Admite que Existe la Apertura Polar del Norte

Mi amigo Lord Ivars, de Henwick, Worcestershire, Gran Bretaña, una de las primeras personas a las que vendí mi libro hace muchos años, me llamó el otro día y recordamos los momentos que pasamos juntos hablando de la Tierra Hueca. Me contó la ocasión en que conoció a un piloto de aerolínea en un vuelo a su ciudad natal en el estado de Carolina del Sur. Dijo que asentaba a menudo junto a los pilotos de las aerolíneas que estaban obteniendo un vuelo libre vestido en su uniforme y haciéndose pasar como un pasajero. Este piloto resultó tener una historia muy interesante. Lord Ivars, en su forma habitual, se sentó a su lado en este vuelo y comenzó a hacerle preguntas. ¿Para qué aerolínea volaba? Aerolíneas Delta. ¿Había volado alguna vez en el Ártico? ¿Por qué? Sí, muchas veces. ¿Notaste algo inusual ahí arriba? En este punto, el piloto quería saber por qué estaba tan interesado en el Ártico y qué estaba allí. Lord Ivars dijo que estaba muy interesado en algo inusual allí.

Entonces el piloto se abrió y dijo: *"Bueno, si te estás preguntando si existe una apertura polar allí y si la he visto, la he visto. Todos los pilotos de líneas aéreas del Ártico la han visto. Pero estamos bajo órdenes estrictas de parte de los militares a través de nuestra compañía no decirlo a la gente, y si alguna vez le dice a alguien que le dije esto, podría meterme en un montón de problemas. Por supuesto, no podemos volar nuestros aviones sobre el agujero porque sería como ir al espacio."* Haga clic aquí para escuchar a Lord Ivars relatando esta experiencia en video:

https://www.ourhollowearth.com/Pilot_Story.wmv

Una Foto de NORAD muestra la Zona de No Vuelo de Satélites sobre el Ártico

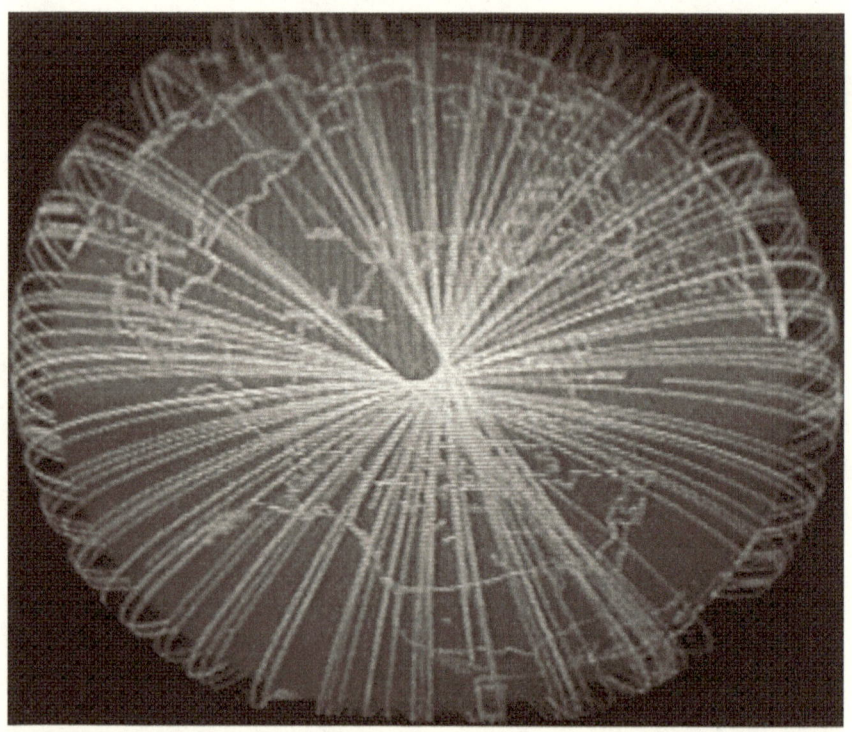

Lord Ivars, que es un consultor de seguridad, también es un guardaespaldas semi retirado que ahora vive en el extranjero, un individuo desconocido que afirma estar en el tipo de trabajo también de seguridad le envió una foto, y aparentemente fue capaz de tomar una foto de esta imagen de una pantalla de computadora (arriba) durante una visita a NORAD.

No se le dio más información a Lord Ivars y nunca más tuvo noticias del individuo. Esta imagen muestra las rutas de vuelo de todos los satélites en órbita polar. Curiosamente, muestra que ninguna ruta de vuelo pasa por el lugar donde determinamos que se ubica la Apertura Polar del Norte, en el lado ruso del polo geográfico.

La Nave Espacial Cassini muestra que la Apertura del Polo Norte de Saturno tiene una Forma Hexagonal

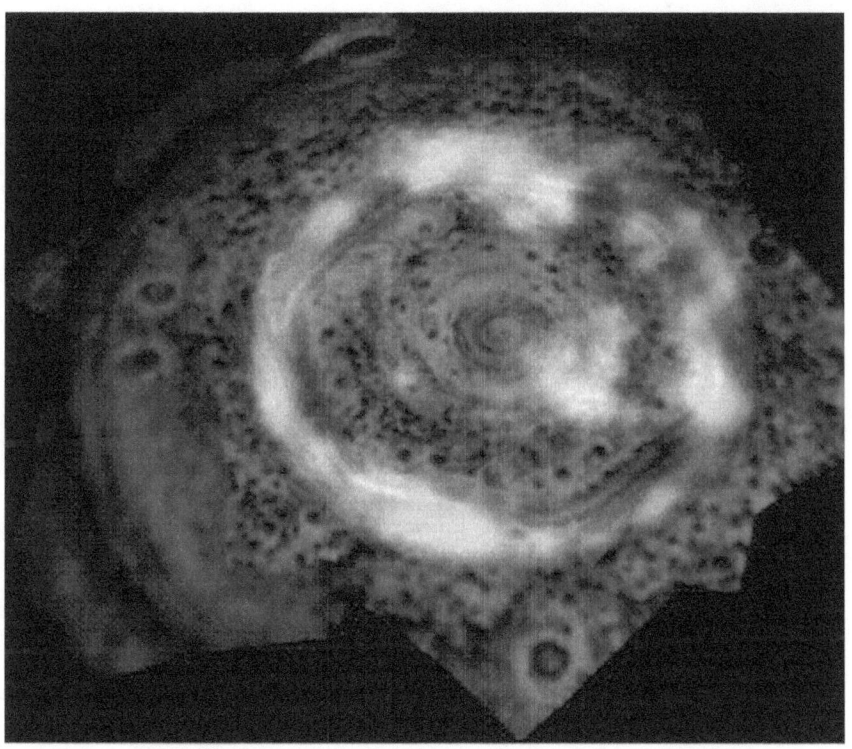

La nave espacial Cassini de la NASA ha capturado una imagen auroral sobre la apertura del polo norte de Saturno (arriba) que desconcierta a los científicos que aún no se han dado cuenta de que la radiación solar que causa las auroras en todos los planetas no se origina en nuestro sol exterior, sino en los planetas mismos desde soles interiores que emanan su radiación solar a través de aperturas polares. Hay cuatro razones por las cuales las auroras no pueden ser causadas por nuestro sol exterior. Primero, el viento solar de nuestro sol exterior no es lo suficientemente poderoso como para iluminar las auroras en ningún planeta, incluida la Tierra. En segundo lugar, el campo magnético de cada planeta evita que el viento solar externo ingrese a la atmósfera e ilumine las auroras.

Tercero, se ha observado que la radiación auroral emana del planeta siguiendo las líneas del campo electromagnético del planeta DESDE el planeta. Cuarto, las variaciones en las pantallas aurorales ocurren en ambos polos al mismo tiempo, lo que indica que la radiación solar que causa las pantallas aurorales se origina en el núcleo del planeta. Además, es el sol interior de cada planeta que crea el campo electromagnético del planeta cuando la caparazón del planeta gira alrededor de su sol interno.

La nave espacial Cassini ha capturado imágenes de la Apertura Polar del Norte de Saturno que parece tener una forma hexagonal. El hecho de que esta forma hexagonal haya perdurado desde que la nave espacial Voyager la fotografió por primera vez hace más de dos décadas indica que es una característica fija de la superficie. Esto ciertamente respalda mi afirmación de que Saturno tiene una superficie sólida con un caparazón, tal vez el 5% de su diámetro y ciertamente no es un planeta completamente gaseoso, como lo supone la ciencia ortodoxa.

Cortos de Película de la NASA
Muestra el Lugar de la Apertura Polar del Sur de la Tierra

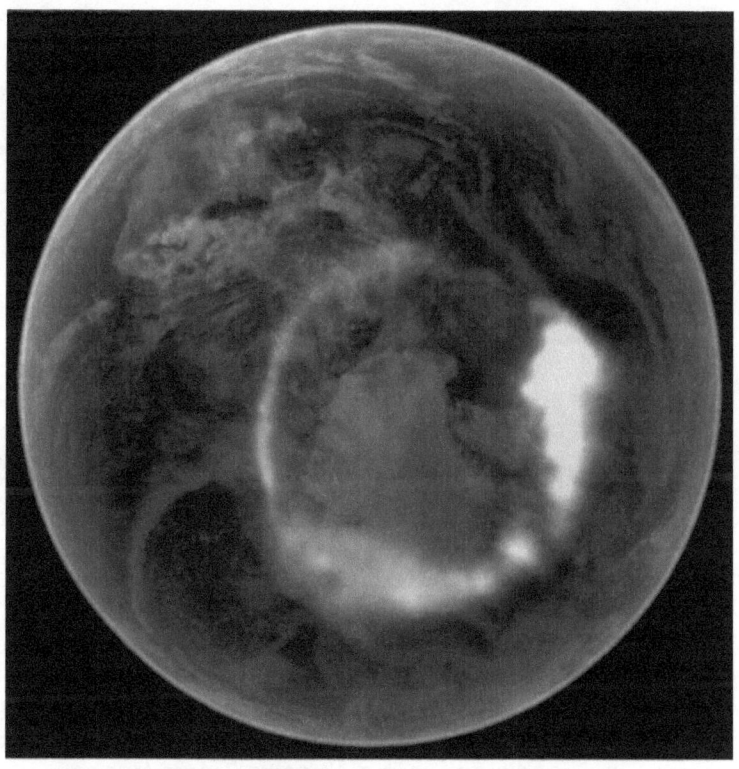

La NASA ha publicado una hermosa imagen de la Aurora Australis desde el espacio. Si observa detenidamente, puede ver un punto oscuro desde donde emana la radiación auroral: el área donde he estimado que se ubica la Apertura Polar del Sur. Aquí se encuentra la película de la NASA de la Aurora Australis que muestra la radiación que emana desde la apertura polar que causa estas luces aurorales:

http://www.nasa.gov/mov/133778main_FUV_640x480.mov

Expedición Viaje a Nuestra Tierra Hueca

Jaime Still, miembro de la expedición (a la izquierda) con Steve Currey

En 2003, Steve Currey, de la Compañía de Expediciones de Provo, Utah, me contactó y me pidió que lo ayudara a preparar los planes para una expedición a Nuestra Tierra Hueca. La nombramos la Expedición Viaje a Nuestra Tierra Hueca. Después de trabajar varios años para reclutar miembros de la expedición, el 1 de mayo de 2006 descubrió que tenía cáncer cerebral con 6 tumores y el 22 de mayo se le informó que era incurable. Falleció el 26 de julio y su funeral se celebró el 1 de agosto de 2006 en Provo, Utah. Posteriormente, en contra de los deseos del lecho de muerte de Steve, su familia canceló nuestra Expedición Viaje a Nuestra Tierra Hueca y devolvió el dinero a los miembros de la expedición después de que se resolvió la legalización de la sucesión. Estábamos muy tristes de escuchar estas noticias fatídicas.

Puede ver el sitio del web de la expedición Viaje a Nuestra Tierra Hueca (que se canceló a la muerte de Steve Currey) en:

http://www.voyagehollowearth.com/

Con el paso de nuestro querido amigo y organizador de la expedición, Steve Currey, los miembros de la expedición se reagruparon y eligieron un nuevo organizador de la expedición: el Dr. Brooks Agnew, físico del PHD, que cambió el nombre de la expedición a La Expedición de la Tierra Interna del Polo Norte.

El Dr. Brooks Agnew

435

Después de trabajar arduamente para promover la nueva Expedición a la Tierra Interna del Polo Norte durante siete años, el 9 de septiembre de 2013, el Dr. Brooks Agnew renunció como líder de la expedición, citando pérdidas a su compañía de automóviles eléctricos, Caros de Motor Vision, (ahora ev-fleet) como la principal razón para renunciar.

Desde entonces he animado a todos hacer el intento de hacer una expedición a Nuestra Tierra Hueca. En julio de 2018, mi esposa y yo fuimos invitados a unirse a una expedición por Andrés Restrepo de Australia, pero desde entonces decidió hacerlo sin publicidad. Y ahora, en enero de 2020, el Dr. Brooks Agnew ha vuelto a publicar su sitio web de su Expedición a la Tierra Interior del Polo Norte y anunció su intención de hacer una expedición a la Apertura del Polo Norte para el verano de 2022.

Una reproducción de video en 3D de la teoría de la Tierra Hueca se puede ver aquí:

http://www.youtube.com/watch?NR=1&v=ubKFmIDBMjU&feature=endscreen

Caídas de Nieve Multicolor en Tres Regiones de Siberia

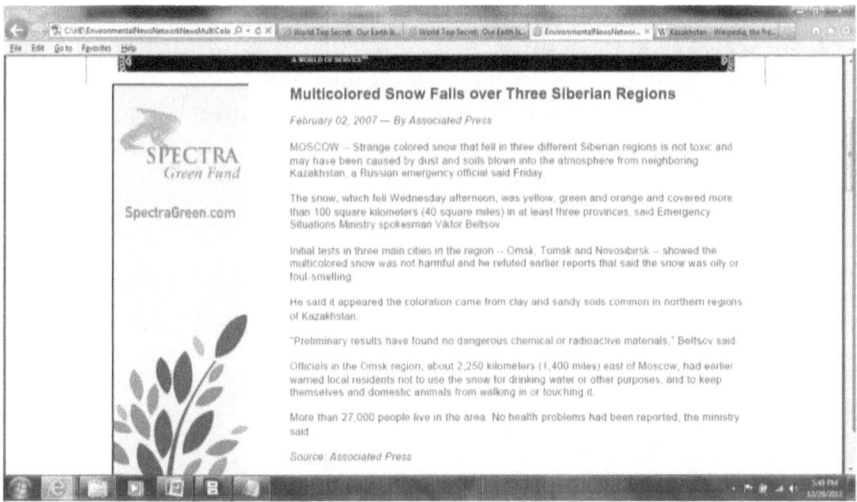

El 2 de febrero de 2007, nieve de multicolores cayó sobre tres regiones de Siberia, según lo informado por la Red de Noticias Ambientales. Esto confirma lo que Olaf Jansen informó en su libro de que el polen de los grandes campos de flores del Continente Interior dentro de la Apertura Polar del Norte a menudo sale a través de la Apertura Polar y caí sobre regiones del norte de la tierra coloreando la nieve de diferentes colores.

Aquí está este noticiero traducido al español:
"Febrero 2, 2007 – Por la Prensa Asociado

MOSCÚ -- La extraña nieve de color que cayó en tres regiones diferentes de Siberia no es tóxica y puede haber sido causada por polvo y suelos arrastrados a la atmósfera desde la vecina Kazajstán, dijo el viernes un funcionario de emergencia ruso.

La nieve, que cayó el miércoles por la tarde, era amarilla, verde y naranja y cubría más de 100 kilómetros cuadrados (40 millas cuadradas) en al menos tres provincias, dijo el portavoz del Ministerio de Situaciones de Emergencia, Viktor Beltsov. Las pruebas iniciales en tres ciudades principales de la región, Omsk, Tomsk y Novosibirsk, mostraron que la nieve multicolor no era dañina y refutó informes anteriores que decían que la nieve era aceitosa o maloliente. Dijo que parecía que la coloración provenía de suelos arcillosos y arenosos comunes en las regiones del norte de Kazajstán. 'Los resultados preliminares no han encontrado sustancias químicas o materiales radiactivos peligrosos,' dijo Beltsov. Los funcionarios de la región de Omsk, a unos 2,250 kilómetros (1,400 millas) al este de Moscú, advirtieron anteriormente a los residentes locales que no usen la nieve para beber agua u otros fines, y que eviten que ellos y los animales domésticos entren o la toquen. Más de 27,000 personas viven en el área. No se han reportado problemas de salud, dijo el ministerio."

La Atmósfera de la Luna Enceladus de Saturno es Creada por la Ventilación desde su Polo Sur

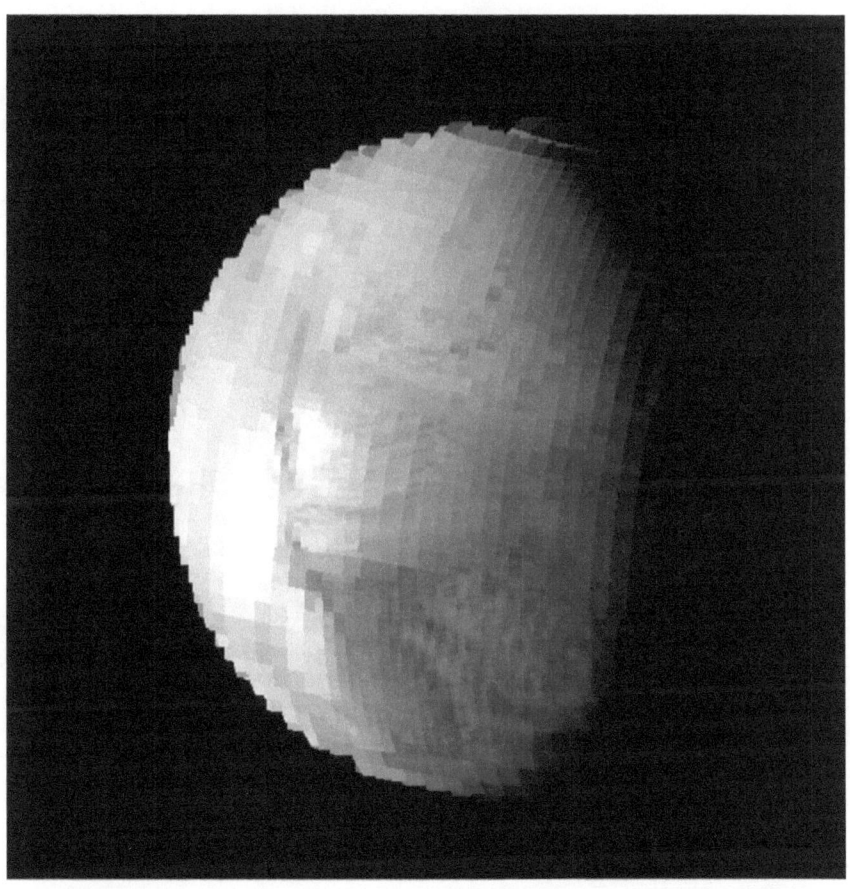

La NASA encuentra evidencia de que la atmósfera de Enceladus (arriba), detectada por primera vez por el instrumento Magnetómetro Cassini, es el resultado de la ventilación desde el polo sur de la luna de vapor de agua caliente, muy probablemente desde la apertura polar sur de esta luna de Saturno.

La Superficie del Sol es Sólida, Indicando que el Sol es una Bola de Cristal Hueca

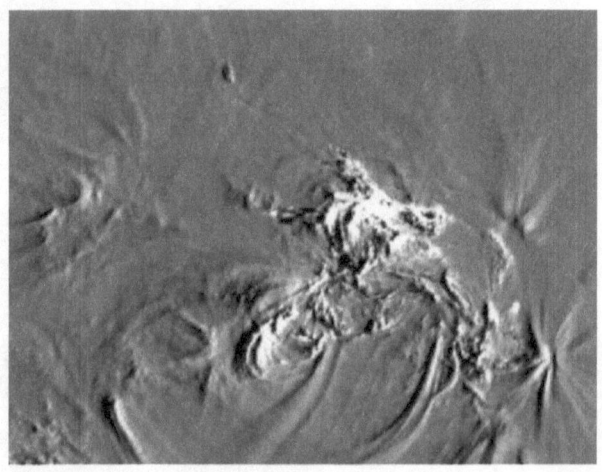

Confirmando que el Sol tiene una superficie sólida es el trabajo científico de Miguel Mozina. La evidencia que presenta en su sitio del web en http://www.TheSurfaceOfTheSun.com

desde observaciones solares con imágenes satelitales son incontrovertibles. Vea un video de un terremoto solar que causa un tsunami en la superficie del sol donde puede ver que la ola pasa sobre una montaña en la superficie del sol:

http://www.thesurfaceofthesun.com/images/vquake1.avi

Esto seguramente significa que el Sol tiene una superficie sólida y, como tal, debe estar hueco porque no puede ser sólido por todo su diámetro. No tiene lo suficiente masa para eso. Mis cálculos son que si el Sol es hueco con un grosor de cáscara del 10% de su diámetro, tendría una densidad la cáscara de 2.86 gm/cc, que es la densidad de vidrio con algunas impurezas. Las escrituras indican que el Sol es una bola de cristal gigante. Quizás, pronto la ciencia confirmará que el Sol también es hueco, con aperturas polares y un núcleo sólido que gira a una velocidad diferente a la de su cáscara, que produce así el fuerte campo electromagnético que se ha observado que tiene el Sol.

Un Punto Caliente Detectado en el Polo Sur de Saturno

Una clara indicación de que Saturno es hueco con aperturas polares es la detección de un punto caliente en el polo sur de Saturno. También hay un punto caliente en los polos de la tierra. Fridtjof Nansen informó en su libro, MÁS LEJANO AL NORTE, en 1894 que un viento del norte invariablemente elevaba la temperatura de su termómetro en el medio del invierno, y un viento del sur lo bajaba. Amundsen en su vuelo de 1926 sobre el Polo Norte en su dirigible reportó un aumento de 10 grados en la temperatura desde Spitzbergen hasta el polo. Obviamente, lo que está sucediendo es que el aire caliente que sale de la apertura polar cerca del polo es lo que está elevando la temperatura en el polo, al igual que lo que ahora se ha detectado en Saturno. El repentino salto de temperatura hacia el polo sur de Saturno es una sorpresa para los científicos, ya que no toman en cuenta la naturaleza hueca de los planetas que contienen soles internos que producen sus auroras y el aire cálido que emana a través de sus aperturas polares. (Esta imagen es en realidad un mosaico de 35 exposiciones individuales realizadas en el Observatorio WM Keck I en Mauna Kea, Hawai, el 4 de febrero de 2004. (Imagen: NASA / JPL))

Las Sagradas Escrituras Indican que las Tribus Perdidas de Israel están DENTRO de Nuestra Tierra

Dr. Clay McConkie, con una B.A. en historia y un doctorado en educación, declara en su libro, LAS DIEZ TRIBUS PERDIDAS, UN PUEBLO DEL DESTINO, que después de un análisis exhaustivo de todas las referencias desde las Santas Escrituras acerca de las Diez Tribus Perdidas de Israel, las Escrituras indican que las tribus perdidas "... *viven actualmente en una localidad no sobre la tierra, sino en algún lugar dentro de la tierra ... "en" ... un área capaz de albergar una civilización relativamente grande de personas y mantenerlas ocultas del mundo durante más de veinticinco siglos.*"

Señala que las escrituras indican que esta gran área dentro de la tierra debe ser de donde vino la mayor parte del agua que cubrió la superficie de la tierra en el tiempo del diluvio de Noé, y que el punto de salida en el Ártico también debe ser la entrada a la zona interior de la Tierra que tomaron las Tribus Perdidas cuando desaparecieron hacia el País del Norte hace 25 siglos y desde la cual pronto reaparecerán con gran fanfarria para ayudar a difundir el Reino de Dios por toda la tierra en preparación para la Segunda Venida del Señor Jesucristo.

El razonamiento, el análisis y las conclusiones de las referencias de las Escrituras por el Dr. McConkie se ajustan a la Teoría de la Tierra Hueca sorprendentemente bien como la ubicación actual más lógica de las Diez Tribus Perdidas de Israel. Se Puede obtener los libros de Clay McConkie en Amazon.com.

442

Los Puntos Calientes en los Polos de Júpiter Indican que Júpiter es Hueco con un Sol Interno y Aperturas Polares

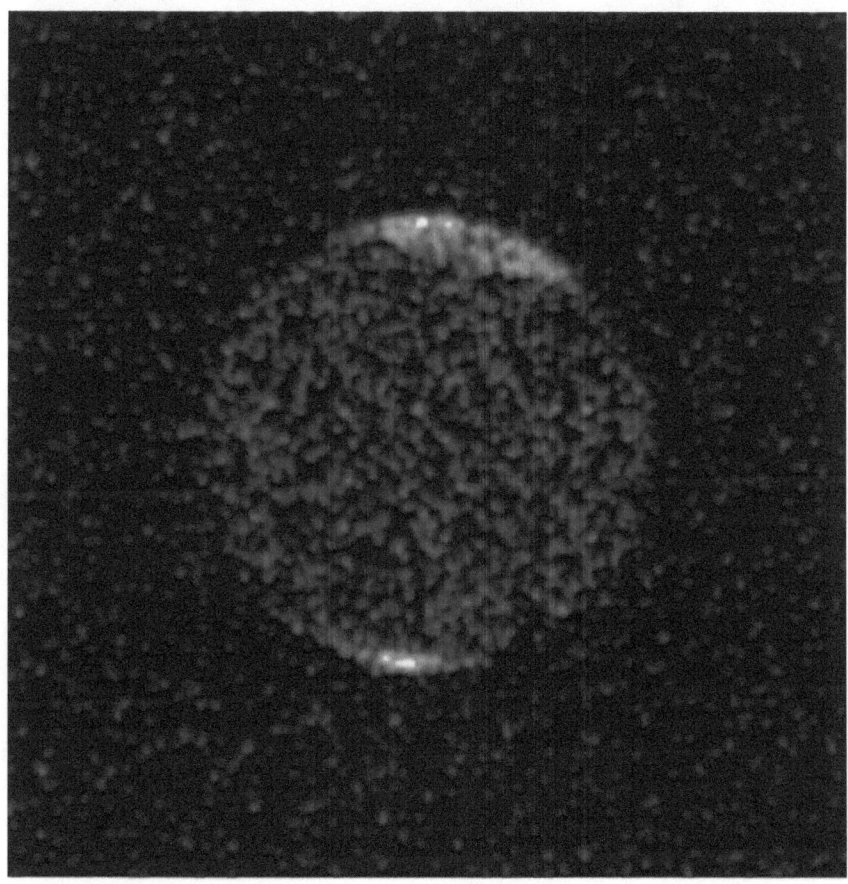

El descubrimiento de la emisión permanente de rayos X, señales de radio, luz ultravioleta, radiación infrarroja y electrones de alta energía de los polos de Júpiter ha llevado a los científicos a preguntarse dónde se origina este *"torrente de partículas."* En realidad, esta radiación es la firma de una estrella. Esta es otra evidencia de que los planetas son cuerpos huecos con aperturas polares a través de las cuales la radiación de sus soles internos emana radiación que hace que sus auroras se iluminen y den lugar a puntos calientes en sus polos.

La Nueva Jerusalén - ¡Encontrada, en el Sol!

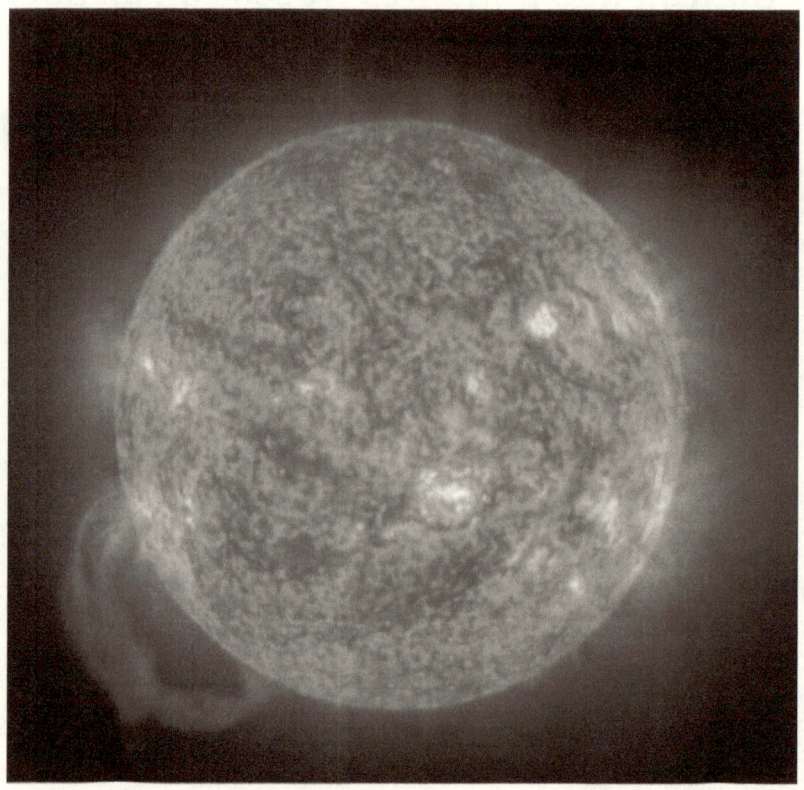

Foto de la NASA del Sol el 9 de junio de 2002

En 1933, Phoebe Marie Holmes publicó un libro, MI VISITA AL SOL, de su visita a la Ciudad Celestial de Dios en nuestro Sol exterior! ¡Ella descubrió que el sol está hueco!

Phoebe describe cómo fue llevada en el Espíritu por los ángeles al interior hueco del Sol, al *"corazón del Sol"* donde Jesucristo está construyendo la Nueva Jerusalén, con todos los santos profetas y los santos de Dios resucitados. La Nueva Jerusalén será traída a la tierra después de la resurrección de la tierra cuando la tierra se convierta en un reino celestial y se llegará a ser en la morada de los justos. Dado que la Nueva Jerusalén es tan grande, 1,500 millas de largo, ancha y alta, probablemente ocupará el lugar del sol interior de la tierra.

Cristo, en su Sermón del Monte, dijo que los "mansos" heredarán la tierra, ¡y de hecho lo harán! Una mansión se está construyendo allí ahora mismo para cada uno de nosotros, en la Nueva Jerusalén, por nuestras buenas acciones aquí en la tierra. Phoebe fue llevada por los ángeles de Dios a visitar su mansión sin terminar, donde encontró a su esposo, que ya había fallecido. Luego regresó a la tierra a su cuerpo para terminar el trabajo de su vida.

Phoebe informó que la ciudad dentro de nuestro Sol Hueco es la Nueva Jerusalén, como lo describe el Apóstol Juan en el Capítulo 21 de Apocalípsis. Phoebe informó que la Nueva Jerusalén es una "montaña" gigante con un fondo cuadrado, que tiene la forma de una pirámide. Quizás los antiguos mesoamericanos, chinos, egipcios e europeos sabían que la Nueva Jerusalén tendría la forma de una pirámide, y así construyeron sus templos con esa forma.

Los ángeles le dijeron a Phoebe que el Sol es una bola de cristal hueca gigante. Los científicos, por otro lado, afirman que el Sol es completamente gaseoso. Pero si es hueca y tiene un grosor de su cáscara del 10% de su diámetro planetario como lo tiene la cáscara de Nuestra Tierra Hueca, esto daría a la cáscara del Sol una densidad de 2.86 gm/cc, ¡y así tendría una superficie sólida! El vidrio tiene una densidad de 2.6 gm/cc. No hace mucho calor en el interior como afirman los científicos, pero se proporciona un calor agradable para la ciudad celestial suspendida en el interior hueco del Sol. Se puede obtener una copia del libro de Phoebe Marie Holmes, MI VISITA AL SOL en Amazon.com.

Los Agujeros de Ozono en Ambos Polos son Evidencia de Aperturas Polares

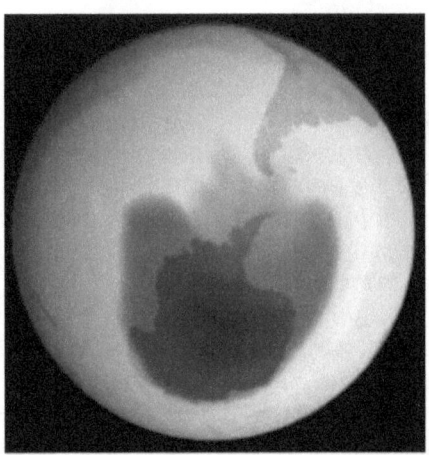

Las imágenes de la NASA del agujero en la capa de ozono, por ejemplo, esta publicada el 6 de octubre de 1999, muestran el área de menos ozono (azul más oscuro) en la misma área en la que se encuentra la Apertura Polar Sur en la Antártida.

La capa de ozono que cubre cualquier área de la Tierra iluminada por el sol es una capa del isótopo de oxígeno (O^3) en la atmósfera superior causada cuando la luz ultravioleta del sol crea ozono del oxígeno, y tiene solo unos centavos de grosor, pero sirve como protección para la vida en la tierra por demasiada radiación ultravioleta del sol. Originalmente, los científicos consideraron que los agujeros de ozono que aparecen en el Ártico y la Antártida cada año podrían ser causados por una *"corriente ascendente"* de aire que empuja la capa de ozono a lado para crear el *"agujero,"* pero no tenían ningún mecanismo que causara esta corriente de aire. La Tierra Hueca resuelve este misterio con aire libre de ozono desde el interior de la tierra que sale por las aperturas polares cuando llega la primavera en el Ártico y el otoño en la Antártida, separando la capa de ozono creando los agujeros de ozono. Los agujeros de ozono no tienen nada que ver con la contaminación por clorofluorocarbono. La estafa para prohibir clorofluorocarbonos *de "freón"* fue inventada por la Corporación DuPont para que pudieran mantener su monopolio sobre los refrigerantes tan pronto como se agotara su patente sobre el freón.

La Colonia Vikinga Perdida de Groenlandia Emigró a Nuestra Tierra Hueca a Través de la Apertura Polar del Norte

Un artículo en la edición de diciembre de 1923 de la revista La Ciencia Popular Mensual informó sobre una tradición esquimal con respecto al destino de las colonias vikingas perdidas de Groenlandia que se establecieron allí aproximadamente en el siglo VIII, pero desaparecieron en algún momento antes de que Groenlandia fuera repoblada en 1721. Según los esquimales, las colonias vikingas no murieron como pensaban los europeos en ese tiempo, sino que fueron atraídas por la caza de animals más abundantes, la vida silvestre y la madera flotante hacia las costas del norte de Groenlandia y el norte de Canadá, y al regreso de una partida de caza informaban que habían encontrado un paraíso en el norte, entonces todos los colonos empacaron y cantando canciones partieron repentinamente hacia el norte a través del hielo y nunca regresaron.

¿Esta colonia vikinga perdida fue a la Tierra Hueca a través de la Apertura Polar del Norte?

Muy probablemente lo hicieron.

El teniente comandante Fitzhugh Green de la Marina de los EE. UU. en 1923 en el momento en que se publicó este artículo en La Ciencia Popular Mensual creía sinceramente que pronto encontrarían un gran continente ártico perdido al que esta colonia vikinga podría haber migrado, que según los estudios de las mareas y corrientes del Océano Ártico indicaba que existía. La Marina incluso equipó un dirigible llamado ZR-1 para buscar esta tierra oculta, ¡pero desafortunadamente se estrelló!

Sin embargo, el teniente Green escribió una novela publicada en 1925, EL ZR GANA, en que el dirigible ZR vuela a través del Ártico desde el Punto Barrow, Alaska, en el que su personaje descubre una gran isla entre Alaska y el polo donde los colonos vikingos perdidos había emigrado. Algunos consideran que la novela es incluso mejor que la de Julio Verne, VIAJE AL CENTRO DE LA TIERRA.

La película de Disney, La Isla en la Cima del Mundo (Edición del Aniversario 30), probablemente se basó en la teoría del teniente Green de que había una isla cerca del Polo Norte a donde emigraron las colonias vikingas perdidas. Pero, como lo reveló Olaf Jansen, no es una isla, sino el continente interior dentro de la Apertura Polar del Norte.

Puede leer el artículo del Teniente Green en La Ciencia Popular Mensual, "¿Descubrirá el ZR-1 un Paraíso Polar" aquí:

http://www.ourhollowearth.com/Page%201%20-%20Popular%20Science%20Article%20-%20December%201923.htm

Un Antiguo Mapa de Mercator Representa el Jardín del Edén Perdido Dentro de la Tierra Alcanzado a Través de una Apertura en el Ártico

Gerardus Mercator dibujó este mapa del Continente Interior de Nuestra Tierra Hueca utilizando los mejores informes que pudo obtener de los exploradores de su época. El mapa muestra el Jardín del Edén perdido en una alta montaña en el continente interior alcanzado a través de una apertura en el Ártico. Las abundantes aguas que fluyen desde la fuente artesiana del Jardín del Edén se dividen en cuatro ríos que luego fluyen a los cuatro puntos cardinales de la brújula dentro de Nuestra Tierra Hueca. El río Pison fluye hacia nuestro Polo Sur (su Polo Norte) hacia la izquierda. El río Hiddekel es el río que fluye hacia la derecha donde desemboca en el Océano Ártico dentro de la Apertura Polar del Norte cerca de la Tierra del Norte, Rusia.

Este mapa de Mercator del Ártico apareció primero como una viñeta en su atlas de mapas mundiales en 1569. Este mapa de Mercator inspiró a exploradores como el inglés Martín Frobisher a buscar un pasaje al noroeste de Canadá hacia China.

El profeta Isaías habló del Jardín del Edén cuando escribió que en los últimos días Dios, *"... establecerá una bandera para las naciones, y reunirá a los marginados de Israel, y reunirá a los dispersos de Judá de los CUATRO RINCONES DE LA TIERRA."* (Isaías 11:12) Los únicos *"cuatro rincones"* que tiene la tierra es el ombligo de la tierra en el Jardín del Edén dentro de Nuestra Tierra Hueca, donde una gran fuente artesiana natural de agua emite y luego se divide en cuatro ríos que fluyen hacia los cuatro puntos cardinales de la brújula. No existe tal ubicación en el exterior de la Tierra, por lo que debe ubicarse dentro de Nuestra Tierra Hueca, según lo informado por el explorador del Ártico Olaf Jansen, y confirmado por el Coronel Billie F. Woodard.

Carlos A. Lindbergh Descubrió la Apertura Polar del Norte

El miembro de nuestra expedición que se reunió con Hank Krastman me contó otra historia interesante. Me dijo que su amigo Don Tolman, un sanador holístico de Utah, le había dicho el bisnieto de Carlos A. Lindbergh que su bisabuelo, después de su famoso primer vuelo solitario cruzando el Océano Atlántico, realizó varios otros vuelos hacia el Ártico para trazar posibles pasajes al noroeste de Canadá cuando descubrió la Apertura Polar del Norte.

Calculo que este descubrimiento probablemente ocurrió en 1931.

Cuando regresó a Nueva York, contactó al ejército de los EE. UU. para informarles de su descubrimiento, pero le dijeron que guardara silencio. Lindbergh no estaba de acuerdo con esto, por lo que estaba a punto de llevar su descubrimiento al periódico a Los Tiempos de Nueva York y publicar su descubrimiento de la Apertura Polar del Norte al mundo. Esa noche, secuestraron a su bebé y le dijeron que lo matarían si no permanecía en silencio sobre su descubrimiento de la Apertura Polar del Norte.

Correos electrónicos Interesantes de la Tierra Hueca

Incluyo algunos de los correos electrónicos interesantes que he recibido a lo largo de los años. El resto lo puedes leer en mi sitio del web en:

http://www.ourhollowearth.com/Emails.htm

Desde: Jack
Fecha: Febrero 17, 2010
A: rodneycluff
https://www.bodyguards.com/

Hola,

Hace poco más de 5 meses, un caballero nos contactó y nos preguntó si podíamos proveer 2 empleados de seguridad para un contrato de viaje de 4 meses.

La persona accedió a reunirse conmigo en Nueva York, me dijo que los agentes de seguridad viajarán con un grupo de 6 rabinos cabalistas y 6 sacerdotes y que no podía dar detalles del viaje, pero me presentó a un piloto y alguien con un capitán de barco que ambos tenían credenciales extremas, por lo que acordamos enviar a 2 de nuestros mejores hombres con ellos.

Desde el principio, nos dijeron que habrá poco o ningún contacto durante 4 meses, ya que están explorando algo muy espiritual, pero tengan la seguridad de que todos regresarán a salvo, no soy una persona espiritual en absoluto, pero respeto a los que sí lo son y parecían muy legítimos.

El viernes 5 de febrero de 2010, mis 2 agentes de seguridad regresaron a Nueva York y me pidieron que nos reuniéramos lo más pronto posible, lo que sucedió después no es un sueño o una fantasía, sino la cosa más extraña que creo que jamás encontraré.

Entran en nuestro lugar de reunión, ambos con un sombrero religioso, y obviamente no afeitados. Se sientan conmigo y me dicen que lo que están a punto de compartir conmigo no es una broma práctica, sino algo muy serio.

Me dicen que se convirtieron al judaísmo y que se irán temprano ya que el sabbat comienza pronto, prefieren no seguir trabajando en lugares, sino que solo quieren trabajos de consultoría, ya que lo que vieron en los últimos 4 meses tuvo un grave impacto en su vida.

Ambos tipos como yo no eran personas espirituales, seguramente nada concerniente con el judaísmo.

Les rogué que me dieran información sobre lo que pasaba, pero en serio no querían compartir mucho, luego, cuando estaban a punto de irse, uno de ellos se volvió hacia mí y me preguntó *"¿qué te dijeron los rabinos que es el sambatyon?"* En serio, nunca escuché la palabra sambatyon en mi vida, así que le dije que creo que ambos deberían ver a un médico.

Los llevé a una sinagoga en Nueva York, en el camino uno se descompuso y lloró, así que entiendes que este tipo de hombre pesa 320 libras y mida 6'5", duro como clavos, ahora estoy empezando a cuestionarme si se había vuelto loco.

Le demandé que me dijera qué le pasa.

Él se descompuso incluso cuando el otro hombre le dice que no debe romper su promesa, me dice que las últimas 4 semanas tan reveladoras como para él fueron literalmente un infierno, que se pregunta si hubiera sido mejor no saberlo.

Me dijo que estaba en otro mundo, pero a diferente de un agujero como tu lo mencionas, fue un viaje a un río que desde allí tenía una puerta de entrada, dijo que era lo más perfecto que vio, dijo que la gente mide 10 pies. Además, él me dijo que no hay nada allí como dinero, y siguen la Biblia hasta una T. Dijo que todos son judíos, que no hay Navidad allí y que el año nuevo no es cuando tenemos año nuevo.

Me dijo que dijeron que nos estamos acercando al final de los días, que habrá una guerra final pronto y que vendrán a defender a Israel, explicaron que en los próximos meses veremos lentamente más países volver en contra de Israel y será como cuando los judíos cruzaron el Mar Rojo no tenían a nadie con quien llorar sino a Dios, será lo mismo, y Dios una vez más les ayudará.

Dijo que no hay fuerza en este planeta que sea capaz de derrotar remotamente a estas personas, vio platillos voladores, no hay gas ni electricidad solo por algún secreto sobre la levitación.

2 horas se sentaron en mi auto y me dijeron cosas que eran irreales, pero obviamente tuvieron un efecto en ellos, ya que cambiaron a una forma en la que nunca pensé que estos 2 hombres cambiarían.

No sé si estos hombres estaban hipnotizados o qué, pero quería compartir esta información.

Buena suerte en todo tu trabajo
Jack

Después de recibir este correo electrónico, uno de nuestros miembros de la expedición contactó a Jack y verificó lo que me dijo. Nuestro miembro de la expedición fue a Nueva York y verificó todo, e incluso los Rabinos lo invitaron a ir en su próximo viaje a Sambatyon y dijo que lo contactarían cuando estuvieran listos. Pero la llamada nunca llegó. No hace falta decir que nuestro miembro de la expedición quedó muy triste porque realmente quería ir.

Por lo que nuestro miembro de la expedición aprendió, aparentemente que la expedición del rabino con estos hombres de seguridad fue a Israel, y desde allí fueron en avión y en barco y luego entraron en un lugar remoto custodiado por una tribu indígena que los dejó pasar por donde ingresaron a una caverna con iluminación artificial. Descendieron lejos en la tierra a una ciudad de caverna de algunas tribus perdidas de Israel, pero que ahora, como las personas que fueron a la tierra hueca, eran muy altos.

Se quedaron con ellos varios meses antes de regresar a la superficie. Se les dijo que el país de Israel aquí en nuestro mundo del superficie en Palestina está en grave peligro de ser exterminados, a medida que más y más países se vuelven en contra de ellos, y que las Tribus Perdidas están preparadas para ayudarlos. En este viaje, la colonia de la tribu perdida que vive en esta caverna le dio a los rabinos la tecnología de invisibilidad para ayudar a los israelíes. Es la misma tecnología de invisibilidad que usan para ocultar sus entradas a las cavernas como lo describió Bill, el capitán del platillo volador que conoció a Laurencio Foreman en las afueras de Los Ángeles en 1960. Lo que hacen es rociar un campo de cristales de yoduro sobre un área y luego proyectar una imagen de lo que quieren que la gente vea. Para invisibilidad, los israelíes podrían rociar un campo de cristales de yoduro frente a un tanque y mostrar en él una vista desde la parte posterior del tanque, de modo que cualquiera que esté frente al tanque solo vea la vista de la parte trasera del tanque.

Desde: Dean D
Fecha: Viernes, Noviembre 20, 2009 2:26 PM
A: allplanets-hollow@yahoogroups.com
Subjeto: [allplanets-hollow] Dennis Crenshaw Entrevista con Hank Krastman

Miembros de Lista,
    Esta fue una entrevista de Dennis Crenshaw con el Dr. Hank Krastman, realizada en 1994.
    Dean
    VIAJE A PALATKWAPI
    De: THE HOLLOW EARTH INSIDER, vol. 2, No. 5:
[Entrevista exclusiva con el Dr. Hank Krastman Ph.D] El Dr. Hank Krastman ha pasado los últimos 23 años investigando e informando sobre las líneas Ley, vórtices, hombres de negro, cristales y calaveras de cristal y entradas de los Hopi en la Tierra a la tierra interior. Ha escrito y publicado muchos libros y videos sobre estos y otros temas, y hasta hace poco publicó la revista NOEXPLICADO. Su trabajo continuo pronto se encontrará en la revista BIBLIOTECA INTERNACIONAL DE OVNIs.

Dennis: Dr. Krastman, ¿cómo se involucró en su investigación, particularmente en su estudio de los indios Hopi y la Tierra Interna?
Hank: Por favor llámame Hank. En 1961, mientras asistía a clases en la Universidad del Norte de Arizona, conocí a un joven estudiante de ojos azules y cabello rubio llamado Karl Kopavi Waltz [del clan Waltz de la nación Hopi]. A través de la conversación, supe que era un indio Hopi con un antepasado holandés y que planeaba convertirse en maestro.
    El nombre *"Karl Waltz"* vino de su bisabuelo *"Jacob Waltz,"* quien era de Holanda. Como yo también era de Holanda, este se convirtió en nuestro vínculo. Me enteré de que Jacob Waltz era conocido por los aficionados de la historia occidental como

el *"holandés perdido,"* poseedor del secreto de La Mina del Holdandés Perdido en las montañas de la superstición de Arizona. Voy a entrar en detalles en mi próximo libro *"Kopavi,"* pero en 1875 a la edad de 65 años, Jacob se casó con una joven Hopi de 16 años que fue nombrada, debido por su tez clara y ojos azules, MUHA, *"La del Fuego."*

Kopavi y yo nos hicimos amigos íntimos y con el paso del tiempo me contó muchas cosas que tenían tanto sentido que quería saber más. Una de las cosas más fascinantes que me contó fue el verdadero secreto de *"La Mina del Holdandés Perdido."*

Kopavi me dijo que su abuela le había dicho que su bisabuelo, Jacob Waltz, había vivido con los indios Pima cerca de las montañas de la superstición. Los indios llegaron a confiar en el holandés de 64 años y como a los Pima no se les permitía entrar en las entradas sagradas al subsuelo, le pidieron que llevara sacos de sal a la gente subterránea. La sal es escasa en el mundo interior y el oro no. Jacob a su vez recibiría sacos de oro como recompensa.

Dennis: ¿Entonces la *"Mina del Holandés Perdido"* nunca existió?

Hank: Eso es correcto. En realidad, es una entrada a las tierras interiores y, como supe más tarde, solo una de las muchas entradas que se encuentran en todo el mundo. También me sorprendió saber que Kopavi era en realidad de la ciudad subterránea de PALATKWAPI.

Un día, Kopavi me preguntó si me gustaría ver una entrada al subterráneo ... Estaba emocionado.

[Nota: los Hopi y los Cherokee creen que los indios pueblo se habían establecido en los tiempos más antiguos dentro de un mundo subterráneo de *"cavernas"* y después de un largo período de tiempo emergieron una vez más a la superficie. Algunos dicen que los humanoides reptilianos los llevaron a la superficie, otras versiones afirman que algunos de los Hopi subterráneos recurrieron a la práctica de la brujería e hicieron las cosas malas para el resto, mientras que otras versiones afirman que una *"inundación"* subterránea los obligó a buscar refugio en la superficie. Algunas versiones dicen que emergieron a través de una caverna, otras a través de un montículo, y aún otras versiones afirman que el portal de salida, el sipapu o sipapuni, se esconde debajo de un charco de agua amarillenta. Sin embargo, la mayoría de las versiones Hopi están de acuerdo con la UBICACIÓN del sipapu ... en algún lugar a lo largo del río Colorado Chico, una distancia *"corto"* arriba de su confluencia con el río Colorado. El sipapu es considerado uno de los sitios más sagrados del pueblo Hopi. - Branton]

Primero fuimos al Gran Cañón donde contratamos a dos burros. Karl me aseguró [que] los burros estaban seguros, pero no estaba yo tan seguro de eso una vez que comenzamos a escalar, el sendero se volvió pequeño y lleno de rocas y de vez en cuando podía sentir las patas traseras de los burros deslizarse sobre la superficie lisa, la pizarra suelta. Todo lo que pude hacer fue aferrarme e intentar callar el sonido de la roca suelta mientras caía del acantilado al suelo. Finalmente llegamos a un lugar amplio en el camino y pude respirar nuevamente. Tomamos nuestro respiro en una pequeña meseta desde la cual la vista panorámica del Gran Cañón se extendía debajo mostrando los ricos colores de la tierra que se encuentran solo en el suroeste de Los Estados Unidos. Karl sacó una venda para los ojos y me explicó que, aunque había obtenido el permiso del Consejo de los Nueve para que yo entrara a estos terrenos sagrados, se le había pedido que cubriera mis ojos de aquí en adelante. El resto del viaje al Cañón fue aterrador por decir lo menos. No sabía cuánto tiempo había pasado, estaba demasiado ocupado colgado de la silla de la pequeña bestia valiente.

Después de lo que pareció una eternidad, nos detuvimos y Karl me quitó la venda. Cuando mis ojos se acostumbraron a la brillante luz del sol otra vez, miré a mi alrededor. Estábamos en un gran claro al ras contra la pared del cañón. Karl me indicó que bajara de mi percha incómoda ahora, mientras hacía lo mismo. Después de estirar mi cuerpo tenso, me volví hacia Karl, que estaba de pie junto a la pared del acantilado. *"Pon tu mano contra la pared aquí mismo,"* dijo señalando a la sólida roca. Hice lo que me pidió, y mi mano no se detuvo. Continuó a través de la pared. Parecía que la pared del acantilado era solo una ilusión creada para mantener alejadas a las personas no deseadas. En realidad, era la entrada a una gran cueva secreta llamada *"PUPOVI."* Cuando entramos, me sorprendió descubrir que la cueva estaba bien iluminada. Ante nosotros había una especie de escalera mecánica en el que te acostabas. Había una especie de burbuja transparente que te cubría llamada HAWIOVI. Mi corazón latía rápido, así que me quedé mirando esta extraña vista mientras recuperaba el aliento.

Ahora tengo una confesión que hacer. Durante años le he estado diciendo a la gente que esto es lo más lejos que llegué. Mentí. Me dijeron que no revelara nada más que esto. Sin embargo, ahora me han dado permiso para contar el resto de la historia. En realidad, procedí desde este punto hasta la ciudad subterránea HOPI de PALATKWAPI. Estoy poniendo toda la historia en un libro titulado *"KOPAVI,"* en el que estoy trabajando actualmente.

Dennis: ¡Guau! Esto es toda una revelación. ¿Entonces llevaste este Hawiovi a Palatkwapi?

Hank: Solo una parte del camino. Al fondo de la escalera mecánica, que viaja a la velocidad de la luz, abordamos una PATUWVOTA o máquina voladora que se movía a través de túneles subterráneos en campos de energía. Voy a entrar en detalles sobre todo esto en mi libro.

Dennis: Sí, me doy cuenta de que su tiempo está por terminar y que tiene otro compromiso. Pero, ¿puedes responder algunas preguntas más?

Hank: Tengo que irme ... pero sí, responderé algunas.

Dennis: Al salir de la PATUWVOTA, ¿qué viste?

Hank: Primero entramos en una gran sala de cuevas llamada PUSIVI y mi amigo y guía dijo: *"Bienvenido a TUWANASAVI, el centro del mundo."* La gran sala tenía muchas puertas por todas partes con extrañas marcas en ellas. Karl explicó que las puertas eran una precaución adicional, en caso de que una persona no autorizada penetrara en el área, no sabrían qué puerta conduce a la ciudad. Entendí sin que él dijera nada de que no querías abrir la puerta equivocada. Karl caminó hacia una de las puertas, colocó su mano sobre un símbolo en el centro y entramos en una habitación blanca y limpia con un brillo purpúreo llamado POWAMU WUWUCHPI o sala de purificación donde se eliminaron todas las negatividades y bacterias de nuestros cuerpos, ambos afuera y dentro. Solo entonces podríamos entrar en la ciudad de Palatkwapi.

Dennis: Hay tanto que quiero preguntar. No se por donde empezar. ¿Está Palatkwapi ubicado dentro del mundo subterráneo de túneles o está ubicado en la parte inferior del manto o en el mundo interior?

Hank: Se encuentra en la superficie del mundo interior.

Dennis: ¿De qué color era el cielo? ¿Era rojo?

Hank: No. El cielo es de un hermoso azul, sin nubes y el sol estaba parado en el cielo. El aire era el más fresco que había respirado.

Dennis: ¿Puedes describir cómo se ve la ciudad?

Hank: Claro. Todas las casas fueron construidas en estilo griego con columnas y techos de tejas rojas. Todas las habitaciones están abiertas y bien ventiladas, sin vidrios en las ventanas abiertas. Hay jardines con flores y plantas brillantes en todas partes. Es muy silencioso, aparte del suave viento que era constante. Aprendí que este viento se llama APONIVI y es arrastrado desde las aperturas polares del norte y sur por máquinas que funcionan con el sol interior, y luego es devuelto a través de túneles a la superficie de la tierra en cientos de lugares. Este sistema fue diseñado para compensar por la fuerza gravitacional y centrífuga de la tierra y el calor del sol con el fin de mantener la gravedad y una temperatura constante de 76 grados.

-- fin del ecorreo –

Miembro de la expedición (izquierda) visitando a Hank Krastman (derecha) en su casa en Los Ángeles, 2008

Uno de los miembros de nuestra expedición visitó a Hank Krastman en su casa en Los Ángeles, en 2008. Se enteró de que, mientras Hank estaba en nuestra Tierra Hueca, se enamoró de una mujer de la Tierra Hueca, de quien dijo que era una mujer muy hermosa. De hecho, Hank dijo que las mujeres de la tierra hueca son tan hermosas que cualquier hombre no puede evitar enamorarse de ellas. Quería casarse con ella, pero decidió primero que quería regresar al mundo de la superficie para obtener algunas pertenencias personales. Entonces su amigo Hopi lo llevó de regreso a la superficie y le dijo que cuando regresara al Gran Cañón, solo gritara su nombre y vendría a buscarlo. Pero cuando Hank regresó con sus pertenencias al Gran Cañón y gritó el nombre de su amigo, su amigo nunca vino. Hank estaba tan decepcionado que no se casó hasta los 70 años. Incluso entonces solo se casó para poder cuidar a una mujer sin hogar. Se retiró, se mudó a las Filipinas y falleció en marzo de 2010.

Otra línea lateral interesante en esta historia es de Billie Woodard. Antes de enterarme de esta historia de Hank Krastman, Billie me contó que una vez había regresado a visitar a su padrastro en su casa en Apache Junction, Arizona. Estaba conversando con uno de los Ancianos indios cuando el Anciano lo invitó a caminar por las Montañas de la Superstición. Después de pasar la puesta de sol llegaron por un cañón en la montaña a un cierto lugar. Billie estaba tan cansado que estaba listo para caer, cuando el anciano indio dijo: *"Espera aquí."* El Anciano siguió adelante y pronto regresó y dijo: *"Vamos."* Luego caminaron una corta distancia por este cañón y llegaron a la pared del cañón. El Anciano caminó directamente hacia la pared del cañón llevando a Billie de la mano. Una imagen holográfica de la pared del cañón ocultaba la entrada de la caverna.

Era la caverna del *Holandés Perdido* donde, hace muchos años, Jacob Waltz entraba con sus burros cargados de sal para llevarlos a una ciudad de cavernas de personas que viven dentro del caparazón de la tierra, en lo profundo de la tierra debajo de la montaña, y le pagaron con oro. Billie siguió al anciano indio más adentro de la caverna y llegó a una sala de la caverna llena de cubos de oro, cada uno de ellos era de 4"x4"x4" de tamaño. Era el alijo de oro del holandés perdido. Después de examinar el oro, regresaron a Apache Junction.

Cuando le conté a Billie sobre la historia de Hank, Billie dijo que nunca había escuchado la historia de Hank antes y que quería hablar con él. Entonces los puse en contacto el uno con el otro. Más tarde, Billie me dijo que le dio una sugestión a Hank para localizar una de estas entradas camufladas: tomar una brújula y si logras acercarte a la entrada, la aguja de la brújula comenzará a girar. Hank agradeció a Billie por la sugestión.

Julio 29, 2009 at 07:07:25
Nombre: Patrick
comentarios: Hola Amigo de la Verdad !

Leí su sitio y es muy agradable e informativo, la mayoría de las cosas que ya conocía.

Busqué más información sobre la *"carta alemana del U 209"* que se muestra en tu sitio y encontré algunas informaciones en un archivo submarino alemán:

http://www.u-boote-online.de/dieboote/u0209.html

El submarino U 209 se perdió desde el 07.05.1943:

Aus unbekannter Ursache verlorengegangen

"perdido por razones desconocidas"

la última área de operación fue

"Operationgebiet: Nordatlantik südlich von Island und südöstlich von Grönland 07.05.1943 Verlust des Bootes "

norte-atlántico, sur de Islandia y sureste de Groenlandia Posición: (52° 00 'N -38° 00' O)

el comandante era el señor Heinrich Brodda, como usted también dijo.

Hay 4 años entre el último contacto y la carta de México.

La carta tiene fecha de 20.04, el cumpleaños de Hitler. Es curioso y creo que es real. Al igual que la llamada de radio que recibió el ejército británico *"nuestros submarinos encontraron un paraíso"*

Sé que la tierra es hueca, dije que lo sé, no lo creo.

Mi abuelo sirvió en la marina alemana también, también lo fue sin encontrarse, nadie sabe por qué razón, como otras docenas de submarinos alemanes.

Tengo 36 años, nunca lo conocí. Pero sueño de él muy a menudo, toda mi vida. Se hace mayor en cualquier sueño que tenga, lentamente se hace con más años.

Me habló en mis sueños desde que era un niño, me dijo que no está muerto, me dijo que vive dentro de la tierra.

Por extraño que parezca es real, no estoy bromeando o no soy un idiota elegante.

En mi vida estoy buscando la verdad al respecto, estuve en India y hablé con un gurú bevore durante años, me mostró la entrada a la tierra hueca y me dijo que hay un laberinto en esta cierta cueva, que no es fácil de conseguir. Me dijo que hay barreras dentro, barreras mágicas, que cualquier no puede "pasar," solo aquellas que de verdadero corazón puede entrar.

Dijo que había un gurú que vivía en 1930, y que a la edad de 60 años estaba entrando en esta cierta cueva y salió en el año 2001, no mayor que antes. Es una *"maravilla"* o milagro en la India, pero olvido su nombre.

460

Regresa para dejar un mensaje para la humanidad, como mil mesías antes que él, como Byrd y otros, y regresa a la tierra interior.

Cuando regreso a la India el año que viene, iré en esta cueva y encontraré el camino por él. Soy libre de corazón, soy una mezcla de tipo cristiano y budista y entiendo los mensajes de los viejos, de los dioses.

Gracias por tu trabajo, y perdón por mi mal inglés, nunca lo aprendí en la escuela, también lo entiendo como la mayoría de los idiomas. No sé por qué, hay muchas cosas que no sé.

pero lo encontraré, esa es la razón por la que estoy aquí.

Desde: Dan
Fecha: Diciembre 26, 2004, 4:19 AM
Subjecto: Buen Libro

Hola Rodney.

Te escuché en Jorge Noory la otra noche. Por alguna razón, tus modales y lo que dijiste me atrajeron.

Acabo de recibir tu libro. Pensé que sería solo una ficción entretenida. (Pensé que tendría unas 40 páginas. Seguramente no pensé 555). Pero al verlo un poco, puedo ver que realmente es algo bueno.

Tengo un doctorado de la Universidad de Illinois en Chicago en mecánica de continuo. Ya puedo ver que le pones mucha ciencia. La combinación de la ciencia con la religión es muy convincente.

Una pregunta que se me ocurrió cuando te escuché hablar fue por qué los océanos no drenaban en el agujero en el Polo Norte. Estoy seguro de que tienes una respuesta en el libro. (Tal vez el hielo caiga dentro del agujero, formando efectivamente una pared. Pero luego, si el calentamiento global derrite el hielo, especularía que el océano fluiría hacia el agujero).

Espero que en el futuro puedas publicar tu trabajo como un libro normal. Creo que venderías muchas copias. Me compraría uno para mí y otros para regalar. Creo que tiene una gran combinación con el tema, junto con las viejas historias, textos, cálculos, imágenes, gráficos y fotografías.

Creo que te has dedicado a un tema muy interesante y esperanzador. Y creo que se necesita valor para proponer una teoría que el 99.9% de las personas rechazarían sin investigación como absolutamente loca.

Mis mejores deseos y buena suerte en el futuro.

Dan Baron.

1/17/2003

Estimado Rodney,
   Recientemente terminé de leer su libro y debo decirle que es un trabajo excelente.
   Usted tiene una visión general rara del estado real de nuestro planeta y sus habitantes, y ha tomado el esfuerzo y el riesgo de comunicarlo al público. Su mensaje es de vital importancia para el bienestar de la humanidad y, en cierto sentido, esto lo convierte en un profeta.
   Lo que encuentro más exclusivo de su libro es su capacidad para identificar el Cielo como una ubicación física real y no solo como un reino etéreo. Ahora, todos los que lean su libro, y esperemos que a otros les guste, sabrán lo que realmente significa la Biblia cuando habla de *"cielo y tierra."*
   El cielo siempre es un lugar interno, central y solar, y hay muchos cielos, desde el subatómico hasta el Cielo de los cielos en el centro de la Rueda de la Creación. Nuestro cosmos es, de hecho, una jerarquía de soles o cielos, y el patrón de uno siempre se replica en el otro.
   La otra cosa que encuentro única acerca de su libro es su identificación de las diez tribus perdidas de Israel como el poder principal dentro de la tierra hueca, y el gobierno de los Estados Unidos como su principal adversario. Es triste pero cierto que la mayoría de nuestros líderes mundiales externos se han vendido a Satanás.
   También me cautiva su descripción de a dónde vamos al morir. Durante años sospeché lo mismo, pero nunca lo escuché hasta que leí tu libro.
   Encuentro su descripción del centro de nuestra galaxia muy intrigante, y su comprensión geográfica del Infierno es muy precisa. La UBICACIÓN es muy importante para comprender claramente cualquier concepto. Permítame agregar que la línea divisoria real entre el Infierno y el Paraíso-Edén es la esfera de gravedad central en las profundidades de la capa de la Tierra, y que el interior de la capa de la Tierra en general se conoce popularmente como Tierra Media. Como sabe, es aquí, en los primeros cientos de millas debajo y por encima de nuestra superficie exterior, donde los poderes del mal han hecho su

hogar, y donde la pobre humanidad está atrapada. Afortunadamente, sé que estos seres malvados pronto serán eliminados o reubicados para que la humanidad pueda finalmente florecer a su potencial glorioso, sin obstáculos.

Estoy esperando ansiosamente ese día cuando pasearé por el Edén una vez más sin preocuparme por nada del mundo.

Nota: Hay dos autores o libros importantes que no he visto mencionados en su libro.

Uno es Theodore Fitch, quien ha escrito extensamente sobre la Biblia y la tierra hueca. Su clásico *"Una Mansión está Construida para ti en el Paraíso"* está disponible en Health Research Books.

El otro es un libro llamado "The Hollow Earth" de Rudy Rucker, que describe un viaje increíble hacia la entrada del polo sur y hacia la tierra hueca, y ofrece una descripción fascinante del sol interior.

Si no los ha leído, le insto a que lo haga.

Nos vemos en el Edén,

Nick

Fecha: Lunes, 08 Oct 2001 11:37:59 -0600
Subjecto: LA TIERRA HUECA/ALMIRANTE RICARDO BYRD!
Desde: Jack
A: Rodney Cluff

ESTIMADO SEÑOR,
TENGO 50 AÑOS Y HE ESTUDIADO LA TEORÍA DE LA TIERRA HUECA DESDE 1974.

CONOZCO EL LIBRO MUY BIEN; EL AUTOR ES RAYMUNDO BERNARD, Y LA EXPEDICIÓN REAL Y EL MATERIAL SE JUNTAN POR EL ADMIRAL RICARDO E. BYRD. TAMBIÉN SOY MORMÓN CON ANTECEDENTES EN FUERZAS ESPECIALES, SEABEES, LA MARINA DE LOS ESTADOS UNIDOS. LA ARMADA MANTENGA EL DEPARTAMENTO ANTÁRTICO QUE PROTEGE LA APERTURA DE ESA REGIÓN PARTICULAR. EN MUCHOS AÑOS EN LA ARMADA, HE CONOCIDO A CUATRO CAPITANES, UN TENIENTE, UN OFICIAL DE GARANTÍA Y UN BERET VERDE JUBILADO QUE TODOS HAN VISTO LA APERTURA PERSONALMENTE. TODOS ME HAN CONTADO SU HISTORIA PARTICULAR. LA RAZÓN POR LA QUE TE ESCRIBO ESTE CORREO ELECTRÓNICO ES PARA DEJARTE SABER QUE HAY MUCHAS PERSONAS ALLÍ QUE SABEN DE LA TIERRA HUECA Y QUE ALMIRANTE BYRD ES EL VERDADERO EXPLORADOR DE AMBAS APERTURAS EN EL

INTERIOR DE LA TIERRA. PENSÉ QUE ES PECULIAR LLEGAR A TRAVÉS DE SU SITIO DE INTERNET Y HABLAR SOBRE LA TIERRA QUE NO HABLÓ UNA VEZ DE ALMIRANTE BYRD. PERSONALMENTE CONOCÍ A SU NUERA, LA ESPOSA DEL MAS JOVEN ALMIRANTE BYRD. TAMBIÉN ME FUE DADA UNA COPIA DE UNO DE LOS MANUSCRITOS ORIGINALES. ES GRANDE QUE PROMOVES LA IGLESIA A TRAVÉS DEL LIBRO DE MORMON Y SU LAZO CON LAS 10 TRIBUS PERDIDAS. ¡AL CERRAR, ES SOLO UNA SUGERENCIA DE QUE EL HOMBRE QUE DESCUBRIÓ REALMENTE LA TIERRA HUECA DEBE DARSE SU JUSTO DEBIDO Y SER RECONOCIDO POR SU GRAN DESCUBRIMIENTO!
¡DESDE OTRO CREYENTE! JACK A.

Jack,

Creo que SI le doy crédito al Almirante Byrd en mi libro y en mi sitio del web de sus descubrimientos de nuestra tierra hueca y sus vuelos más allá de los polos a través de las aperturas polares del norte y sur, descubrimientos que quería contarles al mundo, pero que sus superiores en la Marina le dijeron que no lo hiciera. ¿Por qué?

La razón es: los controladores del mundo que controlan nuestros gobiernos del mundo exterior, los establecimientos científicos y educativos, y los dueños de los medios de comunicación han mantenido el descubrimiento de que nuestra tierra es hueca como EL SUMO SECRETO DEL MUNDO porque no quieren perder a sus esclavos de este planeta de prisión, y no quieren que todos huyamos al paraíso terrestre que es Nuestra Tierra Hueca.

Rod

Rodney M. Cluff

EL ORIGEN, CAUSA
y
CONTROL DE LA GRAVEDAD -
¡ENCONTRADO!

La Gravedad es un Flujo del Éter

" *La gravedad del centro de la tierra, la gravedad de la tierra global, la inundación solar, la fuerza aérea, la fuerza que emana de los planetas y las estrellas, las fuerzas gravitacionales del sol y la luna, y la fuerza gravitacional del universo, todo junto entran en las capas de la tierra en la proporción de 3,8,11,5,2,6,4,9 y ayudado por el calor y la humedad en el mismo, causan el origen de metales, de diversas variedades, grados y calidades.*" -- Vymaanika-Shaastra Aeronautics, o la ciencia de la aeronáutica, por Maharishi Bharadwaaja, alrededor del año 400 a.C., traducida y publicada por G. R. Josner, Mysore, India, 1979.

"Jesucristo su Hijo, quien ascendió a lo alto, como también descendió debajo de todo, por lo que comprendió todas las cosas, a fin de que estuviese en todas las cosas y a través de todas las cosas, la luz de la verdad, la cual verdad brilla. ESTA ES LA LUZ DE CRISTO. Como también él está en el sol, y es la luz del sol, y el poder por el cual fue hecho. Como también está en la luna, y es la luz de la luna, y el poder por el cual fue hecha; como también la luz de las estrellas, y el poder por el cual fueron hechas. Y la tierra también, y el poder de ella, sí, la tierra sobre la cual estáis. Y la luz que brilla, que os alumbra, viene por medio de aquel que ilumina vuestros ojos, y es la misma luz que vivifica vuestro entendimiento, la cual procede de la presencia de Dios para llenar la inmensidad del espacio, la luz que existe en todas las cosas, que da vida a todas las cosas, que es la ley por la cual se gobiernan todas las cosas, sí, el poder de Dios que se sienta sobre su trono, que existe en el seno de la eternidad, que está en medio de todas las cosas. (D&C 88:5-13)

"La tierra rueda sobre sus alas, y el sol da su luz de día, y la luna da su luz de noche, y las estrellas también dan su luz, a medida que ruedan sobre sus alas en su gloria, EN MEDIO DEL PODER DE DIOS." (D&C 88:45)

" No hay tal cosa como materia inmaterial. Todo espíritu es materia, pero es más refinado o puro, y solo los ojos más puros pueden discernirlo; no lo podemos ver; pero cuando nuestros cuerpos sean purificados, veremos que todo es materia." (D&C 131:7,8)

Debido a que se afirma que el experimento de la luz de Michelson / Morley a los fines del siglo XIX no midió la

466

presencia del *"viento"* del éter que pasaba por la tierra a medida que la tierra pasaba por él, los científicos dicen hoy que rechazan la teoría del éter. En ese momento, Nicola Tesla acababa de intentar construir un generador que daría al mundo electricidad gratuita, pero fue detenido porque su banquero, JP Morgan, quien dijo que si no podía cobrar por la electricidad producida, iba a poner un fin al invento de Nicola. Parte de ese esfuerzo fue poner en los libros de texto de las escuelas que el éter del espacio no existe.

La verdad es que el experimento de la luz de Michelson / Morley no resultó en un valor nulo, como se afirma erróneamente. Posterior al experimento de Michelson / Morley, Edwardo Morley continuó con extensas mediciones del interferómetro con Dayton Miller en las que SI se detectó el viento del éter.

En un artículo en:

http://www.orgonelab.org/miller.htm

titulado, *Repaso Crítico de Shankland, et al, Análisis de los Experimentos del Flujo del Eter por Dayton Miller*, por Jaime DeMeo, Ph.D. del Laboratorio de Investigación Biofísica Orgone, PO Box 1148, Ashland, Oregon 97520, el Dr. DeMeo señala que Dayton Miller realizó un total de más de 200,000 mediciones individuales realizadas en más de 12,500 vueltas individuales del interferómetro, durante diferentes meses del año, comenzando en 1902 con Edwardo Morley en la Universidad de Case en Cleveland, y terminando en 1927 con su experimento sobre el Monte Wilson. El Dr. DeMeo insiste en que el experimento de Michelson / Morley de 1887 debe dejar de mencionarse como la obra más definitivo sobre la cuestión de la existencia del éter y el flujo del éter. En cambio, el estado definitivo pertenece a Dayton Miller, como se resume en su artículo de 1933 en las Reseñas de la Física Moderno.

El experimento de Michelson / Morley no solo mostró un ligero resultado positivo (y no un resultado *"nulo"* o *"cero"* como se informa crónicamente en la literatura de física), sino que abarcó solo seis horas de recopilación de datos de un gran total de 36 vueltas con el interferómetro: esto fue menos del 1% del trabajo realizado por Miller durante más de dos décadas, que abarcó más de 12,500 vueltas individuales del interferómetro en diferentes épocas estacionales y en diferentes altitudes y momentos del día.

El Dr. DeMeo señala que el experimento de Michelson / Morley se realizó en un sótano con paredes de piedra y ladrío gruesos que protegía el experimento del viento etéreo. Miller, sin embargo, encontró una mayor detección del viento etéreo a gran altura utilizando paredes de vidrio y lona en su cabaña de observación. Las mediciones de Miller mostraron que el éter se movía a lo largo de un vector generalmente del sur al norte en relación con la eclíptica. Miller concluyó que la Tierra estaba fluyendo a una velocidad de 208 km / seg. hacia un vértice en el hemisferio celeste sur, hacia Dorado, el pez espada, ascensión recta 4 h 54 min., declinación de -70 grados. 33 ', en medio de la Gran Nube de Magallanes y 7 grados desde el polo sur de la eclíptica. (Miller 1933, p.234)

Esto se basa en la suposición de que la Tierra estaba empujando a través de un éter estacionario en esa dirección particular. Sin embargo, si se considera que el éter tiene los atributos de un motor primario, que empuja a los planetas a lo largo de sus caminos, entonces lógicamente veríamos al flujo del éter detectada como una expresión de un movimiento del éter cósmico desde Dorado generalmente hacia el polo norte de la eclíptica que transporta a la Tierra junto con ella mientras se movía, y esto pondría las mediciones del flujo del éter de Miller en un acuerdo razonablemente bueno con las estimaciones actuales de que el sistema Tierra-Sol se está moviendo hacia la estrella Vega, que generalmente está cerca del polo norte de la eclíptica, casi 180 grados opuesto a la constelación de Dorado.

El Dr. DeMeo concluye que, en vista del hecho de que el éter puede ser arrastrado por la Tierra, que se mueve más lentamente a altitudes más bajas y puede ser bloqueado por metales y materiales densos, esto sugiere fuertemente que tiene una interacción sustancial con la materia. Y luego, si el éter tiene masa, entonces el impulso se impartiría de su movimiento a las estrellas y los cuerpos planetarios incrustados en él. Tal mecanismo para los movimientos planetarios tiene una larga historia, pero tiene su expresión contemporánea más clara en la teoría de la superposición cósmica de Wilhelm Reich (1951). Reich argumentó que había descubierto un continuo energético similar al éter en la atmósfera y el alto vacío, que era más activo en altitudes más altas, interactivo con la materia y específicamente reflejado por los metales.

El viento del Éter no solo sopla más allá de la tierra, como muestran las mediciones del interferómetro de Dayton Miller, empujando la tierra junto con todo el sistema solar como una rueda gigante en forma de vórtice en dirección a la estrella Vega, sino que es la afirmación de este autor que el viento etéreo también sopla HACIA la tierra produciendo el efecto conocido como la gravedad.

Michelson y Miller establecieron su experimento del interferómetro con dos rayos de luz en ángulo recto entre sí para que si el viento del Éter no soplara hacia un rayo de luz, podría estar soplando hacia el otro. Los científicos, como lo demuestra definitivamente el extenso trabajo de Dayton Miller, se han equivocado al afirmar que no se detectó el viento etéreo del experimento de Michelson / Morley con 36 vueltas de su interferómetro, o por las posteriores 12,500 vueltas individuales de Miller de su interferómetro. (Véase también el libro del Dr. Jaime DeMeo, EL ÉTER DINÁMICO DEL ESPACIO CÓSMICO, que Corrige un Error Importante en la Ciencia Moderna.)

Este autor sugiere que, además de los dos rayos de luz horizontales utilizados en los experimentos con el interferómetro, se use un tercer rayo de luz vertical para detectar el viento de éter que fluye hacia la tierra. Si Michelson o Miller hubieran colocado un tercer rayo de luz hacia arriba, habrían descubierto que la presión de la gravedad lo habría frenado. Es la predicción de este autor que un tercer rayo de luz vertical en el experimento del interferómetro debería detectar un viento de éter que sopla hacia la Tierra produciendo el efecto que conocemos como la gravedad.

Tal experimento se ha llevado a cabo recientemente. El 14 de agosto de 2009, Martín Grusenick de Alemania realizó un experimento de interferómetro utilizando un haz de luz láser en posición vertical, confirmando mi predicción de detectar el viento de éter que fluye hacia la tierra. Al subir, los patrones de interferencia se desplazan hacia la izquierda y al bajar los patrones de interferencia se desplazan hacia la derecha, lo que indica que la gravedad es un viento de éter que sopla hacia la tierra en forma de vórtice. Vea su video de YouTube del experimento aquí: https://www.youtube.com/watch?v=7T0d7o8X2-E&feature=youtu.be

Los científicos han detectado agujeros negros en el espacio, donde la gravedad es tan poderosa que incluso la luz no puede escapar. En lugar de ser un agujero, lo más probable es que los agujeros negros sean planetas con una gravedad tan alta que incluso la luz no pueda escapar de ellos. Estas son probablemente las prisiones de las galaxias, ubicadas en sus centros, donde los demonios y los hijos de perdición son encarcelados por la eternidad por negarse a obedecer las leyes de Dios. Estos planetas de agujeros negros también parecen estar huecos con aperturas polares, porque los astrónomos han notado vórtices gigantes de energía auroral que salen de sus extremidades tan poderosas que se extienden por encima y por debajo del plano galáctico.

Foto de la NASA de la galaxia Centauro A tomada por el Observatorio de Rayos X Chandra que muestra un agujero negro en su centro que arroja gases brillantes sobre el plano galáctico.

Es un hecho bien conocido que la gravedad inclinará a un rayo de luz. Los astrónomos informan que si una estrella está fuera de la vista en el lado opuesto del sol, todavía se puede ver porque el rayo de luz de esa estrella se dobla alrededor del sol por la gravedad del sol. Sin embargo, esto no es evidencia, como sostienen los científicos ortodoxos, de la Teoría de la Relatividad de Einstein y su afirmación de que el espacio está curvado, y que es la masa del sol lo que está *"halando"* el rayo de luz. En cambio, podría ser el viento etéreo de la gravedad acelerando hacia el sol lo que dobla el rayo de luz.

El éter del espacio que fluye hacia el sol empujando el rayo de luz hacia el sol cuando el rayo de luz pasa al sol podría ser lo que es la gravedad: un viento del éter que fluye hacia la masa del sol.

Otra indicación de que la gravedad es un flujo del éter es el hecho de que un objeto que gira cae más rápido que cuando no gira. Según la física actual, todos los objetos, sin importar su forma o tamaño, deben caer a la misma velocidad en un vacío. El hecho de que un objeto giratorio caiga más rápido que un objeto no giratorio indica que el giro ayuda al objeto a pasar a través del éter más fácilmente que cuando no está girando. En un experimento de giroscopio, (ver el Apéndice) se encontró que un giroscopio giratorio cayó .333% más rápido que cuando no estaba girando.

Lo que los científicos actuales han mal entendido acerca de la gravedad es que no es una halada hacia la Tierra, sino un empuje desde el espacio que nos mantiene en la superficie del planeta. Entre los grandes científicos del siglo XX que rechazaron la teoría del Éter se encontraba Albert Einstein. Sin embargo, se ha observado que poco antes de su muerte, cambió de opinión. ¿Por qué? ¿Fue porque descubrió evidencia de la existencia del Éter?

La fuente de energía de la gravedad es esta: todo el espacio está lleno de un gas etérico o espiritual llamado el Éter. Muchos científicos del siglo XIX creían que el éter existe, incluso el Sir Isaac Newton, el padre de la teoría de la gravitación.

En las Escrituras, Dios reveló a sus profetas que el Éter que llena todo el espacio se llama el Espíritu de Cristo, La Luz de la Verdad o el Poder de Dios. José F. Smith, en su Doctrinas de Salvación, Vol. I, p. 52, lo llamó una *"sustancia que llena la inmensidad del espacio y emana de Dios. Es por este poder que el hombre puede pensar con claridad. Sin ella, la vegetación no crecería, los mundos no se quedarían en sus órbitas. Sabemos que es materia, solo que más refinada y pura."* Hebreos 11:1 dice que es una sustancia, *"Ahora la fe es la sustancia de las cosas que se esperan, la evidencia de las cosas que no se ven."*

La gravedad, esa fuerza misteriosa que nos mantiene en la superficie de la tierra, es la evidencia principal de la existencia del Éter. Para comprender la gravedad, uno debe darse cuenta de que en el espacio no puede existir una fuerza de atracción. ¿Cómo puede una partícula de materia *"atraer"* a otra? Ya sea que estemos hablando de la fuerza nuclear, la fuerza magnética, la fuerza eléctrica o la fuerza de la gravedad, simplemente no existe una fuerza atractiva. Las partículas de materia simplemente no se atraen entre sí.

Isaac Newton se negó a creer en la teoría de la gravedad como una fuerza de atracción como señaló en su tercera carta a

471

Bentley (25 de febrero de 1692) en la que escribió: *"Es inconcebible que la materia bruta inanimada, sin la mediación de otra cosa, que no es material, opera y afecta otra materia sin contacto mutuo, como debe ser si la gravitación, en el sentido de Epicuro, es esencial e inherente a ella. Y esta es una de las razones por las que deseé que no atribuyeras la gravedad innata a mí. Que la gravedad debe ser innata, inherente y esencial en la materia, de modo que un cuerpo pueda actuar sobre otro a una distancia a través de un vacío, sin la mediación de nada más, por el cual su acción y fuerza puedan ser transmitidas uno hacia el otro, es para mí un absurdo tan grande que no creo que ningún hombre que tenga en materia filosófica una facultad competente de pensamiento pueda caer en él."*

Después de publicar su libro, LA TEORÍA FINAL, Marco McCutcheon propuso dos experimentos con su amigo Roland Michel Tremblay que demuestran que la gravedad no es una fuerza atractiva de la materia ejercida por la tierra.

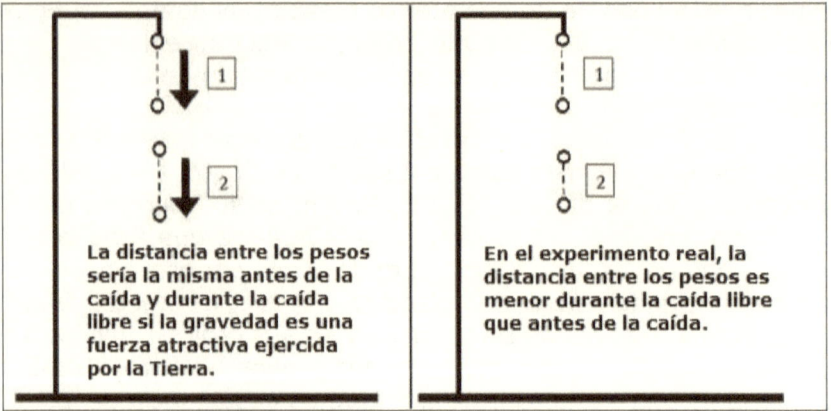

La distancia entre los pesos sería la misma antes de la caída y durante la caída libre si la gravedad es una fuerza atractiva ejercida por la Tierra.

En el experimento real, la distancia entre los pesos es menor durante la caída libre que antes de la caída.

El Experimento de La Caída de Dos Pesos con una Banda Elástica que los Separa

El primer experimento es de colgar dos pesos iguales, uno debajo del otro, con una banda elástica entre ellos, y luego dejarlos caer. Una fuerza de gravedad atractiva de la tierra (diagrama a la izquierda) halaría a cada peso por igual manteniendo su distancia separada igual antes de la caída como en caída libre. En el experimento real (diagrama a la derecha), se encuentra que la distancia entre los pesos es menor en caída libre que antes de la caída. Esto puede explicarse por la teoría de la gravedad del flujo del éter porque a medida que los pesos entran en caída libre, la resistencia del éter que el peso inferior encuentra a medida que se mueve a través del éter hace que disminuya la velocidad disminuyendo la distancia entre los pesos. Además, el éter que golpea el peso inferior protege un tanto al peso superior de ser golpeado por una cantidad del flujo del éter. El efecto combinado hace que la distancia entre los pesos sea menor en caída libre que antes de la caída.

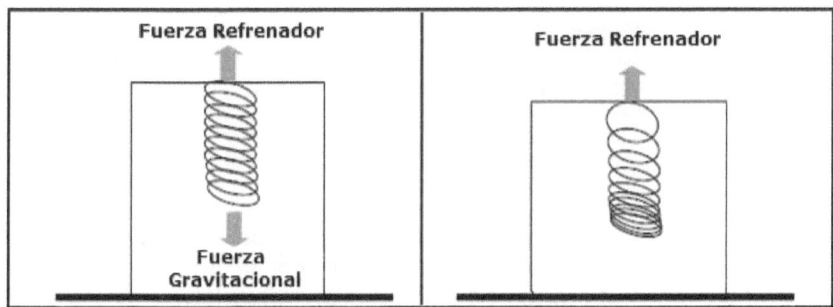

Experimento con un Resorte

El segundo experimento es colgar un resorte. Si la fuerza gravitacional es una fuerza atractiva ejercida por la tierra (diagrama de la izquierda), la distancia entre los anillos de resorte estaría espaciada uniformemente. En el experimento real (diagrama de la derecha), los anillos de resorte están más expandidos en la parte superior que en la inferior. Con la teoría de la gravedad del flujo del éter, los anillos están más agrupados en la parte inferior que la parte superior porque a medida que el éter que fluye hacia la tierra se encuentra con cada anillo sucesivo, los empuja con una fuerza cada vez mayor lo que los separa más en la parte superior.

Entonces, si la gravedad no es una fuerza atractiva ejercida por la tierra, como ilustran estos experimentos, entonces ¿qué es? Lo que se debe tener en cuenta es que la única forma en que las partículas de materia pueden unirse es si son *"empujadas"* juntas. Por lo tanto, la gravedad no es una halada hacia la tierra, sino un empujón desde el espacio por el Éter. La presión del Éter del espacio acelerando hacia la tierra es lo que mantiene nuestros pies firmemente plantados en la superficie de la tierra y es lo que le da peso a la materia en esa superficie. Sin el Éter del espacio fluyendo a través de la materia y resistiéndose por esa materia a su flujo a través de ella, toda la materia no tendría peso en todas partes. Al reconocer la existencia del éter y que su flujo hacia y a través de la materia y la resistencia de la materia a ese flujo es lo que crea la fuerza de presión que llamamos gravedad, podemos comenzar a comprender qué es la gravedad, dónde se origina, qué hace que fluye hacia la materia y cómo se puede controlar para el beneficio del hombre.

El gran secreto para el control de la gravedad es que la fuerza electrostática se puede utilizar para redirigir el flujo del éter. Esto se hace desplazando los núcleos positivos de los átomos en una dirección no central lejos de sus electrones en órbita. De hecho, las fuerzas electrostáticas pueden hacerse iguales o mayores que la fuerza gravitacional. Expresadas matemáticamente, estas dos fuerzas son:

$$Fg = G \; \frac{m \times M}{r^2} \qquad Fe = k \; \frac{Q_1 \times Q_2}{d^2}$$

La fuerza gravitacional Fg se mide en centímetros de aceleración, que en la superficie de la tierra promedia 980.665 cm por segundo al cuadrado. La presión causada por la aceleración del éter hacia la tierra es lo que nos mantiene en la superficie del planeta y es igual al peso de cualquier masa que se esté midiendo. La fórmula establece que la fuerza de gravitación Fg es igual al peso de un cuerpo de masa en gramos multiplicada por el peso del segundo cuerpo de masa en gramos dividida por la distancia entre sus centros en centímetros al cuadrado multiplicado por la constante gravitacional G.

Fe es la fuerza electrostática. Q_1 y Q_2 son cargas de signo opuesto y **d** es la distancia entre las superficies de los cuerpos cargados; **k** es una constante de proporcionalidad.

La importancia de esto es que una fuerza electrostática igual puede contrarrestar la fuerza de gravitación y vencerla. Para hacer esto, ayudará a comprender la causa de la gravedad. La gravedad fluye hacia el átomo y la radiación fluye afuera del átomo.

Primero consideraremos qué es la radiación electromagnética y dónde se origina.

La Partícula Giroscópica: la Fuerza del Magnetismo

El científico e inventor José Newman, mientras estudiaba los escritos originales de Jaime Clerk Maxwell, el padre de la teoría electromagnética, descubrió la afirmación hecha por Maxwell de que en un campo magnético existe *"materia en moción."*

En la página 125 de Jaime Clerk Maxwell: Una Biografía por Ivan Tolstoy se registran las palabras de Maxwell: *"La teoría que propongo puede ... llamarse una teoría del campo electromagnético porque tiene que ver con el espacio en la vecindad de cuerpos eléctricos o magnéticos, y puede llamarse una teoría dinámica, porque supone que en ese espacio hay materia en moción, por la cual se producen los fenómenos electromagnéticos observados."*

Con más estudios, Newman descubrió que esta energía electromagnética consiste en *"materia en movimiento"* en el campo magnético de los átomos y consiste en partículas giroscópicas extremadamente pequeñas que giran a la velocidad de la luz y viajan a la velocidad de la luz. Expresado como una fórmula, es: Energía (E) = masa (m) x velocidad de la luz al cuadrado (c^2), desarrollada por el famoso científico Albert Einstein. Todos los átomos contienen un campo magnético que consiste en partículas giroscópicas que emanan del polo sur de los átomos, continúan en el exterior de los átomos y luego regresan adentro de los átomos en el polo norte.

Aunque nunca se han visto, los efectos de estas partículas giroscópicas indican que consisten en bolas giratorias de Éter. En su libro, LA MÁQUINA DE ENERGÍA, José Newman demostró cómo actúa un giroscopio de la misma manera que actúan estas partículas giroscópicas cuando producen una corriente eléctrica en un cable de cobre cuando el cable pasa a través del campo magnético de un imán de herradura.

Newman atribuye la producción de corriente cuando se pasa un cable a través del campo en ángulo recto al flujo magnético, pero no produce corriente si el cable se pasa en paralelo a través del campo, al giro de estas partículas giroscópicas. Dado que el campo consiste en partículas giroscópicas que giran todas en la misma dirección, se produce una corriente en un cable cuando se pasa a través de las líneas de campo en ángulo recto a las líneas de flujo magnético porque el cable golpea las partículas giroscópicas a medida que pasa a través de sus líneas de órbita. Cuando las partículas giroscópicas golpean los electrones en el cable, los electrones son derribados por el cable en la dirección del giro de las partículas giroscópicas, produciendo así una corriente eléctrica. Sin embargo, si el cable pasa a través del campo magnético paralelo a las líneas de flujo magnético, las partículas giroscópicas en las líneas del campo magnético giran en ángulo recto con el cable y, por lo tanto, no pueden echar los electrones por el cable, por lo que no se produce corriente.

Para obtener corriente, el cable debe pasar a través de las líneas del campo magnético en ángulo recto a las líneas del flujo magnético para que las partículas giroscópicas que giran al golpear los electrones en el cable los derriben en la dirección del giro de las partículas giroscópicas.

La partícula giroscópica, postulada por Jaime Clerk Maxwell y nombrada por José Newman, es la partícula de materia más pequeña de toda materia. Todas las demás partículas de materia, protones, neutrones, electrones, etc., también están hechas del éter del espacio en configuraciones aún por definir. Con suficiente conocimiento de la naturaleza del éter, y las formas y funciones de cada partícula de materia, debería ser posible idear una forma de construir átomos con él. En lugar de construir una casa, podrían *"hacer crecer"* una casa.

Al comprender la naturaleza de las partículas giroscópicas, cómo se originan en el núcleo de todos los átomos, cómo producen lo que se conoce como el campo magnético de los átomos y cómo pueden convertirse en energía radiante, podemos comprender cómo son la esencia de la energía magnética y energía electromagnética. De hecho, la partícula giroscópica es lo que consiste toda radiación electromagnética, y el secreto de su origen y control nos llevará a la causa y al control de la gravedad misma. Para hacer esto, necesitaremos observar la estructura del átomo y su núcleo donde se origina la causa de la gravedad.

Rodney M. Cluff

Cómo los Núcleos Atómicos Causan el Flujo del Éter que Llamamos la Gravedad

¿Cuál es la causa de la fuerza gravitacional? -- Se produce por un vacío en el núcleo de los átomos. Los átomos tienen la misma forma que la tierra. Son huecos con un generador de radiación, el núcleo central (un sol central) y aperturas polares en su capa de electrones. La radiación emitida por el generador de radiación nuclear consiste en girar partículas giroscópicas del éter que se emiten desde la apertura polar sur del átomo y se convierten como parte del campo magnético del átomo.

Las partículas giroscópicas se pierden continuamente de los campos magnéticos de los átomos por la colisión de electrones y otras partículas que vuelan libremente pegando el campo magnético de los átomos. Esto hace que las partículas giroscópicas sean expulsadas del campo en forma de luz y otras radiaciones electromagnéticas. Es la teoría de este autor que las partículas giroscópicas perdidas del campo magnético de los átomos se reemplazan continuamente por partículas giroscópicas recién creadas dentro del núcleo de los átomos. Si esto no fuera así, los átomos eventualmente perderían tantas partículas giroscópicas de estas colisiones que perderían su campo magnético y se volverían muy fríos. Nuestro planeta se volvería inhabitable en un corto período de tiempo si las partículas giroscópicas perdidas de los campos magnéticos de los átomos en forma de calor y luz no fueran reemplazadas por otras recién creadas hechas del éter del espacio.

Las partículas giroscópicas recién creadas se forman en el núcleo de átomos del éter que llena todo el espacio, incluido el espacio dentro de los átomos. El efecto de la gravedad, entonces, se produce cuando las partículas giroscópicas recién creadas se forman dentro del núcleo de átomos del Éter del espacio. De hecho, el éter del espacio es la construcción principal del universo. Su flujo hacia la materia crea el efecto que conocemos como la gravedad. Su formación en partículas giroscópicas en el núcleo de los átomos crea el campo magnético del átomo.

El secreto para la creación de la gravedad es este: a medida que el núcleo de un átomo forma partículas giroscópicas del éter del espacio y expulsa las partículas giroscópicas de la apertura polar del sur del átomo, se crea un vacío en el éter en el núcleo del átomo. El éter del espacio se precipita para llenar este vacío. A medida que el éter se precipita hacia el núcleo para llenar el vacío creado allí por la creación de partículas giroscópicas del éter, ejerce una presión sobre toda la materia por la que pasa. Esta presión del éter corriendo hacia todos los átomos de la tierra es lo que mantiene nuestros pies firmemente plantados en el suelo. También mantiene los electrones en órbita alrededor del núcleo del átomo y las partículas giroscópicas en el campo magnético del átomo. Y cuando las partículas giroscópicas son expulsadas del campo magnético del átomo por electrones voladores sueltos y otras partículas, vuelan por el espacio en pequeños grupos llamados fotones y crean ondas de luz, calor y radio.

Isaac Newton llegó básicamente a la misma conclusión a que llegué yo sobre la causa de la gravedad. En 1675, en una carta a su amigo, Henry Oldenburg, quien era el Secretario de la Sociedad Royal de Bretaña, Newton escribió que, "... *la gravedad fue el resultado de una condensación que causa un flujo del éter con un adelgazamiento correspondiente de la densidad del éter asociada con el aumento de la velocidad del flujo.*"

En mi teoría de la gravedad, he agregado que la condensación del éter se produce en el núcleo de todos los átomos donde el núcleo condensa el éter en partículas giroscópicas que luego se convierten en como parte del campo magnético del átomo. La condensación provoca un vacío que Newton llamó un *"adelgazamiento de la densidad del éter"* en el núcleo del átomo, causando lo que Newton llamó una *"mayor velocidad de flujo"* del éter hacia el átomo. El aumento del flujo del éter en el núcleo de todos los átomos da como resultado una fuerza de presión que llamamos gravedad. (EL MODELO DE FREGADERO GRAVITACIONAL ESPACIO MEDIO ENTRENADO, Henry C. Warren)

De hecho, el éter del espacio es el principal candidato para resolver la ilusoria Teoría del Campo Unificado de la física. Tal vez podríamos echar un vistazo a cómo se podría desarrollar la Teoría del Campo Unificada utilizando nuestro conocimiento del éter, su flujo dentro y alrededor de las partículas de materia y su transformación en partículas de materia giroscópicas.

La Teoría del Campo Unificado

El Éter del espacio, su formación en materia y su flujo dentro y alrededor de la materia proporciona la base para el desarrollo de la elusiva Teoría del Campo Unificado en la que todas las fuerzas de la naturaleza pueden estar vinculadas a una causa subyacente.

Las premisas de esta teoría son:

A. La energía es materia en movimiento.

B. Cómo se mueve esa materia determina qué tipo de fuerza ejerce.

C. La materia que es la causa subyacente de todas las fuerzas de la naturaleza es el Éter del espacio.

D. El éter consiste en materia en forma de un gas espiritual tenue que llena el universo.

E. Toda la materia física está hecha del éter.

F. El paso del éter a través, alrededor y dentro de la materia física es lo que causa todas las fuerzas de la naturaleza.

La teoría de campo unificada debería poder predecir todas las fuerzas observables de la naturaleza en términos del éter.

1. **La fuerza de la gravedad** es la presión del éter del espacio que fluye para llenar el vacío en el núcleo de los átomos cuando el núcleo crea partículas giroscópicas del éter del espacio.

Los átomos son huecos con un núcleo generador de radiación, electrones en órbita y un campo magnético:

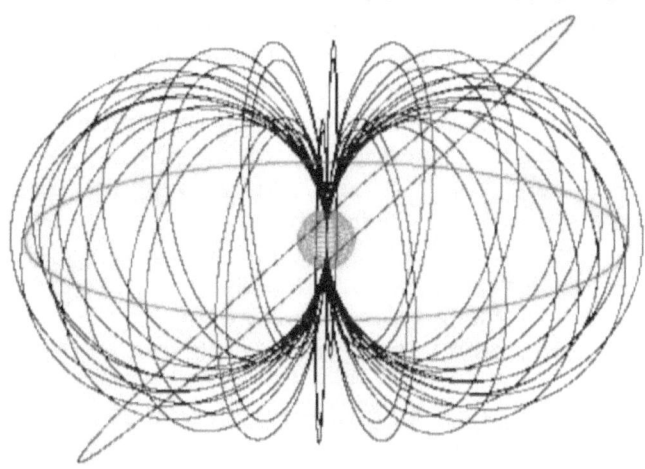

En este diagrama, el núcleo generador de radiación amarillo emite partículas giroscópicas que siguen las líneas negras del campo magnético que se emiten desde la abertura polar sur del átomo. Al encontrarse por la entrada del éter, se doblan en una órbita polar que viaja entre las capas de electrones (líneas azules y púrpuras). A medida que se acercan a la apertura polar norte, las partículas giroscópicas son empujadas dentro del átomo hacia el núcleo donde son empujadas nuevamente hacia la apertura polar sur.

Todos los átomos son cuerpos huecos que consisten en un núcleo central generador de radiación, capas de electrones con aperturas polares y un campo magnético. Los núcleos de los átomos crean el campo magnético atómico al concentrar el éter del espacio al girarlo en partículas giroscópicas que luego llegan a ser parte del campo magnético del átomo. Esta concentración del éter en partículas giroscópicas en los núcleos de los átomos provoca un vacío en el éter porque las partículas giroscópicas ocupan menos espacio que el éter del que están hechas. Como el éter es un gas y la naturaleza aborrece el vacío, el gas del éter que rodea al átomo se precipita para llenar el vacío en el núcleo causado por la concentración del éter en partículas giroscópicas. Cuando se precipita desde el espacio para llenar el vacío, el éter ejerce una presión en la dirección del vacío en el núcleo del átomo. Esta es la fuerza gravitacional: una presión causada por la aceleración del éter del espacio para llenar el vacío causado por la creación de partículas giroscópicas en los núcleos de los átomos.

La aceleración del éter disminuye en cuanto al cuadrado inverso de la distancia desde el núcleo de los átomos. La aceleración del éter en la vecindad de los núcleos atómicos está viajando a la velocidad de la luz, 299,796 km / seg. En la superficie de la Tierra, la aceleración promedio del éter es de solo 980.665 cm / seg^2. Los átomos cercanos están causando una aceleración en el éter a la velocidad de la luz, pero la mayor parte del éter está acelerando hacia átomos más profundos en la Tierra. Debido a la mayor distancia de la mayoría de los átomos en la Tierra desde la superficie, el éter se acelera más lentamente hacia los átomos más alejados, de modo que la aceleración promedio del éter hacia todos los átomos en la Tierra en la superficie del planeta es de 980.665 cm / seg^2.

Para un planeta de radio r, la aceleración de la superficie de gravedad es,

$$a = K / r^2$$

Donde K = una constante planetaria igual a a * r².

La fuerza de la gravedad sobre un objeto en la superficie de la Tierra está determinada por la presión del éter que acelera hacia la Tierra sobre ese objeto. El peso de un objeto se define como la fuerza de gravedad sobre ese objeto y se calcula como la masa del objeto en cuestión multiplicada por la aceleración de la gravedad:

w = ma

Donde:

w = fuerza de gravedad sobre el objeto, expresada en Newtones

En el Sistema Internacional de Unidades de Fuerza (SI), un Newton es igual a la fuerza que le daría a una masa de un kilogramo una aceleración de un metro por segundo por segundo, y es equivalente a 100,000 dinas.

1 Newton (N) = 1 kg de masa multiplicado por la aceleración de la gravedad, por lo tanto, 1 kilogramo de masa ejerce una fuerza de gravedad hacia abajo de 9.8 Newtones en la superficie exterior de la Tierra.

a = la aceleración de la gravedad, expresada en metros por segundo²

Por ejemplo, en la superficie de la Tierra, la aceleración de la gravedad es de 9.8 metros / segundo². La aceleración de la gravedad en la superficie de la Tierra es la velocidad a la que el Éter del espacio fluye hacia la Tierra. Entonces, la fuerza de gravedad que actúa sobre mi peso corporal de 70 kilogramos = 70 x 9.8 = 686 Newtones, la fuerza de gravedad que mantiene mi cuerpo firmemente plantado en la superficie exterior de la Tierra.

La fuerza de gravedad entre los planetas se determina a partir de la fórmula de fuerza de gravitación modificada por el físico Al Snyder,

F = G * Sqrt(Sqrt(m*M))/R

Más sobre esto se discutirá más adelante.

2. **La fuerza magnética** es el flujo de partículas giroscópicas (que son bolas giratorias de éter) en el campo magnético del átomo, que se mantienen en el vórtice toroidal del átomo por el éter gravitacional que fluye hacia el núcleo del átomo. Las partículas giroscópicas se crean del éter en el núcleo del átomo y luego se expulsan por la apertura del polo sur del átomo. A medida que las partículas giroscópicas se emiten desde la apertura polar sur del átomo, se encuentran con el éter entrante que dobla la trayectoria de las partículas giroscópicas alrededor del átomo en un camino que las lleva

dentro y fuera del núcleo del átomo a través de sus aperturas polares. En la apertura polar norte del átomo, las partículas giroscópicas son empujadas hacia adentro del átomo por el éter entrante. Dependiendo de su ángulo de emisión desde la apertura polar sur del átomo, las partículas giroscópicas fluyen entre capas de electrones en órbita o fuera de la capa de electrones.

Los imanes colocados de Polo Norte al Polo Norte se repelen porque las partículas giroscópicas que emergen del Polo Sur de los átomos de los imanes los separan.

Los imanes 2 y 3 son empujados juntos.

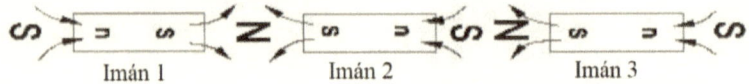

Imán 1   Imán 2   Imán 3

Imanes 1 y 2 son enpujados aparte.

Las partículas giroscópicas emitidas desde el Polo Norte del Imán 2 pasan a través del Imán 3 a medida que regresan al Polo Sur del Imán 2 empujando los dos imanes juntos.

Un material que ha sido magnetizado tiene algunos o todos sus átomos alineados en la misma dirección. En una barra magnética, por ejemplo, el extremo comúnmente designado como el Polo Norte es en realidad el extremo al que apuntan los polos sur de los átomos en la barra. Las partículas giroscópicas emergen de las aperturas de los átomos del polo sur y son las que hacen que un imán repele a otro imán cuando se coloca del Polo Norte al Polo Norte. En los imanes, la colocación del Polo Norte al Polo Norte repele porque las partículas giroscópicas que emiten desde los polos sur de los átomos en el imán empujan a los átomos en el imán opuesto. Las partículas giroscópicas después de emerger de la apertura polar sur del átomo (Polo Norte del imán) continúan viajando alrededor del átomo de sur a norte y entran en la apertura polar norte de los átomos (Polo Sur del imán).

Las partículas giroscópicas que entran en la apertura polar norte de los átomos es lo que hace que los imanes se atraigan entre sí cuando se colocan del Polo Norte al Polo Sur (ver la diagrama). Como se mencionó anteriormente, no existe tal cosa como una fuerza atractiva. La atracción aparente de los imanes es en realidad un impulso hacia el imán por partículas giroscópicas que regresan a los núcleos de los átomos a medida que continúan su camino dentro y fuera de los átomos. Después de ingresar a la apertura polar norte de los átomos, las partículas luego ingresan nuevamente a los núcleos donde son impulsadas nuevamente por la apertura polar sur en el mismo camino que antes. Así es como se crea el campo magnético de un átomo.

3. **La fuerza nuclear** es en realidad lo mismo que la gravedad. Es la presión del éter que fluye hacia el núcleo de los átomos. A medida que el flujo de éter acelera hacia el vacío creado en el núcleo de todos los átomos, el éter se acerca a la velocidad de la luz. En la superficie de la tierra, la aceleración del éter hacia la tierra es de solo 980.665 cm / seg^2 y ejerce una presión igual al peso de la masa. Pero a medida que se acerca al núcleo de los átomos, el éter viaja a la velocidad de la luz, 299,796 km / seg. Esta gran velocidad provoca las grandes presiones que se encuentran en la llamada fuerza nuclear. Esta gran velocidad del éter es redirigida por el núcleo al giro de las partículas giroscópicas cuando el núcleo transforma el éter en partículas giroscópicas. Una vez creado del éter entrante por el núcleo en partículas giroscópicas, las partículas giroscópicas continúan girando a la velocidad de la luz. La velocidad del éter en la vecindad del núcleo también se imparte a la velocidad con la que viajan las partículas giroscópicas en el campo magnético del átomo. Las partículas giroscópicas continúan viajando a la velocidad de la luz, ya sea en el campo magnético del átomo o si son expulsadas del campo magnético del átomo al espacio en forma de calor, luz u ondas de radio. Esta velocidad del giro giroscópico también contribuye a la velocidad de la luz con la que fluye la electricidad cuando las partículas giroscópicas giratorias golpean electrones por un conductor.

La fuerza nuclear es lo que mantiene unido al átomo. No es otra cosa que la fuerza gravitacional del átomo a medida que el éter del espacio acelera hacia el vacío creado en los núcleos de los átomos por la creación por los núcleos las partículas giroscópicas del éter del espacio. A medida que el éter se precipita hacia los núcleos, ejerce una presión sobre los electrones en órbita manteniéndolos en órbita. La fuerza centrífuga de los electrones en órbita contrarresta exactamente el flujo gravitacional interno del éter hacia el núcleo del átomo. El flujo de entrada del éter hacia los núcleos de los átomos también mantiene las partículas giroscópicas en el vórtice toroidal en el campo magnético de los átomos. Sin el éter entrante, todos los átomos se desintegrarían y desaparecerían. Así, la fuerza nuclear mantiene unido al átomo.

En la fórmula de Einstein para la energía, $E = mc^2$, **m** = la masa del átomo, y **c** es la velocidad de la luz al cuadrado, y se refiere a las partículas giroscópicas en el campo magnético del átomo o después de que son expulsadas del campo magnético en la forma de luz, calor u ondas de radio. La velocidad de la luz es cuadrada porque, como José Newman explica en su libro, LA MÁQUINA DE ENERGÍA, las partículas giroscópicas viajan a la velocidad de la luz y al mismo tiempo giran a la velocidad de la luz.

4. **La fuerza eléctrica** es el flujo de electrones entre capas externas de átomos a átomos. Estos electrones externos son golpeados fuera de su órbita alrededor del núcleo por partículas giroscópicas en el campo magnético de un átomo vecino que ha invadido el espacio de otro átomo. El giro de las partículas giroscópicas en el campo magnético es lo que saca a los electrones de la órbita. Luego, los electrones son impulsados en la dirección del giro de las partículas giroscópicas. Cuando las partículas giroscópicas en un campo magnético golpean electrones en un cable, por ejemplo, los electrones son derribados por el cable en la dirección del giro de las partículas giroscópicas, produciendo así una corriente eléctrica.

La superconductividad es un método para reducir el tamaño del campo magnético de los átomos para facilitar el flujo de electrones en un conductor. Los campos magnéticos atómicos son reducidos enfriando o bloqueando su orientación en una cerámica para que los electrones puedan pasar más fácilmente entre los átomos sin pasar a través de partículas giroscópicas en órbita en los campos magnéticos de los átomos vecinos.

Este avance de los últimos años en la mejora de la superconductividad se realizó en consulta con José Newman. Su teoría de las partículas giroscópicas explica cómo funciona la superconductividad. En un conductor, los electrones pasan de un átomo a otro cuando se coloca un voltaje en un circuito. El calor se produce en el conductor porque a medida que los electrones saltan de un átomo a otro tienen que pasar primero a través del campo electromagnético de su propio átomo y luego a través del campo del átomo al que están saltando. A medida que estos electrones pasan a través de las líneas de los campos, impactan con partículas giroscópicas en los campos magnéticos y expulsan las partículas giroscópicas del campo en forma de calor, luz u ondas de radio.

La superconductividad entra en juego cuando los campos magnéticos de los átomos se reducen de tamaño mediante la extracción de partículas giroscópicas en el proceso de enfriamiento. Si los átomos se enfrían lo suficiente como para eliminar varias capas de líneas del campo, entonces los electrones que pasan de un átomo a otro en una corriente no tienen que atravesar o golpear partículas giroscópicas en el campo magnético de los átomos vecinos. Por lo tanto, se permite que la electricidad se transmita sin generar calor, lo que hace que esos circuitos sean súper conductores: la ventaja es que se necesitan voltajes más bajos y cables más pequeños para mover más corriente, y en electrodomésticos como computadoras no se necesitan ventiladores para evitar que el calor queme los cables y componentes en un circuito. También se produce una ventaja cuando se alcanza la superconductividad porque sin que el campo magnético de cada átomo se interfiera con la orientación de los átomos circundantes, todos los átomos se alinean como en un imán y sus campos combinados producen un campo magnético global mucho mayor del objeto en el que se encuentran los átomos. También es cuando se alcanza el umbral superconductor que se logra el control de la gravedad.

5. **La radiación electromagnética** -- la radiación de radio, calor y luz consiste en grupos de partículas giroscópicas que han sido expulsadas de los campos magnéticos de los átomos por electrones, neutrones o protones sueltos que golpean el átomo.

En el campo magnético de los átomos, las partículas giroscópicas orbitan dentro y fuera del núcleo de los átomos en corrientes de entidades individuales en lugar de configuraciones grupales, ya como se encuentran en protones y otras partículas. Las ondas de calor, luz y radio también se componen de grupos de partículas giroscópicas que se agrupan más libremente que las que se encuentran en protones, neutrones, etc. Las ondas de calor, luz y radio se producen cuando los átomos son golpeados por electrones, protones u otras partículas. Cuando una partícula voladora libre ingresa al campo magnético de un átomo, pasa a través de las líneas del campo en ángulos más o menos rectos. A medida que el electrón o partícula invasora pasa a través de las líneas del campo magnético, las partículas giroscópicas en cada capa de línea de campo son golpeados fuera del átomo por la partícula invasora. Estas partículas giroscópicas son golpeadas fuera del campo magnético del átomo en pequeños grupos sueltamente configurados, llamados fotones. Se emite un fotón desde cada línea del campo que atraviesa la partícula invasora.

Por lo tanto, las ondas electromagnéticas consisten en grupos de partículas giroscópicas que han sido expulsadas de los campos magnéticos de los átomos por partículas invasoras.

Todas las características del calor, la luz y las ondas de radio pueden explicarse por el giro de las partículas giroscópicas que viajan en racimos a través del espacio. Por ejemplo, las características de partículas y ondas de la luz que han sido eludidas por los científicos durante tanto tiempo ahora pueden explicarse por esta teoría de partículas giroscópicas. La frecuencia de las ondas de luz está determinada por la distancia de un grupo de partículas giroscópicas al siguiente grupo. La intensidad de la onda está determinada por cuántas partículas giroscópicas hay en cada grupo. Cada grupo de partículas giroscópicas que giran en un rayo de luz es un fotón. La longitud de onda de la luz es la distancia que un fotón está del siguiente. La frecuencia es la cantidad de fotones que pasan un cierto punto por unidad de tiempo.

Otras características del calor, la luz y las ondas de radio también pueden explicarse por la naturaleza giratoria de las partículas giroscópicas. La difracción de la luz es causada por la naturaleza giratoria de las partículas giroscópicas que cuando entran en un material transparente o translúcido se desvían cuando el impacto de las partículas las tira desde su dirección de giro. La polarización de la luz ocurre cuando solo pasan las partículas giroscópicas que giran paralelas a una hendidura. Los que giran en ángulo recto y otros ángulos con respecto a la ranura se desvían de la abertura debido a su orientación de giro. Los patrones de interferencia son producidos por partículas que se desvían en diferentes ángulos debido a los diferentes ángulos de giro cuando las partículas entran en contacto con una abertura.

El calor es radiación electromagnética de una longitud de onda entre ondas de radio y luz, llamada infrarroja. El calor se produce de la misma manera que la luz: los electrones que pasan más o menos en ángulo recto a través del campo magnético de los átomos expulsan las partículas giroscópicas del campo con la frecuencia de la luz infrarroja, que es el calor. Cuando se genera calor al frotar, los electrones en la capa externa de los átomos vecinos son empujados a través del campo magnético de los átomos vecinos, lo que provoca que las partículas giroscópicas en los campos magnéticos de ambos átomos sean expulsadas de sus campos magnéticos con la frecuencia del calor. Las frecuencias más bajas, como las ondas de calor resultan de la expulsión de partículas giroscópicas de las líneas de campo magnético más externas de los átomos porque las líneas de campo están más separadas en los alcances externos del átomo. La radiación de frecuencias más altas se genera con la expulsión de las partículas giroscópicas de las líneas internas del campo magnético de átomos porque están más juntas. El calor producido por un incendio es el resultado de la pérdida de electrones en la reacción química del fuego que impactan a otros átomos, causando que la luz y el calor se emitan con frecuencias variables desde las frecuencias de radio hasta el calor y la luz.

Se emiten diferentes frecuencias porque a medida que las partículas invasoras pasan a través de las capas del campo magnético del átomo, primero pasan a través de las capas externas que están más separadas que las capas más cercanas al núcleo. Por lo tanto, primero se generarían ondas de radio con longitudes de onda grandes, luego ondas de calor con longitudes de onda más cortas y cuando las partículas alcanzan capas más profundas, se emite luz con longitudes de onda aún más cortas y frecuencias más altas: las diferentes frecuencias y longitudes de ondas son causadas por la distancia que las líneas de las capas del campo magnético en los átomos que se invaden son unas de otras.

6. **La fuerza electrostática** se produce por la redirección del éter en la proximidad de electrones y protones por virtud de su giro. José Newman ilustra en su libro que las partículas que giran en la misma dirección se repelen entre sí cuando entran en contacto con la periferia de la otra porque las bolas que giran en la misma dirección en realidad se mueven en direcciones opuestas en su punto de contacto y se repelan entre sí. Su giro también hace que el éter fluya en la dirección de su giro en la proximidad de sus superficies. Por lo tanto, las partículas que giran en la misma dirección se repelen entre sí porque su giro establece una zona de alta presión en el éter entre ellas que las separa.

Las cargas similares se repelen porque están girando en la misma dirección, pero en su superficie de contacto están girando en direcciones opuestas, lo que crea una zona en el éter de alta presión entre ellos que los separa.

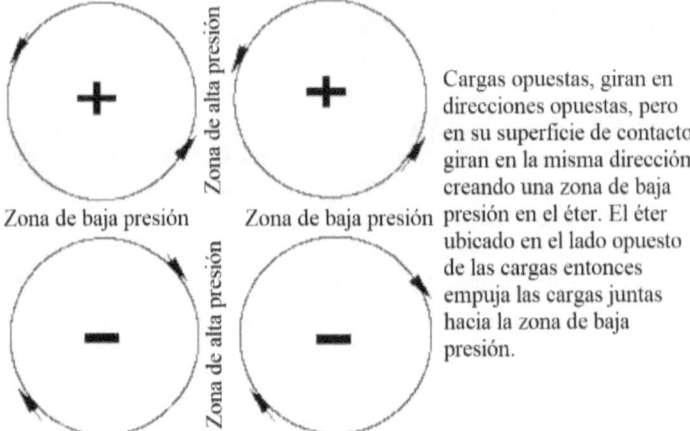

Zona de alta presión

Zona de baja presión   Zona de baja presión

Cargas opuestas, giran en direcciones opuestas, pero en su superficie de contacto giran en la misma dirección creando una zona de baja presión en el éter. El éter ubicado en el lado opuesto de las cargas entonces empuja las cargas juntas hacia la zona de baja presión.

Zona de alta presión

Las partículas que giran en direcciones opuestas en realidad se mueven en la misma dirección en su punto de contacto. De manera similar a un venturi, el éter que se mueve más rápidamente entre las partículas que giran en sentido opuesto crea una zona de baja presión entre ellas, lo que hace que el éter a cada lado de las partículas empuje las partículas hacia la zona de baja presión entre ellas. Por lo tanto, las cargas eléctricas opuestas no se *"atraen"* entre sí, sino que son empujadas juntas por el éter a medida que el éter fluye hacia la zona de baja presión entre los electrones que giran en sentido opuesto.

La fórmula para la fuerza electrostática es,

Fe = k (q1 * q2) / d^2

Fe es la fuerza electrostática. q1 y q2 son cargas de signo opuesto y **d** es la distancia entre las superficies de los cuerpos cargados; **k** es una constante de proporcionalidad.

7. **La fuerza de la inercia** es la resistencia de la masa al movimiento y su tendencia a seguir moviéndose una vez puesta en moción. Este es un resultado directo del flujo direccional gravitacional del éter del espacio hacia los núcleos de todos los átomos. Dado que el éter fluye hacia el átomo desde todas las direcciones, cualquier movimiento del átomo en cualquier dirección será resistido por el éter entrante, pero una vez que el átomo se pone en movimiento o cualquier materia hecha de átomos puesto en moción, esa materia tiene una tendencia a seguir avanzando porque la materia arrastra el éter junto con él

a medida que avanza. Esto se vuelve más obvio cuando frenamos mientras manejamos nuestros autos. Cuando se aplican los frenos, el éter que hemos estado arrastrando con nosotros a medida que avanzamos continúa fluyendo a través de nosotros mientras aplicamos los frenos. La presión del éter que se ha estado moviendo junto con nosotros nos empuja hacia adelante al frenar el vehículo en que nos encontramos. Al girar por una curva o acelerar muy rápido, la resistencia al giro o la aceleración es debido a la resistencia de la masa que intenta moverse a través del éter. Se establece una zona de alta presión en el éter frente al vehículo en movimiento que resiste su movimiento hacia adelante. Si pudiéramos hacer que el éter por el cual estamos moviendo a moverse con nosotros a la misma velocidad, como cuando estamos cayendo en un elevador, entonces el éter facilitaría el movimiento en lugar de oponerse a él. Al controlar el flujo direccional del éter del espacio, que se logra con fuerzas electrostáticas, la energía ilimitada del éter puede estar a nuestras órdenes.

8. **La fuerza centrífuga** se produce cuando un objeto gira. En el interior de un cilindro giratorio, se puede crear el mismo efecto que la gravedad. La fuerza centrífuga se dirija desde el eje de rotación. Al girar un objeto, el éter es arrojado fuera del eje de rotación causando la fuerza centrífuga. Es una fuerza sustancial que se puede sentir fácilmente tomando una cuerda, atando una botella de agua y moviéndola alrededor de su cabeza. Cuanto más cerca lo tengas de ti mismo, menor será la fuerza. Cuanto más se aleja del eje de rotación, más lento se mueve, lo que es similar a los planetas que orbitan alrededor del sol. A 4 veces la distancia, su velocidad orbital se reduce a la mitad y su período orbital es el doble que las unidades de radio. Una fórmula para describir este escenario es:

R = V*T
Donde:
R = las unidades de radio
V = la velocidad
T = el período orbital

Las variaciones de esta fórmula son:
V = 1/Sqrt(R)
T = Sqrt(R)*R

Por ejemplo, 4 = ½ * 8. Aquí, si el radio de la órbita se extiende a 4 veces la distancia, su velocidad orbital disminuye a la mitad y su período orbital se duplica. Si extendiéramos la botella de agua 9 veces la distancia, su velocidad orbital sería 1/3 y su período orbital 27.

Sin embargo, si la cuerda se cambia por un carrusel, donde la botella de agua no puede reducir la velocidad cuanto más se aleja del centro de rotación, entonces la fuerza centrífuga aumenta sobre la botella de agua, haciéndola efectivamente pesar más, porque el éter está presionando la botella de agua contra el borde exterior del carrusel.

Esta fuerza centrífuga se expressa con la formula:

$F_c = mv^2/r$,

Donde:

F_c = la fuerza centrífugal

m = la masa de la botella de agua

v = la velocidad de rotación

r = la distancia de radio de la botella de agua desde el eje de rotación.

Con el escenario del carrusel, el objeto siendo la botella de agua, cuanto más masivo es el objeto, mayor es la fuerza; cuanto más rápida sea la rotación, mayor será la fuerza; y cuanto mayor es la distancia desde el centro, mayor es la fuerza.

8. **La fuerza de la marea** es causada por una zona de baja presión gravitacional en el éter del espacio que fluye hacia un planeta cuando pasa un cuerpo planetario cercano. Por ejemplo, en el sistema Tierra-Luna, el éter que fluye hacia la Tierra disminuye cuando la luna pasa en el camino del éter que fluye hacia la tierra. La marea se encuentra más alta bajo la Luna porque hay menos presión gravitacional del éter presionando sobre la superficie del océano en esa área. La masa de la Luna está bloqueando parte del éter entrante en el área de la marea alta protegiendo a la Tierra de parte de la presión gravitacional del éter que fluye hacia la Tierra.

La fuerza de la marea se determina con la fórmula de fuerza de gravitación modificada del físico Al Snyder,

$F = G * Sqrt(Sqrt(m*M))/R$

Dónde,

G = la constante de gravitación

m = la masa del cuerpo secundario

M = la masa del cuerpo primario

R = el radio orbital del cuerpo secundario alrededor del cuerpo primario

De hecho, todas las fuerzas, ya sean gravitacionales, magnéticas, nucleares, eléctricas, electromagnéticas, electrostáticas, inerciales, centrífugas, mecánicas o de la marea, tienen su origen en el éter del espacio. El Éter del espacio es la premisa fundamental subyacente de la Teoría del Campo Unificado. Es la construcción principal del universo. Todo está hecho del éter. Su flujo constante hacia la tierra nos mantiene al planeta. Gobierna los movimientos de los sistemas solares y los electrones que orbitan el núcleo de los átomos, sus campos magnéticos, fuerzas electrostáticas y centrífugas. Es la fuerza de la inercia. El éter es una sustancia etérea tenue o gas espiritual que llena el universo. Da vida a todas las cosas. Es el medio que utiliza la comunicación de la oración para transmitir mensajes. Su resistencia al paso de la luz es lo que le da a la luz un límite de su velocidad. Es la *"Luz de Cristo"* que llena cada alma para darnos vida y comprensión. Es el Poder de Dios que él usa para gobernar el universo. Es tan abarcador que casi nadie está consciente de su existencia.

Las Fórmulas de La Gravedad

Cuando Galileo realizó sus experimentos sobre la gravedad hace más de 300 años, descubrió que la aceleración de la gravedad sobre la superficie de la Tierra varía en cuanto a la distancia al radio de la Tierra al cuadrado. Expresado en una fórmula, esto es:

$K = a * r^2$ **La Formula de la Aceleración de Gravedad**

Donde:

K = una constante planetaria de gravedad

r = el radio planetario

a = la aceleración de la gravedad en el superficie planetaria

Con esta fórmula, la aceleración de la gravedad se puede determinar a cualquier distancia de la superficie de un planeta.

La fórmula de gravitación se desarrolló a partir de la fórmula de Aceleración de la gravedad. Resolviendo por a:

$a = K / r^2$

Esto fue sustituido en la fórmula de la fuerza de momentum,

$F = M * a$ **La Fórmula de la Fuerza de Momentum**

haciéndolo:

$F = M * K / r^2$

Como K es una constante planetaria, fue necesaria una constante de gravitación universal para calcular la fuerza de gravitación de cualquier cuerpo en el espacio. K fue reemplazado en la fórmula por G, la constante de gravitación universal para hacerlo:

$F = G M / r^2$

Para cualquier planeta de radio r, F = a, la aceleración de la gravedad en el superficie, por lo tanto,

$a = G M / r^2$

Como GM ha reemplazado a K en la fórmula de Aceleración de la gravedad, entonces:

K = GM   **La Fórmula de la Masa Planetaria**

La constante de gravitación es la fuerza de gravedad ejercida por una cantidad unitaria de materia.

La fuerza de gravedad ejercida por un planeta entero sería:

F = GM

Dado que la aceleración de la gravedad varía en cuanto a la distancia al cuadrado que los cuerpos están entre sí, entonces se supone que la fuerza de gravitación entre dos cuerpos en el espacio varía en cuanto a su distancia inversa al cuadrado.

Volvamos a la fórmula de Momentum. Para un cuerpo pequeño que cae hacia la superficie de un planeta, la fuerza de momentum es,

$F = m * a$

Si sustituimos **a** por la fórmula de Aceleración de la gravedad, obtenemos,

$F = m * K / r^2$

Como hemos determinado que la fuerza de gravedad de un planeta, K = GM, podemos sustituir GM por K para llegar a la fuerza de gravedad que actúa entre la masa pequeña y la gravedad de todo el planeta,

$F = m * GM / r^2$

Por lo tanto, la fórmula de la fuerza de gravitación final es:

$F = GmM / r^2$ **La Fórmula de la Fuerza de Gravitación**

¿Cómo se relaciona la fuerza de gravedad con la velocidad orbital? Para entender esto, debemos analizar cómo la aceleración de la gravedad se relaciona con el momentum de una masa en órbita. Puede aprender cómo la velocidad orbital se relaciona con el radio orbital observando un balde girado alrededor de usted en el extremo de una cuerda. Se encuentra que a medida que aumenta la distancia del radio, disminuye la velocidad del balde.

De hecho, se ha encontrado que el cuadrar la velocidad orbital de un satélite en órbita alrededor de un planeta dividido por el radio orbital es igual a la aceleración de la gravedad hacia ese planeta a la distancia del radio orbital. Esto mantiene el satélite en órbita. Al igual que el balde, si el radio orbital aumenta, la velocidad orbital del satélite disminuye. Los primeros satélites puestos en órbita orbitaban la tierra en unos 60 minutos. Los satélites de telecomunicaciones posteriores se colocaron más lejos, a la distancia llamada órbita geosíncrona a 22,243.528 millas. A esa distancia orbital de la Tierra, el satélite se mantiene directamente sobre un punto en el suelo debajo, dándole un período orbital de aproximadamente 24 horas.

Entonces, la relación de la aceleración de la gravedad con la velocidad orbital es,

$a = v^2 / R$

Cuando sustituimos esto en la fórmula de momentum,

$F = m * a$

obtenemos la fórmula de la fuerza centrífuga orbital:

$F = m * v^2 / R$ **La Fórmula de la Fuerza Centrifugal Orbital**

Cuando sustituimos $a = v^2 / R$ en la Fórmula de la Aceleración de la Gravedad, $K = a * r2$, para un satélite en órbita teórico sobre la superficie inmediata (ignorando la fricción del aire) donde el radio planetario $r = R$, el radio orbital, obtenemos:

$K = R^2 * v^2 / R$, el cual reduce a:

$K = v^2 * R$ **La Fórmula de Velocidad Orbital**

Al sustituir la fórmula de masa planetaria por K en la fórmula de velocidad orbital, podemos calcular la masa de cualquier planeta con un cuerpo de satélite en órbita:

$GM = v^2 * R$

Resolviendo por M:

$M = v^2 * R / G$

Para resumir, en nuestro estudio de la gravedad, tenemos que trabajar con tres fórmulas constantes planetarias:

$K = a * r^2$ La Fórmula de la Acceleración de la Gravedad
$K = GM$ La Fórmula de Masa Planetaria
$K = v^2 * R$ La Fórmula de la Velocidad Orbital

y tres fórmulas de fuerza:

$F = m * a$ La Fórmula de la Fuerza de Momentum
$F = GmM / r^2$ La Fórmula de la Fuerza de Gravitación
$F = m v^2 / R$ La Fórmula de la Fuerza Centrifugal Orbital

De la fórmula geosincrónica, $R^3 = GMT^2 / 4 pi^2$,

$G = 4 pi^2 R^3 / T^2 M$

Y siendo que,

$G = K / M$,

Entonces tambíen,

K = 4 pi² R³ / T²

Para calcular la masa de los planetas, fue necesario obtener un valor unitario para la gravedad. ¿Cuánta fuerza gravitacional ejerce un gramo de materia? Esto fue contestado cuando la constante de gravitación se midió directamente en el experimento Cavendish.

Cálculo de la Constante de Gravitación

El propósito de la constante de gravitación es calcular la cantidad de fuerza de gravitación que ejerce una cantidad dada de materia. Si la única causa de la gravedad es el vacío en el núcleo de los átomos, entonces cualquier cantidad dada de materia debería ejercer la misma fuerza de gravitación en cualquier parte del universo. El análisis espectroscópico de la luz emitida por todos los cuerpos de materia en el espacio indica que la materia es la misma en todas partes como la encontramos aquí en la tierra.

En las últimas décadas, los científicos han realizado muchos experimentos relacionados con la medición de la constante de gravitación ideada por primera vez por Lord Cavendish. Han notado variaciones en la aceleración superficial de la gravedad cuando se miden en postes altos y en pozos profundos. Sin embargo, no han tenido en cuenta la existencia del éter y su flujo, que sería diferente tanto en un poste alto como en la profundidad de un pozo que en la superficie de la tierra. En un poste alto, el éter que ingresa a la Tierra no ha asumido una orientación totalmente vertical al ingresar a la Tierra en forma de vórtice desde el espacio. Ese flujo de vórtice se dirige hacia un planeta a una gran distancia, pero a medida que se acerca a la Tierra, la dirección del flujo comienza a moverse lateralmente con la rotación de la Tierra y luego asume gradualmente una dirección vertical a medida que se acerca a la superficie. Luego, después de entrar en la superficie del planeta, el éter se extiende para formar una esfera hueca en la esfera de gravedad central ubicada a una profundidad de 700 millas de la superficie exterior del planeta, según la Guía interna en ETIDORPHA.

En un pozo profundo, el éter fluye en todas las direcciones hacia la materia que rodea el experimento. La proporcionalidad de la presión de flujo de éter dependería de la cantidad de materia en cualquier dirección del experimento. En el caparazón de un planeta hueco, ese flujo sería mayor hacia los lados que arriba o debajo de la posición de uno en el caparazón porque en cualquier lugar dentro del caparazón habría más masa hacia los lados que arriba o abajo. Idealmente, el experimento de constante de gravitación debería realizarse lo más lejos posible de cualquier materia con solo dos cuerpos de masa y el equipo de medición integrado en las masas.

El experimento original de Cavendish se realizó en la superficie de la tierra con una barra y dos conjuntos de masas. En ese experimento, dos *"lunas"* de igual masa se unen a los extremos de una barra. En el centro exacto de la barra, equidistante de los extremos, la barra está suspendida en aire quieto con una fibra sin torsión. Luego se colocan dos *"tierras"* de igual masa perpendicularmente a la barra en el lado contrario a las agujas del reloj de las *"lunas"* a la misma distancia de las masas "lunares." La presión descendente de la gravedad en las dos lunas se equilibraría a cero por la fibra de equilibrio en el centro de la varilla, dejando la fuerza de gravedad libre para actuar entre cada *"tierra"* y su *"luna."* La barra se deja girar con sus *"lunas"* en la dirección de sus respectivas *"tierras."* Se mide la distancia que las *"lunas"* aceleran hacia sus *"tierras,"* así como el ángulo y el período de oscilación de la barra con las *"lunas."* Como la barra está conectada y suspendida por la fibra, ya que la interacción gravitacional de las *"lunas"* con las *"tierras"* hace que las *"lunas"* aceleren hacia las *"tierras,"* la fibra ejerce una fuerza de torsión para mantener la *"lunas"* de no tocar las *"tierras."* Esto hace que la barra con las *"lunas"* oscile de un lado a otro hacia y luego lejos de las "tierras." Esta oscilación se compara con la oscilación de un péndulo y se supone que la fuerza de torsión ejercida por la fibra es igual a la fuerza de gravitación ejercida por los pares de *"tierras-lunas."* La constante de gravitación se calcula a partir de la fórmula de gravitación de Newton.

Fig. 1 (Después de la colocación de M)　　Fig. 2 (Antes de la colocación de M)

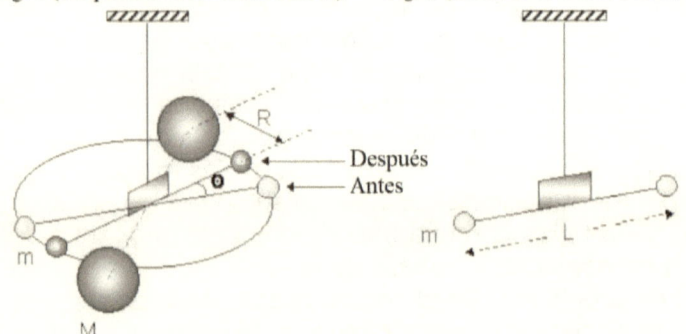

Después
Antes

Tenemos un ejemplo de libro de texto de un experimento de Cavendish en FUNDAMENTOS DE FÍSICA, por David Halliday y Roberto Resnick. Los valores dados para el experimento se dan como,

M = 12,700 gm	Masa de las esferas grandes
m = 9.85 gm	Masa de las esferas pequeñas
L = 52.4 cm	Longitud de la barra desde el centro de una esfera pequeña hasta el centro de la otra esfera pequeña
T = 769 sec	Período de oscilación de las esferas pequeñas
R = 10.37281 cm	La distancia entre el centro de las esferas grandes y pequeñas
2Ø = 0.516 grados	El ángulo entre las dos posiciones de equilibrio de las esferas pequeñas.

En este experimento, el torque gravitacional de las esferas pequeñas que actúan a través de la barra hacia las esferas grandes es igual al torque torsional de la fibra que resiste la interacción gravitacional entre las esferas grandes y pequeñas. Por lo tanto,

Torque Torsional = Torque Gravitacional

El torque torsional se expresa como,

t = k Ø

Donde:

k = la constante torsional de la fibra

y

Ø (theta) = la mitad del ángulo entre las dos posiciones de equilibrio de las esferas pequeñas en la barra a medida que oscilan hacia adelante y hacia atrás hacia las esferas grandes.

Theta se convierte en radianes. 1 radián = 360/2pi, o 57.29577951, entonces, .258 grados / 57.29577951 = 4.502949 x 10^{-3} radianes

La barra con las esferas pequeñas que retuercen la fibra se puede comparar con una masa en un resorte como,

$$T = 2 * \pi * \sqrt{\frac{I}{k}}$$

donde **I** es el momento de inercia, que representa la masa de las esferas pequeñas que giran alrededor del eje central del punto de suspensión de la fibra en la barra, y reemplaza **m** en la fórmula del resorte original. **T** es el período del péndulo.

El momento de inercia de las esferas pequeñas en la barra se calcula como,

$$I = 2 m d^2$$

Donde,

2 representa las dos esferas pequeñas

m es la masa de una esfera pequeña

d = la mitad de **L**, la distancia desde una esfera pequeña hasta el punto de suspensión de fibra en la barra

Resolviendo por el momento de inercia,

I = 1.352287 x 10^{-3} kg m^2

Resolviendo por la constante **k** torsional de la fibra en suspensión,

$$k = \frac{4 \pi^2 I}{T^2}$$

= (4 pi^2)(1.352287 x 10^{-3} kg m^2) / (769 s)^2

= 9.02767 x 10^{-8} N m

N = Newtons. 1 Newton es la fuerza necesaria para dar una aceleración de un metro por segundo por segundo a un kilogramo de masa.

La magnitud del torque torsional ejercido por la fibra, por lo tanto, es,

t = k Ø

= (9.02767 x 10^{-8} N m)(4.502949 x 10^{-3} radianes)

= 4.06512 x 10^{-10} N m

Este toque torsional se equilibra con el torque gravitacional que ejercen las esferas grandes sobre las esferas pequeñas. La fuerza gravitacional proviene de la fórmula de gravitación, newtoniana,

F = GmM / R^2

El torque gravitacional es la fuerza gravitacional que actúa a través de la barra a través de la distancia de 1/2 **L**, la mitad de la longitud de la barra. Esto es dado por,

$$\frac{G\,M\,m}{R^2} * \frac{L}{2} + \frac{G\,M\,m}{R^2} * \frac{L}{2}$$

que se reduce a,

$$\frac{G\,m\,M\,L}{R^2}$$

Entonces,

$$t = \frac{G\,m\,M\,L}{R^2}$$

Resolviendo por **G** resulta en,

$$G = \frac{t\,R^2}{mML}$$

=

$(4.06512 \times 10^{-10}$ N m$)(0.108$ m$)^2/(12.7$ kg$)(9.85 \times 10^{-3})(0.524$ m$)$

= 6.67259×10^{-11} N m^2 / kg^2,

El valor de **G** usado con centímetros-gramos es,

6.67259 x 10^{-8} Dynes   La Constante de Gravitación

Lo que significa esta constante de gravitación es que por cada gramo de materia en el universo, se genera una aceleración en el éter del espacio al valor de 6.67259 x 10-8 centímetros por segundo al cuadrado hacia el centro de ese gramo de masa.

Cálculo de la Masa de la Tierra

Al determinar la masa de la tierra, se supone que el momentum de una pequeña masa que acelera hacia la tierra cerca de su superficie es igual a la fuerza gravitacional de la tierra que actúa sobre esa pequeña masa:

F = m * a   La fuerza del Momento (La Segunda Ley de Newton)

F = GmM/r^2 La Fuerza de La Gravitación

m * a = GmM/r^2

Resolviendo para **a**, la pequeña masa **m** se cancela dejando:

a = GM/r^2

Ahora podemos resolver para **M**, la masa de la tierra, usando la constante de gravitación:

M = a * r^2 /G

Donde:

a = 980.665 cm/sec^2, el promedio de la aceleración de la gravedad en la superficie terrestre

R = 6.378 x 10^8 cm, el radio promedio de la tierra

G = 6.67259 x 10^{-8}, la Constante de Gravitación

(980.665 cm/sec^2)(6.378 x 10^8)^2 / (6.67259 x 10^{-8})

= **5.9785417 x 10^{27} gm, La Masa de la Tierra**

De la fórmula de Densidad,

D = M/V

obtenemos la densidad de la tierra.

De la fórmula de volumen de una esfera,

V = PiD^3/6

= el volumen de la tierra es 1.086781293 * 10^{27} cc.

La densidad de la tierra entonces es:

5.9785417 x 10^{27} gm / 1.086781293 x 10^{27} cc

= **5.50 gm/cc**

Dado que, en promedio, las rocas de la superficie terrestre son 2.7 gm / cc (el agua es 1 gm / cc), entonces si la densidad promedio total de la tierra es 5.5, entonces el interior de la tierra tendría que ser al menos tan denso como el acero (8 gm / cc). Por ejemplo, (8.3 + 2.7) / 2 = 5.5. Si la tierra estuviera llena de agua (sin tierra), entonces la tierra tendría una densidad de 1. Si tuviera la densidad de las rocas superficiales, sería 2.7. Por lo tanto, si la tierra tiene una densidad de 5.5, entonces el interior debe contener material más denso que las rocas superficiales.

Para una tierra hueca, si se supone que la concha tiene el 10% del diámetro de la tierra, 800 millas de espesor, esto daría un volumen de la concha de 5.342261531 x 10^{26} cc, y dado que la mayor parte de la masa de la tierra estaría en su concha, la densidad de la capa de la tierra sería de **11.19 gm / cc**, que es casi tan densa como el plomo (11.3).

Y dado que las rocas superficiales son de 2.7 gm / cc, entonces el interior de la capa de la tierra debería ser mayor que la densidad promedio de la capa de 11.19 gm / cc. El interior de la carcasa tendría una densidad de,

(2 * 11.19) - 2.7 = **19.68 gm/cc**, que es más denso que el oro (19.3).

El platino, por ejemplo, tiene una densidad de 21.4, es más duro que el hierro y no se oxida, por lo que podríamos decir que una densidad interna de la carcasa de 19.68 gm / cc podría estar en el ámbito de la posibilidad, tal vez conteniendo algo de platino y oro haciendo una fundación resistente para una tierra hueca. Después de todo, la tierra suena como una campana después de un terremoto bastante grande. Una campana es hueca y está hecha de metal como lo sería una tierra hueca.

Se puede decir que el sol interior podría contener algo de la masa de la tierra, lo que reduciría la densidad de la concha. Pero un sol interior de un diámetro estimado de 600 millas contendría muy poco de la masa de la tierra.

Suponiendo que el sol interior tiene una densidad de vidrio, que la evidencia indica que todas las estrellas son en realidad bolas de cristal huecas en lugar de gas quemando, su masa sería solo el 0.01% de la masa newtoniana de la Tierra.

$$V = \frac{\pi D^3}{6}$$

pi * (600 mi * 1.60934722 km * 100,000 cm)^3 / 6

= 4.714130881 x 10^{23} cc   Volumen del Sol Interior

Supongamos que el Sol Interior también es hueco y tiene una concha del 10% de su diámetro, o 60 millas. Esto le daría al hueco del Sol Interior un volumen de 2.413635011 x 10^{23} cc. Entonces el volumen de su caparazón sería 2.30049587 x 10^{23} cc multiplicado por 2.6, la densidad del vidrio da,

Mass = Volume * Density

= 5.981289262 x 10^{23} gm, Masa del Sol Interior

dividido por la masa de la tierra de 5.978541732 x 10^{27} gm

= .000100046 * 100 = .01%

Por mucho, la mayor parte de la masa de una tierra hueca estaría ubicada en su caparazón.

Otra posibilidad, se puede decir, es que el caparazón de la Tierra es más grueso y proporciona una densidad media más baja. Esto podría ser una posibilidad. Es necesario idear algún método para determinar el grosor de la carcasa. Esto podría determinarse fácilmente entrando en el hueco de la tierra a través de una apertura polar y rebotando ondas de radar en el lado opuesto del interior hueco.

En total, no veo nada en la masa newtoniana de la tierra que pueda excluir completamente que la tierra de sea hueca. Se ha notado que las ondas sísmicas se doblan a medida que descienden hacia dentro de la tierra, lo que hace que se curven hacia la superficie antes de golpear la discontinuidad dentro de la tierra que los científicos afirman que es el núcleo externo. Esto indica que la tierra aumenta en densidad con la profundidad, lo cual es consistente con una tierra hueca con una capa que usa la masa newtoniana de la tierra. De hecho, si la tierra es hueca y la masa newtoniana de la tierra que requiere una densidad que aumenta con la profundidad es correcta, entonces eso en sí mismo excluiría el reclamo de un interior fundido. Esa discontinuidad dentro de la tierra podría ser la superficie interna.

Si aplicamos la teoría de los planetas huecos a las masas y densidades de los planetas y el sol y suponemos que la mayor parte de su masa se encuentra en una concha con un interior hueco que contiene un sol interior, esto les permitiría a todos tener superficies sólidas. Esto contrasta con la creencia científica actual de que el sol es gaseoso, así como los grandes planetas exteriores. Dependiendo del grosor de sus conchas, todos los planetas, la luna e incluso el sol podrían tener fácilmente superficies sólidas al menos tan densas como las de la Tierra (2.7). Las escrituras indican que el sol es un cristal. El vidrio tiene una densidad de 2.6. El trabajo científico de Miguel Mozina a partir de las observaciones del Sol proporcionadas por los satélites de observación solar ha proporcionado indicios de que el Sol tiene una superficie sólida, así como el hecho de que tiene un campo magnético que no puede ser generado por los remolinos de gases.

Con la constante de gravitación **G**, podemos calcular las masas y densidades de los planetas, lunas y sol de nuestro sistema solar si podemos llegar a un valor para la aceleración de la gravedad de la superficie de cada cuerpo. Podemos hacer esto usando la fórmula de órbita geosíncrona usando datos de satélites en órbita.

La Fórmula de la Órbita Geosíncrona

La fórmula geosíncrona se desarrolló a partir de la Tercera Ley del Movimiento Planetario de Johannes Kepler. En sus propias palabras, Kepler escribió: "La proporción que existe entre los tiempos periódicos de cualquiera dos planetas es precisamente la proporción del poder 3/2 de las distancias medias." (El universo atractivo, E. G. Vales, pág. 42)

Expresado como una fórmula, esto es:

$R^{3/2} = T$

La fórmula geosíncrona aceptada se basa en la cuadratura de la tercera ley de movimiento planetario de Johannes Kepler por Newton. Newton cuadró esta fórmula dando:

$R^3 = T^2$

La versión cuadrada de Newton de la fórmula de Kepler se puede ver fácilmente en la fórmula geosincrónica aceptada:

(1) $R^3 = GMT^2 / 4\,pi^2$

Como GM = K, cualquiera de las fórmulas constantes de K para un planeta puede sustituirse por GM en esta fórmula.

Entonces, otras variaciones de la fórmula geosíncrona podrían ser:

(2) $R^3 = r^2 a T^2 / 4 pi^2$

o

(3) $R^3 = v^2 r T^2 / 4 pi^2$

Sin embargo, dado que Newton cuadró la fórmula original de Kepler, la fórmula geosincrónica correcta es la raíz cuadrada de la fórmula aceptada. Aunque cualquiera de las fórmulas funciona, reducir la ecuación a su forma más baja es matemáticamente más correcto. Por ejemplo, tomando la fórmula geosync (2) y reduciéndola a los términos más bajos obtenemos:

$R^{3/2} = r * Sqrt(a) * T / 2 pi$

Las otras variaciones de la fórmula son:

$R^{3/2} = Sqrt(GM) * T / 2 pi$

$R^{3/2} = v * Sqrt(r) * T / 2 pi$

La fórmula original de la Tercera Ley de Kepler $R^{3/2} = T$, se puede ver fácilmente en la fórmula geosincrónica reducida.

La fórmula geosincrónica se puede desarrollar de la siguiente manera:

Una órbita geosíncrona tiene muy poco que ver con la masa de un satélite en órbita como descubrió Galileo cuando demostró que todos los objetos que no giran, sin importar su masa, caen esencialmente a la misma velocidad. Esto se debe a que la masa de los objetos que caen es tan pequeña que ejercen una aceleración insignificante en comparación con la masa de la tierra.

La fórmula de aceleración de la gravedad es:

$a = K/r^2$

Donde:

a = 980.665 cm/seg², promedio de la aceleración de la gravedad en la superficie terrestre

r = 6.378 x 10⁸ cm, radio promedio de la tierra

K = a * r²

la constante planetaria **K** para la tierra es 3.989235778 x 10²⁰ gm cm

La fórmula para un satélite en órbita es:

v = Sqrt(K) / Sqrt(R)   **La Fórmula de Velocidad Orbital**

Donde:

v = la velocidad orbital

R = el radio orbital desde el centro del planeta

K = la constante planetaria

Otra forma de llegar a la velocidad orbital sería a partir de la fórmula de circunferencia circular dividida por el tiempo orbital:

v = 2PiR / T   **Fórmula de Velocidad de Circunferencia**

Por lo tanto,

Fórmula de Velocidad de Circunferencia = Fórmula de Velocidad Orbital:

2PiR / T = Sqrt(K) / Sqrt(R)

Resolviendo para **R**:

$R^{3/2}$ = Sqrt(K) * T / 2 Pi

Sustituyendo **K** de La Fórmula de Aceleración de la Gravedad:

K = r^2 a

llegamos a La Fórmula Geosincrónica corregida:

$R^{3/2}$ = r Sqrt(a) T / 2 Pi

Esta es la misma fórmula que la fórmula ortodoxa corregida (2) mencionada anteriormente:

$R^{3/2}$ = r Sqrt(a) T / 2 Pi

Resolviendo esta fórmula para la tierra obtenemos:

r = 6,378 km (radio de la Tierra)

T = 86,164.09 seg (una revolución sideral de la Tierra es de 23 horas 56 minutos)

a = .00980665 km/seg (aceleración de la gravedad en la superficie)

Pi = 3.141592654

Entonces

6,378 * 86,164.09 * .099028531 / (2 * 3.141592654) =

54,421,581.38 / 6.283185307 = 8,661,463.687$^{3/2}$ =

42,175.56 km - r (radio de la Tierra) =

35,797.56 km a la órbita geosíncrona desde la superficie / 1.60934722 mi =

22,243.528 millas, la conocida órbita geosincrónica estándar de la Tierra.

Gravedades Superficiales de los Planetas

La gravedad superficial de los planetas se puede calcular de dos maneras, con los mismos resultados.

Uno, con La Fórmula Geosincrónica,

$R^{3/2}$ = Sqrt(a) * r * T / 2pi

Donde:

R es el radio orbital promedio en un satélite en órbita

r es el radio del planeta para el que buscas la aceleración de la superficie

T es el período orbital de un satélite en órbita en segundos

Resolviendo para **a**, la aceleración superficial de la gravedad del cuerpo primario:

$a = (R^{3/2} * 2pi / (r * T))^2$

y Dos, con La Fórmula de Velocidad Orbital para un satélite en órbita

$v = Sqrt(K/R)$

Para obtener la Gravedad Constante **K** del planeta:

$K = R * v^2$

luego usando esta constante para llegar a la aceleración superficial de la gravedad usando La Fórmula de la Aceleración de la Gravedad:

$a = K/r^2$

Por ejemplo, resolviendo **a** para el Sol usando la variación de aceleración de la gravedad de La Fórmula Geosíncrona:

$a = (R^{3/2} * 2pi / (r * T))^2$

R = 148,736,000 km, radio orbital de la Tierra, un satélite del Sol

r = 696,041.28 km, radio del Sol

T = 31,484,358 seg, tiempo orbital de la Tierra en segundos

a = .270488217 km/seg, es la aceleración de la gravedad en la superficie del sol, o **27048.8217** cm/seg²

Ahora, usando la Fórmula de Velocidad Orbital junto con La Fórmula de la Aceleración de la Gravedad:

$v = Sqrt(K/R)$

o

$K = R * v^2$

Primero calculamos la velocidad orbital de la Tierra usando La Fórmula de Velocidad de Circunferencia:

$v = 2piR/T$

2*3.141592654*148,736,000 km/31,484,358 seg =

v = 29.68254426 km/seg

Resolviendo para **K** del Sol a partir de La Fórmula de Velocidad Orbital obtenemos:

$K=Rv^2$

148,736,000 km * 29.68254426² =

$K = 1.310443635^{11}$

luego usando La Fórmula de Aceleración de la Gravedad:

$a = K/r^2$

$a = 1.310443635 \times 10^{11} / (696,041.28 km)^2$

a = .2704887217 km/seg, or **27048.8217 cm/seg²**, la aceleración superficial de la gravedad para el sol

La aceleración superficial de la gravedad de la Tierra se puede obtener utilizando la fórmula de órbita síncrona con la Luna, satélite de la Tierra. Resolviendo la aceleración de la gravedad de la superficie promedio de la Tierra,

a = $(R^{3/2} * 2pi / r * T)^2$

Dónde,

r = el radio promedio de la tierra, 6.36745×10^8 cm

R = el radio orbital promedio de la Luna, 3.821672×10^{10} cm

T = período orbital de la Luna, 2.354149431×10^6 segundos

Resolviendo

$((3.821672 \times 10^{10}$ cm$)^{3/2} * 2 * 3.141592654 / 6.36745 \times 10^8$ cm $* 2.354149431 \times 10^6$ segundos$)^2$ = **980.665 cm / seg²**, la aceleración media de la gravedad de la superficie exterior de la Tierra.

Para una tabla de Gravedades de la superficie de los planetas, la Luna y el Sol, consulte La Sistema Solar en la Tabla de Contenido.

La Fuerza Centrífuga es Igual a la Fuerza de Gravitación que Actúa sobre un Cuerpo en Órbita

Para cualquier satélite en órbita, la fuerza centrífuga equilibra exactamente la fuerza de gravitación que actúa sobre ese satélite para mantenerlo en órbita. La fórmula de gravitación con su constante de gravitación debe ser consistente e igual a la fórmula de fuerza centrífuga.

Considere un escenario simulado donde el peso de mi cuerpo se coloca en una órbita de superficie teórica, ignorando cualquier fricción de aire.

MIPESO = 160 lbs * 453.592 gm = 72,574.72 gm

Cálculo de la velocidad orbital superficial:

K = v^2 * R

v = Sqrt(K/R)

= 790,865.4 cm/seg

Calcular la fuerza centrífuga sobre mí a la velocidad orbital superficial:

F = v² * MIPESO / R

$790,865.4^2 * 72,574.72 / 6.378 * 10^8$ cm

= **7.117149 x 10⁷ gm** fuerza centrífuga

Ahora calculando la fuerza gravitacional en MIPESO en órbita superficial:

Masa de la Tierra:

M = K / G

$= 5.97854173 \times 10^{27}$ gm

F = G * MIPESO * M / R²

= **7.117149 * 10⁷ gm** fuerza de gravedad, que es la misma que la fuerza centrífuga necesaria para mantener el satélite en órbita.

Usando la fuerza centrífuga también podemos calcular la masa de la tierra con este escenario. Como la fuerza centrífuga que actúa sobre el peso de mi cuerpo a la velocidad orbital de la superficie (ignorando la fricción del aire) es igual a la fuerza de gravedad que me mantiene en órbita, la fuerza centrífuga = la fuerza de gravedad:

F = v² * m / R   Fórmula de La Fuerza Centrífuga

F = G * m * M / R²   Fórmula de La Fuerza de Gravitación

Entonces,

v² * m / R = G * m * M / R²

Resolviendo para *M*, la masa de la Tierra,

M = R * v² / G

$= 5.97854173 \times 10^{27}$ gm Masa de la Tierra

Entonces, el valor de la constante de gravitación **G** con la fórmula de gravitación newtoniana da una masa para la tierra consistente con una tierra hueca, y proporciona una fuerza de gravedad que iguala la fuerza centrífuga en un satélite en órbita.

La Cuadratura de las Velocidades Orbitales de la Tercera Ley de Kepler da las Masas Relativas de los Planetas

Lo que descubrió Johannes Kepler fue que si un planeta está 4 veces de la distancia del Sol a la Tierra, entonces su velocidad orbital se reduce a la mitad y su período orbital es dos veces más largo que el radio orbital en unidades astronómicas.

La distancia promedio de la tierra al sol es una Unidad Astronómica (UA). Expresado en una fórmula simplificada esto es:

R = V * T   **La Fórmula RIVET**

Tierra 1 UA = 1 * 1
Planeta 2 UA 4 = 1/2 * 8
Planeta 3 UA 9 = 1/3 * 27
Planeta 4 UA 16 = 1/4 * 64
Planeta 5 UA 25 = 1/5 * 125
Planeta 6 UA 36 = 1/6 * 216
Planeta 7 UA 100 = 1/10 * 1,000

De esta tabla, se puede ver un patrón en el que

V = 1/Sqrt(R)

Por lo tanto,

R = 1/Sqrt(R) * T

o

Sqrt(R) * R = T

o

$R^{3/2}$ = T, que es **La Fórmula de la Tercera Ley de Kepler**.

Las velocidades orbitales relativas de las secundarias (lunares) en órbita de las primarias (planetas) se pueden obtener con la siguiente fórmula Kepleriana:

$R^{3/2}$ / T = Velocidad Orbital Relativa

Donde:

R = el radio orbital relativo, o R_1 de un cuerpo orbital / R_2 de un segundo cuerpo orbital

T = el período orbital relativo, o T_1 del mismo cuerpo orbital / T_2 del mismo segundo cuerpo orbital

Por ejemplo, la proporción del radio orbital de Io, una luna de Júpiter al radio orbital de la luna de la Tierra es:

261,942 mi / 238,857 mi = 1.096647785

La proporción de los tiempos orbitales de las dos lunas son:

152,854 seg / 2,360,580 seg = .06475273

Al entrar estos valores en la fórmula de Kepler, obtenemos:

$1.096647785^{3/2}$ / .06475273 = 17.73546851 veces más rápido que Io orbita a Júpiter que nuestra Luna orbita a la tierra.

Dado que la fuerza de gravitación es igual a la fuerza centrífuga en un satélite en órbita, a la distancia orbital, la fuerza gravitacional o masa del planeta es proporcional a la velocidad al cuadrado de cualquiera de sus satélites en órbita.

Dado que la fuerza gravitacional es directamente proporcional a la masa del planeta, la cuadratura de las velocidades orbitales relativas de la luna de un planeta da la masa relativa de ese planeta, en relación a que la Tierra es 1.

Por ejemplo, desde que Io, una luna de Júpiter, orbita a Júpiter 17.73546851 veces más rápido que nuestra Luna orbita a la Tierra, al cuadrar esa velocidad orbital relativa se obtiene la masa relativa de Júpiter,

17.73546851^2 = 314.5 veces más masiva que la tierra.

$F = v^2 * m / R$ La Fuerza Centrífuga

$F = GmM/R^2$ La Fuerza de la Gravitación

La Fuerza Centrífuga = La Fuerza de Gravitación

$v^2 m / R = GmM/R^2$

La masa del satélite se cancela mostrando que la aceleración de la gravedad que actúa en un satélite en órbita es igual a su velocidad al cuadrado dividida por su radio orbital:

$a = v^2 / R$

$v^2 / R = GM/R^2$

Resolviendo por la masa del planeta,

$M = v^2 * R / G$

Isaac Newton obtuvo las masas relativas de los planetas al cuadrar la Tercera Ley de Kepler, porque las masas relativas de los planetas son directamente proporcionales a las velocidades orbitales al cuadrado de sus satélites en órbita.

$R^{3/2}$ / T = La Velocidad Orbital Relativa - Kepler

R^3/T^2 = La Masa Planetaria Relativa - Newton

La proporción Kepleriana original da las velocidades orbitales relativas de las lunas de los planetas. La cuadratura de Newton de las proporciones keplerianas da las masas relativas de los planetas porque la fuerza centrífuga que actúa sobre un cuerpo en órbita se define como la velocidad orbital al cuadrado.

Debido a que la fuerza centrífuga que actúa sobre un satélite en órbita es igual a la fuerza de gravedad que actúa sobre él, la masa relativa del planeta es igual a la velocidad relativa orbital al cuadrado de sus satélites en órbita, tal como se define en La Fórmula de la Fuerza Centrífuga.

Las fórmulas que estamos tratando aquí son:

$F = v^2 * m / R$ La Fórmula de La Fuerza Centrífuga
$F = GmM / R^2$ La Fórmula de La Fuerza de la Gravedad al radio orbital
$F = m * a$ La Fórmula de la Fuerza de Momentum
$R^{3/2} = T$ Fórmula de la Tercera Ley de Kepler

Tomemos, por ejemplo, un cuerpo en órbita del planeta Urano para ilustrar.

De la variación de la fórmula geosíncrona de la aceleración de la gravedad en el superficie de Urano,

$a = (R^{3/2} * 2pi / (r * T))^2$

podemos obtener la aceleración de la gravedad en el superficie de Urano usando Titania, una luna de Urano

R de Titania = 4.377424438E+10 cm

T de Titania = 752,160 seg

r de Uranus = 2.54E+9 cm

$(4.377424438E+10^{3/2} * 2pi / (2.54E+9 * 752,160))^2$

= 907.25 cm/seg^2 aceleración de la gravedad en el superficie de Urano.

Para un objeto pequeño que acelera hacia un planeta cerca de la superficie,

$m * a = GmM/r^2$

$a = GM/r^2$

Resolviendo para **M** de Urano:

$M = a * r^2 / G$

907.25 * 2.54E+9^2 / 6.67259 x 10^{-8}

= **8.772027 E+28 gm** masa de Urano

Ahora comparemos nuestra luna en órbita terrestre con nuestra luna en órbita teórica alrededor de Urano a la misma distancia del radio orbital de la Luna desde la Tierra.

De La Fórmula Constante **K**,

$K = a * R^2$

K de Urano es 5.8532141E+21

Para la Tierra K = 3.976049315E+20

De la Fórmula de Velocidad Orbital

$K = v^2 * R$

la velocidad orbital de nuestra Luna es,

$v = Sqrt(K/R)$

Sqrt(3.976049315E+20 / 3.821672E+10)

= 101,999.766 cm/seg   velocidad orbital de nuestra Luna.

Ahora calculamos la velocidad orbital de la Luna alrededor de Urano en el mismo radio orbital,

Sqrt(5.8532141E+21 / 3.821672E+10)

= 391,354.651 / 101,999.766 = **3.8368**, la proporción kepleriana de Urano a la Tierra. Así que por la presente tenemos una prueba de que la proporción Kepleriana es una proporción de velocidad orbital relativa y NO una proporción de masa relativa como supuso Al Snyder en su libro, LAS LEYES DE NEWTON ESTÁN LLENAS DE DEFECTOS.

Previamente determinamos que la fuerza de la gravedad planetaria es igual a **K**, la constante de gravedad planetaria, cuando determinamos que K = GM.

La proporción kepleriana es por lo tanto,

Sqrt(K/K) = La velocidad orbital relativa

Y,

K/K = La masa relativa

For Uranus and Earth this is,

Sqrt(5.8532141E+21/3.976049315E+20) = **3.8368**, la proporción kepleriana o la velocidad orbital relativa de una luna de Urano en comparación con la velocidad orbital de nuestra Luna alrededor de la Tierra.

Y,

5.8532141E+21/3.976049315E+20 = **14.72**, la masa relativa de Urano a la Tierra, Tierra = 1.

Para probar esto, podemos comparar la masa de los dos planetas. La masa relativa de Urano a la Tierra es:

Tierra: a * r^2 / G

980.665 * 6.36745E+8^2 / 6.67259 x 10^{-8}

= 5.958779597 E+27 gm

Urano:

907.25 * 2.54 E+9^2 / 6.67259 E-8

= 8.772027 E+28 gm / 5. 958779597 E+27 = **14.72**, lo mismo que la masa relativa newtoniana de Urano.

Ahora calculemos las fuerzas centrífugas y de gravedad en un satélite en órbita de Urano a la distancia orbital promedio de la Luna.

Tomemos un satélite del peso de mi cuerpo,

MIPESO = 160 lbs * 453.592 gm = 72,574.72 gm

Cálculo de la velocidad orbital:

K = v^2 * R

v = Sqrt(K/R)

Sqrt(5.8532141E+21 / 3.821672E+10)

= 391,354.65 cm/seg. velocidad orbital a la distancia del radio de la luna desde Urano

Calcular la fuerza centrífuga sobre mí a esta velocidad orbital:

F = v² * MIPESO / R

391,354.65² * 72,574.72 / 3.821672E+10

= **290,852.6 gm** fuerza centrífuga

Ahora calculamos la fuerza gravitacional en MIPESO a esta distancia órbital:

Masa de Urano:

M = K / G

5.8532141 E+21 / 6.67259 E-8

= 8.772027204 E+28 gm masa de Urano

F = G * MIPESO * M / R²

6.67259 E-8 * 72,574.72 * 8.772027 E+28 / 3.821672E+10²

= **290,852.6** gm fuerza de gravedad, que es la misma que la fuerza centrífuga necesaria para mantener el satélite de MIPESO en órbita alrededor de Urano.

Ahora para mostrar que elevando al cuadrado la proporción Kepleriana o las velocidades orbitales da la masa relativa del planeta.

Sabemos que la fuerza centrífuga que actúa sobre un satélite en órbita es igual a la fuerza de gravedad que actúa sobre él a la distancia orbital,

Fc = Fg

Fc = v² * m / R   La Fuerza Centrífuga

Fg = GmM / R²   La Fuerza de Gravitación a la distancia orbital

v² m / R = GmM / R²

La masa del satélite se cancela mostrando que la fuerza gravitacional de un satélite en órbita es igual a su velocidad orbital al cuadrado dividida por su radio orbital:

v² / R = GM/R²

Resolviendo para la masa del planeta,

M = v² * R / G

Nuestra luna en órbita alrededor de Urano tendría una velocidad de 391,354.65 cm / seg. Entrando este valor a la fórmula de masa orbital anterior,

391,354.65² * 3.821672E+10 / 6.67259 E-8

= **8.772027 E+28 gm**, masa de Urano.

Por lo tanto, Newton cuadró la proporción Kepleriana para llegar a la masa relativa de los planetas porque en la fórmula de la masa orbital la velocidad orbital es al cuadrado. Esto es una prueba de que la proporción Kepleria original al cuadrado es igual a las masas relativas de los planetas.

Las Distancias Gravisféricas Iguales se Calculan con las Velocidades Orbitales Relativas

El físico Al Snyder, en su libro, LAS LEYES DE NEWTON ESTÁN LLENAS DE DEFECTOS, determinó que las velocidades orbitales relativas son una medida más correcta de la fuerza de gravedad entre planetas o partículas de materia que la aceleración de la gravedad que usan los newtonianos. Después de un extenso estudio de las afirmaciones de Snyder, no veo ningún argumento que anule la afirmación de Snyder de que las velocidades orbitales relativas son una mejor medida de la fuerza de gravedad entre los cuerpos en el espacio. Mi estudio de la fuerza centrífuga demostró claramente que las masas relativas de los planetas son el cuadrado de sus velocidades orbitales relativas.

Las velocidades orbitales relativas como una medida más correcta de la fuerza de gravedad entre los planetas se utilizan para determinar las distancias de gravisfera iguales entre los cuerpos porque ningún cuerpo en el espacio es estacionario. El flujo etéreo de la gravedad hacia los planetas entra en forma de vórtice. Las velocidades orbitales relativas son mejores para determinar la distancia de gravisfera igual porque tienen en cuenta tanto el flujo de gravedad horizontal en el vórtice como el flujo vertical en ambos cuerpos, lo que da una medida de la fuerza de gravedad relativa entre los planetas. La aceleración de la gravedad es una medida del flujo vertical de la gravedad. La velocidad orbital es una medida tanto del flujo horizontal como del flujo vertical. Es por eso que la velocidad se eleva al cuadrado en la fórmula de velocidad orbital.

La fórmula para calcular la distancia gravisférica igual desde la secundaria, como la da Al Snyder, es:

$Eg = R * Sqrt(v_2) / Sqrt(v_2)+Sqrt(v_1)$,

Donde

v_2 es la velocidad orbital relativa de Kepler de la secundaria

v_1 es la velocidad orbital relativa de Kepler de la primaria (Tierra = 1)

R es el radio orbital del secundario

Vea la table de Distancias de Gravisfera Iguales para las distancias de gravisferas iguales de todos los planetas.

Un ejemplo de cálculo es la distancia de gravisfera igual entre el sol y la tierra. Como previamente hemos determinado que la velocidad orbital relativa es igual a la raíz cuadrada de la masa relativa, para el sol esto es v_1 = Sqrt (329,831.7975) = 574.3098445. Por lo tanto,

v_2 (la tierra) = 1

v_1 (el sol) = 574.3098445

R = 92,960,000 millas, or 1.496049176E+13 cm (radio orbital promedio de la tierra)

92,960,000 * (Sqrt(1) / Sqrt(1) + Sqrt(574.3098441))

= 3,723,648.475 millas es la distancia gravisférica igual entre la tierra y el sol, la distancia desde la tierra.

Cálculo de la Fuerza de Gravedad en las Mareas de la Tierra

En el escenario de mareas del físico Al Snyder, llegó a la fuerza relativa del sol y la luna sobre las mareas de la tierra en la posición del cuarto de luna. Su fórmula para la fuerza de marea es F = Sqrt (v) / R, donde R es el radio orbital y **v** es la velocidad orbital relativa de Kepler.

En el apéndice del Libro de Al Snyder, LAS LEYES DE NEWTON ESTÁN LLENAS DE DEFECTOS, muestra una tabla de lectura de radar del Apolo 16 de la NASA que muestra la distancia gravisférica de 54,828.7 millas náuticas de la Luna. Este fue el punto en que la nave Apolo 16 dejó de desacelerarse desde la Tierra y comenzó a acelerar hacia la Luna. Los cálculos anteriores de los científicos de esta posición de gravisfera igual estaban a 238,855 / 81.16 = 2,942.9389 millas de la Luna, ya que según su estimación, la Luna tiene una masa que es 1 / 81.16 = .0123 de la masa de la Tierra. Multiplicar la distancia igual de gravisfera de 54,828.7 millas náuticas por 1.150778 millas náuticas da 63,095.7 millas regulares de estatuto de la distancia gravisférica igual de la Luna. En el momento de la lectura, el radio orbital de la luna era 219,396.9 x 1.150778 = 252,477.1 millas terrestres.

Con estos datos podemos usar el recíproco de la fórmula de gravisfera igual de Snyder para llegar a la masa relativa de la Luna.

La ecuación de la gravisférica igual de Snyder es:

Eq = R * Sqrt(v_2)/Sqrt(v_2) + Sqrt(v_1)

El recíproco de esto (para resolver la velocidad orbital relativa de la Luna) es:

$Er = R * Sqrt(v_1) / Sqrt(v_2) + Sqrt(v_1)$

Entonces podemos resolver para v_2, la velocidad orbital relativa de la Luna (que Snyder afirmó, incorrectamente, que es la masa relativa de la Luna). La masa relativa de la Luna es, entonces, el cuadrado de la velocidad orbital relativa.

Resolviendo para v_2:

$Er * (Sqrt(v_2) + Sqrt(v_1)) = R * Sqrt(v_1)$

Moviendo el Er al otro lado de la ecuación:

$Sqrt(v_2) + Sqrt(v_1) = R * Sqrt(v_1) / Er$

Moviendo el Sqrt (v_1) al otro lado de la ecuación:

$Sqrt(v_2) = (R * Sqrt(v_1) / Er) - Sqrt(v_1)$

El recíproco de la distancia de gravisfera igual es:

252,477.1 - 63,095.7 = 189,381.4 miles = Er

Resolviendo la ecuación:

(252,477.1 * 1 / 189,381.4) - 1

= .333167354 = $Sqrt(v_2)$

v_2 = .111

Y dado que la masa relativa es igual a la velocidad orbital relativa al cuadrado, entonces

v_2^2 = .0123, la masa relativa de la Luna a la Tierra, que es la masa relativa estándar aceptada de la Luna. Multiplique esto por la masa de la Tierra para obtener la masa de la Luna, y luego usando este valor en la fórmula de aceleración de la gravedad de masa,

$a = GM / r^2$

.0123 * 5.958779597E+27 = **7.3E+25** gm para la masa de la luna

Resolviendo por a:

6.67259E-8 * 7.3E+25 / $1.738E+8^2$ (Radio de la Luna al cuadrado)

= **162 cm/seg^2**, la aceleración de gravedad de la superficie aceptada estándar para la Luna.

La lectura de radar del Apolo 16 mencionada anteriormente de la distancia de gravisfera igual entre la Tierra y la Luna es consistente con el reclamado un sexto gravedad de la Luna comparado a la Tierra. Un sexto de la gravedad de la superficie de la Luna también es consistente con los períodos orbitales informados por la NASA y los radios orbitales de los satélites en órbita de la Luna.

Por ejemplo, la NASA informó que la nave espacial Prospector Lunar del 23 de abril de 1998 en órbita 1225 tenía una altitud de Periseleno (la distancia más cercana) sobre la superficie de la luna de 81.8 km y una altitud de Aposelene (la distancia más lejana) de 118 km para una altitud orbital promedio de 99.9 km. Al agregar el radio de la luna, r, de 1,738 km, o 173,800,000 cm, se obtiene un radio orbital, R, de la nave espacial de 1,837.9 km, o 183,790,000 cm. El período orbital dado fue de 118 minutos, o 7,080 segundos.

Resolviendo para la aceleración de la gravedad de la superficie de la Luna, obtenemos,

$a = (R^{3/2} * 2pi / (r * T))^2$

$(1.8379E+8^{3/2} * 2 pi / (1.738E+8 * 7,080))^2$

$= $ **162 cm/seg²**

que está cerca del cálculo del Apolo 16 anterior mentionado.

Suponiendo una aceleración superficial de la gravedad para la Luna de 162 cm/seg², llegamos a una masa de la Luna de,

$a = GM/r^2$

$M = a * r^2 / G$

$= $ **7.3E+25 gm**

En comparación con la Tierra, eso es 0.0123 de la masa de la Tierra. La velocidad orbital relativa de la Luna es la raíz cuadrada de eso = .111.

Usando la fórmula de fuerza de marea de Snyder, obtenemos:

$F = Sqrt(v) / R$

$= Sqrt(.111) / 3.780226302E+10$ cm

$= 8.813409016E-12$ fuerza de marea de la Luna

Para el Sol, obtenemos:

$Sqrt(574.31)/ 1.496049176E+13$ cm

$= 1.601870192E-12$ fuerza de marea del Sol

La fuerza total es 1.041527921E-11, el porcentaje del total de la Luna es **84.62%** y el Sol es **15.38%**.

Esto está muy cerca de los valores alcanzados por Al Snyder en su escenario de la marea. En ese escenario, Snyder observó que el promedio de la marea alta más alta en el puerto de Los Ángeles es de 6.4 pies en la posición de Luna Nueva. En la posición Cuarto de Luna, la marea alta-alta es **4.4** pies.

En la posición de la Luna Nueva, la Fuerza de la Luna + Fuerza del Sol = 6.4 pies, altura de la marea real observada.

84.62% + 15.38% = 100%

100% * 6.4 ft = 6.4 pies altura de marea calculada

Ahora en la posición Cuarto de Luna, la Fuerza de la Luna - Fuerza del Sol = 4.4 pies de altura de la marea real observada.

84.62% - 15.38% = 69.24%

69.24% * 6.4 ft = **4.43 ft** altura de la marea calculada

La altura de la marea calculada en la posición Cuarto de Luna está muy cerca de la altura de la marea observada. Parece que la fórmula de marea de Snyder está mucho más cerca de calcular la altura real de la marea que la fórmula de gravitación de Newton.

Parece que la fórmula de la fuerza de la marea de Snyder que usa valores de velocidad orbital relativas podría considerarse una fórmula de gravitación más correcta.

Una Fórmula de la Fuerza de Gravitación Más Correcta

Varias inconsistencias entre los cálculos con la fórmula de gravitación de Newton y el fenómeno observado indican la necesidad de una fórmula de gravitación más correcta. De estas inconsistencias, primero discutiremos la inconsistencia con la gravedad en la superficie de la Luna.

La Inconsistencia con la Gravedad en la Superficie de la Luna

Guillermo F. Brian III, en su libro, MOONGATE, estableció un excelente caso de que la NASA ha estado ocultando algunos datos que encontró sobre la Luna. Por ejemplo, los períodos orbitales y los radios de los satélites en órbita de la Luna según lo informado por la NASA dan como resultado una gravedad en la superficie de 162 cm / seg^2 para la Luna. Sin embargo, el experimento de la caída de objectos en la luna por el Astronauta David Scott del Apolo 15 en 1971 como se ve en el propio video de la NASA de esa ocasión indica una mayor aceleración en la superficie que los valores ortodoxos. En ese experimento, una pluma y un martillo se dejaron caer simultáneamente desde una altura de aproximadamente 1.6 metros (160 cm) desde la superficie de la Luna. Tardaron .85 segundos en caer esa distancia. Vea:
https://nssdc.gsfc.nasa.gov/planetary/lunar/apollo_15_feather_drop.html

¿Cuánto tiempo le tomaría en la Tierra para que un objeto caiga 160 centímetros? La fórmula es,

$d = at^2 / 2$

Donde:

d = distancia

t = segundos de la caida

a = promedio de la aceleración de la gravedad en la superficie de la Tierra 980.665 cm/seg^2

Resolviendo para **t**,

t = Sqrt(2d / a)

Resolviendo,

Sqrt(2 * 160 cm / 980.665 cm/seg^2)

t = .57 segundos

En la Tierra, un objeto tardaría 0.53 segundos en caer 4.5 pies.

En la Luna, si los objetos de los Astronautas tardaran 0.85 segundos en caer 160 centímetros, ¿cuál sería la aceleración de la gravedad en la Luna? Tomando nuestra fórmula de distancia, y resolviendo para **a**,

a = 2d / t^2

= 442.91 cm/seg^2

En la Luna, la aceleración de la gravedad sería de 442.91 cm / seg^2. Esto es 2.7 veces más gravedad de lo que la ciencia ortodoxa afirma que existe en la superficie de la Luna. Eso es aproximadamente el 45% de la aceleración de la gravedad de la superficie promedio de la Tierra.

La estimación de Guillermo Brian para la gravedad en la superficie de la Luna era aproximadamente el 60% de la gravedad de la superficie de la Tierra. Con los antecedentes de ingeniería de Brian, analizó la supuesta gravedad de un sexto de la Tierra en la Luna y descubrió que era inconsistente con la altura que los astronautas del Apolo saltaron mientras estaban en la superficie de la Luna. El ancho del eje del vehículo lunar también debería haber sido mucho mayor, para evitar volcarse a las velocidades que los astronautas alcanzaron en la luna en su pequeño vehículo lunar.

Un descubrimiento interesante de los astronautas del Apolo fueron los resultados de las pruebas sísmicas realizadas en la Luna. Los astronautas del Apolo 12 instalaron sismómetros muy sensibles en noviembre de 1969, en el Mar de Tormentas de la Luna y después de regresar de la superficie lunar al módulo de comando en órbita, enviaron el módulo lunar a estrellarse contra la Luna creando un terremoto lunar. Las vibraciones establecidas por el impacto, según lo registrado por los sismómetros, eran muy similares a las vibraciones de una campana cuando se golpea. Al principio, las vibraciones fueron grandes, luego disminuyeron y finalmente se extinguieron después de 3 horas, lo que indica un alto contenido metálico en el caparazón de la Luna.

Además, con los sismómetros instalados en diferentes lugares de la superficie de la Luna, por las misiones Apolo 14 y 15, pudieron registrar las vibraciones de los bombardeos posteriores de la superficie de la Luna mientras viajaban hacia dentro de la corteza de la Luna. Se registró que viajaban 15 millas hacia dentro de la corteza, con lo que aumentaron la velocidad y viajaron a la velocidad que viajarían a través de metal otras 45 millas hacia abajo, en cuyo punto rebotaron de regreso a la superficie, lo que indica que habían alcanzado la superficie interior de un concha gruesa de 60 millas. (NUESTRA LUNA NAVE ESPACIAL, págs. 99-103)

La física newtoniana da una densidad de la Luna de 3.349687 gm/cc. Entonces, ¿cuál sería la densidad de un grueso caparazón de 60 millas de la Luna? Sería más denso que el caparazón de la Tierra. Las misiones de Apolo a la Luna demostraron que el caparazón de la Luna contiene un porcentaje mucho mayor de metales densos y fuertes que la Tierra. Dado que la Luna es hueca como lo es la Tierra, y el contenido metálico de las rocas de su superficie es más denso que las rocas de la superficie de la Tierra, la gravedad específica de la concha de la Luna debería ser mayor que la de la Tierra.

La física newtoniana le da a la Tierra una densidad general de 5.5 y la Luna 3.3. Y sin embargo, la alta densidad de las rocas lunares traídas de la Luna y los resultados de las pruebas sísmicas que muestran que la Luna "suena" como una campana con un período de más de tres horas cuando es golpeada por un gran meteorito, mientras que la Tierra "suena" con un período de 54 minutos cuando ocurre un terremoto, indica que el caparazón de la Luna es mucho más denso y delgado que de la Tierra.

Si consideramos que nuestra tierra hueca tiene una capa de 10% del diámetro de 8,000 millas de la Tierra para un espesor de capa de 800 millas, la densidad de la capa de la Tierra sería de 11.19 gm / cc. Dado que la NASA descubrió que la Luna tiene un espesor de caparazón de solo 60 millas, que es solo el 2.78% del diámetro de la Luna, esto le da a la capa de la Luna una densidad de 21.256 gm / cc, que es mucho más densa y delgada que la capa de la Tierra. Esto es consistente con las pruebas sísmicas llevadas a cabo por los astronautas de la NASA en la Luna y las rocas lunares densas traídas de vuelta a la Tierra.

Podría ser que la mayor gravedad de la superficie de la Luna determinada por Guillermo Brian está relacionada con la mayor densidad de la concha de la Luna calculada para una concha de 60 millas de espesor? Parece que la fuerza de gravedad no solo está relacionada con la masa, sino también con la densidad. ¿Por qué otra razón la masa de la Luna calculado por los satélites en órbita de la Luna indicaría una aceleración superficial de la gravedad de 162 cm / seg^2 y, sin embargo, la gravedad superficial observada experimentada por los astronautas del Apolo 15 en la Luna fue de 442.91 cm / seg^2? La respuesta tiene que ser que la Luna es hueca con una concha que es relativamente más delgada y más densa que la concha de la Tierra. La fórmula de gravitación tradicional no puede explicar esta discrepancia. Aparentemente, la fórmula de gravitación newtoniana es útil para determinar la masa de un planeta, pero no puede calcular la fuerza de gravedad correcta que actúa entre los planetas, ni la gravedad de la superficie correcta o incluso cómo funciona la gravedad dentro de un planeta.

Para planetas huecos, parecería que una fórmula de gravitación más correcta relacionaría la fuerza de la gravedad y la aceleración de la superficie con el volumen y la densidad de la capa de un planeta en lugar de insistir en que varía solo en cuanto a la distancia inversa al cuadrado desde el centro.

Inconsistencia de La Distancia de Gravisfera Igual

Otra inconsistencia con respecto a la fórmula de gravitación de Newton es que proporciona distancias de gravisfera iguales que no son consistentes con hechos observables.

Por ejemplo, si calculamos la distancia de gravisfera igual entre la Tierra y el Sol, encontramos que la fórmula de gravitación de Newton da una distancia de gravisfera igual de aproximadamente 160,000 millas desde la Tierra. Esto no es posible porque el radio orbital promedio de la Luna está a más de 250,000 millas de la Tierra. La gravisfera igual entre la Tierra y el Sol necesitaría ser mucho mayor que el radio orbital de la Luna alrededor de la Tierra, de lo contrario, la fuerza de gravitación del Sol sacaría a la Luna de su órbita alrededor de la Tierra. Si la Luna estuviera actualmente fuera de la distancia de gravisfera igual entre la Tierra y el Sol, la Luna no podría orbitar la Tierra. Siendo que la Luna obviamente orbita la Tierra, debemos concluir que la fórmula de gravitación de Newton no calcula correctamente la distancia de gravisfera igual.

Usando la fórmula de gravisfera igual de Al Snyder, (que es solo una fórmula de cálculo de porcentaje simple)

Eq = R * Sqrt(m_2) / (Sqrt(m_2) + Sqrt(m_1))

Para calcular la distancia de gravisfera igual usando las masas relativas de la Tierra y el Sol (Tierra = 1, Sol = 329,831.7975), obtenemos:

m_2 (La Tierra) = 1

m_1 (El Sol) = 329,831.7975 (veces mayor que la Tierra en masa)

R = 92,960,000 millas, o 1.496049176E+13 cm (Radio orbital promedio de la Tierra)

92,960,000 * (1 / 1 + 574.3098441)

= 161,582.495 millas, la distancia de la gravisfera igual Newtoniana de la Tierra

Cuando entramos estos valores en la fórmula de gravitación de Newton, encontramos que a esta distancia de la Tierra, la aceleración de la gravedad es de .589931 cm / seg^2 que fluye hacia el Sol y la Tierra.

Para el Sol:

F = GM / R^2

6.67259 E-8 * 1.9698095E+33 / 2.230389176E+26

= .589931 cm/seg^2

Para la Tierra:

6.67259 E-8 * 5.9785417E+27 / 6.762201814E+20

= .589931 cm/seg^2

Vemos que a 161,582.495 millas de la Tierra, la aceleración de la gravedad hacia la Tierra y el Sol es igual. La fórmula de gravitación de Newton es, en realidad, solo una fórmula de aceleración de la gravedad, no una fórmula de FUERZA de la gravedad. Podemos ver claramente que la fórmula de gravitación de Newton no proporciona una distancia gravisférica igual compatible con los hechos. Esto se debe a que la distancia de gravisfera igual entre la Tierra y el Sol NO PUEDE estar entre la Tierra y la Luna. Si así fuera, la gravedad del Sol haría que la Luna saliera de su órbita alrededor de la Tierra.

Si tomamos nuestra fórmula de Aceleración de la gravedad, K = a * r^2, resolviendo para **a**:

a = K / r^2

y usando la distancia de gravisfera igual derivada de Newton de 161,582.495 millas de la Tierra (2.600423391E + 10 cm), encontramos que a esta distancia la aceleración de la gravedad hacia la Tierra es exactamente .589931 cm/sec^2:

3.989235778E+20 / 6.762201814E+20

$= .589931$ cm/sec^2

Por lo tanto, podemos concluir que la fórmula de gravitación de Newton no es otra cosa que una variación de la fórmula de aceleración de la gravedad. No es una fórmula de la fuerza de gravedad que calcula la fuerza de gravedad entre planetas. Solo calcula la aceleración de la gravedad.

Inconsistencia de las Mareas

La tercera inconsistencia que discutiremos es la inconsistencia de las mareas. Cuando usamos la fórmula de gravitación de Newton para calcular la fuerza de gravedad de la Luna y el Sol en las mareas de la Tierra, encontramos nuevamente que la fuerza de gravedad de Newton en las mareas de la Tierra no es consistente con hechos observables.

Se sabe desde hace siglos que la Luna ejerce una mayor fuerza de gravedad sobre las mareas de la Tierra que el Sol. Sin embargo, incluso con nuestra estimación más alta de la masa de la Luna, la fórmula de gravitación de Newton nos dice que el Sol ejerce el 99.42% de la fuerza de gravedad en las mareas y la Luna solo el 0.58%. Esto es imposible. SABEMOS que la luna ejerce una fuerza mayor porque cada vez que sale la luna, las mareas suben incluso cuando el sol está abajo. Las mareas son más altas cuando tanto el Sol como la Luna están en el mismo lado de la Tierra, pero la marea sigue subiendo en el lado de la Tierra donde se encuentra la Luna cuando el Sol y la Luna están en lados opuestos de la Tierra. Tierra. También sabemos que las mareas son causadas principalmente por la Luna, porque la Luna sale 50 minutos más tarde todos los días y las mareas también suben 50 minutos más tarde todos los días.

Entonces, para calcular la fuerza de gravitación de Newton para las mareas:

Para el Sol:

$F = GM / R^2$

6.67259 E-8 * 1.9698095E+33 / 2.230389176E+26

$= 0.589302$ cm/sec^2

Para la Luna:

6.67259 E-8 * 7.36617741 E+25 / 1.429011089E+21

$= .003439545$ cm/sec^2

Esto da un total para las dos fuerzas de 0.592741686 cm / seg^2. El porcentaje de la fuerza del Sol es 99.42% y la Luna 0.58%. Por lo tanto, podemos concluir que la fórmula de gravitación de Newton no da los valores correctos de fuerza gravitacional que actúan sobre las mareas de la Tierra por el Sol y la Luna, porque SABEMOS que la Luna ejerce la mayor fuerza sobre las mareas de la Tierra porque cuando la Luna sube, las mareas suben.

Una fórmula de Gravitación Más Correcta

Como se explicó anteriormente, Al Snyder señaló otra incongruencia en la fórmula de gravitación newtoniana. Es el escenario de los dos conjuntos de imanes, uno con 10 veces más potencia que el primero. Usando la fórmula newtoniana, demostró que para el primer conjunto de imanes de potencia 1, separados por una distancia de 1 unidad, la fuerza es una, pero para el segundo conjunto de imanes 10 veces más poderoso que el primero, observe la fuerza:

$100 = 10 * 10 / 1^2$

Los newtonianos mantendrían que el segundo conjunto de imanes es 100 veces más poderoso que el primer conjunto, en lugar de los 10 veces más potentes que SABEMOS que son. Por lo tanto, Snyder concluyó que en la fórmula de gravitación newtoniana, F es en realidad cuadrado,

$F^2 = G\, m * M / R^2$

¿Podría esto significar que la fuerza que atribuimos a la gravedad es ejercida por una cantidad de materia mucho menor de lo que se pensaba anteriormente? ¿O podría la cuantificación de la fuerza de gravedad ejercida por esas masas en la fórmula de gravitación puede ser algo más que la aceleración de la gravedad que usan los newtonianos? He llegado a la conclusión de que es lo último.

Snyder sostuvo que los planetas son huecos y, por lo tanto, menos masivos. De hecho, sus cálculos le dieron a la Tierra aproximadamente 1/4 de la masa que le dan los newtonianos. No he podido verificar sus afirmaciones sobre una Tierra menos masiva. Pero el trabajo de Snyder muestra que las velocidades orbitales relativas dan una medida más precisa de la fuerza de la gravedad que la aceleración de la gravedad que usan los newtonianos. En su libro, LAS LEYES DE NEWTON ESTÁN LLENAS DE DEFECTOS, Al Snyder determinó que para ser consistente con su escenario de imán descrito anteriormente, la fórmula de gravitación corregida debe ser,

$F^2 = G\, m * M / R^2$

and solving for F,

$F = G\, \text{Sqrt}\,(m * M) / R$

Pero dado que las velocidades orbitales relativas dan como resultado fuerzas de gravedad más consistentes con distancias de gravisfera iguales y las mareas, Snyder afirmó que las velocidades orbitales relativas deben usarse en lugar de las masas de los planetas para que se establezca la fórmula de gravitación,

F = G Sqrt (v * V) / R

Donde,

v = la velocidad orbital relativa del secundario alrededor del primario, y

V = la velocidad orbital relativa de la primaria alrededor de la secundaria

La velocidad orbital relativa al cuadrado del primario es igual a su masa relativa en comparación con uno de sus secundarios dado como: la masa del primario / masa del secundario.

$V^2 = M$

Resolviendo para V,

V = Sqrt (M)

Por lo tanto, la fórmula de gravitación corregida se puede establecer con masas como,

La Fórmula de Gravitación Corregida:

F = G Sqrt(Sqrt(m*M))/R

Por ejemplo, la fuerza de gravedad entre la Tierra y el Sol a la distancia de gravisfera igual entre la Tierra y el Sol se determina con la fórmula de distancia de gravisfera igual usando velocidades orbitales relativas, que son la raíz cuadrada de las masas relativas:

De la fórmula geosíncrona llegamos a la aceleración superficial de la gravedad del Sol:

$R^{3/2}$ = Sqrt(a) * r * T / 2pi

Resolviendo para **a**:

a = ($R^{3/2}$ * 2pi / (r * T))^2

= 27,048.8217 cm/seg^2 , gravedad superficial del Sol (ver Gravedades Superficiales de los Planetas en el Contenido)

La fórmula de masa es:

M = a * r^2 / G (ver Cálculo de la Masa de la Tierra, en Contenidos)

6.9604128×10^{10} cm Radio del Sol

Resolviendo por la masa del Sol,

27,048.8217 * 6.9604128E+10^2 / 6.67259 x 10^{-8}

= 1.9639×10^{33} gm   Masa del Sol

5.9785417×10^{27} gm   Masa de la Tierra

1.9639×10^{33} gm / 5.9785417×10^{27} gm

= 328,494.908   Masa Relativa del Sol, Tierra = 1
Sqrt(328,494.908) = 573, Velocidad Orbital Relativa del Sol, la Tierra = 1
92,960,000 miles   1 AU, radio orbital de la Tierra

Calculando la Distancia de Gravisfera Igual entre el Sol y la Tierra,

$Eq = R * Sqrt(v_2) / (Sqrt(v_2) + Sqrt(v_1))$

Donde,

$v1$ = La Velocidad Orbital del Sol que iquala la raiz quadrada de la Masa Relativa del Sol

$v2$ = La Tierra = 1

Resolviendo,

92,960,000 millas * Sqrt(1) / (Sqrt(1) + Sqrt(573))
= 3,727,794 millas de la Tierra, la Distancia de Gravisfera Iqual
= 5.9993×10^{11} cm

Ahora para mostrar que a la Distancia de Gravisfera Igual la fuerza de gravedad entre la Tierra y el Sol es igual usando La Fórmula de Gravitación Corregida:

$F = G \, Sqrt(Sqrt(m * M)) / R$ Fórmula de Gravitación Corregida

Como estamos calculando la fuerza de gravedad a la Distancia de Gravisfera Igual para cada cuerpo por separado, eliminamos una masa de la fórmula,

$Fs = G \, Sqrt(Sqrt(M)) / R$ para el Sol
$Ft = G \, Sqrt(Sqrt(m)) / R$ para la Tierra
$Fs = Ft$

Para el Sol:

92,960,000 millas - 3,727,794 millas = 89,232,206 millas de la Distancia de Gravisfera Igual del sol * 160,934.4 cm por milla = 1.436×10^{13} cm

$Fs = G \, Sqrt(Sqrt(M)) / R$ para el Sol

Resolviendo:

$6.67259 \times 10^{-8} * Sqrt(Sqrt(1.9639 \times 10^{33})) / 1.436 \times 10^{13}$
= **9.78 E-13**, Fuerza de la gravedad del sol a la Distancia de Gravisfera Igual entre la Tierra y el Sol

Para la Tierra:

5.9785417×10^{27} gm   Masa de la Tierra
5.9993×10^{11} cm   Distancia a la Gravisfera Igual desde la Tierra

$Ft = G \, Sqrt(Sqrt(m)) / R$ para la Tierra

Resolviendo:

$6.67259 \times 10^{-8} * Sqrt(Sqrt(5.9785417 \times 10^{27})) / 5.9993 \times 10^{11}$

= **9.78 E-13**, Fuerza de gravedad de la Tierra a la Distancia de Gravisfera Igual entre la Tierra y el Sol

A la distancia de gravisfera igual tanto del cuerpo de la masa del primario como del secundario, la fuerza de gravedad es igual, como acabamos de determinar entre la Tierra y el Sol.

La distancia gravisférica igual entre la Tierra y la Luna fue confirmada por los viajes de Apolo a la luna.

Antes de las misiones de Apolo, los científicos creían que la distancia de gravisfera igual entre la Tierra y la Luna era 1/81 de la distancia de la Luna a la Tierra, o aproximadamente 3,000 millas de la Luna. Es por eso que las primeras sondas enviadas a la Luna se perdieron por completo o se estrellaron contra la Luna: el control de la misión tenía como objetivo pasar la gravisfera igual porque se pensaba que la distancia de la gravisfera igual estaba a solo 3,000 millas de la Luna.

En el libro del físico Al Snyder, LAS LEYES DE NEWTON ESTÁN LLENAS DE DEFECTOS, tiene una copia de las lecturas de radar de la NASA para el disparo a la Luna del Apolo 16 que descubrió por radar la distancia de 54,828.7 millas náuticas desde la Luna que el cohete dejó de desacelerarse y comenzó acelerar hacia la Luna. Esto está a 63,095.74117 millas de estatuto de la Luna que el Apolo 16 descubrió la distancia de la Gravisfera Igual. En ese momento, la distancia de la Tierra a la Luna era de 252,477.1 millas de estatuto.

Así que tomemos la misma distancia de gravisfera entre la Luna y la Tierra, y usemos la fórmula de Gravitación corregida de Snyder para calcular si a esa distancia la fuerza de gravedad es igual.

Podemos calcular la distancia de gravisfera igual entre la Tierra y la Luna con velocidades orbitales relativas, como Snyder describió en su libro,

$Eg = R * Sqrt(v_2) / Sqrt(v_2) + Sqrt(v_1)$

Donde:

v_1 = la velocidad orbital relativa de la Tierra alrededor de la Luna (1)

v_2 = la velocidad orbital relativa de la Luna alrededor de la Tierra (.111)

R = radio orbital promedio de la luna alrededor de la tierra

Para la Luna, la distancia de gravisfera igual es,

$4.06322506 \times 10^{10} * Sqrt(.111) / Sqrt(.111) + Sqrt(1)$

= 63,021.34 millas de la Luna, la distancia de igual gravedad, muy cerca de la lectura real del radar dada arriba de la distancia de igual gravedad, o 1.01543×10^{10} cm

La distancia de gravisfera igual recíproca de la Tierra es entonces 252,477.1 millas - 63,021.34 millas = 189,455.76 millas o 3.048995×10^{10} cm.

Usando la fórmula de la fuerza de gravitación corregida,

F = G Sqrt(Sqrt(m M)) / R   Fórmula de Gravitación Corregida

calculamos la fuerza de gravitación a la distancia de gravisfera igual para la Luna y la Tierra.

Para la Luna,

F = G Sqrt(Sqrt(m)) / R

De la fórmula de la masa, resolviendo la masa de la luna,

m = a * r^2 / G

Donde:

a = 161.8673701 cm/sec^2 La aceleración de la gravedad de la superficie lunar previamente calculada a partir de un satélite en órbita alrededor de la luna

R = 1.737100×10^8 cm   Radio de la Luna

G = 6.67259×10^{-8} Constante de Gravitación

161.8673701 cm/sec^2 * $(1.737100 \times 10^8$ cm$)^2$ / 6.67259×10^{-8}

= 7.320058×10^{25} gm   Masa de la Luna

Entrando estas cifras en la fórmula de la fuerza de gravitación corregida

F = G Sqrt(Sqrt(m)) / R   Para la Luna

= 6.67259×10^{-8} * Sqrt(Sqrt(7.320058×10^{25} gms)) / 1.01543×10^{10} cm

= **1.92 E-11**   La fuerza de gravedad de la Luna a la distancia de gravisfera igual

Ahora para la Tierra,

F = G Sqrt(Sqrt(M)) / R

M = 5.9785417×10^{27} gm   Masa de la Tierra

R = 3.048995×10^{10} cm   Distancia a la Gravisfera Igual de la Tierra

G = 6.67259×10^{-8} Constante de gravitación

6.67259×10^{-8} * Sqrt(Sqrt(5.9785417×10^{27} gm)) / 3.048995×10^{10} cm

= **1.92 E-11**   La fuerza de gravedad de la Tierra a la distancia de gravisfera igual

Además de obtener la velocidad orbital relativa mediante el enraizamiento cuadrado de la masa relativa de cada cuerpo, también podríamos usar las velocidades orbitales de cada cuerpo alrededor del otro para mostrar que la fuerza de gravedad es igual a la Distancia de la Gravisfera Igual.

Dado que la fuerza centrífuga de un cuerpo en órbita es igual a la fuerza de aceleración de gravedad a la distancia orbital,

$F = v^2m/R$ La fuerza centrífuga

$F = GmM/R^2$ La fuerza de gravedad

Entonces,

    $v^2m/R = GmM/R^2$

Resolviendo para **v**,

$v = Sqrt(GM/R)$

Resolviendo para la velocidad orbital de la Luna alrededor de la Tierra,

Donde:

$G = 6.67259 \times 10^{-8}$ El Constante de Gravitación

$M = 5.9785417 \times 10^{27}$ gm   La Masa de la Tierra

$R = 3.843990 \times 10^{10}$ cm   Radio orbital promedio de la Luna

$Sqrt(6.67259 \times 10^{-8} * 5.9785417 \times 10^{27} / 3.843990 \times 10^{10})$

= 101,871.74 cm/seg   La velocidad orbital de la Luna alrededor de la tierra

Resolviendo para la velocidad orbital de la Tierra alrededor de la Luna, donde se usa la masa de la Luna (7.320058×10^{25} gms):

$Sqrt(6.67259 \times 10^{-8} * 7.320058 \times 10^{25} / 3.843990 \times 10^{10})$

= 11,272.32 cm/sec   La velocidad orbital de la Tierra alrededor de la Luna

Resolviendo para la velocidad orbital relativa de la Luna a la Tierra,

v_{tierra} / v_{luna}

11,272.32 / 102,428.18

= 0.110065

Usando la fórmula de la fuerza de gravedad orbital de Snyder, podemos mostrar que a la distancia de gravisfera igual, la fuerza de gravedad de la tierra y la luna son iguales.

Resolviendo para la fuerza de gravedad de Snyder para la Luna,

v_2 = .110065, Velocidad orbital relativa de la Luna alrededor de la Tierra

$El = 1.012576 \times 10^{10}$ cm La distancia de gravisfera igual desde la Luna

$F = Sqrt(v_2)/El$

$Sqrt(.110065)/ 1.012576 \times 10^{10}$ cm

= **3.28×10^{-11}**

Resolviendo para la fuerza de gravedad de Snyder para la Tierra,

Et = 3.048995 x 10^{10} cm, La distancia a la gravisfera igual desde la Tierra

v_1 = 1, la velocidad orbital relativa de la Tierra alrededor de la Luna

F = Sqrt(v_1)/Et

Sqrt(1)/ 3.048995 x 10^{10}

= 3.28 x 10^{-11}

Por lo tanto, vemos que al usar velocidades orbitales relativas o la fórmula de gravitación corregida, a la Distancia de Gravisfera Igual, la fuerza de gravedad de la Tierra y la Luna son iguales.

Densidades del Caparazón de los Planetas y sus Lunas

Cuando se supone que todos los cuerpos en nuestro sistema solar son huecos con caparazones que tienen un pequeño porcentaje del diámetro planetario, descubrimos que todos los planetas, incluido el Sol, pueden tener superficies sólidas. Y dado que se ha descubierto que casi todos los planetas tienen campos magnéticos y auroras que indican la existencia de soles interiores dentro de sus interiores huecos, concluimos que lo más probable es que todos los planetas, lunas e incluso el Sol sean habitables e incluso ahora puedan contener climas perfectos dando vida a plantas, animales e incluso a la vida humana dentro de sus interiores.

La Sistema Solar

$F = G m * M / r^2$ La Fórmula de Gravitación

$F = G \, Sqrt(Sqrt(m * M)) / R$ La Fórmula de Gravitación Corregida

$G = \mathbf{6.67259 \times 10^{-8}}$ cm/seg^2

1 km = 100,000 cm

pi = 3.14159265

1 mi = 1.609344 km = 160,934.4 cm

Densidad = Masa/Volumen

Acceleración de la gravedad en la superficie planetaria:

$a = ((R^{3/2} * 2pi / (r * T))^2$

Masa Planetaria: $M = a * r^2 / G$

Volumen de esfera = $PiD^3/6$

Masa de la Tierra: 5.938863×10^{27} gramos

Se supone que el caparazón planetaria tiene el 10% del diámetro del planeta, excepto la luna que la NASA determinó que tenía 60 millas de grosor (utilizando sismómetros colocados en la luna y estrellando un módulo lunar Apolo en la luna para que suene como una campana).

	Densidad de la Carcasa gm/cc	Aceleración de la Gravedad de la Superficie cm/seg^2	Densidad del Planeta gm/cc	Diámetro del Planeta km	Gravedad de la Superficie como Múltiplo de la Tierra	Masa Planetaria Relativa Tierra = 1	Promedio del Radio Orbital millas
El Sol	2.858	27,129.93	1.349	1,400,000	27.66	329,831.797	
Mercurio	11.085	368.767	5.4095	4,878	.376	.055	36,000,000
Venus	10.698	882.80	5.221	12,100	.9	.81	67,230,000
La Luna	21.256	442.91	3.35	3,476	.4516	.012	238,855
La Tierra	11.19	980.665	5.501	12,756	1.0	1	92,960,000
Marte	7.796	361	.175	6,790	.368	.027	141,700,000
Júpiter	2.489	2,422	1.215	142,700	2.47	309.08	483,700,000
Saturno	1.26	1,033	.0616	120,000	1.05	93.22	885,200,000
Urano	2.578	893	1.262	50,800	.910	14.442	1,781,000,000
Neptuno	3.449	1,143	5.287	48,600	1.17	16.919	2,788,000,000
Pluto	25.04	512.395	12.222	3,000	.5224	.0289	3,660,000,000

La mayoría de los planetas, excepto el Sol, tienen una gravedad superficial muy cercana a la de la gravedad superficial de la Tierra, el promedio de todos siendo .92178 de la Tierra. Además, el sol, los planetas y las lunas si se consideran huecos con un grosor de caparazón del 10% del diámetro del planeta les permitiría a todos tener conchas sólidas (no gaseosas), excepto Saturno (densidad de 1.26 gm/cc) que tiene una densidad del caparazón más cercana al de agua (suponiendo un grosor de caparazón del 10% del diámetro del planeta). Sin embargo, si asumimos un grosor de caparazón para Saturno del 5% de su diámetro planetario, su densidad de caparazón sería de 2.27 gm/cc, que sería sólida.

   Los mundos interiores de todos los planetas y lunas pueden contener condiciones ideales para que florezca la vida vegetal, animal y humana.

La Densidad del Caparazón de la Tierra

800 mi, 1,287.4752 km   Espesor del caparazón polar de la Tierra
6,356.8 km El radio polar de la Tierra
6,356.8 x 2 = 12,713.6 km   Diámetro de la Tierra
Diámetro del hueco de la Tierra:
Diámetro de la Tierra – El Caparazón de la Tierra x 2
12,713.6 km - 1,287.4752 km x 2 = 10,138.6496 km
Volumen del Hueco:
$3.14159265 \times (1.0139 \times 10^9)^3/6 = 5.45681 \times 10^{26}$ cc
Volumen de la Tierra - Volumen del Hueco = Volumen del Caparazón
$1.07598 \times 10^{27} - 5.45681 \times 10^{26} = 5.302990 \times 10^{26}$
Masa de la Tierra / Volumen del Caparazón = Densidad del Caparazón
$5.938863 \times 10^{27}/ 5.302990 \times 10^{26} =$ **11.19909 gm/cc**

Las Densidades de Los Planetas

$D = M/V$

$M = a * r^2 / G$

$a = ((R^{3/2} * 2pi / (r * T))^2$

$G = \mathbf{6.67259 \times 10^{-8}}$ cm/seg^2

Densidad de la Tierra = 5.938863 x 10^{27} gm / 1.07598 x 10^{27}

cc = **5.52 gm/cc**

D = Densidad del planeta en gramos / centímetro cúbico

M = Masa del planeta en gramos

V = Volumen del planeta en centímetros cúbicos

Volumen de una esfera = Pi * D^3 / 6

Se supone que el grosor del caparazón es el 10% del diámetro del planeta (excepto el grosor del caparazón de la Luna = 60 millas)

Los planetas son mundos huecos que contienen soles interiores que emiten vientos solares a través de aperturas polares que iluminan sus auroras, tienen densidades de caparazón con superficies sólidas y muy probablemente contienen climas interiores, gravidades superficiales y entornos ideales para la vida vegetal, animal y humana.

Incluso el sol tiene una densidad de caparazón (2.85766 gm/cc) que lo haría sólido. Las escrituras indican que el sol es un cristal gigante. El único planeta que muestra una densidad de caparazón menos que sólido es Saturno (1.26 gm/cc). Si su caparazón fuera más delgada que el 10% del diámetro del planeta, también podría tener una capa sólida. Ninguno de los planetas, ni siquiera el sol son completamente gaseosos.

	Densidad gm/cc	Densidad de la Caparazón gm/cc	Gravedad de la Superficie cm/sec^2	Diametro cm	Volumen cc	Masa gm
Sol	1.3945	2.85766	27,129.93	1.39208256E+11	1.41251673E+33	1.96980949E+33
Mercurio	5.4095	11.085	368.76678	4.878E+8	6.0774866E+25	3.28761498E+26
Venus	5.2206	10.698	882.80	1.21E+9	9.2758717E+26	4.8426004E+27
La Luna	3.349687	21.256	442.91	3.476E+8	2.19906429E+25	7.36617741E+25
La Tierra	5.501145	11.19	980.665	1.2756E+9	1.086781293E+27	5.978541732E+27
Marte	3.804384	7.795869	361	6.79E+8	1.63910942E+26	6.23580203E+26
Júpiter	1.214499	2.4887	2,422	1.427E+10	1.52149504E+30	1.847853996E+30
Saturno	.06159796	1.26	1,033	1.2E+10	9.04778684E+29	5.573248169E+29
Urano	1.257867	2.577596	893	5.08E+9	6.86419732E+28	8.634246672E+28
Neptuno	1.682895	3.44855	1,143	4.86E+9	6.01045611E+28	1.01149639 E+29
Pluto	12.22167	25.044	512.395	3.0E+8	1.41371669E+25	1.727797977E+26

Distancias de Gravisfera Iguales

Eg = R * Sqrt(v_2) / Sqrt(v_2) + Sqrt(v_1)
Eg = Distancia de Gravisfera Igual (punto de igual gravedad entre primario y secundario - millas del planeta secundario)
R = Radio orbital promedio de la secundaria
v_1 = Velocidad orbital relativa de la primaria
v_2 = Velocidad orbital relativa de la secundaria

	Velocidades Orbitales Relativas	Distancias de Gravisfera Iguales Millas del Secundario	Promedio del Radio Orbital en Millas Terrestres
El Sol	574.31		
Mercurio	.235	713,074	36,000,000
Venus	.9	2,560,190	67,230,000
La Luna	.218	75,882	238,855
La Tierra	1.0	3,723,649	92,960,000
Marte	.326	3,296,147	141,700,000
Júpiter	17.58	72,185,919	483,700,000
Saturno	9.66	101,721,820	885,200,000
Urano	3.8	133,980,056	1,781,000,000
Neptuno	4.113	218,124,457	2,788,000,000
Pluto	.17	47,669,110	3,660,000,000

Las velocidades orbitales relativas son probablemente mejores para usar para determinar las distancias de gravisfera iguales entre los cuerpos porque ningún cuerpo en el espacio es estacionario. El flujo de gravedad del éter ingresa a los planetas en forma de vórtice, como se ve mirando hacia los planetas por encima de sus polos. Por lo tanto, las velocidades orbitales relativas son mejores para determinar la distancia de gravisfera igual porque tienen en cuenta tanto el flujo de gravedad horizontal en el vórtice como el flujo vertical en ambos cuerpos, así como la fuerza de gravedad entre ellos. La aceleración de la gravedad es una medida del flujo vertical de la gravedad. La velocidad orbital es una medida tanto del flujo horizontal como del flujo vertical.

Experimentos Profundos en la Tierra Questiona la Teoría de la gravedad de Newton

Comentario sobre un artículo en
EL OBSERVADOR DE CHARLOTTE
del miércoles 3 de agosto de 1988

Los físicos han asumido que cada empuje o atracción en el universo, desde la flexión de un músculo hasta una explosión atómica, puede explicarse como el trabajo de cuatro fuerzas fundamentales. Son la gravedad, el electromagnetismo (que se manifiesta como calor, luz, ondas de radio y otras cosas), la *"fuerza fuerte"* que mantiene unidos los núcleos atómicos y la *"fuerza débil"* involucrada en la desintegración radiactiva.

Los experimentos de una milla debajo de la superficie de la capa de hielo de Groenlandia han encontrado evidencia de que la teoría de 301 años de edad de Isaac Newton puede no explicar completamente la gravedad. Marco Ander, un físico de Los Alamos dijo,

"Estamos diciendo que parece que tenemos la evidencia más clara hasta la fecha de algo que no puede explicarse por la gravedad newtoniana."

El experimento consistió en bajar un medidor de gravedad sensible en un agujero perforado más de una milla en el hielo y ver cómo la fuerza de la gravedad cambiaba a medida que el medidor se acercaba al centro de la tierra. La teoría de la gravedad newtoniana dice que debería cambiar de cierta manera porque, a medida que el medidor baja, hay menos materia debajo para ejercer un halón. El Observador de Charlotte del miércoles 3 de agosto de 1988 informó: *"Lo que encontraron los investigadores fue que LA HALADA DISMINUYÓ MÁS RÁPIDO DE LO ESPERADO"* a medida que el medidor descendía por el agujero.

Aunque los físicos postularon la necesidad de una forma de gravedad más compleja y otros sostuvieron que debe haber una *"quinta"* fuerza fundamental desconocida en el universo para explicar esta anomalía, los resultados de este experimento son exactamente lo que se esperaría si la Tierra fuera no lleno de materia, sino que está hueco por dentro: una Tierra Hueca.

Si la tierra está llena de materia por todo su diámetro, como afirman los científicos actuales, y de alguna manera era posible perforar un agujero a través del centro de la tierra y luego bajar un gravímetro al centro de gravedad de la tierra en el centro de la tierra, se observaría que al principio la aceleración de la gravedad aumentaría una cierta distancia dentro de la tierra y luego habría una disminución muy gradual en la aceleración gravitacional resultante a medida que se bajara los miles de millas al centro de la tierra donde la aceleración gravitacional resultante sería cero.

Sin embargo, el experimento de Groenlandia midió y demostró que la aceleración gravitacional de la Tierra en realidad disminuye más rápidamente hacia el centro de la Tierra que si la Tierra fuera una esfera llena de materia. Los físicos, por lo tanto, piensan que están viendo un defecto en la famosa fórmula de gravitación de más de 300 años de Newton.

Los newtonianos han asumido que la tierra contiene materia por todo su diámetro porque calculan una densidad de la tierra de 5.5 veces de un peso igual de agua. Las rocas superficiales, en promedio, siendo de 2.7 veces más densas que el agua, la tierra interior de Newton tendría que tener al menos la densidad del acero, 8.3, para obtener una densidad global de la tierra de 5.5 (8.3 + 2.7 / 2 = 5.5).

Sin embargo, la fórmula de gravitación de Newton no requiere necesariamente que la tierra sea sólida en todo su diámetro. Si la tierra es realmente hueca con quizás un grosor de concha del 10% del diámetro de la tierra, digamos 800 millas, aplicando la masa newtoniana de la tierra a esa concha le daría una densidad de 11.2, que está cerca de la densidad del plomo (11.3) Esto no está fuera del alcance de la posibilidad.

El experimento del hoyo de hielo de Groenlandia indica que el centro de gravedad no está en el centro de la tierra, sino que está mucho más cerca de la superficie de la tierra como lo estaría si la tierra estuviera hueca. Si el centro de gravedad se encuentra más cerca de la superficie de la tierra, como descubrió el experimento del hoyo de hielo de Groenlandia, esto significa que la tierra es una esfera hueca en lugar de contener materia en toda la tierra.

A medida que se bajaba el gravímetro por el hoyo, en realidad se observó una disminución en la aceleración gravitacional que ocurrió más rápidamente que si la tierra consistiera en materia hasta el centro de la tierra. Esto indica que el centro de gravedad de la Tierra no está en el centro de la Tierra como se suponía anteriormente, sino que está más cerca de la superficie de la Tierra.

Si el centro de gravedad está más cerca de la superficie de la tierra, entonces la tierra debe ser hueca. Esto se debe a que el centro de gravedad en cualquier cuerpo de materia está ubicado en el centro de la masa de ese cuerpo. Si el centro de masa de la Tierra está más cerca de la superficie de la Tierra como lo indica este experimento, entonces debe haber un volumen considerable dentro de la Tierra que contiene poca o NINGUNA materia, una esfera HUECA dentro de la Tierra.

De la página 986 de la Revista de Cartas de Revisión Física de febrero de 1989, podemos revisar los datos empíricos proporcionados por el Experimento del Hoyo del Hielo en la **Tabla 1.**

z	$\hat{z}$	$g\hat{z}$	g_{ice}	g_r	g_m	g_{obs}	$g_{obs}-g_m$	σ_g
213.00	0.00	0.00	0.00	0.00	0.00	0.00	0.00	0.00
396.12	182.90	56.37	-14.06	-0.25	42.06	42.39	0.33	0.25
579.00	365.78	112.74	-28.13	-0.52	84.06	84.72	0.63	0.23
761.83	547.61	169.09	-42.21	-0.82	126.06	127.13	1.07	0.20
944.63	731.41	225.45	-56.31	-1.14	168.00	169.48	1.48	0.19
1,309.40	1,096.18	337.91	-84.44	-1.92	251.55	254.10	2.55	0.15
1,491.18	1,277.96	393.97	-98.47	-2.40	293.10	296.32	3.22	0.13
1,673.23	1,4670.01	450.11	-112.52	-2.95	334.64	338.51	3.87	0.25

TABLA 1 Variables:
Donde:

z — Las profundidades absolutas de observación desde la superficie de la capa de hielo de Groenlandia

$\hat{z}$ — las profundidades relativas al punto de observación más superficial

$g\hat{z}$ — El término teórico del aire libre (cambio newtoniano calculado en la aceleración de la gravedad)

g_{ice} — efecto gravitacional debido al hielo (aproximadamente el segundo término en la ecuación (1))

g_r — La atracción gravitacional del terreno sub-hielo

g_m — $= g\hat{z} + g_{ice} + g_r$, las diferencias de gravedad teóricas (basadas en el supuesto de que el centro de gravedad se encuentra en el centro de la tierra)

g_{obs} — las diferencias de gravedad observadas

$g_{obs} - g_m$ — las anomalías

δ_g las incertidumbres

Los valores modelados y observados se compensan para hacer que ambos sean cero en z = 213 m, lo cual está permitido ya que todas las observaciones de gravedad son relativas. Todas las distancias están en metros y todos los valores de gravedad están en mGal (1 mGal = 10^{-3} cm/s^2).

Los científicos reportaron,

"Algunas teorías de campo unificadas plantean la posibilidad de que existan fuerzas en la naturaleza con rangos del orden de 10^2 - 10^5 m y fuerzas de acoplamiento cercanas a la de la gravedad. Si existen, estas nuevas fuerzas serían violaciones aparentes de la ley del cuadrado inverso de Newton. Mediciones geofísicas recientes en una mina y en una antena de televisión alta han reportado pequeñas desviaciones de la ley clásica."

"La predicción newtoniana del perfil de gravedad en el pozo (2033 m de profundidad ubicado en Dye 3 Groenlandia), basada en un modelo de densidad del hielo y el relieve topográfico del lecho de roca desarrollado a partir de mediciones geofísicas, se comparó con los valores medidos. Diferencias en la gravedad g se midió a varias profundidades z y se modeló mediante":

(1) $g_m(z) = g(z) - 4Gp_i(z) + g_r(z)$

Donde:

g = el gradiente teórico de gravedad en aire libre

G = la constante gravitacional newtoniana

p_i = la densidad del hielo

g_r = una corrección a las diferencias de gravedad basada en la atracción del terreno sub-hielo

Conclusión de los científicos experimentales:

"Después de aplicar todos estos ajustes convencionales, queda una diferencia de gravedad inexplicada de 3.87 +/- 0.36 mGal entre el valor de gravedad a una profundidad de 213 m y el que está a una profundidad de 1673 m."

"Hemos encontrado un gradiente de gravedad anómalo que podría tomarse como evidencia de la gravedad no newtoniana."

Mientras que estos científicos sienten que tal vez descubrieron una indicación de un error en la ley de gravitación cuadrada inversa de Newton, esta anomalía se explica mejor por una tierra hueca. En una tierra hueca, la masa se encuentra principalmente en el caparazón del planeta y una esfera de gravedad central se ubicaría en algún lugar entre las superficies exterior e interior, a 700 millas hacia abajo de la superficie exterior en un caparazón de 800 millas de espesor, según el Guía de la Tierra Interior en ETIDORPHA.

En la siguiente tabla simplificada del Experimento del Hoyo de Hielo de Groenlandia, se puede ver más claramente que la aceleración de la gravedad observada está disminuyendo más rápidamente que la aceleración newtoniana calculada mientras se baja el gravímetro por el hoyo del hielo.

Tabla 2.

NIVEL km	Radio de la Tierra km	mGal a Calculado	Cambio Calculado en a	Cambio Observado en a	mGal Observado a
Superficie	6371.00	981601.00			981601.00
0.213	6370.79	981666.64	0.00	0.00	
0.39612	6370.60	981723.07	56.37	42.39	981723.07
0.579	6370.42	981779.44	112.72	84.72	981765.46
0.76183	6370.24	981835.80	169.07	127.13	981807.79
0.94463	6370.06	981892.15	281.54	169.48	981850.20
1.3094	6369.69	982004.61	337.59	254.10	981892.55
1.49118	6369.51	982060.66	393.73	296.32	981977.17
1.67323	6369.33	982116.80	505.92	338.51	982019.39
2.037	6368.96	982229.00			982061.58

$K = r^2 * a$

Donde:

   $r = 6371$ km

   $a = 981601$ mGal   (1 mGal = 10^{-3} cm/seg^2)

   $K = 3.98428322$ E+13

Se OBSERVÓ una disminución MAS GRANDE en la aceleración gravitacional en el experimento de gravedad del hoyo de hielo de Groenlandia mientras bajaban el gravímetro por el hoyo de hielo (compare las columnas mGal calculadas con las observadas mGal) que la aceleración CALCULADA newtoniana (en base al supuesto de que el centro de gravedad se encuentra en el centro la Tierra a 4000 millas de distancia), lo que indica que el centro de gravedad de la Tierra está más cerca de la superficie que si estuviera ubicado en el centro de la Tierra.

La diferencia entre el gradiente gravitacional teórico y la aceleración de la gravedad observada en este experimento del hoyo de hielo de Groenlandia se ilustra en este gráfico (el púrpura es el gradiente de Newton, el rojo el observado):

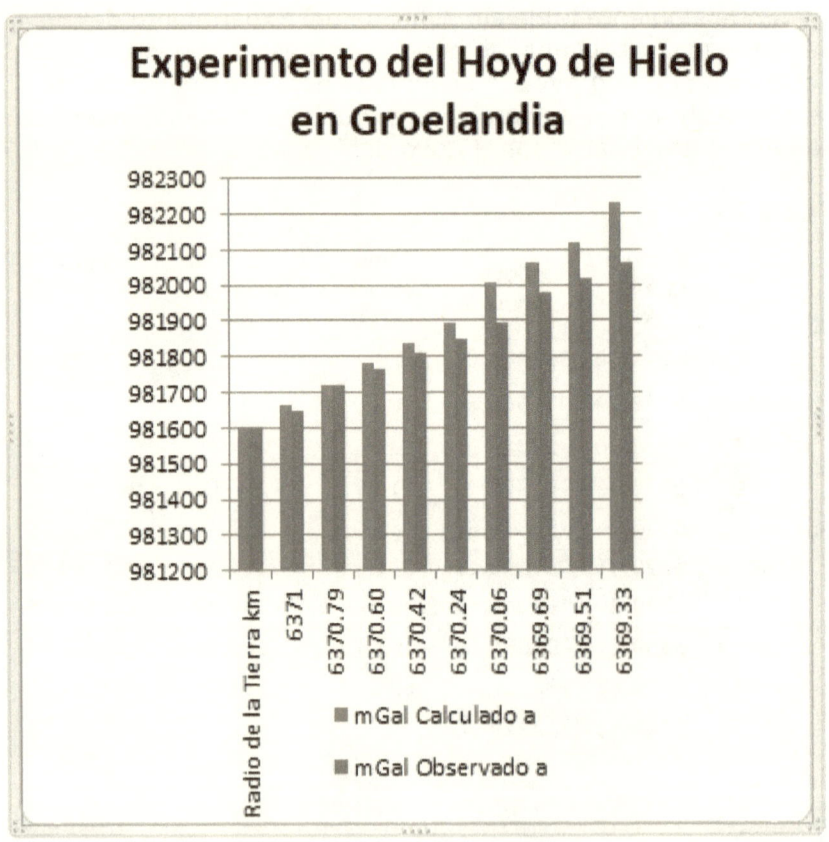

Un medidor de gravedad bajado hacia esa esfera de gravedad central ubicada 700 millas abajo en el caparazón de una tierra hueca requeriría una disminución mucho más rápida (a la derecha rojo en el gráfico – mGal Observado) en la aceleración de la gravedad para alcanzar la aceleración cero en el centro de gravedad en solo unos pocos cientos de millas abajo. Mientras que, se requeriría una disminución mucho más gradual de la aceleración (púrpura a la izquierda en la tabla) para alcanzar la aceleración de cero en las 4,000 millas al centro de la tierra que tiene materia por todo su diámetro.

A una profundidad de 2.037 km de la superficie del hielo, se calculó la aceleración de la gravedad (suponiendo que el centro de gravedad esté en el centro de la tierra) de 982.229 cm / seg^2, en comparación con la aceleración observada de

982.06158 cm / seg^2 - una diferencia de 167.42 MENOS mGals para la aceleración Observada que para la Calculada por la ley del cuadrado inverso cuando se supone que el centro de gravedad se encuentra en el centro de la tierra (6,371 km desde la superficie de la capa de hielo de Groenlandia).

Si se pudieran obtener suficientes datos sobre la aceleración de la gravedad desde el espacio hasta el centro de gravedad, un gráfico de estos datos tomaría la forma de una curva de campana, donde la aceleración comienza en cero (o cerca de cero) muchas millas en el espacio y ascendería a la aceleración más alta en algún lugar entre la superficie de la tierra y el centro de gravedad, y luego descendería de nuevo a cero en el centro de gravedad. El Experimento del Hoyo de Hielo de Groenlandia muestra que el vértice de ese gráfico probablemente se alcanzaría más antes dentro de unos cientos de millas de profundidad, como se esperaría en una tierra hueca, en lugar de las miles de millas al centro de la tierra como lo requiere una tierra sólida.

La Gravedad del Interior de la Tierra

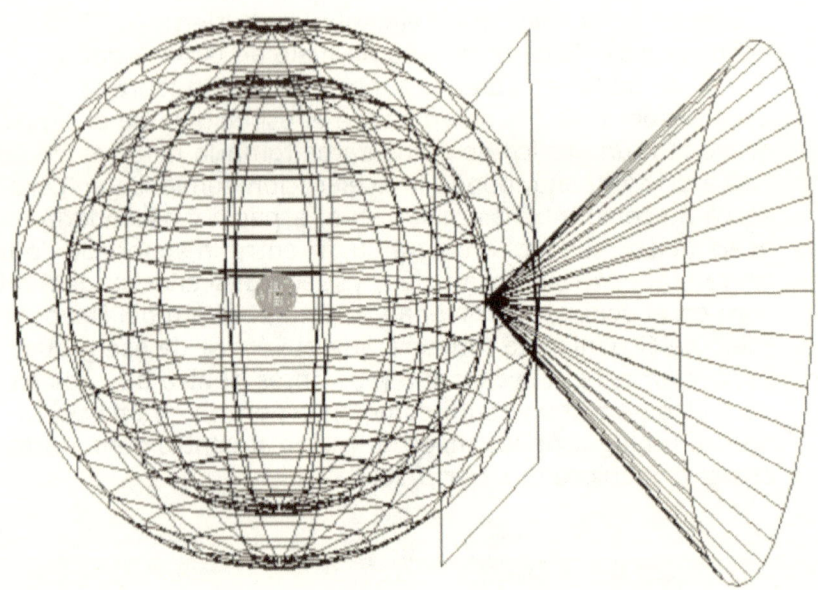

La ciencia ortodoxa afirma que el centro de gravedad de la tierra está SOLAMENTE en el centro de la tierra. Sin embargo, ignoran que la tierra es hueca. Si la gravedad se acelera hacia donde se encuentra la masa de la tierra, en un planeta hueco, hay DOS masas, 1) el sol interior y 2), el caparazón del planeta. Por lo tanto, la gravedad debería acelerarse tanto hacia el sol interior como hacia el caparazón, tanto hacia la superficie exterior como hacia la superficie interior. Esto ha sido confirmado por los que han ido a Nuestra Tierra Hueca y han regresado para reportar que sus pies están tan firmemente plantandos en superficie interior como nuestros pies están plantandos sobre la superficie exterior del planeta.

En una tierra hueca, la mayor parte de la masa de la tierra se encuentra en el caparazón. El sol interior tendría muy poca masa en comparación con la masa de la concha. En el Capítulo Dos de este libro, calculé que la masa de un sol interior de 600 millas de diámetro tendría una masa de $5.981289262 \times 10^{23}$ gm, que es solo el 0.01% de la masa de la tierra suponiendo que el sol interior es un cristal hueco que tiene aproximadamente la densidad del vidrio de 2.6 gm / cc y un grosor del caparazón del 10% de su diámetro.

5.981289262 x 10^{23} gms Masa del sol interior
Dividido por la masa de la tierra de 5.978541732 x 10^{27} gm
= .000100046 * 100 = .01%

Por lo tanto, la gravedad se acelerará hacia el sol interior, pero se producirá una aceleración aún mayor en el caparazón de la Tierra, tanto hacia la superficie exterior como hacia la superficie interior.

La gravedad que se acelera hacia la superficie interna del caparazón se verá afectada de algún grado por la masa del sol interno Y de la masa de la tierra sobre una persona parada en la superficie interna.

La Ciencia Ortodoxa afirma que una persona parada en la superficie interna de la concha de un planeta hueco estará flotando en una gravedad de cero. En sus textos de física de la universidad se llama el Teorema de la Concha. Pero sabemos por los exploradores de la tierra hueca que los habitantes de la Tierra Interna tienen una aceleración de la gravedad en la superficie interior similar a la nuestra en la superficie exterior del planeta. La gravedad les mantiene sus pies firmemente plantados en la superficie interna.

Obviamente, la ciencia ortodoxa está equivocada. ¿Dónde se han equivocado? Primero, ignoran que la tierra es hueca y contiene una esfera de gravedad central en algún lugar entre las superficies internas y externas del caparazón de la Tierra. En segundo lugar, afirman que la Tierra tiene un solo centro de gravedad y que toda la gravedad se acelera hacia el centro de la Tierra. En tercer lugar, afirman que la gravedad es una atracción de la materia y niegan la existencia del éter del espacio.

El experimento del Hoyo del Hielo en Groenlandia demostró que el centro de gravedad en el caparazón de la Tierra no está en el centro de la tierra. Debido a que el gravímetro midió una mayor disminución en la aceleración de la gravedad a medida que se bajaba por el agujero de hielo que si el centro de gravedad estuviera ubicado en el centro de la Tierra, esto mostró que el centro de gravedad está más cerca a la superficie, lo que sería el caso si la Tierra es hueca. De hecho, los resultados del experimento del Hoyo de Hielo en Groenlandia demostraron que el centro de gravedad se encuentra en el caparazón de la Tierra, en algún lugar entre las superficies internas y externas.

Los 25 años de lecturas del interferómetro realizadas por Dayton Miller y Edwardo Morley entre 1902 y 1927 detectaron definitivamente la existencia del éter, y los científicos posteriores lo rechazaron injustamente como lo describe el Dr. Jaime DeMeo, PhD en su libro, EL ÉTER DINÁMICO DEL ESPACIO CÓSMICO.

He proporcionado citas del padre de la teoría de la gravedad, Isaac Newton, quien creía que el éter del espacio existe y que no creía que la gravedad fuera una fuerza de atracción, sino que es un flujo del éter causado por una condensación del éter en el núcleo de todos los átomos. Esta condensación del éter en el núcleo de todos los átomos crea un vacío en el éter en el núcleo del átomo causando que el éter circundante se acelere hacia el núcleo del átomo creando la fuerza de presión que llamamos la gravedad.

El éter se condensa en partículas giroscópicas que se convierten en parte del campo magnético del átomo y son continuamente expulsadas del campo magnético del átomo por partículas que chocan contra el átomo. Por lo tanto, existe un flujo continuo del éter hacia el átomo y una emisión continua de radiación que fluye fuera del átomo. Lo mismo sucede con los planetas. Hay un flujo continuo del éter hacia la tierra creando la fuerza de presión que llamamos la gravedad, y los científicos han descubierto que todos los planetas emiten más radiación de la que reciben del Sol.

Esta corrección en la teoría de la gravedad permite una gravedad en la superficie interna de la Tierra. A medida que el éter del espacio fluye hacia la superficie interna, la presión del flujo se dirige hacia la superficie interna a medida que el éter fluye hacia la esfera de gravedad central en el caparazón del planeta.

Los estudios sísmicos indican que la densidad aumenta con la profundidad desde la superficie externa. Con una densidad de caparazón más alta hacia la superficie interna, esto debería desplazar el centro de gravedad más cerca de la superficie interna que la externa donde tenemos materiales más ligeros. La Guía de la Tierra Interna en ETIDORPHA, informó que el caparazón de la tierra en las proximidades del Polo Norte tiene un espesor de 800 millas con la esfera de gravedad central ubicada a 700 millas de profundidad desde la superficie exterior. Dado que la aceleración de la gravedad aumenta hacia los polos en la superficie exterior de la tierra y no se explica por completo por una reducción en la fuerza centrífuga, he concluido que una menor aceleración de la gravedad en el ecuador indica que el caparazón puede ser más delgado quizás a unas 798 millas de grosor con el centro de gravedad a 698.25 millas de la superficie exterior. Hacia los polos, la cubierta se espesaría gradualmente a 800 millas con el centro de gravedad a 700 millas de profundidad desde la superficie exterior.

Realísticamente, las fuerzas del vector de aceleración de la gravedad de la masa que actúan sobre un habitante de la Tierra interior bajaría hacia sus lados, de modo que la masa real que causa una aceleración de la gravedad en su persona actuaría sobre él en forma de cono, en lugar de un plano. La masa debajo de sus pies hacia sus lados no causaría ninguna aceleración hacia abajo cuanto mayor sea el ángulo hacia la horizontal hacia sus lados. La masa directamente debajo de sus pies causaría el mayor componente de la aceleración de la gravedad que actúa sobre él, y disminuiría a cero para la masa a los lados dependiendo del ángulo en que se encuentre la masa en relación con su posición. A cierto ángulo hacia los lados, la aceleración de la gravedad que actúa sobre él cesaría. Por lo tanto, la aceleración de la gravedad que actúa sobre él para mantener sus pies en la superficie interna describiría un cono con sus pies en el vértice del cono, como se muestra en el diagrama. La masa en ese cono, idealmente, sería la única masa que causa una aceleración gravitacional en la persona interna de la tierra hacia la superficie interna debajo de sus pies.

De la fórmula de aceleración de la gravedad,

$a = GM / r^2$

podemos calcular la masa en la tierra que produce la aceleración de la gravedad de la superficie exterior, resolviendo para M,

$M = r^2 a / G$

Suponiendo que el caparazón de la Tierra sea de densidad uniforme para simplificar nuestros cálculos, el centro de gravedad en un caparazón de 798 millas de grosor en el ecuador donde la aceleración de la gravedad es 978 cm / seg^2 sería 399 millas (6.42128×10^7 cm) hacia debajo de las superficies exteriores o interiores.

Resolviendo para M, obtenemos: (6.42128×10^7 cm) 2 * 978 cm / seg2 / 6.67259×10^{-8} = 6.04349×10^{25} gm

Mi dibujo de DesignCAD me da un cono debajo de los pies de nuestra persona de la Tierra Hueca de pie en la superficie interna del ecuador con una profundidad de 798 millas y un volumen de 936,494,497.53 millas cúbicas, o $3.903502775 \times 10^{24}$ cm^3, con una densidad promedio de 11.19 gm / cc, da una masa de $4.368019605 \times 10^{25}$ gm.

Mi intuición me dice que deberíamos duplicar el tamaño del cono debajo de nuestra persona interna que incluiría toda la masa posible que afectaría a nuestra persona de la superficie interna presionándolo hacia la esfera de gravedad central en el caparazón del planeta. Aunque la densidad promedio de la caparazón de Nuestra Tierra Hueca hemos calculado de 11.19 gm/cc, ya que las rocas superficiales son de 2.7 gm/cc en promedio, esto significa que el interior de la caparazón en la vecindad de la esfera de gravedad central tendría una densidad de alrededor de 19.68 gm/cc. Esta es una razón por la que deberíamos incluir un cono de mayor volumen que contendría algo de esta masa de mayor densidad. Duplicar el tamaño de nuestro cono nos daría una masa de 8.736×10^{25} gm.

Calculando para la aceleración de la gravedad de la superficie interna, usando la masa en este cono de doble tamaño, menos la masa en el caparazón que da la aceleración de la superficie externa de 978 cm / seg^2 en el ecuador, $8.736 \times 10^{25} - 6.04349 \times 10^{25}$ gm obtenemos, 2.6925492×10^{25} gm para la masa en el caparazón que produce la aceleración de la gravedad de la superficie interna,

$a = GM / r^2$

$6.67259 \times 10^{-8} * 2.6925492 \times 10^{25}$ gm / $(6.42128 \times 10^7$ cm$)^2$

$= 435.727$ cm / seg^2

De acuerdo, que la masa de la Tierra sobre la cabeza de un habitante interno de la tierra contrarrestará la aceleración de la gravedad en la caparazón de la Tierra debajo de sus pies. ¿Cuánto podría ser eso?

Dado que solo la masa en el interior de la esfera de gravedad central en el lado opuesto de la Tierra ejercerá una aceleración en nuestra persona de la superficie interior desde arriba de su cabeza, ignorando la aceleración debido a la masa del sol interior y la aceleración en nuestro persona de la Tierra interna debido a la fuerza centrífuga, entonces podemos calcular la aceleración debido a la masa sobre su cabeza como,

$6.67259 \times 10^{-8} * 2.6925492 \times 10^{25}$ gm / $(3.009295857 \times 108$ cm$)^2$

$= 19.839$ cm / seg^2

Cuando restamos esto de la aceleración de la gravedad causada por la masa a la esfera de gravedad central en el cono debajo de los pies de nuestra persona interna de 435.727 cm / seg^2, resulta en una aceleración de la superficie interna de 415.888 cm/seg^2.

A esto deberíamos agregar la fuerza centrífugal ejercida por la tierra giratoria, que se calcula a partir de la fórmula de la fuerza centrífuga,

$F = m \, v^2 / r$

Por un gramo de materia,

$a = v^2 / r$

r es la distancia desde la superficie interna al centro de la tierra, y

v es la velocidad de la tierra en la superficie interna del ecuador. El caparazón de la Tierra en el ecuador de mi modelo tiene 798 millas de espesor.

De la fórmula de velocidad de circunferencia,

$v = 2PiR / T$

R = 5.093843488 x 10^8 cm, que es 3165.167601 millas desde la superficie interna en el ecuador hasta el centro de la Tierra

T = 86,164.09 segundos, tiempo sideral de un día terrestre

= 37144.89688 cm / seg

conectando esto a:

$a = v^2 / r$

= 2.7086489 cm / seg^2 aceleración, fuerza centrífuga

Sumando la aceleración de la fuerza centrífuga de 2.7086489 cm / seg^2, obtenemos una aceleración de la gravedad de la superficie interna en el ecuador de 418.5966 cm/seg^2.

¿Cuánta aceleración ejercería la gravedad de nuestro sol interior en nuestra persona terrestre? Es insignificante, solo 0.154 cm/seg^2. Los cálculos son los siguientes:

$a = GM / r^2$

6.67259 x 10^{-8} * 5.981289262 x 10^{23} gm masa del sol interno / (5.093843488 x 10^8 cm)^2 (distancia desde el centro de la tierra a la superficie interna en el ecuador)

= .154 cm / seg^2, aceleración de la gravedad del sol interior ejercida sobre nuestra persona de superficie interna. Restando esta cantidad de la aceleración de la gravedad de la superficie interna previamente calculada, se obtiene una aceleración de la gravedad de la superficie interna en el ecuador de **418.44 cm/seg^2**.

Si pesas 100 libras en el ecuador en nuestra superficie externa, en la superficie interna con este escenario pesarías 42.785 libras, un tanto más que 2/5$^{o's}$ de tu peso en la superficie externa de la tierra, o 42.785% de tu peso en la superficie externa.

¿Puede La Gravedad Solo Mantener el Sol Interior Posicionado en el Centro de la Tierra?

Concedido, que la gravedad por sí sola no puede explicar la suspensión estable del sol interior dentro del hueco de nuestra tierra. La razón por esto es porque con la interacción de cualquier cuerpo externo de la tierra, como la luna, el sol o los planetas en ese sol interno, puede desplazarlo un poco hacia un lado u otro hacia la superficie interna. Con cualquier ligero desplazamiento del sol interno hacia un lado u otro de la superficie interna, el sol interno quedaría atrapado en una mayor aceleración de la gravedad que fluye hacia la superficie interna más cercana, mientras que al mismo tiempo la aceleración de la gravedad en el lado opuesto del sol interno que fluye hacia ese lado de la superficie interna disminuiría. Esto provocaría que el sol interno comenzara a caer hacia la superficie interna más cercana, y se estrellaría contra esa superficie interna, si la gravedad fuera la única fuerza de acción aquí.

Para que el sol interior mantenga una posición central en el hueco de cualquier planeta, debe hacerlo por alguna fuerza que no sea la gravedad.

Quizás la fuerza que podría mantener a los soles internos ubicados centralmente en planetas huecos es la fuerza electrostática y la emisión de iones de los soles internos.

A este respecto, el sol interior es muy similar al invento del platillo volador del Prof. Roberto R. Searl que llama su nave Inverso-G. El motor que inventó emite una emisión de iones muy fuerte. Dirige esta emisión de iones a la periferia de su nave, donde la redirige desde los cascos superior e inferior de su nave. Al dirigir la emisión de iones a diferentes fuerzas en diferentes partes del casco de su nave, puede controlar la velocidad y la dirección de su vuelo. La emisión de iones también hace que el casco de su nave se cargue electrostáticamente, lo que a su vez carga cualquier cosa que se acerque a la misma carga. Al igual que las cargas se repelen, la nave viaja por el aire o el agua en un vacío a velocidades increíbles.

Nuestro sol interior emite una tremenda emisión de iones, lo suficientemente fuerte como para iluminar las auroras por encima de las aperturas polares por el impacto de estas

546

partículas altamente energéticas que impactan en las partículas de aire en la atmósfera. La emisión de iones del sol interno se emite en todas las direcciones, lo que ayuda a mantenerla estacionariamente en el hueco. La emisión de iones también impacta sobre la atmósfera interna y establece una carga electrostática que repele al sol interno hacia su posición central en el hueco.

Además, la interacción de los campos magnéticos del Sol Interior y la Cáscara de la Tierra podría mantener al Sol Interior posicionado centralmente en el centro del hueco de nuestra Tierra.

El Polo Norte Magnético del caparazón de la Tierra está ubicado en nuestro Polo Sur Magnético. El Polo Magnético Sur del Sol Interior se ubicaría hacia el Polo Magnético Norte del caparazón de la Tierra. El Polo Sur Magnético del caparazón de la Tierra está ubicado en nuestro Polo Norte Magnético. El Polo Magnético Norte del Sol Interior se ubicaría hacia el Polo Magnético Sur del caparazón y, por lo tanto, las atracciones aparentes de los polos magnéticos también mantendrían al Sol Interior colocado en el centro de la Tierra.

El Descubrimiento de la Tecnología de los Platillos Voladores y Control de la Gravedad

La tecnología de los Platillos Voladores fue descubierta en los años 1950 por varios inventores independientes.

Thomas Townsend Brown (véase http://www.thomastownsendbrown.com/) documentó sus descubrimientos en varias patentes de los Estados Unidos (números 2,949,550, 3,017,394, 3,022,430 y 3,187,206). Realmente construyó modelos que trabajaban.

Otro inventor, Horace C. Dudley, presentó una patente en 1960 (número 3,095,167) para mejorar el vuelo vehicular mediante la contra acción de la gravedad con cargas electrostáticas muy altas en el casco de vehículos.

Howard Menger, contactado por los ovnis, describe en su libro, EL INCIDENTE DEL ALTO PUENTE: LA HISTORIA DETRÁS DE LA HISTORIA, cómo se hizo amigo de extraterrestres de Venus a una edad muy temprana mientras jugaba con su hermano en la granja de su padre. De su asociación de toda la vida con estos venusianos y los vuelos en sus naves, llegó a la conclusión de que la gravedad es un impulso desde el espacio y puede ser contrarrestada por fuerzas electrostáticas. Usando este conocimiento, construyó un modelo de un platillo volador de tres pies de diámetro en 1951. Lo voló por control remoto desde el suelo. Sin embargo, voló fuera de alcance y lo perdió.

Más tarde, agentes del FBI lo visitaron con partes de su platillo volador estrellado y expresaron interés en el sistema de propulsión. A partir de este contacto, en 1961, el Pentágono estableció una instalación de laboratorio de alta tecnología cerca de Colorado Springs, donde Howard Menger ayudó al gobierno y a la gran industria participante a construir una nave platillo volador de tamaño completo que Menger voló con éxito. Por hacer esto, el gobierno le prometió un cheque libre de impuestos de $ 1,500 cada mes por el resto de su vida. Sin embargo, después de un año, los cheques dejaron de llegar. Trató de verificar si el proyecto todavía existía, pero habían pasado a la clandestinidad en los proyectos negros.

Estos pioneros junto con científicos más recientes han contribuido a nuestro conocimiento de la gravedad que nos ayudará a lograr la propulsión electrogravitacional. Es solo una cuestión de reunir los detalles para que un platillo volador se construya realmente. Esta nave será silenciosa con forma de platillo propulsado por la electrogravedad capaz de realizar viajes submarinos, aéreos y espaciales.

Las ventajas de esta nave de platillo serán su alcance ilimitado, velocidad récord, la eliminación de combustibles costosos y agotables, y su capacidad de volar bajo el agua y al espacio. Esto dificultaría que los misiles enemigos obstaculicen una misión. Con esta nave, las misiones podrían llevarse a cabo fácilmente a la luna y a otros planetas. Quizás las superficies de los otros planetas son inhabitables en sus superficies, sin embargo, con toda probabilidad, sus interiores son jardines del Edén.

La tecnología de platillo se basa en los descubrimientos de varios científicos, Townsend Brown, Horace C. Dudley, José Newman, el inventor Juan RR Searl de Inglaterra y Howard Menger de Vero Beach, Florida, en combinación con el conocimiento adicional sobre el Éter como lo enseñaba los científicos en el siglo XIX.

Control del Flujo de Éter Gravitacional

La tecnología de los Platillos Voladores, entonces, se basa en el control de la fuerza gravitacional, que es el flujo direccional del éter, por fuerzas eléctricas. El secreto de la tecnología de los Platillos es la capacidad de dirigir el flujo del éter en cualquier dirección mediante fuerzas electrostáticas. Esta conclusión está respaldada por las patentes obtenidas por Townsend Brown el 16 de agosto de 1960 (# 2,949,550) y por Horace C. Dudley el 25 de junio de 1963 (# 3,095,167).

La patente de Horace C. Dudley # 3,095,167 para un *"Aparato para la Promoción y Control de Vuelo Vehicular,"* afirma que descubrió que al colocar una carga estática positiva en el casco de un cohete, la carga contrarresta la fuerza gravitacional sobre el cohete.

Dudley escribió,

" Se ha demostrado que un misil, como una bola de material conductor, puede proyectarse hacia arriba contra la acción de la gravedad al colocar una carga relativamente alta del orden de 400,000 a 500,000 voltios en la bola por medio de un generador electrostático adecuado. Con este procedimiento, se alcanzaron altitudes de hasta 10 centímetros sin el uso de CUALQUIER carga propulsora y PROPORCIONA QUE LA GRAVEDAD NO PUEDE SER SÓLO

*EQUILIBRADA POR CARGOS ELECTROSTÁTICOS, PERO
TAMBIÉN QUE DICHOS CARGOS PUEDEN PROPULSAR UN
MISIL DE LA SUPERFICIE DE LA TIERRA."*

En los experimentos de Dudley, tomó un modelo de cohete
hecho de material plástico altamente dieléctrico que pesaba 53
gramos y, cuando fue disparado, atravesó una trayectoria
inestable y errática de altitud relativamente baja por debajo de
los 100 pies. Cuando el cohete idéntico se recubrió por dentro
con un barniz conductor, se logró un vuelo estable a una altitud
de aproximadamente 300 pies. Tras el recubrimiento de ambas
superficies, interior y exterior, con un barniz conductor, se
obtuvo un vuelo estable a aproximadamente 600 pies. Las
superficies conductoras aumentaron la estabilidad del vuelo y la
altura en un 600%. Si el cohete recibe una carga electrostática
adecuada antes del disparo, se alcanzarán mayores altitudes.
Se descubrió que si las cargas son significativas, el efecto de la
gravedad se puede contrarrestar por completo.

El campo de fuerza electrostática también crea un vacío
alrededor del vehículo mejorando su movilidad.

De nuevo Dudley escribió,

*"Aún se produce otro efecto que resulta en la reducción
de la fricción entre el cohete y la atmósfera ... Al cargar
positivamente la cubierta exterior de un cohete u otro
vehículo aéreo, se deduce que las moléculas de gas
adyacentes se ionizarán positivamente y tomarán
sustancialmente la misma carga que la del vehículo. En la
medida en que las moléculas de gas adyacentes a la
superficie del vehículo asuman la misma carga que el
vehículo, serán repelidas y, por lo tanto, el vehículo se
moverá en lo que podría denominarse un "vacío
autogenerado" inducido por la carga en el propio vehículo."*

Dudley describe cómo la superficie exterior del vehículo
debe estar desprovista de todos los bordes afilados, puntos,
aletas y cables de arrastre que podrían provocar la pérdida de
la carga electrostática en la superficie del vehículo. Las
superficies deben ser lisas y tener el mayor radio de curvatura
posible y la superficie debe ser grande en relación con la masa.
La superficie conductora debe recubrirse con un material
dieléctrico para ayudar a retener la carga. Durante el vuelo, se
deben llevar los medios apropiados para el mantenimiento de
las cargas electrostáticas en la superficie del misil. El control
vehicular se puede lograr controlando la carga electrostática.

Townsend Brown hizo un descubrimiento similar.

Desde el átomo más pequeño hasta la galaxia más grande, el Universo opera en tres fuerzas básicas: electricidad, magnetismo y gravitación. Tomados por separado, la electricidad y el magnetismo no son de mucha utilidad práctica. Sin embargo, cuando se combina para trabajar en combinación, surgen aplicaciones técnicas casi infinitas. Hasta la fecha, nuestro desarrollo eléctrico total se ha basado en el acoplamiento de la electricidad con el magnetismo: el electromagnetismo.

El acoplamiento de la electricidad y la gravitación es un campo completamente nuevo de esfuerzo científico con aplicaciones prácticas actualmente inimaginables aún por descubrir en el futuro. Este acoplamiento de electricidad con gravitación se llama electrogravitación.

Townsend Brown fue uno de los pocos científicos experimentales conocidos involucrados en descubrir los usos de la electrogravitación.

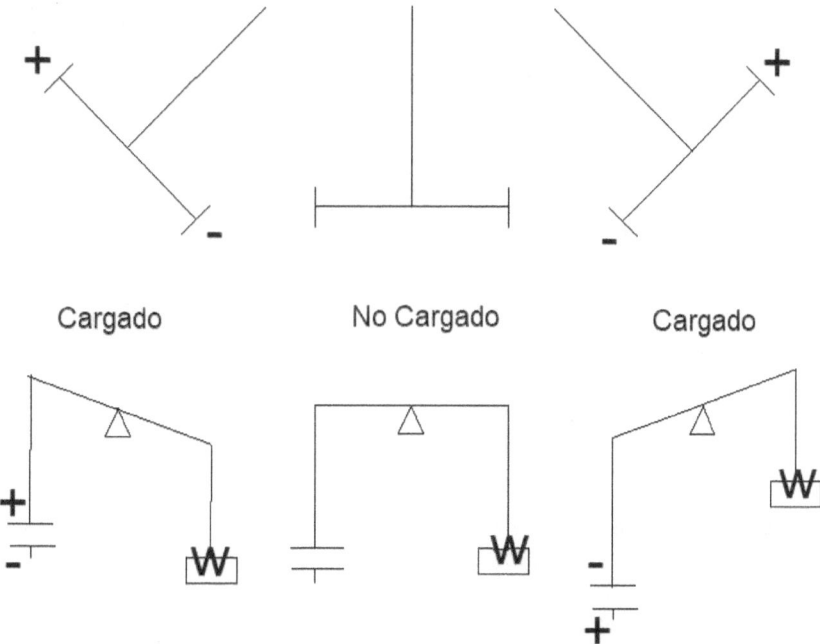

En 1923, el profesor Biefeld de la Universidad de Denison sugirió a su protegido, Townsend Brown, ciertos experimentos que condujeron al descubrimiento del efecto Biefeld-Brown y, finalmente, al descubrimiento de la energía electrogravitacional.

Los primeros experimentos empíricos realizados por Townsend Brown se referían a un condensador cargado que, cuando se colgaba en suspensión libre con postes horizontales, ¡mostraba un empuje hacia el polo positivo! Una inversión de polaridad provocó una inversión de la dirección de empuje. El desarrollo posterior de este fenómeno ilustra un efecto de *"antigravedad."* Cuando se equilibra en un equilibrio de haz, y luego se carga, el condensador se mueve. Si el polo positivo está arriba, el condensador se mueve hacia ARRIBA, es decir, se vuelve *"más ligero"*; Si el polo positivo apunta hacia abajo, se mueve hacia ABAJO (se vuelve *"más pesado"*).

Estos dos experimentos simples demuestran lo que ahora se conoce como el efecto Biefeld-Brown. La intensidad del efecto está determinada por cinco factores.

1. La separación de las placas del condensador: cuanto más cercanas estén las placas, mayor será el efecto.

2. Cuanto mayor sea el factor *"K,"* mayor será el efecto. (*"K"* es una medida de la capacidad de un material para almacenar energía eléctrica en forma de tensión elástica).

3. Cuanto mayor sea el área de las placas del condensador, mayor será el efecto.

4. Cuanto mayor sea la diferencia de voltaje (potencial) entre las placas, mayor será el efecto.

5. Cuanto mayor sea la masa del material entre las placas (dieléctrico), mayor será el efecto.

$$G = 6.67259E^{-8}\left(\frac{(km)AE}{\frac{d}{m}}\right)N - 1$$

Donde:
G = la aceleración del flujo del éter (Tierra = 1)
m = la masa del dieléctrico
k = la constante dieléctrica del dieléctrico (aire = 1)
A = el área de una placa
d = la distancia entre placas
E = el voltaje a través de las placas
N = el número de placas

Fórmula del LIBRO ANTIGRAVEDAD, compilado por D. Hatcher Childress, pág. 48.

Sobre la base de un trabajo experimental adicional, en 1926 Townsend Brown describió lo que llamó un *"automóvil espacial."* No tenía partes móviles; su movimiento se controlaba simplemente variando la orientación de la carga positiva en su periferia. Un modelo a escala que volaba alrededor de un poste estacionario atado a su fuente de alimentación parecía no tener límite a la velocidad posible, e incluso cuando funcionaba en un vacío, la máquina volaba tan rápido que tuvo que apagarse antes de desarrollar suficiente inercia para volar aparte.

Después de trabajar con el problema del empuje horizontal, Brown descubrió que una forma de platillo para la nave era la forma más eficiente para ayudar al campo gravitacional para alcanzar un ascenso máximo. La nave consistía en dos placas cargadas, la superior cargada positiva y la inferior negativa, impartiendo elevación a la nave, y el control direccional se logró mediante el uso de una estructura segmentada en la periferia que se cambiaría a la dirección del vuelo deseado. Las dos placas del condensador estaban separadas por material dieléctrico.

Como es evidente en las patentes de Townsend Brown, la forma y posición de las placas del condensador es de suma importancia para obtener el máximo empuje de éter. En general, una de las placas debe ser grande en comparación con la otra. Por ejemplo, no hay una fuerza gravitacional resultante en un átomo o un planeta, porque el éter fluye desde todas las direcciones hacia el núcleo con carga positiva en el centro. Por lo tanto, posicionar las placas de un condensador es muy importante. Para obtener una fuerza motriz resultante por el flujo de éter en un átomo, el núcleo tendría que ser desplazado fuera del centro. La razón por la cual el flujo del éter resultante generalmente no se ha descubierto en los condensadores es porque ambas placas son siempre del mismo tamaño que la otra, y usualmente los dos son enrollados en un rollo. Solo haciendo uno grande y otro pequeño y reposicionando las placas aparte del uno y el otro, Brown descubrió el empuje del flujo de éter. Sin embargo, incluso Brown nunca sospechó que el empuje fue causado por el éter, pero asumió que el empuje fue causado por un flujo de iones. Incluso si Brown hubiera sospechado que el impulso era un flujo de éter, no habría podido obtener una patente sobre sus descubrimientos ya que la ciencia moderna niega la existencia del éter.

Flujo Magnético

———————————→ Corriente Eléctrica

El flujo del Ether estaría HACIA la página.

Si tomamos el ejemplo del átomo, el éter gravitacional parece fluir en ángulo recto a las líneas de fuerza del campo magnético y la corriente eléctrica, y hacia el electrodo positivo. En el diagrama anterior, suponga que el electrodo positivo se encuentra debajo de la página. El flujo magnético es hacia el norte; La corriente eléctrica a la derecha. El flujo de éter estaría entonces dirigida hacia la página hacia el electrodo positivo.

Con estos descubrimientos de Townsend Brown y Horace C. Dudley, las características de los platillos voladores que han desconcertado a los científicos actuales como inexplicables con la ciencia ortodoxa ahora pueden explicarse:

1. Método de propulsión. Ahora sabemos que los platillos voladores consisten en condensadores muy cargados que producen un campo electrostático tan fuerte que el flujo gravitacional del éter se redirige a través de la nave en la dirección de la carga positiva en el casco de la nave. A medida que el flujo del éter pasa a través de la nave, empuja la nave en la dirección de la carga positiva en el casco de la nave.

2. Tremendas aceleraciones y cambios de dirección. De acuerdo con la ciencia ortodoxa, tanto la máquina como los ocupantes soportarían tensiones insoportables debido a las tremendas aceleraciones y cambios de dirección que se observan en los platillos voladores. *"No es así"*, dice Brown. No se sentirían tensiones, ya que los naves, los ocupantes y la carga responden igualmente a la distorsión del campo gravitacional local como una unidad. La analogía más cercana sería como BAJAR en un elevador. Cuando el elevador comienza a descender, tanto el elevador como sus ocupantes fluyen con el flujo del éter gravitacional sin empujes ni tensiones. El campo electrostático producido por las cargas extremadamente altas en las placas del condensador del platillo volador redirige el flujo del éter gravitacional y el platillo CAE en la dirección de la carga positiva.

3. Los platillos voladores están rodeados por una corona brillante. Los condensadores de alta carga ionizan el aire circundante dejando escapar un brillo azulado-violeta.

4. Independencia de los efectos aerodinámicos. El aire ionizado que rodea los discos condensadores altamente cargados del platillo volador crea una *"zona de amortiguación"* de vacío alrededor de la nave que permite que la nave viaje por el aire o bajo el agua sin ninguna resistencia. El aire o fluido en la proximidad de los discos condensadores altamente cargados de la nave se cargan con la misma carga que la superficie de

los discos. Como las cargas repelen, se crea un vacío entre la superficie del platillo volador y el medio circundante, ya sea aire o agua, lo que permite a la nave viajar igualmente bien a través de la atmósfera o bajo el agua. La falta de resistencia al movimiento de la nave permite que el flujo de éter gravitacional redirigido empuje la nave con mayor aceleración y velocidad. Como la resistencia de la inercia es la resistencia al movimiento de la materia a través del éter, un platillo volador no experimenta tal resistencia porque el éter fluye con el platillo. Esto explica por qué los platillos pueden acelerar a velocidades inauditas y cambiar de dirección sin verse afectados por las fuerzas G en la nave o los ocupantes.

5. El problema de la generación de la alta carga electrostática para los discos condensadores de platillo. Para redirigir el flujo de éter, los discos condensadores deben cargarse a voltajes extremadamente altos. Townsend Brown cargó sus discos hasta 300 KV DC para lograr la propulsión electrogravitacional que obtuvo y observó que el empuje parecía ser aproximadamente lineal con el voltaje. Una nave de platillo a gran escala necesitaría voltajes en millones para redirigir el flujo de éter con suficiente potencia para impulsarlo.

Una Potente Fuente de Energía Electrogravítica: El Generador del Efecto Searl

El problema que Townsend Brown encontró con sus discos condensadores fue que no tenía una fuente de alto voltaje a bordo capaz de producir las altas cargas electrostáticas necesarias para redirigir el flujo de éter para impulsar su nave. La solución al generador de alta carga electrostática a bordo fue resuelta por un inventor en Inglaterra llamado Juan R. R. Searl.

El siguiente es un comentario sobre el trabajo de Juan Roy Roberto Searl del libro de Juan A. Thomas, Jr., LA ANTIGRAVEDAD: EL SUEÑO HECHO REALIDAD,

LA HISTORIA DE JUAN RR SEARL, disponible ahora en https://archive.org/details/Antigravity_980

LA ANTIGRAVEDAD: EL SUEÑO HECHO REALIDAD, LA HISTORIA DE JUAN RR SEARL, de Juan A. Thomas, Jr. es una introducción a la tecnología y los inventos del profesor Searl. La tecnología del Prof. Searl ha sido documentada en 10 libros sobre la Ley de los Cuadrados. Estos se pueden obtener de Juan A. Thomas, Jr. en su dirección de Nueva York o en Internet en http://searleffect.com/. Bradley Lockerman ha publicado un documental en un DVD muy bien hecho sobre la vida extraordinaria de Juan Roy Roberto Searl en https://Juansearlstory.com/ Fernando Morris se ha asociado con el profesor Juan R. R. Searl para llevar su invención y tecnología al mercado en: https://segmagnetics.com/

Juan R. R. Searl nació el 2 de mayo de 1932 en Downs, Calle Newbury, Wantage, Inglaterra. A los 4 años de edad, el padre de Juan abandonó a su madre y a sus hijos y, debido a su incapacidad para mantener a la familia, el gobierno colocó a los niños en hogares de guarda donde Juan fue maltratado a menudo. Entre los 4.5 y los 10 años, Juan tuvo dos sueños dos veces al año, de los cuales afirma que desarrolló su Ley de los cuadrados, la base de la tecnología que ha desarrollado para producir generadores eléctricos de energía libre y naves tipo platillo volador. De su trabajo revolucionario en tecnología y dispositivos de energía libre, Juan RR Searl ha recibido un título honorario como Profesor de Estructuras Matemáticas de Creación y Energía, está incluido en el Registro Internacional de Quién es Quién en el Mundo y ha tenido muchos años de estudio en escuelas y universidades junto con la experiencia práctica en el diseño y construcción de motores eléctricos, generadores, medicina, navegación, electrónica y computadoras.

El primer generador del efecto Searl Juan lo ensambló cuando tenía 14 años. El efecto más notable producido por el generador fue que cuando su circuito se sobrecargaba, de repente perdería su gravedad y volaba. De lo que Juan aprendió a lo largo de los años de su SEG, él y sus amigos han construido unos 40 platillos voladores operados por control remoto por radio. Juan también electrificaba a su hogar durante 30 años con uno de sus generadores SEG. Los primeros generadores SEG construidos por Juan se lanzarían al aire y se dispararían al espacio y se perderían. Después de descubrir que sus generadores SEG podía volar, Juan y sus amigos le dieron un cuerpo y se convirtió en una nave voladora.

En 1968, se encontraban dentro de los tres meses de haber completado una nave tripulada en la carrera espacial hacia la luna, cuando la compañía de servicios eléctricos encarceló a Juan y su trabajo fue destruido por supuestamente *"robar"* electricidad para su hogar. En ese tiempo, una persona no podía producir su propia electricidad. Su casa estaba conectada a la red, pero no estaba usando la electricidad de la compañía eléctrica. Había estado electrificando a su casa con su generador SEG. La policía vino y pirateó su casa hasta que encontraron su generador SEG y lo llevaron. También quemaron sus papeles y vendieron sus herramientas. El platillo volador que estaba construyendo con sus amigos en un campo fue desmantelado y vendido como chatarra. Su esposa también desapareció.

Juan R. R. Searl ha puesto a disposición del mundo una gran parte de su conocimiento tecnológico en una serie de libros, LA LEY DE LOS CUADRADOS. Aunque ahora tiene más de 80 años y su salud está fallando, Juan ahora trabaja como asesor técnico de SEG Magnetics en Spring Valley, California, donde están intentando recrear sus inventos que perdió en el Inglaterra, en lo que esperan finalmente sacar a luz esta maravillosa tecnología de energía libre para la gente. Los generadores SEG que esperan producir producirán toda la electricidad libre que un propietario puede usar. Además de generadores y naves espaciales de tipo platillo volador, existen infinitas aplicaciones para esta tecnología del siglo XXI.

La siguiente es una descripción del Generador del Efecto Searl y cómo funciona:

1. Es un motor magnético, generador eléctrico y controlador de gravedad. Es silencioso, no hace ruido y no tiene partes móviles en contacto. Como tal, nunca se desgastará. Su fuente de energía es el éter del espacio que interactúa con el campo magnético de las partes magnéticas y el campo electrostático generado por las partes móviles. El efecto Searl es el motor principal. El EFECTO SEARL es el EFECTO de cuatro fuerzas que actúan en dos conjuntos de dos fuerzas, actuando en ángulo recto entre sí.

2. Puede consistir en cualquier número de un diseño especial de anillos magnéticos, con un mínimo de tres, uno dentro del otro y todos en el mismo plano. Cada anillo (y los rodillos que orbitan entre los anillos) consta de cuatro capas que se presionan hidráulicamente en una atmósfera de argón (para evitar la combustión). La capa interna consiste en una tierra rara como el neodimio que actúa como un depósito de electrones. La segunda capa hacia a fuera consiste en nylon que restringe el flujo de electrones entre la capa interna y las capas externas para que haya un flujo uniforme de electrones dentro del anillo. Sin la capa de nylon, el flujo de electrones sería pulsado. La tercera capa consiste en metal magnetizable como el níquel o hierro. Esto está cubierto por una capa delgada de metal que actúa como un conductor eléctrico y pasa los electrones de los anillos a los rodillos y luego a otros anillos.

3. Los anillos magnéticos son estacionarios.

4. Entre cada anillo magnético hay rodillos magnéticos que giran sobre su propio eje a medida que giran alrededor de los anillos suspendidos en el espacio entre los anillos por sus campos magnéticos que interactúan. Los campos magnéticos de los anillos internos refuerzan el campo en los anillos externos para hacer que los rodillos en los anillos externos se muevan más rápido. La velocidad de los rodillos es 2.5 veces la velocidad del siguiente anillo interior de rodillos. Los rodillos se mantienen en ángulo recto con los anillos. Los rodillos magnéticos son 1/4 de pulgada más cortos en los extremos que los anillos para evitar que los rodillos salten del espacio entre los anillos. Cada rodillo magnético consta de 8 segmentos que se apilan uno encima del otro y se mantienen unidos solo por su atracción magnética.

5. Los anillos están impresos magnéticamente en su lado exterior con una onda sinusoidal con el polo sur en la parte superior y el polo norte en la parte inferior, lo que da un campo tipo AC alrededor de los anillos. La impresión magnética colocada en los rodillos está en ángulo recto con la impresión en los anillos. La impresión magnética del rodillo es circular, como el campo magnético que existe alrededor de un cable que transporta corriente eléctrica de DC. La impresión magnética en los anillos interactúa con el campo magnético de los rodillos y produce una onda magnética en la que se mueven los rodillos. Los rodillos se mueven más rápido cuando la impresión en los anillos está en un ángulo mayor de 90 grados. Se necesita un mayor ángulo de impresión para el vuelo en lugar de para la generación de energía doméstica.

6. Los rodillos en el anillo exterior pueden pasar a través de las bobinas e inducir una corriente en las bobinas.

7. Un circuito está conectado con el cable positivo al anillo interno y los cables negativos a las bobinas externas. La corriente inducida en las bobinas es corriente alterna.

8. Se produce un campo electrostático de tipo condensador a medida que se extraen electrones del anillo interno, dejándolo cargado positivamente y las bobinas externas cargadas negativamente.

9. Cuando se coloca una carga en el circuito, la temperatura del SEG baja.

10. A medida que se colocan mayores cargas en el circuito, los rodillos de la SEG saltarán gradualmente a velocidades más altas.

11. A medida que se colocan mayores cargas en el circuito, el campo electrostático del SEG se expande continuamente hacia afuera.

12. A medida que el campo electrostático se expande continuamente hacia afuera, las partículas giroscópicas en el campo se pierden a medida que se alejan más y más de los anillos y cuando golpean átomos atmosféricos u otros partículas. A cargas electrostáticas muy altas, las partículas giroscópicas en el campo pueden incluso producir luz en el área polar superior sur de los anillos de la SEG, donde las partículas giroscópicas que emiten de la SEG golpean las partículas del aire por encima de la SEG.

13. A medida que el campo electrostático se expande continuamente, el aire, el agua y otros objetos que se aproximan se cargan electrostáticamente con la misma carga y se repelen. El SEG finalmente se envuelve en un vacío.

14. A medida que las partículas giroscópicas en el campo en continua expansión se pierden, el SEG se vuelve más y más frío. A medida que las capas del campo magnético atómico se reducen por la pérdida de partículas giroscópicas, a 4 grados Kelvin, los átomos en el SEG de repente se alinean y se vuelven superconductores. El campo magnético general de la SEG de repente se vuelve súper poderoso debido a la alineación de todos los átomos. El campo magnético magnificado combinado con el campo electrostático redirige el flujo de éter y el SEG levita.

15. A medida que las partículas giroscópicas se pierden en el campo electrostático en continua expansión, se crean más partículas en el núcleo de los átomos de la SEG a partir del éter del espacio.

16. A medida que se crean partículas giroscópicas en el núcleo de los átomos del SEG, se produce un vacío en el núcleo de los átomos de SEG porque las partículas giroscópicas giratorias ocupan menos espacio que el éter del que están hechas.

17. El éter del espacio se apresura a llenar el vacío en el núcleo de los átomos de la SEG ejerciendo una presión gravitacional en la dirección de su mayor flujo.

18. Las partículas giroscópicas que se emiten desde el lado superior polar sur de los anillos causan una menor presión del éter en el éter entrante que en el fondo polar norte del SEG.

19. Las partículas giroscópicas que ingresan a los átomos de los anillos SEG en el fondo polar norte causan un mayor flujo de éter / presión gravitacional. La mayor presión del éter en la parte inferior del SEG y menos en la parte superior hace que levite.

20. Se construye una carcasa alrededor del SEG con una cabina en el anillo central para darle la capacidad de vehículo.

21. La colocación de émbolos en las celdas de control de vuelo en la periferia de la nave SEG da control direccional al flujo de éter y a la nave. Cuando se activa un émbolo, toca momentáneamente los rodillos exteriores giratorios y la embarcación se inclina inmediatamente hacia ese lado, de forma similar a cómo se inclina un giroscopio cuando se toca su periferia giratoria.

22. El aumento de la carga en el circuito de la SEG en la nave da control a la proporcionalidad del flujo de éter para proporcionar control de velocidad de la nave. La electricidad en un SEG utilizado para energía eléctrica se aprovecha con bobinas espaciadas alrededor del anillo exterior y sus rodillos. Los rodillos que pasan a través de las bobinas en forma de U inducen una corriente eléctrica alterna en las bobinas. Para un SEG utilizado para el vuelo, en lugar de bobinas, el perímetro exterior consiste en cepillos de alambre que tocan ligeramente los rodillos en órbita para extraer la electricidad electrostática que luego se dirige a las superficies superior e inferior de la nave. El control de vuelo direccional también puede obtenerse redirigiendo la emisión de iones electrostáticos a diferentes secciones del casco de la nave.

23. Una cómoda media G es constante en el área central del anillo / cabina porque el éter que ingresa al SEG desde arriba es 1/2 que entra desde abajo.

24. La nave no tiene inercia, ya que lleva su propio éter junto con él y lo controla.

25. El SEG tiene un efecto energizante en las formas de vida, las heridas sanan más rápido y se produce una mayor resistencia a las enfermedades al acercarse a él debido a los electrones libres emitidos abundantemente por el generador en el medio circundante.

26. Las partículas giroscópicas que emiten de la parte superior del polo sur del SEG energizan el material y apagarán incendios porque se bombea más energía a la masa en llamas que la que la deja.

27. Los electrones que emiten del SEG cargan las partículas contaminantes en el aire y las partículas caen al suelo para limpiar el aire. Los electrones colocados en el aire por la SEG también energizan formas de vida mejorando la salud y la energía.

28. Se podrían desarrollar innumerables aplicaciones de esta tecnología, incluyendo: autos voladores al poner los SEG en las ruedas, camas flotantes, electrodomésticos inalámbricos, generación de energía doméstica, naves espaciales y ciudades espaciales, ciudades debajo el océano, la Antártida, en el desierto del Sahara, grúas levitatorias, un planeta libre de contaminación y de energía libre. Su energía podría usarse para curar enfermedades, y es especialmente efectiva en la curación de víctimas de quemaduras. Se puede usar para limpiar el aire de la contaminación. Puede alimentar purificadores de agua. Podría usarse para extinguir incendios. Las casas diseñadas con tecnología SEG serían resistentes al fuego, terremotos, tornados, huracanes y ladrones. La nave SEG podría usarse para proteger a sus habitantes de las erupciones solares, repeler asteroides, dispersar huracanes y tornados y controlar el clima.

La Ley de los Cuadrados

El efecto Searl es lo que impulsa el generador del efecto Searl o el disco Inversa-G y fue desarrollado a partir de la Ley de los Cuadrados descubierta y desarrollada por el Prof. Juan R. R. Searl. Un cuadrado es una serie de números secuencialmente únicos que forman un cuadrado y se equilibra cuando los valores de línea horizontal, vertical y dos diagonales son todos iguales. Solo se usan números enteros. Cada número en el cuadrado representa la medida en gramos de los compuestos que se usan para hacer el SEG. Comenzando con el número más alto, esto especifica los gramos de una tierra rara, un elemento que tiene una mayor cantidad de electrones que otros polvos utilizados. Este elemento va en el anillo interior. Las capas más afuera del anillo interior usan átomos con cada vez menos electrones. Los elementos se seleccionan de la tabla periódica que comienza en la parte inferior de la tabla con el anillo interno y continúa hacia arriba a medida que se agregan capas en los anillos desde el centro. Cada anillo consta de varias capas. Las capas están separadas por una capa de nylon para ralentizar el flujo de electrones en el SEG. El cuadrado del SEG se selecciona calculando el volumen de los anillos necesarios para dar espacio al número requerido de rodillos y luego seleccionando un GRUPO DOS (cuadrado numerado par) que satisfará este volumen.

La LEY DE LA NATURALEZA establece que no hay dos cuerpos o partículas que puedan compartir el mismo MARCO DE ESPACIO dentro del mismo MARCO DE TIEMPO, pero que dos cuerpos o partículas PUEDEN compartir el mismo marco espacial en diferentes marcos de tiempo. Estos dos estados deben existir en todo momento; No pueden existir independientemente el uno del otro. Dentro de cada cuadrado hay DOS estados, un Marco de Espacio y un Marco de Tiempo. Cada cuadrado = un Marco de Espacio; cada nivel = un Marco de Tiempo. El número del nivel de un cuadrado comienza con el número más bajo en el cuadrado menos 1. El MARCO DE ESPACIO (valor cuadrado o valor de línea) en una serie de cuadrados diferentes puede ser el mismo, pero el MARCO DE TIEMPO (valor de nivel) para cada uno será diferente. Por el contrario, el MARCO DE TIEMPO (valor de nivel) en una serie de cuadrados diferentes puede ser el mismo, pero los MARCOS DE ESPACIO (valor de cuadrado o valor de línea) serán diferentes: esta es la LEY DE LA NATURALEZA y no se puede romper. Si se establece un Marco de Tiempo, el espacio se hace más pequeño a medida que avanza abajo por los cuadrados.

El número de un cuadrado = el número de dígitos en cualquier lado de un cuadrado. Hay tres grupos de cuadrados. Un cuadrado del GRUPO UNO (cuadrados impares) tiene un punto central que es el valor de la línea dividido por el número del cuadrado. Los números del Grupo Uno GIRAN. Los GRUPOS DOS y TRES cuadrados (cuadrados pares) tienen un bloque central de cuatro números en el centro del cuadrado. Debido a que los cuadrados del grupo uno no tienen un bloque central, un cuadrado del grupo uno no se puede usar para hacer un generador del efecto Searl. Solo los GRUPOS DOS cuadrados pueden usarse para hacer un SEG. Su bloque central es compartido por el cuadrado total. Grupo Dos cuadrados

OSCILAN. Los cuadrados del Grupo Dos son la mitad de todos los cuadrados pares: aquellos que se pueden dividir entre 4. Un GRUPO TRES no se puede usar para hacer un SEG porque su bloque central de números actúa como un punto y no es compartido por todo el cuadrado. Aunque el centro del grupo tres aparece como un centro del grupo dos, solo pertenece a la cruz giratoria del centro del cuadrado. Pero hay una forma de superar este problema aplicándolo al vuelo. Los cuadrados del Grupo Tres son la mitad de todos los cuadrados pares, aquellos que no pueden dividirse entre 4. Un Grupo Tres OSCILA, excepto su cruz central ROTA.

Cuando un valor se puede usar en más de un cuadrado, ofrece muchas más opciones en la estructura de diseño que un solo cuadrado puede ofrecer. El SEG necesita 8 cuadrados para estar en la oferta, uno de los cuales debe ser el valor del cuadrado que tienes la intención de usar. El EFECTO SEARL es el EFECTO de cuatro fuerzas que actúan en dos conjuntos de dos fuerzas, que actúan en ángulo recto entre sí. El efecto Searl es un verdadero motor principal y, a través de su acción, puede producir electricidad o poder motriz.

Además, se debe entender lo siguiente acerca de la naturaleza: Hay DOS ESTADOS PRIMEROS en la naturaleza, ENERGÍA y MATERIA y se pueden convertir de uno a otro. La naturaleza es BINARIA en sus acciones, Baja / Alta, Sí / No, 0/1, Ir / No Ir, muchas de las cuales son la imagen especular de la otra, como, Izquierda / Derecha, Día / Noche, Hombre / Mujer, Norte / Sur, Entrada / Salida, Latitud / Longitud. A veces, la naturaleza hace un acuerdo triangular en sus acciones o funciones, como, una entrada / dos salidas, dos entradas / una salida. Hay TRES ESTADOS PRINCIPALES en la naturaleza: gas, líquido y sólido. En SÓLIDOS tenemos conductores, semiconductores, no conductores. Los ELEMENTOS son los componentes básicos de la Naturaleza y consisten en no metales, metales ligeros y metales pesados. Los materiales son frágiles, dúctiles y elásticos. Las condiciones a considerar son presión, temperatura y vacío. Las fuerzas son electricidad, magnetismo y gravedad. Los estados químicos son ácido, alcalino o neutro. Los puntos de temperatura son Punto de fusión, Punto de ebullición y Punto superconductor. Otros elementos importantes de la naturaleza son la densidad, anfótero, estructura cristalina, configuración electrónica, peso atómico, volumen atómico, radios atómicos y radio covalente.

Las preguntas importantes que debe hacer son: 1) ¿Qué material va a utilizar? 2) ¿Cuánto material vas a usar? 3) ¿Con qué CA va a energizar el material? 4) ¿Cómo vas a aplicar el DC?

Cuando haces un motor circular, debes tener no menos de tres anillos y deben estar involucrados dos estados, 1) estacionario - placas, y 2) movimiento - los rodillos. El valor más bajo que puede formar un cuadrado de naturaleza uniforme es 12, y el cuadrado 3 es el cuadrado más pequeño posible. Por lo tanto, necesitamos no menos de 12 rodillos sobre la primera placa para un funcionamiento suave. El cuadrado 3, nivel 1 comienza con 0 con un valor de línea de 12. Un cuadrado 4 es el cuadrado más pequeño que se puede usar para construir un SEG. El tamaño del SEG está determinado por el tamaño del Nivel utilizado (qué tan grandes son los números en el cuadrado).

En el diseño de números de un cuadrado, puede tener una numeración UNIFORME en la que los valores de línea no se suman a las diagonales, o puede tener una numeración ALEATORIA en la que los valores de línea sí se alinean a las diagonales. El SEG utiliza cuadrados numerados al azar en los que los valores de las líneas, los valores de las columnas y las diagonales son todos iguales. Como aleatorio puede cambiar a uniforme y uniforme a aleatorio, esto se entiende que la masa puede cambiar a energía y la energía puede cambiar a masa. El cuadrado central para los estados aleatorios y uniformes sigue siendo el mismo. Para el grupo dos, las dos diagonales permanecen iguales en estados aleatorios y uniformes y forman el valor de la línea. Para MOVIMIENTO LIBRE, debe haber cuatro fuerzas actuando, en las cuales la fuerza horizontal siempre debe tener la diferencia de 2 unidades y esto es lo que producen los grupos 2 y 3. En los cuadrados centrales del grupo 2, la diferencia entre la parte superior e inferior siempre será 2. La mitad de la diferencia entre la vertical izquierda y derecha del cuadrado central es también el número del cuadrado.

Al diseñar un SEG, se debe calcular el volumen de los anillos para el tamaño de máquina deseado. El Prof. Searl luego tiene una tabla de niveles que le dará el número del cuadrado necesario para ese volumen. La frecuencia de los cuadrados a este nivel se determina por el número de polos impresos magnéticamente colocados en los anillos. Se usa un elemento más pesado de tierras raras de la parte inferior de la tabla periódica en la capa interna de cada anillo con elementos más ligeros de la parte superior de la tabla periódica en las capas externas de cada anillo. Esto hace que los electrones más abundantes en las órbitas externas de los átomos más grandes estén disponibles para el circuito. Los polvos de los elementos se ensamblan de acuerdo con los números en cada línea del cuadrado en gramos para cada capa con el más pesado (número más alto) para el elemento en la capa interna de un anillo y más ligero (números más bajos) para las capas de elementos hacia el capa exterior Por ejemplo, para un cuadrado de 4, fila superior, el número más alto iría a medir los gramos de la capa interna. El siguiente número inferior se asigna a la siguiente capa, el siguiente número inferior a la siguiente capa, etc. La excepción a este orden es que la capa de nylon toma el número más pequeño. La siguiente fila se asignaría al siguiente anillo exterior, etc. Los rodillos se harían de manera similar, siendo la masa total de cada segmento del rodillo el valor de la línea con cada capa del rodillo tomando la misma asignación de valores que un anillo.

CUADRADO 4 (El cuadrado más pequeño que se puede usar para construir un SEG)

Nivel 2 (Nivel 1 is 0):

						Las capas de metal se ensamblan de mayor a menor desde adentro hacia afuera con Nylon llevando el número más pequeña. Si los materiales que estamos usando son neodimio, nylon, níquel y cobre, entonces los gramos para el Anillo 1 serían:
				34		
16	9	5	4	34	Anillo 1	Neodimio 16 gramos Capa Interna 1
3	6	10	15	34	Anillo 2	Nylon 4 gramos Capa 2
2	7	11	14	34	Anillo 3	Níquel 9 gramos Capa 3
13	12	8	1	34	Anillo 4	Cobre 5 gramos Capa Exterior 4
34	34	34	34	34		

Cuadrado 4, Nivel 202:

				834
216	209	205	204	834
203	206	210	215	834
202	207	211	214	834
213	212	208	201	834
834	834	834	834	834

Puede descargar una hoja de cálculo de Excel para calcular cualquier nivel de Cuadrado 4 aquí:

http://www.ourhollowearth.com/square4.zip

Construyendo una Nave Espacial Platillo Volador

Una nave espacial podría desarrollarse utilizando el poder ilimitado del éter para alimentar el campo electrogravítico de la nave utilizando el diseño del generador Searl para producir el campo de fuerza electrostática alta requerido y el diseño de la periferia segmentada de los discos que usó Townsend Brown para permitir el vuelo direccional de la nave.

Una realización de esta tecnología de platillo volador quizás podría asumir la siguiente construcción. La nave espacial tendría forma de platillo, que Townsend Brown descubrió que era la forma óptima para el máximo empuje hacia arriba. En el centro tendría una cabina cilíndrica hecha de material dieléctrico. Un revestimiento de metal en el exterior de la cabina protegería a los pasajeros de los altos campos electromagnéticos. Alrededor de la cabina se puede conectar un generador de efecto Searl. Los rodillos rotativos entre varios anillos concéntricos en el SEG reforzarían el campo magnético de cada anillo externo posterior y la velocidad de los rodillos. Se puede recoger una carga electrostática de los rodillos en el anillo de la periferia con cepillos de alambre que luego se pueden descargar al casco segmentado. Los cascos superior e inferior de la nave podrían segmentarse en varios segmentos que podrían cargarse por separado. Estarían aislados unos de otros y funcionarían como placas condensadoras eléctricas. Se podrían colocar cargas opuestas en segmentos opuestos del casco de la nave para que la nave volara en la dirección de la carga positiva. Las placas del casco se conectarían con conectores dieléctricos a los radios que irradiarían desde el eje desde arriba y debajo de la cabina y se conectarían en la periferia a un borde dieléctrico para que las placas del casco superior e inferior y cada segmento del casco se aislaran entre sí para mantener su cargo.

El empuje direccional se obtendría haciendo que los cables alimenten la electricidad extraída de los cepillos de alambre del generador de efecto Searl a través de un joystick en la cabina que permitiría cambiar las cargas entre cada segmento en los cascos superior e inferior. La conmutación sería del tipo reóstato, por lo que no se produciría una conmutación de corte limpio para evitar chispas. Una posición vertical del joystick permitiría que todos los segmentos superiores sean positivos y todos los segmentos inferiores negativos. Cualquier otra dirección cargaría las placas superiores en la dirección en que el joystick apuntaba positivo y en la dirección opuesta negativa. Un reóstato tipo palanca separado aumentaría o disminuiría la cantidad de electricidad que se permite descargar a las placas, lo que permitiría aumentar o disminuir el campo, lo que aumentaría o disminuiría la velocidad de la nave.

Diseño de la Nave

El siguiente diagrama muestra una versión de esta nave con el siguiente diseño: Consiste en una cabina central basada en la construcción triangular de la casa que construí en Laveen, Arizona, que utiliza placas de estrella de 5 lados en cada esquina. Esta sería la sala de estar. Sobre la sala de estar estaría la sala de control con ventanas en todos los lados que permiten una vista semiesférica. Rodeando el anillo de dormitorios, cocina y baño, habrá un pasillo que rodeará completamente la nave. La entrada a la nave es a través de una parte desplegable del pasillo. Los conductos de aire acondicionado están instalados sobre el anillo del pasillo. Sobre los dormitorios, la cocina y el anillo de baño habrá tanques de agua. Se podría instalar un tanque de agua negra debajo del piso. Fuera del anillo del pasillo habrá otro anillo de espacios de almacenamiento y habitaciones para lavadora, secadora, equipo de aire acondicionado, bomba de agua, calentador de agua, purificación de agua y un generador eléctrico Searl SEG para electrificar la salas de estancia. Fuera del anillo de almacenamiento estará el motor de vuelo Searl, que consta de tres anillos con rodillos en órbita entre cada anillo con cepillos en la periferia para recoger la electricidad electrostática para impulsar la nave en vuelo.

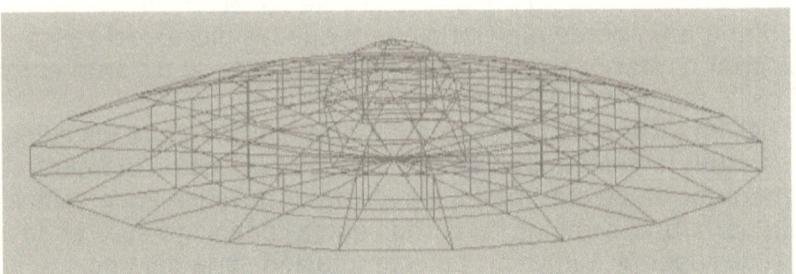

Sistema de Purificación de Agua

El sistema de purificación de agua artesanal que propongo podría basarse en la máquina de agua viva de Juan Nellis (ver http://www.Juanellis.com/), modificada para usar Browns Gas (ver http://www.jeffotto.com/bwt/bwt_catalogue/brown_gas.htm).

La máquina de agua viva de Juan Nellis destila y purifica el agua de los gérmenes con calor, luego le da al agua purificada una carga eléctrica que energiza el cuerpo. Lleva 30 años bebiendo su agua purificada, en realidad tiene 70 años, pero solo tiene 40 años y nunca se enferma. Su médico informa que Juan tiene el corazón más fuerte que haya probado y afirma que Juan vivirá para siempre si continúa usando su agua viva en su dieta.

El proceso de purificación de la máquina de agua viva elimina todos los minerales inorgánicos del agua que no son buenos para el cuerpo humano (necesitamos minerales orgánicos de origen vegetal, no minerales inorgánicos), mata cualquier virus y bacteria en el agua a alta temperatura, luego le da al agua una carga eléctrica.

En la nave, será necesario reciclar el agua. Por lo tanto, el sistema de purificación de agua debe eliminar todos los materiales del agua para que sea absolutamente pura. La carga eléctrica que se coloca en el agua ayuda a energizar los cuerpos de los ocupantes de la embarcación y también ayuda a mantener las tuberías y los tanques de agua limpios de escombros y gérmenes.

Una modificación del purificador de agua viva usando Browns Gas haría que el agua sea absolutamente pura. Se necesitan 4 kwh de electricidad para producir 1,000 litros de Browns Gas. Un litro de agua produce 1,860 litros de Browns Gas. Por lo tanto, tomaría 7.44 kwh de electricidad para hacer 1 litro de agua purificada. El agua se convierte en Browns Gas por electrólisis. La electricidad de Corriente Directa suministrada a dos electrodos de acero hace que el agua se separe en hidrógeno y oxígeno, que luego se almacenan juntos en la proporción exacta en que los gases salieron del agua durante la electrólisis. Esto se llama Browns Gas. Cuando este gas se recombina, vuelve a convertirse en agua. Esto se hace cuando se introduce una chispa en el gas. El gas implosiona en lugar de explotar y se reduce inmediatamente de 1,860 litros de gas a 1 litro de agua. El vacío resultante se puede utilizar para apoderar el purificador y bombear el agua.

Después de que el agua se convierte en gas, el gas puede pasar a través de filtros de aire finos solo para asegurarse de que no se transporten gérmenes o impurezas al agua purificada resultante. Los filtros de aire y la conversión del agua en Browns Gas deben eliminar cualquier posible contaminación del agua resultante con minerales o gérmenes. Esto reemplazaría el elemento de calentamiento en la máquina de agua viva que se usa en esa máquina para matar los gérmenes.

El Browns Gas generado se puede volver a convertir en agua al mismo tiempo que hace funcionar un motor que bombea el agua para que la nave tenga agua a presión. El motor podría ser un motor de turbina donde se introduce el Browns Gas y se enciende con una chispa eléctrica. El vacío resultante de la implosión del Browns Gas haría que el agua fluyera a través de la turbina debido a la presión diferencial causada por la creación del vacío en un extremo de la turbina. Solo se permitiría el flujo de agua purificada en el ciclo de la turbina. El flujo de agua a presión se conectaría a los tanques y tuberías de almacenamiento de agua de la nave para mantenerlos presurizados. La turbina de Browns Gas podría estar unida por un eje común a una bomba de gas que presurizaría el Browns Gas a medida que sale de la cámara de electrólisis y, por lo tanto, puede inyectarse en la turbina. El eje de la turbina también podría alimentar un generador eléctrico que colocaría la carga eléctrica en el agua purificada y suministraría corriente continua a la cámara de electrólisis.

Entonces, el sistema de purificación de agua de la nave sería tanto un reciclador de agua como un purificador de agua. El agua debe poder reciclarse indefinidamente sin pérdida si se extrae el exceso de agua en el aire y se vuelve a colocar en el ciclo. El reciclador necesitaría licuar los desechos generados en la nave antes de volver a ponerlos en el ciclo. El reciclador también necesitaría un método para eliminar los desechos sólidos después de que se elimine el agua. Los desechos sólidos se podrían usar como fertilizante en el jardín de alimentos a bordo de la nave. Este sistema de purificación de agua artesanal permitiría tiempos de vuelo espacial extendidos y autosuficiencia autónoma.

La Ciudad Virtual de la Luz

Propongo que se construya una ciudad utilizando la tecnología de platillo volador Searl. La ciudad tendría forma circular con un sector público en el centro rodeado por el sector doméstico rodeado por el sector empresarial / agrícola / industrial. Todas las casas serían construcciones tipo platillo volador utilizando generadores Searl SEG y motores de la nave platillo volador de Searl para que sean a prueba de fuego solar, a prueba de fuego, a prueba de huracanes / tornados, a prueba de terremotos y a prueba de robos. Como tales, serían casas móviles que permitirían a los ciudadanos entrar y salir a voluntad por vuelo.

El sistema monetario de nuestra Ciudad de la Luz sería mi sistema monetario de recibo basado en activos que proporciona un sistema monetario estable sin inflación ni deflación. Los beneficios de todo el dinero creado irán a los contribuyentes ciudadanos que les costarán nada más que su participación y, sin embargo, les doblará más del doble a sus ingresos en cada período de diez años. Vea mi Sistema monetario de recibo basado en activos que he propuesto para los Estados Unidos de América aquí:

http://www.virtualcityoflight.org/other.html

He propuesto un diseño y una carta de la ciudad para La Ciudad de Luz. Al principio, nuestra ciudad será una ciudad virtual en Internet. Cuando lleguen suficientes fondos, seleccionaremos algunos terrenos y construiremos una Ciudad de la Luz en el suelo. Uno de nuestros primeros proyectos como Ciudad Virtual de la Luz es patrocinar una expedición a Nuestra Tierra Hueca. Si tiene éxito, quizás nuestra primera ciudad construida sobre el terreno podría estar en Nuestra Tierra Hueca. Te invitamos a unirse a nuestra Ciudad Virtual de Luz aquí:

http://www.virtualcityoflight.org/index.html

Bibliografía de la Gravedad

Childress, David Hatcher. EL LIBRO DE ANTIGRAVEDAD, 1993, publicado por La Prensa de Adventuras Ilimitadas, 303 Calle Main, PO Box 74, Kempton, Illinois 60946-0074, (815) 253-6390, Fax (815) 253-6300.

Cluff, Rodney M. EL SUMO SECRETO DEL MUNDO: NUESTRA TIERRA ES HUECA, https://www.ourhollowearth.com/

DeMeo, Dr. Jaime. EL ÉTER DINÁMICO DEL ESPACIO CÓSMICO, Corrigiendo un Error Importante en la Ciencia Moderna, 2019, publicado por La Energía Natural Funciona, Caja Postal 1148, Ashland, Oregon 97520

DOCTRINA Y COVENIOS, publicado por la Iglesia de Jesucristo de los Santos de los Últimos Días, Deseret Book Co., Salt Lake City, Utah.

Hamilton, Guillermo F. CENTRO DEL VÓRTICE, 1979, publicado por Las Nuevas Nexus & Nexus, impreso por Wilcopy, Los Ángeles, California.

Newman, José. LA MÁQUINA DE ENERGÍA, 1984, publicado por José Westley Newman, Route 1, Box 52, Lucedale, Mississippi 39452 (601) 947-7147.

Palmer, Ray. REVISTA DE PLATILLOS VOLADORES, Palmer Publications, Inc., Amherst, Wisconsin 54406

Rensberger, Boyce, del Washington Post. "Los Experimentos en lo Profundo de la Tierra Cuestionan la Teoría de la Gravedad de Newton," EL OBSERVADOR CHARLOTTE, periódico, 3 de agosto de 1988.

Sigma, Rho. TECHNOLOGÍA DEL ÉTER: Un Enfoque Racional para el Control de la Gravedad, 1977, CSA Impresión y Encuadernación, Lakemont, Jorge 30552.

Snyder, Al. LAS LEYES DE NEWTON ESTÁN LLENAS DE DEFECTOS, 1973, Instituto de Investigación Snyder, 508 N. Pacific Coast Hwy., Redondo Beach, California 90277.

Snyder, Al. LA SAUNA DE SATANÁS Y EL TRIÁNGULO DEL DIABLO, 1975, Instituto de Investigación Snyder, 508 N. Pacific Coast Hwy., Redondo Beach, California 90277.

Thomas, Juan A. ANTIGRAVIDAD: El Sueño Hecho Realidad, La Historia de Juan R. R. Searl, 1993, publicado por El Consorcio Científico Internacional Directo, 13 Blackburn, Low Strand, Grahame Park Estate, Londres NW95NG, Inglaterra. También disponible de Juan A. Thomas, 373 Rock Beach Road, Rochester, Nueva York, 14617-1316 (716) 467-2694, Fax (716) 338-2663.

Marco McCutcheon, LA TEORÍA FINAL, Repensando Nuestro Legado Científico, 2004. Publicaciones Universales, Boca Raton, CA.

Warren, Jr., Henry C. EL MODELO DEL FREGADERO GRAVITACIONAL MEDIO ESPACIO ENTRENADO.

APÉNDICE

Sitios del web sobre detección de la gravedad y el éter:

http://www.electrogravityphysics.com/

http://www.orgonelab.org/miller.htm

Experimento de Dejar Caer a Un Giroscopio

Realizado por Kenneth Gerber, M.D. y Ricardo F. Merritt
Análisis por Edwardo Delvers

En este experimento, se libera un giroscopio completamente cerrado y accionado eléctricamente para que caiga libremente bajo la influencia de la gravedad. Se midió el tiempo transcurrido para caer una distancia medida de 10.617 pies, con el rotor parado y también con el rotor girando a aproximadamente 15,000 RPM.

Los datos se recopilaron en un reloj cronometrado digital cronometrado de 1 / 10,000 segundos, accionado por dos sensores de fototransistor colocados en las rutas de dos haces de luz que fueron interrumpidos consecutivamente por el borde de la carcasa del giroscopio que cae.

El giroscopio, con un peso total de 7.23 lbs (peso del rotor 4.75 lbs, peso de la caja 2.48 lbs) fue liberado para caer a lo largo de su eje. Los cables eléctricos que suministran energía al rotor de 4 1/4" de diámetro se desconectaron justo antes de su liberación.

Configuración Experimental

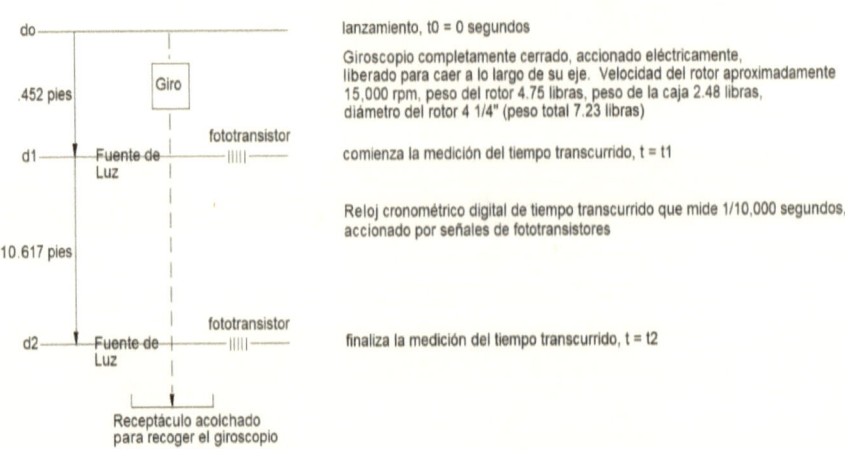

574

Resumen de Resultados Experimentales

	No Giratoria (NG)	Giratoria (G)
t_0	0.0 seg	0.0 seg
t_1	.1677 seg	.1674 seg
t_2	.82973 seg	.82837 seg
Tiempo transcurrido medido, con +/- una desviación estándar	(.66203 +/- .000996 seg)	(.66097 +/- .000824 seg)
Número of caidas	13	7
Acceleración	32.1549* pies/seg^2	32.2619 pies/seg^2

Cambio en acceleration: $\Delta a = (a_R - a_{NR}) = .1070$ pies/segundo^2

*NOTA: El valor para la aceleración gravitacional a nivel del mar, 39° de latitud (Washington, D.C.) según la fórmula de la Encuesta Geodésica y Costera de los EE. UU. Los datos para el giroscopio no giratorio se normalizan a este valor, y los datos para el giroscopio giratorio se comparan con él.

Incremento de Fuerza Ficticia

A efectos de comparación, se calculó un incremento de fuerza hipotético y ficticio que tendría que aplicarse al giroscopio no giratorio para impartir la aceleración aumentada observada en su modo giratorio.

Incremento de fuerza: $\Delta F = (F_R - F_{NR}) = .024$ libras $= .38$ onza

Data

	No Giratoria		Giratoria
Caida Número	Tiempo	Caida Número	Tiempo
1	.6604 seg	1	.6617 seconds
2	.6603 seg	2	.6616 seconds
3	.6614 seg	3	.6605 seconds
4	.6630 seg	4	.6618 seconds
5	.6623 seg	5	.6613 seconds
6	.6623 seg	6	.6601 seconds
7	.6622 seg	7	.6598 seconds
8	.6618 seg		
9	.6627 seg		
10	.6615 seg		
11	.6639 seg		
12	.6627 seg		
13	.6619 seg		
Media +/- Desviación estándar	= .66203 +/- .000996 seg		= .66097 +/- .000824 seg

Análisis Estadístico

Valor para la prueba "t" del estudiante: $t = 2.3980$, $p = .0275355685$ (18 grados de libertad)

Sobre la base de las desviaciones estándar de los datos de este experimento, se puede decir con un nivel de confianza del 97% que un giroscopio giratorio completamente encapsulado cae más rápido que el giroscopio idéntico que no gira, cuando se libera para caer a lo largo de su eje.

Apéndice

.   Los siguientes son cálculos realizados sobre los datos medidos para llegar a los valores dados en el Resumen de Resultados Experimentales (arriba).

1. Cálculo para encontrar la velocidad v_1 al comienzo de la medición del tiempo transcurrido para el giroscopio no giratorio, utilizando la ecuación,

$d = v_i t + 1/2\, at^2$

Donde:

$d = (d_2 - d_1) = 10.617$ pies (medidos)

$t = (t_2 - t_1) = .66203$ segundos (medidos)

$a = 32.1549$ pies/seg^2 (valor normalizado)

$v_i =$ desconocido, velocidad v_1 a tiempo t_1

Sustituyendo valores: $v_i = 5.393$ pies/seg

2. Cálculo para encontrar la distancia entre la posición de liberación y el comienzo del segmento de medición del tiempo transcurrido para el giroscopio no giratorio.

$v_f^2 = v_i^2 + 2ad$

Donde:

$v_f = 5.393$ pies/seg (desde 1. arriba)

$v_i = 0$ pies/seg (velocidad inicial)

$a = 32.1549$ pies/seg^2 (valor normalizado)

$d = (d_1 - d_0) =$ desconocido.

Resolviendo la ecuación: $d = (d_1 - d_0) = .4522$ pies

3. Cálculo para encontrar el tiempo que ya pasó cayendo cuando comienza la medición del tiempo transcurrido para la condición no giratoria del giroscopio.

$v_f = v_i + at$

Donde:

$v_f = v_1$ a $t1 = 5.393$ pies/seg (desde 1. arriba)

$v_i = 0$ pies/seg

$a = 32.1549$ pies/seg^2 (valor normalizado)

$t = (t_1 - t_0) =$ desconocido

Resolviendo la ecuación: $t = (t_1 - t_0) = .1677$ segundos

4. Cálculo para encontrar el tiempo total necesario para caer la distancia total para la condición no giratoria del giroscopio.

$t_{totalNR} = (t_2 - t_1)_{NR} + (t_1 - t_0)_{NR} = .66203 + .1677 = .82973$ seg

$d_{totalNR} = (d_2 - d_1)_{NR} + (d_1 - d_0)_{NR} = 10.617 + .4522 = 11.0692$ pies

5. Cálculo para encontrar el tiempo que ya pasó cayendo con el giroscopio giratorio cuando comienza la medición del tiempo transcurrido. Esto supone que la aceleración del giroscopio giratorio es constante. Se encuentra al comparar la relación o el intervalo de tiempo inicial con el intervalo de tiempo transcurrido medido para el giroscopio no giratorio, con el del giroscopio giratorio.

$(t_1 - t_0)_{NR} / (t_2 - t_1)_{NR} = (t_1 - t_0)_R / (t_2 - t_1)_R$

Donde:

$(t_1 - t_0)_{NR}$ = .1677 seg. (calculada)
$(t_2 - t_1)_{NR}$ = .66203 seg. (medido)
$(t_1 - t_0)_R$ = desconocido
$(t_2 - t_1)_R$ = .1674 segundos

6. Cálculo para encontrar la aceleración (a_R) del giroscopio giratorio usando valores de tiempo total y distancia total, usando la ecuación:

$d = v_i t + 1/2\, at^2$

Donde:

d = 11.069 pies (desde 4. arriba)
v_i = 0 pies/seg
a = a_R = desconocido
t = t_{totalR} = $(t_2 - t_1)_R + (t_1 - t_0)_R$ = .66097 + .1674 = .62837 seg
Resolviendo la ecuación: a = a_R = 32.2619 pies/segundo^2

7. Cambio en aceleración:

$\Delta a = a_R - a_{NR}$ = 32.2619 pies/sec^2 - 32.1549 pies/seg^2 = .1070 pies/seg^2
Cambio porcentaje en la aceleración: $\Delta a / a_{NR}$ = .00333 = .333%

8. Incremento de fuerza ficticia: Cálculo para encontrar un incremento de fuerza ficticio e hipotético que debería aplicarse al giroscopio no giratorio para causar la aceleración aumentada observada para el giroscopio giratorio. Se supone que la masa (m) del giroscopio no ha cambiado para los fines de este cálculo.
Usuando la ecuación: F = ma
se establece una relación:

$F_{NR} / F_R = m_{NR} a_{NR} / m_R a_R$

Donde:

F_{NR} = 7.23 libras (el peso del giroscopio y de la caja medida)
F_R = desconocido

a_{NR} = 32.1549 pies/seg^2 (valor normalizado)
a_R = 32.2619 pies/seg^2 (desde 6. arriba)
Resolviendo la ecuación: F = 7.254 libras

El incremento de fuerza ficticia es: $\Delta F = F_R - F_{NR}$ = 7.254 - 7.23
= .024 libras, o convertido a onzas: .024 libras x 16 onzas/libra
    = .38 onzas

Referencias

1. "El efecto de la gravedad en los objetos giratorios," Edwardo C. Delvers y Bruce E. DePalma, 18 de marzo de 1974, reimpresión del Instituto de Simularidad.

2. "Es Dios Supernatural," Roberto L. Dione, Libros Bantam, Nueva York, 1976, 553-02723-150.

3. "Experimento de la Caída del Giroscopio," por Kenneth Gerber, MD, Departamento de Salud, Educación y Bienestar de los Estados Unidos, Servicios de Salud Pública, Institutos Nacionales de Salud, Instituto Nacional del Corazón, los Pulmones y la Sangre, Bethesda, MD 20014, Ricardo F. Merritt y Edwardo Delvers, 1977.

4. "La causa de la Gravitación," A. Bernard Rendle, Investigación modal, 51 Dorking Rd, Gt. Bookham, Surrey, Inglaterra, 1971.

5. "Datos del Experimento de Colisión Elástica" no publicados, informe del Instituto de Simularidad.

www.ingramcontent.com/pod-product-compliance
Lightning Source LLC
Chambersburg PA
CBHW030604220526
45463CB00004B/1159